新编工科力学系列课程教材

理论力学

尹冠生　主编

尹冠生　王爱勤　冯振宇　编

西北工业大学出版社

西　安

【内容摘要】 本书是根据教育部高等学校工科本科理论力学课程教学基本要求(多学时)和教育部工科力学课程教学指导委员会面向21世纪工科力学课程教学改革的要求编写而成。全书共三篇十六章,分别阐述了静力学、运动学、动力学部分的基础理论,注重叙述分析问题、解决问题的思路及方法。书中例题类型多,章后有习题,适用于课堂教学。

本书可作为高等工业学校机械、土建、水利和动力等类专业理论力学课程的教材,也可供夜大学、函授大学、自考等相关专业及有关工程技术人员参考。

图书在版编目(CIP)数据

理论力学/尹冠生主编.—西安:西北工业大学出版社,2000.8(2019.3重印)
ISBN 978-7-5612-1261-5

Ⅰ.理… Ⅱ.尹… Ⅲ.理论力学-高等学校-教材 Ⅳ.O31

中国版本图书馆CIP数据核字(2000)第31704号

出版发行:西北工业大学出版社
通信地址:西安市友谊西路127号 邮编:710072
电　　话:(029)88493844 88491757
网　　址:www.nwpup.com
印 刷 者:陕西丰源印务有限公司
开　　本:787 mm×1 092 mm 1/16
印　　张:25
字　　数:612千字
版　　次:2000年8月第1版 2019年3月第16次印刷
定　　价:48.00元

前　言

本书是根据教育部高等学校工科本科理论力学课程教学基本要求(多学时)和教育部工科力学课程教学指导委员会面向21世纪工科力学课程教学改革的要求编写而成。在编写过程中,采纳了部分专业教师及大学物理教师的建议,精简了部分经典内容和过分强调计算技巧的内容,注重教学基本要求及能力的培养,对与大学物理课程重复的内容只作复习性的介绍。全书内容约需90学时。

本书叙述问题深入浅出,注意分析问题和解决问题的思路及方法的总结,例题较多,习题类型、难度分布得当,既适用于课堂教学,又便于自学。本书是西安公路交通大学新编工科力学系列课程教材之一。在编写过程中,注意在满足教学基本要求的前提下,精选内容,理论联系实际,旨在通过本课程的学习,培养学生将工程实际问题抽象简化为力学模型和进行力学计算的能力,是在总结了我们多年教学经验的基础上编写的。

本书共分三篇十六章。第一篇静力学(第一、二、三、四章)由王爱勤同志编写,第二篇运动学(第五、六、七章)由冯振宇同志编写,第三篇动力学(第八、九、十、十一、十二、十三、十四、十五、十六章)由尹冠生同志编写。全书由尹冠生同志定稿并任主编。

在本书编写过程中,西安公路交通大学理论力学教研室的教师给了多方面的帮助,王虎同志对全书进行了认真的审阅,提出了不少宝贵的意见。为使本书尽快出版,西北工业大学出版社的同志们付出了辛勤的劳动,做了大量的工作,在此一并表示衷心的感谢。

由于编者水平有限,书中定有不少缺点和错误,诚恳希望读者提出批评指正。

编　者

2000年3月

目 录

第二篇　运　动　学

第三篇　动　力　学

绪 论

一、理论力学的研究对象和内容

理论力学是研究物体机械运动一般规律的科学。

所谓机械运动是指物体在空间的位置随时间的变化。物体的运动有各种各样，表现为位置的变动、发光、发热、电磁现象、化学过程，还包括人们头脑中的思维活动等不同的运动形式。机械运动是物质运动的最简单、最初级的一种形式，是人们在生产和生活中经常遇到的。例如：各种交通工具的运行、机器的运转、大气和河水的流动、人造卫星和宇宙飞船的运行、建筑物的振动等，都是机械运动。物体的平衡（例如相对于地球静止、匀速直线运动）是机械运动的特殊情况，因此理论力学也研究物体的平衡规律。

由于物体之间相互的机械作用，即力的作用，使物体的运动状态发生改变。理论力学研究物体机械运动的一般规律，具体地说就是研究力与机械运动改变之间的关系。

理论力学所研究的内容是以伽利略和牛顿所建立的基本定律为基础、研究速度远小于光速的宏观物体的机械运动，属于古典力学的范畴。19 世纪后半期，由于近代物理的发展，发现许多力学现象不能用古典力学的定律来解释，因而产生了研究高速（接近光速）物质运动规律的相对论力学和研究微观粒子运动规律的量子力学。在这些新的研究领域内，古典力学内容已不再适用。但在研究低速（远小于光速）、宏观物体的运动，特别是一般工程上的力学问题时，古典力学的结果是足够精确的。目前，在古典力学基础上诞生的各个新的力学分支正在迅速地发展。

本课程内容分为静力学、运动学和动力学三部分。

静力学：研究物体在力作用下的平衡规律即物体平衡时作用力所应满足的条件，同时也研究力的一般性质及其力系的简化方法。

运动学：从几何学的观点来研究物体的运动（如轨迹、速度和加速度等），而不研究引起运动的物理原因。

动力学：研究作用于物体上的力与其运动变化之间的关系。

二、理论力学的研究方法

力学是最古老的科学之一，它的产生和发展的过程就是人类对于物体运动认识的深化过程，而这种认识是通过长期的生产实践和无数次的科学实验而形成的。经过无数次的“实践—理论—实践”的循环反复过程，使认识不断提高和深化，逐步总结和归纳出物体机械运动的一般规律。

（1）观察和实验是理论力学发展的基础。在力学的萌芽时期，人类通过从事建筑和农业等劳动，以及对自然现象的直接观察，建立了力的概念，并得出杠杆原理等一些力学的规律。实验是力学研究的重要一环，理论力学中的摩擦定律和惯性定律等就是直接建立在实验的基础上的。从近代力学的研究和发展来看，实验更是重要的研究方法之一。

(2) 在观察和实验的基础上，经过抽象化建立力学模型，上升到理论。由于人们所观察到的材料是复杂多样的，一时不易认识它的本质，所以，必须从这些复杂的现象中，抓住主要的因素，撇开次要的、局部的、偶然的因素，才能深入到现象的本质，理解事物的内在联系，这就是抽象的过程。通过抽象，把所研究的对象简化为理想模型。例如，在研究物体的机械运动时，略去了物体的变形，就得到了刚体的模型；略去了物体的几何尺寸，就得到了质点的概念。正确的抽象，不仅简化了所研究的问题，而且更深刻地接近了实际。如果客观条件改变了，事物的内在矛盾就会转化，这时，就需要计入新的主要因素，建立新的模型，使它更接近于实际。

通过抽象，进一步把人类长期以来从直接观察、实验 以及生产活动中得来的经验与认识到的个别特殊规律，加以分析、综合、归纳，找出事物的普遍规律，从而建立起一些最基本的普遍定律作为本学科的理论基础。

(3) 根据基本理论，进行数学演绎推理，得出各种形式的定理和结论。

在理论力学中，广泛地利用数学这一有利工具。数学不仅用在逻辑推理方面，而且运用于量的计算方面，力学现象之间的关系是通过数量来表示的，计算技术对力学的应用和发展有着巨大的作用。近代计算机的发展和普及，不仅能完成力学问题中大量的繁杂的数值计算，而且在逻辑推演、公式推导等方面也是非常有效的工具。当然，数学不能脱离具体的研究对象，只有将数学运算与力学现象的物理本质紧密地联系起来，才能得出符合实际的正确结论。而这些结论还必须回到实践中接受实践的检验，只有当理论正确地反映了客观实际时，才能认为这个理论是正确的。

三、理论力学的学习目的

(1) 学习理论力学是为学习一系列后续课程打基础。例如，材料力学、结构力学、弹性力学、水利学、机械原理(含有振动理论)等课程，都要以理论力学为基础。在很多专业课程中，也或多或少地用到理论力学的知识。因此，学好理论力学是掌握各个工程专业所需的完整知识中的一个重要组成部分。

(2) 理论力学是解决工程实际问题的重要基础理论。有些工程问题可以直接应用理论力学的一些定理和结论去解决，有些则需要用理论力学与其它专业知识共同来解决。因此学习理论力学是为解决工程问题打下一定的基础。

(3) 理论力学的分析和研究方法具有一定的典型性。学生在学习过程中，逐步形成正确的逻辑、思维，以及对待实际问题具有抽象、简化和正确进行理论分析的能力，因此，本课程有助于培养学生辩证唯物主义世界观以及分析问题和解决问题的能力。

四、理论力学的学习方法

(1) 正确地理解并能灵活应用课程中所涉及的基本概念、公理定律、定理和结论。

(2) 对所学的基本理论及解题方法进行恰当的分类，如对杆的、轮的动力学问题应分别采用什么样的方法来解决，各需要什么样的运动学补充方程，一个自由度及两个自由度的动力学问题一般采用什么方法求解更容易一些，等等，即善于将学过的知识、掌握的解题方法进行归纳、总结，举一反三，找出一些规律性的东西。

(3) 解题是理论力学学习中的一个重要的环节，只有通过必要的、相当数量的解题训练，才会深刻地理解理论、概念、公式及定理的细节和实际运用的灵活技巧，并从中发现学习中存在的问题；解题时特别应注意的问题是：严格按例题的解题步骤要求认真做题，一个受力图、加速度矢量图或速度矢量图的正确与否直接影响结果的正确性；不要总是用以前掌握的本课程以外的一些知识来解理论力学的题目，要用所掌握的理论力学的方法解题，这样才能巩固新知识。

(4) 学习新知识，复习学过的内容。理论力学课程学习周期长，课时多，不能学了后面的，忘了前面的。静力学、运动学是动力学的学习基础，其受力分析方法、力系简化方法及一系列的运动学关系经常被用于动力学的解题过程，只有经常不断地复习前面的知识，才能适时地、正确地将其用于动力学的学习中。

第一篇 静力学

引 言

静力学是研究力系的简化及物体在力系作用下平衡条件的科学。

平衡是指物体相对于惯性参考系保持静止或作匀速直线运动。如桥梁、机床的床身、作匀速直线飞行的飞机等都可视为处于平衡状态。平衡是物体运动的一种特殊形式。

在静力学中，主要研究三方面问题：

(1) 物体的受力分析　即分析物体共受多少力，及其每个力的大小、方向和作用点位置，以便对所要研究的力系作初步了解。

(2) 力系的简化　即用一个简单的力系来等效替换一个复杂的力系，从而抓住不同力系的共同本质，明确力系对物体作用的总效果。

(3) 建立力系的平衡条件　即研究物体平衡时，作用在物体上的各种力系所需满足的条件。

在工程实际中存在着大量的静力学问题，例如，当对各种工程结构的构件（如梁、桥墩、屋架等）进行设计时，须用静力学理论进行受力分析和计算；机械工程设计时，也要应用静力学的知识分析机械零部件的受力情况作为强度计算的依据；对于运转速度缓慢或速度变化不大的构件的受力分析通常都可简化为平衡问题来处理。另外，静力学中力系的简化理论与物体的受力分析方法可直接应用于动力学和其它学科，而且动力学问题还可从形式上变换成平衡问题应用静力学理论求解。因此，静力学在工程中有着广泛的应用，在力学理论中占有重要的地位。

第一章　静力学基础

静力学的基本概念、公理及物体的受力分析是研究静力学的基础。本章着重介绍刚体和力的概念以及静力学公理，阐述工程中常见的约束及约束反力的分析，最后，介绍物体的受力分析及画受力图的方法。

§1－1　静力学的基本概念

1. 工程实际对象的力学分析程序

如图1－1所示，当对工程实际对象（桥梁、汽车、建筑物等）进行受力分析时，首先要将其理想化，即合理地抽象为“力学模型”，这样才能进行数学描述，得到“数学模型”，这个过程简称为“建模”，然后进行求解。一般用计算机数值求解。继之对所得结果加以分析，尤其要和实验结果相比较，如误差符合要求则结束分析，否则，常须修改力学模型再分析。可见，力学模型的合理性直接决定计算结果的正确性，它是力学分析的基础和前题。

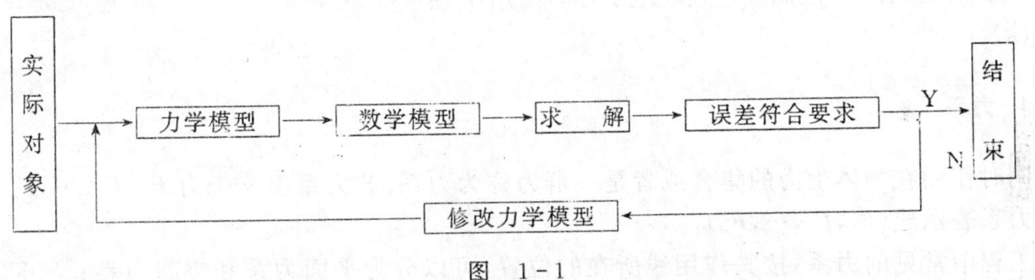

图　1－1

2. 物体的理想化模型——刚体

在理论力学中，静力学采用的力学模型是刚体，故又称刚体静力学。

所谓刚体是大量质点的集合。这些质点彼此的相对距离在受力前后保持不变，即刚体是在力作用下不变形的物体，这是一个理想化的力学模型。实际物体在力的作用下其内部各点间的相对距离总会有变化，刚体模型可以看成是对这些距离施加约束的结果（认为距离不变）。为此，在分析假设为刚体的某物体的受力时，忽略其变形也就不必考虑它的材料力学性质，这是刚体静力学与变形体静力学的重要区别。

实际物体能否简化为刚体，主要取决于研究问题的性质，例如在研究飞机的平衡问题或飞行规律时，可将飞机视为刚体。但在研究飞机的颤振问题时，机翼等的变形虽然非常小，但也必须把飞机看作弹性体模型。另外，在计算某些工程结构时，若忽略其变形而采用刚体模型，则问题可能无法求解。

3. 力的概念

力是物体之间的相互机械作用。

物体之间的机械作用方式大致有两种：一种是通过物体之间的直接接触发生作用，如机车牵引车厢的拉力、两物体发生碰撞等；另一种是通过场的形式发生作用，如地球以重力场使物体受到重力的作用、电场对电荷的引力或斥力等。尽管各种物体间相互作用力的来源和性质不同，但在力学中将撇开力的物理本质只研究各种力的共同表现，即力对物体产生的效应。

力对物体的作用效应有两种：使物体的运动状态发生变化和使物体变形。前者称为力的外部效应或运动效应，后者称为力的内部效应或变形效应。理论力学将物体视为刚体，因而只研究力的运动效应，至于力的变形效应将在后续力学课程中介绍。

实践表明，力对物体的作用效应取决于力的三要素，即力的大小、方向和作用点。又从后面公理 3 可知力的合成服从平行四边形法则，所以力是矢量，而且力是定位矢量。

在作图时，我们可用一个矢量表示力的三要素，如图 1－2 所示。该矢量的长度 $\overrightarrow{ab}$ 按一定比例表示力的大小，矢量线的方位和箭头的指向表示力的方向，矢量的始端（点 A）或终端（点 B）表示力的作用点。

表示力的矢量称为力矢，力矢线段所在的直线称为力的作用线（如图中虚线）。我们常用黑体字母 $\boldsymbol{F}$ 表示力矢，而用普通字母 F 表示力的大小。书写时，为简便起见，常在普通字母上方加一带箭头的横线表示力矢。

本书采用国际单位制（SI），其中力的单位用牛顿（N）或千牛顿（kN）。

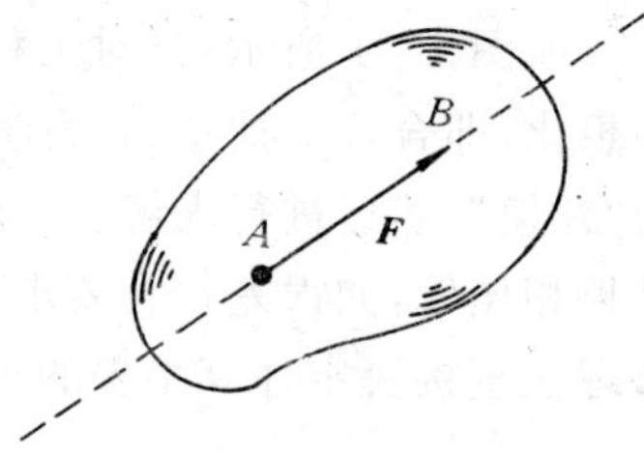

图 1－2

4. 力系

同时作用在物体上力的集合或者是一群力称为力系。若力系由 n 个力 $\boldsymbol{F}_1,\boldsymbol{F}_2,\cdots,\boldsymbol{F}_n$ 组成，则该力系表示成$(\boldsymbol{F}_1,\boldsymbol{F}_2,\cdots,\boldsymbol{F}_n)$。

工程中常见的力系，按其作用线所在的位置，可以分为平面力系和空间力系；又可以按其作用线的相互关系，分为共线力系、平行力系、汇交力系和任意力系等等。

分别作用于同一刚体上的两组力系$(\boldsymbol{F}_{11},\boldsymbol{F}_{12},\cdots,\boldsymbol{F}_{1n})$和$(\boldsymbol{F}_{21},\boldsymbol{F}_{22},\cdots,\boldsymbol{F}_{2m})$，如果它们对该刚体的作用效果完全相同，则称此两组力系互为等效，表示为$(\boldsymbol{F}_{11},\boldsymbol{F}_{12},\cdots,\boldsymbol{F}_{1n}) \sim (\boldsymbol{F}_{21},\boldsymbol{F}_{22},\cdots,\boldsymbol{F}_{2m})$。

如果力系$(\boldsymbol{F}_1,\boldsymbol{F}_2,\cdots,\boldsymbol{F}_n)$与一个力 $\boldsymbol{F}_R$ 等效，即$(\boldsymbol{F}_1,\boldsymbol{F}_2,\cdots,\boldsymbol{F}_n) \sim \boldsymbol{F}_R$，那么力 $\boldsymbol{F}_R$ 称为该力系的合力，而力 $\boldsymbol{F}_1,\boldsymbol{F}_2,\cdots,\boldsymbol{F}_n$ 称为合力 $\boldsymbol{F}_R$ 的分力。力系$(\boldsymbol{F}_1,\boldsymbol{F}_2,\cdots,\boldsymbol{F}_n)$用其合力 $\boldsymbol{F}_R$ 代替，称为力的合成，反之，一个力 $\boldsymbol{F}_R$ 用其分力 $\boldsymbol{F}_1,\boldsymbol{F}_2,\cdots\boldsymbol{F}_n$ 代替，称为力的分解。

如果力系$(\boldsymbol{F}_1,\boldsymbol{F}_2,\cdots,\boldsymbol{F}_n)$作用在刚体上，并不改变该刚体原有的运动状态，则该力系称为平衡力系。

§1－2 静力学公理及其推论

人们在长期的生活和生产实践中，对力的基本性质进行了概括和归纳，得出了一些显而易见的、能深刻反映力的本质的一般规律，这些规律的正确性已为长期的实践反复证明，从而为人们所公认，称为静力学公理。静力学的全部推论都可借助于数学论证，从这些公理推导出来，因此，它们是静力学的理论基础。

公理1　二力平衡条件

作用在刚体上的两个力，使刚体保持平衡的必要和充分条件是这两个力大小相等，方向相反，且在同一直线上。如图1-3所示。即

$$\boldsymbol{F}_1 = -\boldsymbol{F}_2 \tag{1-1}$$

该公理指出了作用在刚体上最简单的力系的平衡条件，对刚体而言，这个条件既必要又充分，但对非刚体来讲，这个条件并不充分。

以后常遇到仅在两点受力作用而处于平衡的刚体，这类刚体称为二力体。如果它是杆件则称为二力杆。如果是结构中的构件就称为二力构件。由公理1可知，二力体无论其形状如何，所受两个力必沿两力作用点的连线。例如图1-4(a)所示的矿井巷道支护的三铰拱，其中BC不计自重时就可视为二力构件，其受力分析如图1-4(b)所示。

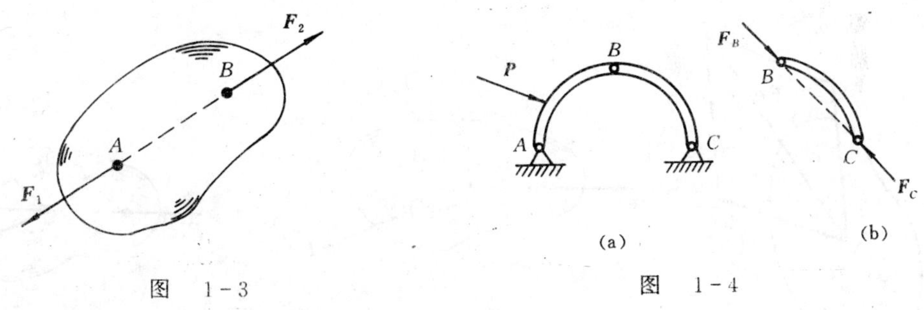

图 1-3　　　　图 1-4

公理2　加减平衡力系公理

在已知力系上加上或减去任意的平衡力系，并不改变原力系对刚体的作用。也就是说，彼此只相差一个或几个平衡力系的两个力系是等效的。

此公理为研究力系的等效替换与力系的简化提供了重要的理论依据，它同样也只适用于刚体而不适用于变形体。

推论1　力的可传性

作用于刚体上某点的力，可以沿着它的作用线移到刚体内任意一点，并不改变该力对刚体的作用。

证明　如图1-5(a)所示，设有力$\boldsymbol{F}$作用在刚体上A点，由公理2可在此力作用线上任取一点B，并加上一对平衡力($\boldsymbol{F}_1$,$\boldsymbol{F}_2$)，且使$\boldsymbol{F} = -\boldsymbol{F}_1 = \boldsymbol{F}_2$，如图1-5(b)所示。由于力$\boldsymbol{F}$和$\boldsymbol{F}_1$也是一个平衡力系，故可除去，这样只剩下一个力$\boldsymbol{F}_2$，如图1-5(c)所示，于是，原来的这个力$\boldsymbol{F}$与力系($\boldsymbol{F}$,$\boldsymbol{F}_1$,$\boldsymbol{F}_2$)以及力$\boldsymbol{F}_2$等效，这样图1-5(c)可视为将力$\boldsymbol{F}$沿其作用线移至$B$点而成。

这个推论表明：作用于刚体的力的三要素可改为大小、方向和作用线。沿作用线可任意滑动的矢量称为滑动矢量。因此，作用于刚体上的力是滑动矢量。

公理3　力的平行四边形法则

作用在物体上同一点的两个力，可以合成为一个合力。合力的作用点也在该点，合力的大小和方向由这两个力为邻边构成的平行四边形的对角线确定，如图1-6所示。或者说，合力矢

F_R 等于这两个分力矢 F_1,F_2 的几何和,即

$$F_R = F_1 + F_2 \tag{1-2}$$

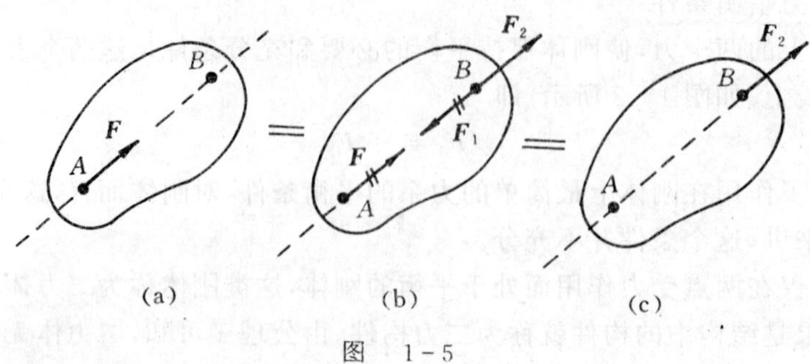

图 1-5

这个公理给出了最简单的力系简化规律,也是较复杂力系简化的基础,另外,它也给出了将一个力分解为两个分力的依据。

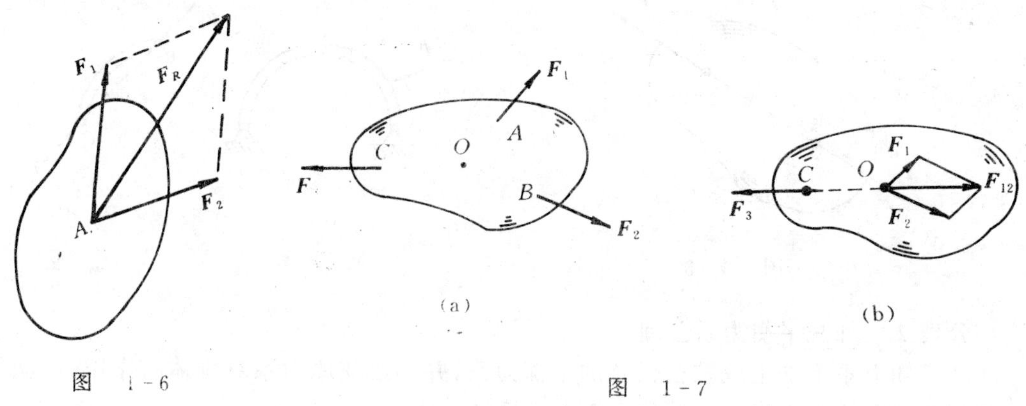

图 1-6　　图 1-7

推论 2　三力平衡条件

作用在刚体上三力平衡的必要条件是此三力共面汇交于一点,或共面平行。

其证明过程,读者可参考图 1-7 的提示自行完成。此外,"三力共面平行"是"三力不平行必共面汇交于一点"的特例,即在无穷远处汇交,故无须单作证明

各个力的作用线共面且汇交于一点的力系称为平面汇交力系。三力平衡条件给出了三个不平行的共面力构成平衡力系的必要条件,即这三个力构成一平面汇交力系。当刚体受不平行的三力作用处于平衡时,常利用这个关系来确定未知力的作用线方位。

推论 3　力的三角形法则 —— 用几何法求两个共点力的合力。

如图 1-8(a) 所示,设刚体上作用着两个力 F_1,F_2,其作用线相交于 A 点,由力的可传性,可以把这两个力分别沿其作用线移至 A 点,则这两个力的合力 F_R 可由力的平行四边形法则确定。如图 1-8(b) 所示。

应用公理 3 求这两个汇交力的合力矢时,也可由任一点 a 起,另作一力三角形,如图 1-8(b),(c) 所示,力三角形的两个边分别为力 F_1 和 F_2,第三边 F_R 即代表合力矢,而合力作用点仍在 A 点。这种求合力的方法称为力的三角形法则。

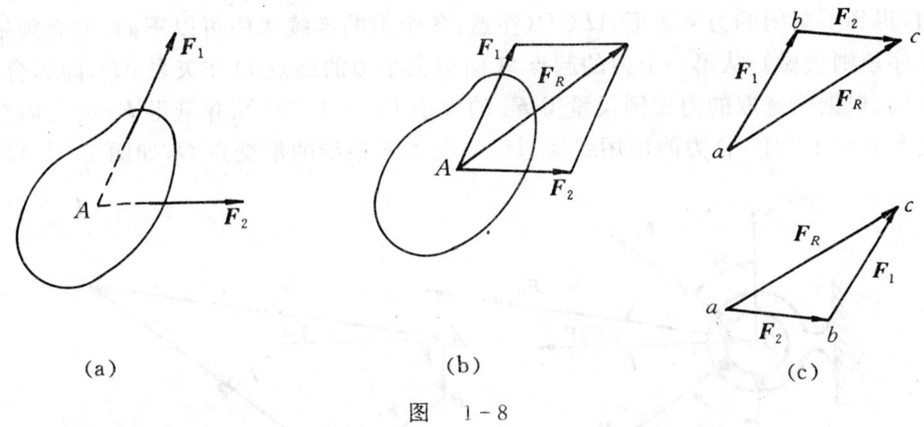

图 1-8

推论 4 力的多边形法则——用几何法求平面汇交力系的合力

不妨设在刚体上 A 点作用着一个平面汇交力系（$\boldsymbol{F}_1,\boldsymbol{F}_2,\boldsymbol{F}_3,\boldsymbol{F}_4$），如图 1-9(a) 所示。为求其合力，只须连续应用力的三角形法则，将这些力依次两两相加，即可求得该力系的合力矢为 $\boldsymbol{F}_R=\boldsymbol{F}_1+\boldsymbol{F}_2+\boldsymbol{F}_3+\boldsymbol{F}_4=\sum_{i=1}^{4}\boldsymbol{F}_i$，求和过程见图 1-9(b) 所示，合力作用点仍在原汇交力系的汇交点 A。

由该图不难看出，各分力矢与合力矢一起构成了多边形 $abcde$，称为力多边形，在此力多边形中，各分力首尾相接，而合力是其封闭边，方向从第一个力矢的起点指向最后一个力矢的终点，这就是作力多边形时必须遵循的矢序原则。至于图中的矢量 $\overrightarrow{ac}$，$\overrightarrow{ad}$ 属于几何运算的中间结果，可不必作出。另外，作图时也可改变各分力矢的相连顺序，这只会导致力多边形的形状发生变化，但合力矢不变，即矢量相加符合交换律。力多边形法则是一般矢量相加的几何解释。

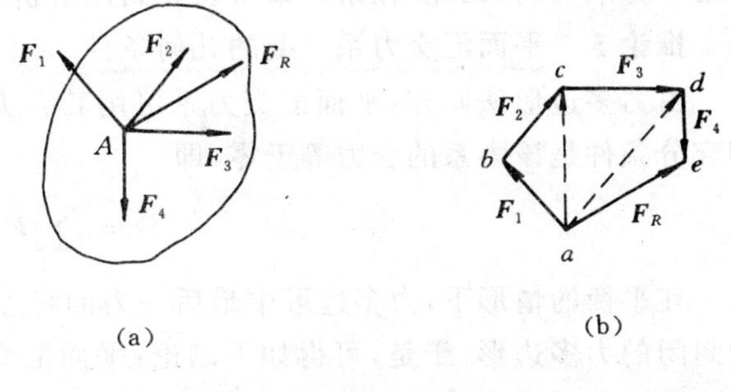

图 1-9

推而广之，若平面汇交力系由 n 个力组成，则其合力矢 $\boldsymbol{F}_R=\sum_{i=1}^{n}\boldsymbol{F}_i$。它仍作用在原力系的汇交点，其大小和方向由各分力首尾相接所得到力多边形的封闭边确定。

若力系中各力沿同一直线作用，则称为共线力系，它是平面汇交力系的特殊情况，欲求其合力，作其力多边形，则各边重合在同一条直线上，此时只要规定沿直线某一指向为正，相反为负，则力系的合力的大小就等于各分力的代数和，即 $F_R=\sum_{i=1}^{n}F_i$，方向由正、负号定，可见，共线矢量求和，实质上是代数求和。

【例 1-1】 在螺栓的环眼上套有三根绳索，各力的大小分别为 $F_1=300\ \text{N}$，$F_2=600\ \text{N}$，$F_3=1\ 500\ \text{N}$，各力方向如图 1-10(a) 所示，试用几何法求其合力。

解 用几何法（也称力多边形法）求合力时，首先要选定合适的力比例尺，然后按选定的力比例尺画出多边形，再由力多边形的封闭边来确定合力的大小和方向。

本题中，选取图 1-10(b) 所示的力比例尺，用 1 cm 代表 300 N，然后按比例依次首尾相接这三个力，得到不封闭的力多边形 $ABCD$（注意：各个力的连续次序可以不同，但必须依照首尾相接的矢序规则去做）。从第一个力的起点 A 向第三个力的终点 D 作矢量 $\overrightarrow{AD}$，即为合力 $\boldsymbol{F}_R$ 的大小和方向。根据所选取的力比例尺量得 $\boldsymbol{F}_R$ 的大小 $F_R = 1\ 650$ N，并量得 $\boldsymbol{F}_R$ 的方向与 x 轴正向间的夹角 $\alpha = 16°21'$，合力的作用线通过已知三力作用线的汇交点 O，如图 1-10(a) 所示。

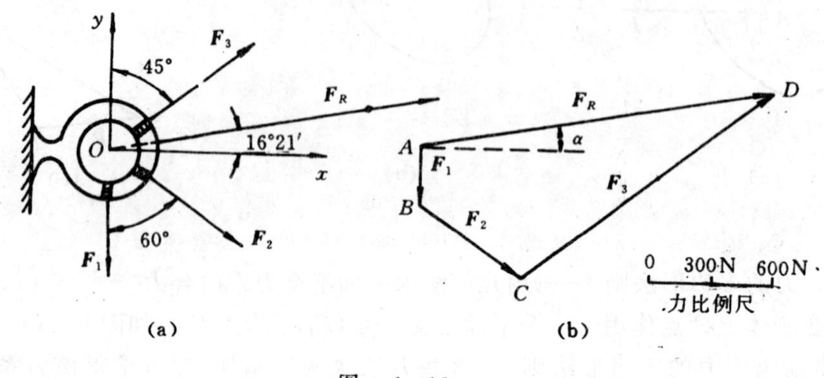

图 1-10

显然，按上述过程求解平面汇交力系的合力时，限于作图的手段和技巧，得出的结果常常不是十分准确的。因此，在第二章中将介绍用解析计算求出力系合力的一般方法。

推论 5　平面汇交力系平衡的几何条件

由力多边形法则知：平面汇交力系可用其合力等效替换。显然，平面汇交力系平衡的必要和充分条件是该力系的合力等于零，即

$$\boldsymbol{F} = \sum_{i=1}^{n} \boldsymbol{F}_i = \mathbf{0}$$

在平衡的情形下，力多边形中最后一力的终点与第一个力的起点重合。此时的力多边形称为封闭的力多边形。于是，可得如下结论：平面汇交力系平衡的必要和充分条件是该力系的力多边形自行封闭，此即平面汇交力系平衡的几何条件。

利用这一条件，可以求得一个平衡的平面汇交力系的某些未知力的大小和方向，这种研究平面汇交力系平衡的方法称为几何法。

公理 4　作用和反作用定律

作用力和反作用力总是同时存在，两力的大小相等、方向相反，沿着同一直线分别作用在两个相互作用的物体上。

该定律揭示了物体之间相互作用力的定量关系。它是分析物体间受力关系时必须遵循的原则。根据这个定律，我们才能从一个物体的受力分析过渡到相邻物体的受力分析，为研究由多个物体组成的物体系统的问题提供了基础。

必须强调指出，虽然作用力与反作用力两者等值、反向、共线，但它们并非作用在同一物体上，而是分别作用在两个不同的物体上，因此，不能把它们看成是一对平衡力。

公理 5　刚化原理

变形体在某一力系作用下处于平衡，如将此变形体刚化为刚体，其平衡状态保持不变。

该原理提供了把变形体抽象为刚体模型的条件。例如，变形体绳索在等值、反向、共线的两

个拉力作用下处于平衡，若将绳索刚化为刚杆，其平衡状态保持不变，如图 1－11 所示。而绳索在两个等值、反向、共线的压力作用下并不平衡，这时绳索就不能刚化为刚体。

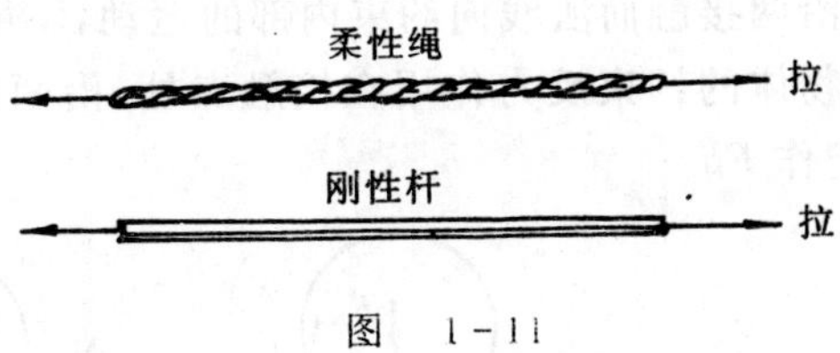

图 1－11

由此可见，变形体已处于平衡状态，则作用于其上的力系一定满足刚体的平衡条件，即刚体的平衡条件对于变形体来讲也是必要的。但反过来，只满足了刚体的平衡条件，变形体却不一定是平衡的。对于变形体的平衡，除了应满足刚体的平衡条件外，还必须满足与变形体有关的某些附加条件。故该原理也给出了刚体力学与变形体力学的关系。

静力学全部理论都可以由上述 5 个公理推证而得到。如前述若干推论。本篇基本上采用这种逻辑推演的方法，建立静力学的理论体系。这一方面能保证理论体系的完整和严密性，另一方面也可以培养读者的逻辑思维能力。然而，对于某些易于理解而推证过程又较为繁琐的个别结论，本书将省略其证明过程，直接得出结论，以便于应用。读者也可自行推论。

§1－3　约束和约束反力

为了分析和解决实际力学问题，除了对物体本身理想化，还要对物体间的接触面物理性质与连接方式进行理想化。

有些物体，像飞行的飞机、炮弹和火箭等，它们在空间的运动没有受到其它物体预加的限制，称为自由体；相反有些物体，如在轨道上行进的机车、支承在柱子上的屋架、轴承中的轴等，其空间运动受到了其它物体预加的限制，称为非自由体，或受约束体。对非自由体的某些位移起限制作用的周围物体，称为约束。上述轨道对于机车、柱子对于屋架、轴承对于轴等都是约束。

从运动的角度看，约束起着限制物体运动的作用，但从力的角度看，物体的运动被限制或阻碍意味着物体受到了力的作用，把约束加给被约束物体的力称为约束反力，简称反力。因此，约束反力的方向必与该约束所能阻碍的位移方向相反。应用这个准则，可以确定约束反力的方向或作用线位置。至于反力的大小则是未知的，可借助平衡条件求得。除约束反力以外，物体还受到其它力作用称为主动力或荷载。如物体的重力、结构承受的风力、水力、机械零件的弹力等。本书中主动力通常是给定的。但在实际中，特别是研究工作中往往需要自己确定。

由此可见，对物体的受力分析主要是分析约束反力，而约束反力的特征决定于被约束体与约束体接触面的物理性质及连接方式。前者分为绝对光滑（是一种理想化的约束）和存在摩擦（一般为非理想化约束）两种。它们将在本节和 §4－2 节分别予以讨论。而物体的连接方式多样又复杂，如不进行理想化，其约束反力将无从分析。为此，我们将物体间多样复杂的连接方式抽象化为几种典型的约束模型，介绍如下。

1. 理想刚性约束

约束也是刚体，它与被约束体间为刚性接触。常见的有以下几种：

（1）具有光滑接触表面约束　当物体与固定或活动约束间的接触面比较光滑，可以忽略摩擦时便可简化为这类约束（如图 1－12 所示）。其特点是不论接触表面形状如何，它只能阻碍物体沿两接触面法线向约束内部的运动，不能阻碍它在切线方向的运动。因此，光滑支承面约束对物体的约束反力作用在接触点处、沿两接触面公法线方向并指向受力物体，称为法向反力，记作 $\boldsymbol{F}_{N}$。

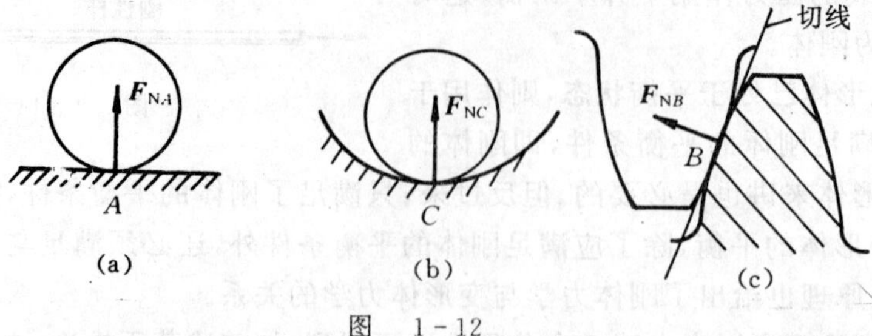

图 1-12

图1-13中所示的直杆放在槽中，它在 A,B,C 三处受到槽的约束，这种约束称为尖端支承约束，此时可将尖端处看作小圆弧与直线相切，则约束反力仍是法向法力。

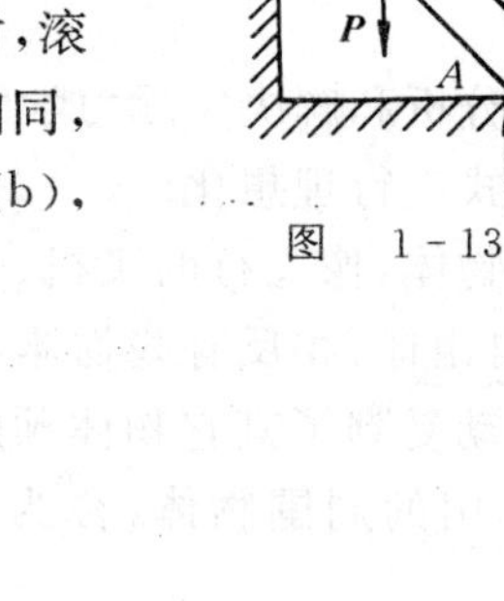

图 1-13

(2) 滚动支座　在桥梁、屋架等工程结构中，经常采用滚动支座，又称辊轴约束，如图1-14(a)所示，这种约束用几个圆柱形滚轮支承结构，以便当温度变化引起桥梁等结构物在跨度方向伸缩时，滚轮可有微小滚动，显然滚动支座的约束性质与光滑支承面约束相同，其约束反力 $\boldsymbol{F}_{N}$ 必垂直于支承面，其简图及力学符号如图1-14(b)、(c)所示。

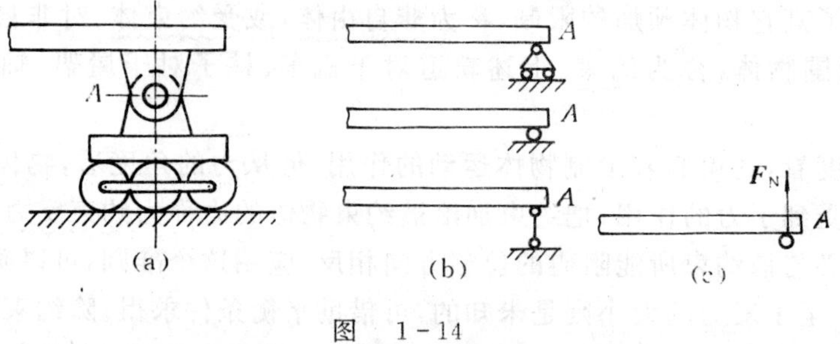

图 1-14

(3) 光滑圆柱形铰链　这类约束包括向心轴承、圆柱形铰链和固定铰支座等等。

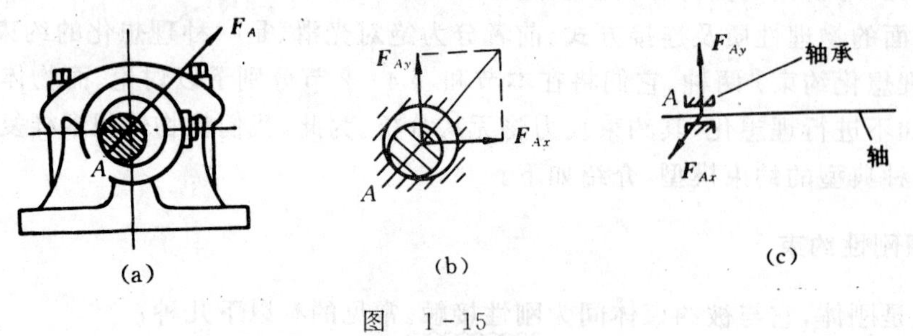

图 1-15

1) 向心轴承(径向轴承)　如图1-15(a)、(b)所示为轴承装置，可画成图1-15(c)所示的简图。轴可在孔内任意转动，也可沿孔的中心线移动，但轴承阻碍着轴沿径向向外的位移。不计摩擦，当轴和轴承在某点 A 光滑接触时，轴承对轴的约束反力 $\boldsymbol{F}_A$ 应过接触点 A 沿公法线指向轴心，但实际上很难预先确定接触点 A 的位置，故反力 $\boldsymbol{F}_A$ 的方向无法确定，然而，无论约束反力朝向何方，它的作用线必垂直于轴线并通过轴心。这样一个方向不能预先确定的约束反力，通常可用通过轴心的两个大小未知的正交分力 $\boldsymbol{F}_{Ax}$，$\boldsymbol{F}_{Ay}$ 来表示。$\boldsymbol{F}_{Ax}$，$\boldsymbol{F}_{Ay}$ 的指向暂时可任意假定。

2）圆柱形铰链和固定铰支座　图 1-16(a) 所示的拱形桥，它是由两个拱形构件通过圆柱形铰链 C 以及固定铰链支座 A 和 B 连接而成。圆柱形铰链简称铰链，它是由刚性销钉 C 将两个钻有同样大小孔的构件连接在一起而成，如图 1-16(c) 所示，其简图如图 1-16(a) 的铰链 C。如果铰链连接中有一个固定在地面或机架上作为支座，则这种约束称为固定铰链支座，简称固定铰支座，如图 1-16(c) 中所示的支座 B，其简图如图 1-16(a) 所示的固定铰支座 A 和 B。

为了研究方便，在分析铰链 C 处的反力时，通常只拆开为两个构件，而将销钉 C 固连在其中任意一个构件上，如构件 Ⅱ 上；则构件 Ⅰ，Ⅱ 互为约束。显然，当忽略摩擦时，构件 Ⅱ 上的销钉与构件 Ⅰ 的结合，实际上是轴和光滑孔的配合问题。因此，它与轴承具有同样的约束性质，即约束反力的作用线不能预先定出，但约束反力垂直轴线并通过铰链中心，故可用两对大小未知的正交分力 $\boldsymbol{F}_{Cx}$，$\boldsymbol{F}_{Cy}$ 和 $\boldsymbol{F}'_{Cx}$，$\boldsymbol{F}'_{Cy}$ 来表示，如图 1-16(b) 所示，它们互为作用力与反作用力关系。

同理，把销钉固连在 A，B 支座上，则固定铰支座 A，B 对构件 Ⅰ，Ⅱ 的约束反力分别为 $\boldsymbol{F}_{Ax}$，$\boldsymbol{F}_{Ay}$ 和 $\boldsymbol{F}_{Bx}$，$\boldsymbol{F}_{By}$，如图 1-16(b) 所示。

当需要分析销钉 C 的受力时，才把销钉分离出来单独研究。这时，销钉 C 将同时受到构件 Ⅰ，Ⅱ 上的孔对它的反作用力，其中 $\boldsymbol{F}_{C1x}=-\boldsymbol{F}'_{C1x}$，$\boldsymbol{F}_{C1y}=-\boldsymbol{F}'_{C1y}$ 为构件 Ⅰ 与销钉 C 的作用力与反作用力；又 $\boldsymbol{F}_{C2x}=-\boldsymbol{F}'_{C2x}$，$\boldsymbol{F}_{C2y}=-\boldsymbol{F}'_{C2y}$，则为构件 Ⅱ 与销钉 C 的作用力与反作用力。销钉 C 的受力分析，如图 1-16(d) 所示。

当将销钉 C 与构件 Ⅱ 固连为一体时，$\boldsymbol{F}_{C2x}$ 与 $\boldsymbol{F}'_{C2x}$，$\boldsymbol{F}_{C2y}$ 与 $\boldsymbol{F}'_{C2y}$ 为作用在同一刚体的成对的平衡力，可以消去不画，此时，力的下角不必再分为 $C1$ 和 $C2$，铰链 C 处的约束反力仍如图 1-16(b) 所示。

请读者思考，若将销钉 C 与构件 Ⅰ 固连，铰链 C 处的约束反力将如何表达。

上述三种约束（向心轴承、铰链和固定铰支座），它们的具体结构虽有不同，但构成约束的性质却是相同的，都可表示为光滑铰链或简称柱铰，该约束的特点是只限制两物体径向的相对移动，而不限制两物体绕铰链中心的相对转动及沿轴向的位移。

总之，柱铰是被约束体与约束的接触点在二维空间内未知的光滑面约束。

(4) 光滑球形铰链　简称球铰，与柱铰相区别，它是三维约束模型，如图 1-17(a) 所示。被约束杆端为圆球，支座有与之半径近似相等的球窝，两者相配合构成球铰约束。它使被约束杆只能绕端部固定不动的球心在空间转动。与刚性柱铰相似，球与球窝是点接触，此点位置随载荷而变化，故光滑球铰提供了一个过球心、大小未知的空间约束力 $\boldsymbol{F}_A$，可用三个正交分力 $\boldsymbol{F}_{Ax}$，$\boldsymbol{F}_{Ay}$，$\boldsymbol{F}_{Az}$ 表示，其简图及力学符号如图 1-17(b) 所示。

(5) 止推轴承　止推轴承是机器是一种常见的零件与底座的连接方式，它除了限制轴颈的径向位移外，还能限制沿轴向方向的位移。因此，其约束反力有三个正交分量 $\boldsymbol{F}_{Ax}$，$\boldsymbol{F}_{Ay}$，$\boldsymbol{F}_{Az}$，止推轴承的简图及其约束反力，如图 1-18 所示。

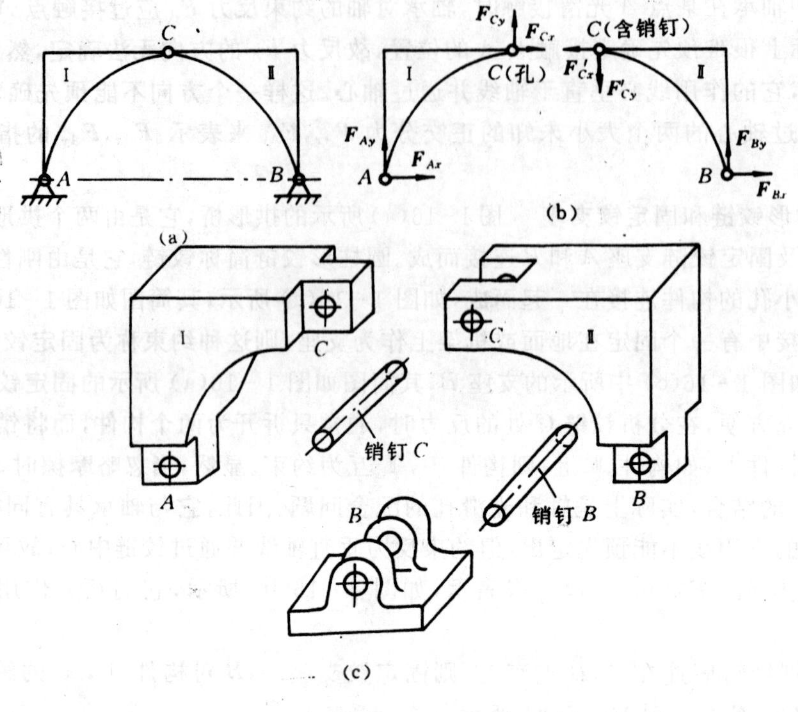

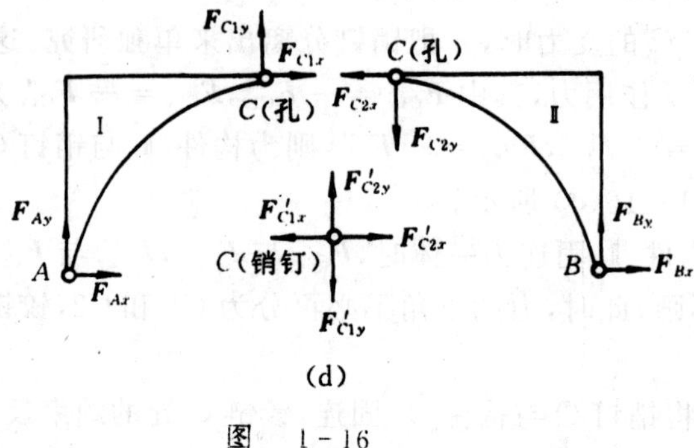

(d)

图 1-16

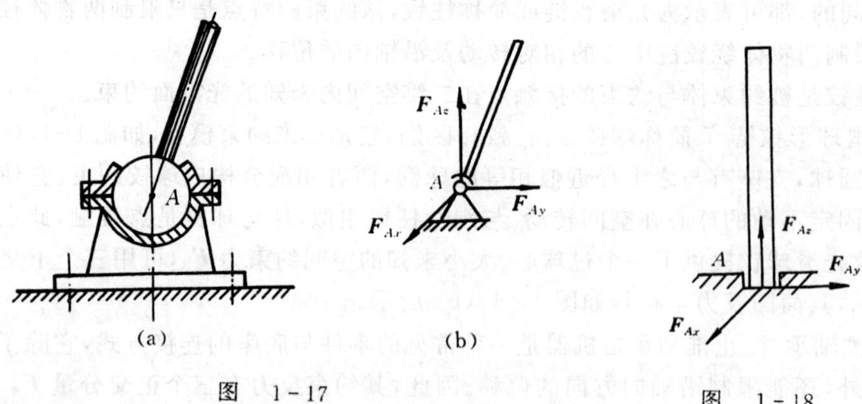

图 1-17

图 1-18

2. 理想柔性约束

仍然忽略摩擦，把约束视为柔性体，例如柔索约束。这类约束一般由绳索、链条、皮带等构成。如不特别说明，其截面尺寸及重量一律不计。当忽略其刚性视为绝对柔软时，它们便只能承受拉力而不能承受压力和抵抗弯曲，故只有当柔索被拉直时才能起约束作用。因此，柔索对物体的约束反力（常称其为张力）沿柔索背离物体，只为拉力，记为 $\boldsymbol{F}$。如图 1-19 为一皮带传动装置，假想地切开皮带轮中的皮带，由于它是被预拉后套在两皮带轮上的，故无论在皮带的紧边还是松边上都承受拉力。

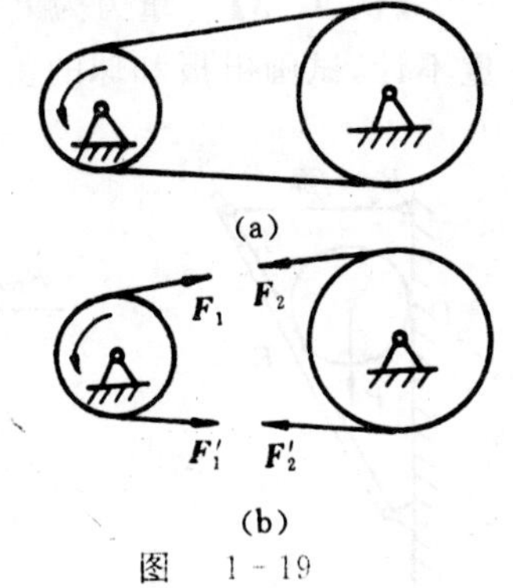

图　1-19

以上列举了几种常见的理想化的约束模型，工程实际中的约束并不一定完全与这几种类型相同，这就需要具体分析约束的特点，适当忽略次要因素，建立正确的约束类型，以便确定其约束反力的方向。

§1-4　物体的受力分析及受力图

所谓受力分析，是指分析所要研究的物体上受几个力，每个力的大小（已知或未知）和方向的过程。作用在物体上的力分为两类：一类是主动力，一般而言，主动力是事前确定的；另一类是约束对于物体的约束反力，而这些力通常是需要求解的未知力。

在对物体进行受力分析时，为了准确而清晰地表示物体的受力情况，首先必须依据问题的要求确定需要进行分析研究的具体物体，这称为确定研究对象；然后把研究对象所受外约束全部解除，把它从周围物体中假想地分离出来，单独画出其简图，这称为取分离体；最后，这样取出的分离体必须与它实际受力情况相同，故须对其进行受力分析，把作用在分离体上的所有主动力和约束反力用相应的力矢量画在研究对象的简图上，这称为画受力图。

正确地画出受力图是解决静力学问题的一个重要步骤，下面举例说明。

【例 1-2】　屋架如图 1-20(a) 所示，A 处为固定铰支座，B 处为滚动支座，搁在光滑的水平面上。已知屋架自重 $\boldsymbol{P}$，在屋架的 AC 边上承受了垂直于它的均匀分布的风力，单位长度上承受的力为 q，试画出屋架的受力图。

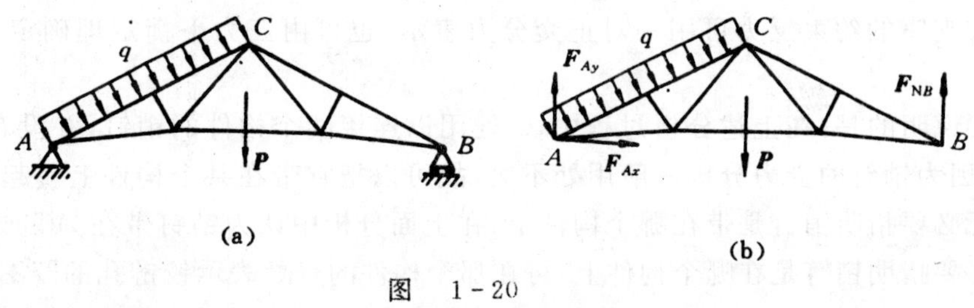

图　1-20

解　(1) 取屋架为研究对象，除去约束并画出其简图。

(2) 画主动力。有屋架的重力 $\boldsymbol{P}$ 和均布的风力 q。

(3) 画约束反力。因 A 处为固定铰支座，其约束反力通过铰链中心 A，但方向不能确定。可用大小未知的正交分力 $\boldsymbol{F}_{Ax}$，$\boldsymbol{F}_{Ay}$ 表示，B 处为滚动支座，约束反力垂直向上，用 $\boldsymbol{F}_{NB}$ 表示。

屋架的受力分析，如图 1-20(b) 所示。

【例 1-3】 重力为 P 的圆球放在板 AC 与墙壁 AB 之间，如图 1-21(a) 所示。设板 AC 自重不计，试画出板和球的受力图。

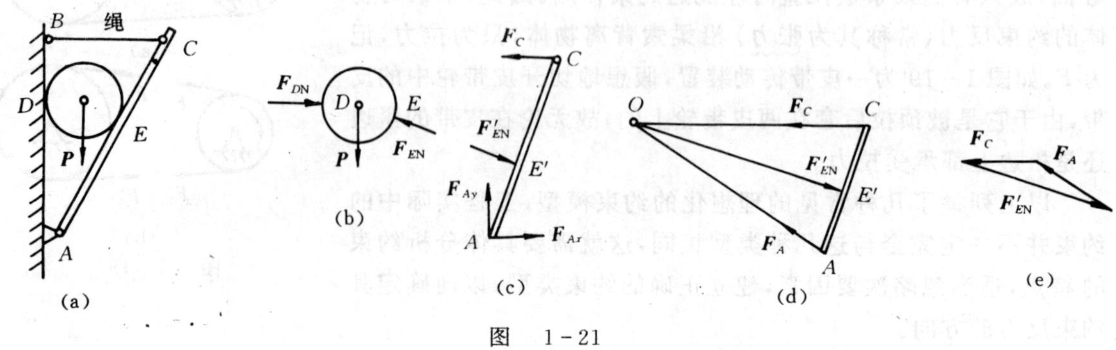

图 1-21

解 (1) 取球为研究对象，解除约束并画出简图。球所受主动力为重力 $\boldsymbol{P}$，球在 D，E 处受到光滑支承面约束，其反力 $\boldsymbol{F}_{DN}$ 和 $\boldsymbol{F}_{EN}$ 的作用线应分别沿相应接触处的公法线并指向球，球的受力图如图 1-21(b) 所示。

(2) 取板为研究对象，解除约束并画出其简图。由于板的自重不计，故只有在 A，C，E' 处的约束反力。其中 A 处为固定铰支座，其反力用 $\boldsymbol{F}_{Ax}$，$\boldsymbol{F}_{Ay}$ 表示；C 处为柔性约束，其反力为拉力 $\boldsymbol{F}_C$；E' 处有法向反力 $\boldsymbol{F}'_{EN}$，应注意该反力与球在 E 处所受反力 $\boldsymbol{F}_{EN}$ 为一对作用反作用力，$\boldsymbol{F}_{EN}=-\boldsymbol{F}'_{EN}$，板的受力图如图 1-21(c) 所示。

另外，注意到板 AC 上只有 A，E'，C 处三个反力，且处于平衡状态，因此可利用三力平衡定理确定出 A 处约束反力的方向，即先由力 $\boldsymbol{F}_C$ 与 $\boldsymbol{F}'_{EN}$ 的作用线延长后求得汇交点 O，再由点 A 向点 O 连线，则 $\boldsymbol{F}_A$ 的方位必沿 AO 方向，如图 1-21(d) 所示。

有必要指出 $\boldsymbol{F}_A$ 的指向，它可以先假定，以后由平衡方程计算求得，也可以由平面汇交力系平衡的几何条件即力多边形自行封闭的矢序规则定出，如图 1-21(e) 所示。

【例 1-4】 试作出图 1-22(a) 所示三铰拱中两个构件的受力图，各构件自重不计。

解 (1) 注意到 AC 是一个二力构件，故先作出其受力图如图 1-22(b) 所示。

(2) 再取 BC 为研究对象，其上有主动力 $\boldsymbol{F}$，C 处铰链的约束反力方向已由 AC 部分定出，B 处固定铰支座的约束反力可用一对正交分力表示，也可由三力平衡定理确定，如图 1-22(c) 所示。

需要说明的是：在上述分析过程中，C 处用以连接两个构件的销钉，并没有被单独取为研究对象，因为销钉的受力分析一般用处不大，故可以把它带在某个构件上一起取作研究对象，通常也无必要指明销钉是带在哪个构件上，在上面分析中认为销钉带在 AC 或 BC 上都可以，如果有必要指明销钉是在哪个构件上，可在那个构件的 C 处表示铰链孔的圆圈内打一个点，倘若有必要，还可以把销钉也单独取作研究对象，此时的受力分析如图 1-22(d) 所示。

请读者思考，若左、右两拱都计入自重时，各受力图有何不同？

【例 1-5】 如图 1-23(a) 所示，梯子的两部分 AB 和 AC 在点 A 铰接，又在 D，E 两点用

水平绳连接，梯子放在光滑水平面上，若其自重不计，但在 AB 的中点 H 处作用一铅直载荷 $\boldsymbol{P}$，试画出绳子 DE 和梯子的 AB,AC 部分以及整个系统的受力图。

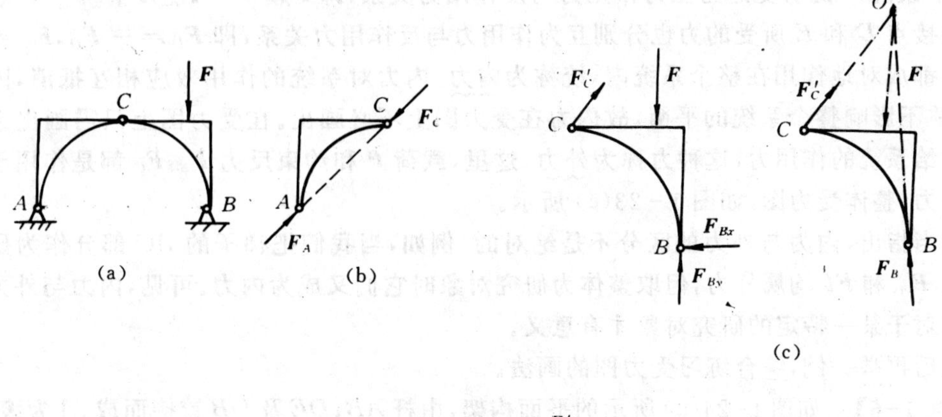

图 1-22

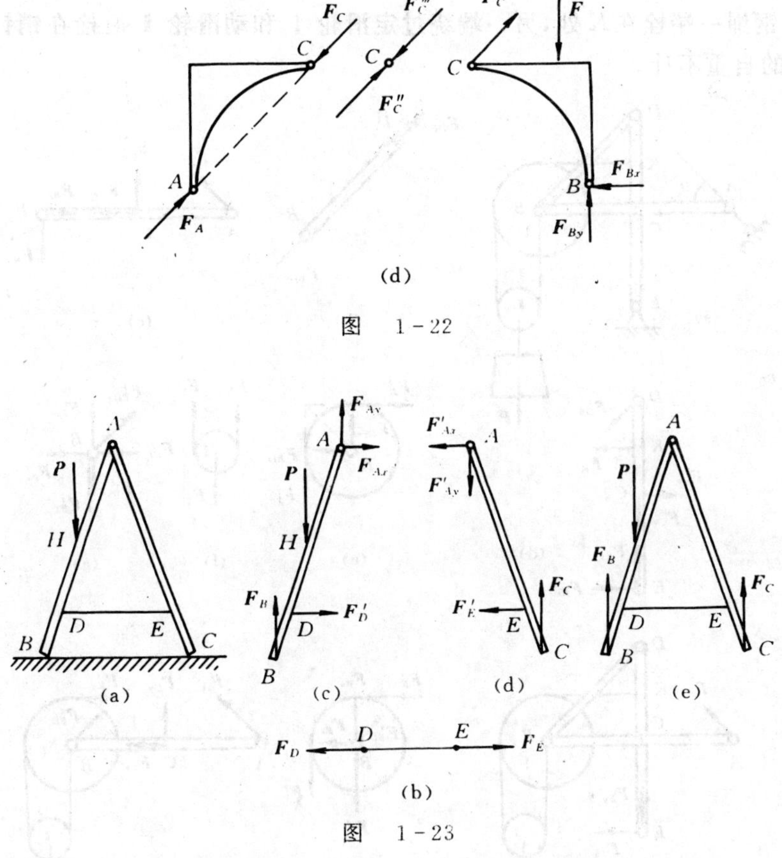

图 1-23

解 (1) 绳子 DE 的受力分析。绳子两端 D,E 分别受到梯子对它的拉力 $\boldsymbol{F}_D$,$\boldsymbol{F}_E$，如图 1-23(b) 所示。

(2) 梯子 AB 的受力分析。它在 H 处受载荷 $\boldsymbol{P}$ 的作用，在铰链 A 处受 AC 部分给它的约束反力 $\boldsymbol{F}_{Ax}$,$\boldsymbol{F}_{Ay}$ 作用，在点 D 受绳子对它的拉力 $\boldsymbol{F}_D'$(与 $\boldsymbol{F}_D$ 互为作用与反作用力)，在点 B 受光滑地面对它的法向反力 $\boldsymbol{F}_B$ 的作用，如图 1-23(c) 所示。

(3) 同上分析，梯子 AC 的受力图如图 1-23(d) 所示。

(4) 整个系统的受力分析。当选整个系统为研究对象时，可把平衡的整个结构刚化为刚体，由于铰链 A 处所受的力互为作用力与反作用力关系，即 $\boldsymbol{F}_{Ax}=-\boldsymbol{F}'_{Ax}$，$\boldsymbol{F}_{Ay}=-\boldsymbol{F}_{Ay}$；绳子与梯子连接点 D 和 E 所受的力也分别互为作用力与反作用力关系，即 $\boldsymbol{F}_D=-\boldsymbol{F}'_D$，$\boldsymbol{F}_E=-\boldsymbol{F}'_E$，这些力都成对地作用在整个系统内，统称为内力。内力对系统的作用效应相互抵消，因此可以除去，并不影响整个系统的平衡，故内力在受力图上不必画出。在受力图上只需画出系统以外的物体给系统的作用力，这种力称为外力。这里，载荷 $\boldsymbol{P}$ 和约束反力 $\boldsymbol{F}_B$，$\boldsymbol{F}_C$ 都是作用于整个系统的外力，整体受力图，如图 1-23(e) 所示。

应当指出，内力与外力的区分不是绝对的。例如，当我们把梯子的 AC 部分作为研究对象时，$\boldsymbol{F}'_{Ax}$，$\boldsymbol{F}'_{Ay}$ 和 $\boldsymbol{F}'_E$ 均属外力，但取整体为研究对象时它们又成为内力。可见，内力与外力的区分只有相对于某一特定的研究对象才有意义。

最后再举一例，综合练习受力图的画法。

【例 1-6】 如图 1-24(a) 所示的平面构架，由杆 AB，DE 及 DB 铰接而成。A 为滚动支座、E 为固定铰链。钢绳一端栓在 K 处，另一端绕过定滑轮 Ⅰ 和动滑轮 Ⅱ 后拴在销钉 B 上。物重为 $\boldsymbol{P}$，各杆及滑轮的自重不计。

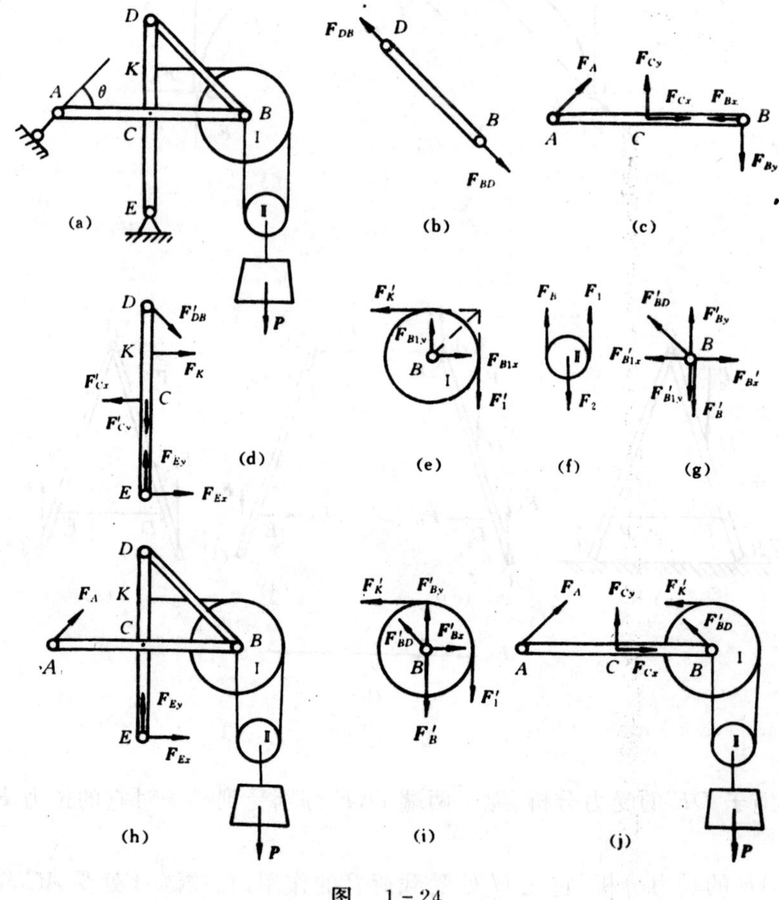

图 1-24

(1) 试分别画出各杆、各滑轮、销钉 B 以及整个系统的受力图；

(2) 画出销钉 B 与滑轮 Ⅰ 一起的受力图；

(3) 画出杆 AB、滑轮 Ⅰ，Ⅱ，钢绳和重物作为一个系统时的受力图。

解 (1) 取杆 BD 为研究对象（B 处为没有销钉的孔），其受力图如图 1-24(b) 所示。

(2) 取 AB 为研究对象（B 处仍为没有销钉的孔），其受力图如图 1-24(c) 所示。

(3) 取杆 DE 为研究对象，其受力图如图 1-24(d) 所示。

(4) 取轮 Ⅰ 为研究对象（B 处为没有销钉的孔），其受力图如图 1-24(e) 所示（亦可根据三力平衡汇交定理，确定铰链 B 处约束反力的方向，如图中虚线所示）。

(5) 取轮 Ⅱ 为研究对象，其受力图如图 1-24(f) 所示。

(6) 单独取销钉 B 为研究对象，其受力图如图 1-24(g) 所示。

(7) 取整体为研究对象，可把整个系统刚化为刚体。其受力图如图 1-24(h) 所示。

(8) 取销钉 B 与滑轮 Ⅰ 一起为研究对象，其受图如图 1-24(i) 所示。

(9) 取杆 AB，滑轮 Ⅰ，Ⅱ，重物，钢绳（包括销钉 B）一起为研究对象，其受力图如图 1-24(j) 所示。

此题较为复杂，是由于销钉 B 与四个物体连接，销钉 B 与每个连接物体之间都有作用与反作用关系，故销钉 B 上受到的力较多，因此必须明确其上每一个力的施力物体。必须注意：当分析各物体在 B 处的受力时，应根据求解需要，将销钉单独画出或将它属于某一个物体。因为各研究对象在 B 处是否包含销钉，其受力图是不同的，如图 1-24(e) 和图 1-24(i) 所示。以后，凡遇到销钉与二个以上物体连接时，均应注意上述问题。

习　题

1-1 回答下列问题

(1) 二力平衡条件与作用反作用定律都提到二力等值、反向、共线，二者有什么区别？

(2) 题图 1-1(a) 中所示三铰拱架上的作用力 $\boldsymbol{F}$ 可否依据力的可传性原理把它移到 D 点？为什么？

(3) 二力平衡条件、加减平衡力系原理等能否用于变形体？为什么？

(4) 只受两个力作用的构件称为二力构件，这种说法对吗？

(5) 确定约束反力方向的基本原则是什么？

(6) 等式 $\boldsymbol{F} = \boldsymbol{F}_1 + \boldsymbol{F}_2$ 与 $F = F_1 + F_2$ 有何区别？

(7) 题图 1-1(b)、(c) 中所画出的两个力三角形各表示什么意思？二者有什么区别？

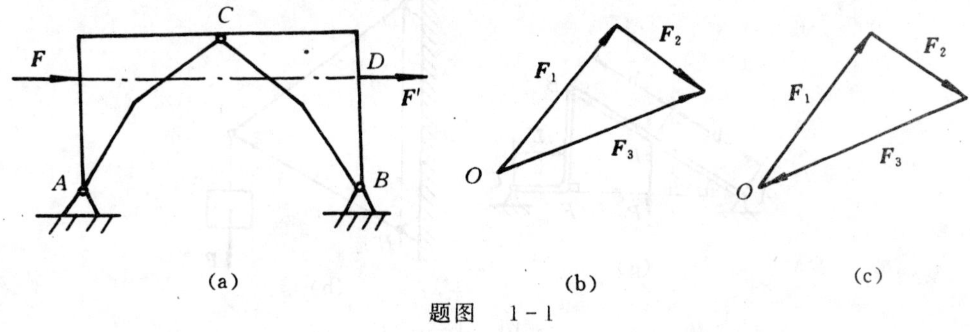

题图 1-1

1-2　试用几何法求题图 1-2 所示平面汇交力系的合力。

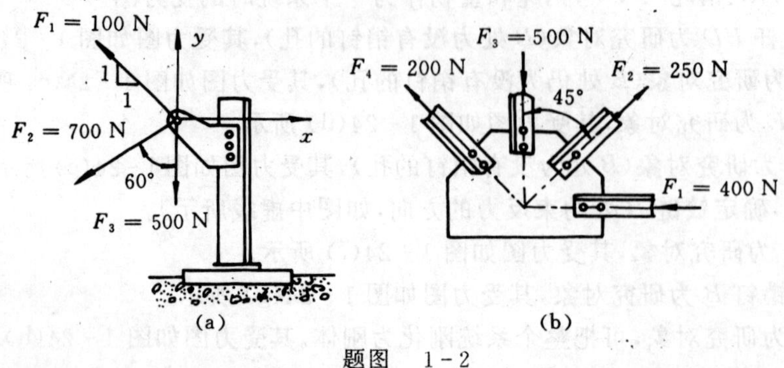

题图　1-2

1-3　画出题图1-3各图中物体 A,ABC 或构件 AB,BC 的受力图。未画重力的物体的重量均不计,所有接触处均为光滑接触。

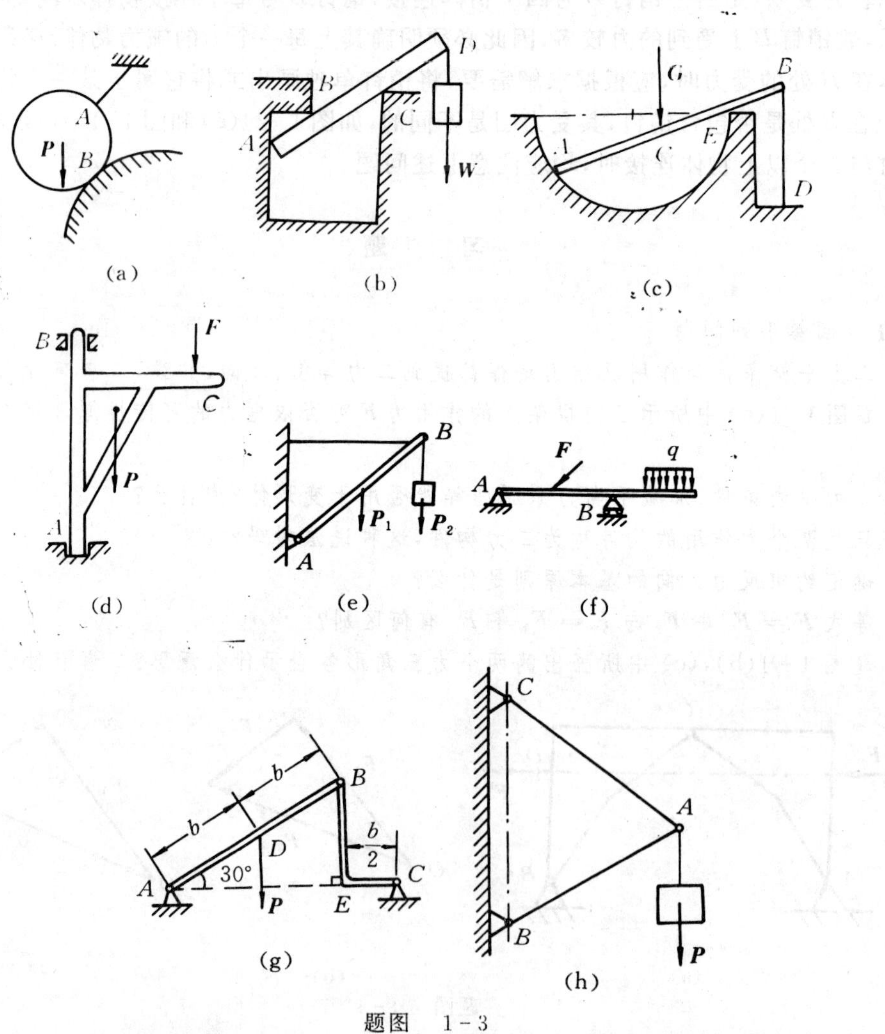

题图　1-3

1-4 画出题图1-4中每个标注字符物体的受力图、各题的整体受力图。未画重力的物体的重量均不计，所有接触处均为光滑接触。

(a) (b) (c)

(d) (e) (f) (g)

(h) (i) (j)

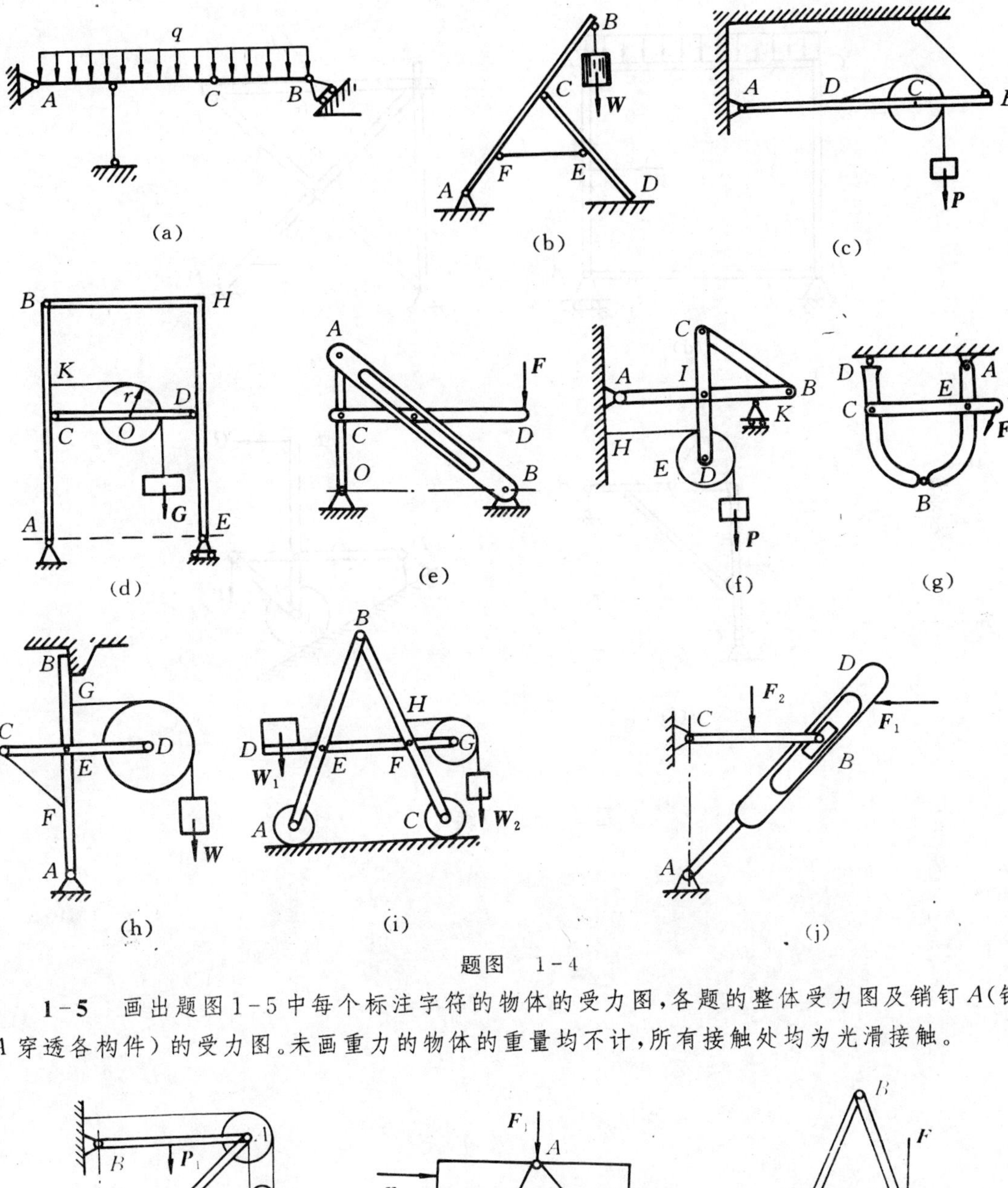

题图 1-4

1-5 画出题图1-5中每个标注字符的物体的受力图，各题的整体受力图及销钉 A（销钉 A 穿透各构件）的受力图。未画重力的物体的重量均不计，所有接触处均为光滑接触。

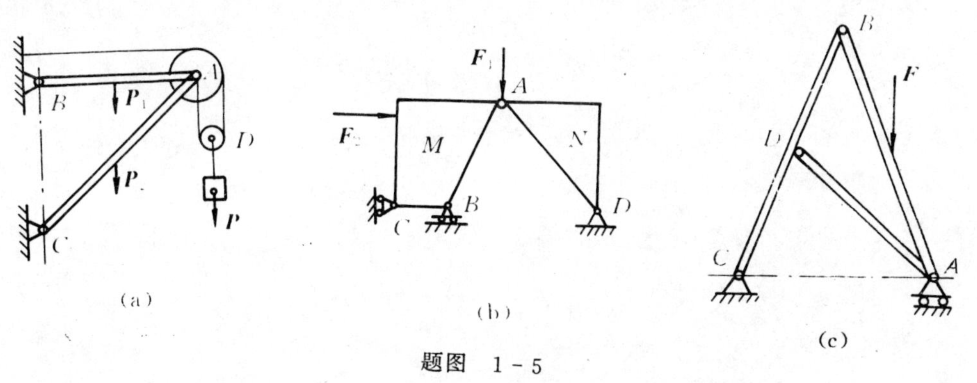

(a) (b) (c)

题图 1-5

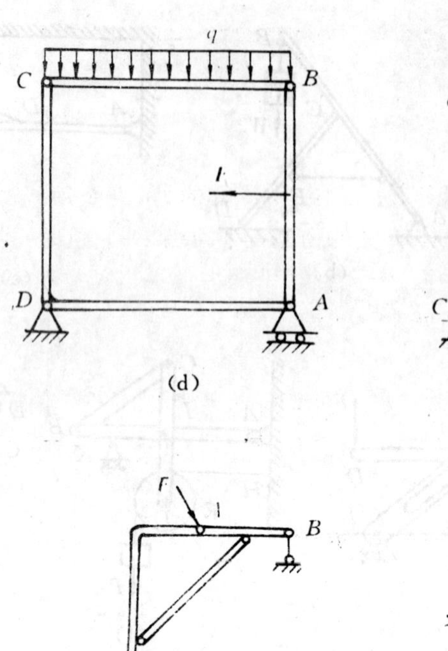

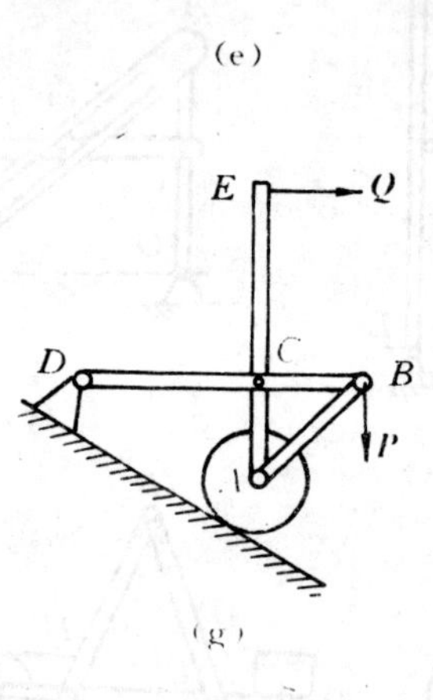

题图　1-5 (续)

第二章　平面力系

工程中经常遇到平面力系的问题，即作用在物体上的力，其作用线都分布在同一平面内（或近似地分布在同一平面内）。当物体所受的力都对称于某一平面时，也可视作平面力系问题。平面力系可分为平面汇交力系、平面平行力系、平面力偶系以及平面任意力系等。本章将较为详细地讨论平面力系的简化和平衡问题。

§2-1　力在轴上的投影和力对点之矩

力对刚体的作用效应使刚体的运动状态发生改变（包括移动和转动），其中力对刚体的移动效应可以用力在轴上的投影来描述；而力对刚体的转动效应可用力对点的矩（简称力矩）来度量。

1. 力在轴上的投影

如图 2-1 所示，称力 $\boldsymbol{F}$ 与 x 轴的单位向量 $\boldsymbol{i}$ 的数量积为力 $\boldsymbol{F}$ 在轴 x 上的投影，记为 X。于是有

$$X = \boldsymbol{F} \cdot \boldsymbol{i} = F\cos\alpha \tag{2-1}$$

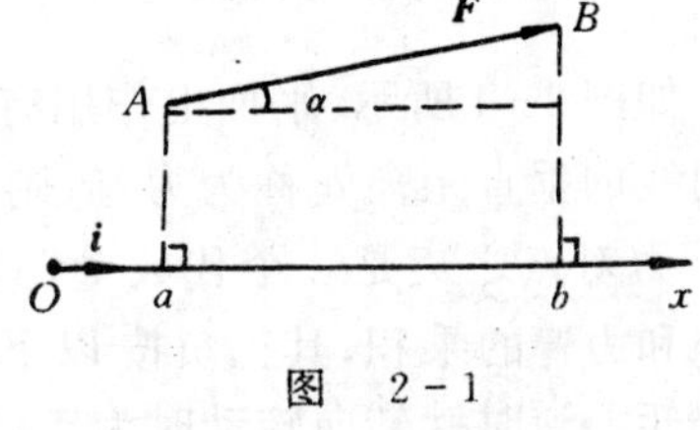

图　2-1

从几何上看，X 是过力矢的起点 A 和终点 B 分别向 x 轴引垂线所得到的有向线段 $\overrightarrow{ab}$。

力在轴上的投影为代数量，当力与轴间夹角为锐角时，其值为正；夹角为钝角时，其值为负；夹角为直角时，其值为零。实际计算时，当夹角为钝角时，常用其补角计算力投影的大小，并在其前加上负号。

为了计算上的方便，经常求力在一对直角坐标轴上的投影，如图 2-2 所示，此时有

$$\left.\begin{aligned} X &= \boldsymbol{F} \cdot \boldsymbol{i} = F\cos\alpha \\ Y &= \boldsymbol{F} \cdot \boldsymbol{j} = F\cos\beta \end{aligned}\right\} \tag{2-2}$$

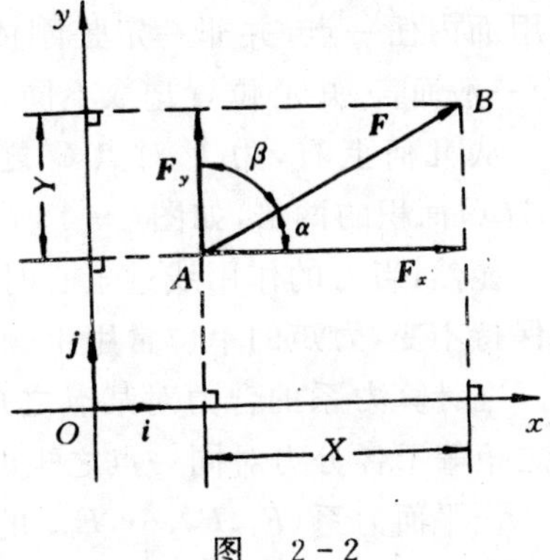

图　2-2

又由图2-2可知，力 $\boldsymbol{F}$ 可分解为两个分力 $\boldsymbol{F}_x$，$\boldsymbol{F}_y$ 时，其分力与投影有如下关系：

$$\boldsymbol{F}_x = X\boldsymbol{i} \quad \boldsymbol{F}_y = Y\boldsymbol{j}$$

故力 $\boldsymbol{F}$ 的解析表达式为

$$\boldsymbol{F} = X\boldsymbol{i} + Y\boldsymbol{j} \tag{2-3}$$

反之，若已知力 $\boldsymbol{F}$ 在两正交轴上的投影 X 和 Y，则该力的大小与方向余弦为

$$\left.\begin{aligned} F &= \sqrt{X^2 + Y^2} \\ \cos\alpha &= \frac{X}{F},\ \cos\beta = \frac{Y}{F} \end{aligned}\right\} \qquad (2-4)$$

式中 α 和 β 分别表示力 $\boldsymbol{F}$ 与 x,y 轴间的夹角。

显然,力在一对直角坐标轴上的投影与力沿这两个方向分力的大小在数值上是相等的。但须注意,力在轴上的投影 X,Y 为代数量,而力沿轴的分量 $\boldsymbol{F}_x = X\boldsymbol{i}$,$\boldsymbol{F}_y = Y\boldsymbol{j}$ 是矢量.且当 x,y 两轴不相垂直时,力沿两轴的分力 $\boldsymbol{F}_x$,$\boldsymbol{F}_y$ 在数值上也不等于力在两轴上的投影 X 和 Y,如图 2-3 所示。

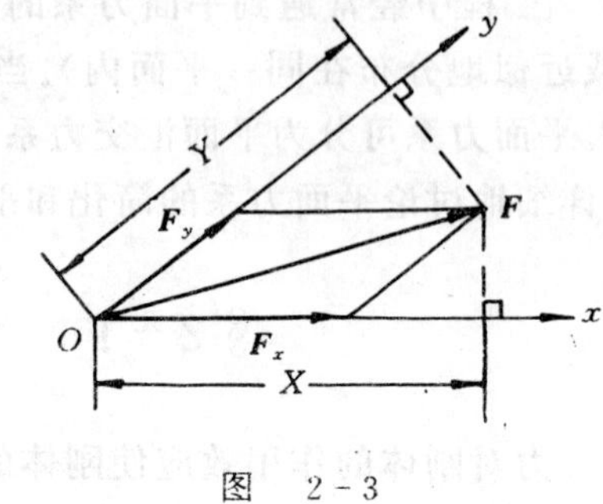

图 2-3

力既然是矢量,自然满足矢量运算的一般规则,根据合矢量的投影规则,可以得到下面这个重要的结论。

合力投影定理:力系的合力在某轴上的投影等于各分力在同一轴上投影的代数和。即

$$\left.\begin{aligned} F_{Rx} &= X_1 + X_2 + \cdots + X_n = \sum_{i=1}^{n} X_i \\ F_{Ry} &= Y_1 + Y_2 + \cdots + Y_n = \sum_{i=1}^{n} Y_i \end{aligned}\right\} \qquad (2-5)$$

式中 F_{Rx},F_{Ry} 与 X_1,X_2,$\cdots$,X_n;Y_1,Y_2,$\cdots$,Y_n 分别表示合力 $\boldsymbol{F}_R$ 与力系($\boldsymbol{F}_1$,$\boldsymbol{F}_2$,$\cdots$,$\boldsymbol{F}_n$)的各分力在 x 和 y 轴上的投影。

利用式(2-4)和式(2-5),可以从原始力系出发,直接计算力系的合力的大小和方向。

2. 力对点之矩(力矩)

如图 2-4 所示,平面上作用有一力 $\boldsymbol{F}$,在同平面内任取一点 O,点 O 称为矩心,矩心到力的作用线的垂直距离 h 称为力臂,则平面问题中力对点之矩的定义如下:

力对点之矩是一个代数量,其绝对值等于力的大小和力臂的乘积,其正负按以下方法确定:力使物体绕矩心逆时针转向转动时为正,反之为负,记作

$$M_O(\boldsymbol{F}) = \pm Fh \qquad (2-6)$$

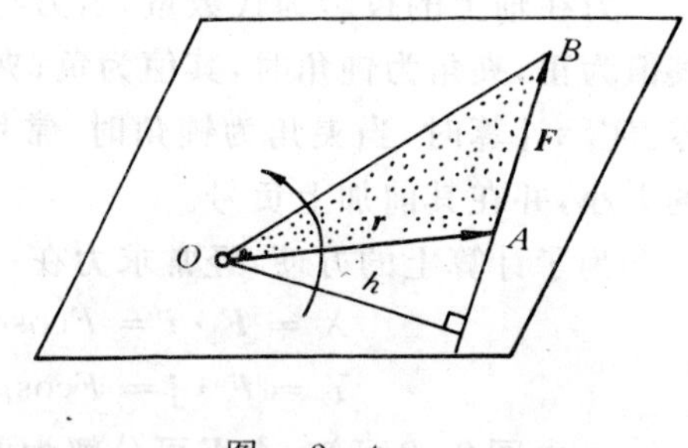

图 2-4

由定义可知,力矩是相对于某一矩心而言的,离开了矩心,力矩就没有意义。而矩心的位置可以是力作用面内任一点,并非一定是刚体内固定的转动中心。一般而言。矩心位置选取不同,力矩也就不同。

从几何上看,力 $\boldsymbol{F}$ 对点 O 之矩在数值上等于 $\triangle ABO$ 面积的两倍,如图 2-4 所示。

显然,当力的作用线过矩心时,则它对矩心的力矩为零;当力沿其作用线移动时,力对点之矩保持不变,力矩的单位常用牛顿·米(N·m)或千牛顿·米(kN·m)。

在计算力系的合力对某点之矩时,常用到所谓的合力矩定理。即:平面力系的合力对某点 O 之矩等于各分力对同一点之矩的代数和。

设平面力系($\boldsymbol{F}_1$,$\boldsymbol{F}_2$,$\cdots$,$\boldsymbol{F}_n$)的合力为 $\boldsymbol{F}_R$,根据合力矩定理则有

$$M_O(\boldsymbol{F}_R) = \sum_{i=1}^{n} M_O(\boldsymbol{F}_i) \tag{2-7}$$

利用该定理，有时会给力矩的计算带来方便。(在 §2-3 中将给出具体的证明过程)

【例 2-1】 试求图 2-5 所示构件上的力 $\boldsymbol{F}$ 对 A 点之矩。

解 可以用三种方法计算力 $\boldsymbol{F}$ 对 A 点之矩 $M_A(\boldsymbol{F})$。

(1) 由定义有 $M_A(\boldsymbol{F}) = -Fh$ 如图 2-5 所示。

因为 $\triangle AEB \sim \triangle DHB$ 所以 $\dfrac{h}{6} = \dfrac{4}{5}$，$h = 4.8\ \mathrm{m}$ 故有

$$M_A(\boldsymbol{F}) = -10 \times 4.8 = -48\ \mathrm{N \cdot m}$$

(2) 将 $\boldsymbol{F}$ 分解为水平和垂直方向的二个分力 $\boldsymbol{F}_x$，$\boldsymbol{F}_y$，则 $F_x = 10 \times \dfrac{3}{5} = 6\mathrm{N}$，$F_y = 10 \times \dfrac{4}{5} = 8\ \mathrm{N}$，根据合力矩定理有

$$M_A(\boldsymbol{F}) = M_A(\boldsymbol{F}_x) + M_A(\boldsymbol{F}_y) = -6 \times 4 + (-8 \times 3) = -48\ \mathrm{N \cdot m}$$

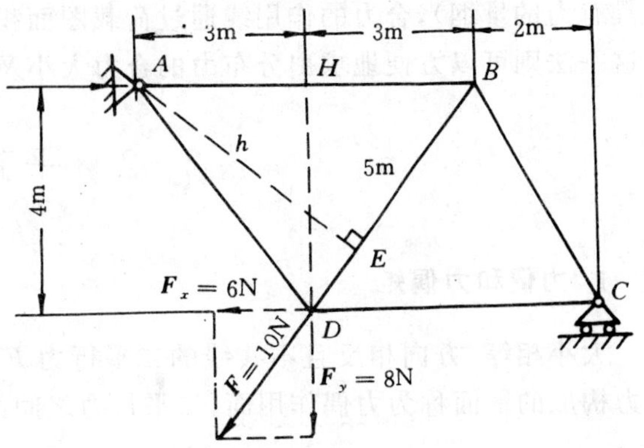

图 2-5

(3) 先将力 $\boldsymbol{F}$ 移至图中 B 点，再将 $\boldsymbol{F}$ 分解为水平和垂直方向的两个分力，其中水平方向的分力通过矩心 A，力矩为零，由合力矩定理有

$$M_A(\boldsymbol{F}) = -8 \times 6 + 6 \times 0 = -48\ \mathrm{N \cdot m}$$

综上可见，计算力矩常用下述两种方法：

(1) 直接计算力臂，按定义求力矩。

(2) 应用合力矩定理求力矩。此时应注意：① 将一个力恰当地分解为两个相互垂直的分力，利用分力取矩，并注意分解方向。② 刚体上的力可沿其作用线移动，故力可在作用线上任意一点分解。而具体在力作用线上选择哪一点进行力的分解，其原则是使分解后的两个分力取矩比较方便。

【例 2-2】 水平梁 AB 受按三角形分布的载荷作用，如图 2-6 所示，载荷集度的最大值为 q，梁长为 l，试求合力作用线的位置。

解 在梁上距 A 端为 x 的微段 $\mathrm{d}x$ 上，作用力的大小为 $q'\mathrm{d}x$，其中 q' 为该处的载荷强度，且 $q' = \dfrac{x}{l}q$。因此分布载荷的合力大小为

$$P = \int_0^l q'\mathrm{d}x = \frac{1}{2}ql$$

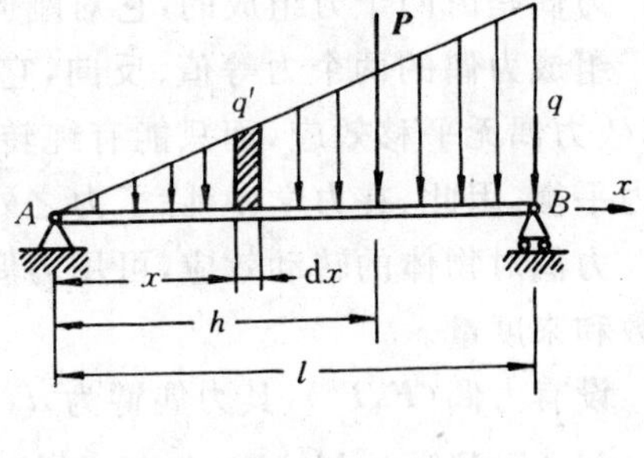

图 2-6

设合力 $\boldsymbol{P}$ 的作用线距 A 端的距离为 h，在微段 $\mathrm{d}x$ 上的作用力对点 A 之矩为 $q'\mathrm{d}x \cdot x$，全部载荷对点 A 之矩可用积分求得，根据合力矩定理有

$$Ph = \int_0^l q'\mathrm{d}x \cdot x$$

或
$$\frac{1}{2}qlh = \int_0^l \frac{x}{l}qx\mathrm{d}x$$
所以
$$h = \frac{2}{3}l$$
计算结果表明：合力大小等于三角形线分布载荷的面积，合力作用线通过该三角形的几何中心。

上述结论不难推广到一般情形，即同向的线分布力的合力大小等于荷载图的面积（这个面积具有力的量纲），合力的作用线通过荷载图面积的形心。当分布力的荷载图是简单图形时，应用这一法则可以方便地求出分布力的合力大小及其作用线位置。

§2-2 平面力偶理论

1. 力偶和力偶矩

大小相等、方向相反且不共线的二平行力 $\boldsymbol{F}$,$\boldsymbol{F}'$ 组成的力系称为力偶，记为$(\boldsymbol{F},\boldsymbol{F}')$；二平行力构成的平面称为力偶作用面；二平行力之间的距离 d 称为力偶臂，如图 2-7 所示。

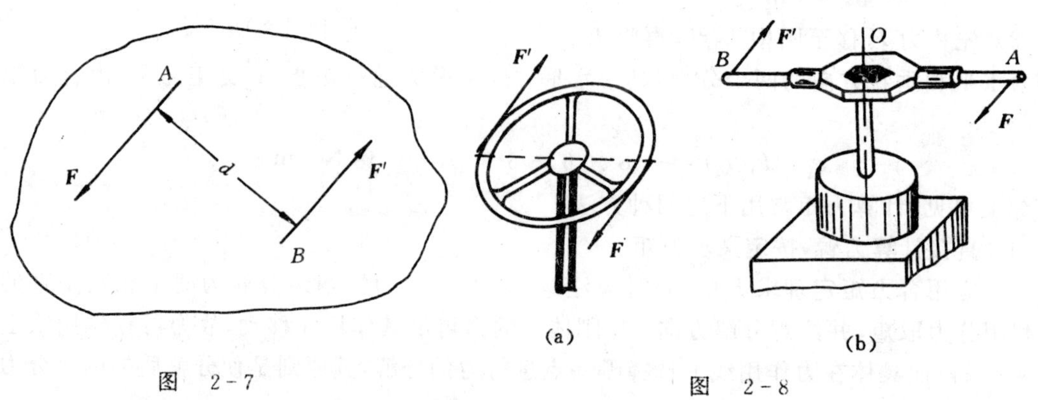

图 2-7

图 2-8

力偶在实际中经常遇到，诸如汽车司机转动方向盘（图 2-8(a) 所示）、钳工用丝锥攻螺纹（图 2-8(b)）以及日常生活中人们用手指旋转钥匙、拧水龙头等都是施加力偶的实例。

力偶是由两个力组成的，它对刚体的作用效应就是这两个力分别对刚体作用效应的叠加。由于组成力偶的两个力等值、反向，它们的矢量和必为零，它们在任一轴上的投影之和也必为零，故力偶无平移效应，而只能有纯转动效应。这表明，力偶不可能与一个力等效，也不能与一个力平衡。因此，在力学中，除了力之外，力偶也是一个基本的力学要素。

力偶对物体的转动效应，可用力偶矩来度量，即用力偶的两个力对其作用面内某点之矩的代数和来度量。

设有力偶$(\boldsymbol{F},\boldsymbol{F}')$，其力偶臂为 d，如图 2-9 所示，力偶对点 O 之矩 $M_O(\boldsymbol{F},\boldsymbol{F}')$ 为

$$M_O(\boldsymbol{F},\boldsymbol{F}') = M_O(\boldsymbol{F}) + M_O(\boldsymbol{F}') = F\,\overline{aO} - F'\,\overline{bO} = F(\overline{aO} - \overline{bO}) = Fd$$

矩心 O 是任选的，可见力偶的作用效应决定于力的大小、力偶臂的长短以及力偶的转向，与矩心的位置无关。在力学中，把力和力偶臂的乘积并冠以正负号称为力偶矩，记作 $M(\boldsymbol{F},\boldsymbol{F}')$，简记为 M，则有

$$M(\boldsymbol{F},\boldsymbol{F}') = M = \pm Fd \qquad (2-8)$$

于是有结论：力偶矩是一个代数量，其绝对值等于力的大小和力偶臂的乘积，正负号表示力偶的转向，通常规定逆时针转向为正，反之为负。力偶矩的单位与力矩相同，也为 N·m 或 kN·m。

从几何上看，力偶矩在数值上等于 $\triangle ABC$ 面积的两倍，如图 2-9 所示。

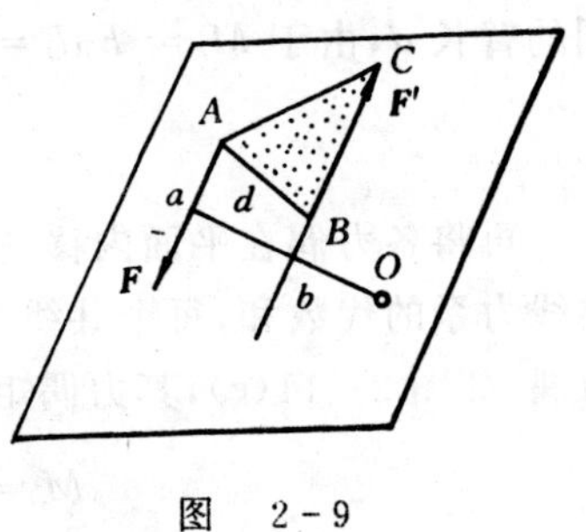

图 2-9

2. 力偶的等效定理

定理：作用在刚体上同一平面内的两个力偶，如果力偶矩相等，则两力偶彼此等效。

由这一定理可得关于平面力偶性质的两个推论。

推论 1 力偶可在其作用面内任意移转，而不改变它对刚体的作用效果。换句话说，力偶对刚体的作用效果与它在作用面内的位置无关，如图 2-10(a)，(b) 所示。

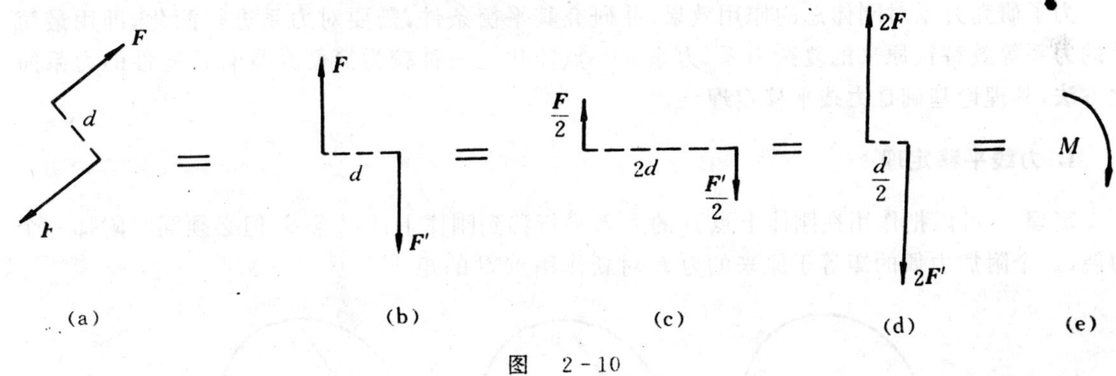

图 2-10

推论 2 只要保持力偶矩的大小和力偶的转向不变，可以同时改变力偶中力的大小和力偶臂的长短，而不改变力偶对刚体的作用，如图 2-10(c)，(d) 所示。

由此可见，力偶中力的大小和力偶臂的长短都不是力偶的特征量，力偶矩才是力偶作用效果的惟一度量。因此，常用图 2-10(e) 所示的符号表示力偶，其中 M 表示力偶矩的大小，带箭头的圆弧表示力偶的转向。

上述结论证明从略。下面运用这些结论讨论平面力偶系的简化问题。

设平面力偶系由 n 个力偶组成，其力偶矩分别为 $M_1, M_2, \cdots, M_n$，现求其合成结果，如图 2-11 所示。(为方便作图起见，取 $n=2$，这并不失一般性)

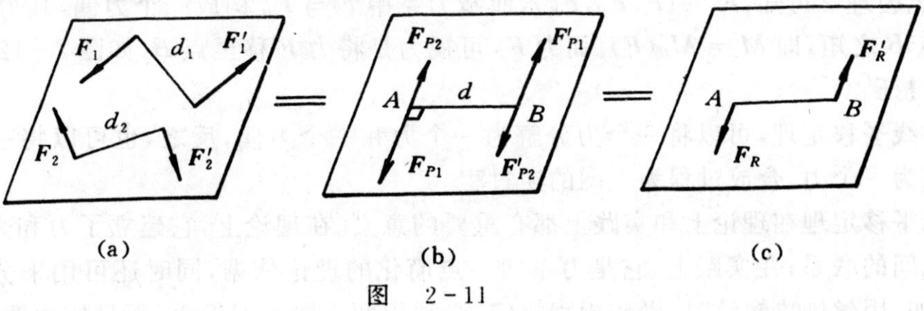

(a) (b) (c)

图 2-11

根据力偶的性质，保持各力偶矩不变，同时调整其力的大小与力偶臂的长短，使它们有相同的臂长 d，由于 $M_i = F_i d_i = F_{pi} d$，故有调整后各力的大小为

$$F_{pi} = F_i \frac{d_i}{d} \quad (i = 1,2,\cdots,n)$$

再将各力偶在平面内移、转，使各对力的作用线分别共线(如图 2-11(b) 所示)，然后求各共线力系的代数和，每个共线力系得一合力，而这两个合力等值、反向且相距为 d，构成一个合力偶。如图 2-11(c)，其力偶矩为

$$M = F_R d = \sum_{i=1}^{n} F_{pi} d = \sum_{i=1}^{n} F_i d_i = \sum_{i=1}^{n} M_i \tag{2-10}$$

故有结论：平面力偶系可以用一个力偶等效替换，其力偶矩等于原来各分力偶矩的代数和。

§2-3 平面力系的简化

为了研究力系对刚体总的作用效果，并研究其平衡条件，需要对力系进行简化，即用最简单的力系等效替换原来的复杂力系。力系向一点简化是一种较为简便并具有普遍性的力系简化方法，其理论基础是力线平移定理。

1. 力线平移定理

定理 可以把作用在刚体上点 A 的力 $\boldsymbol{F}$ 平行移到刚体上任一点 B。但必须同时附加一个力偶，这个附加力偶的矩等于原来的力 $\boldsymbol{F}$ 对新作用点 B 的矩。

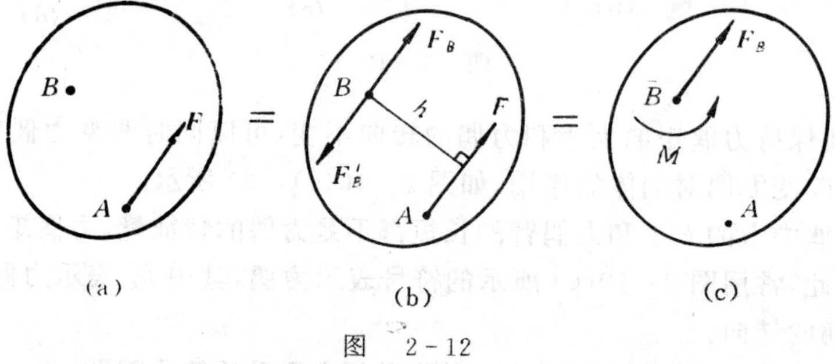

图 2-12

证明 设刚体上点 A 作用一力 $\boldsymbol{F}$，如图 2-12(a) 所示。现欲在等效条件下，将力 $\boldsymbol{F}$ 平移至刚体上的任一点 B，为此在 B 点处加一对平衡力 $\boldsymbol{F}_B, \boldsymbol{F}'_B$，并使 $\boldsymbol{F}_B = -\boldsymbol{F}'_B = \boldsymbol{F}$，如图 2-12(b) 所示。根据公理 2 可知：$\boldsymbol{F} \sim (\boldsymbol{F}, \boldsymbol{F}_B, \boldsymbol{F}'_B)$，而新力系中 $\boldsymbol{F}$ 与 $\boldsymbol{F}'_B$ 构成一个力偶，其力偶矩 M 等于力 $\boldsymbol{F}$ 对点 B 之矩，即 $M = M_B(\boldsymbol{F})$。而力 $\boldsymbol{F}_B$ 可视为是将力 $\boldsymbol{F}$ 移至点 B(如图 2-12(c) 所示)而得，定理得证。

由力线平移定理，可以将一个力分解为一个力和一个力偶，反之，也可以将一个力和一个力偶合成为一个力。合成过程为上图的逆过程。

力线平移定理在理论上和实践上都有重要的意义。在理论上，它建立了力和力偶这两个基本要素之间的联系；在实践上，它是力系向一点简化的理论依据，同时还可用来分析一些力学现象。例如，用丝锥攻螺纹时，操作规程规定，必须用两手同时握扳手，而且用力要均匀，以期丝

锥只产生转动，绝不允许只用一只手去转动扳手。读者可借助于图 2-13，应用力线平移定理，自行分析其原因。

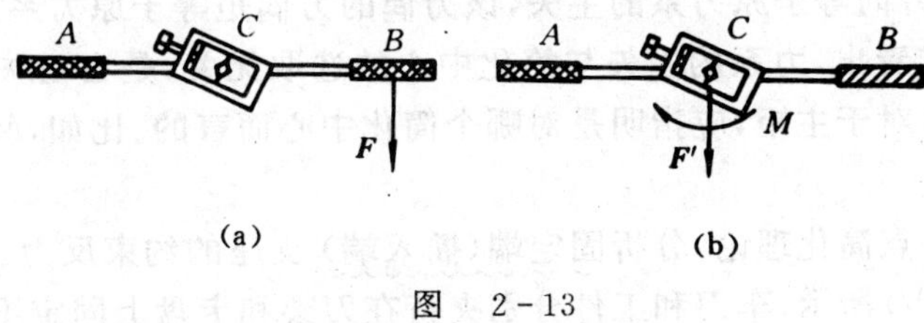

图 2-13

2. 平面力系向作用面内一点简化，主矢和主矩

设刚体上作用有一平面力系($\boldsymbol{F}_1,\boldsymbol{F}_2,\cdots,\boldsymbol{F}_n$)，如图 2-14(a) 所示。现应用力系向一点简化的方法来简化原力系，具体作法：

(1) 在力系所在平面内任选一点 O，称为简化中心，借助力线平移定理，将力系中诸力向点 O 平移。这样，原力系便分解为两个简单力系，一个是汇交于点 O 的平面汇交力系($\boldsymbol{F}_1',\boldsymbol{F}_2',\cdots,\boldsymbol{F}_n'$)，一个是力偶矩为 $M_1,M_2,\cdots,M_n$ 的附加平面力偶系，如图 2-14(b) 所示。

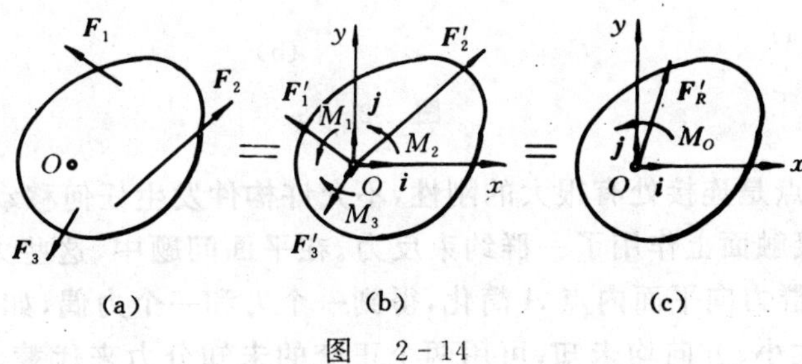

图 2-14

(2) 由前述讨论已知，该平面汇交力系可以进一步简化成一合力 $\boldsymbol{F}_R'$，其作用点过简化中心 O，其大小和方向由各分力的矢量和决定，即

$$\boldsymbol{F}_R' = \sum_{i=1}^{n}\boldsymbol{F}_i' = \sum_{i=1}^{n}\boldsymbol{F}_i \tag{2-11}$$

称力矢 $\boldsymbol{F}_R'$ 为原力系的主矢。若以点 O 为原点建立直角坐标系 xOy，$\boldsymbol{i},\boldsymbol{j}$ 为沿 Ox,Oy 轴的单位矢量，则主矢的解析表达式为

$$\boldsymbol{F}_R' = \boldsymbol{F}_{Rx}' + \boldsymbol{F}_{Ry}' = \sum_{i=1}^{n}X_i\boldsymbol{i} + \sum_{i=1}^{n}Y_i\boldsymbol{j} \tag{2-12}$$

由此可求出主矢的大小和方向余弦为

$$\left.\begin{aligned} F_R' &= \sqrt{\left(\sum_{i=1}^{n}X_i\right)^2 + \left(\sum_{i=1}^{n}Y_i\right)^2} \\ \cos(\boldsymbol{F}_R',\boldsymbol{i}) &= \frac{\sum\limits_{i=1}^{n}X_i}{F_R'},\ \cos(\boldsymbol{F}_R',\boldsymbol{j}) = \frac{\sum\limits_{i=1}^{n}Y_i}{F_R'} \end{aligned}\right\} \tag{2-13}$$

(3) 上述平面力偶系可以进一步简化为一个合力偶，该力偶矩等于各附加力偶矩的代数和，称之为原力系对点 O 的主矩，记为 M_O。则

$$M_O = \sum_{i=1}^{n} M_i = \sum_{i=1}^{n} M_O(\boldsymbol{F}_i) \quad (2-14)$$

由此，平面力系向作用面内任一点简化，可以得到一个力和一个力偶，该力的作用点通过简化中心，其大小和方向等于原力系的主矢，该力偶的力偶矩等于原力系对简化中心的主矩。

从简化过程不难看出，力系的主矢与简化中心的选取无关，是自由矢量；而主矩与简化中心的选取有关。因此，对于主矩，应指明是对哪个简化中心而言的。比如，M_O 中的下标 O 就指明了简化中心是点 O。

下面用力系向一点简化理论 分析固定端(插入端) 支座的约束反力。

如图 2-15(a)、(b) 所示，车刀和工件分别夹持在刀架和卡盘上固定不动。这种约束称为固定端或插入端支座，其简图如图 2-15(c) 所示。

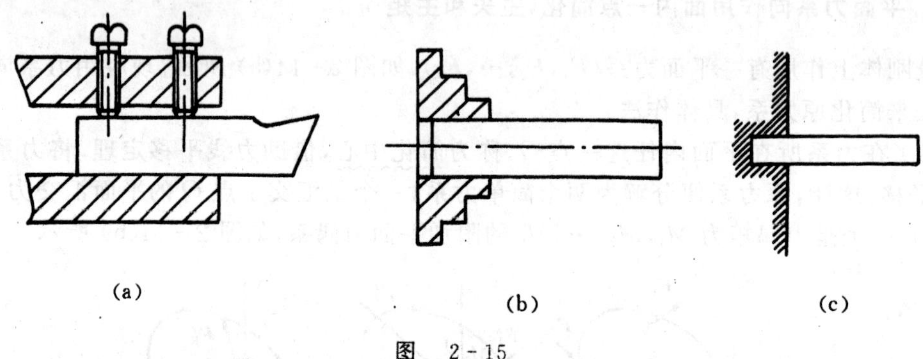

(a)　　(b)　　(c)

图　2-15

这类约束的特点是连接处有很大的刚性，不允许构件发生任何移动或转动。固定端支座对物体的作用，是在接触面上作用了一群约束反力。在平面问题中，这些力为一平面力系，如图 2-16(a) 所示。将这群力向平面内点 A 简化，得到一个力和一个力偶，如图 2-16(b) 所示。一般情况下，这个力的大小、方向均未知，可用两个正交的未知分力来代替。故在平面力系情况下，固定端 A 处的约束反力可简化为两个约束反力 $\boldsymbol{F}_{Ax}$，$\boldsymbol{F}_{Ay}$ 和一个矩为 M_A 的约束反力偶，如图 2-16(c) 所示。

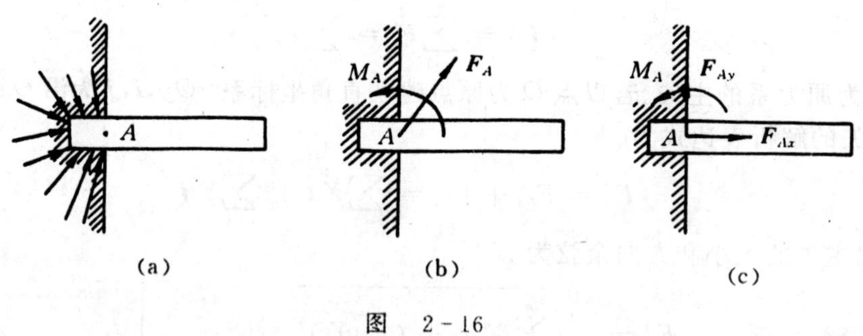

(a)　　(b)　　(c)

图　2-16

比较固定端约束和固定铰链支座的约束性质可知，固定铰支座只能限制物体的移动而不能限制物体在约束平面内的转动。固定端约束则除了限制物体的移动之外，还限制物体在约束平面内的转动。因此，除了约束反力外，还必须有约束反力偶。

工程中，固定端支座是一种常见的约束，除前面提到的刀架、卡盘外，还有插入地基中的电线杆以及悬臂梁等。

3. 简化结果的讨论

由于平面力系对刚体的作用决定于力系的主矢和主矩，因此，可由这两个基本物理量来研究力系简化的最后结果。

(1) 若 $\boldsymbol{F}_R' = 0, M_O \neq 0$，平面力系与一力偶等效，此力偶称为平面力系的合力偶，其力偶矩用主矩 $M_O = \sum_{i=1}^{n} M_O(\boldsymbol{F}_i)$ 度量。由力偶的性质可知，力偶对任意点的矩恒等于力偶矩，故这时主矩与简化中心的选取无关。

(2) 若 $\boldsymbol{F}_R' \neq 0, M_O = 0$，平面力系等效于作用线过简化中心的一个合力(若否，力系的主矩将不为零)。合力 $\boldsymbol{F}_R$ 的大小和方向由力系的主矢 $\boldsymbol{F}_R'$ 确定，即 $\boldsymbol{F}_R = \boldsymbol{F}_R'$。

(3) 若 $\boldsymbol{F}_R' \neq 0, M_O \neq 0$，这种情形还可以进一步简化。根据力线平移定理可知，$\boldsymbol{F}_R'$ 和 M_O 可以由一个力 $\boldsymbol{F}_R$ 等效替换，且 $\boldsymbol{F}_R = \boldsymbol{F}_R'$，但其作用线不过简化中心 O。若设合力作用线到简化中心 O 的距离为 d，则 $d = \left|\dfrac{M_O}{F_R'}\right|$。图 2－17 说明了上述简化过程，其中 O' 为合力 $\boldsymbol{F}_R$ 的作用点。

另外，由图 2－17(b) 及其证明过程易知

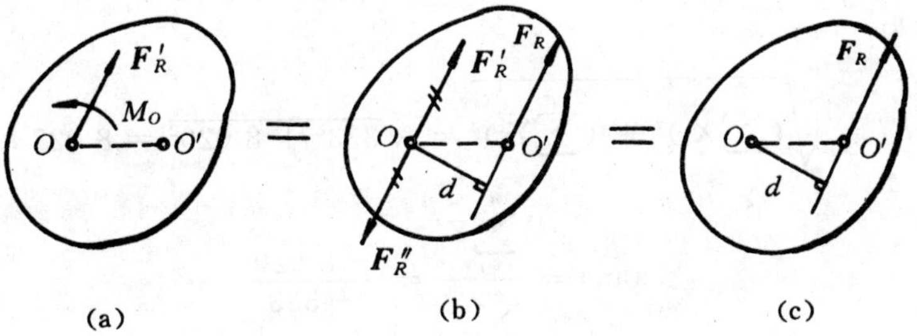

$(\boldsymbol{F}_R', M_O) \sim (\boldsymbol{F}_R, \boldsymbol{F}_R', -\boldsymbol{F}_R'') \sim (\boldsymbol{F}_R)$

图 2－17

$$M_O(\boldsymbol{F}_R) = F_R d = M_O = \sum_{i=1}^{n} M_O(\boldsymbol{F}_i)$$

由于简化中心 O 是任取的，所以上式有普遍意义。即：平面力系的合力对作用面内任一点的矩等于各分力对同一点矩的代数和。这恰是我们前面叙述的合力矩定理及其证明。

(4) 若 $\boldsymbol{F}_R' = 0, M_O = 0$，表明平面力系对刚体总的作用效果为零，故该力系为平衡力系。这种情形将在下节详细讨论。

【例 2－3】 某桥墩顶部受到两边桥梁传来的铅直力 $F_1 = 1\ 940$ kN，$F_2 = 800$ kN，水平力 $F_3 = 193$ kN，桥墩重量 $P = 5\ 280$ kN，风力的合力 $F = 140$ kN。各力作用线位置如图 2－18 所示。求将这些力向基底截面中心 O 的简化结果；如能简化为一合力，试求出合力作用线位置。

解 (1) 先将力系向点 O 简化，求得其主矢 $\boldsymbol{F}_R'$ 和主矩 M_O(图 2－18(b))。由图 2－18(a) 有

$$F_{Rx}' = \sum_{i=1}^{n} X_i = -F_3 - F = -333\ \text{kN}$$

$$F_{Ry}' = \sum_{i=1}^{n} Y_i = -(F_1 + F_2 + P) = -8\ 020\ \text{kN}$$

故

$$\boldsymbol{F}_R' = -333\boldsymbol{i} - 8\ 020\boldsymbol{j}\ \text{kN}$$

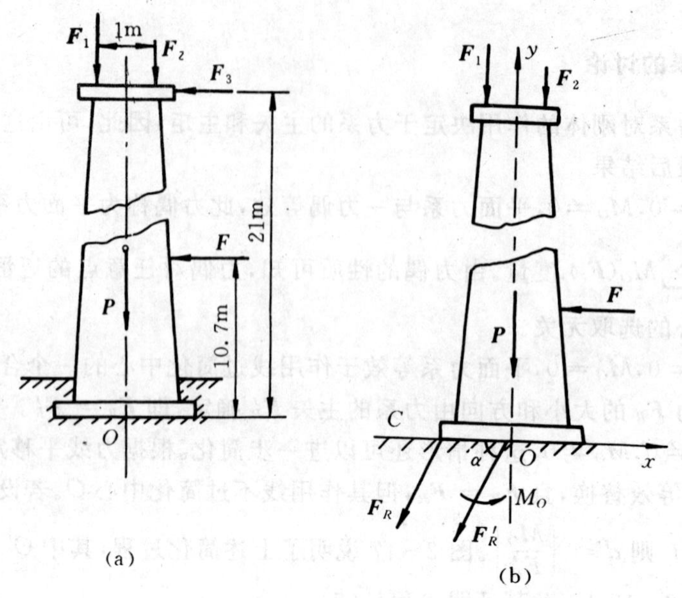

图 2-18

主矢 F'_R 的大小为

$$F'_R = \sqrt{(\sum_{i=1}^{n} X_i)^2 + (\sum_{i=1}^{n} Y_i)^2} = \sqrt{333^2 + 8\ 020^2} = 8\ 027\ \text{kN}$$

方向为

$$\tan\alpha = \frac{\sum_{i=1}^{n} Y_i}{\sum_{i=1}^{n} X_i} = \frac{-\ 8\ 020}{-\ 333}$$

所以

$$\alpha = 87.62°$$

即主矢 F'_R 在第三象限内，与 x 轴的夹角为 87.62°。

力系对 O 点的主矩为

$$M_O = F_1 \times 0.5 - F_2 \times 0.5 + F_3 \times 21 + F \times 10.7 = 6\ 121\ \text{kN} \cdot \text{m}$$

(2) 由于 $F'_R \neq 0, M_O \neq 0$，故原力系的简化结果为一合力 F_R，合力 F_R 的大小和方向与主矢 F'_R 相同。其作用线位置的 x 值可根据合力矩定理求得(图 2-18(b))，即

$$M_O = M_O(F_R) = M_O(F_{Rx}) + M_O(F_{Ry})$$

其中

$$M_O(F_{Rx}) = 0$$

故

$$M_O = M_O(F_{Ry}) = F_{Ry}x$$

解得

$$x = \overline{OC} = \left| \frac{M_O}{F_{Ry}} \right| = \frac{6\ 121}{8\ 020} = 0.763\ \text{m}$$

§2-4　平面力系的平衡条件和平衡方程

从上节分析中可以看出，主矢 F'_R 和主矩 M_O 不同时为零时，力系是不平衡的。因此，要使平面力系平衡，则必须 $F'_R = 0, M_O = 0$。反之，如果 $F'_R = 0, M_O = 0$，则说明力系必然是平衡的。所

以，平面力系平衡的充分和必要条件是力系的主矢和对作用面内任意一点的主矩同时为零。

将上述平衡条件用解析形式表述，就可以得到平面力系的平衡方程式。

由 $\boldsymbol{F}_R' = 0$，有 $$F_R' = \sqrt{(\sum_{i=1}^{n} X_i)^2 + (\sum_{i=1}^{n} Y_i)^2} = 0$$

必有
$$\left.\begin{aligned} \sum_{i=1}^{n} X_i = 0 \\ \sum_{i=1}^{n} Y_i = 0 \end{aligned}\right\} \tag{2-16a}$$

由 $M_O = 0$ 有 $M_O = \sum_{i=1}^{n} M_O(\boldsymbol{F}_i) = 0$

即
$$\sum_{i=1}^{n} M_O(\boldsymbol{F}_i) = 0 \tag{2-16b}$$

综合以上两式，并采用简写记号，以 X，Y 代表力在轴上的投影；$M_O(\boldsymbol{F})$ 表示力对点 O（取为简化中心）之矩；省略求和指标及下标。最后可得

$$\left.\begin{aligned} \sum X = 0 \\ \sum Y = 0 \\ \sum M_O(\boldsymbol{F}) = 0 \end{aligned}\right\} \tag{2-17}$$

方程（2-17）就是平面力系平衡方程的基本形式。它由两个投影方程和一个力矩方程组成。它表明：平面力系平衡的必要和充分条件是，力系中各力在平面坐标系中每一轴上投影的代数和分别为零，以及各力对作用面内任意点的力矩的代数和也为零。

平面力系有三个独立的平衡方程，可以求解三个未知量，并且除了上述基本形式外，还有所谓的二矩式、三矩式两种。它们之间是相互等价的。下面分别介绍。

二矩式平衡方程为

$$\left.\begin{aligned} \sum X = 0 \\ \sum M_A(\boldsymbol{F}) = 0 \\ \sum M_B(\boldsymbol{F}) = 0 \end{aligned}\right\} \tag{2-18}$$

即两个力矩式方程和一个投影式方程，其中 A，B 连线不得与 x 轴相垂直。

下面分析其满足力系平衡的必要和充分条件的原因。如图 2-19 所示。

必要性：如果一平面力系满足 $\boldsymbol{F}_R' = 0$，$M_O = 0$，即与零力系等效，则该力系对任意轴（含 x 轴）的投影及对任意点（含 A，B）之矩都应当为零，故式（2-18）必成立。

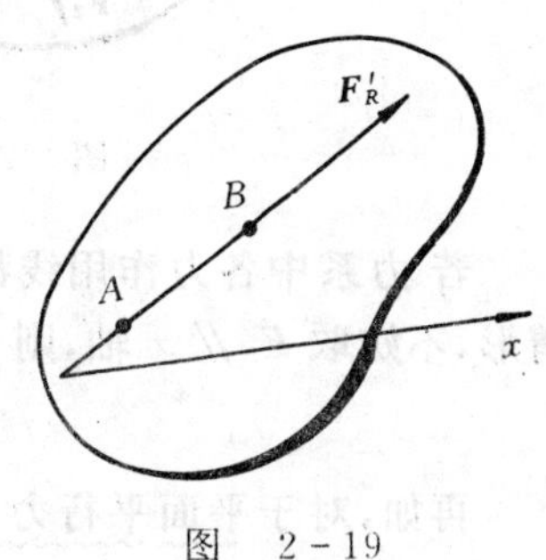

图 2-19

充分性：假设式（2-18）成立，若力系不平衡，则由 $\sum M_A(\boldsymbol{F}) = 0$ 或 $\sum M_B(\boldsymbol{F}) = 0$ 可知，力系不可能简化为一个力偶，只可能简化为通过 A，B 两点的一个合力。但 $\sum X = 0$，否定了简化成一个合力的可能性。因为 x 轴与 A，B 两点连线不垂直。如有合力 $\boldsymbol{F}_R$，则合力在 x 轴上投影不可能等于零，此与 $\sum X$

$=0$ 矛盾，故原力系必为平衡力系。

三矩式平衡方程为

$$\left.\begin{aligned}\sum M_A(\boldsymbol{F})=0\\ \sum M_B(\boldsymbol{F})=0\\ \sum M_C(\boldsymbol{F})=0\end{aligned}\right\} \tag{2-19}$$

式中 A,B,C 三点不能共线。

关于这组方程的证明，读者可自行考虑。为什么不能写出 3 个投影式平衡方程，也请读者思考。

上述三组平衡方程，都可用来解决平面力系的平衡问题。尽管它们形式不同，对投影轴和矩心的选择除上面提到的条件外，也别无限制，但究竟选用哪一组方程，须根据具体条件确定。对于作用平面力系的物体，只能建立 3 个独立的平衡方程，从而最多可以求解 3 个未知量。任何第 4 个方程都只能是上述 3 个方程的线性组合，因而不是独立的。但可以利用多余的方程来校核计算结果。

以上讨论了最一般平面力系的平衡条件和平衡方程，在此基础上，我们可以很方便地推导出某些特殊的平面力系的平衡方程式。

例如，对于平面汇交力系，即各力作用线共面且汇交于一点的力系。设力系的汇交点为 O，不妨取点 O 为简化中心，则力系主矩 $M_O=0$，从而只要主矢为零，则原力系就平衡，其平衡方程式为

$$\left.\begin{aligned}\sum X=0\\ \sum Y=0\end{aligned}\right\} \tag{2-20}$$

这恰是式(2-17)的前二式，而其第三式被自然满足了，如图 2-20 所示。

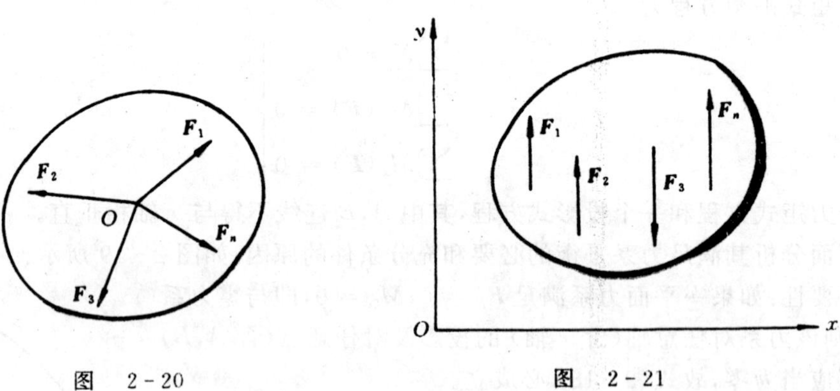

图 2-20　　图 2-21

若力系中各力作用线都沿同一直线，则该力系称为共线力系，它是平面汇交力系的特殊情形，不妨取 $\boldsymbol{F}_i \,/\!/\, x$ 轴，则 $\sum Y\equiv 0$，故其平衡方程为

$$\sum X=0 \tag{2-21}$$

再如，对于平面平行力系，即各力作用线共面且平行的力系。该力系简化后其主矢必与各力平行，从而方向已知。不妨取两个投影轴分别与力系平行或垂直(如图 2-21)，则 $\sum X\equiv 0$，

故其平衡方程式为

$$\left.\begin{aligned}\sum Y = 0 \quad (\boldsymbol{F}_i \,//\, y\text{ 轴})\\ \sum M_O(\boldsymbol{F}) = 0\end{aligned}\right\} \tag{2-22}$$

平面汇交力系和平面平行力系的平衡方程式同样可用多矩式表达，但必须附加相应的限制条件。请读者自行给出。

最后，对于平面力偶系，由于简化结果为一个合力偶，而力偶在任何轴上的投影均为零，故式(2－17)中的前二式自然满足($\sum X \equiv 0$，$\sum Y \equiv 0$)，故其平衡方程式为

$$\sum M = 0 \tag{2-23}$$

注意：这里取掉 M_O 的下标，是由于力偶矩与矩心的选择无关。

上述几种特殊的平面力系，由于力系本身满足了某些条件，因此其独立的平衡方程数目也随之减少。

至此基本完成了平面力系的简化及其平衡条件的讨论。下面将应用上述结果来解决平面力系的实际问题。

应用平衡方程式求解平衡问题的方法称为解析法。它是求解平衡问题的主要方法。这种解题方法包含以下步骤：

(1) 根据求解的问题，恰当的选取研究对象　所谓研究对象，是指为了解决问题而选择的分析主体。选取研究对象的原则是，要使所取物体上既包含已知条件，又包含待求的未知量。

(2) 对选取的研究对象进行受力分析，正确地画出受力图　在正确画出研究对象受力图的基础上，应注意适当地运用简单力系的平衡条件如二力平衡、三力平衡汇交定理、力偶等效定理等确定未知反力的方位，以简化求解过程。

(3) 建立平衡方程式，求解未知量　为顺利地建立平衡方程式求解未知量，应注意如下几点：

(a) 根据所研究的力系选择平衡方程式的类别(如汇交力系、平行力系、任意力系等)和形式(如基本式、二矩式、三矩式等等)。

(b) 建立投影方程时，投影轴的选取原则上是任意的，并非一定取水平或铅垂方向，应根据具体问题从解题方便入手去考虑。

(c) 建立力矩方程时，矩心的选取也应从解题方便的角度加以考虑。

(d) 求解未知量。由于所列平衡方程一般是一组线性方程组，这说明一个静力学问题经过上述力学分析后将归结于一个线性方程组的求解问题。从理论上讲，只要所建立的平衡方程组具有完整的定解条件(独立方程个数与未知量个数相等)，则求解并不困难。若要解的方程组相互联立，则计算(指手算)耗时费力。为免去这种麻烦，就要求在列平衡方程式时要运用一些技巧，尽可能做到每个方程只含有一个(或较少)的未知量，以便手算求解。

有必要指出，典型的解题步骤能够使我们有条理地着手解决许多问题。这些步骤并不是一些必须机械遵循的条款，死记硬背是不会奏效的。相反，这些步骤应该用来作为帮助提高分析能力的基本途径和方法。

【例 2－4】　图 2－22(a)所示拖拉机制动蹬，制动时用力 $\boldsymbol{F}$ 踩踏板，通过拉杆 CD 使拖拉机制动，记 $F = 100\ \text{N}$，踏板和拉杆自重不计，求图示位置时拉杆的拉力 $\boldsymbol{F}_T$ 和铰链 B 处的支座反力。

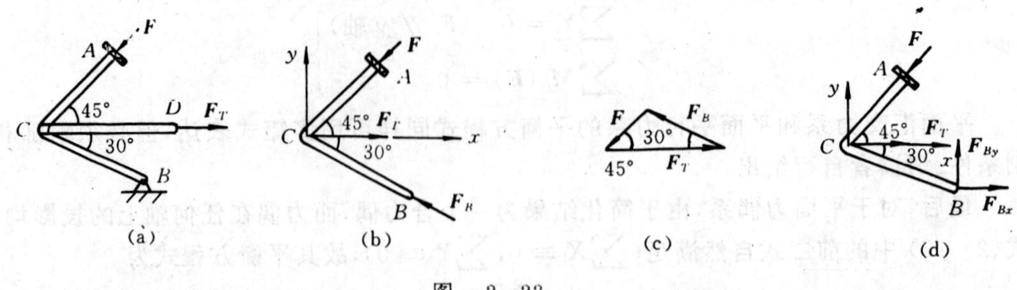

图 2-22

解(1) 取研究对象:因为踏板 ACB 上既有已知力 $\boldsymbol{F}$,又有未知力 F_T 和 B 处的支座反力。故取 ACB 为研究对象。

(2) 画研究对象的受力图:注意到 ACB 上受有力 $\boldsymbol{F}$,$\boldsymbol{F}_T$ 和 B 处的约束反力 $\boldsymbol{F}_B$ 三力作用而平衡,故可利用三力平衡汇交定理确定 $\boldsymbol{F}_B$ 的方位。至于 $\boldsymbol{F}_B$ 的指向,可先假设,待计算之后由 F_B 的正负号即可判定。另外,拉杆 CD 为二力杆,按二力平衡公理可直接确定 C 端的约束反力的方向,而不必单独研究 CD 杆,受力图如图 2-22(b) 所示。

(3) 列平衡方程式,求解未知量:

(a) 选平衡方程的类型:由于 ACB 上受一平面汇交力系,故应选用相应的平衡方程式(2-20)。

(b) 建立投影轴(图 2-22(b)),列平衡方程

$$\sum X = 0,\quad F_T - F\cos45° - F_B\cos30° = 0$$

$$\sum Y = 0,\quad F_B\sin30° - F\sin45° = 0$$

(c) 解方程,求得

$$F_B = F\frac{\sin45°}{\sin30°} = \sqrt{2}F = \sqrt{2}\times 100 = 141.4\ \text{N}$$

$$F_T = F(\cos45° + \cot30°\sin45°) = 100\times\left(\frac{\sqrt{2}}{2} + \sqrt{3}\times\frac{\sqrt{2}}{2}\right) = 193.2\ \text{N}$$

由计算结果知,F_B 为正值,说明受力分析时假定的 $\boldsymbol{F}_B$ 的指向与实际一致。

讨论

(1) 本例中所研究的力系是由三个力组成的平面汇交力系,亦可采用几何法求解,即利用前述平面汇交力系平衡的几何条件,将三力组成自行封闭,各力首尾相接的力三角形。并根据几何关系求解未知力 $\boldsymbol{F}_T$ 和 $\boldsymbol{F}_B$,力三角形如图 2-22(c) 所示。由正弦定理得

$$F_B = F\frac{\sin45°}{\sin30°} = 141.4\ \text{N}$$

$$F_T = F(\cos45° + \cot30°\sin45°) = 193.2\ \text{N}$$

注意:几何法按力三角形自行封闭的矢序规则确定出力 F_B 的指向,此时不能随意假设。

(2) 若在受力分析中不利用三力平衡汇交定理,则 B 处约束反力亦可由一对正交分力 $\boldsymbol{F}_{Bx}$,$\boldsymbol{F}_{By}$ 表示。这样踏板上所受的就是一个平面任意力系,于是需要选用平面任意力系的平衡方程,如基本式(2-17),坐标系如图 2-22(d) 所示,并以 B 为矩心。有

$$\sum X = 0, \quad -F\cos45° + F_T + F_{Bx} = 0$$

$$\sum Y = 0, \quad -F\sin45° + F_{By} = 0$$

$$\sum M_B(\boldsymbol{F}) = 0, \quad F\cos15° \times BC - F_T\cos60° \times BC = 0$$

第三式中计算力 $\boldsymbol{F}$ 及力 $\boldsymbol{F}_T$ 对点 B 之矩时利用了合力矩定理。另外，BC 未知，但算式中可约去，解上述方程组可得

$$F_{By} = 70.7\ \text{N}, \quad F_T = 193.2\ \text{N}, \quad F_{Bx} = -122.5\ \text{N}$$

为了与前面结果对比，可将 $\boldsymbol{F}_{Bx}$，$\boldsymbol{F}_{By}$ 合成为 $\boldsymbol{F}_B$，有

$$F_B = \sqrt{F_{Bx}^2 + F_{By}^2} = 141.4\ \text{N}$$

$$\tan\alpha = \frac{F_{By}}{F_{Bx}} = -0.577$$

所以 $\alpha = 150°$，与前面结果一致，这里 α 是力 $\boldsymbol{F}_B$ 与轴 x 之间的正向夹角。

【例 2-5】 铰车系统如图 2-23(a) 所示，其中直杆 AB，BC 铰接于点 B，自重不计，点 B 处滑轮尺寸不计，重物 $P = 20$ kN 通过钢丝绳悬挂于滑轮上并与铰车相连，试求平衡时杆 AB 和 BC 所受的力。

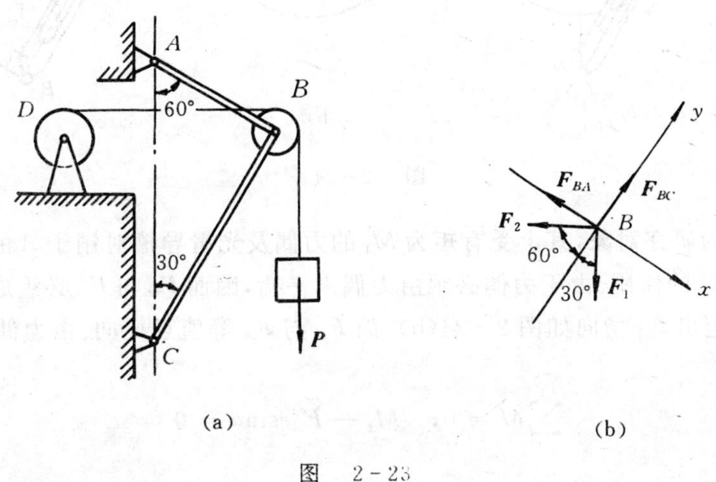

图 2-23

解 由于杆 AB，BC 都是二力杆，不妨设 AB 杆受拉，BC 杆受压，为求出这两个未知力，可通过求两杆对滑轮的约束反力来求解，故取滑轮 B 为研究对象。

滑轮受钢丝绳拉力 $\boldsymbol{F}_1$ 和 $\boldsymbol{F}_2$（已知 $F_1 = F_2 = P$）及约束反力 $\boldsymbol{F}_{BA}$，$\boldsymbol{F}_{BC}$ 的作用。由题意，滑轮不计尺寸，故这些力可视为平面汇交力系，受力图如图 2-23(b) 所示。

选取图示坐标轴，为使未知力只在一个轴上有投影，而在另一轴的投影为零，坐标轴方向应尽量与未知力的作用线相垂直。这样做到列一个方程求一个未知量，可避免解联立方程。即

$$\sum X = 0, \quad -F_{BA} + F_1\cos60° - F_2\cos30° = 0$$

$$\sum Y = 0, \quad F_{BC} - F_1\cos30° - F_2\cos60° = 0$$

解得 $\quad F_{BA} = -0.366P = -7.321\ \text{kN}, \quad F_{BC} = 1.366P = 27.32\ \text{kN}$

假如不这样选取投影轴，而仍沿用水平方向和铅垂方向作投影轴，则将得到一个联立的方

程组。虽然也能求得未知力 F_{BA},F_{BC},但求解过程较为繁琐。

另外,在所得结果中,F_{BC} 为正值,表示该力的假设方向与实际方向相同(受压),F_{BA} 为负值,表示这力的假设方向与实际相反,即杆 AB 也受压。

还需说明:本题虽然也是平面汇交力系问题,但却不宜用几何法求解,因为这 4 个力将构成一个不规则的四边形,求解时几何上将比较麻烦,正是基于这样的原因,一般情况下,解析法比几何法实用性更强。

【例 2-6】 图 2-24(a) 所示机构的自重不计。圆轮上的销子 A 放在摇杆 BC 上的光滑导槽内。圆轮上作用一力偶,其力偶矩为 $M_1 = 2\ \text{kN}\cdot\text{m}$,$OA = r = 0.5\ \text{m}$。图示位置时 OA 与 OB 垂直,$\alpha = 30°$,且系统平衡。求作用于摇杆 BC 上力偶的矩 M_2 及铰链 O,B 处的约束反力。

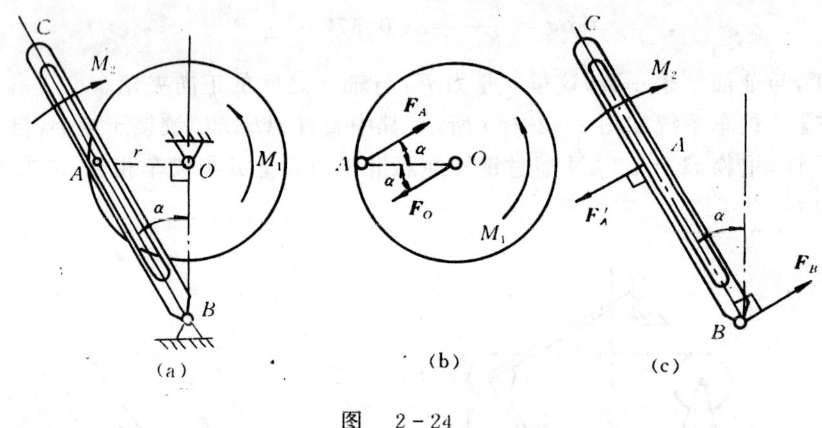

图 2-24

解 取圆轮为研究对象,其上受有矩为 M_1 的力偶及光滑导槽对销子 A 的作用力 $\boldsymbol{F}_A$ 和铰链 O 处约束反力 $\boldsymbol{F}_O$ 的作用。由于力偶必须由力偶来平衡,因而 $\boldsymbol{F}_O$ 与 $\boldsymbol{F}_A$ 必组成一力偶,其转向与 M_1 相反。由此定出 $\boldsymbol{F}_A$ 指向如图 2-24(b)。而 $\boldsymbol{F}_O$ 与 $\boldsymbol{F}_A$ 等值且反向。由力偶平衡条件式(2-23)有

$$\sum M = 0,\quad M_1 - F_A r\sin\alpha = 0$$

解得

$$F_A = \frac{M_1}{r\sin 30°} \tag{1}$$

再以摇杆 BC 为研究对象,其上作用有矩为 M_2 的力偶及力 $\boldsymbol{F}'_A$ 与 $\boldsymbol{F}_B$,如图 2-24(c) 所示。同理,$\boldsymbol{F}'_A$ 与 $\boldsymbol{F}_B$ 必组成力偶,由平衡条件

$$\sum M = 0 \quad -M_2 + F'_A \frac{r}{\sin\alpha} = 0 \tag{2}$$

其中 $F'_A = F_A$,将式(1) 代入式(2),得

$$M_2 = 4M_1 = 8\ \text{kN}\cdot\text{m}$$

$\boldsymbol{F}_O$ 与 $\boldsymbol{F}_A$ 组成力偶,$\boldsymbol{F}_B$ 与 $\boldsymbol{F}'_A$ 组成力偶,则有

$$F_O = F_B = F_A = \frac{M_1}{r\sin 30°} = 8\ \text{kN}$$

方向如图 2-24(b),(c) 所示。

【例 2-7】 塔式起重机如图2-25所示，设起重机机架的重量$P = 700\ \text{kN}$作用线离右轨B的距离为$e = 2\ \text{m}$，轨距$b = 4\ \text{m}$，最大起吊重量$P_1 = 200\ \text{kN}$，载重P_1距右轨的最远距离为$l = 12\ \text{m}$，设平衡荷重P_2的作用线离左轨A的距离为$a = 6\ \text{m}$，试问：

(1) 为保证起重机在满载和空载时都不致翻倒，求平衡荷重P_2应为多少。

(2) 当平衡荷重$P_2 = 480\ \text{kN}$，求满载时轨道A、B两处的约束反力

解 这是所谓翻倒问题。物体系统倾翻，平衡即已破坏，故不再属于静力学范畴，但可利用"平衡"与"不平衡"之间的临界状态求解翻倒条件。

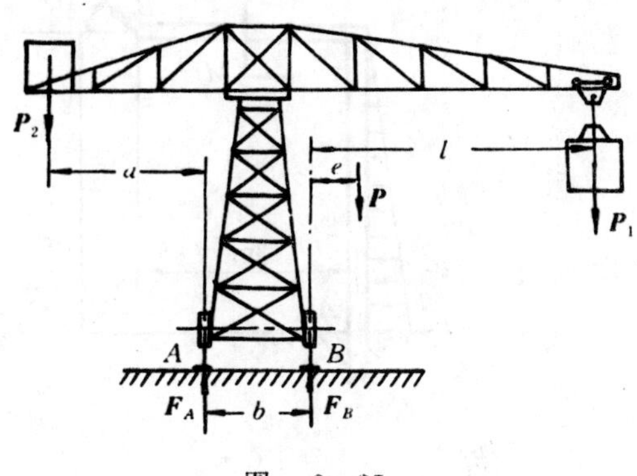

图 2-25

取整个起重机为研究对象，受力分析如图，显然这是一个平面平行力系的问题。为使起重机不翻倒而始终处于平衡状态，该力系必须满足平面平行力系的平衡方程式(2-22)。

(1) 要使起重机不翻倒，应分别考虑满载和空载时起重机处于临界平衡状态的情况。

满载时，为使起重机不绕点B翻倒，这些力必须满足平衡方程$\sum M_B(\boldsymbol{F}) = 0$。在临界情况下，$F_A = 0$，此时求出的$P_2$值是所允许的最小值，即

$$\sum M_B(\boldsymbol{F}) = 0,\quad P_{2\min}(a+b) - P_1 l - Pe = 0$$

得

$$P_{2\min} = \frac{P_1 l + Pe}{a+b} = 380\ \text{kN}$$

空载时，$P_1 = 0$，为使起重机不绕点A翻倒。所受的力须满足$\sum M_A(\boldsymbol{F}) = 0$。在临界情况下，$F_B = 0$，这时求出的$P_2$值是所允许的最大值，即

$$\sum M_A(\boldsymbol{F}) = 0,\quad -P(b+e) + P_{2\max}a = 0$$

则

$$P_{2\max} = \frac{P(b+e)}{a} = 700\ \text{kN}$$

起重机实际工作时不允许处于极限状态，要使起重机不会翻倒，平衡荷重应在这两者之间，即

$$380\ \text{kN} < P_2 < 700\ \text{kN}$$

(2) 取$P_2 = 480\ \text{kN}$，此时起重机可以保持平衡，为求满载时的约束反力$\boldsymbol{F}_A$、$\boldsymbol{F}_B$，利用方程(2-22)有

$$\sum M_A(\boldsymbol{F}) = 0,\ -P_1(l+b) - P(e+b) + P_2 a + F_B b = 0$$
$$\sum Y = 0,\ -P_1 - P - P_2 + F_A + F_B = 0$$

解得

$$F_A = 250\ \text{kN},\quad F_B = 1\,130\ \text{kN}$$

本题也可利用平面平行力系的二矩式平衡方程$\sum M_A(\boldsymbol{F}) = 0$，$\sum M_B(\boldsymbol{F}) = 0$，求出$F_A$和$F_B$。

【例 2-8】 在图2-26所示钢架中，已知$q = 3\ \text{kN/m}$，$F = 6\sqrt{2}\ \text{kN}$，$M = 10\ \text{kN}\cdot\text{m}$，不计钢架自重，求固定端$A$处的约束反力。

解　取钢架为研究对象，其上除受主动力外，还受有固定端 A 处的约束反力 $\boldsymbol{F}_{Ax}$，$\boldsymbol{F}_{Ay}$ 和约束反力偶 M_A。线性分布载荷可用一集中力 $\boldsymbol{F}_1$ 等效替代，其大小为 $F_1=\frac{1}{2}q\times 4=6\ \text{kN}$，作用于三角形分布载荷的几何中心，即距点 A 为 $\frac{4}{3}$ m 处。刚架受力如图 2-26(b) 所示。

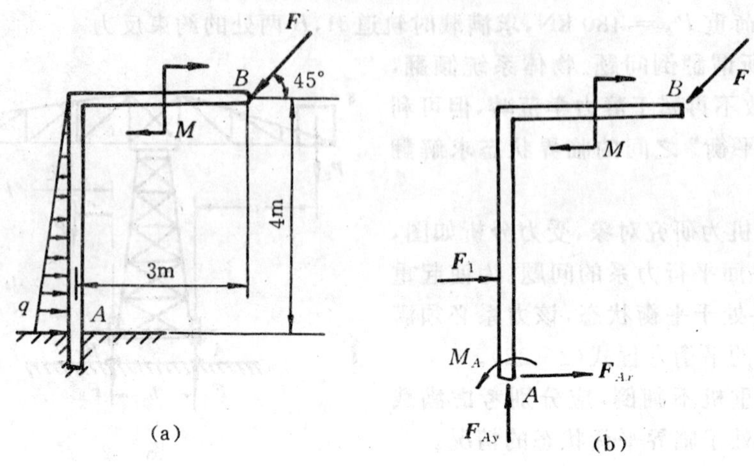

图　2-26

按图示坐标系，列平衡方程

$$\sum X=0,\quad F_{Ax}+F_1-F\cos45^\circ=0$$

$$\sum Y=0,\quad F_{Ay}-F\sin45^\circ=0$$

$$\sum M_A(F)=0,\quad M_A-F_1\times\frac{4}{3}-M-F\sin45^\circ\times 3+F\sin45^\circ\times 4=0$$

解方程，求得

$$F_{Ax}=0,\quad F_{Ay}=6\ \text{kN},\quad M_A=12\ \text{kN}\cdot\text{m}$$

通过以上各例，介绍了简单平衡问题的求解步骤和基本作法，这些步骤和作法同样也是求解较复杂物体系统平衡问题的基础。

§2-5　物体系的平衡、静定和静不定的问题

前面分析了平面力系单刚体的平衡问题，但工程实际中的结构和机械大多是由若干物体的组成的物体系统，故常需研究物体系统的平衡问题。这时不仅要确定系统所受的外约束力，而且还要确定系统内各物体之间相互作用的内力。

当物体系统平衡时，组成该系统的每一个物体都处于平衡状态。因此对于每一个受平面力系作用的物体均可写出三个独立的平衡方程。若物体系由 n 个物体组成，则共有 $3n$ 个独立平衡方程。如系统中有的物体受平面汇交力系、平面平行力系等特殊力系作用时，则系统平衡方程数目相应减少。当系统中的未知量数目等于独立平衡方程的数目时，则所有未知数都能由平衡方程求出。这样的问题称为静定问题。在工程实际中，有时为了提高结构的刚度和坚固性，常常增加多余的约束，因而使这些结构的未知量的数目多于平衡方程的数目，未知量就不能全部由平衡方程求出，这样的问题称为静不定问题或超静定问题。其未知量总数与独立的平衡方程

总数之差，称为该问题的静不定次数。对于静不定问题，必须考虑物体因受力作用而产生的变形，加列某些补充方程后才能使方程的数目等于未知量的数目，从而使问题得以求解。静不定问题已超出了刚体静力学的范围，须在材料力学、结构力学等后续课中研究。

图 2－27 给出了几个静不定问题的例子。在图 2－27(a)，(b) 中，物体分别受平面汇交力系和平面平行力系作用，独立平衡方程数目都是二个，未知反力的个数都是三个，所以都是一次超静定问题。

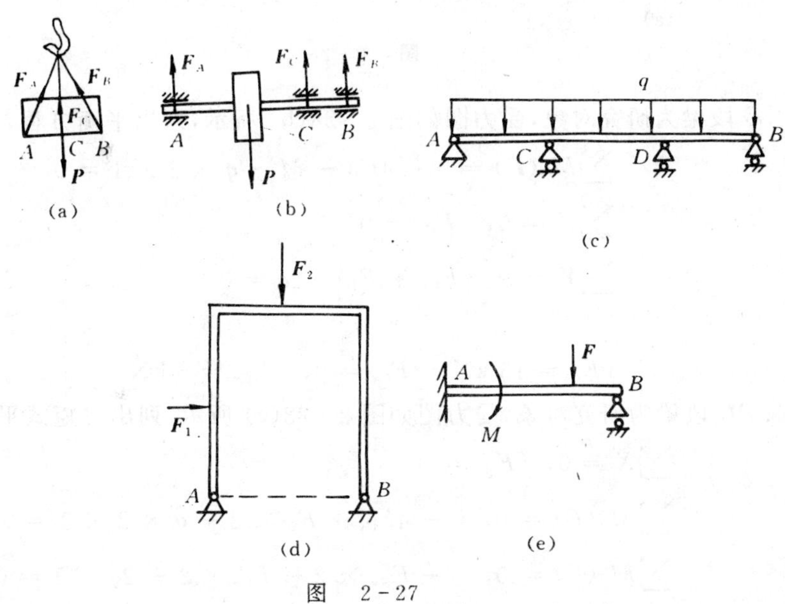

图 2－27

图 2－27(c) 表示一个梁结构，受平面任意力系作用，有三个独立的平衡方程，而结构中包含了 5 个未知的约束反力，故为二次静不定结构，该梁若没有中间的两个活动铰支座，则为一个简支梁，成为一个静定问题。

同样图 2－27(d)，(e) 中的两个也是静不定的结构。

对于物体系平衡问题，为了判断其是否静定，应当将其中每个物体上所受力系的类型分析清楚，确定平衡方程的总数，再分析系统内、外反力等，确定未知量总数，以得出静定或静不定问题的结论。

总之，求解物体或物体系平衡问题时，应先判断其是否静定，只有静定的问题才能用刚体静力学的方法求解。

【例 2－9】 由 AC 和 CD 构成的组合梁通过铰链 C 连接，其支承及受力如图 2－28(a) 所示，已知均布载荷强度 $q = 10\ \mathrm{kN/m}$，力偶矩 $M = 40\ \mathrm{kN \cdot m}$，不计梁重。求支座 A，B，D 的约束反力和铰链 C 处的反力。

解 本题既要求整体约束反力，又要求两段梁结合处的连接力。由于每段梁上都作用一个平面任意力系，共有 6 个平衡方程，而未知量也是 6 个，所以是静定问题。

由于该题目要求所有内、外反力，故可分别取每段梁为研究对象。先取 CD 段梁为研究对象，因为其上只有 $\boldsymbol{F}_{Cx}$，$\boldsymbol{F}_{Cy}$ 和 $\boldsymbol{F}_D$ 3 个未知力，可以由 3 个平衡方程求出，然后再取整体或 AC 段梁为研究对象，由 3 个平衡方程求出其余未知量。

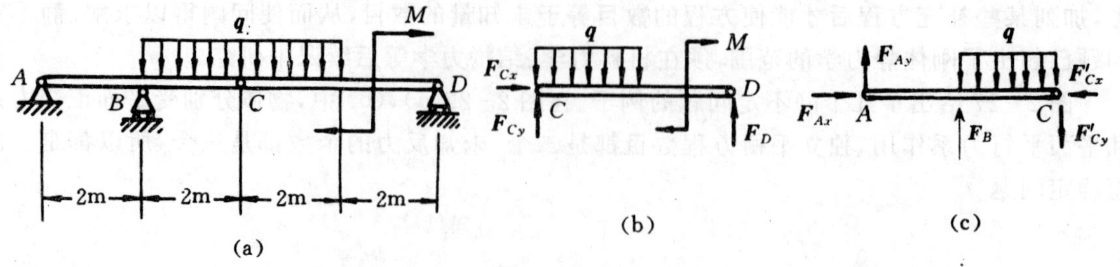

图 2-28

(1) 取 CD 段梁为研究对象，受力图如图 2-28(b) 所示，列出平衡方程，即

$$\sum M_C(\boldsymbol{F}) = 0,\quad 4F_D - M - q \times 2 \times 1 = 0$$

$$\sum X = 0,\quad F_{Cx} = 0$$

$$\sum Y = 0,\quad F_{Cy} + F_D - 2q = 0$$

解得

$$F_D = 15\ \text{kN},\quad F_{Cx} = 0,\quad F_{Cy} = 5\ \text{kN}$$

(2) 再取 AC 段梁为研究对象，受力图如图 2-28(c) 所示，列出二矩式平衡方程，即

$$\sum X = 0,\quad F_{Ax} = 0$$

$$\sum M_A(\boldsymbol{F}) = 0,\quad -4F'_{Cy} + F_B \times 2 - q \times 2 \times 3 = 0$$

$$\sum M_B(\boldsymbol{F}) = 0,\quad -F_{Ay} \times 2 - F'_{Cy} \times 2 - 2q \times 1 = 0$$

并注意到 $F'_{Cx} = F_{Cx}, F'_{Cy} = F_{Cy}$，解上述方程组，有

$$F_{Ax} = 0,\quad F_B = 40\ \text{kN},\quad F_{Ay} = -15\ \text{kN}$$

若本题只要求组合梁的外约束反力，而无须求解铰链 C 处的约束反力，则可以先取梁 CD 为研究对象，则 $\sum M_C(\boldsymbol{F}) = 0$ 求得 F_D 的大小后，再取整个梁为研究对象，求出其余未知力 F_{Ax}，F_{Ay} 和 M_A。

【例 2-10】 图 2-29 所示为曲轴冲床简图，由轮 Ⅰ，连杆 AB 和冲头 B 组成。A，B 两处为铰链连接。$OA = R$，$AB = l$。如忽略摩擦和物体的自重，当 OA 在水平位置、冲压力为 $\boldsymbol{F}$ 时系统处于平衡状态。求：

(1) 作用在轮 Ⅰ 上的力偶之矩 M 的大小；

(2) 轴承 O 处的约束反力；

(3) 连杆 AB 受的力；

(4) 冲头给导轨的侧压力。

解 (1) 取冲头为研究对象，受力分析如图 2-29(b) 所示。它为一平面汇交力系，设连杆与铅直线间的夹角为 α，按图示坐标轴列平衡方程为

$$\sum X = 0,\quad F_N - F_B\sin\alpha = 0$$

$$\sum Y = 0,\quad F - F_B\cos\alpha = 0$$

解得

$$F_B = \frac{F}{\cos\alpha}, \quad F_N = F\tan\alpha = F\frac{R}{\sqrt{l^2 - R^2}}$$

即连杆所受压力的大小等于 F_B，冲头对导轨的侧压力的大小等于 F_N。

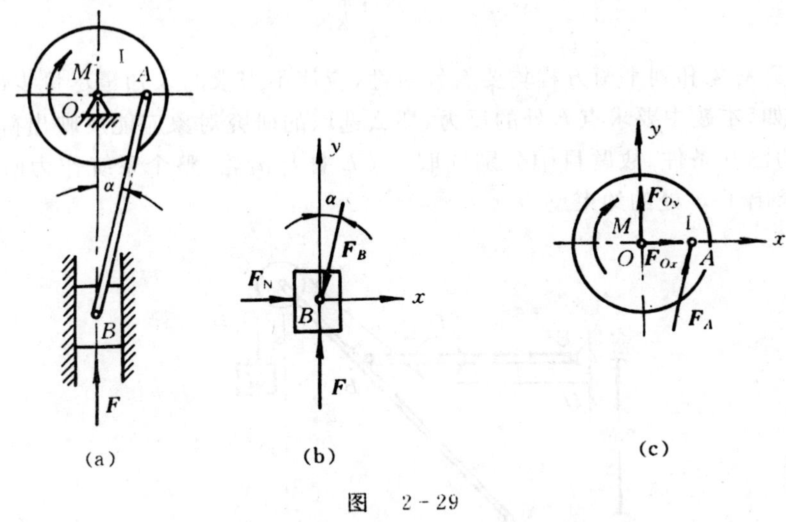

(a)　　(b)　　(c)

图　2-29

(2) 再以轮 I 为研究对象，受力分析如图 2-29(c) 所示。它为一平面任意力系，按图示坐标轴列平衡方程为

$$\sum M_O(\boldsymbol{F}) = 0, \quad F_A\cos\alpha \cdot R - M = 0$$

$$\sum X = 0, \quad F_{Ox} + F_A\sin\alpha = 0$$

$$\sum Y = 0, \quad F_{Oy} + F_A\cos\alpha = 0$$

解之有

$$M = FR, \quad F_{Ox} = -F\frac{R}{\sqrt{l^2 - R^2}}, \quad F_{Oy} = -F$$

负号说明，力 $\boldsymbol{F}_{Ox}$，$\boldsymbol{F}_{Oy}$ 的方向与图示假设方向相反。

本题也可以先取整体为研究对象，再取冲头为研究对象，列平衡方程求解，请读者自解，并作比较。

【例 2-11】 如图 2-30(a) 所示平面构架中，杆 AC 与 BE 在 B 处铰接，已知两滑轮的半径均为 $r = 10$ cm，其它尺寸如图所示，绳索一端系于固定点 H，另一端绕过两滑轮挂一重为 $P = 20$ kN 的物体 M，绳索的左段与水平杆 BE 平行，倾斜段与杆 AC 平行，求支座 E 的反力。

解　杆 AC 和 BE 是通过三个铰链 A，B，E 连接，这种结构简称三铰结构，它是物体系中较为常见的结构。本题是在三铰结构的基础上还附有滑轮、绳索和重物等组成。

(1) 取 BE 杆带滑轮 D 为研究对象，受力分析如图 2-30(b) 所示。列平衡方程为

$$\sum M_B(\boldsymbol{F}) = 0, -3F_{Ey} - 0.1F_1 - 0.1F_2 = 0$$

注意到 $F_1 = F_2 = P = 20$ kN，故有

$$F_{Ey} = -\frac{4}{3}\text{ kN}$$

(2) 取整体为研究对象，受力分析如图 2-30(c) 所示，列平衡方程为

$$\sum M_A(\boldsymbol{F}) = 0, \quad -2F_{Ex} - 1F_{Ey} + (2-0.1)F_1 - (3+0.1)P = 0$$

解得

$$F_{Ex} = -\frac{34}{3}\ \text{kN}$$

注意：取研究对象和列平衡方程均要有针对性，应使不需求的未知量尽量少出现或不出现在受力图中。比如，本题中要求点 E 处的反力，那么选取的研究对象应能反映出待求的未知量，又能包含一定的已知条件。故题目中分别选取了 BE 杆与滑轮、整个系统作为研究对象。利用力矩方程直接求出了 E 处的约束反力。

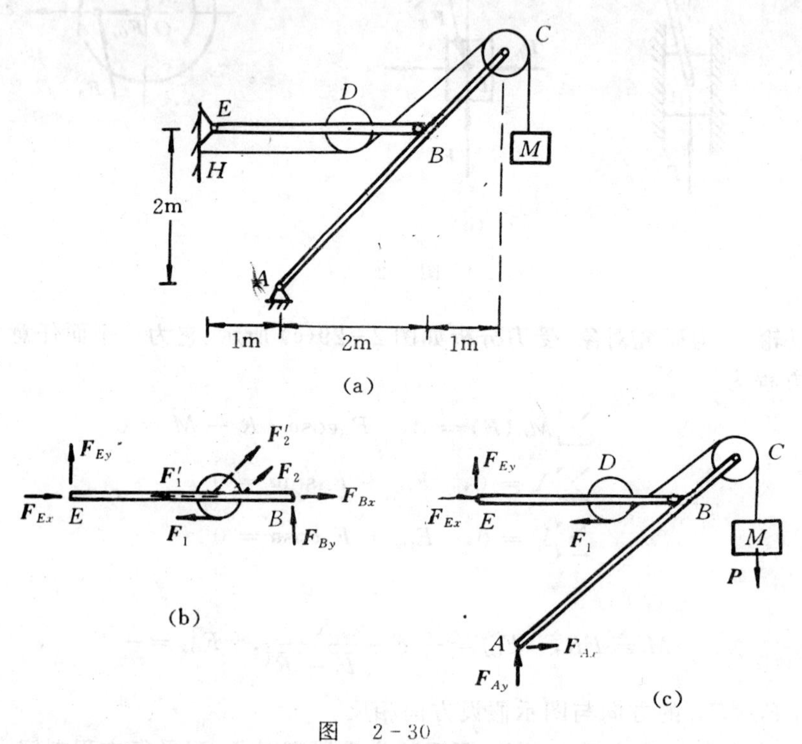

图 2-30

另外，求解带滑轮的结构时，常将构件与其相连的滑轮组成的系统取为研究对象，这样可避免求滑轮轴承处的反力。对于滑轮两端大小相等的拉力，可借助力线平移定理把它们同时平移到滑轮上，如图 2-30(b) 虚线所示，这样更便于列解力矩方程。

【例 2-12】 在图 2-31 所示构架中，A, C, D, E 处为铰链连接，BD 杆上的销钉 B 置于 AC 杆的光滑槽内，力 $F = 200$ N，力偶矩 $M = 100$ N·m，不计各构件重量，各尺寸如图示，求 A, B, C 处所受力。

解 该题结构较复杂，而且既要求外约束反力，又要求内约束反力。从整体看，4 个反力 3 个平衡方程，不可能全部解出，故需拆开。从只含 3 个未知力的 BD 杆突破，然后再取 ABC 杆研究，求出其余未知量，使问题得以求解。

(1) 取整体为研究对象，受力图如图 2-31(a) 所示，列平衡方程为

$$\sum M_E(\boldsymbol{F}) = 0,\quad -F_{Ay}\times 1.6 - M - F\left(\frac{600-800\cos 60^\circ}{1\,000}\right) = 0$$

解得

$$F_{Ay} = -87.5\ \text{N}$$

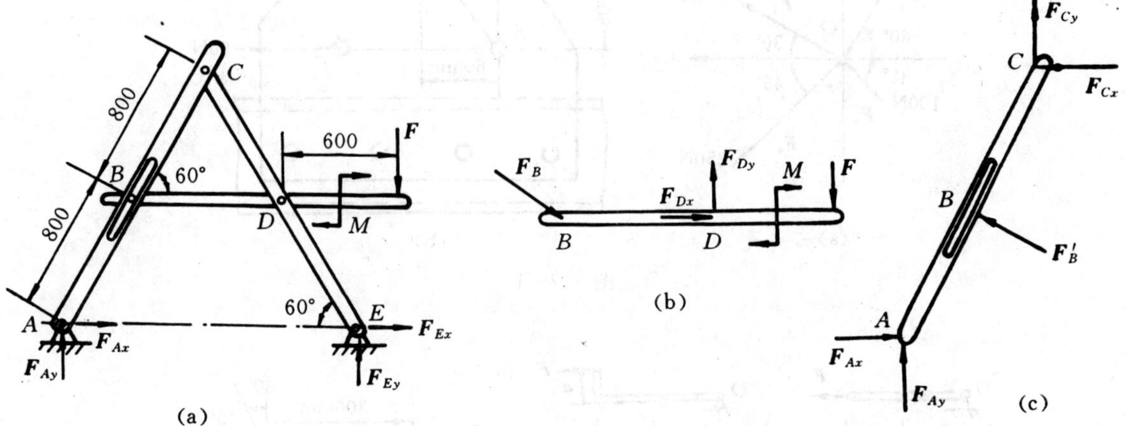

图 2-31

(2) 取 BD 为研究对象,受力图如图 2-31(b) 所示,由平衡方程

$$\sum M_D(\boldsymbol{F}) = 0,\quad F_B\cos 60^\circ \times 0.8 - M - F\times 0.6 = 0$$

解得

$$F_B = 550\ \text{N}$$

(3) 取 AC 为研究对象,受力图如图 2-31(c) 所示,列出平衡方程为

$$\sum M_C(\boldsymbol{F}) = 0,\quad -F_{Ay}\times 0.8 + F_{Ax}\times 1.6\times\frac{\sqrt{3}}{2} - F'_B\times 0.8 = 0$$

$$\sum X = 0,\quad F_{Ax} - F'_B\cos 30^\circ - F_{Cx} = 0$$

$$\sum Y = 0,\quad F_{Ay} + F_{Cy} + F'_B\cos 60^\circ = 0$$

解得

$$F_{Ax} = 267\ \text{N},\ F_{Cx} = -209\ \text{N},\ F_{Cy} = -187.5\ \text{N}$$

习　题

2-1　试用解析法求题图 2-1 平面汇交力系的合力。

2-2　试计算题图 2-2 中各图力 $\boldsymbol{F}$ 对点 O 之矩。

2-3　一个 450 N 的力作用在点 A,方向如题图 2-3 所示。求:(1) 此力对点 D 的矩;(2) 欲得到与(1) 相同的力矩,应在点 C 所加水平力的大小与指向。(3) 欲得到与(1) 相同的力矩,在点 C 应加的最小力。

2-4　求题图 2-4 所示齿轮和皮带轮上各力对点 O 之矩。已知:$F = 1\ \text{kN}$,$\alpha = 20^\circ$,$D = 160\ \text{mm}$,$F_{T1} = 200\ \text{N}$,$F_{T2} = 100\ \text{N}$。

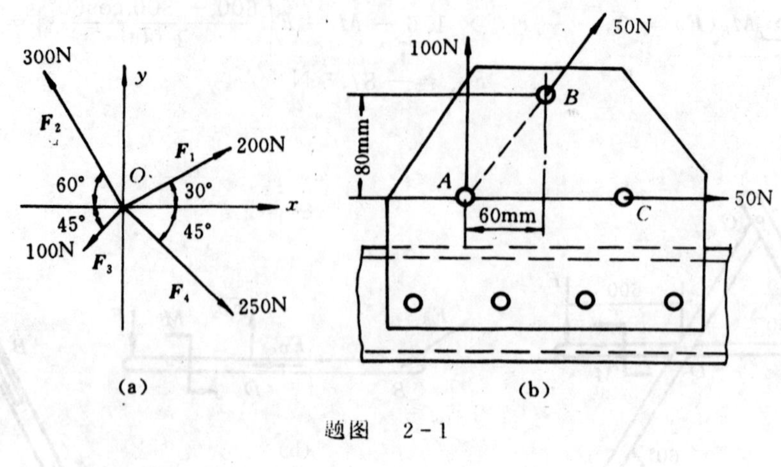

题图 2-1

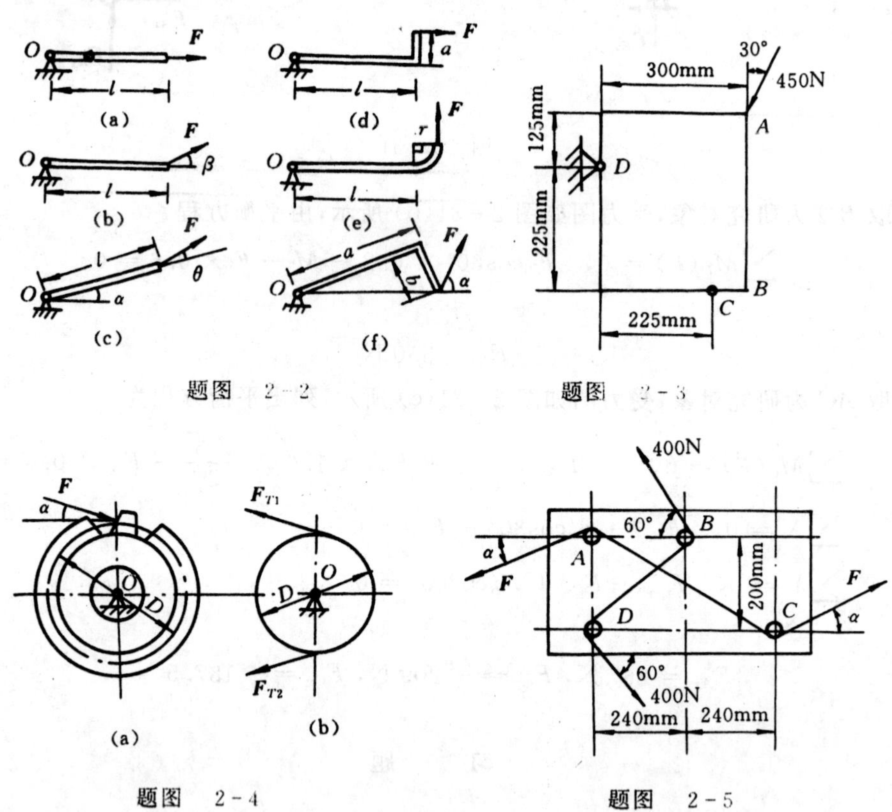

题图 2-2

题图 2-3

题图 2-4

题图 2-5

2-5 题图2-5所示A,B,C,D均为滑轮,绕过B,D两滑轮的绳子两端的拉力为400 N,绕过A,C两滑轮的绳子两端的拉力$F=300$ N,$\alpha=30°$。试求该两力偶的合力偶矩的大小和转向,滑轮尺寸不计。

2-6 题图2-6所示一曲杆,其上作用两个力偶,试求其合力偶矩。若令此合力偶的两力分别作用在A,B两点,问其方向如何选取才能使力的大小为最小。

2-7 用丝锥攻螺纹时,若作用在丝锥铰杠上的力分别为$F_1=20$ N,$F_2=15$ N,方向如题图 2-7 所示，试求作用于丝锥 C 上的力 $\boldsymbol{F}$ 和力偶矩 M。

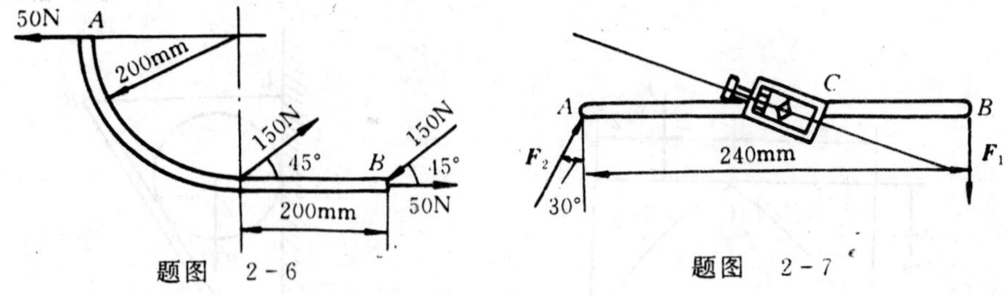

题图 2-6　　　　题图 2-7

2-8　求题图 2-8 所示力系的最终简化结果。

2-9　如题图 2-9 所示钢架，在其 A,B 两点分别作用 $\boldsymbol{F}_1$,$\boldsymbol{F}_2$ 两力，已知 $F_1=F_2=10\ \text{kN}$，欲以过点 C 的一个力 $\boldsymbol{F}$ 代替 $\boldsymbol{F}_1$,$\boldsymbol{F}_2$，求 $\boldsymbol{F}$ 的大小，方向及 BC 间距离。

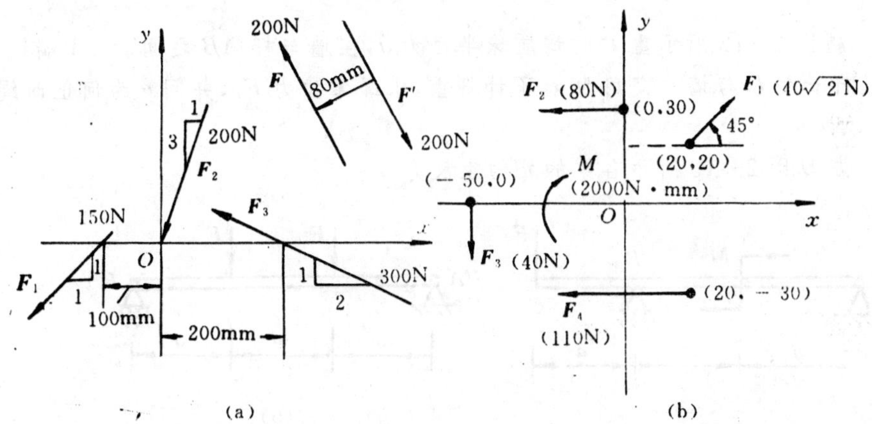

题图 2-8

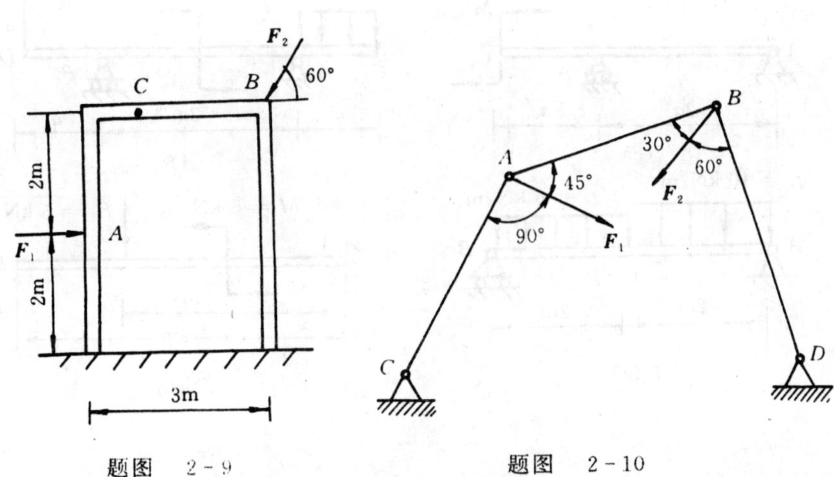

题图 2-9　　　　题图 2-10

2-10　铰链四杆机构 $CABD$ 的 CD 边固定，在铰链 A,B 处有力 $\boldsymbol{F}_1$,$\boldsymbol{F}_2$ 作用，如题图 2-10 所示。该机构在图示位置平衡，杆重略去不计。求力 $\boldsymbol{F}_1$ 与 $\boldsymbol{F}_2$ 的关系。

2-11　题图 2-11 所示三铰拱受铅垂力 $\boldsymbol{F}$ 作用，若拱的重量不计，求 A,B 处的支座反力。

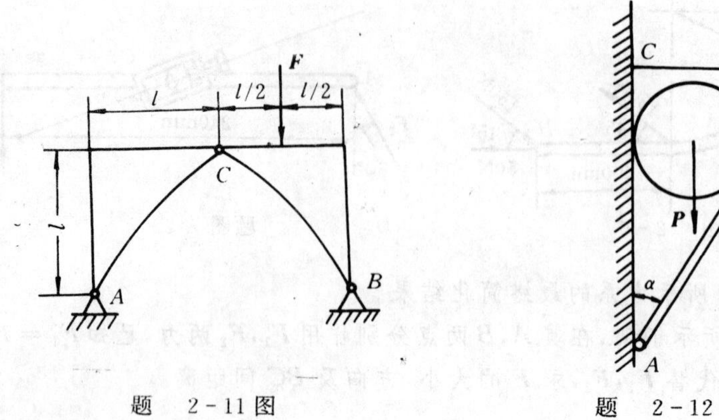

题　2-11 图　　　　题　2-12 图

2-12　题图 2-12 所示重 $\boldsymbol{P}$ 的均质球半径为 a，在墙与杆 AB 之间。杆 A 端铰支，B 端用水平绳拉住。杆长为 l，与墙的交角为 α。不计杆重，求绳索拉力 $\boldsymbol{F}_T$，并问 α 为何值时绳的拉力为最小。

2-13　求题图 2-13 所示各梁的外约束反力。

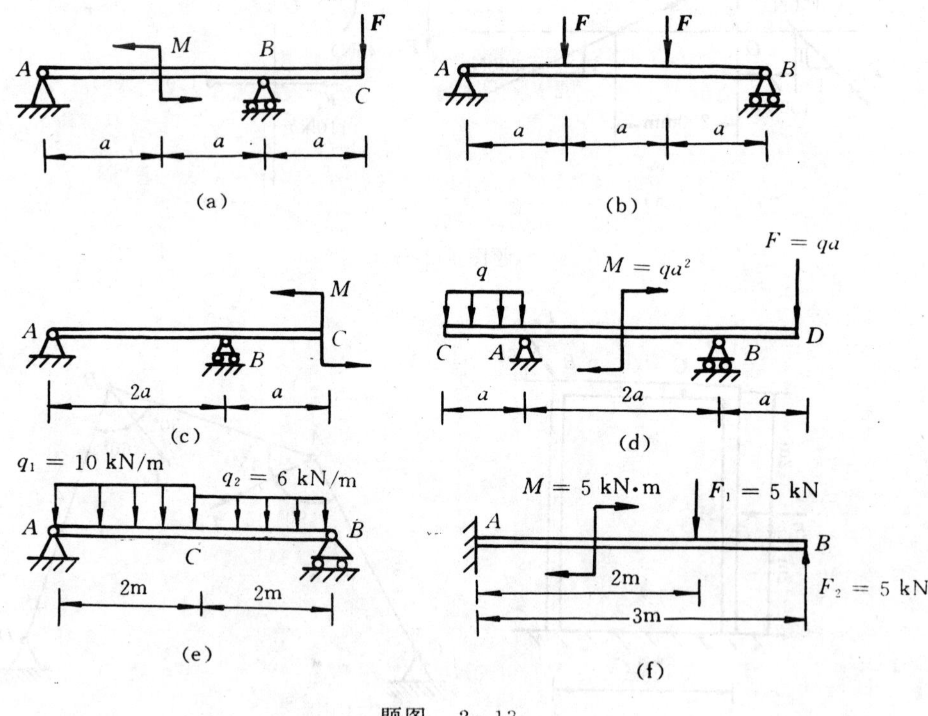

题图　2-13

2-14　直角弯杆 $ABCD$ 与直杆 DE 及 EC 铰接如题图 2-14 所示，作用在 DE 杆上力偶的力偶矩 $M = 40\ \mathrm{kN \cdot m}$，不计各杆件自重，不考虑摩擦，尺寸如图示。求支座 A、B 处的约束反力及 EC 杆受力。

2-15　曲柄连杆活塞机构的活塞上受力 $F = 400\ \mathrm{N}$。如不计所有构件的重量，试问在曲柄上应加多大的力偶矩 M 方能使机构在题图 2-15 所示位置平衡？

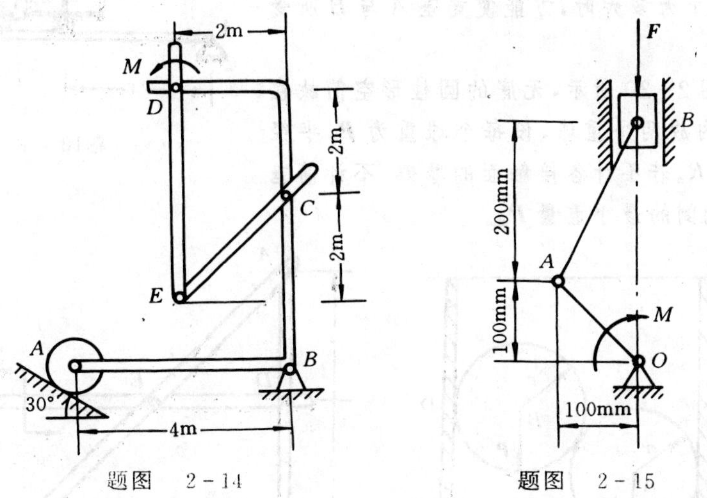

题图 2-14　　题图 2-15

2-16　在题图 2-16 所示结构中，各构件的自重略去不计，在构件 BC 上作用一力偶矩为 M 的力偶，各尺寸如图。求支座 A 的约束反力。

2-17　如题图 2-17 所示梁 AB 长 10 m，在梁上有起重机重 50 kN，其重心在 CD 上，起吊重量 $P=10$ kN，梁重 30 kN，求梁支座 A、B 的约束反力。

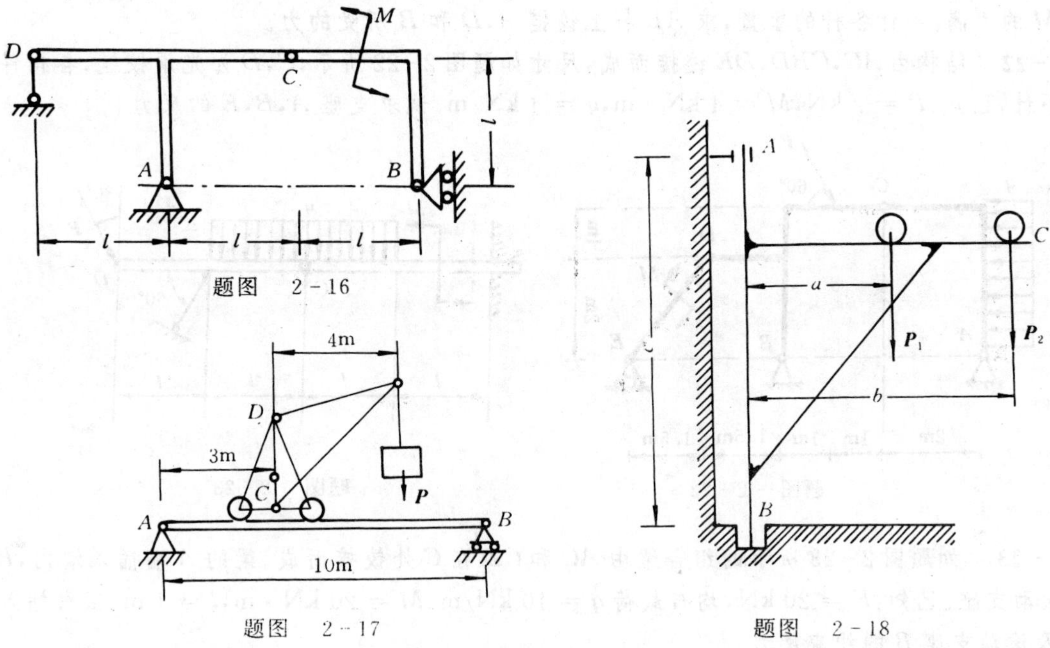

题图 2-16

题图 2-17　　题图 2-18

2-18　如题图 2-18 所示，起重机的铅直支柱 AB 由点 B 的止推轴承和点 A 的径向轴承支持。起重机上有载荷 $\boldsymbol{P}_1$ 和 $\boldsymbol{P}_2$ 作用，它们与支柱的距离分别为 a 和 b。如 A、B 两点间的距离为 c，求在轴承 A 和 B 两处的支座反力。

2-19　如题图 2-19 所示，汽车停在长 20 m 的水平桥上，前轮压力为 10 kN，后轮压力为

20 kN。汽车前后两轮间的距离等于 2.5 m。试问汽车后轮到支座 A 的距离 x 为多大时，方能使支座 A 与 B 所受的压力相等？

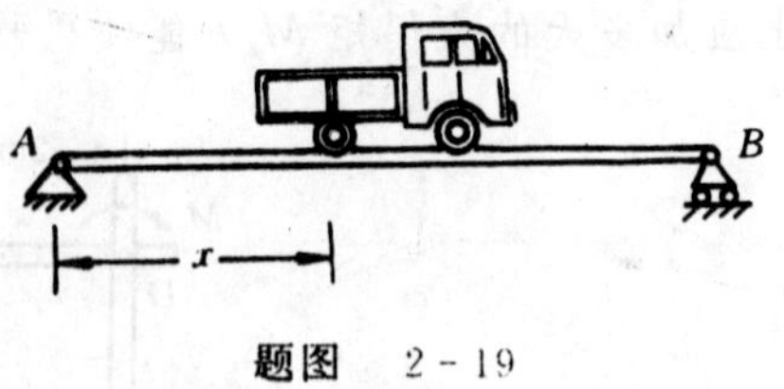

题图 2-19

2-20 如题图 2-20 所示，无底的圆柱形空筒放在光滑的固定面上，内放两个重球，设每个球重为 $\boldsymbol{P}$，半径为 r，圆筒的半径为 R。若不计各接触面的摩擦，不计筒壁厚度，求圆筒不致翻倒的最小重量 $\boldsymbol{P}_{\min}$。

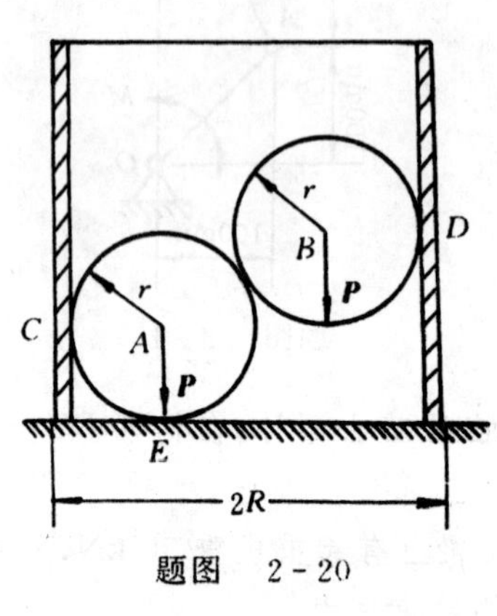

题图 2-20

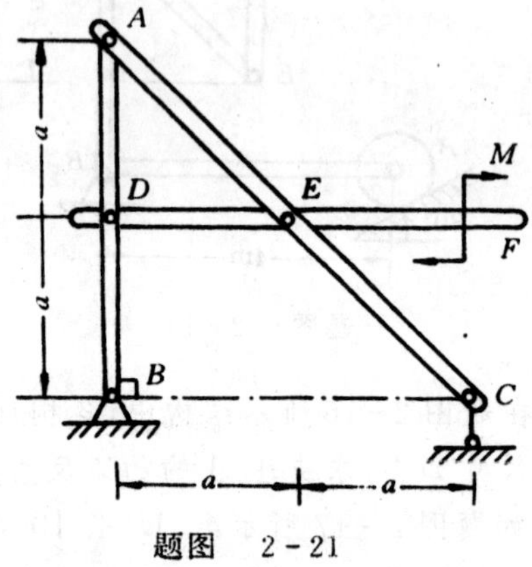

题图 2-21

2-21 构架由杆 AB、AC 和 DF 铰接而成，如题图 2-21 所示，在 DEF 杆上作用一力偶矩为 M 的力偶。不计各杆的重量，求 AB 杆上铰链 A、D 和 B 所受的力。

2-22 结构由 AC、CBD、DE 铰接而成，尺寸如题图 2-22 所示，C、D 为光滑铰链，各构件自重不计。已知：$P = 2$ kN，$M = 4$ kN·m，$q = 4$ kN/m。试求支座 A、B、E 的反力。

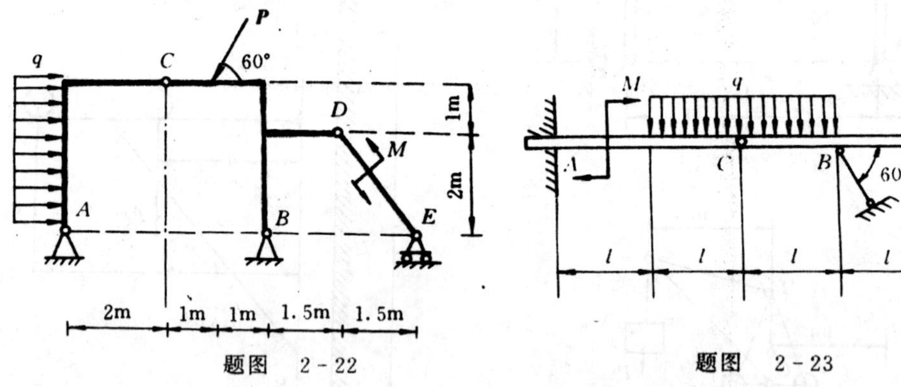

题图 2-22　　　　题图 2-23

2-23 如题图 2-23 所示的组合梁由 AC 和 CD 在 C 处铰接而成。梁的 A 端插入墙内，B 处为滚动支座。已知：$F = 20$ kN，均布载荷 $q = 10$ kN/m，$M = 20$ kN·m，$l = 1$ m。试求插入端 A 及滚动支座 B 的约束反力。

2-24 试证明题图 2-24 所示结构在载荷 $\boldsymbol{F}_1$ 与 $\boldsymbol{F}_2$ 不相等的情况下不能平衡，而当 $\boldsymbol{F}_1$ 与 $\boldsymbol{F}_2$ 相等时则是静不定的。

2-25 梯子在水平面上，其一边作用有铅直力 $\boldsymbol{F}$，尺寸如题图 2-25 所示，不计梯重，求绳索 DE 的拉力及 A 处的约束反力。

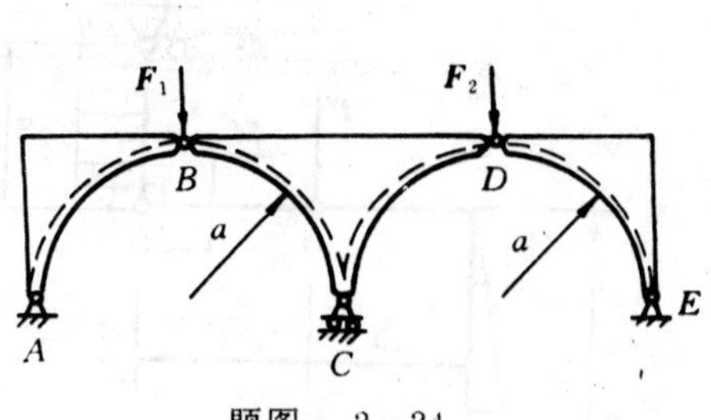

题图 2-24

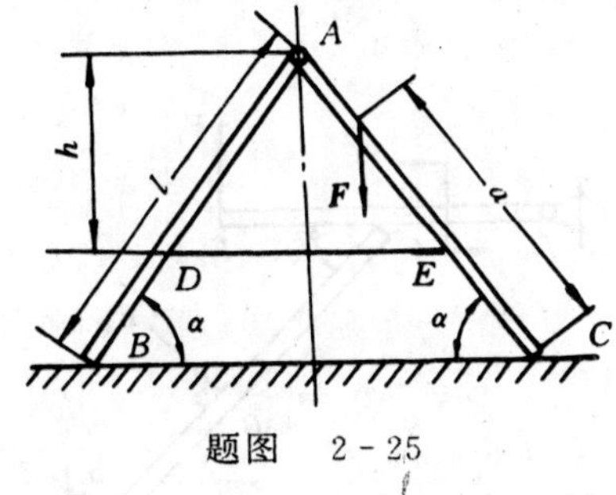

题图 2-25

2-26 构架如题图 2-26 所示。重物 Q 重为100N，悬挂在绳端。已知：滑轮半径 $R = 10\text{ cm}$，$L_1 = 30\text{ cm}$，$L_2 = 40\text{ cm}$，不计各杆及滑轮，绳的重量。试求 A，E 支座反力及 AB 杆在铰链 D 处所受的力。

2-27 题图 2-27 所示结构，不计杆与滑轮自重，求 A，B 处的支座反力。

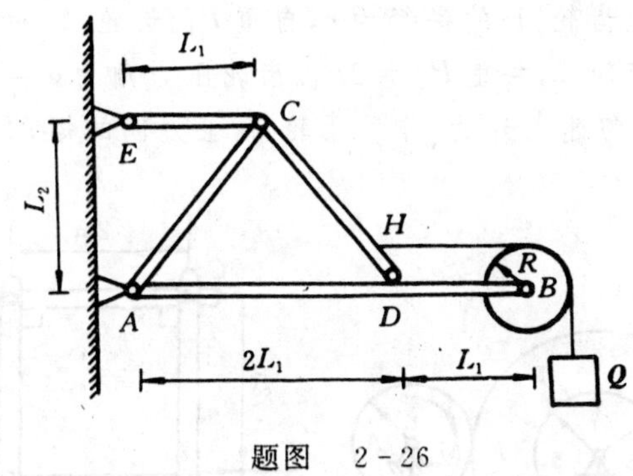

题图 2-26

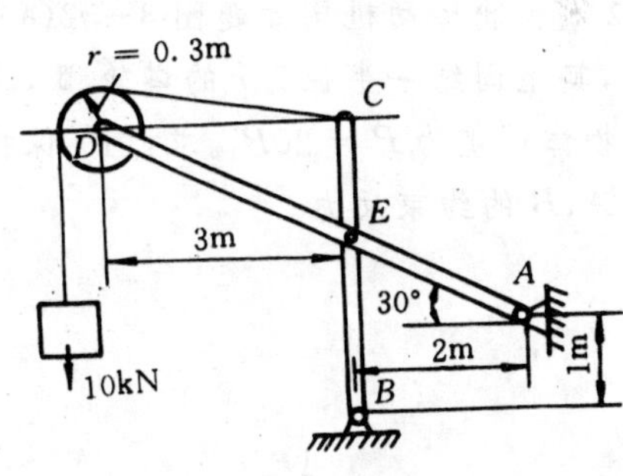

题图 2-27

2-28 在题图 2-28 所示机构中，曲柄 AB 和连杆 BC 为均质杆，具有相同的长度和重量 $\boldsymbol{P}_1$。滑块 C 的重量为 $\boldsymbol{P}_2$ 可沿倾角为 α 的导轨 AD 滑动。不计摩擦，求系统在铅垂面内平衡时角 φ 的值。

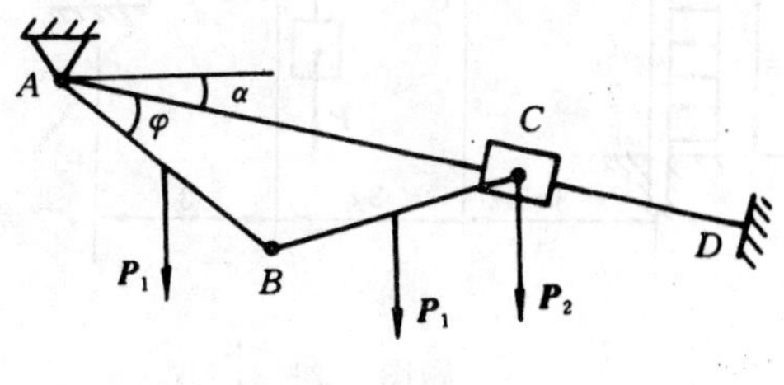

题图 2-28

2-29 题图 2-29 所示结构中，A 处为固定端约束，C 处为光滑接触，D 处为铰链连接。已知 $F_1 = F_2 = 400\text{ N}$，$M = 300\text{ N}\cdot\text{m}$，$AB = BC = 400\text{ mm}$，$CD = CE = 300\text{ mm}$，$\alpha = 45°$，不计各构件自重，求固定端 A 处与铰链 D 处的约束反力。

2-30 题图 2-30 所示构架，由直杆 BC，CD 及直角弯杆 AB 组成，各杆自重不计，载荷分布及尺寸如图。销钉 B 穿透 AB 及 BC 两构件，在销钉 B 上作用一集中载荷 $\boldsymbol{P}$。已知 q，a，M，且 $M = qa^2$。求固定端 A 的约束反力及销钉 B 对 BC 杆、AB 杆的作用力。

2-31 由直角曲杆 ABC、DE，直杆 CD 及滑轮组成的结构如题图 2-31 所示，AB 杆上作用有水平均布载荷 q。不计各构件的重量，在 D 处作用一铅垂力 $\boldsymbol{F}$，在滑轮上悬吊一重为 $\boldsymbol{P}$ 的重物，滑轮的半径 $r = a$，且 $P = 2F$，$CO = OD$。求支座 E 及固定端 A 的约束反力。

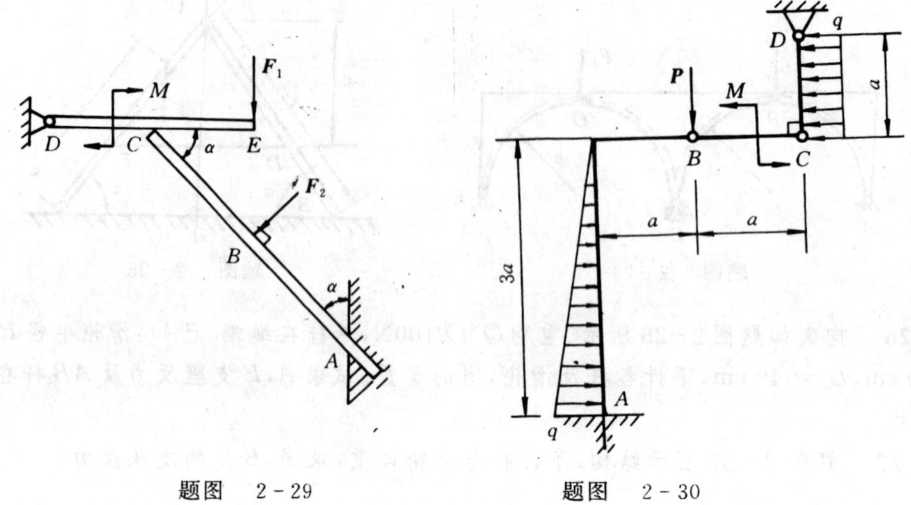

题图　2-29　　　　题图　2-30

2-32　齿轮传动机构如题图 3-32(a) 所示。齿轮 Ⅰ 的半径为 r，自重 P_1。齿轮 Ⅱ 的半径为 $R=2r$，其上固结一半径为 r 的塔轮 Ⅲ，轮 Ⅱ 与轮 Ⅲ 共重 $P_2=2P_1$。齿轮压力角为 $\alpha=20°$，被提升的物体 C 重为 $P=20P_1$。求：(1) 保持物 C 匀速上升的、作用于轮 Ⅰ 上力偶的矩 M；(2) 光滑轴承 A，B 的约束反力。

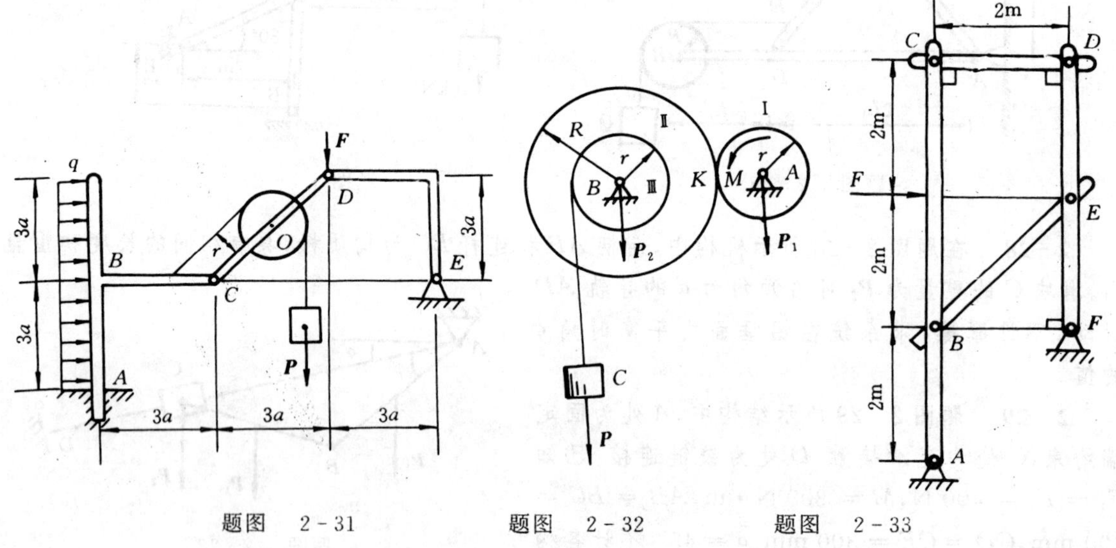

题图　2-31　　　　题图　2-32　　　　题图　2-33

2-33　不计题图 2-33 所示构架上各杆件重量，力 $F=40$ kN，各尺寸如图，求铰链 A，B，C 处受力。

第三章　空间力系

本章研究空间力系的简化和平衡问题。在工程实际中，经常遇到诸如各类机床、起重设备、运输机械、高压输电线塔等空间结构，作用在这些结构上的各力的作用线就是呈空间分布的空间力系。空间力系按其作用线的分布可分为空间汇交力系、空间平行力系、空间力偶系及空间任意力系。空间力系的研究方法与平面力系基本相同，但是由于各力的作用线分布在空间，故具体研究时，还须将平面问题中的一些概念、理论和方法加以推广和引伸。

§3-1　力在直角坐标轴上的投影

与平面力系常将作用于物体某点上的力向坐标轴 x，y 上投影一样，在空间力系中，也可将作用于空间某一点的力向坐标轴 x，y，z 上投影。

由前面研究可知，力在轴上的投影等于力矢量与该轴单位矢量的数积。在空间力系中，若已知力 $\boldsymbol{F}$ 与直角坐标系 $Oxyz$ 三轴间的夹角 α，β，γ，如图 3-1 所示，则可直接得到力在 3 个坐标轴上的投影，即

$$\left.\begin{aligned} X &= \boldsymbol{F}\cdot\boldsymbol{i} = F\cos\alpha \\ Y &= \boldsymbol{F}\cdot\boldsymbol{j} = F\cos\beta \\ Z &= \boldsymbol{F}\cdot\boldsymbol{k} = F\cos\gamma \end{aligned}\right\} \qquad (3-1)$$

这种投影法称为一次投影法（或直接投影法）。

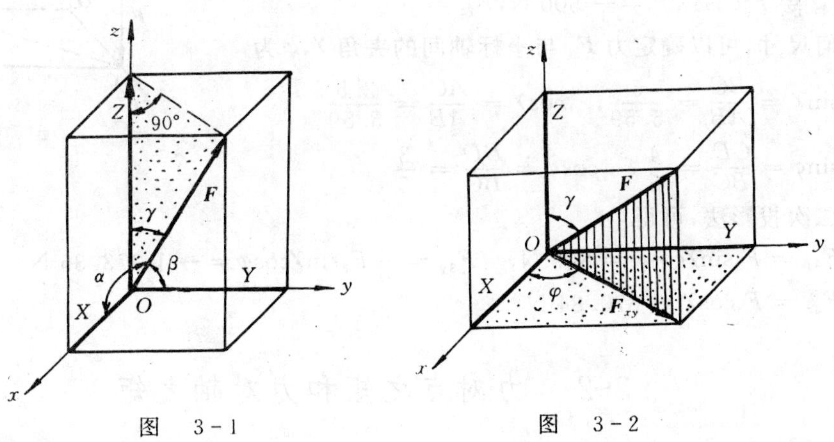

图　3-1　　　　图　3-2

当力 $\boldsymbol{F}$ 与坐标轴 x，y 间的夹角不易确定时，可采用二次投影法（也称间接投影法）求力在轴上的投影。即先将力 $\boldsymbol{F}$ 投影到平面 xOy 上，得到投影力 $\boldsymbol{F}_{xy}$，再将 $\boldsymbol{F}_{xy}$ 投影到 x，y 轴上，如图 3-2 所示。已知角 γ 和 φ，则力 $\boldsymbol{F}$ 在 3 个直角坐标轴上的投影为

$$\left.\begin{aligned} X &= F\sin\gamma\cos\varphi \\ Y &= F\sin\gamma\sin\varphi \\ Z &= F\cos\gamma \end{aligned}\right\} \qquad (3-2)$$

具体计算时，选用哪一种方法要视问题给定的条件而定。应当注意，力在轴上的投影是代数量，在平面上的投影是矢量。

若以 $\boldsymbol{F}_x,\boldsymbol{F}_y,\boldsymbol{F}_z$ 表示力 $\boldsymbol{F}$ 沿直角坐标轴 x,y,z 的正交分量，以 $\boldsymbol{i},\boldsymbol{j},\boldsymbol{k}$ 表示相应的 3 个坐标轴的单位矢量，如图 3-3 所示，则

$$\boldsymbol{F} = \boldsymbol{F}_x + \boldsymbol{F}_y + \boldsymbol{F}_z = X\boldsymbol{i} + Y\boldsymbol{j} + Z\boldsymbol{k} \qquad (3-3)$$

与平面力系类似，力 $\boldsymbol{F}$ 在空间直角坐标轴上的投影和沿此坐标轴的正交分量关系仍为：

$$\boldsymbol{F}_x = X\boldsymbol{i},\quad \boldsymbol{F}_y = Y\boldsymbol{j},\quad \boldsymbol{F}_z = Z\boldsymbol{k} \qquad (3-4)$$

故若已知力 $\boldsymbol{F}$ 在正交轴系 $Oxyz$ 的 3 个投影，则力 $\boldsymbol{F}$ 的大小和方向余弦为

$$\left.\begin{aligned} &F = \sqrt{X^2 + Y^2 + Z^2} \\ &\cos(\boldsymbol{F},\boldsymbol{i}) = \frac{X}{F},\quad \cos(\boldsymbol{F},\boldsymbol{j}) = \frac{Y}{F},\quad \cos(\boldsymbol{F},\boldsymbol{k}) = \frac{Z}{F} \end{aligned}\right\} \qquad (3-5)$$

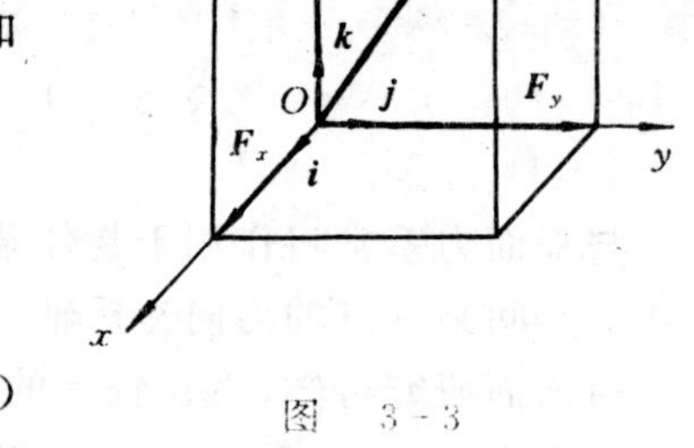

图 3-3

【例 3-1】 长方体上作用有 3 个力。已知 $F_1 = 500\ \mathrm{N}$，$F_2 = 1\ 000\ \mathrm{N}$，$F_3 = 1\ 500\ \mathrm{N}$，方向及几何尺寸如图 3-4 所示。求各力在坐标轴上的投影。

解 由于力 $\boldsymbol{F}_1$ 和 $\boldsymbol{F}_2$ 与坐标轴间的夹角已知，因此可采用直接投影法，得到

$$F_{1x} = F_1\cos 90° = 0,\ F_{2x} = -F_2\sin 60° = -866\ \mathrm{N}$$

$$F_{1y} = F_1\cos 90° = 0,\ F_{2y} = F_2\cos 60° = 500\ \mathrm{N}$$

$$F_{1z} = F_1\cos 180° = -500\ \mathrm{N},\ F_{2z} = 0$$

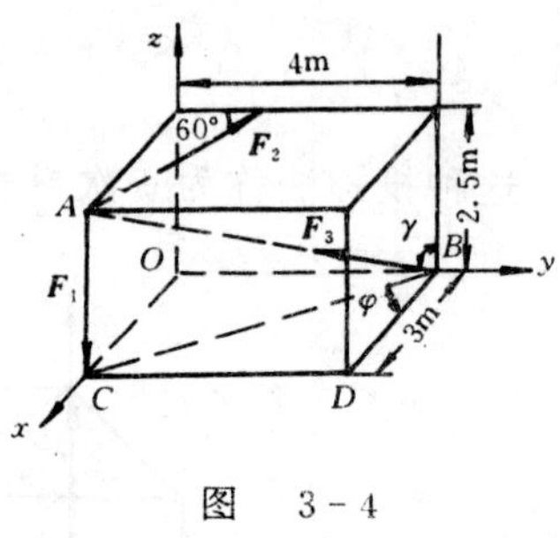

图 3-4

由几何尺寸，可以确定力 $\boldsymbol{F}_3$ 与坐标轴间的夹角 γ,φ 为

$$\sin\gamma = \frac{BC}{AB} = \frac{5}{5.59},\quad \cos\gamma = \frac{AC}{AB} = \frac{2.5}{5.59}$$

$$\sin\varphi = \frac{CD}{BC} = \frac{4}{5},\quad \cos\varphi = \frac{BD}{BC} = \frac{3}{5}$$

采用二次投影法，可得

$$F_{3x} = F_3\sin\gamma\cos\varphi = 805\ \mathrm{N},\quad F_{3y} = -F_3\sin\gamma\cos\varphi = -1\ 073.35\ \mathrm{N}$$

$$F_{3z} = F_3\cos\gamma = 670.84\ \mathrm{N}$$

§3-2 力对点之矩和力对轴之矩

在平面问题中，讨论力矩概念时曾指出，力对点之矩是力使刚体绕矩心转动效应的度量。在空间问题中也会遇到同样的问题。同时，为了度量力使刚体绕某轴转动的效应，还将引入力对轴之矩的概念。

1. 力对点之矩

在研究平面问题时，用代数量表示力对点之矩已能充分反映力使物体绕矩心转动的效应，因为此时力对点之矩只与力矩的大小及转向这两个因素有关。但在空间力系中，力系中各力与矩心可能构成方位不同的各个平面，此时力对点之矩取决于力与矩心所构成的平面方位、力矩在该平面内的转向及力矩的大小这三个要素。这三个要素可以用一个矢量来表示。矢量的模表示力对点之矩的大小、矢量的方位与力和矩心所在平面的法线方位相同、矢量的指向按右手螺旋法则确定了力矩的转向。这个矢量称为力对点的矩矢。简称力矩矢，记作 $\boldsymbol{M}_O(\boldsymbol{F})$，如图 3-5 所示。力矩矢大小为

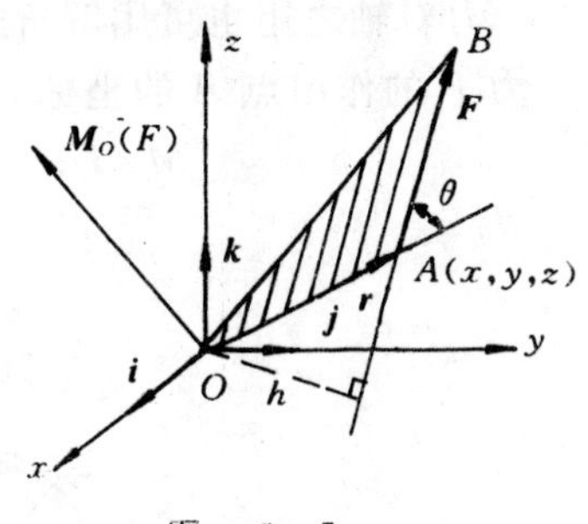

图 3-5

$$|\boldsymbol{M}_O(\boldsymbol{F})| = Fh = 2\triangle OAB$$

式中 $\triangle OAB$ 为三角形的面积。由于 $\boldsymbol{M}_O(\boldsymbol{F})$ 的大小及方向与矩心 O 的位置有关，故力矩矢的始端必须画在矩心上。它属于定位矢量。

若以 $\boldsymbol{r}$ 表示矩心 O 到力作用点 A 的矢径。则由矢量代数的知识得，矢积 $\boldsymbol{r}\times\boldsymbol{F}$ 的模 $|\boldsymbol{r}\times\boldsymbol{F}| = Fr\sin\alpha = Fh = |\boldsymbol{M}_O(\boldsymbol{F})|$，其方向垂直于 $\boldsymbol{r}$ 与 $\boldsymbol{F}$ 所决定的平面并与 $\boldsymbol{M}_O(\boldsymbol{F})$ 的指向一致。故力矩矢也可写成：

$$\boldsymbol{M}_O(\boldsymbol{F}) = \boldsymbol{r}\times\boldsymbol{F} \tag{3-6}$$

即力对点之矩矢等于矩心到该力作用点的矢径与该力的矢量积。式(3-6) 称为力矩矢的矢积表达式。

如过矩心 O 作空间直角坐标系 $Oxyz$，如图 3-5 所示。则由于

$$\boldsymbol{r} = x\boldsymbol{i} + y\boldsymbol{j} + z\boldsymbol{k}, \quad \boldsymbol{F} = X\boldsymbol{i} + Y\boldsymbol{j} + Z\boldsymbol{k}$$

于是式(3-6) 可写成所谓的解析表达式，即

$$\boldsymbol{M}_O(\boldsymbol{F}) = \boldsymbol{r}\times\boldsymbol{F} = \begin{vmatrix} \boldsymbol{i} & \boldsymbol{j} & \boldsymbol{k} \\ x & y & z \\ X & Y & Z \end{vmatrix} = (yZ - zY)\boldsymbol{i} + (zX - xZ)\boldsymbol{j} + (xY - yX)\boldsymbol{k} \tag{3-7}$$

式中，单位矢量 $\boldsymbol{i},\boldsymbol{j},\boldsymbol{k}$ 前面的三个系数分别表示力矩矢 $\boldsymbol{M}_O(\boldsymbol{F})$ 在三个坐标轴上的投影，即

$$\left.\begin{aligned} [\boldsymbol{M}_O(\boldsymbol{F})]_x &= yZ - zY \\ [\boldsymbol{M}_O(\boldsymbol{F})]_y &= zX - xZ \\ [\boldsymbol{M}_O(\boldsymbol{F})]_z &= xY - yX \end{aligned}\right\} \tag{3-8}$$

2. 力对轴之矩

设力 $\boldsymbol{F}$ 作用在可绕 z 轴转动的刚体上的 A 点，如图 3-6 所示。选取坐标轴 $Oxyz$，不妨使 A 点位于坐标面 xOy 上，将力 $\boldsymbol{F}$ 分解为平行于 z 轴的分力 $\boldsymbol{F}_z$ 和垂直于 z 轴的分力 $\boldsymbol{F}_{xy}$。由经验可知，只有分力 $\boldsymbol{F}_{xy}$ 才能使刚体绕 z 轴转动。将分力 $\boldsymbol{F}_{xy}$ 的大小与其作用线到 z 轴的垂直距离 h 的乘积 $F_{xy}h$ 冠以正负号来表示力 $\boldsymbol{F}$ 对 z 轴之矩，并记为

$$M_z(\boldsymbol{F}) = M_O(\boldsymbol{F}_{xy}) = \pm F_{xy}h = \pm 2\triangle OAB \tag{3-9}$$

于是，可得力对轴之矩的定义如下：力对轴之矩是力使刚体绕该轴转动效果的度量。它是一个

代数量，其大小等于力在垂直于该轴平面上的分力对于轴与平面的交点之矩；其正负号按右手螺旋法则确定，姆指与 z 轴一致为正，反之为负。

由定义不难知道，当力的作用线与轴相交或平行时（即力与轴共面），力对该轴之矩为零，当力沿其作用线滑移时，力对轴之矩不变。在日常生活中，开门就是一个很好的例子。当施加于门上的力的作用线过门轴或与门轴平行时，都不能将门打开或关闭。

有必要指出，一般情况下，矩轴并不一定是真正的转轴。

力对轴之矩也可用解析式表示。设力 $\boldsymbol{F}$ 在直角坐标系 $Oxyz$ 的坐标轴的投影分别为 X,Y,Z，力 $\boldsymbol{F}$ 的作用点 A 的坐标为 (x,y,z)，如图 3-7 所示，根据合力矩定理得

$$M_z(\boldsymbol{F}) = M_O(\boldsymbol{F}_{xy}) = M_O(\boldsymbol{F}_x) + M_O(\boldsymbol{F}_y) = xY - yX$$

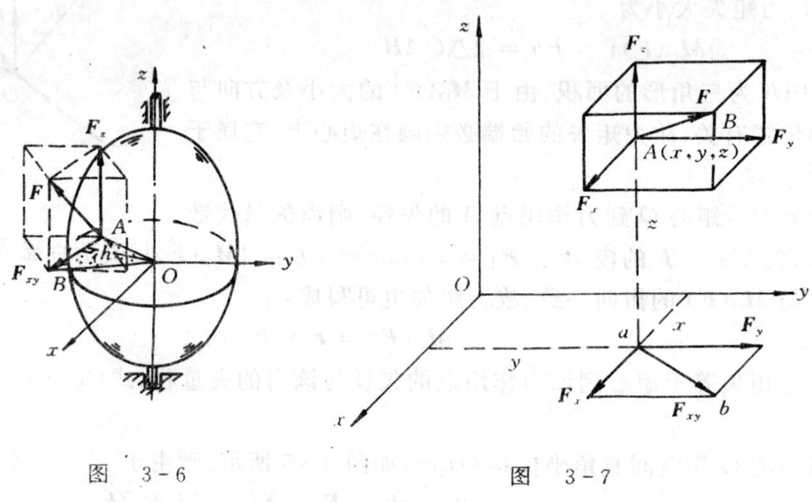

图 3-6　　　　图 3-7

同理可得其余二式，将此三式合写为

$$\left.\begin{aligned} M_x(\boldsymbol{F}) &= yZ - zY \\ M_y(\boldsymbol{F}) &= zX - xZ \\ M_z(\boldsymbol{F}) &= xY - yX \end{aligned}\right\} \tag{3-10}$$

式(3-10)是计算力对轴之矩的解析表示式。

3. 力对点之矩与力对通过该点的轴之矩的关系

将式(3-8)与式(3-10)比较，可得

$$\left.\begin{aligned} [M_O(\boldsymbol{F})]_x &= M_x(\boldsymbol{F}) \\ [M_O(\boldsymbol{F})]_y &= M_y(\boldsymbol{F}) \\ [M_O(\boldsymbol{F})]_z &= M_z(\boldsymbol{F}) \end{aligned}\right\} \tag{3-11}$$

由此可得力矩关系定理：力对点之矩矢在通过该点的某轴上的投影，等于力对该轴之矩。这一结论给出了力对点之矩与力对轴之矩之间的关系。前者在理论分析中比较方便，而后者在实际计算中较为实用。

若 $M_x(\boldsymbol{F}) = M_y(\boldsymbol{F}) = 0$，则式(3-11)退化为

$$M_O(\boldsymbol{F}) = M_z(\boldsymbol{F}) \tag{3-11$'$}$$

式(3-11)′表明：平面力对点之矩与该力对过此点并垂直于力作用面的轴之矩相同。前者

同样可用代数量表示，故在平面问题中，我们不加区分力对点之矩与力对轴之矩。

【例 3-2】 折杆 OA 各部分尺寸如图 3-8(a) 所示，杆端 A 作用一大小等于 1 000 N 的力 $\boldsymbol{P}$，求力 $\boldsymbol{P}$ 对点 O 之矩以及它对坐标系 $Oxyz$ 各轴之矩。

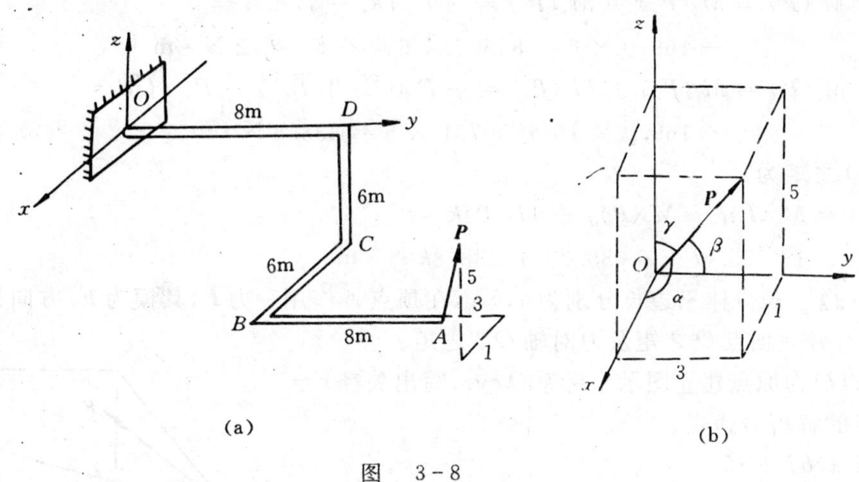

图 3-8

解 由图 3-8(b) 得力 $\boldsymbol{P}$ 的三个方向余弦，即

$$\cos\alpha = \frac{1}{\sqrt{1^2+3^2+5^2}} = \frac{1}{\sqrt{35}},\quad \cos\beta = \frac{3}{\sqrt{35}},\quad \cos\gamma = \frac{5}{\sqrt{35}}$$

于是，力 $\boldsymbol{P}$ 在各坐标轴上的投影分别为

$$X = P\cos\alpha = 1\,000 \times \frac{1}{\sqrt{35}} = 169.0 \text{ N}$$

$$Y = P\cos\beta = 1\,000 \times \frac{3}{\sqrt{35}} = 507.1 \text{ N}$$

$$Z = P\cos\gamma = 1\,000 \times \frac{5}{\sqrt{35}} = 845.5 \text{ N}$$

又力 $\boldsymbol{P}$ 的作用点 A 的坐标为

$$x = 6 \text{ m},\quad y = 16 \text{ m},\quad z = -6 \text{ m}$$

于是由式(3-7)可得力 $\boldsymbol{P}$ 对坐标原点 O 之矩为

$$\begin{aligned}\boldsymbol{M}_O(\boldsymbol{P}) = &(yZ - zY)\boldsymbol{i} + (zX - xZ)\boldsymbol{j} + (xY - yX)\boldsymbol{k} = \\ &[16 \times 845.5 - (-6) \times 507.1]\boldsymbol{i} + [(-6) \times 169.0 - 6 \times 845.2]\boldsymbol{j} + \\ &[6 \times 507.1 - 16 \times 109.0]\boldsymbol{k} = \\ &16\,565.8\boldsymbol{i} - 6\,085.2\boldsymbol{j} + 338.6\boldsymbol{k} \quad \text{N}\cdot\text{m}\end{aligned}$$

力 $\boldsymbol{P}$ 对各坐标轴之矩为

$$M_x(\boldsymbol{P}) = [\boldsymbol{M}_O(\boldsymbol{P})]_x = 16\,565.8 \text{ N}\cdot\text{m}$$

$$M_y(\boldsymbol{P}) = [\boldsymbol{M}_O(\boldsymbol{P})]_y = -6\,085.2 \text{ N}\cdot\text{m}$$

$$M_z(\boldsymbol{P}) = [\boldsymbol{M}_O(\boldsymbol{P})]_z = 338.6 \text{ N}\cdot\text{m}$$

此题还可以先求力 $\boldsymbol{P}$ 对各坐标轴之矩，然后再求它对坐标原点 O 之矩。

根据合力矩定理，力 $\boldsymbol{P}$ 对轴之矩等于各分力对同一轴矩的代数和，注意到力与轴共面时力

对该轴之矩为零。于是有

$$M_x(\boldsymbol{P}) = M_x(\boldsymbol{P}_y) + M_x(\boldsymbol{P}_z) = P_y \cdot \overline{DC} + P_z(\overline{OD} + \overline{BA}) =$$
$$507.1 \times 6 + 845.2 \times (8 + 8) = 16\,565.8\ \text{N} \cdot \text{m}$$
$$M_y(\boldsymbol{P}) = M_y(\boldsymbol{P}_x) + M_y(\boldsymbol{P}_z) = -P_x\overline{DC} - P_z\overline{CB} =$$
$$-169.0 \times 6 - 845.2 \times 6 = -6\,085.2\ \text{N} \cdot \text{m}$$
$$M_z(\boldsymbol{P}) = M_z(\boldsymbol{P}_x) + M_z(\boldsymbol{P}_y) = -P_x(\overline{OD} + \overline{BA}) + P_y \cdot \overline{CB} =$$
$$-169.0 \times 16 + 507.1 \times 6 = 338.8\ \text{N} \cdot \text{m}$$

力 $\boldsymbol{P}$ 对点 O 之矩为

$$\boldsymbol{M}_O(\boldsymbol{P}) = M_x(\boldsymbol{P})\boldsymbol{i} + M_y(\boldsymbol{P})\boldsymbol{j} + M_z(\boldsymbol{P})\boldsymbol{k} =$$
$$16\,565.8\boldsymbol{i} - 6\,085.2\boldsymbol{j} + 338.8\boldsymbol{k}\ \text{N} \cdot \text{m}$$

【例 3-3】 长方体三边长分别为 a,b,c，在顶点 A 作用一力 $\boldsymbol{F}$，其模为 F，方向如图 3-9 所示，求此力对另一顶点 O 之矩及力对轴 OB 之矩。

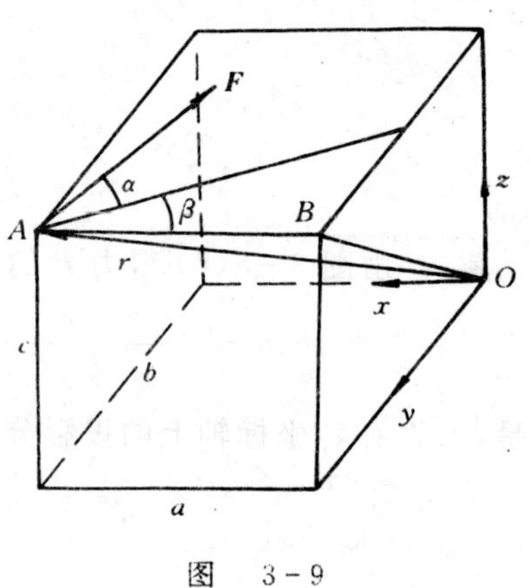

图 3-9

解 以 O 为原点建立图示坐标系 $Oxyz$，写出矢径 $\boldsymbol{r} = \overrightarrow{OA}$ 和力 $\boldsymbol{F}$ 的解析表达式

$$\boldsymbol{r} = a\boldsymbol{i} + b\boldsymbol{j} + c\boldsymbol{k}$$
$$\boldsymbol{F} = -F\cos\alpha\cos\beta\boldsymbol{i} - F\cos\alpha\sin\beta\boldsymbol{j} + F\sin\alpha\boldsymbol{k}$$

故 $\boldsymbol{M}_O(\boldsymbol{F}) = \boldsymbol{r} \times \boldsymbol{F} =$

$$\begin{vmatrix} \boldsymbol{i} & \boldsymbol{j} & \boldsymbol{k} \\ a & b & c \\ -F\cos\alpha\cos\beta & -F\cos\alpha\sin\beta & F\sin\alpha \end{vmatrix} =$$
$$F[(b\sin\alpha + c\cos\alpha\sin\beta)\boldsymbol{i} -$$
$$(a\sin\alpha + c\cos\alpha\cos\beta)\boldsymbol{j} +$$
$$(-a\cos\alpha\sin\beta + b\cos\alpha\cos\beta)\boldsymbol{k}]$$

设 $\boldsymbol{e}$ 为轴 OB 的单位矢量，则有

$$\boldsymbol{e} = \frac{\overrightarrow{OB}}{|OB|} = \frac{(b\boldsymbol{j} + c\boldsymbol{k})}{\sqrt{b^2 + c^2}}$$

由力矩关系定理有

$$M_{OB}(\boldsymbol{F}) = \boldsymbol{M}_O(\boldsymbol{F}) \cdot \boldsymbol{e} = -Fa(b\sin\alpha + c\cos\alpha\sin\beta) / \sqrt{b^2 + c^2}$$

§3-3 空间力偶理论

1. 力偶矩以矢量表示，空间力偶等效条件

在平面力偶理论中，已经得出了关于同一平面内力偶等效的条件：只要不改变力偶矩的大小和转向，力偶可以在其作用面内任意移转或同时改变力和力偶臂大小，其作用效应不变。但对于空间问题，由于空间力偶可作用在不同方位的平面内，因此，平面力偶的相应理论必须加以扩展。

实践证明，空间力偶的作用面可以平行移动。例如，用螺丝刀拧螺丝时，只要力偶矩的大小和力偶的转向保持不变，长螺丝刀或短螺丝刀的作用效果是一样的，即力偶的作用面可以垂直于螺丝刀的轴线平移，而不影响拧螺丝的效果。由此可知：空间力偶的作用面可以平行移动，而不改变力偶对刚体的作用效果。反之，如果两个力偶的作用面不相互平行(即作用面的法线不相互平行)，即使其力偶矩大小转向均相同，其对刚体的作用效果也不同。

如图 3-10 所示的三个力偶，分别作用在三个同样物块上，力偶矩都等于 200 N·m。因为前两个力偶的转向相同，作用面又平行，故这两个力偶对物块的作用效果相同(如图 3-10(a)，(b))。第三个力偶作用在平面 Ⅱ 上(如图 3-10(c))，虽然力偶矩大小相同，但它与前两个力偶对物块的作用效果不同，前者使静止物块绕平行于 x 的轴转动，而后者使物块绕平行于 y 的轴转动。

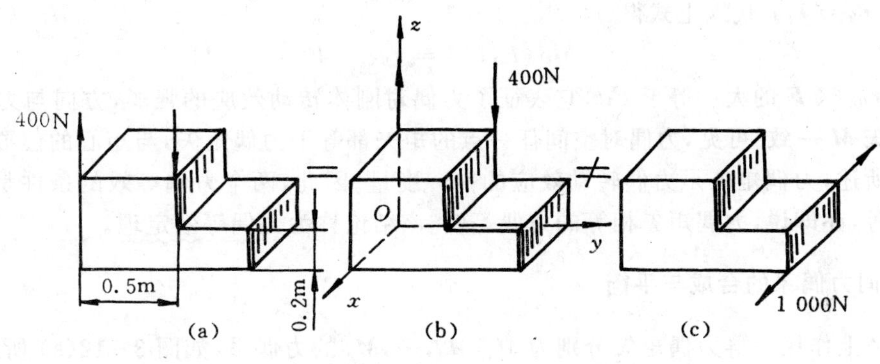

图 3-10

由此可见，空间力偶对刚体的作用效果取决于下列三个要素：

(1) 力偶矩的大小；

(2) 力偶作用面的方位；

(3) 力偶的转向；

空间力偶的三个要素可以用一个矢量完全表示出来：矢量的长度表示力偶矩的大小，矢量的方位与力偶作用面的法线方位一致，矢量的指向与力偶转向的关系服从右手螺旋法则，即从矢量的末端看力偶的转向是逆时针的。如图 3-11(a)、(b) 所示，这个矢量称为力偶矩矢，记为 $\boldsymbol{M}$。可见，力偶对刚体的作用效果由力偶矩矢惟一决定。

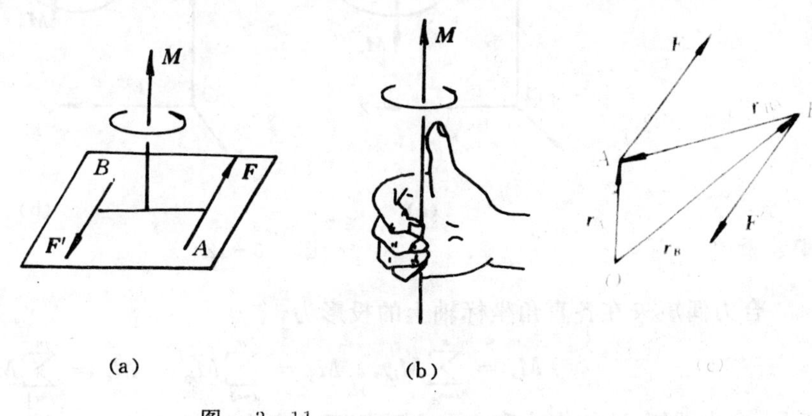

图 3-11

由于空间力偶可以在其作用面内任意移转和平移，因此，力偶矩矢可以在空间内平行于其自身平面任意移动，即力偶矩矢是一个自由矢量。

为进一步说明力偶矩矢是自由矢量，揭示力偶的等效特性。可以证明：力偶对空间任一点 O 的矩都是相等的，都等于力偶矩。

如图 3-11(c) 所示，组成力偶的两个力 $\boldsymbol{F}$ 和 $\boldsymbol{F}'$ 对空间任一点 O 之矩的矢量和为

$$\begin{aligned}\boldsymbol{M}_O(\boldsymbol{F},\boldsymbol{F}') &= \boldsymbol{M}_O(\boldsymbol{F}) + \boldsymbol{M}_O(\boldsymbol{F}') = \boldsymbol{r}_A \times \boldsymbol{F} + \boldsymbol{r}_B \times \boldsymbol{F}' = \\ &\boldsymbol{r}_A \times \boldsymbol{F} + \boldsymbol{r}_B \times (-\boldsymbol{F}) = (\boldsymbol{r}_A - \boldsymbol{r}_B) \times \boldsymbol{F}\end{aligned}$$

式中 $\boldsymbol{r}_A$ 和 $\boldsymbol{r}_B$ 分别是点 O 到两个力的作用点 A 和 B 的矢径，令点 A 相对于点 B 的矢径为 $\boldsymbol{r}_{BA}$，则有 $\boldsymbol{r}_A - \boldsymbol{r}_B = \boldsymbol{r}_{BA}$，代入上式得

$$\boldsymbol{M}_O(\boldsymbol{F},\boldsymbol{F}') = \boldsymbol{r}_{BA} \times \boldsymbol{F}$$

由于 $\boldsymbol{r}_{BA} \times \boldsymbol{F}$ 的大小等于 Fd，它表征了力偶对刚体转动效应的强弱，方向与力偶 $(\boldsymbol{F},\boldsymbol{F}')$ 的力偶矩矢 $\boldsymbol{M}$ 一致。可见，力偶对空间任一点的矩矢都等于力偶矩矢，与矩心的位置无关。

综上所述，力偶矩矢是力偶转动效应的惟一度量。因此，两个力偶等效的条件是它们的力偶矩矢相等，亦即说，力偶矩矢相等的力偶等效。该结论称为力偶等效定理。

2. 空间力偶系的合成与平衡

设刚体上作用一群力偶矩矢分别为 $\boldsymbol{M}_1,\boldsymbol{M}_2,\cdots,\boldsymbol{M}_n$ 的力偶系，如图 3-12(a) 所示。根据力偶矩矢是自由矢量的性质，将各力偶矩矢平移至任一点 A，如图 3-12(b) 所示。由汇交矢量的合成结果可得该刚体所受力偶系的合成结果为一合力偶矩矢，其力偶矩矢 $\boldsymbol{M}$ 等于各分力偶矩矢的矢量和，即

$$\boldsymbol{M} = \sum_{i=1}^{n}\boldsymbol{M}_i \qquad (3-12)$$

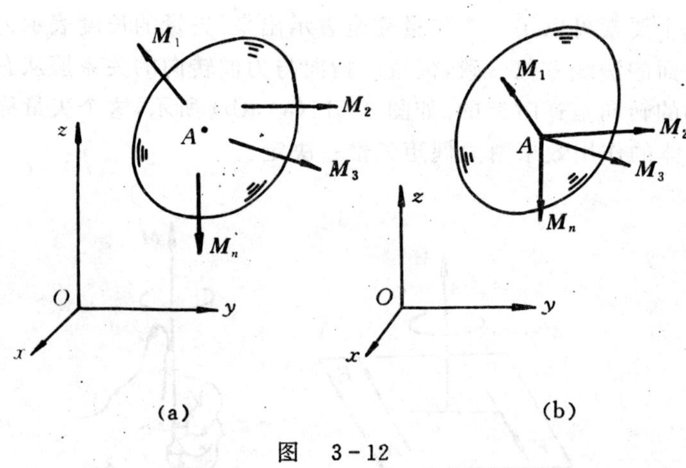

图 3-12

合力偶矩矢在各直角坐标轴上的投影为

$$M_x = \sum_{i=1}^{n}M_{ix},\quad M_y = \sum_{i=1}^{n}M_{iy},\quad M_z = \sum_{i=1}^{n}M_{iz} \qquad (3-13)$$

于是，合力偶矩 $\boldsymbol{M}$ 的大小和方向余弦便可求出为

$$
\left.\begin{aligned}
M &= \sqrt{M_x^2 + M_y^2 + M_z^2} \\
\cos(\boldsymbol{M},\boldsymbol{i}) &= \frac{M_x}{M},\ \cos(\boldsymbol{M},\boldsymbol{j}) = \frac{M_y}{M},\quad \cos(\boldsymbol{M},\boldsymbol{k}) = \frac{M_z}{M}
\end{aligned}\right\} \tag{3-14}
$$

由空间力偶系的合成结果可知，空间力偶系平衡的必要和充分条件是：该力偶系的合力偶矩矢等于零，亦即所有力偶矩矢的矢量和等于零，即

$$
\sum_{i=1}^{n} \boldsymbol{M}_i = \boldsymbol{0} \tag{3-15}
$$

或省略其求和指标及下标，其投影形式可表示为

$$
\left.\begin{aligned}
\sum M_x &= 0 \\
\sum M_y &= 0 \\
\sum M_z &= 0
\end{aligned}\right\} \tag{3-16}
$$

上式为空间力偶系的平衡方程。

上述 3 个独立的平衡方程可求解 3 个未知量。

【例 3-4】 工件如图 3-13(a) 所示。它的 4 个面上同时钻 5 个孔，每个孔所受的切削力偶矩均为 80 N·m，试求合力偶矩矢的大小和方向。

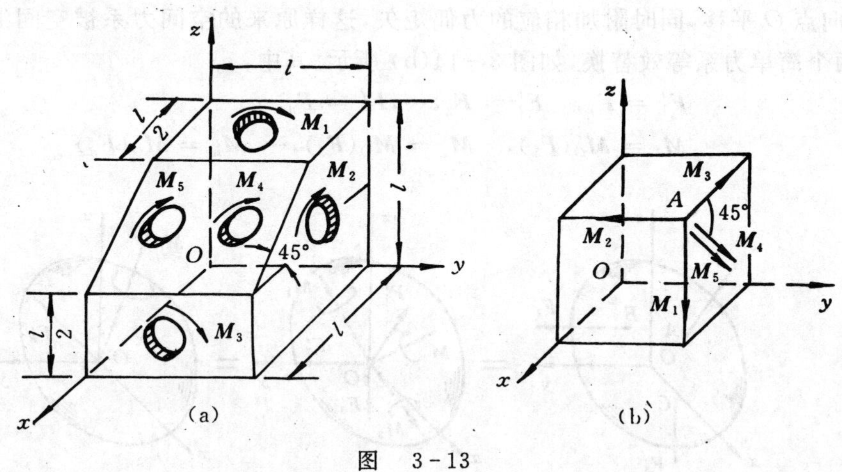

图 3-13

解 取直角坐标系 $Oxyz$，将作用在 4 个面上的力偶用力偶矩矢量表示。由于力偶矩矢是自由矢量，为便于计算，将其平移到点 A 处，如图 3-13(b) 所示。根据式(3-13)，得

$$
M_x = \sum_{i=1}^{n} M_{ix} = -M_3 - M_4\cos 45^\circ - M_5\cos 45^\circ = -193.1\ \text{N}\cdot\text{m}
$$

$$
M_y = \sum_{i=1}^{n} M_{iy} = -M_2 = -80\ \text{N}\cdot\text{m}
$$

$$
M_z = \sum_{i=1}^{n} M_{iz} = -M_1 - M_4\cos 45^\circ - M_5\cos 45^\circ = -193.1\ \text{N}\cdot\text{m}
$$

再根据式(3-14)，求得合力偶矩矢的大小及方向余弦为

$$M=\sqrt{M_x^2+M_y^2+M_z^2}=284.6\ \text{N}\cdot\text{m}$$

$$\cos(\boldsymbol{M},\boldsymbol{i})=\frac{M_x}{M}=-0.6786$$

$$\cos(\boldsymbol{M},\boldsymbol{j})=\frac{M_y}{M}=-0.2811$$

$$\cos(\boldsymbol{M},\boldsymbol{k})=\frac{M_z}{M}=-0.6786$$

§3-4　空间任意力系的简化

1. 空间任意力系向一点的简化，主矢和主矩

空间任意力系是作用线既不全在同一平面内，又不全相交或平行的一些力组成的力系。其向空间任一点简化的过程与平面力系的简化过程相似，同样可利用力线平移定理。只是由于空间各力的作用线与简化中心一般将构成不同方位的许多平面，因此力向一点平移时产生的附加力偶应当用矢量表示。

设$(\boldsymbol{F}_1,\boldsymbol{F}_2,\cdots,\boldsymbol{F}_n)$为作用在刚体上的空间力系，如图 3-14(a) 所示。任取一点 O 为简化中心，将各力向点 O 平移，同时附加相应的力偶矩矢，这样原来的空间力系被空间汇交力系和空间力偶系两个简单力系等效替换，如图 3-14(b) 所示。其中，

$$\boldsymbol{F}_1'=\boldsymbol{F}_1,\quad \boldsymbol{F}_2'=\boldsymbol{F}_2,\cdots,\boldsymbol{F}_n'=\boldsymbol{F}_n$$

$$\boldsymbol{M}_1=\boldsymbol{M}_O(\boldsymbol{F}_1),\quad \boldsymbol{M}_2=\boldsymbol{M}_O(\boldsymbol{F}_2),\cdots,\boldsymbol{M}_n=\boldsymbol{M}_O(\boldsymbol{F}_n)$$

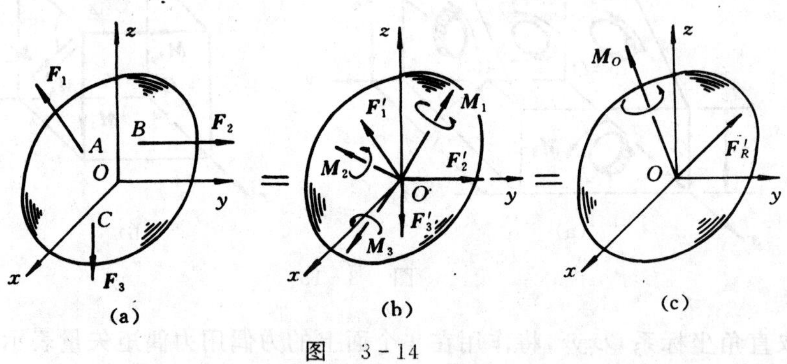

图　3-14

作用于点O的空间汇交力系$(\boldsymbol{F}_1',\boldsymbol{F}_2',\cdots,\boldsymbol{F}_n')$可合成为作用于点$O$的力$\boldsymbol{F}_R'$，力矢$\boldsymbol{F}_R'$等于原力系中各力的矢量和，即

$$\boldsymbol{F}_R'=\sum_{i=1}^{n}\boldsymbol{F}_i'=\sum_{i=1}^{n}\boldsymbol{F}_i=\sum_{i=1}^{n}X_i\boldsymbol{i}+\sum_{i=1}^{n}Y_i\boldsymbol{j}+\sum_{i=1}^{n}Z_i\boldsymbol{k} \tag{3-17}$$

空间力偶系$(\boldsymbol{M}_1,\boldsymbol{M}_2,\cdots,\boldsymbol{M}_n)$可合成为一个合力偶，其合力偶矩矢 $\boldsymbol{M}_O$ 等于各附加力偶矩矢的矢量和，即

$$\boldsymbol{M}_O=\sum_{i=1}^{n}\boldsymbol{M}_i=\sum_{i=1}^{n}\boldsymbol{M}_O(\boldsymbol{F}_i)=\sum_{i=1}^{n}(\boldsymbol{r}_i\times\boldsymbol{F})=$$

$$\sum_{i=1}^{n}(y_iZ_i - z_iY_i)\boldsymbol{i} + \sum_{i=1}^{n}(z_iX_i - x_iZ_i)\boldsymbol{j} + \sum_{i=1}^{n}(x_iY_i - y_iX_i)\boldsymbol{k} \tag{3-18}$$

式中 $\boldsymbol{F}_R'$ 称为原力系的主矢，$\boldsymbol{M}_O$ 称为原力系对简化中心 O 的主矩矢。如图 3-14(c) 所示。

由此可得结论：空间任意力系向任一点 O 简化，可得一力和一力偶。该力的力矢等于力系的主矢，作用线过简化中心，该力偶的矩矢等于力系对简化中心的主矩。与平面力系相似，主矢与简化中心的位置无关，而主矩一般与简化中心的位置有关。因此，力系的主矢是自由矢量，而力系的主矩一般是定位矢量。

如果通过简化中心 O 作直角坐标系 $Oxyz$，由式(3-17)，此力系的主矢的大小和方向余弦为

$$\left.\begin{aligned} &F_R' = \sqrt{(\sum X)^2 + (\sum Y)^2 + (\sum Z)^2} \\ &\cos(\boldsymbol{F}_R', \boldsymbol{i}) = \frac{\sum X}{F_R'},\ \cos(\boldsymbol{F}_R', \boldsymbol{j}) = \frac{\sum Y}{F_R'},\ \cos(\boldsymbol{F}_R', \boldsymbol{k}) = \frac{\sum Z}{F_R'} \end{aligned}\right\} \tag{3-19}$$

而式(3-18)中，单位矢量 $\boldsymbol{i},\boldsymbol{j},\boldsymbol{k}$ 前的系数，即主矩 $\boldsymbol{M}_O$ 沿 x,y,z 轴的投影也等于力系各力对 x,y,z 轴之矩的代数和 $\sum M_x(\boldsymbol{F})$，$\sum M_y(\boldsymbol{F})$，$\sum M_z(\boldsymbol{F})$，于是，此力系对点 O 的主矩的大小和方向余弦为

$$\left.\begin{aligned} &M_O = \sqrt{(\sum M_x(\boldsymbol{F}))^2 + (\sum M_y(\boldsymbol{F}))^2 + (\sum M_z(\boldsymbol{F}))^2} \\ &\cos(\boldsymbol{M}_O, \boldsymbol{i}) = \frac{\sum M_x(\boldsymbol{F})}{M_O},\ \cos(\boldsymbol{M}_O, \boldsymbol{j}) = \frac{\sum M_y(\boldsymbol{F})}{M_O},\ \cos(\boldsymbol{M}_O, \boldsymbol{k}) = \frac{\sum M_z(\boldsymbol{F})}{M_O} \end{aligned}\right\} \tag{3-20}$$

2. 简化结果的讨论，合力矩定理的证明

将空间任意力系向一点简化而得到主矢和主矩，还可以进一步简化为最简单的力系，现分几种可能出现的情形讨论如下：

(1) 若 $\boldsymbol{F}_R' = \boldsymbol{0}, \boldsymbol{M}_O \neq \boldsymbol{0}$，空间任意力系简化为一合力偶。该力偶矩矢等于原力系对简化中心的主矩，此时，主矩与简化中心无关。

(2) 若 $\boldsymbol{F}_R' \neq \boldsymbol{0}, \boldsymbol{M}_O = \boldsymbol{0}$，空间任意力系简化为一个合力。合力作用线过简化中心，其合力矢等于原力系的主矢。若简化中心恰好选在合力作用线上时，就会出现这种情况。

(3) 若 $\boldsymbol{F}_R' \neq \boldsymbol{0}, \boldsymbol{M}_O \neq \boldsymbol{0}$，且 $\boldsymbol{F}_R' \perp \boldsymbol{M}_O$，如图 3-15(a) 所示。由力线平移定理的逆过程不难看知，原力系简化为一合力 $\boldsymbol{F}_R$，其合力矢等于原力系的主矢，即：$\boldsymbol{F}_R' = \boldsymbol{F}_R$，其作用线离简化中心 O 的距离为 $d = \dfrac{|\boldsymbol{M}_O|}{F_R'}$。

由图 3-15(b) 可见，$\boldsymbol{M}_O(\boldsymbol{F}_R) = \overrightarrow{OO'} \times \boldsymbol{F}_R = \boldsymbol{M}_O$ 再由式(3-18)则有关系式

$$\boldsymbol{M}_O(\boldsymbol{F}_R) = \sum_{i=1}^{n}\boldsymbol{M}_O(\boldsymbol{F}_i) \tag{3-21}$$

由于简化中心点 O 的任意性，可得空间任意力系的合力对任一点之矩等于力系中各力对同一点矩的矢量和。

根据力矩关系定理，将式(3-21)投影到过点 O 的任一轴 z 上，则有

$$M_z(\boldsymbol{F}_R) = \sum_{i=1}^{n}M_z(\boldsymbol{F}_i) \tag{3-22}$$

即空间任意力系的合力对任一轴之矩等于力系中各力对同一轴之矩的代数和。

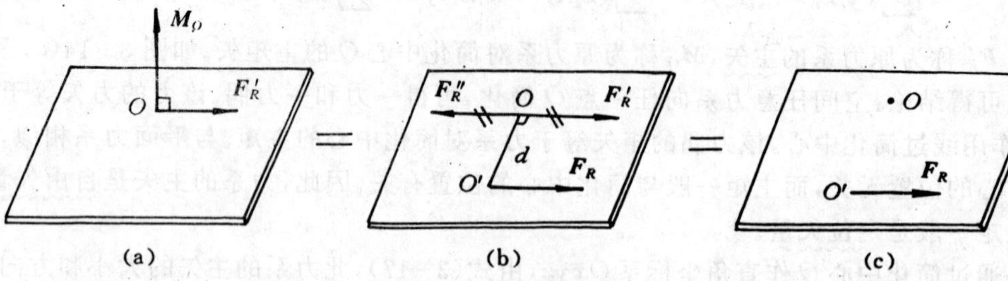

(a)　　　　(b)　　　　(c)

图　3-15

以上两个关系式称为空间力系的合力矩定理。

(4) 若 $\boldsymbol{F}_R' \neq \boldsymbol{0}$，$\boldsymbol{M}_O \neq \boldsymbol{0}$ 且 $\boldsymbol{F}_R' /\!/ \boldsymbol{M}_O$，如图 3-16 所示，此时力系无法作进一步简化。这种由一个力和一个力偶组成的力系，其中的力垂直于力偶的作用面，称为力螺旋。若力矢 $\boldsymbol{F}_R'$ 与矩矢 $\boldsymbol{M}_O$ 同向，则称为右手力螺旋，反之为左手力螺旋。力螺旋中力的作用线称为力系的中心轴。在上述情况下，中心轴过简化中心。

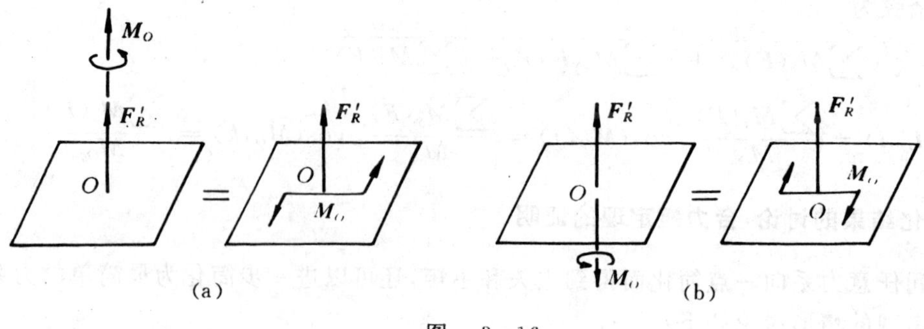

图　3-16

力螺旋是由静力学中的两个基本要素力和力偶组成的最简单力系之一，不能再进一步简化，也不能自身平衡。典型的例子诸如钻头对于工件的作用、螺旋桨对于流体的作用等都是力螺旋。

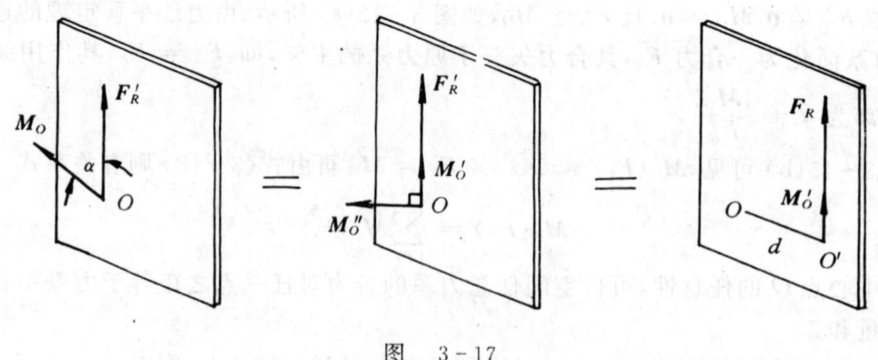

图　3-17

(5) 若 $\boldsymbol{F}_R' \neq \boldsymbol{0}$，$\boldsymbol{M}_O \neq \boldsymbol{0}$ 且 $\boldsymbol{R}_R'$ 与 $\boldsymbol{M}_O$ 成任意角 α，如图 3-17(a) 所示。此时，可将力偶矩矢 $\boldsymbol{M}_O$ 分解为垂直于 $\boldsymbol{F}_R'$ 和平行于 $\boldsymbol{F}_R'$ 的两个分力偶矩矢 $\boldsymbol{M}_O''$ 和 $\boldsymbol{M}_O'$（如图 3-17(b)），其中 $\boldsymbol{M}_O''$ 和

F_R' 可以简化为作用于点 O' 的一个力 F_R，又力偶矩矢是自由矢量，故将 M_O' 平移使之与 F_R 共线，从而得到一个中心轴过点 O' 的力螺旋(如图 3-17(c))，且可证明：

$$\left.\begin{aligned}&\overrightarrow{OO'} = F_R' \times M_O / F_R'^2 \\ &O, O' \text{ 两点之距为 } d = |\overrightarrow{OO'}| = \left|\frac{M_O \sin\alpha}{F_R'}\right|\end{aligned}\right\} \quad (3-23)$$

(6) 若 $F_R' = 0, M_O = 0$，说明空间力系平衡。此种情形将在下节详细讨论。

【例 3-5】 如图 3-18 所示，边长为 a, b, c 的立方体，顶点 A 和 B 处分别作用有大小均为 P 的力 F_1 和 F_2，试求其简化结果。

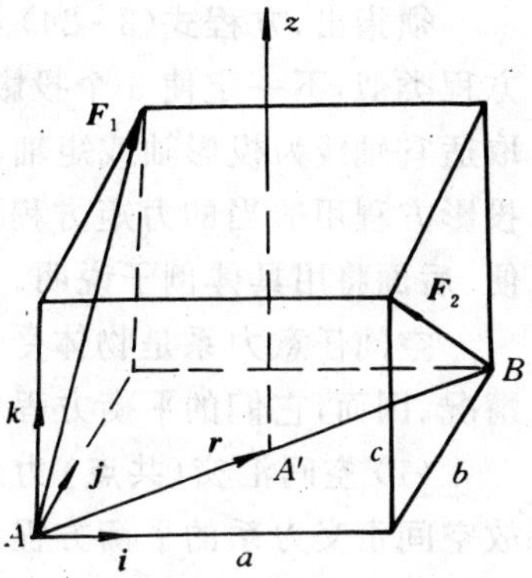

图 3-18

解 将力 F_1 和 F_2 分别用解析式表示，即

$$F_1 = \frac{P}{\sqrt{b^2 + c^2}}(bj + ck)$$

$$F_2 = \frac{P}{\sqrt{b^2 + c^2}}(-bj + ck)$$

两力作用点 A 和 B 相对于点 A 的矢径分别为

$$r_1 = 0, \ r_2 = \overrightarrow{AB} = ai + bj$$

将力系向点 A 简化，得主矢 F_R' 和主矩 M_A。

其中

$$F_R' = F_1 + F_2 = \frac{2Pc}{\sqrt{b^2 + c^2}}k$$

$$M_A = M_A(F_1) + M_A(F_2) = r_1 \times F_1 + r_2 \times F_2 = \frac{P}{\sqrt{b^2 + c^2}}(bci - acj - bak)$$

由于 $F_R' \cdot M_A = \dfrac{-2P^2abc}{b^2 + c^2} < 0$

故力系可简化为一个左力螺旋，力螺旋中的力矢量即为 F_R'，力偶矩矢为

$$M = \frac{(M_A \cdot F_R') \cdot F_R'}{F_R'^2} = -\frac{Pab}{\sqrt{b^2 + c^2}}k$$

力螺旋中心轴通过点 A'，由式(3-23)得

$$r = \overrightarrow{AA'} = \frac{F_R' \times M_A}{F_R'^2} = \frac{1}{2}ai + \frac{1}{2}bj$$

即力系(F_1, F_2)简化为一个中心轴过 $A'z$ 轴的左手力螺旋。

本题是由定义用矢量法求解。读者也可按常规的力系简化方法，即先求主矢、主矩的大小和方向，再求最后简化结果。

§3-5 空间力系的平衡条件与平衡方程

空间任意力系处于平衡的必要和充分条件是：力系的主矢和对任一点的主矩都等于零。即

$$F_R' = 0, \qquad M_O = 0$$

根据式(3-19)和式(3-20)可将上述平衡条件写成

$$\left.\begin{aligned}\sum X=0,\quad & \sum M_x(\boldsymbol{F})=0\\ \sum Y=0,\quad & \sum M_y(\boldsymbol{F})=0\\ \sum Z=0,\quad & \sum M_z(\boldsymbol{F})=0\end{aligned}\right\} \tag{3-24}$$

式(3-24)称为空间任意力系的平衡方程。即空间任意力系平衡的必要和充分条件是：所有各力在3个坐标轴中每一轴上投影的代数和以及对各轴之矩的代数和分别为零。

须指出，方程式(3-24)虽然是在直角坐标系下导出的，但具体应用时，与平面力系的平衡方程类似，不一定使3个投影轴或矩轴互相垂直，也没有必要使矩轴和投影轴重合，而可以选取适宜轴线为投影轴或矩轴，使每一个平衡方程中所含未知量最少，以简化计算。此外，还可将投影方程用适当的力矩方程取代，得到四矩式、五矩式以至六矩式的平衡方程，使计算更为方便。后面将用具体例子说明。

空间任意力系是物体受力最一般情形，其它类型的力系均可认为是空间任意力系的特殊情况。因而，它们的平衡方程均可由式(3-24)直接导出。例如：

(1) 空间汇交(共点)力系　不妨将简化中心O取在汇交公共点处，则$\boldsymbol{M}_O=\boldsymbol{0}$自然满足，故空间汇交力系的平衡方程为3个投影式

$$\left.\begin{aligned}\sum X=0\\ \sum Y=0\\ \sum Z=0\end{aligned}\right\} \tag{3-25}$$

(2) 空间平行力系　不妨取轴Oz与力系中各力作用线平行，则各力在轴Ox和Oy的投影以及对轴Oz之矩恒等于零。故空间平行力系的平衡方程为

$$\left.\begin{aligned}\sum Z=0\\ \sum M_x(\boldsymbol{F})=0\\ \sum M_y(\boldsymbol{F})=0\end{aligned}\right\} \tag{3-26}$$

(3) 空间力偶系　由于力偶系的主矢恒为零，故空间力偶系的平衡方程为

$$\left.\begin{aligned}\sum M_x(\boldsymbol{F})=0\\ \sum M_y(\boldsymbol{F})=0\\ \sum M_z(\boldsymbol{F})=0\end{aligned}\right\}$$

与式(3-16)完全相同

同理，可由式(3-24)直接推出平面力系的各组平衡方程。读者可自行练习。

§3-6　空间力系平衡问题举例

在解决空间力系的平衡问题时，求解过程与平面力系相似。首先要选取研究对象，并对其进行受力分析。在此须注意：空间力系问题中，物体所受的约束，有些类型不同于平面力系问题中的约束类型，因此要特别注意空间约束的类型、简化符号以及约束反力或约束反力偶的表示方法。现将空间问题中的常见约束列入表3-1以供参考。至于某种约束为什么可能有这样的约

束反力或力偶，可参阅平面力系的约束构造，依据下面原则进行。即观察被约束物体在空间可能的6种独立位移(沿三维空间3个坐标轴的移动和绕这3个轴的转动)有哪几种位移被约束所阻碍。阻碍移动的是约束反力，阻碍转动的是约束反力偶。最后，要根据力系的类型列出相应的平衡方程求解。

表 3-1　空间约束的类型及其约束反力举例

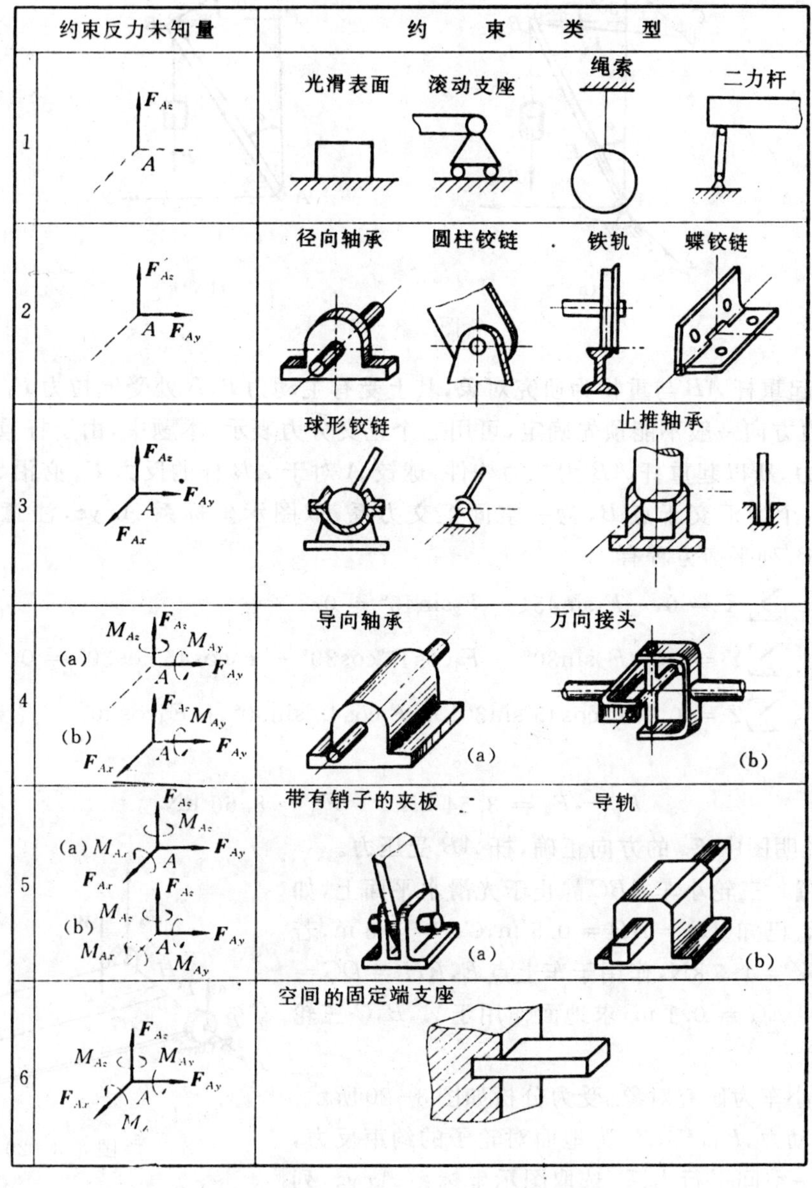

	约束反力未知量	约束类型
1	F_{Az}	光滑表面　滚动支座　绳索　二力杆
2	F_{Az}，F_{Ay}	径向轴承　圆柱铰链　铁轨　蝶铰链
3	F_{Az}，F_{Ay}，F_{Ax}	球形铰链　止推轴承
4	(a) M_{Az}，F_{Az}，M_{Ay}，F_{Ay} (b) F_{Az}，M_{Ay}，F_{Ay}，F_{Ax}	导向轴承(a)　万向接头(b)
5	(a) F_{Az}，M_{Az}，M_{Ax}，F_{Ay}，F_{Ax} (b) F_{Az}，M_{Az}，F_{Ay}，M_{Ax}，M_{Ay}	带有销子的夹板(a)　导轨(b)
6	F_{Az}，M_{Az}，M_{Ay}，F_{Ay}，F_{Ax}，M_{Ax}	空间的固定端支座

应用空间任意力系的6个平衡方程，可以求解6个未知量。

下面通过具体例子说明空间平衡问题的解题方法及应注意的问题。

【例 3-6】　如图3-19所示，用起重机吊起重物，起重杆的A端用球铰链固定在地面上，而B端则用绳CB和DB拉住，两绳分别系在墙上的点C和D，连线CD平行于x轴。已知：$CE = EB = DE$，$\alpha = 30°$，CDB平面与水平面的夹角$\angle EBF = 30°$，物重$P = 10\ \text{kN}$，如起重杆的重量不计，试求起重杆所受的压力和绳子拉力。

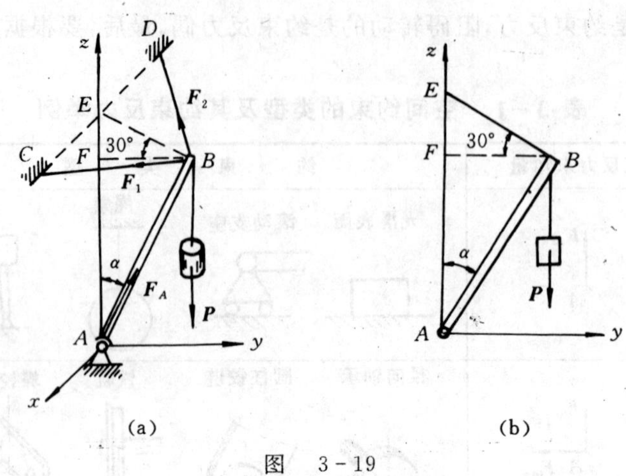

图 3-19

解 取起重杆 AB 与重物为研究对象，其上受有主动力 $\boldsymbol{P}$，B 处受绳拉力 $\boldsymbol{F}_1$ 与 $\boldsymbol{F}_2$，球铰链 A 的约束反力方向一般不能预先确定，可用三个正交分力表示。本题中，由于杆重不计，又只在 A，B 两端受力，所以起重杆 AB 为二力构件，球铰 A 对于 AB 杆的反力 $\boldsymbol{F}_A$ 必沿 A，B 连线。$\boldsymbol{P}$，$\boldsymbol{F}_1$，$\boldsymbol{F}_2$ 和 $\boldsymbol{F}_A$ 4 个力汇交于点 B，为一空间汇交力系，取图示坐标系 $Axyz$，注意到 $\angle CBE = \angle DBE = 45°$，列平衡方程有

$$\sum X = 0,\quad F_1\sin45° - F_2\sin45° = 0$$

$$\sum Y = 0,\quad F_A\sin30° - F_1\cos45°\cos30° - F_2\cos45°\cos30° = 0$$

$$\sum Z = 0,\quad F_1\cos45°\sin30° + F_2\cos45°\sin30° + F_A\cos30° - P = 0$$

解得

$$F_1 = F_2 = 3.54\ \text{kN} \qquad F_A = 8.66\ \text{kN}$$

$\boldsymbol{F}_A$ 为正值，说明图中 $\boldsymbol{F}_A$ 的方向正确，杆 AB 受压力。

【例 3-7】 三轮小车 ABC 静止于光滑水平面上，如图 3-20 所示。已知 $AD = BD = 0.5\ \text{m}$，$CD = 1.5\ \text{m}$，若有铅直载荷 $W = 1.5\ \text{kN}$，作用于车上点 E，$EH = DG = 0.5\ \text{m}$，$DH = EG = 0.1\ \text{m}$，求地面作用于 A，B，C 三轮的反力。

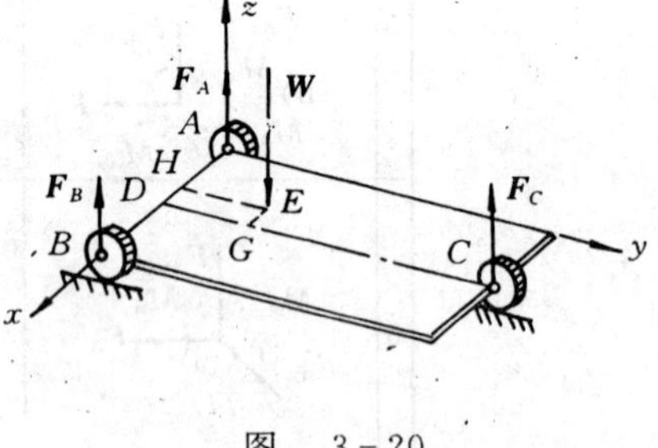

图 3-20

解 取小车为研究对象。受力分析如图 3-20 所示。其中 $\boldsymbol{W}$ 为主动力，$\boldsymbol{F}_A$，$\boldsymbol{F}_B$，$\boldsymbol{F}_C$ 为地面对轮子的约束反力，这些力组成一空间平行力系。选取图示坐标系 $Axyz$，列平衡方程，即

$$\sum Z = 0, F_A + F_B + F_C - W = 0$$

$$\sum M_x(\boldsymbol{F}) = 0, 1.5F_C - 0.5W = 0$$

$$\sum M_y(\boldsymbol{F}) = 0, -1F_B - 0.5F_C + (0.5 - 0.1)W = 0$$

解得 $F_A = 0.65\ \text{kN}$， $F_B = 0.35\ \text{kN}$， $F_C = 0.5\ \text{kN}$

【例 3-8】 某厂房支承屋架和吊车梁的柱子，如图 3-21 所示，其下端固定，柱顶承受屋架传来的力 $\boldsymbol{P}_1$，牛脚上承受吊车梁传来的铅直力 $\boldsymbol{P}_2$ 和水平制动力 $\boldsymbol{T}$。如以柱脚中心为坐标原点 O，铅直轴为 z 轴，x 及 y 轴分别平行于柱脚的两边，如图所示。力 $\boldsymbol{P}_1$ 及 $\boldsymbol{P}_2$ 均在 yz 平面内，与 z 轴距离分别为 $e_1 = 0.1\ \text{m}$，$e_2 = 0.34\ \text{m}$，制动力 $\boldsymbol{T}$ 平行于 x 轴。已知 $P_1 = 120\ \text{kN}$，$P_2 = 300\ \text{kN}$，$T = 25\ \text{kN}$，$h = 6\ \text{m}$，柱所受重力 $\boldsymbol{Q}$ 可认为沿 z 轴作用，且 $Q = 40\ \text{kN}$，试求基础对柱作用的约束力及约束力偶矩。

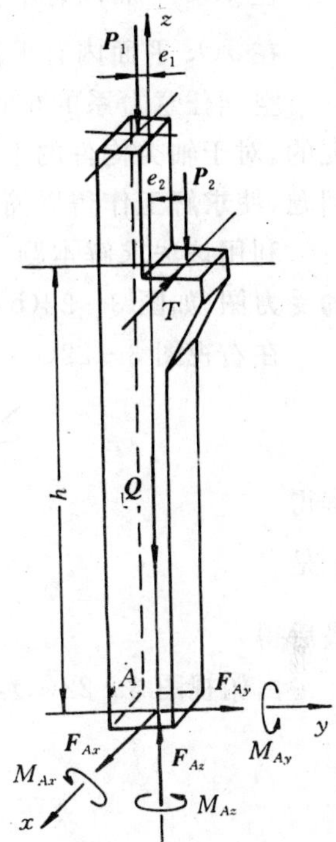

解 由于下端固定，在 $Oxyz$ 坐标系下，则基础对柱子的约束力及约束力偶分别为 $\boldsymbol{F}_{Ax}$，$\boldsymbol{F}_{Ay}$，$\boldsymbol{F}_{Az}$ 及 $\boldsymbol{M}_{Ax}$，$\boldsymbol{M}_{Ay}$，$\boldsymbol{M}_{Az}$，它们与主动力一起构成了一个空间任意力系作用在柱子上，列出平衡方程有

$\sum X = 0$，$F_{Ax} - T = 0$ 所以 $F_{Ax} = T = 25\ \text{kN}$

$\sum Y = 0$，$F_{Ay} = 0$

$\sum Z = 0$，$F_{Az} - P_1 - P_2 - Q = 0$ 所以 $F_{Az} = 460\ \text{kN}$

$\sum M_x(\boldsymbol{F}) = 0$，$M_{Ax} + P_1 e_1 - P_2 e_2 = 0$，所以 $M_{Ax} = 90\ \text{kN} \cdot \text{m}$

$\sum M_y(\boldsymbol{F}) = 0$，$M_{Ay} - Th = 0$，所以 $M_{Ay} = 150\ \text{kN} \cdot \text{m}$

$\sum M_z(\boldsymbol{F}) = 0$，$M_{Az} + Te_2 = 0$，所以 $M_{Az} = -8.5\ \text{kN} \cdot \text{m}$

图 3-21

【例 3-9】 如图 3-22 所示，水平轴 AB 作等速转动，其上装有齿轮 C 和皮带轮 D，已知齿轮节圆半径 $R = 120\ \text{mm}$，压力角 $\alpha = 20°$，皮带紧边拉力 $F_{T1} = 200\ \text{N}$，松边拉力 $F_{T2} = 100\ \text{N}$，皮带轮直径 $d = 160\ \text{mm}$，齿轮、皮带轮及轴承 A，B 相距 $a = 100\ \text{mm}$，$b = 150\ \text{mm}$，求齿轮啮合力 $\boldsymbol{F}$ 及轴承 A，B 的约束反力。

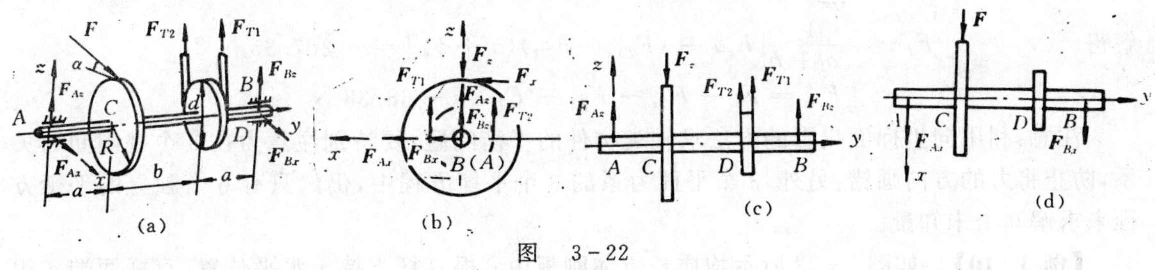

图 3-22

解 取轴 AB 为研究对象，作用于轴上的力有皮带拉力 F_{T1}，F_{T2}，齿轮的啮合力 $\boldsymbol{F}$，轴承 A，B 处约束反力 $\boldsymbol{F}_{Ax}$，$\boldsymbol{F}_{Az}$，$\boldsymbol{F}_{Bx}$，$\boldsymbol{F}_{Bz}$，其中齿轮的圆周力 $F_x = F\cos\alpha$，径向力 $F_z = F\sin\alpha$，如图 3-22(a) 所示。由于轴作匀速转动，故处于平衡。这是一个空间任意力系的平衡问题，列出相应的平衡方程即可求解未知力，读者不妨一试。

下面介绍另一种常用的解题方法。

由于一个平衡的空间任意力系，在 3 个坐标平面 xOy，yOz，zOx 上的投影所组成的 3 个平面任意力系也一定是平衡力系。

在 xOy 平面内有平衡条件：$\sum X = 0,\ \sum Y = 0,\ \sum M_z(\boldsymbol{F}) = 0$

在 yOz 平面内有平衡条件：$\sum Y = 0,\ \sum Z = 0,\ \sum M_x(\boldsymbol{F}) = 0$

在 xOz 平面内有平衡条件：$\sum X = 0, \sum Z = 0, \sum M_y(\boldsymbol{F}) = 0$

空间任意力系的6个平衡方程已包含了上述9个平衡方程，这9个平衡方程中有三个是重复的。对于轴类构件的平衡问题，工程计算中常借助上述方法将空间平衡问题转化为平面平衡问题，使求解工作得以简化。

利用该法求解本题，将主轴上所受各力分别向3个坐标平面上投影并得到3个平面力系的受力图(如图3-22(b)，(c)，(d)所示)。

在右视图3-22(b)中，列平衡方程，即

$$\sum M_B(\boldsymbol{F}) = 0,\quad F_x R - (F_{T1} - F_{T2})\frac{d}{2} = 0$$

解得

$$F_x = \frac{(F_{T1} - F_{T2})d}{2R} = 66.67\ \text{N}$$

于是

$$F_z = F_x \tan\alpha = 24.27\ \text{N}$$

最后得

$$F = \sqrt{F_x^2 + F_z^2} = 70.95\ \text{N}$$

由俯视图3-22(d)，列平衡方程，即

$$\sum M_A(\boldsymbol{F}) = 0,\ -F_{Bx}(2a + b) - F_x a = 0$$

$$\sum X = 0,\ F_{Ax} + F_{Bx} + F_x = 0$$

解得

$$F_{Bx} = -\frac{F_x a}{(2a + b)} = -19.05\ \text{N}$$

$$F_{Ax} = -F_{Bx} - F_x = -47.62\ \text{N}$$

由主视图3-22(c)，列平衡方程，即

$$\sum M_A(F) = 0,\ F_{Bx}(2a + b) + (F_{T1} + F_{T2})(a + b) - F_z a = 0$$

$$\sum Z = 0,\ F_{Az} + F_{Bz} + F_{T1} + F_{T2} - F_z = 0$$

解得

$$F_{Bz} = \frac{1}{2a + b}[F_z a - (F_{T1} + F_{T2})(a + b)] = -207.35\ \text{N}$$

$$F_{Az} = F_z - F_{Bz} - F_{T1} - F_{T2} = -68.38\ \text{N}$$

注意：利用向坐标面投影的方法求轴类构件的平衡问题，要特别注意力在3个视图间的关系，防止将力的方向画错。另外，3个平面力系的9个平衡方程中，仍然只有6个独立的平衡方程来求解6个未知量。

【例3-10】 如图3-23所示均质长方体刚板由6根直杆支持于水平位置，直杆两端各用球铰链与板和地面连接，板重为 $\boldsymbol{P}$，在 A 处作用一水平力 $\boldsymbol{F}$，且 $F = 2P$，求各杆的内力。

解 取长方体钢板为研究对象，各支杆均为二力杆，设它们均受拉力。板的受力图如图所示，列平衡方程，即

$$\sum M_{AB}(\boldsymbol{F}) = 0,\ -F_6 a - P\frac{a}{2} = 0,$$

所以 $F_6 = -\dfrac{P}{2}$(压力)

$$\sum M_{AE}(\boldsymbol{F}) = 0,\ F_5 = 0$$

$$\sum M_{AC}(\boldsymbol{F})=0,\ F_4=0$$

$$\sum M_{EF}(\boldsymbol{F})=0$$

$$-P\frac{a}{2}-F_6a-F_1\frac{a}{\sqrt{a^2+b^2}}b=0$$

所以 $F_1=0$

$$\sum M_{FG}(\boldsymbol{F})=0,\ -P\frac{b}{2}+Fb-F_2b=0,\text{所以}$$

$F_2=1.5P$(拉力)

$$\sum M_{BC}(\boldsymbol{F})=0,\ -P\frac{b}{2}-F_2b-F_3\cos45°b=0,$$

所以 $F_3=-2\sqrt{2}P$(压力)

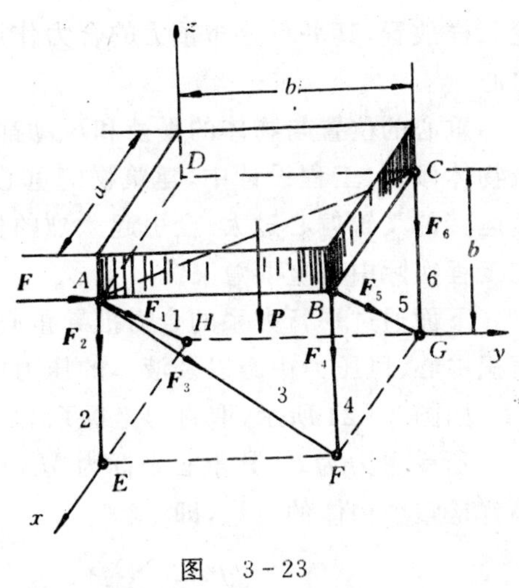

图 3-23

此例为一空间杆系结构，主要练习力矩轴的选取问题。在本题解中，采用6矩式平衡方程求得6个杆的内力。一般而言，力矩方程比较灵活，常可使一个方程只含一个未知量。当然也可采用其它形式的平衡方程求解，如用$\sum X=0$，求$F_1=0$，$\sum Y=0$，求$F_3=-2\sqrt{2}P$等，但无论怎样列方程，独立的平衡方程只有6个。

通过以上例题，现将求解空间力系平衡问题的要点归纳如下：

(1) 求解空间力系的平衡问题，其解题步骤与平面力系相同，即先确定研究对象，再进行受力分析，画出受力图，最后列出平衡方程求解。但是，由于力系中各力在空间任意分布，故某些约束的类型与其反力的画法与平面力系有所不同。

(2) 为简化计算，在选择投影轴与力矩轴时，注意使轴与各力的有关角度及尺寸为已知或较易求出，并尽可能使轴与大多数的未知力平行或相交，这样在计算力在坐标轴上的投影和力对轴之矩就较为方便，且使平衡方程中所含未知量较少。同时注意，空间力偶对轴之矩等于力偶矩矢在该轴上的投影。

(3) 根据题目特点，可选用不同形式的平衡方程。所选投影轴不必相互垂直，也不必与矩轴重合。当用力矩方程取代投影方程时，必须附加相应条件以确保方程的独立性。但由于这些附加条件比较复杂，故具体应用时，只要所建立的一组平衡方程，能解出全部未知量，则说明这组平衡方程是彼此独立的，已满足了附加条件。

(4) 求解空间力系平衡问题，有时采用将该力系向三个正交的坐标平面投影的方法，把空间力系的平衡问题转化成平面力系的平衡问题求解。这时必须注意正确确定各力在投影面中投影的大小、方向及作用点的位置。

§3-7 重　心

1. 重心的概念及其坐标公式

在地球附近的物体都受到地球对它的作用力，即物体的重力。重力作用于物体内每一微小部分，是一个分布力系。对于工程中一般的物体，这种分布的重力可足够精确地视为空间平行力系。通常所谓的重力，就是指这个空间平行力系的合力。不变形的物体(刚体)在地球表面无论怎样放置，其平行分布重力的合力作用线都通过此物体上一个确定的点，这一点称为物体的重心。

重心的位置与物体的平衡和运动都是有很大的关系。物体的重心过高或偏心过大，可能导致物体倾倒。工程设计中，建筑物的重心位置直接关系到其抗倾稳定性及内部受力的分布。高速运转的飞轮偏心过大，会引起激烈的振动而影响机器寿命。因此，如何确定物体重心的位置，在工程实际中有重要意义。

下面通过平行力系的合力推导重心的坐标公式。这些公式也可用于确定物体的质量中心、面积中心、风压力中心以及液体的压力中心等等。

如图 3-24 所示，取直角坐标系 $Oxyz$，将物体分割成许多微小单元体。每一单元体体积为 ΔV_i，所受重力为 $\boldsymbol{P}_i$，其重心坐标为 $M_i(x_i, y_i, z_i)$。各单元体的重力是一平行力系，其合力 $\boldsymbol{P}$ 的大小就是整个物体的重量，即

$$P = \sum_{i=1}^{n} P_i \tag{3-27}$$

合力的作用点就是物体的重心 C，设其坐标为 $C(x_C, y_C, z_C)$，根据合力矩定理有

$$M_x(\boldsymbol{P}) = \sum_{i=1}^{n} M_x(\boldsymbol{P}_i) \quad M_y(\boldsymbol{P}) = \sum_{i=1}^{n} M_y(\boldsymbol{P}_i)$$

得
$$Py_C = \sum_{i=1}^{n} P_i y_i \quad Px_C = \sum_{i=1}^{n} P_i x_i$$

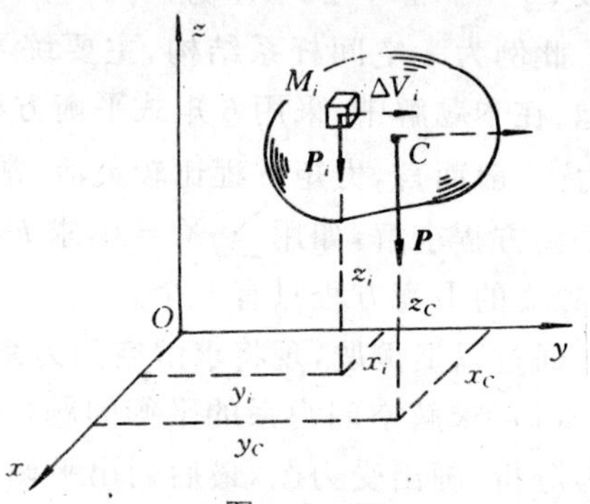

图 3-24

由于物体的重心相对于物体本身始终在一个确定的几何点，与该物体在空间的位置无关。若将物体与坐标系一起逆时针绕 x 轴转过 90°，则重力 $\boldsymbol{P}_i$ 及 $\boldsymbol{P}$ 分别绕它们的作用点转过 90°，如图 3-24 中虚线所示。再由合力矩定理

$$M_x(\boldsymbol{P}) = \sum_{i=1}^{n} M_x(\boldsymbol{P}_i)$$

得
$$Pz_C = \sum_{i=1}^{n} P_i z_i$$

根据以上三式可求得物体重心的坐标公式为

$$\left.\begin{aligned} x_C &= \frac{\sum_{i=1}^{n} P_i x_i}{P} = \frac{\sum_{i=1}^{n} P_i x_i}{\sum_{i=1}^{n} P_i} \\ y_C &= \frac{\sum_{i=1}^{n} P_i y_i}{P} = \frac{\sum_{i=1}^{n} P_i y_i}{\sum_{i=1}^{n} P_i} \\ z_C &= \frac{\sum_{i=1}^{n} P_i z_i}{P} = \frac{\sum_{i=1}^{n} P_i z_i}{\sum_{i=1}^{n} P_i} \end{aligned}\right\} \tag{3-28}$$

物体分割得越细，每一单元的体积越小，由式(3-28)计算物体重心的位置就越准确，极限情况下可用积分计算。

对于均质物体，设其密度为 ρ，物体微小单元体及整体的体积分别为 ΔV_i 和 V，则有 $P_i = \rho g \Delta V_i$，$P = \rho g V$，于是式(3-28)可写成

$$\left.\begin{aligned} x_C &= \frac{\sum_{i=1}^{n} x_i \Delta V_i}{V} \\ y_C &= \frac{\sum_{i=1}^{n} y_i \Delta V_i}{V} \\ z_C &= \frac{\sum_{i=1}^{n} z_i \Delta V_i}{V} \end{aligned}\right\} \tag{3-29}$$

上式的极限形式为

$$x_C = \frac{\int_V x \mathrm{d}V}{V}, \qquad y_C = \frac{\int_V y \mathrm{d}V}{V}, \qquad z_C = \frac{\int_V z \mathrm{d}V}{V} \tag{3-29$'$}$$

此时求物体重心的问题就是求物体几何形心的问题。这时的重心亦为体积重心。由于物体重心的位置与重力的大小无关，完全取决于物体的几何形状，特称之为形心。可见均质物体的重心与形心是重合的。

对于均质等厚度的薄壳(板)，如厂房的双曲顶壳、薄壁容器等，因为其厚度远小于其余二维尺寸，其重心公式简化为

$$\left.\begin{aligned} x_C &= \frac{\sum_{i=1}^{n} x_i \Delta s_i}{s} = \frac{\int_s x \mathrm{d}s}{s} \\ y_C &= \frac{\sum_{i=1}^{n} y_i \Delta s_i}{s} = \frac{\int_s y \mathrm{d}s}{s} \\ z_C &= \frac{\sum_{i=1}^{n} z_i \Delta s_i}{s} = \frac{\int_s z \mathrm{d}s}{s} \end{aligned}\right\} \tag{3-30}$$

式中，s 为薄壳(板)的表面积。这时的重心称为面积重心。曲面的重心一般不在曲面上，而相对于曲面位于确定的一点。

对于均质等截面细长线段，如细金属丝、细长曲杆等，其截面尺寸远小于其长度 l，类似地，可得其重心坐标公式为

$$\left.\begin{aligned} x_C &= \frac{\sum_{i=1}^{n} x_i \Delta l_i}{l} = \frac{\int_l x \mathrm{d}l}{l} \\ y_C &= \frac{\sum_{i=1}^{n} y_i \Delta l_i}{l} = \frac{\int_l y \mathrm{d}l}{l} \\ z_C &= \frac{\sum_{i=1}^{n} z_i \Delta l_i}{l} = \frac{\int_l z \mathrm{d}l}{l} \end{aligned}\right\} \tag{3-31}$$

这时的重心称为线段的重心。注意，曲线的重心一般不在曲线上。

2. 确定物体重心的方法

（1）简单几何形状物体的重心　凡是具有对称面、对称轴或对称中心的均质物体，其重心一定在物体的对称面、对称轴或对称中心上。简单形状物体的重心可从工程手册上查到。表3-2给出了常见的几种简单形状物体的重心。工程中常用的型钢（如工字钢、角钢、槽钢等）的截面的形心，也可以从型钢表中查到。

表 3-2　简单形体重心表

图　　形	重心坐标	图　　形	重心坐标
圆弧 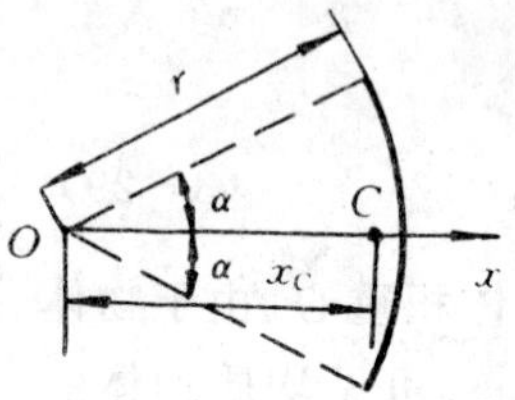	$x_C=\frac{r\sin\alpha}{\alpha}$ （α 以弧度计，下同） 半圆弧： $\alpha=\frac{\pi}{2}$ $x_C=\frac{2r}{\pi}$	椭圆形面积 $\frac{x^2}{a^2}+\frac{y^2}{b^2}=1$ 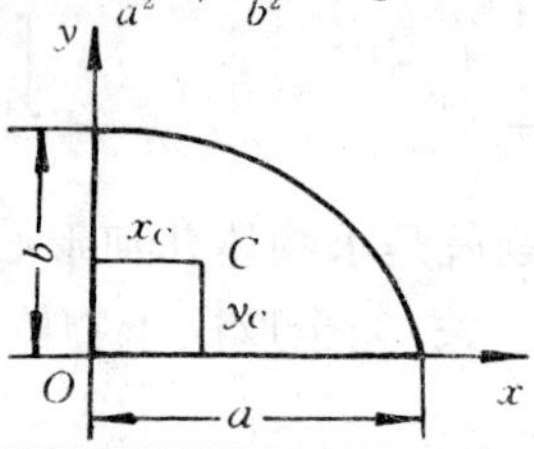	$x_C=\frac{4a}{3\pi}$ $y_C=\frac{4b}{3\pi}$ $(A=\frac{1}{4}\pi ab)$
三角形面积 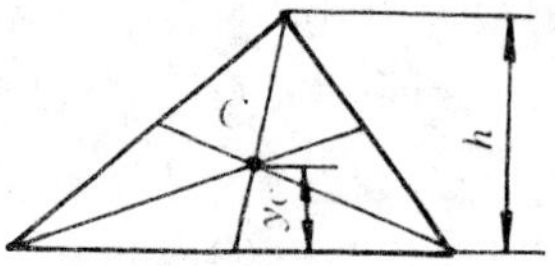	在中线交点 $y_C=\frac{1}{3}h$	抛物线形面积 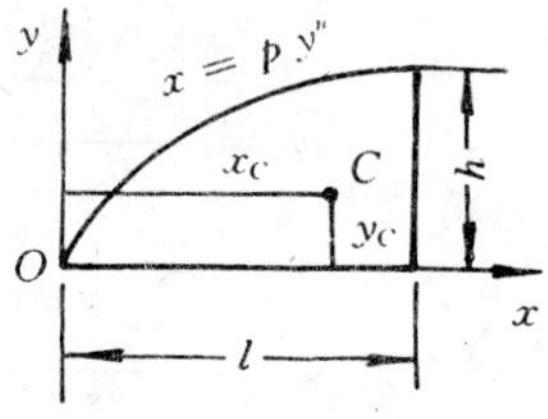 $x=py^n$	$x_C=\frac{n+1}{2n+1}l$ $y_C=\frac{n+1}{2(n+2)}h$ $(A=\frac{n}{n+1}lh)$ 当 $n=2$ 时 $x_C=\frac{3}{5}l$ $y_C=\frac{3}{8}h$
梯形面积 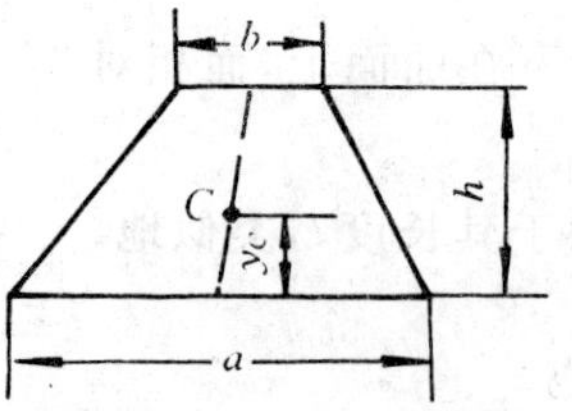	在上、下底中点的连线上 $y_C=\frac{h(a+2b)}{3(a+b)}$	半球体 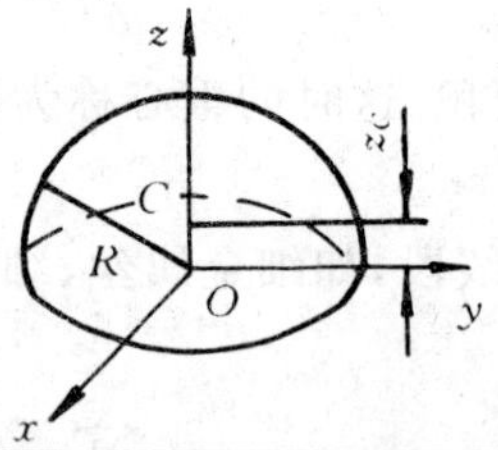	$z_C=\frac{3}{8}R$ $(V=\frac{2}{3}\pi R^3)$
扇形面积 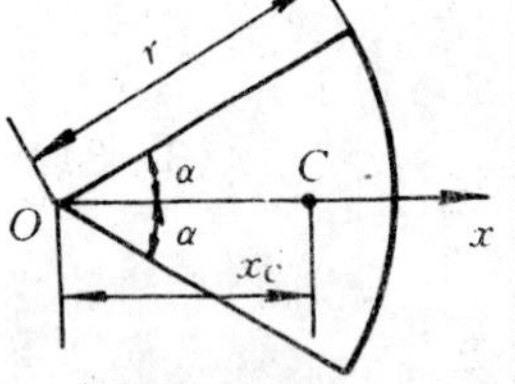	$x_C=\frac{2r\sin\alpha}{3\alpha}$ $(A=r^2\alpha)$ 半圆面积： $\alpha=\frac{\pi}{2}$ $x_C=\frac{4r}{3\pi}$	锥体 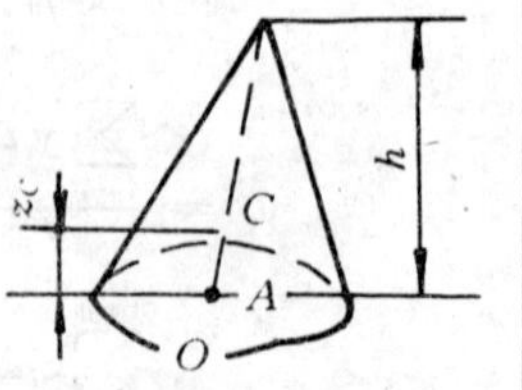	在顶点与底面中心 O 的连线上 $z_C=\frac{1}{4}y$ $(V=\frac{1}{3}Ah$，A 是底面积）

表 3-2 中列出的重心位置均可按前述公式积分求得。

(2) 用组合法求重心　工程中有些形体虽然比较复杂，但往往是由一些简单形体所组成，习惯上称之为组合形体。这样的物体往往可以不经积分运算而用一些简单的方法求得重心坐标。求组合形体的重心一般有两种方法：即分割法和负面积法(或负体积法)。分割法就是将组合形体分割成几个已知重心的简单形体，则整个物体的重心就可利用式(3-28)组合求出。对于在物体内切去一部分(如有空穴或孔洞)的物体，则其重心仍可应用与分割法相同的公式计算，只是切去部分的面积或体积应取负值。此法称为负面积法或负体积法。下面举例说明。

【例 3-11】 试求图 3-25 所示均质面积重心的位置。已知 $a = 20$ cm，$b = 30$ cm，$c = 40$ cm，$d = 10$ cm。

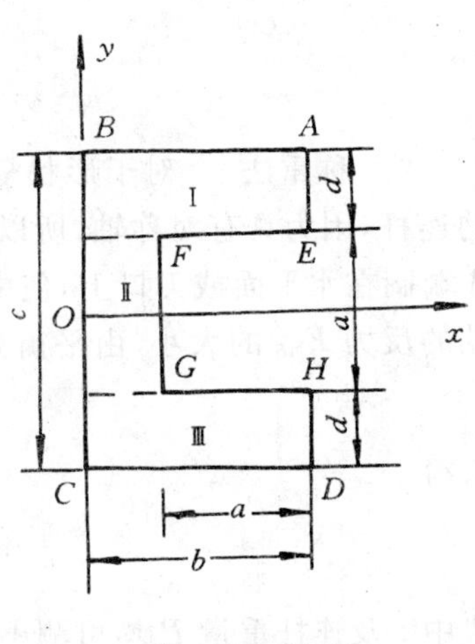

图 3-25

解　此组合体有一对称轴 Ox，重心必在此轴上，故 $y_C = 0$，而 x_C 可利用组合法求得。为此，将图形分成三个矩形 Ⅰ，Ⅱ，Ⅲ，每一个矩形的面积及重心坐标 x 为

矩形 Ⅰ，$s_1 = b \times d = 30 \times 10 = 300\ \text{cm}^2$，$x_1 = \dfrac{b}{2} = 15$ cm

矩形 Ⅱ，$s_2 = a \times (b - a) = 20 \times 10 = 200\ \text{cm}^2$，$x_2 = \dfrac{b-a}{2} = 5$ cm

矩形 Ⅲ，$s_3 = s_1 = 300\ \text{cm}^2$，$x_3 = x_1 = 15$ cm

故由式(3-30)，可得物体重心的坐标为

$$x_C = \frac{s_1x_1 + s_2x_2 + s_3x_3}{s_1 + s_2 + s_3} = \frac{300 \times 15 + 200 \times 5 + 300 \times 15}{300 + 200 + 300} = 12.5\ \text{cm}$$

该题也可采用负面积法求解。将此组合形体看成是由大矩形 $ABCD$ 挖去小矩形 $EFGH$ 而得到，则坐标公式中有关挖去面积的项取负值，各矩形的面积及重心坐标为

矩形 $ABCD$　$s_1 = b \times c = 30 \times 40 = 1\,200\ \text{cm}^2$，$x_1 = \dfrac{b}{2} = 15$ cm

矩形 $EFGH$　$s_2 = a \times a = 20 \times 20 = 400\ \text{cm}^2$，$x_2 = b - \dfrac{a}{2} = 30 - 10 = 20$ cm

则该组合形体的重心坐标为

$$x_C = \frac{s_1x_1 - s_2x_2}{s_1 - s_2} = \frac{1\,200 \times 15 - 400 \times 20}{1\,200 - 400} = 12.5\ \text{cm}$$

两种计算方法所得结果是一样的。

(3) 用实验方法测定是重心的位置　对于形状不规则的物体或非均质的物体，应用前述方法求重心会很困难。有时只能先作近似计算，待产品制成后，再用实验法进行校核。即使在设计阶段物体的重心位置计算得很准确，但由于制造和装配时可能出现的误差或材料的不均匀性，要准确地确定物体重心的位置，也常用实验法进行检验。这里介绍两种常用的方法：

1) 悬挂法　如果要确定一形状复杂的薄板零件的重心，可先将板悬挂于任一点 A，如图 3-26(a) 所示。根据二力平衡条件，重心必过悬挂点的铅直线上，在板上标出此线；然后再将板悬挂另一点 B，同理可标出另一铅直线，如图 3-26(b) 所示。这两条铅垂线的交点即为该零部件的重心。为准确起见，也可作第三次悬挂以对重心位置进行校核。

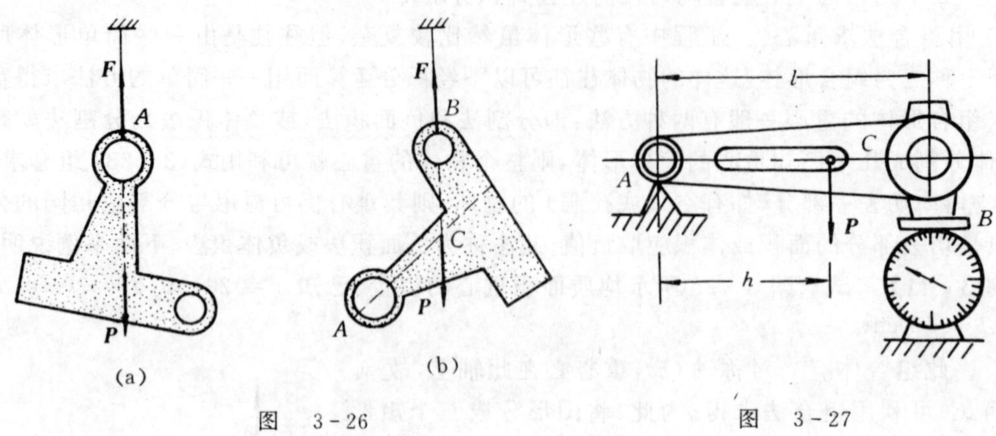

图 3-26　　　　图 3-27

2）称重法　对于形状复杂或体积较大的物体常用称重法求重心。例如曲柄滑杆机构中的连杆，因为具有对称轴，所以只要确定重心在此轴上的位置 h 即可。将连杆 B 端入在台秤上，A 端搁在水平面或刀口上，使中心线 AB 处于水平位置，如图 3-27 所示。台秤上的读数，就是 B 端的反力 F_{NB} 的大小。由平衡方程

$$\sum M_A(\boldsymbol{F}) = 0, \ F_{NB}l - Ph = 0$$

可得

$$h = \frac{F_{NB}l}{P}$$

式中 l 及连杆重量 P 均可测出，代入上式，即可求出 h 的数值。

习　题

3-1　力系中，$F_1 = 100$ N，$F_2 = 300$ N，$F_3 = 200$ N，各力作用线的位置如题图 3-1 所示。试将力系向原点 O 简化。

3-2　试分析空间平行力系的简化的结果是什么？可能合成为力螺旋吗？

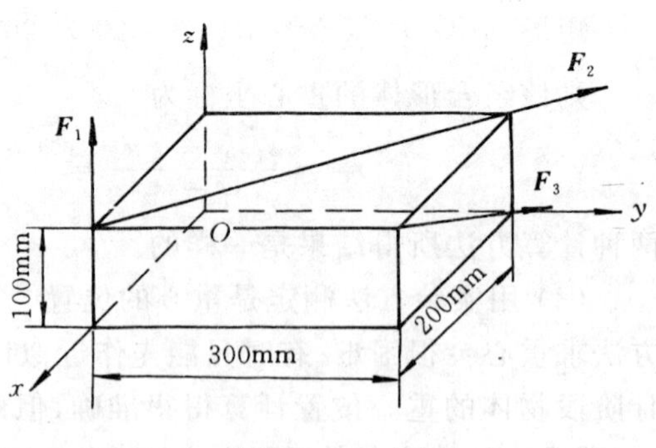

题图　3-1

3-3　曲轴由轴承 A，B 支承，在题图 3-3 所示的水平位置时，作用在曲轴上的力 $\boldsymbol{F}$ 的大小为 $F = 1$ kN，$\alpha = 30°$。设 $d = 400$ mm，$r = 50$ mm。试求力 $\boldsymbol{F}$ 分别对三个坐标轴的矩。

3-4　轴 AB 与铅直线成 α 角，悬臂 CD 与轴垂直地固定在轴上，其长为 a，并与铅直面 zAB 成 θ 角，如题图 3-4 所示。如在点 D 作用铅直向下的力 $\boldsymbol{F}$，求此力对轴 AB 的矩。

3-5　水平圆盘的半径为 r，外缘 C 处作用有已知力 $\boldsymbol{F}$。力 $\boldsymbol{F}$ 位于铅垂平面内，且与 C 处圆盘切线夹角为 60°，其它尺寸如题图 3-5 所示。求力 $\boldsymbol{F}$ 对 x，y，z 轴的矩。

3-6　题图 3-6 所示的空间构架由三根无重直杆组成，在 C 端用球铰链连接，如图所示。

A,B 和 D 端则用球铰链固定在水平地板上。如果在 D 端的物重 $P = 10$ kN,试求铰链 A,B 和 C 的反力。

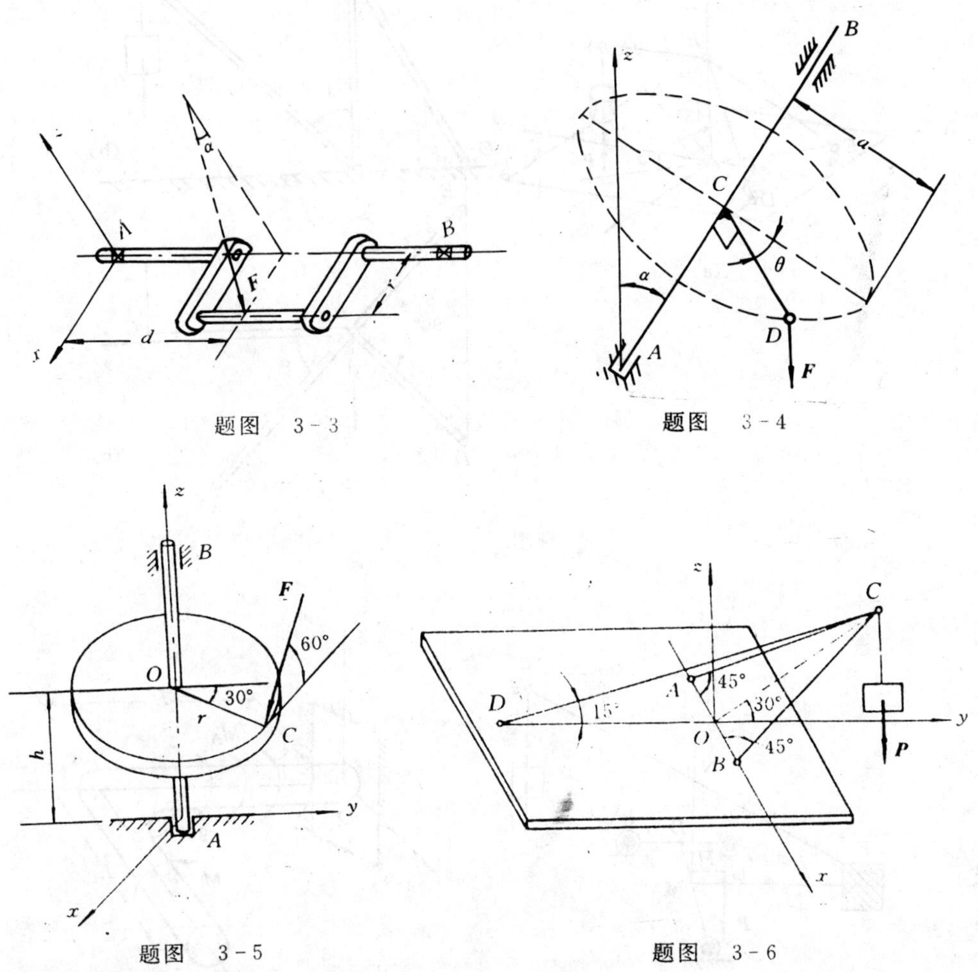

题图 3-3　　题图 3-4

题图 3-5　　题图 3-6

3-7　在题图 3-7 所示起重机中,已知:$AB = BC = AD = AE$;点 A,B,D 和 E 等均为铰链连接,如三角形 ABC 的投影在虚线 BC 位置(图(c))。求铅直支柱和各斜杆的内力与 α 角(ED 的垂直平分面与 ABC 平面间的夹角)的关系。

3-8　起重机装在三轮小车 ABC 上。已知起重机的尺寸为 $AD = DB = 1$ m,$CD = 1.5$ m,$CM = 1$ m,$KL = 4$ m。机身连同平衡锤 F 共重 $P_1 = 100$ kN,作用在点 G,点 G 在平面 $LMNF$ 之内,到机身轴线 MN 的距离 $GH = 0.5$ m,如题图 3-8 所示。所举重物 $P_2 = 30$ kN。求当起重机的平面 LMN 平行于 AB 时车轮对轨道的压力。

3-9　题图 3-9 所示水平曲轴的自重不计,沿 CB 段有分布力偶作用,每单位长度的力偶矩的大小为 M_O,在 A 端作用有矩为 M 的力偶。试求固定端 C 的反力。

3-10　无重曲杆 $ABCD$ 有两个直角,且平面 ABC 与平面 BCD 垂直。杆的 D 端为球铰支座,另一 A 端受轴承支持,如题图 3-10 所示。在曲杆的 AB,BC 和 CD 上作用三个力偶,力偶所在平面分别垂直于 AB,BC 和 CD 三线段。已知力偶矩 M_2 和 M_3,求使曲杆处于平衡的力偶矩

M_1 和支座反力。

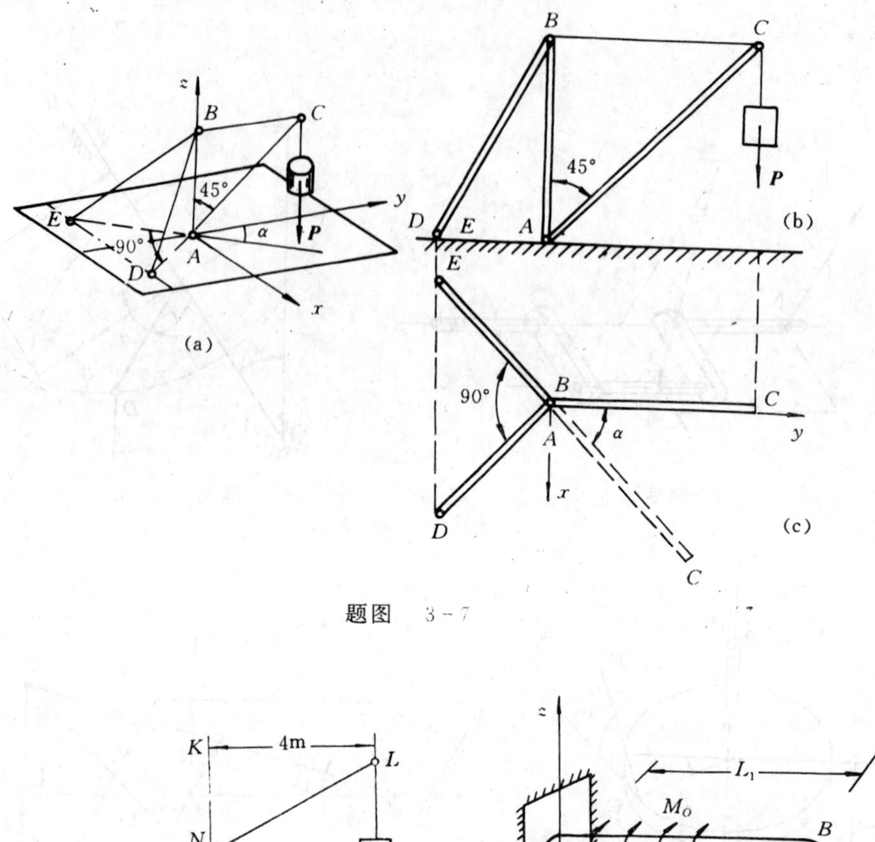

题图 3-7

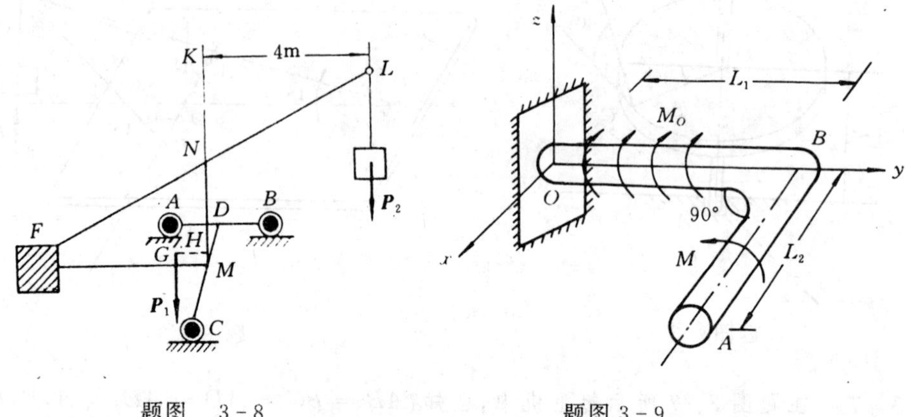

题图 3-8　　题图 3-9

3-11 题图 3-11 所示水平轴 AB 作等速转动，其上装有齿轮 C 及带轮 D。已在胶带紧边的拉力为 200 N，松边的拉力为 100 N，求啮合力 F 及轴承 A，B 的约束反力。

3-12 水平传动轴装有两个皮带轮 C 和 D，可绕 AB 轴转动，如题图 3-12 所示。皮带轮的半径各为 $r_1 = 200$ mm 和 $r_2 = 250$ mm，皮带轮与轴承间的距离为 $a = b = 500$ mm，两皮带轮间的距离为 $c = 1\ 000$ mm。套在轮 C 上的皮带是水平的，其拉力为 $F_1 = 2F_2 = 5\ 000$ N；套在轮 D 上的皮带与铅直线成角 $\alpha = 30°$，其拉力为 $F_3 = 2F_4$。求在平衡情况下，拉力 F_3 和 F_4 的值，并求由皮带拉力所引起的轴承反力。

3-13 使水涡轮转动的力偶矩为 $M_z = 1\ 200$ N·m。在锥齿轮 B 处受到的力分解为三个分力：圆周力 $\boldsymbol{F}_t$，轴向力 $\boldsymbol{F}_a$ 和径向力 $\boldsymbol{F}_r$。这些力的比例为 $\boldsymbol{F}_t : \boldsymbol{F}_a : \boldsymbol{F}_r = 1 : 0.32 : 0.17$。已知水涡轮连同轴和锥齿轮的总重为 $P = 12$ kN，其作用线沿轴 Cz，锥齿轮的平均半径 $OB = 0.6$ m，

其余尺寸如题图 3-13 所示。试求止推轴承 C 和轴承 A 的反力。

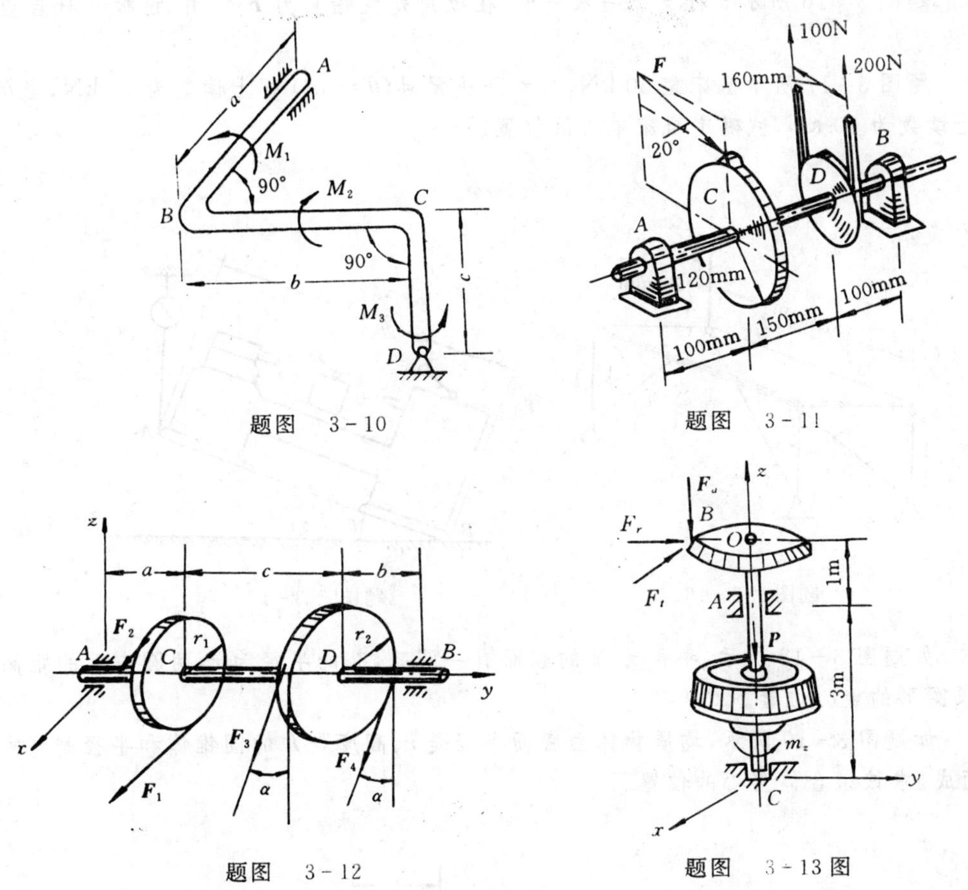

题图 3-10　　　　题图 3-11

题图 3-12　　　　题图 3-13 图

3-14　如题图 3-14 所示，已知镗刀杆刀头上受切削力 $F_z = 500$ N，径向力 $F_x = 150$ N，轴向力 $F_y = 75$ N，刀尖位于 xOy 平面内，其坐标 $x = 75$ mm，$y = 200$ mm。工件重量不计，试求被切削工件左端 O 处的约束反力。

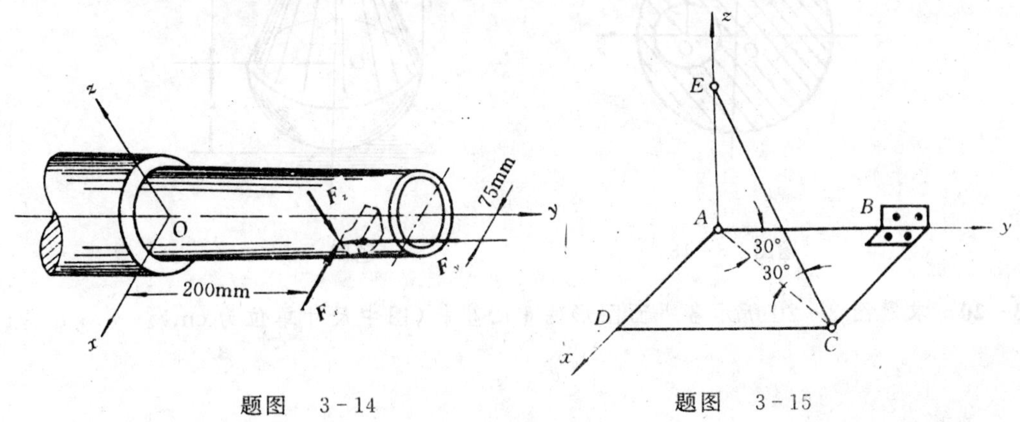

题图 3-14　　　　题图 3-15

3-15　如题图 3-15 所示，均质长方形薄板重 $P = 200$ N，用球铰链 A 和蝶铰链 B 固定在墙上，并用绳子 CE 维持在水平位置。求绳子拉力和支座反力。

3－16 题图 3－16 所示 6 杆支撑一水平板，在板角处受铅直力 $\boldsymbol{F}$ 作用。设板和杆自重不计，求各杆的内力。

3－17 题图 3－17 所示机床重 50 kN，当水平放置时($\theta=0°$) 秤上读数为 15 kN，当 $\theta=20°$ 时，秤上读数为 10 kN，试确定机床重心的位置。

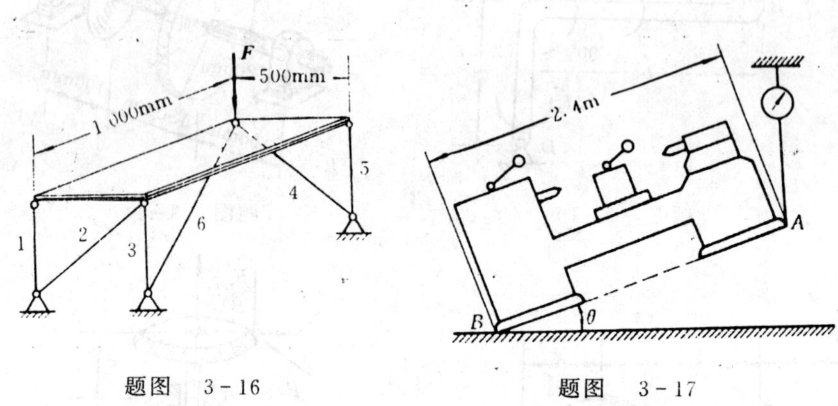

题图 3－16　　　　题图 3－17

3－18 如题图 3－18 所示，半径为 R 的圆面有一圆孔，孔的半径为 r，两圆中心的距离为 $OO'=a$，求图形的重心位置。

3－19 如题图 3－19 所示，均质物体由底面半径是 r、高度是 h 的圆锥体和半径是 r 的半球体组合而成。求该组合体重心的位置。

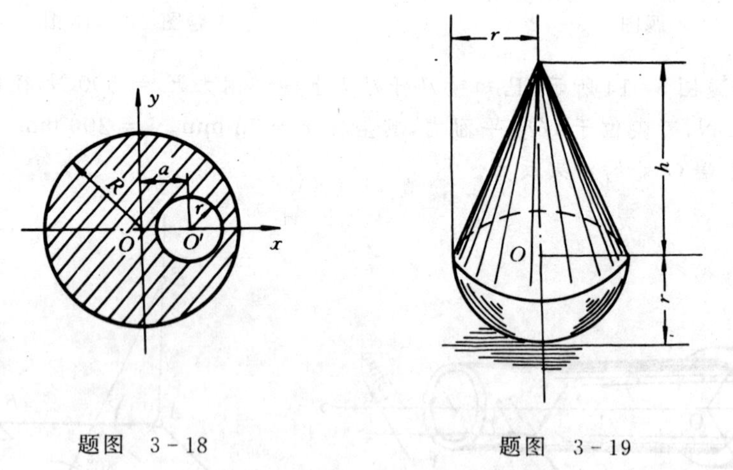

题图 3－18　　　　题图 3－19

3－20 求题图 3－20 所示各平面图形的重心坐标(图中尺寸单位为 cm)。

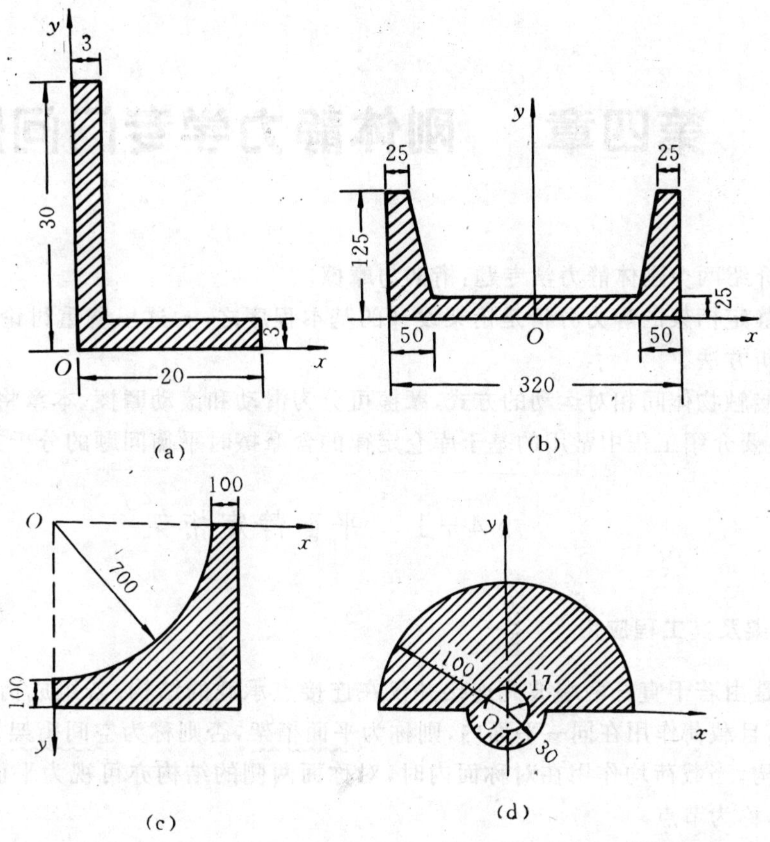

y
3
30
3
O
20
x
(a)
y
25
25
125
25
50
O
50
x
320
(b)
100
O
x
700
100
y
(c)
y
100
17
O
30
x
(d)

题图 3-20

第四章　刚体静力学专门问题

本章介绍两个刚体静力学专题：桁架与摩擦。

平面静定桁架的静力分析是桁架设计的基本程序之一。这里着重讨论桁架的力学模型以及基本分析方法。

按照接触物体间相对运动的方式，摩擦可分为滑动和滚动摩擦。本章将不讨论摩擦产生的机理，而主要介绍工程中常用的基于库仑定律的含摩擦时平衡问题的分析方法。

§4-1　平面静定桁架

1. 桁架及其工程应用

桁架是由若干直杆两端彼此连接并仅在连接点承载的结构。若组成桁架的所有杆件在同一平面内，且载荷作用在同一平面内，则称为平面桁架，否则称为空间桁架。某些具有对称平面的空间结构，当载荷均作用在对称面内时，对称面两侧的结构亦可视为平面桁架。桁架中各杆的连接点，称为节点。

桁架的优点是：杆件主要承受拉力或压力，可以充分发挥材料的作用，节约材料，减轻结构的重量，故在工程结构中，特别是一些大跨度建筑物或大尺寸机械中较广泛使用。如房屋建筑、铁路桥梁、油田井架、输电线塔以及某些电视发射塔等均属于桁架结构。

工程中桁架结构的设计涉及到结构形式的选择、杆件几何尺寸的确定以及材料的选用等等。这些均与桁架杆件的受力有关。本节着重研究平面简单桁架的受力分析，又称桁架杆件的内力分析。

2. 桁架的力学模型

桁架的实际结构比较复杂，为了简化桁架的内力计算，工程中常采用以下几个假设，对实际桁架进行理想化处理。

（1）桁架的杆件都是直的。

（2）杆件用光滑的铰链连接。

（3）桁架所受的力（载荷）都作用在节点上，而且在桁架的平面内。

（4）桁架杆件的重量略去不计，或平均分配在杆件两端的节点上。

这样的桁架，称为理想桁架。

根据上述的简化模型，桁架所有杆件都是二力杆，即桁架杆件的内力为拉力或压力。计算时常假设各杆均受拉力，计算后再由各内力数值的符号确定其拉压。

3. 桁架的坚固性条件和静定条件

桁架在确定载荷作用下保持初始几何形状不变的特性，称为坚固性。这不仅仅是因为组成桁架的杆件被视为刚性体，而且还因为结构的几何形状在载荷作用下不能发生变化。图 4-1(a)，(b) 分别为几何可变的机构和几何不可变的结构。前者不具有坚固性，后者则是坚固的。

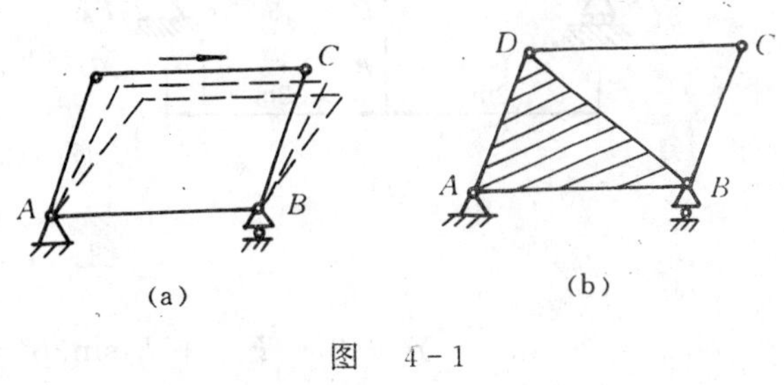

图 4-1

一般而言，桁架是由三根杆与三个节点组成一个基本三角形，然后用两根不平行的杆件接出一个新的节点，依次类推而构成。这样的桁架称为简单桁架，其杆件数 m 及节点数 n 满足关系式 $2n = m + 3$，由几个简单桁架按照几何形状不变的条件组成的桁架称为组合桁架。在桁架的外部约束为静定情况下，桁架内力能由静力学平衡方程全部确定的称为静定桁架。桁架静定性的必要条件是 $2n = m + 3$，充分条件是没有冗余约束。简单桁架与组合桁架都是静定桁架。

当 $m < 2n - 3$ 或 $m > 2n - 3$，问题的性质会怎样变化，读者可自行分析。

4. 桁架静力分析的基本方法

若桁架处于平衡，由它的任何一局部，包括节点、杆以及用假想截面截出的任意局部都必须是平衡的。

求桁架的内力一般采用节点法或截面法。

所谓节点法：即以节点为研究对象，逐个考察其受力和平衡，从而求得全部杆件的内力。由于各节点上都作用着一个平面汇交力系，只有两个独立的平衡方程。故所取的每个节点上一般应有已知力，且最多有两个未知力。

所谓截面法：就是适当地选取一截面，假想地将桁架截开，再考虑其中某一部分的平衡，求出这些被截杆件的内力。

节点法适用于求桁架中所有杆件内力的情况；而截面法更适合于只求桁架中某几根杆的内力的情形。下面通过例题介绍其应用。

【例 4-1】 平面桁架的尺寸和支座如图 4-2(a) 所示。在节点 D 处受一集中载荷 $P = 10$ kN 的作用。试求桁架各杆件所受的内力。

解 (1) 该结构中，$m = 5$，$n = 4$，满足 $m = 2n - 3$，因此是静定桁架。

(2) 取整体为研究对象，受力分析如图示，求约束反力

$$\sum X = 0, \quad F_{Bx} = 0$$

$$\sum m_B(\boldsymbol{F}) = 0, \quad F \times 2 - F_{Ay} \times 4 = 0, \quad F_{Ay} = 5 \text{ kN}$$

$$\sum Y = 0, \quad F_{Ay} + F_{By} - F = 0, \quad F_{By} = 5 \text{ kN}$$

(3) 根据节点法求各杆内力。为求各杆内力，分别取每个节点进行研究，不妨假定各杆内力均为拉力，各节点受力分析如图 4-2(b) 所示。

对于节点 A：

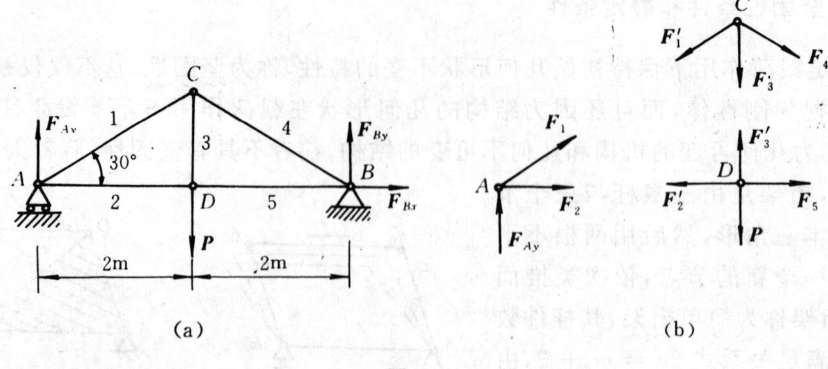

图 4-2

$$\sum Y=0,\quad F_{Ay}+F_1\sin 30^\circ=0,\qquad F_1=-10\ \mathrm{kN}$$

$$\sum X=0,\quad F_2+F_1\cos 30^\circ=0,\qquad F_2=8.66\ \mathrm{kN}$$

对于节点 C：

$$\sum X=0,\quad F_4\cos 30^\circ-F_1'\cos 30^\circ=0,\quad F_4=-10\ \mathrm{kN}$$

$$\sum Y=0,\quad -F_3-F_1'\sin 30^\circ-F_4\sin 30^\circ=0,\quad F_3=10\ \mathrm{kN}$$

对于节点 D

$$\sum X=0,\quad F_5-F_2'=0,\qquad F_5=8.66\ \mathrm{kN}$$

计算结果中，内力 $\boldsymbol{F}_2$，$\boldsymbol{F}_3$，$\boldsymbol{F}_5$ 均为正值，表示杆件受拉；内力 $\boldsymbol{F}_1$，$\boldsymbol{F}_4$ 均负值，表示杆件受压，与原假设相反。

这样，全部杆件的内力均已求出。

$F_1=F_4=-10\ \mathrm{kN}$ （压力），$F_2=F_5=8.66\ \mathrm{kN}$ （拉力），$F_3=10\ \mathrm{kN}$ （拉力）

另外，本题采用的是解析法，其实也可以采用几何法，即作力三角形求解，不妨一试。

【例 4-2】 如图 4-3(a) 所示桁架中，已知力 $\boldsymbol{P}$ 和长度 l，求杆 1,2,3 的内力。

解 如图 4-3(a) 所示，用假想截面 I-I 把桁架截开，取上半部分为研究对象，受力分析如图 4-3(b) 的所示。列出平衡方程求解，得

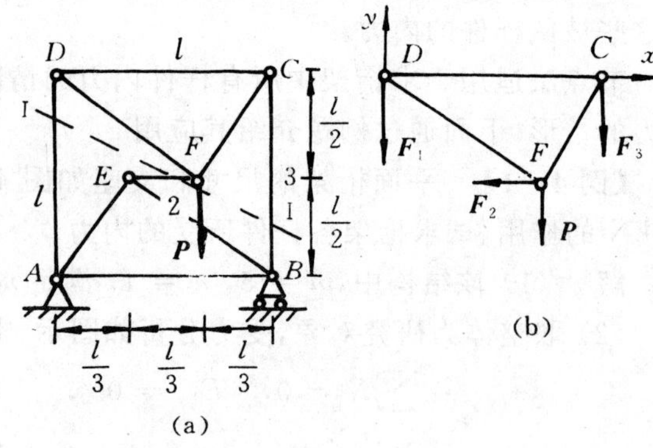

图 4-3

$$\sum X=0,\quad F_2=0$$

$$\sum M_D(\boldsymbol{F})=0,\quad -P\left(\frac{2l}{3}\right)-F_3 l=0,$$

$$F_3=-\frac{2P}{3}=-0.67\,P$$

$$\sum Y=0,\quad -P-F_1-F_3=0,$$

$$F_1=-P-F_3=-0.33\,P$$

可见，杆 1，3 均为压杆，杆 2 为零力杆。

应该注意：桁架中的零力杆虽然不受力，但却是保持结构稳定性所必需的。分析桁架内力

时，如有可能应首先确定其中的零力杆，这样后续分析将简单。读者可结合图 4-4 自行总结零力杆的判定方法。

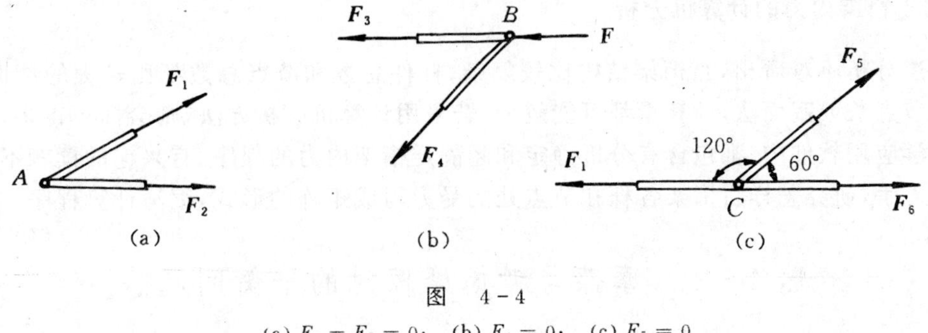

图 4-4

(a) $F_1 = F_2 = 0$；(b) $F_4 = 0$；(c) $F_5 = 0$

由上面例子可见，节点法与截面法各有特点，节点法解题思路简单，但计算量较大；截面法比较灵活，只要选择适当的截面和恰当的平衡方程，常可较快地求得某些指定杆件的内力，有时这两种方法相结合，对解题是有利的。

【例 4-3】 试求图 4-5 所示悬臂桁架 DF 及 EF 两杆的内力。图中单位为 m。

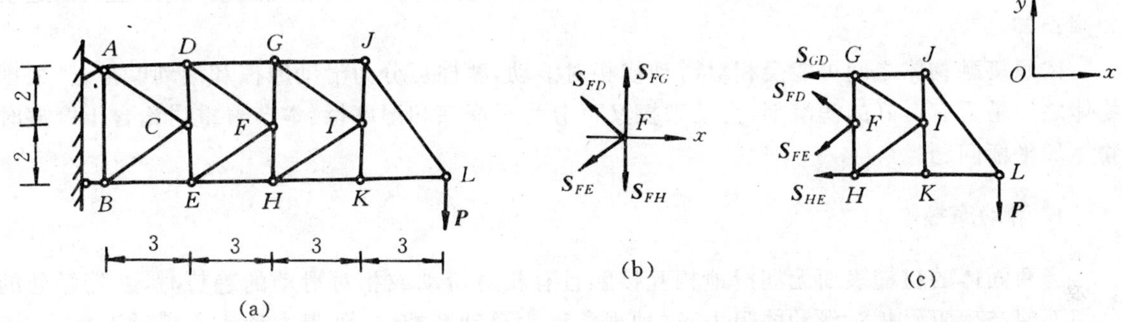

图 4-5

解 对于这一特殊形式的桁架，有时不必先求反力。通过分析，如用节点法，从节点 L 开始，依次考虑各节点，必能求得 DF 和 EF 的内力，但计算量太大，过于麻烦。而若用截面将 DF，EF 两杆截断，则同时被截断的杆件将在 4 根以上，不能直接求得。为此，较为简便的方法是联合应用节点法与截面法。

先取节点 F 研究，受力分析如图 4-5(b) 所示，由

$$\sum X = 0,\ -\frac{3}{\sqrt{13}}S_{FD} - \frac{3}{\sqrt{13}}S_{FE} = 0, S_{FD} = -S_{FE} \tag{1}$$

然后再用截面将 DG，DF，EF，EH 各杆截断，取右半部分为研究对象，受力分析如图 4-5(c) 所示。由

$$\sum Y = 0,\quad \frac{2}{\sqrt{13}}S_{FD} - \frac{2}{\sqrt{13}}S_{FE} - P = 0 \tag{2}$$

将式(1) 代入式(2) 得

$$S_{FD} = - S_{EF} = \frac{\sqrt{13}}{4}P$$

5. 关于桁架内力的计算机分析

由上述分析不难看出，当桁架结构比较复杂，杆件总数和节点总数都比较大的情形下，则无论采用节点法或截面法，计算量都可能较大。若采用计算机分析方法，则会简单得多。目前一些工程力学应用软件中，都包含有分析静定和超静定桁架内力的程序。有兴趣的读者不妨从简单的桁架入手，研究怎样将桁架各杆和节点处的受力写成矩阵的形式，编写计算程序。

§4－2　摩擦与考虑摩擦时的平衡问题

在前面几章中，约束与被约束物体间的接触面（或点）都假设为绝对光滑的，此即理想化约束模型。在这种模型中，约束反力沿二者接触面的公法线方向，称为法向力。实际上所有接触面都是粗糙的，故在接触面处，除法向力外，还可能存在沿二者接触面切线方向的切向力即摩擦力或摩擦力偶。在某些问题中，使用理想化约束模型所得结果与实际情形相差较小，采用之可使问题的研究得以简化。但在另外的情形下，摩擦却可能是重要的甚至是决定性的因素而必须加以考虑，如重力坝与挡土墙的滑动稳定性问题、摩擦离合器械、螺旋连接装置、车辆的起动和制动等。

按照接触物体之间可能会相对滑动或相对滚动，摩擦可分为滑动摩擦和滚动摩擦；又根据物体之间是否有良好的润滑剂，滑动摩擦又可分为干摩擦和湿摩擦。本节着重讨论含干摩擦时物体的平衡问题。

1. 滑动摩擦

当两固体的粗糙表面无润滑地相互接触且有相对滑动或相对滑动的趋势时，在接触处的公切面便产生阻碍相对滑动的阻力，这种现象称为滑动摩擦。这种阻力称为干滑动摩擦力，简称摩擦力。摩擦力作用在相互接触处，其方向与相对滑动（或趋势）的方向相反，其大小根据主动力作用的不同而不同。

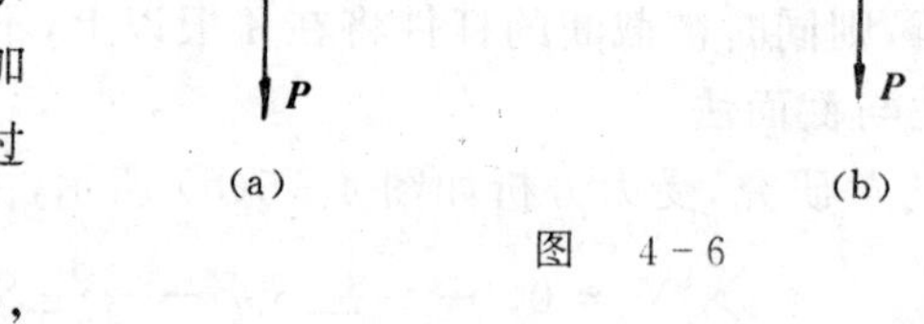

(a)　(b)

图　4－6

设重量为 P 的物块静止地放在粗糙水平面上，在物块上作用一个由零逐渐增加的水平向右的拉力 $\boldsymbol{F}$，如图 4－6 所示，通过实验观察可得如下结论：

(1) 当 $F = 0$ 时，物块没有滑动趋势，处于绝对静止，此时，没有摩擦力（见图 4－6(a)）。

(2) 当 $0 < F < F_k$ 时（F_k 是物块处于动与不动的临界状态时，主动力 F 的临界值），即当拉力 F 由零值逐渐增大但不超过其临界值时，物块虽有向右滑动的趋势，但仍保持相对静止。由平衡条件知，这种非光滑面约束除对物块有法向力 $\boldsymbol{F}_N = -\boldsymbol{P}$ 外，还有阻碍物体右滑的切向力。此力即静滑动摩擦力，简称静摩擦力，记为 $\boldsymbol{F}_s$，且有 $\boldsymbol{F}_s = -\boldsymbol{F}$。不难发现，当 $\boldsymbol{F}$ 的大小和方向改变时，$\boldsymbol{F}_s$ 也随之改变，故静摩擦力 $\boldsymbol{F}_s$ 作用于静止的物体上，其大小与作用于物块上的主动力

有关，需要根据平衡条件来确定。这是它与一般约束反力共同的性质，如图 4-6(b) 所示。

(3) 当 $F = F_k$ 时，物块处于将要滑动但尚未滑动的临界状态，此时静摩擦力达到最大值，即为最大静滑动摩擦力，简称最大静摩擦力，记为 F_{max}。此后若 $\boldsymbol{F}$ 继续增大，而静摩擦力不能再随之增大，物体将失去平衡，此即静摩擦力特点。

综上所述可见，静摩擦力的大小随主动力的情况而改变，但介于零与最大值之间，即

$$0 \leqslant F_s \leqslant F_{max} \tag{4-1}$$

大量实验证明：最大静摩擦力的大小与两物体间的正压力（法向力）成正比，即

$$F_{max} = f_s F_N \tag{4-2}$$

式(4-2)称为静摩擦定律（又称库仑定律）。f_s 是比例常数，称为静滑动摩擦因数，是无量纲数。其大小主要与材料和接触面的粗糙度和湿度有关，而与接触面积大小无关，其值一般可在机械工程手册中查到。由于影响摩擦因数的因素比较复杂，若需较准确的 f_s 数值，则应由实验测定。表 4-1 给出了常用材料的滑动摩擦因数，可供查阅。

表 4-1　常用材料的滑动摩擦因数

材料名称	静摩擦因数		动摩擦因数	
	无润滑	有润滑	无润滑	有润滑
钢-钢	0.15	0.1～0.12	0.15	0.05～0.1
钢-软钢			0.2	0.1～0.2
钢-铸铁	0.3		0.18	0.05～0.15
钢-青铜	0.15	0.1～0.15	0.15	0.1～0.15
软钢-铸铁	0.2		0.18	0.05～0.15
软钢-青铜	0.2		0.18	0.07～0.15
铸铁-铸铁		0.18	0.15	0.07～0.12
铸铁-青铜			0.15～0.2	0.07～0.15
青铜-青铜		0.1	0.2	0.07～0.1
皮革-铸铁	0.3～0.5	0.15	0.6	0.15
橡皮-铸铁			0.8	0.5
木材-木材	0.4～0.6	0.1	0.2～0.5	0.07～0.15

静摩擦定律给我们提供了利用摩擦和减少摩擦的途径，要增大最大静摩擦力，可以通过加大正压力或增大摩擦因数来实现。例如：汽车一般都用后轮发动，因为后轮正压力大于前轮，这样可以允许产生较大的向前推动的摩擦力。又如火车在下雪后行驶时，要在铁轨上洒细沙，以增加摩擦因数，避免打滑。

(4) 当 $F > F_k$ 时，物块产生相对滑动，此时，接触物体之间仍作用着阻碍相对滑动的阻力，称为动滑动摩擦力，简称动摩擦力，记为 $\boldsymbol{F}_d$。

实验表明：动摩擦力的大小与接触面间的正压力成正比，即

$$F_d = f F_N \tag{4-3}$$

其方向与物块的相对滑动方向相反。式中 f 称为滑动摩擦因数，也是一个无量纲的比例因数，其值与接触物体的材料和表面状况有关，还与两接触物体的相对滑动速度有关。多数情况下，动摩擦因数随相对滑动速度的增大而稍减小。当相对滑动速度不大时，动摩擦因数可近似地认为是一个常数，参阅表 4-1。

在机器中，往往用降低接触面的粗糙度和加入润滑剂等方法，使动摩擦因数 f 减少，从而减少摩擦和磨损。

综上所述，滑动摩擦力实质上就是一种切向约束反力，静摩擦力 $\boldsymbol{F}_s$ 具有一般约束反力的特点，即属于由主动力所确定的被动力，随主动力的变化而变化。但它有一个极值，不能无限地增大，这是一般约束反力所不具备的；动摩擦力 $\boldsymbol{F}_d$ 也是由于主动力作用而产生的，与静摩擦力不同的是它不存在一个变化范围。根据滑动摩擦力的上述特点，在考虑含摩擦问题时，必须分清问题处于何种状态，据此采用相应的办法来计算摩擦力。

2. 摩擦角和自锁现象

(1) *摩擦角*　考察图 4-7(a) 所示物块的受力，当 $F < F_k$ 时，支承给予物块的法向力 $\boldsymbol{F}_N$ 和摩擦力 $\boldsymbol{F}_s$ 可合成为一个合力 $\boldsymbol{F}_{RA} = \boldsymbol{F}_N + \boldsymbol{F}_s$，称为支承面的全反力。记全反力与接触面法线所夹角度为 α。由于 $\boldsymbol{F}_N = -\boldsymbol{P}$ 为常量，故 $\boldsymbol{F}_{RA}$ 与 α 值随 $\boldsymbol{F}$ 的增大而增大。同时由于三力 $\boldsymbol{F},\boldsymbol{P},\boldsymbol{F}_{RA}$ 汇交于点 O，$\boldsymbol{F}_{RA}$ 增大时，摩擦力 $\boldsymbol{F}_s$ 随之增大，故 $\boldsymbol{F}_{RA}$ 的作用点 A 将右移。在临界状态下，$\boldsymbol{F}_s = \boldsymbol{F}_{max}$ 时，$\boldsymbol{F}_{RA} = \boldsymbol{F}_{RAmax}$，点 A 移至点 A_m，此时 α 也可达到最大值 φ，称 φ 为摩擦角，可见

$$0 \leqslant \alpha \leqslant \varphi \tag{4-4}$$

该式表示全反力 $\boldsymbol{F}_{RA}$ 在二维空间的作用范围。而式(4-1) 和式(4-4) 分别为"静滑动摩擦力有最大值 F_{max}"这一概念的解析与几何表达式，二者是等价的。

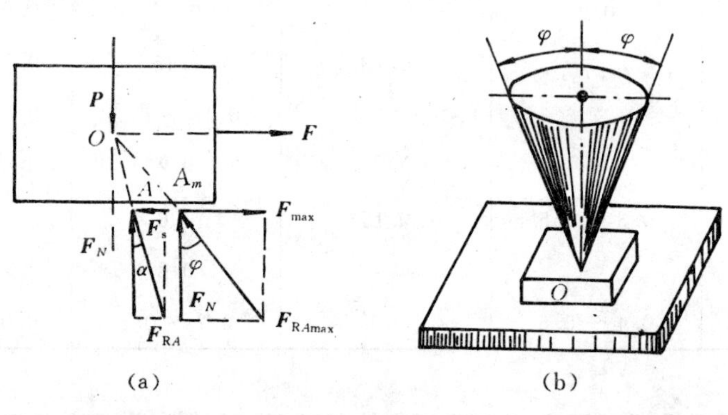

图 4-7

当 $F = F_{max}$ 时，不难由图 4-7(a) 得到

$$\tan\varphi = \frac{F_{max}}{F_N} = \frac{f_s F_N}{F_N} = f_s \tag{4-5}$$

即摩擦角的正切等于静滑动摩擦因数。因此，φ 与 f_s 都是表示材料表面性质的物理量。

在图 4-7(a) 中，将作用线过点 O 的力 $\boldsymbol{F}$ 连续地改变它在水平面内的方向，则全反力 $\boldsymbol{F}_R$ 的方向也随之改变，在临界状态下，$\boldsymbol{F}_{RA}$ 的作用线将画出一个以 O 为顶点的锥面，如图 4-7(b) 所

示，称为摩擦锥。若物块与支承面间沿任何方向的静摩擦因数均相同，则摩擦锥将是一个顶角为 2φ 的正圆锥面。显然，摩擦锥是全反力 $\boldsymbol{F}_{RA}$ 在三维空间内的作用范围。

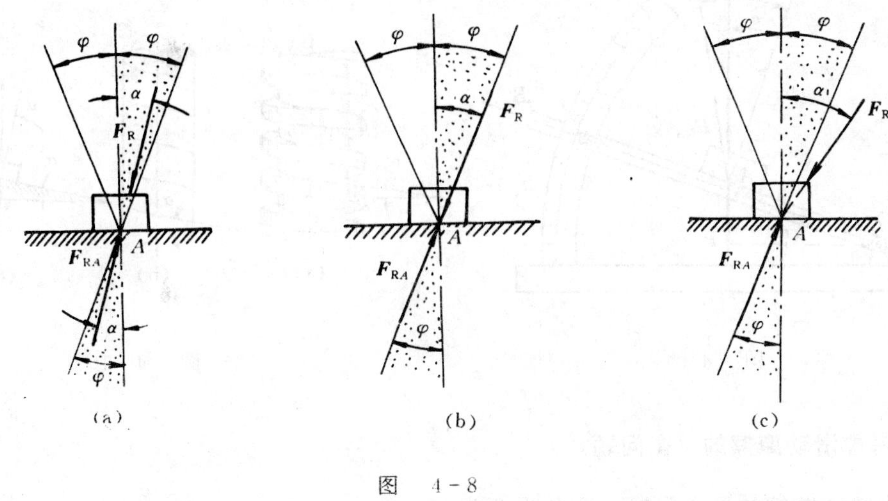

图 4-8

(2) 自锁现象 考察图 4-8(a) 所示的物块在有摩擦力存在时其平衡与运动的可能性。设物块所受主动力的合力为 $\boldsymbol{F}_R$，支承面的全反力为 $\boldsymbol{F}_{RA}$，则采用几何法不难证明，当 $\boldsymbol{F}_R$ 的作用线与接触面法线的夹角 α 取不同值时，物块将存在三种可能的状态：

1) 当 $\alpha < \varphi$ 时，物块保持静止（如图 4-8(a) 所示）；

2) 当 $\alpha = \varphi$ 时，物块处于临界平衡状态（如图 4-8(b) 所示）；

3) 当 $\alpha > \varphi$ 时，物块处于运动状态（如图 4-8(c) 所示）。

上述结果表明：当主动力合力的作用线落在摩擦角（锥）之内或与其边界重合时，则无论此合力有多大，总有全反力与之平衡，物块必能处于静止，这种现象称为自锁。反之，若主动力合力作用线落在摩擦角（锥）之外，则无论此合力有多小，物块也必会运动。在工程实际中，时常用自锁原理设计一些机械或夹具，如千斤顶、压榨机等，使它们始终保持在平衡状态下工作。有时却要避免自锁发生，如水闸门的自动启闭，工作台在导轨中的顺利滑动等，都不允许发生自锁（也称卡死）现象。

同样对于图 4-9 所示的存在摩擦的“物块 —— 斜面”系统，应用几何法也不难得到物块 A 在铅直载荷作用下在斜面上自锁的条件是：斜面倾角 α 不大于摩擦角 φ，即

$$\alpha \leqslant \varphi \tag{4-6}$$

结合图 4-9 所示请读者思考，能否用一种虽不精确但简单、实用的办法测定静摩擦因数。

根据斜面自锁还可以引出螺纹自锁条件。如图 4-10(a) 所示，螺母在螺杆上拧紧之后，就会依靠摩擦固定下来。这种螺纹自锁实际上是一种变相的斜面自锁，因为螺纹可以看成为绕在一圆柱体上的斜面（如图 4-10(b) 所示），螺纹升角 α 即是斜面的倾角（如图 4-10(c) 所示），螺母相当于斜面上的滑块 A，加在螺母的轴向载荷 $\boldsymbol{P}$ 相当于物块 A 的重力。要使螺纹自锁，必须使螺纹的升角 α 小于或等于摩擦角 φ。故螺纹的自锁条件是

$$\alpha \leqslant \varphi$$

若螺旋千斤顶的螺杆与螺母之间的摩擦因数为 $f_s = 0.1$，则 $\tan\varphi = f_s = 0.1$，故 $\varphi =$

5°43′，为保证螺旋千斤顶自锁，一般取螺纹升角 $\alpha = 4° \sim 4°30'$。

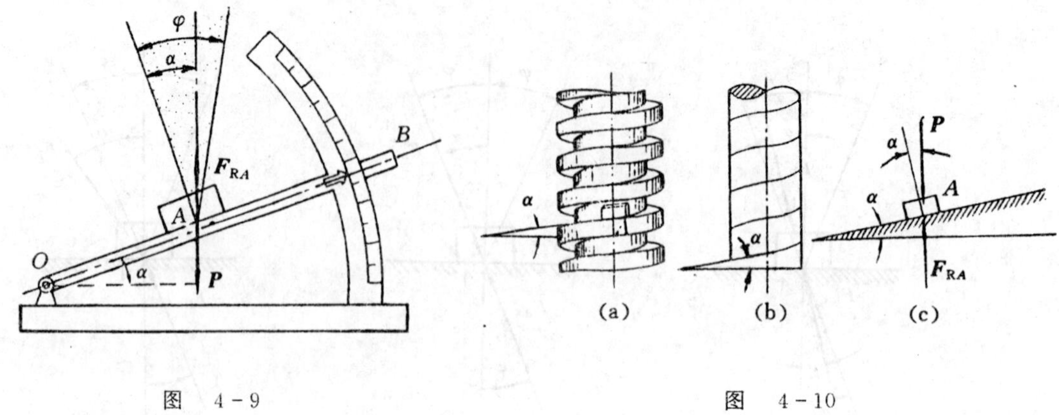

图 4-9　　　　图 4-10

3. 考虑滑动摩擦的平衡问题

考虑滑动摩擦的平衡问题大致分为两类：

第一类　静摩擦力 $F_s < F_{max}$ 的情形。一般要求解出未知的约束力。对此类的静定问题，可将 F_s 完全视为一般的约束反力处理，其方向可以假设，大小由平衡方程解出。解题方法及过程与前几章所述平衡问题相似。

第二类　$F_s = F_{max}$ 的情形。此时一般要求的是保持平衡或不平衡的条件。这种条件常常体现为判定平衡位置、平衡时主动力之间的关系等等。求解这类问题，主要借助于处于临界平衡状态的条件，所用方法可以是几何法，也可以是解析法。应注意的是：

(1) 分析受力时，摩擦力的方向不能随意假设，要根据相关物体接触面的相对滑动趋势正确判定。对有多个摩擦面的情况，相对滑动趋势可能不止一种，则要分别求解。

(2) 作用于物体上的力系，除须满足平衡方程外，还须满足补充方程：$0 \leqslant F_s \leqslant F_{max}$，有几处摩擦，补充几个方程。

(3) 由于物体平衡时摩擦力有一定的范围，因而含摩擦的平衡问题的解也有一定的范围，而非一个确定的值。

工程中有不少问题是分析平衡的临界状态的（通常平衡的破坏可能是滑动、翻倒等）。此时，补充方程可能取不等号。有时，为了计算方便，避免解不等式，既便求解平衡范围的问题，通常也是在临界状态下计算，求得结果后，再运用力学概念或实践经验确定所需的平衡范围。

【例 4-4】　重 P 的物块放在倾角 α 大于摩擦角 φ 的斜面上，如图 4-11 所示。试求：维持物块在斜面上静止的水平力 Q 的大小。

解　因 $\alpha > \varphi$，故物块在斜面上不能自锁。如 Q 过小，则物块将下滑；如 Q 过大，又将使物块上滑。因此力 Q 的数值必在一定范围内。显然这是求平衡范围的问题，可以分两种临界平衡的情况来讨论。

(1) 设物块处于将要下滑而尚未下滑的临界平衡。此时恰能维持物块不致下滑所需的力 Q 为最小值 Q_{min}，且摩擦力方向如图 4-11(a) 所示。列平衡方程有

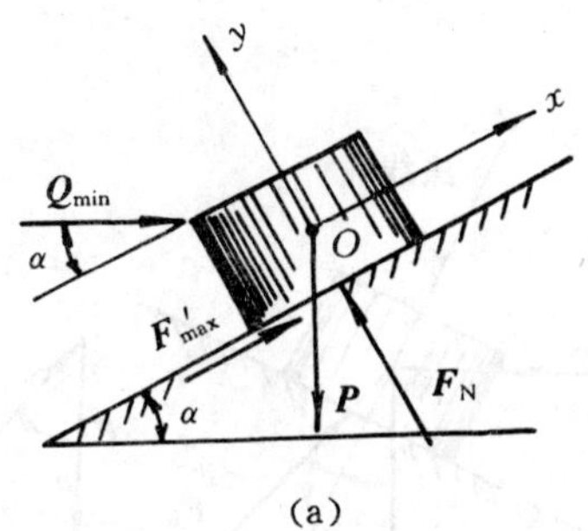

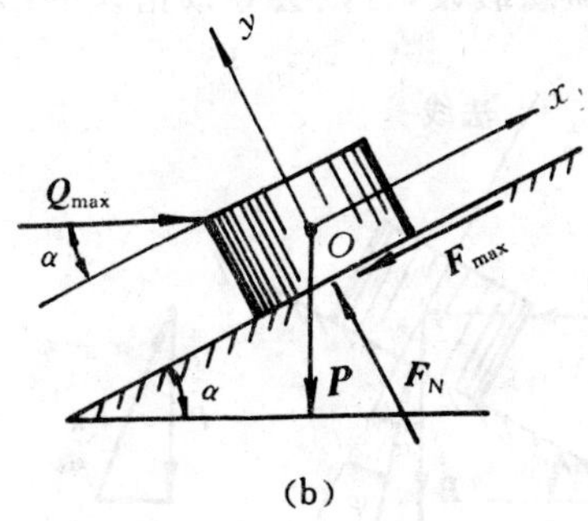

图 4-11

$$\sum X = 0, \quad Q_{min}\cos\alpha - P\sin\alpha + F_{max} = 0$$

$$\sum Y = 0, \quad F_N - Q_{min}\sin\alpha - P\cos\alpha = 0$$

$$F_{max} = f_s F_N = \tan\varphi F_N$$

三式联立，可解得

$$Q_{min} = \frac{\sin\alpha - f_s\cos\alpha}{\cos\alpha + f_s\sin\alpha}P = \frac{\sin\alpha - \tan\varphi\cos\alpha}{\cos\alpha + \tan\varphi\sin\alpha}P = P\tan(\alpha - \varphi)$$

(2) 设物体处于将要上滑又未上滑的临界平衡状态，此时不致使物块上滑的力 $\boldsymbol{Q}$ 为最大值 Q_{max}，且摩擦力方向如图 4-11(b) 所示。列平衡方程有

$$\sum X = 0, \quad Q_{max}\cos\alpha - P\sin\alpha - F_{max} = 0$$

$$\sum Y = 0, \quad F_N - Q_{max}\sin\alpha - P\cos\alpha = 0$$

$$F_{max} = f_s F_N = \tan\varphi F_N$$

三式联立，可解得

$$Q_{max} = \frac{\sin\alpha + f_s\cos\alpha}{\cos\alpha - f_s\sin\alpha}P = P\tan(\alpha + \varphi)$$

综合上面结果可知，为使物块静止，力 $\boldsymbol{Q}$ 必须满足如下条件，即

$$P\tan(\alpha - \varphi) \leqslant Q \leqslant P\tan(\alpha + \varphi)$$

本题若不计摩擦（或 $\varphi = 0$），平衡时应有 $Q = P\tan\alpha$，其解答是惟一的。若 $\alpha = \varphi$，则 $Q_{min} = 0$，说明无须施加力 $\boldsymbol{Q}$，物块已能平衡，即物块在斜面上自锁。

另外，如利用摩擦角和全反力的概念求解本题，则上面结果也易得到。

当 $\boldsymbol{Q}$ 有最小值时，物块受力如图 4-12(a) 所示，其中 $\boldsymbol{F}_R$ 是斜面对物块的全反力，此时 $\boldsymbol{P}$，$\boldsymbol{Q}_{min}$，$\boldsymbol{F}_R$ 三力平衡汇交，力三角形应闭合（如图 4-12(b) 所示）。于是立即得到：$Q_{min} = P\tan(\alpha - \varphi)$。

同理，当 $\boldsymbol{Q}$ 有最大值时，物块受力如图 4-12 所示，力三角形如图 4-12(d) 所示，于是有 $Q_{max} = P\tan(\alpha + \varphi)$，结果同前。即

$$P\tan(\alpha - \varphi) \leqslant Q \leqslant P\tan(\alpha + \varphi)$$

值得强调，当力 $\boldsymbol{Q}$ 在上述范围而未达到极值时，摩擦力不等于 $f_s F_N$，而应由平衡条件决定，摩擦力的方向也由平衡条件决定。但在临界情况，$\boldsymbol{Q}_{min}$，$\boldsymbol{Q}_{max}$ 分别依据图 4-11(a)，(b) 计算得到。这两个图惟一的区别是摩擦力的指向不同。可见，当物体处于临界平衡时，摩擦力 F_{max} 的

指向不能随意假设，否则会导致错误的结果。

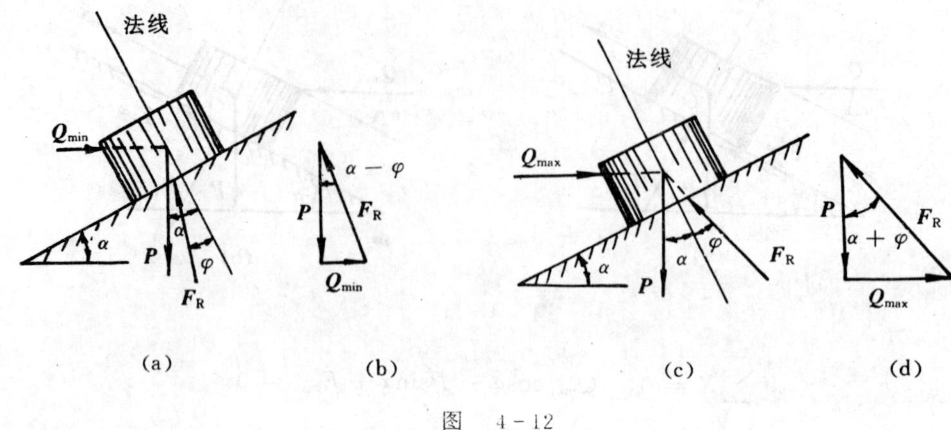

图 4-12

【例4-5】 如图4-13(a)所示，梯子AB一端靠在铅垂的墙壁上，另一端搁置在水平地面上，假设梯子与墙壁之间为光滑接触，而与地面之间存在摩擦。已知摩擦因数为f_s，梯子重量为$\boldsymbol{P}$。(1) 若梯子在倾角α_1的位置保持平衡，试求A，B处反力及摩擦力。(2) 若使梯子不致滑倒，求其倾角α。

解 为简化计算，把梯子看成均质杆，设$\overline{AB}=l$。

(1) 由于梯子在倾角α_1的位置保持一般平衡，故梯子的受力图如图4-13(b)所示，其中摩擦力$\boldsymbol{F}_A$可视为一般约束反力，方向假设如图示。列出平衡方程有

$$\begin{cases}\sum M_A(\boldsymbol{F})=0, & P\dfrac{l}{2}\cos\alpha_1-F_{NB}l\sin\alpha_1=0,\text{所以 }F_{NB}=\dfrac{P}{2}\cot\alpha_1\\ \sum Y=0, & F_{NA}-P=0,\text{所以 }F_{NA}=P\\ \sum X=0, & F_A+F_{NB}=0,\text{所以 }F_A=-F_{NB}=-\dfrac{P}{2}\cot\alpha_1\end{cases}$$

式中F_A为负值表明图4-13(b)所设$\boldsymbol{F}_A$方向与实际相反。

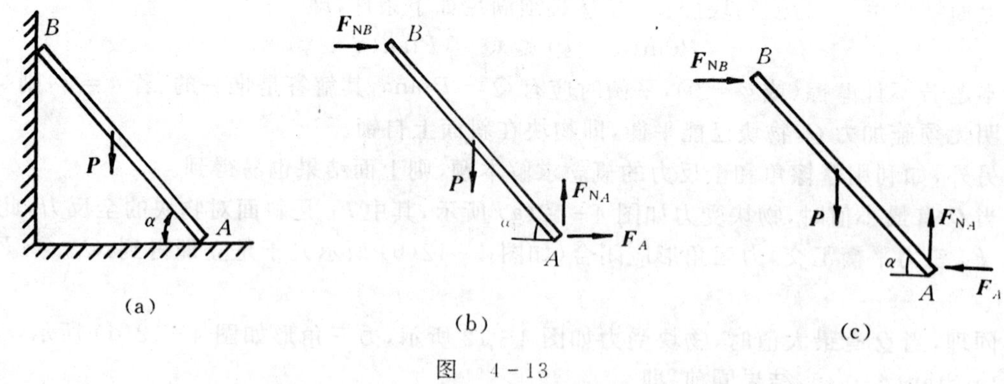

图 4-13

(2) 这是临界平衡问题。因此，摩擦力$\boldsymbol{F}_A$的方向必须根据梯子在地上的滑动趋势正确判定，梯子的受力分析如图4-13(c)所示。列出平衡方程有

$$\sum M_A(\boldsymbol{F}) = 0,\quad P\,\frac{l}{2}\cos\alpha - F_{NB}l\sin\alpha = 0$$

$$\sum Y = 0,\quad F_{NA} - P = 0$$

$$\sum X = 0,\quad F_A - F_{NB} = 0$$

补充方程
$$F_A = f_s F_{NA}$$

据此不仅可以解出 A,B 二处的约束反力，而且可以确定保持平衡时梯子的临界倾角

$$\alpha = \text{arc}\cot(2f_s)$$

【例 4-6】 将重 $P = 200$ N 的物块放在倾角 $\alpha = 30°$ 的粗糙斜面上，物块与斜面间的摩擦因数为 $f_s = 0.3$，如物块上作用有一与斜面平行的力 $\boldsymbol{F}_1$，其作用线与 y 轴成 $\beta = 60°$，试问：(1) 当 $F_1 = 80$ N 时，物块在斜面上是处于静止还是发生滑动。(2) 如力 $\boldsymbol{F}_1$ 继续增大，求恰使物块滑动的力 $\boldsymbol{F}_1$ 的大小和物块开始滑动的方向。

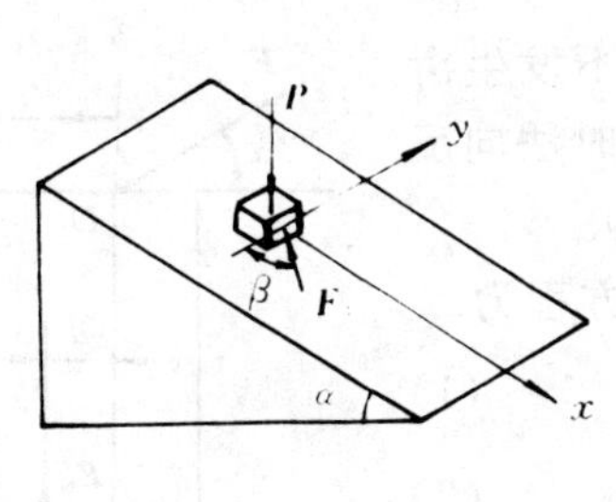

(a)

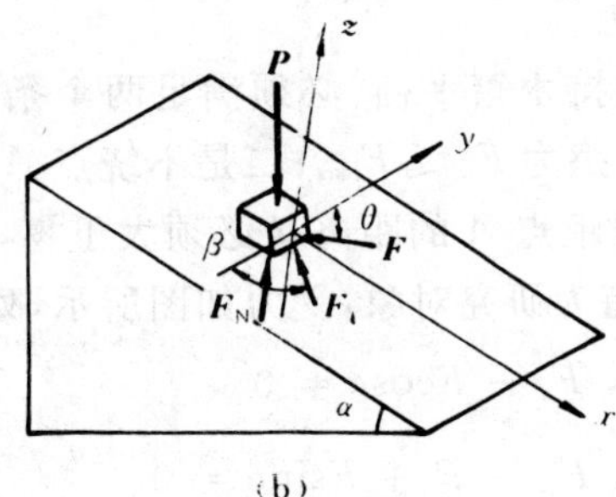

(b)

图 4-14

解 (1) 先假定物块处于静止状态，求出此状态下的摩擦力 $\boldsymbol{F}$ 的大小，并与临界滑动状态的最大静摩擦力 F_{max} 比较。若 $F \leqslant F_{max}$，则物块静止；若 $F > F_{max}$，则假设与实际情况不符，物块已开始滑动。如图 4-14(b) 所示，设物块有与 y 轴成 θ 角方向的滑动趋势，列空间力系平衡方程有

$$\sum X = 0,\ P\sin\alpha - F_1\sin\beta - F\sin\theta = 0$$

所以
$$F\sin\theta = P\sin\alpha - F_1\sin\beta = 30.72\ \text{N}$$

$$\sum Y = 0,\ F_1\cos\beta - F\cos\theta = 0$$

所以
$$F\cos\theta = F_1\cos\beta = 40\ \text{N}$$

于是有
$$F = \sqrt{30.72^2 + 40^2} = 50.44\ \text{N}$$

$$\sum Z = 0,\ F_N - P\cos\alpha = 0$$

所以
$$F_N = P\cos\alpha = 173\ \text{N}$$

而物体在临界状态下的最大静摩擦力

$$F_{max} = f_s F_N = 0.3 \times 173 = 51.9\ \text{N}$$

由于 $F < F_{max}$，故物块处于静止状态。

(2) 此时物块处于临界状态，接触面间的摩擦力为 $F = F_{max}$，列平衡方程及补充方程有

$$\sum X = 0,\ P\sin\alpha - F_1\sin\beta - F_{max}\sin\theta = 0 \tag{1}$$

$$\sum Y = 0,\ F_1\cos\beta - F_{\max}\cos\theta = 0,\ F_1 = F_{\max}\frac{\cos\theta}{\cos\beta} \tag{2}$$

$$\sum Z = 0,\ F_N - P\cos\alpha = 0,\ F_N = P\cos\alpha \tag{3}$$

$$F_{\max} = f_s F_N = fP\cos\alpha \tag{4}$$

将式(2)及式(4)代入式(1)得

$$\sin(\theta+\beta) = \frac{1}{f}\tan\alpha\cos\beta = \frac{1}{0.3}\times 0.577\times\frac{1}{2} = 0.961\,7$$

因为 $\beta = 60°$ 所以 $\theta = 74°06' - 60° = 14°06'$ 代入式(2)得

$$F_1 = F_{\max}\frac{\cos\theta}{\cos\beta} = 51.9\times\frac{0.97}{0.5} = 100.7\ \text{N}$$

可见,当推力 F_1 超过 100.7 N 时,物块将沿 $\theta = 14°06'$ 的方向开始滑动。

【例 4-7】 如图 4-15 所示的均质木箱重 $P = 5$ kN,它与地面间的静摩擦因数 $f_s = 0.4$,图中 $h = 2a = 2$ m,$\alpha = 30°$,求:(1) 当 D 处拉力 $F = 1$ kN 时,木箱是否平衡?(2) 能保持木箱平衡的最大拉力。

解 欲保持木箱平衡,必须满足两个条件:一是不发生滑动,即要求静摩擦力 $F_s \leqslant F_{\max}$;二是不绕点 A 翻倒,这时法向反力 F_N 的作用线距点 A 的距离 d 必须大于零,即 $d > 0$。

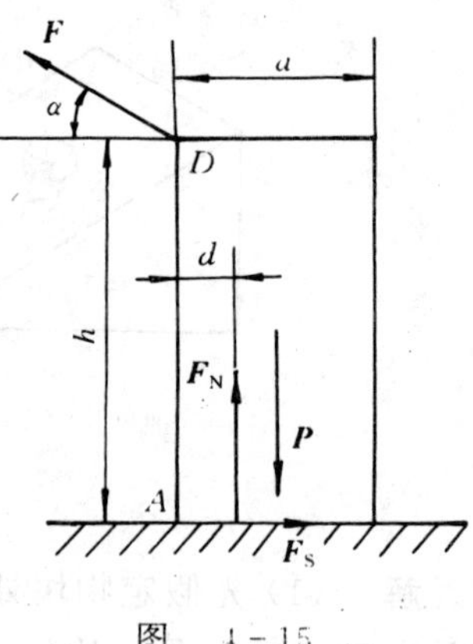

图 4-15

(1) 取木箱为研究对象,受力如图所示,列出平衡方程为

$$\sum X = 0,\ F_s - F\cos\alpha = 0 \tag{1}$$

$$\sum Y = 0,\ F_N - P + F\sin\alpha = 0 \tag{2}$$

$$\sum M_A(\boldsymbol{F}) = 0,\ hF\cos\alpha - P\frac{a}{2} + F_N d = 0 \tag{3}$$

联立三式求得

$$F_s = 866\ \text{N},\ F_N = 4\,500\ \text{N},\ d = 0.171\ \text{m}$$

此时木箱与地面间最大摩擦力 $F_{\max} = f_s F_N = 1\,800$ N,可见 $F_s < F_{\max}$,木箱不滑动;又 $d > 0$,木箱不会翻倒,故木箱保持平衡。

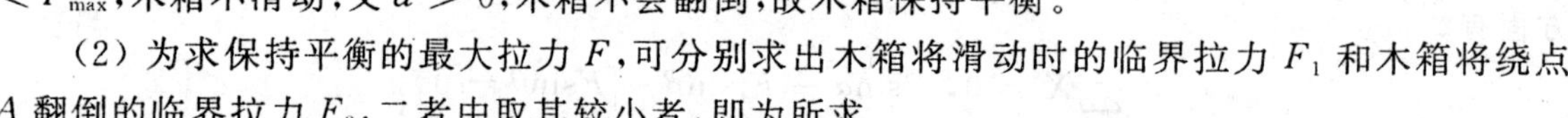

(2) 为求保持平衡的最大拉力 F,可分别求出木箱将滑动时的临界拉力 F_1 和木箱将绕点 A 翻倒的临界拉力 F_2,二者中取其较小者,即为所求。

木箱将滑动的条件为

$$F_s = F_{\max} = f_s F_N \tag{4}$$

联立式(1),式(2),式(4),解得

$$F_1 = \frac{f_s P}{\cos\alpha + f_s\sin\alpha} = 1\,876\ \text{N}$$

木箱将绕点 A 翻倒的条件为 $d = 0$,代入式(3)得

$$F_2 = \frac{Pa}{2h\cos\alpha} = 1\,443\ \text{N}$$

由于 $F_2 < F_1$,所以保持木箱平衡的最大拉力为:

$$F = F_2 = 1\,443\ \text{N}$$

这说明,当拉力 F 逐渐增大时,木箱将先翻倒而失去平衡。

【例 4-8】 图 4-16 所示结构中,上方为悬挂着的支架,其重量为 $\boldsymbol{P}$,重心位于 C 处,下方

为一圆轮，轮与轴重 $\boldsymbol{P}_1$，图中几何尺寸 $2r_1 = r_2 = 2r, l_1 = l_2 = 3l_3 = 3l$，$A$、$B$ 两处的静摩擦因数系数均为 f_s，$\boldsymbol{F}_1$ 和 $\boldsymbol{F}_2$ 分别作用于轮轴上，试求机构平衡时水平拉力 $\boldsymbol{F}_1$ 和 $\boldsymbol{F}_2$ 的最大值。

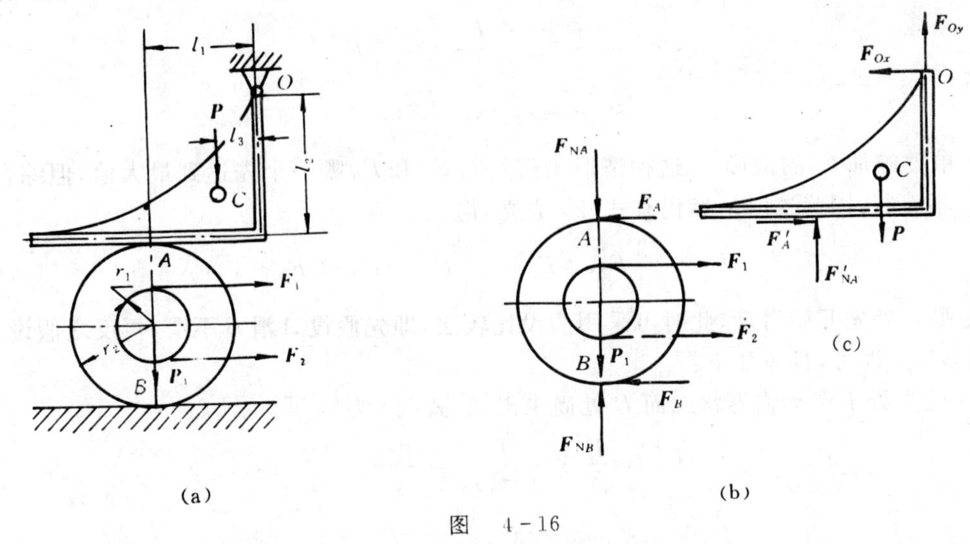

图 4-16

解 在画轮和支架的受力图时，需要正确判断摩擦力 $\boldsymbol{F}_A$、$\boldsymbol{F}_B$ 的方向。本题中，若直接判断 A、B 二处接触面滑动趋势比较困难。这时若应用平衡方程作定性受力分析，则可正确确定 $\boldsymbol{F}_A$ 和 $\boldsymbol{F}_B$ 的方向，其思路是判断摩擦力方向总的原则为：在不考虑摩擦力时，主动力及约束反力使物体有什么运动或运动趋势，则滑动摩擦力与运动或运动趋势相反。具体方法有两种：① 用力的投影方程判断；② 用力矩方程判断。如本例中对轮应用 $\sum M_A(\boldsymbol{F}) = 0$ 和 $\sum M_B(\boldsymbol{F}) = 0$，即可确定 $\boldsymbol{F}_A$、$\boldsymbol{F}_B$ 的方向均自右向左。为求机构平衡时水平拉力 $\boldsymbol{F}_1$ 和 $\boldsymbol{F}_2$ 的最大值，分两种情形考虑：

（1）单独施加 $\boldsymbol{F}_1$ 的情形 此种情形下 $\boldsymbol{F}_A \neq \boldsymbol{F}_B$，因而须正确判断 $\boldsymbol{F}_A$ 与 $\boldsymbol{F}_B$ 中，二者哪个先达到最大值，为此可采用综合比较法。根据

$$\sum Y = 0,\ F_{NB} - F_{NA} - P_1 = 0 \tag{1}$$

因为

$$F_{NB} = F_{NA} + P_1$$

所以

$$F_{NB} > F_{NA}$$

又因为已知 $f_A = f_B = f_s$，故有

$$F_{Am} = f_s F_{NA} < F_{Bm} = f_s F_{NB} \tag{2}$$

又

$$\sum M_A(\boldsymbol{F}) = 0, \quad 得 \quad F_B = \frac{1}{4}F_1$$

$$\sum M_B(\boldsymbol{F}) = 0, \quad 得 \quad F_A = \frac{3}{4}F_1$$

故有

$$F_A > F_B \tag{3}$$

由式(2)，式(3)知，平衡破坏时，有

$$F_A = F_{Am} = f_s F_{NA},\ F_B < F_{Bm} = f_s F_{NB} \tag{4}$$

A 处打滑而 B 处不打滑，即圆轮在水平地面上作无滑动滚动，也称纯滚动。

进而可确定 $F_{1\max}$，选支架研究，其受力分析如图 4-16(c) 所示。根据

$$\sum M_O(\boldsymbol{F})=0,\ F_{NA}\times 3l-F_A\times 3l-Pl=0 \tag{5}$$

将式(4)代入上式，又据式(3)有

$$F_A=\frac{P}{3}\times\frac{f_s}{1-f_s}=\frac{3}{4}F_1 \tag{6}$$

所以
$$F_{1\max}=\frac{4}{9}\times\frac{Pf_s}{1-f_s} \tag{7}$$

(2) 单独施加 $\boldsymbol{F}_2$ 的情形　这种情形仍需判断 $\boldsymbol{F}_A$ 和 $\boldsymbol{F}_B$ 哪一个先达到最大值，但综合比较的方法已不可行，因为这时虽然仍有式(2)成立，但

$$F_B=\frac{3}{4}F_2,\quad F_A=\frac{1}{4}F_2,\quad F_A<F_B \tag{8}$$

不能确定哪一处先开始滑动，此时可采用假设比较法，即先假设 A 滑 B 不滑，再反之假设，最后比较两个 $F_{2\max}$ 即可，具体如下：

设 A 处先处于滑动临界状态而 B 处尚未滑动，式(6)为

$$F_A=\frac{P}{3}\times\frac{f_s}{1-f_s}=\frac{1}{4}F_2 \tag{6$'$}$$

所以
$$F_{21\max}=\frac{4f_s}{3(1-f_s)}P \tag{7$'$}$$

再设 B 处先处于滑动临界状态而 A 处尚未滑动，则有 $F_B=f_sF_{NB}$。
在此式中，将 F_{NB} 代入式(1)、F_A、F_B 分别代入式(5)则有

$$\frac{3}{4}F_2=\left(\frac{1}{4}F_2+\frac{P}{3}+P_1\right)f_s$$

解得
$$F_{22\max}=\frac{4f_s(P+3P_1)}{3(3-f_s)}$$

取 $F_{21\max}$ 与 $F_{22\max}$ 中较小者，即得

$$F_{2\max}=\min\{F_{21\max}、F_{22\max}\}$$

本例的分析过程表明：当结构中有多处存在摩擦而使平衡破坏时，各处摩擦力一般不同时达到临界，此类问题称为多(点)处摩擦问题。求解这类摩擦问题的难点是正确判定何处摩擦力最先达到临界。这就需要对摩擦平衡问题的有关概念和方法有深入的理解和灵活应用。

【例 4-9】　直径各为 D 和 d 的两个圆柱，置于同一水平粗糙面上，如图 4-17(a) 所示。当绕在大圆柱上的绳子给大圆柱以水平拉力 $\boldsymbol{F}$ 时，试求大圆柱能滚过小圆柱的条件。设所有接触面的摩擦因数均为 f_s。

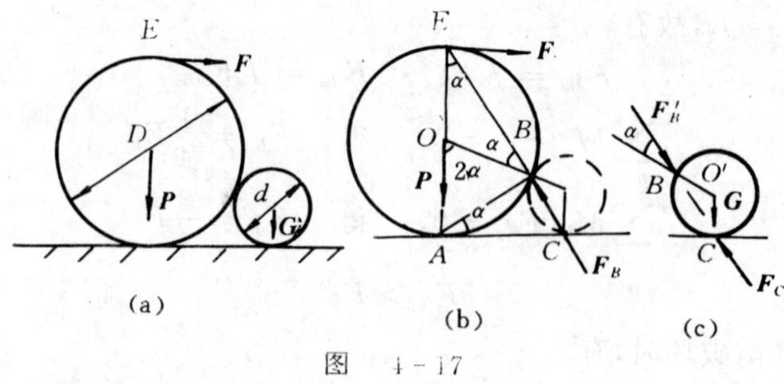

图　4-17

解　设大圆柱重 $\boldsymbol{P}$、小圆柱重 $\boldsymbol{G}$，欲使大圆柱能够滚过小圆柱，应满足的条件是：小圆柱应保持静止不动，大圆柱与小圆柱之间没有相对滑动。

先取小圆柱为研究对象，它受重力 $\boldsymbol{G}$ 和 B、C 两点的全反力 $\boldsymbol{F}_B'$ 与 $\boldsymbol{F}_C$ 作用。根据三力平衡汇交定理，为保持小圆柱平衡，$\boldsymbol{F}_B'$ 的作用线应通过 $\boldsymbol{G}$ 与 $\boldsymbol{F}_C$ 作用线的交点 C，如图 4-17(c) 所示。

再取大圆柱为研究对象，考虑大圆柱刚与地面脱离接触的临界平衡情况，这时 $F_{NA}=0$，且 B 处全反力 $\boldsymbol{F}_B$ 与接触面法线的夹角为摩擦角 φ。根据三力平衡汇交定理和 $\boldsymbol{F}_B$、$\boldsymbol{F}_B'$ 作用与反作用力的关系，$\boldsymbol{F}_B$ 的作用线应在 B、C 两点联线上。显然，要同时满足保持小圆柱静止不动和大小圆柱之间没有相对滑动的条件，必须使主动力 $\boldsymbol{F}$ 和 $\boldsymbol{P}$ 的合力与法线方向的夹角 $\alpha \leqslant \varphi$。

由图 4-17(b) 的几何关系，可见

$$\angle EBA = 90°$$

$$\angle BAC = \alpha$$

从而

$$\overline{AC}\cos\alpha = \overline{AB} = D\sin\alpha \tag{1}$$

$$\overline{AC} = \overline{OO'}\sin2\alpha = \frac{D+d}{2}\sin2\alpha \tag{2}$$

将式(2)代入式(1)得

$$\frac{D+d}{2}\sin2\alpha\cos\alpha = D\sin\alpha$$

所以

$$\cos\alpha = \sqrt{\frac{D}{D+d}}$$

由此得

$$\tan\alpha = \frac{\sqrt{1-\cos^2\alpha}}{\cos\alpha} = \sqrt{\frac{d}{D}}$$

于是，大圆柱能够滚过小圆柱的条件是

$$\tan\alpha \leqslant \tan\varphi = f_s$$

$$f_s \geqslant \sqrt{\frac{d}{D}}$$

4. 滚动摩阻

由实践可知，滚动比滑动省力，所以在工程实际中，为了提高效率、减轻劳动强度，常常利用物体的滚动代替物体的滑动。平时可见当搬运笨重物体时，在物体下面垫上圆形管子就是用滚动代替滑动的应用实例。

当物体滚动时，存在什么阻力？它有什么特性？以滚动代替滑动为什么会省力，这是本小节要解决的问题，为此需要建立滚动时轮-轨约束的正确力学模型。

(1) 绝对刚性约束模型　设在水平面(或路轨)上有一半径为 r，重量为 $\boldsymbol{P}$ 的滚子(或轮子)，若将轮—轨间视为绝对刚性约束，则二者仅在点 A 接触，如图 4-18 所示。现在轮心 O 作用一水平拉力 $\boldsymbol{F}$，由于轮—轨间是粗糙的，故轮上除受法向力 $\boldsymbol{F}_N$ 外，还受有因阻碍轮缘上点 A 与轨发生相对滑动而产生的摩擦力 $\boldsymbol{F}_s$，不难看出，轮上作用的力系是不平衡的，因为只要施加微小的拉力 $\boldsymbol{F}$，不管轮上荷载 $\boldsymbol{P}$ 多大，轮都会在力偶

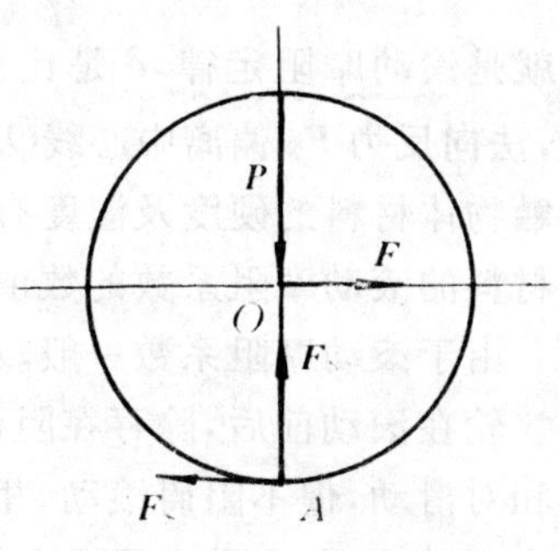

图 4-18

$(\boldsymbol{F},\boldsymbol{F}_s)$ 作用下发生滚动。

但是，实际情形却是只有当拉力 $\boldsymbol{F}$ 达到一定的数值时，轮子才会滚动，否则仍保持相对静止。产生矛盾的原因在于，轮—轨间并不是绝对刚性的，当两者相互压紧时，一般会产生微量的接触变形，从而影响了约束力的分布，这表明，采用绝对刚性的约束模型是不合理的。此种情形下，必须考虑变形的影响。

(2) 考虑接触变形的柔性约束模型　为简单起见，仍将轮视为刚性的，而将轨视为具有接触变形的柔性约束。

当轮受到较小的水平力 $\boldsymbol{F}$ 作用后，轮—轨之间相互压紧，接触处多少会发生一点局部变形，形成一微小的接触面，从而轮子所受的反作用力将不均匀地分布在这个小面积上，如图 4-19(a) 所示，求此分布阻力系的合力 $\boldsymbol{F}_R$，由三力平衡汇交条件可知，合力 $\boldsymbol{F}_R$ 必过轮心 O，将 $\boldsymbol{F}_R$ 分解为摩擦力 $\boldsymbol{F}_s$ 和法向力 $\boldsymbol{F}_N$，这时 $\boldsymbol{F}_N$ 已偏离 $\overline{OA}$ 线一微小距离 δ_1（如图 4-19(b) 所示）。连续增加拉力 $\boldsymbol{F}$，则 $\boldsymbol{F}_N$ 的作用点与 $\overline{OA}$ 线之间的距离也随之增加，当增加到某一数值 δ 时，轮子开始滚动。

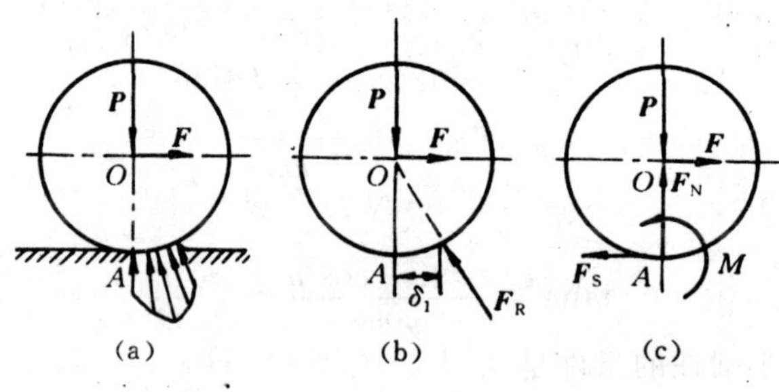

图　4-19

若将 $(\boldsymbol{F}_N,\boldsymbol{F}_s)$ 向点 A 简化，除了得到 $(\boldsymbol{F}_N,\boldsymbol{F}_s)$ 外，还有力偶

$$0 \leqslant M \leqslant M_{max} = \delta F_N \tag{4-7}$$

式中，M 称为滚动摩阻力偶，简称滚阻力偶，如图 4-19(c) 所示。

由上述分析可知，滚阻力偶 M 是由于轮—轨接触变形而产生的阻碍滚动的阻力偶（而滑动摩擦是一个力 $\boldsymbol{F}_s$），该力偶是介于零与最大值之间 $(0 \leqslant M \leqslant M_{max})$ 的约束力偶，是约束力系的一部分（性质同滑动摩擦力），其中，最大滚阻力偶矩 M_{max} 与支承面法向反力 $\boldsymbol{F}_N$ 成正比，即

$$M_{max} = \delta F_N \tag{4-8}$$

这就是滚动摩阻定律，δ 是比例系数，称为滚动摩阻系数，其物理意义是：轮子处于临界平衡时，法向反力 $\boldsymbol{F}_N$ 偏离中心线 $\overline{OA}$ 的最远距离，因而具有长度量纲，单位常用 mm 或 cm。δ 一般与接触物体材料的硬度及湿度有关，但与滚动半径无关，其大小可由实验测定。表 4-2 给出了几种材料的滚动摩阻系数的数值，供使用时参考。

由于滚动摩阻系数一般较小，所以在大多数情况下，滚动摩阻可以忽略不计。

轮在滚动前后，除存在阻碍滚动的 M 外，还存在滑动摩擦力 $\boldsymbol{F}_s$，$\boldsymbol{F}_s$ 阻碍轮与轨在接触处发生相对滑动，但不阻碍滚动，相反，它还是轮产生滚动的条件，如图 4-19(c) 所示。只有足够大的力 $\boldsymbol{F}_s$ 与拉力 $\boldsymbol{F}$ 形成足够大的主动力偶才能克服滚动力偶 M，这就是为什么车辆轮胎上要刻上花纹，雪地行车要在轮胎上系防滑链等的原因。

借助图 4-19(c) 可以分别计算出使轮滚动或滑动所需要的水平拉力 $\boldsymbol{F}$，以分析究竟是使

轮滚动省力还是使轮滑动省力。

表 4-2　滚动摩阻系数 δ

材料名称	δ/mm	材料名称	δ/mm
铸铁与铸铁	0.5	软钢与钢	0.5
钢质车轮与钢轨	0.05	有滚珠轴承的料车与钢轨	0.09
木与钢	0.3～0.4	无滚珠轴承的料车与钢轨	0.21
木与木	0.5～0.8	钢质车轮与木面	1.5～2.5
软木与软木	1.5	轮胎与路面	2～10
淬火钢珠对钢	0.01		

列平衡方程 $\sum M_A(\boldsymbol{F}) = 0$，可以求得

$$F_{滚} = \frac{M_{max}}{R} = \frac{\delta F_N}{R} = \frac{\delta}{R}P$$

由平衡方程 $\sum X = 0$，可以求得

$$F_{滑} = F_{max} = f_s F_N = f_s P$$

而一般情况下，有 $\frac{\delta}{R} \ll f_s$，故有 $F_{滑} \gg F_{滚}$，即圆轮总是先达到滚动临界平衡状态，这就是克服滚动摩阻比克服滑动摩擦要省力的原因。

一般而言，轮在主动力作用下，克服滚阻力偶产生滚动，其滑动摩擦力远小于最大摩擦力 ($F_s \ll F_{max}$)，于是轮沿支承面只滚动而不滑动，这样的运动称为纯滚动。

【例 4-10】　卷线轮重 P，静止地放在粗糙水平面上，绕在轮轴上的线的拉力 $\boldsymbol{F}$ 与水平成 α 角，卷线轮尺寸如图 4-20(a) 所示。设卷线轮与水平面间的静滑动摩擦因数为 f_s，滚动摩阻系数为 δ，试求：(1) 维持卷线轮静止时线的拉力 $\boldsymbol{F}$ 的大小。(2) 保持 $\boldsymbol{F}$ 力大小不变，改变其方向角 α，使卷线轮只匀速滚动而不滑动的条件。

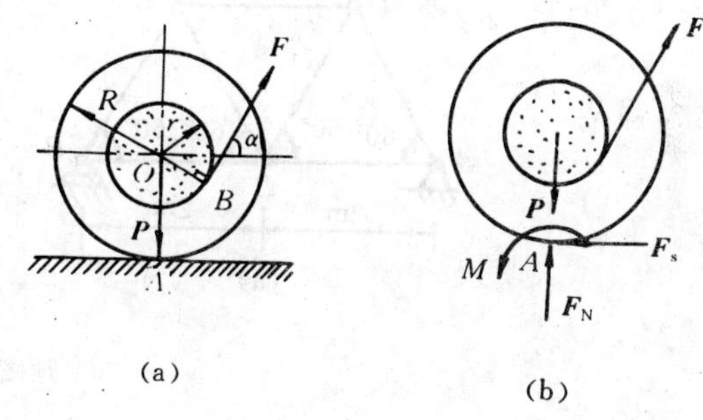

(a)　　(b)

图　4-20

解　卷线轮失去平衡的情形有两种：开始滚动和开始滑动。考虑卷线轮处于一般平衡状态，受力分析如图 4-20(b) 所示。则

$$\sum X = 0, F\cos\alpha - F_s = 0,\ 所以\ F_s = F\cos\alpha \tag{1}$$

$$\sum Y = 0, F\sin\alpha + F_N - P = 0,\ 所以\ F_N = P - F\sin\alpha \tag{2}$$

$$\sum M_A(\boldsymbol{F}) = 0,\ M - F(R\cos\alpha - r) = 0,\ 所以\ M = F(R\cos\alpha - r) \tag{3}$$

又

$$F_{max} = f_s F_N = f_s(P - F\sin\alpha) \tag{4}$$

$$M_{max} = \delta\ F_N = \delta(P - F\sin\alpha) \tag{5}$$

(1) 保持轮静止的条件为 $F \leqslant F_{max}$，$M \leqslant M_{max}$，则联立式(1)～(5) 即有

$$F\cos\alpha \leqslant f_s(P - F\sin\alpha)$$

$$F(R\cos\alpha - r) \leqslant \delta(P - F\sin\alpha)$$

整理可得，轮不滑动条件为

$$F \leqslant \frac{f_s P}{\cos\alpha + f_s \sin\alpha} \tag{6}$$

轮不滚动条件为

$$F \leqslant \frac{\delta P}{R\cos\alpha - r + \delta\sin\alpha} \tag{7}$$

若 F 同时满足上面两式，卷线轮将静止不动。

(2) 卷线轮只匀速滚动而不滑动的条件为

$$F_s < F_{max}, M = M_{max}$$

由式(6)、式(7) 只取此条件成立，则有

$$\frac{\delta P}{R\cos\alpha - r + \delta\sin\alpha} < \frac{f_s P}{\cos\alpha + f_s\sin\alpha}$$

所以

$$f_s > \frac{\delta\cos\alpha}{R\cos\alpha - r}$$

此即卷线轮只匀速滚动而不滑动的条件。

习　题

4-1　题图 4-1 所示桁架，求各杆内力。

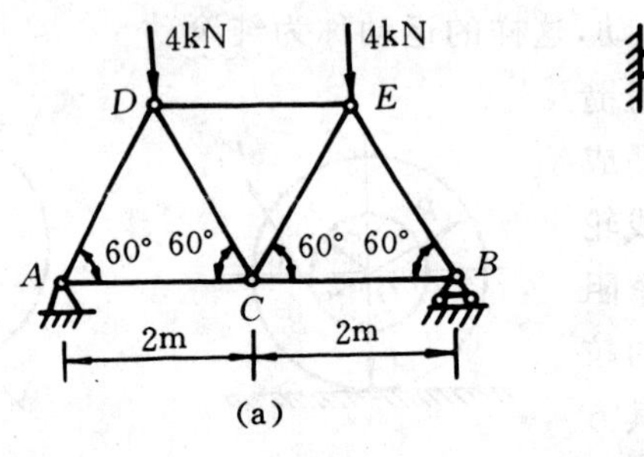

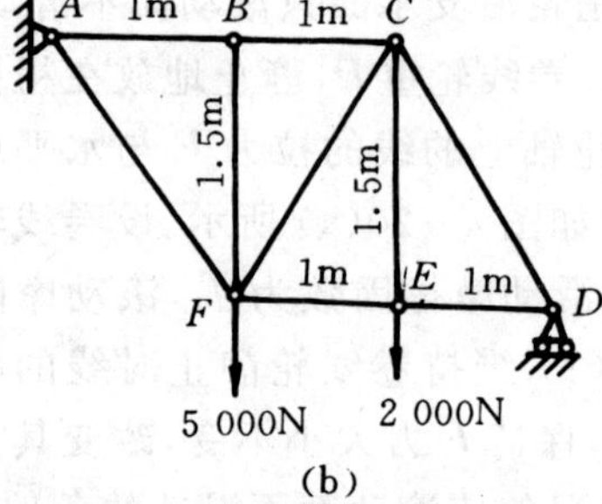

题图　4-1

4-2　平面桁架所受载荷及尺寸如题图 4-2 所示，求杆 1，2 和 3 的内力。

4-3　平面桁架的支座和载荷如题图 4-3 所示。ABC 为等边三角形，E，F 为两腰中点，又 $AD = DB$。求杆 CD 的内力。

4-4　桁架受力如题图 4-4 所示，已知：$F_1 = 10$ kN，$F_2 = F_3 = 20$ kN。试求桁架 6，7，9，10 各杆的内力。

4-5　平面桁架的支座和载荷如题图 4-5 所示，如 $ABCDEF$ 为正八角形的一半，求杆 1，2 和 3 的内力。

4-6　如题图 4-6 所示，重量为 $\boldsymbol{P}$ 的物体放在倾角为 α 的斜面上，物体与斜面间的摩擦角为 φ，且 $\alpha < \varphi$，如在物体上作用力 $\boldsymbol{F}_1$，$\boldsymbol{F}_1$ 与斜面平行，试求能使物体保持平衡的力 $\boldsymbol{F}_1$ 的最大值和最小值。

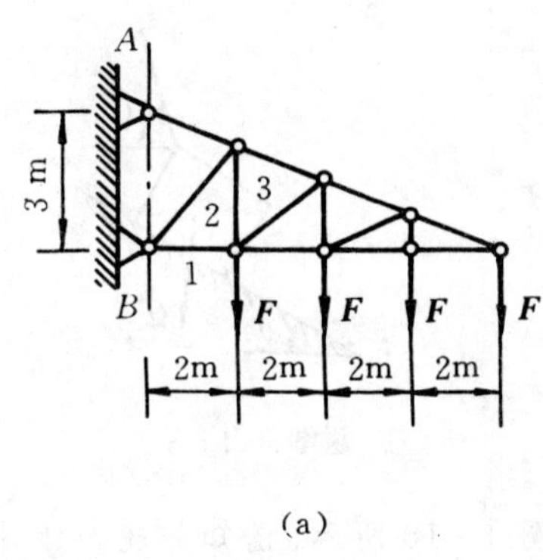

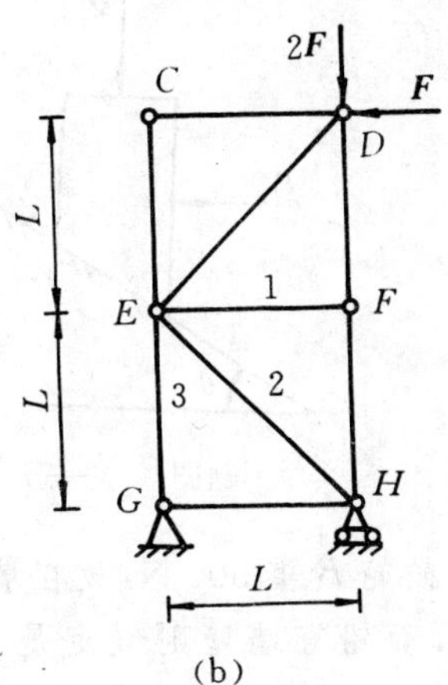

题图　4-2

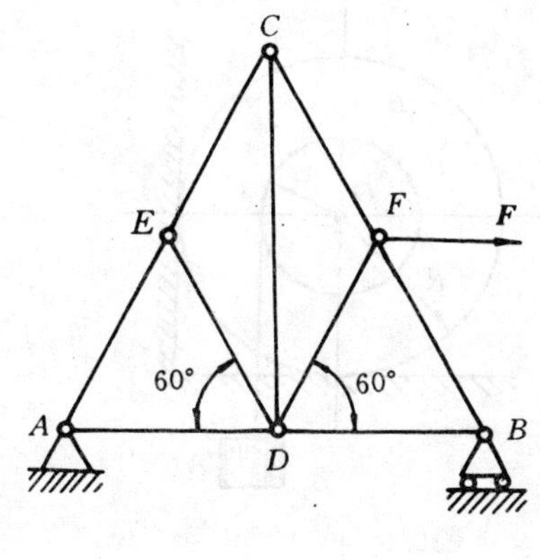

题图　4-3

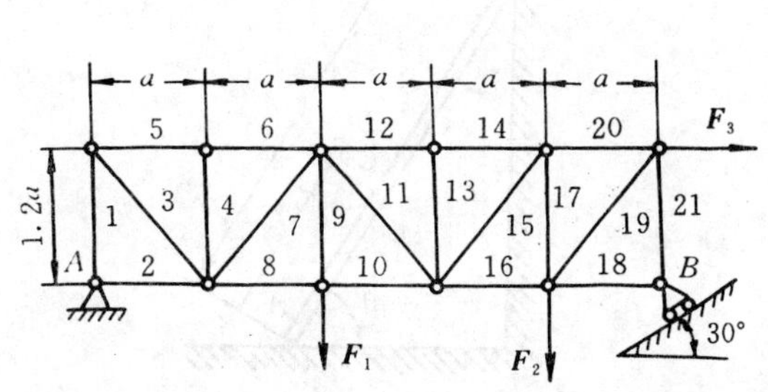

题图　4-4

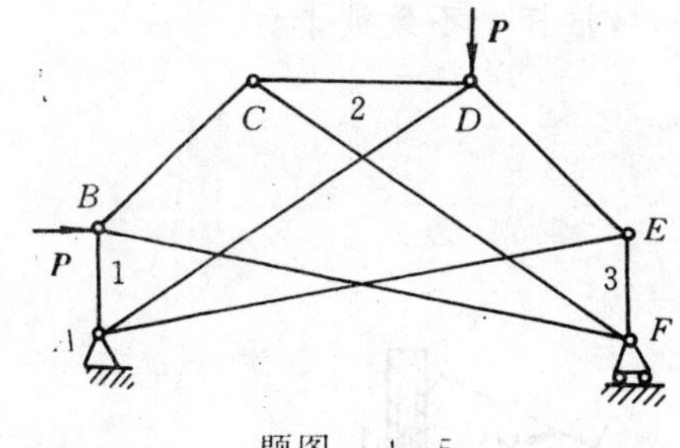

题图　4-5

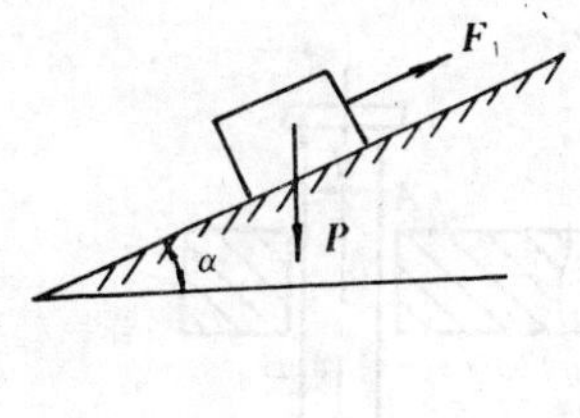

题图　4-6

4-7　如题图 4-7 所示，重 $\boldsymbol{Q}$ 的物块放在倾角 θ 大于摩擦角 φ 的斜面上，在物块上另加一水平力 $\boldsymbol{P}$，已知：$Q = 500$ N，$P = 300$ N，$f = 0.4$，$\theta = 30°$。试求摩擦力的大小。

4-8　在题图 4-8 所示物块中，已知：$\boldsymbol{Q}$，θ，接触面间的摩擦角为 φ。试问：(1) β 等于多大时拉动物块最省力；(2) 此时所需拉力 $\boldsymbol{P}$ 为多大。

4-9　梯子 AB 靠在墙上，其重为 $P = 200$ N，如题图 4-9 所示。梯长为 l，并与水平面交角 $\theta = 60°$。已知接触面间的摩擦因数均为 0.25。今有一重 650 N 的人沿梯上爬，问人所能达到的最高点 C 到 A 点的距离 s 应为多少？

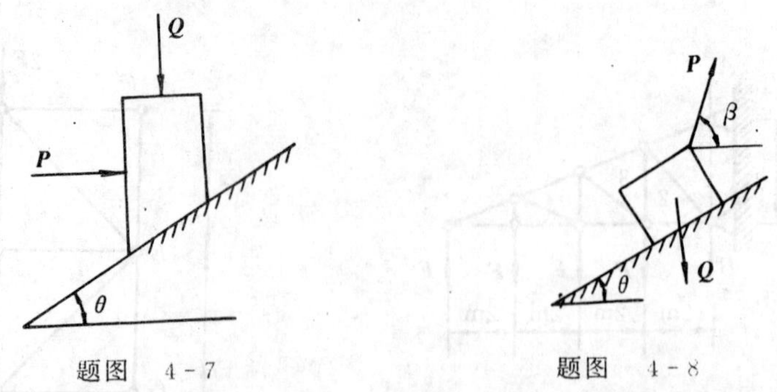

题图 4-7　　题图 4-8

4-10　鼓轮 B 重 500 N，放在墙角里，如题图 4-10 所示。已知鼓轮与水平地板间的摩擦因数为 0.25，面铅直墙壁则假定是绝对光滑的。鼓轮上的绳索下端挂着重物。设半径 $R=200$ mm，$r=100$ mm，求平衡时重物 A 的最大重量。

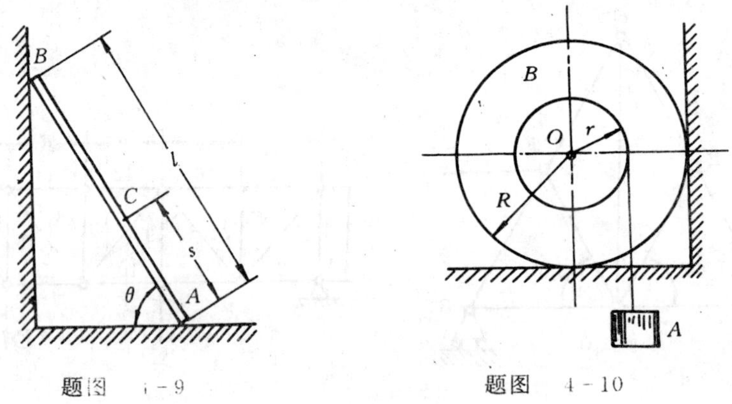

题图 4-9　　题图 4-10

4-11　题图 4-11 所示为凸轮机构。已知推杆与滑道间的摩擦因数为 f_s，滑道宽度为 b。设凸轮与推杆接触处的摩擦忽略不计。问 a 为多大，推杆才不致被卡住。

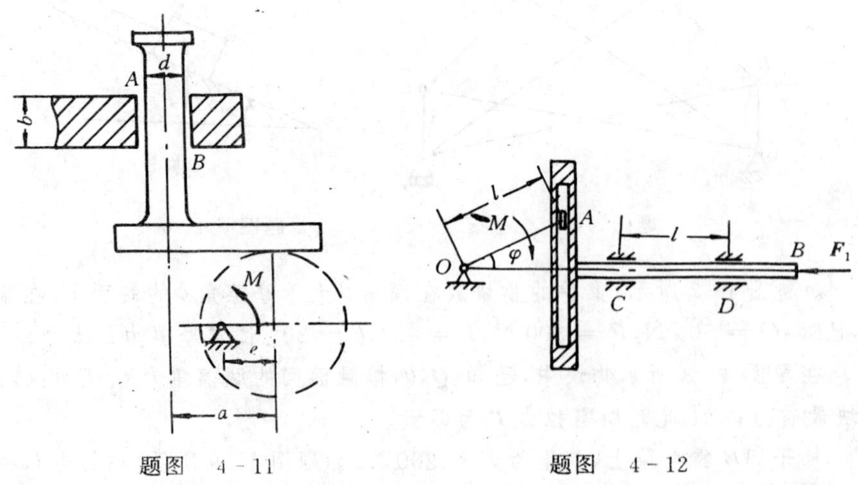

题图 4-11　　题图 4-12

4-12　题图 4-12 所示一曲柄滑道机构，不计自重，当曲柄 OA 与水平面夹角为 φ 时，求欲维持机构平衡所需力偶矩 M 的范围。设不计滑块 A 处的摩擦，C，D 处摩擦因数为 f_s。

4-13 制动器的构造和主要尺寸如图4-13所示。制动块与鼓轮表面间的摩擦因数为 f_s，试求制动鼓轮转动所必需的力 $\boldsymbol{F}_1$。

4-14 如题图4-14所示。在闸块制动器的两个杠杆上，分别作用有大小相等的力 $\boldsymbol{F}_1$ 和 $\boldsymbol{F}_2$。试求这些力应为多大，方能使受力偶作用的轴处于平衡？设力偶矩 $M = 160\ \text{N}\cdot\text{m}$。摩擦因数为0.2，尺寸如图所示。

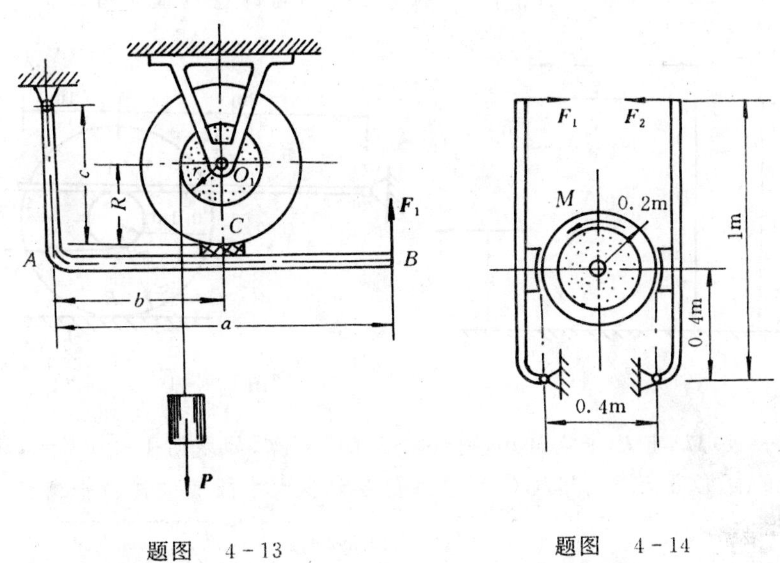

题图 4-13　　　　题图 4-14

4-15 平面曲柄连杆滑块机构如题图4-15所示。$OA = l$，在曲柄 OA 上作用有一矩为 M 力偶，OA 水平。连杆 AB 与铅垂线的夹角为 θ，滑块与水平面之间的摩擦因数为 f_s，不计重量，且 $\tan\theta > f_s$。求机构在图示位置保持平衡时 $\boldsymbol{F}$ 力的值。

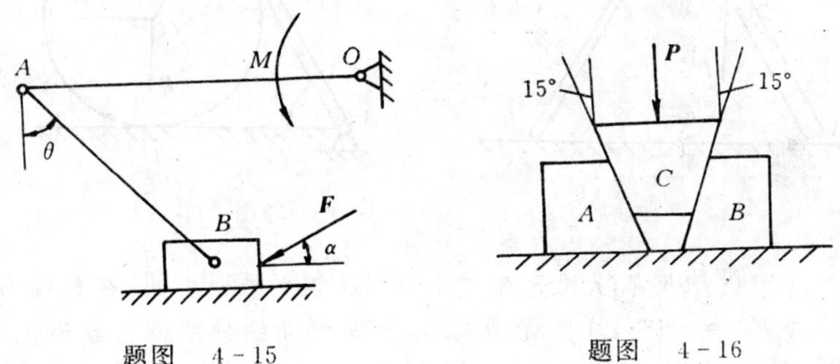

题图 4-15　　　　题图 4-16

4-16 重物 A、B 各重2 kN，放在水平面上，尖劈 C 的重量不计，所有接触面的摩擦角均为10°，求推动 A、B 的垂直压力 $\boldsymbol{P}$ 的最小值。

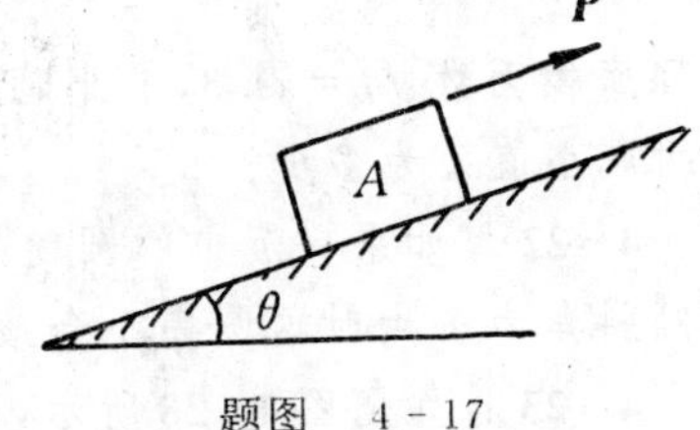

题图 4-17

4-17 题图4-17所示立方体 A 的质量为8 kg，边长为100 cm，$\theta = 15°$。若静摩擦因数为1/4，试问当 $\boldsymbol{P}$ 力逐渐增加时，立方体将滑动还是翻倒。($\sin\theta = 0.258\ 8$，$\cos\theta =$

0.965 9)。

4-18　一均质长方块重为 $\boldsymbol{P}$，尺寸如题图 4-18 所示，置于粗糙的水平面上，接触面的摩擦因数为 f_s，今在长方块上高度为 h 处作用一水平力 $\boldsymbol{F}$，且 $\boldsymbol{F}$ 力足够大，能使长方块向前滑动。问为使长方块作移动运动而不致翻倒，h 的取值范围为多少？当 h 不满足所得条件时，说明长方块作怎样运动。

4-19　均质杆 OC 长 4 m，重 500 N；轮重 300 N，与杆 OC 及水平面接触处的摩擦因数分别为 $f_A = 0.4$，$f_B = 0.2$。设滚动摩阻不计，求拉动圆轮所需的 $\boldsymbol{Q}$ 的最小值。

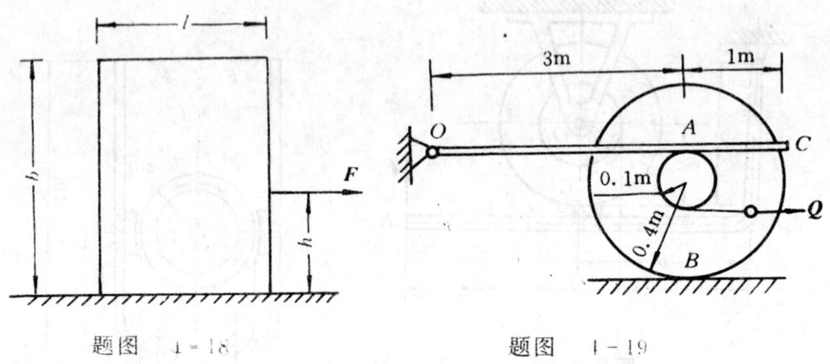

题图　4-18　　　　题图　4-19

4-20　均质长板 AD 重 $\boldsymbol{P}$，长为 4 m，用一短板 BC 支撑，如题图 4-20 所示，$AC = BC = AB = 3$ m，BC 板的自重不计。求 A、B、C 处摩擦角各为多大才能使之保持平衡。

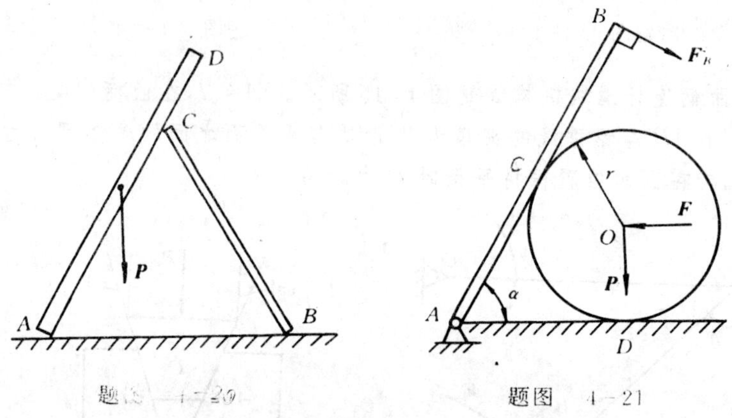

题图　4-20　　　　题图　4-21

4-21　重 $P = 100$ N 的均质滚轮夹在无重杆 AB 和水平面之间，在杆端 B 作用一垂直于 AB 的力 $\boldsymbol{F}_B$，其大小为 $F_B = 50$ N，A 为光滑铰链，轮与杆间的静摩擦因数为 $f_C = 0.4$，轮半径为 r，杆长为 l，当 $\alpha = 60°$ 时，$AC = CB = \dfrac{l}{2}$，如题图 4-21 所示。如要维持系统平衡，(1) 若 D 处静摩擦因数 $f_D = 0.3$，求此时作用于轮心 O 处水平推力 $\boldsymbol{F}$ 的最小值；(2) 若 $f_D = 0.15$，此时 $\boldsymbol{F}$ 的最小值又为多少？

4-22　如果一沉重的圆筒的滚动摩阻系数等于 δ，半径等于 R，试问当粗糙平面与水平线的倾斜角为多大时这圆筒不会滚下去？

4-23　如题图 4-23 所示，已知圆轮重 $\boldsymbol{P}$，半径为 R，轮与倾角为 α 的斜面之间的滑动摩擦因数为 f_s，滚动摩阻系数为 δ。求使轮在斜面上保持静止的 $\boldsymbol{Q}$ 值。

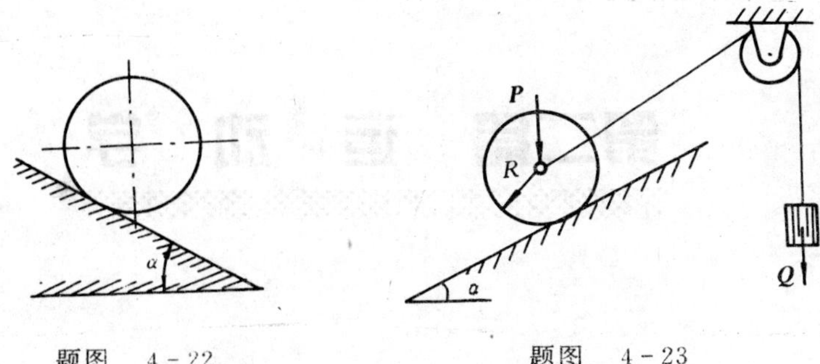

题图 4-22　　　　题图 4-23

4-24　在倾斜角为 α 的斜面上放一重为 G 的物体，其间的摩擦角为 φ，$\varphi>\alpha$。今在物体上作用一水平力 $\boldsymbol{F}_1$，如题图 4-24 所示，并逐渐增大 $\boldsymbol{F}_1$ 的值。求物体开始滑动时力 $\boldsymbol{F}_1$ 的大小，并指出物体开始滑动的方向。

4-25　一重为 G 的物体放在倾斜角为 30° 的斜面上，其间的摩擦因数为 1/3（摩擦角 $\varphi=18.4°$），今有一与斜面平行并与最大倾斜线成 30° 角的力 $\boldsymbol{F}_1$ 作用于物体上，使物体在斜面上保持静止，求力 $\boldsymbol{F}_1$ 的范围。

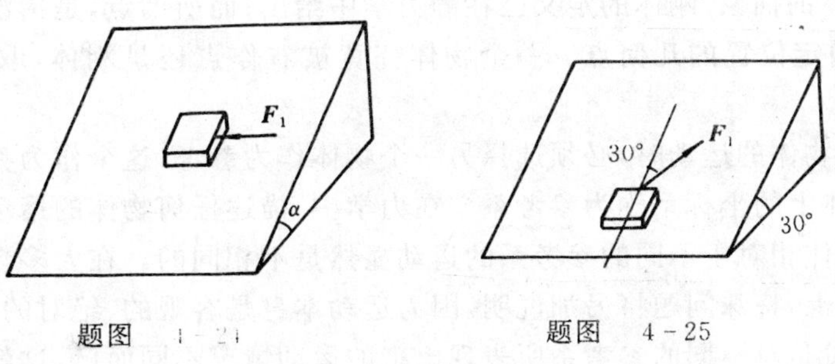

题图 4-24　　　　题图 4-25

第二篇 运动学

引 言

运动学是从几何的观点来研究物体的机械运动，而不涉及引起运动的物理原因。

当描述物体的运动时，如果物体的形状和大小不起主要作用，可以把物体抽象为一个点；如果物体的形状和大小起主要作用，可以把物体抽象为刚体。点和刚体是运动学中的两种力学模型，是实际物体的抽象。刚体的定义已在静力学中给出；而所谓点，是指没有大小，没有质量，但在空间占有确定位置的几何点。一个物体究竟被看作点还是刚体，取决于所研究问题的性质。

当描述某一物体的运动时，必须选择另一个物体作为参考，这个作为参考的物体称为参考体，固结在参考体上的坐标系称为参考系。在力学中，描述任何物体的运动都是相对于某一参考系的。同一物体相对于不同的参考系的运动显然是不相同的。在大多数工程问题中都把坐标系固结在地球上，特殊问题将另加说明。因为运动本身是客观的、绝对的，并不由所取的参考系而改变，只不过是对不同的参考系所表现出来的运动情况不同而已。这就是运动的绝对性与描述运动的相对性。

研究物体的运动时，应区别瞬时和时间间隔这两个概念。所谓瞬时，就是指与物体运动到某一位置相对应的某一时刻，一般用 t 表示。所谓时间间隔，就是物体从某一位置运动到另一位置这一过程所经历的时间，也就是两个不同瞬时之间的一段时间，一般以 Δt 表示。

第五章　运动学基础

§5-1　点的运动学

研究点的运动，重点是解决三个问题：

(1) 如何确定点的运动？即如何描述点的位置随时间的变化规律。

(2) 如何确定点的速度？

(3) 如何确定点的加速度？

通过普通物理和高等数学，已经介绍了一些研究点的运动的基本方法，如矢量法、直角坐标法等。在本章中，我们除了复习这些基本方法外，还将介绍一种新的研究点的运动的方法——自然法。

1. 矢量法与直角坐标法

(1) 矢量法

设动点 M 在空间作曲线运动，如图 5-1 所示，在空间任选一固定点 O，则动点 M 的位置可用矢量 $\boldsymbol{r}=\overrightarrow{OM}$ 来表示，不同的矢径 $\boldsymbol{r}$ 对应于动点在不同瞬时的位置。这种确定点的位置的方法称为矢量法。

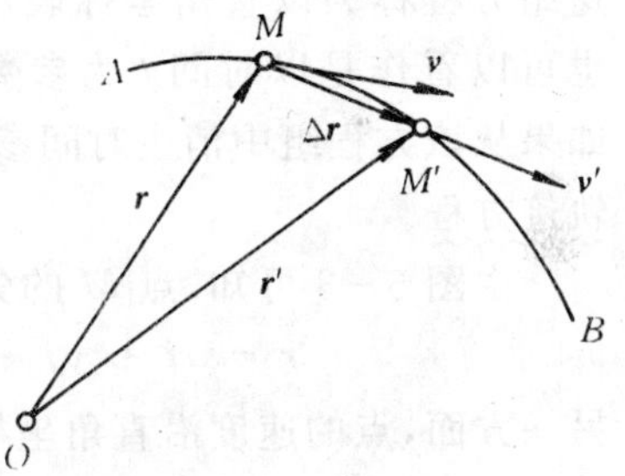

当点运动时，矢量 $\boldsymbol{r}$ 的大小和方向随时间 t 而变化，是自变量 t 的单值函数，可写成

$$\boldsymbol{r}=\boldsymbol{r}(t) \tag{5-1}$$

这就是以矢量表示的点的运动方程。

图　5-1

根据速度的定义，点的速度等于矢径对时间的变化率，即

$$\boldsymbol{v}=\lim_{\Delta t\to 0}\frac{\Delta \boldsymbol{r}}{\Delta t}=\frac{\mathrm{d}\boldsymbol{r}}{\mathrm{d}t} \tag{5-2}$$

速度是矢量，其大小等于 $\left|\frac{\mathrm{d}\boldsymbol{r}}{\mathrm{d}t}\right|$，其方向是 $\Delta t\to 0$ 时 $\Delta \boldsymbol{r}$ 的极限方向，即沿轨迹上点 M 处的切线并指向点的运动一方。

根据加速度的定义可知，点的加速度等于点的速度对时间的变化率，即

$$\boldsymbol{a}=\lim_{\Delta t\to 0}\frac{\Delta \boldsymbol{v}}{\Delta t}=\frac{\mathrm{d}\boldsymbol{v}}{\mathrm{d}t}=\frac{\mathrm{d}^2\boldsymbol{r}}{\mathrm{d}t^2} \tag{5-3}$$

它也等于其矢径对时间的二阶导数。加速度 $\boldsymbol{a}$ 是矢量，它的大小为 $\left|\frac{\mathrm{d}\boldsymbol{v}}{\mathrm{d}t}\right|$，方向与 $\Delta t\to 0$ 时 $\Delta \boldsymbol{v}$ 的极限方向一致。

如图 5-2 所示，如果从任意点 O' 作矢量 $\overrightarrow{O'm_0}$，$\overrightarrow{O'm_1}$，$\overrightarrow{O'm}$，$\overrightarrow{O'm'}$ 等，它们分别表示动点在

不同瞬时的速度矢量 $\boldsymbol{v}_0$, $\boldsymbol{v}_1$, $\boldsymbol{v}$, $\boldsymbol{v}'$ 等,连接这些矢量的末端 m_0, m_1, m, m',构成一条连续的曲线,称为速度矢端曲线,也称速度端图,由瞬时加速度的定义可知,瞬时加速度的方向沿着动点速度矢端曲线的切线方向。

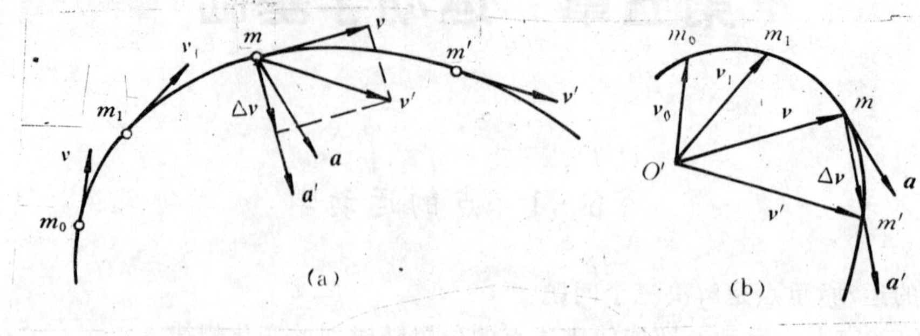

图 5-2

(2) 直角坐标法

设动点 M 在空间运动,取直角坐标系 $Oxyz$,如图 5-3 所示,在任意瞬时 t,动点的位置可由它的坐标 x, y, z 惟一确定。这种确定点的位置方法称为直角坐标法。

当点运动时,其三个坐标都随时间 t 变化,因而可以表示为时间 t 的单值连续函数,即

$$\left.\begin{aligned} x &= f_1(t) \\ y &= f_2(t) \\ z &= f_3(t) \end{aligned}\right\} \tag{5-4}$$

这组方程称为以直角坐标表示的点的运动方程,也可以看作是以时间 t 为参数的轨迹参数方程。如果从该方程组中消去时间参数 t,即可得到点的轨迹方程。

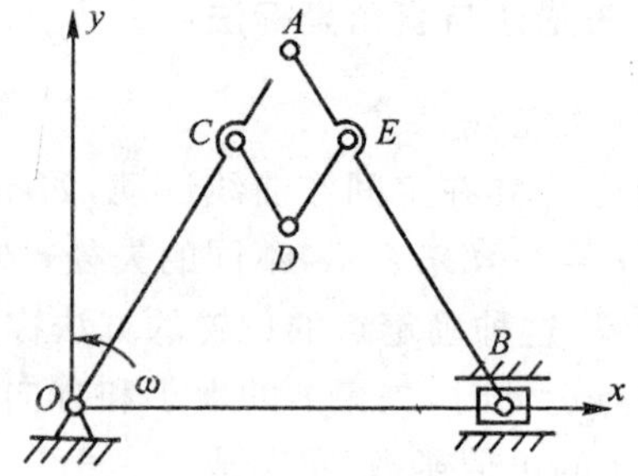

图 5-3

由图 5-3 可知,点 M 的矢径可表示为

$$\boldsymbol{r} = x\boldsymbol{i} + y\boldsymbol{j} + z\boldsymbol{k} \tag{5-5}$$

另一方面,点的速度沿直角坐标分解得

$$\boldsymbol{v} = v_x\boldsymbol{i} + v_y\boldsymbol{j} + v_z\boldsymbol{k} \tag{5-6}$$

式中 v_x, v_y, v_z 分别是 $\boldsymbol{v}$ 在直角坐标轴 x, y, z 上的投影。根据速度定义,并考虑到 $\boldsymbol{i}$, $\boldsymbol{j}$, $\boldsymbol{k}$ 是常矢量,则可得

$$\boldsymbol{v} = \frac{\mathrm{d}\boldsymbol{r}}{\mathrm{d}t} = \frac{\mathrm{d}x}{\mathrm{d}t}\boldsymbol{i} + \frac{\mathrm{d}y}{\mathrm{d}t}\boldsymbol{j} + \frac{\mathrm{d}z}{\mathrm{d}t}\boldsymbol{k} \tag{5-7}$$

将上式与式(5-6)比较,得

$$\left.\begin{aligned} v_x &= \frac{\mathrm{d}x}{\mathrm{d}t} \\ v_y &= \frac{\mathrm{d}y}{\mathrm{d}t} \\ v_z &= \frac{\mathrm{d}z}{\mathrm{d}t} \end{aligned}\right\} \tag{5-8}$$

即动点的速度在直角坐标上的投影等于其相应的坐标对时间的一阶导数。

由速度 $\boldsymbol{v}$ 的投影可求得其大小和方向余弦，它们是

$$v=\sqrt{v_x^2+v_y^2+v_z^2} \tag{5-9}$$

$$\left.\begin{aligned}\cos\alpha&=\frac{v_x}{v}\\ \cos\beta&=\frac{v_y}{v}\\ \cos\gamma&=\frac{v_x}{v}\end{aligned}\right\} \tag{5-10}$$

式中 α,β,γ 分别为速度 $\boldsymbol{v}$ 与 x，y，z 轴正向的夹角。

同理，由加速度的定义，类似于对速度的分析，得

$$\boldsymbol{a}=a_x\boldsymbol{i}+a_y\boldsymbol{j}+a_z\boldsymbol{k} \tag{5-11}$$

$$\left.\begin{aligned}a_x&=\frac{\mathrm{d}v_x}{\mathrm{d}t}=\frac{\mathrm{d}^2x}{\mathrm{d}t^2}\\ a_y&=\frac{\mathrm{d}v_y}{\mathrm{d}t}=\frac{\mathrm{d}^2y}{\mathrm{d}t^2}\\ a_z&=\frac{\mathrm{d}v_z}{\mathrm{d}t}=\frac{\mathrm{d}^2z}{\mathrm{d}t^2}\end{aligned}\right\} \tag{5-12}$$

即点的加速度在直角坐标轴上的投影等于它的速度在相应轴上的投影对时间的一阶导数，或等于相应坐标对时间的二阶导数。

加速度 $\boldsymbol{a}$ 的大小和方向余弦分别为

$$a=\sqrt{a_x^2+a_y^2+a_z^2} \tag{5-13}$$

$$\left.\begin{aligned}\cos\alpha'&=\frac{a_x}{a}\\ \cos\beta'&=\frac{a_y}{a}\\ \cos\gamma'&=\frac{a_z}{a}\end{aligned}\right\} \tag{5-14}$$

需要指出的是：① 根据点运动的特点，也可以用柱坐标、球坐标来描述点的运动。② 点的运动一般有两类问题：第一类问题是已知点的运动方程，求点的速度和加速度，这类问题可用求导的方法来解决；第二类问题是已知总的速度或加速度，求点的运动方程或速度，这类问题可用积分方法求解，而积分常数由运动的初始条件确定。

2. 自然法

(1) *点的运动方程*　在点的运动中，如果点的轨迹已知，则它的位置可由轨迹上某一点到这一位置的轨迹弧长来确定。这种以点的轨迹作为曲线坐标轴来确定点的位置的方法称为自然法。

设点的轨迹已知，在轨迹上任选一点 O 为原点，并规定轨迹的一端为正向，一端为负向，如图 5-4 所示，则点在任意瞬时 t 的位置 M 可由具有正负号的弧长 s 来确定。s 称为弧坐标，弧坐标是代数量。当动点沿轨迹运动时，s 是时间 t 的单值连续函数

$$s=f(t) \tag{5-15}$$

上式称为以自然法表示的点的运动方程，也称为以弧坐标表示的点的运动方程。

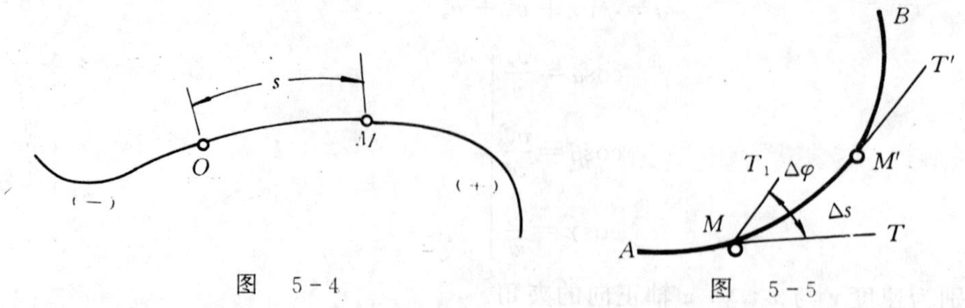

图 5-4　　　　图 5-5

(2) 密切面与自然轴系　在用自然法分析点的速度和加速度之前，先将密切面与自然轴系的概念简要介绍如下：

1) 密切面　设有空间曲线 AB，如图 5-5 所示。MT 与 $M'T'$ 分别表示曲线上相近两点 M 与 M' 的切线。现从 M 点引线段 MT_1，且使 $MT_1 \parallel M'T'$，则两相交直线 MT 与 MT_1 可决定一平面。当 M' 向 M 接近时，MT_1 的方位随着 $M'T'$ 方位的改变而改变。于是，这个平面的位置也在变化，而且绕切线 MT 转动。当 M' 趋近于点 M 时，这个平面将趋近于某一极限位置，这个处于极限位置的平面称为曲线在点 M 的密切面。由此可见，如果是平面曲线，则密切面就是曲线所在的平面。

2) 自然轴系　通过点 M 作与切线 MT 垂直的平面，称为曲线在点 M 的法面，如图 5-6 所示。法面与密切面的交线 MN 称为曲线在点 M 的主法线（即在密切面内的法线）。法面内与主法线垂直的法线 MB 称为 M 的副法线。点 M 的切线、主法线和副法线所构成的轴系称为自然轴系。用 $\boldsymbol{\tau}$ 表示切线的单位矢量，指向与弧坐标的正方向一致；用 $\boldsymbol{n}$ 表示主法线的单位矢量，指向曲线内凹的一侧；用 $\boldsymbol{b}$ 表示副法线的单位矢量，指向根据右手法则确定

$$\boldsymbol{b} = \boldsymbol{\tau} \times \boldsymbol{n}$$

自然轴系与固定的坐标轴系不同，它是随动点在轨迹曲线上的位置而改变的，因此，沿自然轴的单位矢量 $\boldsymbol{\tau}, \boldsymbol{n}, \boldsymbol{b}$ 都是方向随动点的位置而变化的变矢量。

(3) 点的速度　已知动点的轨迹，其运动方程由式(5-15)表示。在瞬时 t，点的位置在 M，其弧坐标为 s，对任一固定点 O' 的矢径为 $\boldsymbol{r}$；在瞬时 $t+\Delta t$，点的位置在 M'，其弧坐标为 $s+\Delta s$，对 O' 的矢径为 $\boldsymbol{r}'$，如图 5-7 所示。根据速度定义，得

$$\boldsymbol{v} = \frac{\mathrm{d}\boldsymbol{r}}{\mathrm{d}t} = \frac{\mathrm{d}\boldsymbol{r}}{\mathrm{d}s}\frac{\mathrm{d}s}{\mathrm{d}t}$$

而

$$\frac{\mathrm{d}\boldsymbol{r}}{\mathrm{d}s} = \lim_{\Delta t \to 0}\frac{\Delta \boldsymbol{r}}{\Delta s}$$

式中 Δs 为弧长 $\overset{\frown}{MM'}$，如图 5-7 所示。由于 $\Delta t \to 0$ 时 $\Delta s \to 0$，则矢径增量 $\Delta \boldsymbol{r}$ 的大小趋近于 Δs，于是

$$\left|\frac{\mathrm{d}\boldsymbol{r}}{\mathrm{d}s}\right| = \lim_{\Delta t \to 0}\left|\frac{\Delta \boldsymbol{r}}{\Delta s}\right| = 1$$

$\dfrac{\mathrm{d}\boldsymbol{r}}{\mathrm{d}s}$ 的方向是矢径增量 $\Delta \boldsymbol{r}$ 在 $\Delta t \to 0$ 时的极限方向，即沿轨迹曲线在点 M 处的切线方向，并指向轨迹的正向，也就是切线单位矢量 $\boldsymbol{\tau}$ 的方向。

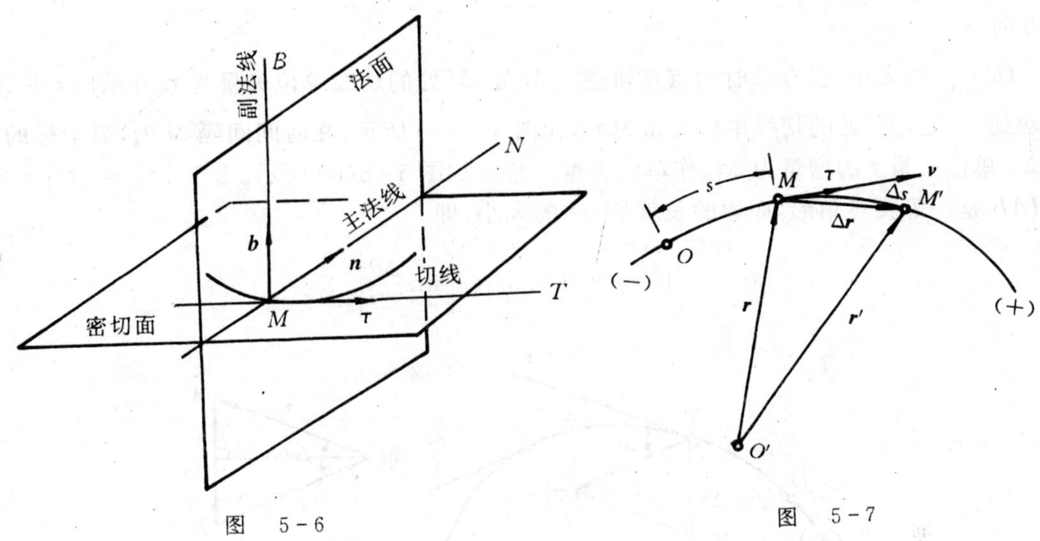

图 5-6　　　　图 5-7

因此

$$\frac{\mathrm{d}\boldsymbol{r}}{\mathrm{d}s} = \boldsymbol{\tau}$$

于是

$$\boldsymbol{v} = \frac{\mathrm{d}s}{\mathrm{d}t}\boldsymbol{\tau} = v\boldsymbol{\tau} \tag{5-16}$$

式中 v 可理解为速度 $\boldsymbol{v}$ 在切线方向的投影。由上式可得

$$v = \frac{\mathrm{d}s}{\mathrm{d}t} \tag{5-17}$$

即点沿已知轨迹的速度的代数值等于它的弧坐标对时间的一阶导数。当 v 为正值，即 $\frac{\mathrm{d}s}{\mathrm{d}t} > 0$ 时，弧坐标 s 的代数值随时间增大，点沿轨迹正向运动；当 v 为负值，即 $\frac{\mathrm{d}s}{\mathrm{d}t} < 0$ 时，则情况相反。

(4) *点的加速度*　由加速度的定义，得

$$\boldsymbol{a} = \frac{\mathrm{d}\boldsymbol{v}}{\mathrm{d}t} = \frac{\mathrm{d}}{\mathrm{d}t}(v\boldsymbol{\tau}) = \frac{\mathrm{d}v}{\mathrm{d}t}\boldsymbol{\tau} + v\frac{\mathrm{d}\boldsymbol{\tau}}{\mathrm{d}t}$$

上式右端中的第一项表示了速度大小相对于时间的变化，第二项表示了速度方向相对于时间的变化。现分别讨论如下：

1) 切向加速度 $\frac{\mathrm{d}v}{\mathrm{d}t}\boldsymbol{\tau}$　$\frac{\mathrm{d}v}{\mathrm{d}t}\boldsymbol{\tau}$ 的大小为

$$\frac{\mathrm{d}v}{\mathrm{d}t} = \frac{\mathrm{d}^2 s}{\mathrm{d}t^2}$$

它是一代数量，方向显然在轨迹的切线方向，即 $\boldsymbol{\tau}$ 的方向，故称之为切向加速度，表示为

$$\boldsymbol{a}_\tau = \frac{\mathrm{d}v}{\mathrm{d}t}\boldsymbol{\tau} = \frac{\mathrm{d}^2 s}{\mathrm{d}t^2}\boldsymbol{\tau} \tag{5-18}$$

$\frac{\mathrm{d}v}{\mathrm{d}t}$ 或 $\frac{\mathrm{d}^2 s}{\mathrm{d}t^2}$ 可理解为加速度 $\boldsymbol{a}$ 在切线上的投影。

2）法向加速度 $v\frac{d\tau}{dt}$　$v\frac{d\tau}{dt}$ 显然是一矢量，为了求其大小和方向，须先确定矢量 $\frac{d\tau}{dt}$ 的大小和方向。

(a) $\frac{d\tau}{dt}$ 的大小。设在瞬时 t，点在轨迹上 M 处，M 处的切线单位矢量为 τ；在瞬时 $t+\Delta t$，点运动到 M' 处，M' 处的切线单位矢量为 τ'，如图 5-8(a) 所示。在时间间隔 Δt 内，弧坐标的增量为 Δs，单位矢量 τ 的增量为 $\Delta\tau$。作单位矢量三角形如图 5-8(b) 所示。由于 $|\tau| = |\tau'| = 1$，故 ΔMAB 是一等腰三角形，底边的长就是 $\Delta\tau$ 的大小，即

$$|\Delta\tau| = 2\times 1\times\left|\sin\frac{\Delta\theta}{2}\right|$$

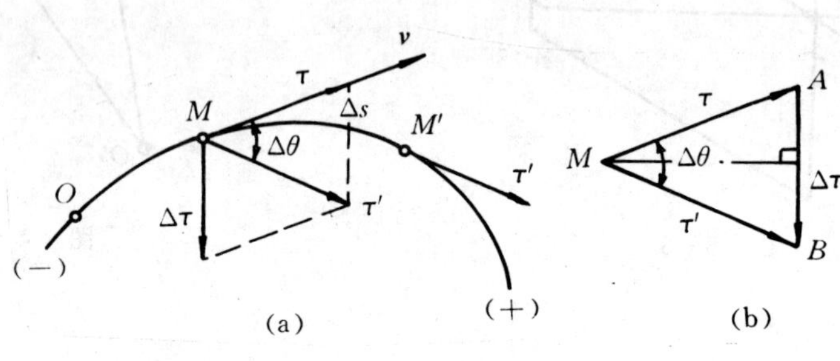

图 5-8

当 $\Delta t\to 0$ 时，$\Delta\theta\to 0$，$\Delta s\to 0$，所以

$$\left|\frac{d\tau}{dt}\right| = \lim_{\Delta t\to 0}\left|\frac{\Delta\tau}{\Delta t}\right| = \lim_{\Delta t\to 0}\left|\frac{2\sin\frac{\Delta\theta}{2}}{\Delta t}\right| = \lim_{\Delta t\to 0}\left|\frac{\sin\frac{\Delta\theta}{2}}{\frac{\Delta\theta}{2}}\right|\lim_{\Delta t\to 0}\left|\frac{\Delta\theta}{\Delta t}\right| = \lim_{\Delta t\to 0}\left|\frac{\Delta\theta}{\Delta t}\right| =$$

$$\lim_{\Delta t\to 0}\left|\frac{\Delta\theta}{\Delta s}\right|\lim_{\Delta t\to 0}\left|\frac{\Delta s}{\Delta t}\right|$$

注意到

$$\lim_{\Delta t\to 0}\left|\frac{\Delta\theta}{\Delta s}\right| = \kappa = \frac{1}{\rho},\quad \lim_{\Delta t\to 0}\left|\frac{\Delta s}{\Delta t}\right| = |\boldsymbol{v}|$$

式中 κ 是曲线在点 M 处的曲率，ρ 是曲线在点 M 处的曲率半径。由此得 $\frac{d\tau}{dt}$ 的大小为

$$\left|\frac{d\tau}{dt}\right| = \left|\frac{\boldsymbol{v}}{\rho}\right|$$

(b) $\frac{d\tau}{dt}$ 的方向。$\frac{d\tau}{dt}$ 的方向是 $\Delta t\to 0$ 时 $\frac{\Delta\tau}{\Delta t}$ 的极限方向，而 $\frac{\Delta\tau}{\Delta t}$ 的方向与 $\Delta\tau$ 的方向相同。由图 5-8(b) 可知，$\Delta\tau$ 与 τ 的夹角 $\angle MAB = \frac{\pi}{2}-\frac{\Delta\theta}{2}$，当 $\Delta t\to 0$ 时，$\Delta\theta\to 0$，$\angle MAB\to\frac{\pi}{2}$。而且当 $\Delta t\to 0$ 时，τ 和 τ' 所决定的平面就是曲线在点 M 处的密切面，而 $\Delta\tau$ 所在的平面就是 τ 与 τ' 所决定的平面。因此，这时 $\Delta\tau$ 就在密切面内，所以，$\frac{d\tau}{dt}$ 在密切面内，且与曲线在点 M 处的切线垂直，即与主法线重合。当 $v>0$ 时，$\frac{d\tau}{dt}$ 指向曲线的凹侧，即指向曲线在点 M 处的曲率中心，与 $\boldsymbol{n}$ 方向一致，如图 5-9(a) 所示；当 $v<0$ 时，$\frac{d\tau}{dt}$ 指向曲线的凸侧，即背离曲线在点 M 处的曲率中心，与 $\boldsymbol{n}$ 反向，如图 5-9(b) 所示。

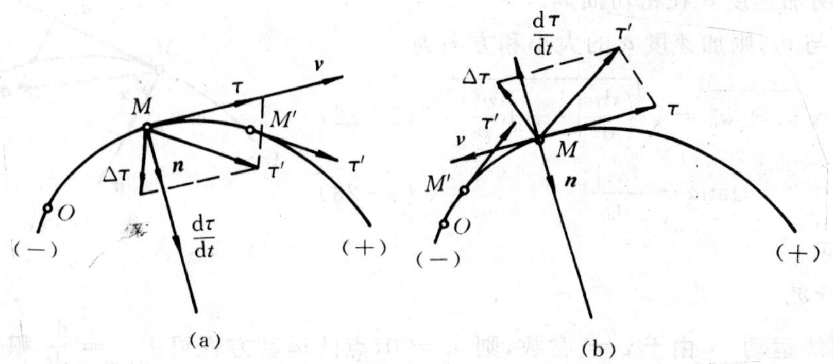

图　5-9

根据以上讨论，可得

$$\frac{\mathrm{d}\boldsymbol{\tau}}{\mathrm{d}t} = \frac{v}{\rho}\boldsymbol{n}$$

由此可见，加速度 $v\dfrac{\mathrm{d}\boldsymbol{\tau}}{\mathrm{d}t}$ 其表达式可写为

$$\boldsymbol{a}_n = \frac{v^2}{\rho}\boldsymbol{n} \tag{5-19}$$

由于 $\boldsymbol{a}_n$ 的方向始终在主法线的正向，故称为法向加速度。

将上述讨论结果代入 $\boldsymbol{a}$ 的表达式，得

$$\boldsymbol{a} = \frac{\mathrm{d}v}{\mathrm{d}t}\boldsymbol{\tau} + \frac{v^2}{\rho}\boldsymbol{n} \tag{5-20}$$

若将加速度 $\boldsymbol{a}$ 沿自然轴系的各轴分解，则用自然法表示的动点加速度为

$$\boldsymbol{a} = \boldsymbol{a}_\tau + \boldsymbol{a}_n + \boldsymbol{a}_b = a_\tau\boldsymbol{\tau} + a_n\boldsymbol{n} + a_b\boldsymbol{b}$$

考虑到式(5-18)、式(5-19)和式(5-20)，得

$$\left.\begin{aligned} a_\tau &= \frac{\mathrm{d}v}{\mathrm{d}t} = \frac{\mathrm{d}^2 s}{\mathrm{d}t^2} \\ a_n &= \frac{v^2}{\rho} \\ a_b &= 0 \end{aligned}\right\} \tag{5-21}$$

式(5-20)表明，点的加速度等于切向加速度与法向加速度的矢量和。加速度 $\boldsymbol{a}$ 又称为全加速度。式(5-21)表明，点的加速度在切线上的投影等于速度的代数值对时间的一阶导数，或等于弧坐标对时间的二阶导数；点的加速度在主法线上的投影等于速度大小的平方除以轨迹曲线上点所在处的曲率半径；点的加速度在副法线上的投影等于零。

切向加速度 $\boldsymbol{a}_\tau = \dfrac{\mathrm{d}v}{\mathrm{d}t}\boldsymbol{\tau}$ 是速度的大小对时间的变化率。如果 $v =$ 常数，则 $\boldsymbol{a}_\tau = 0$。$\boldsymbol{a}_\tau$ 的方向总是沿着轨迹曲线的切线方向，指向由$\dfrac{\mathrm{d}v}{\mathrm{d}t}$的符号确定。当$\dfrac{\mathrm{d}v}{\mathrm{d}t} > 0$时，$\boldsymbol{a}_\tau$ 与 $\boldsymbol{\tau}$ 同向；反之，则 $\boldsymbol{a}_\tau$ 与 $\boldsymbol{\tau}$ 反向。若 $\boldsymbol{a}_\tau$ 与 $\boldsymbol{v}$ 同向，点作加速运动；反之，点作减速运动。

法向加速度 $\boldsymbol{a}_n = \dfrac{v^2}{\rho}\boldsymbol{n}$ 是速度方向变化引起的速度对时间的变化率。由 $\boldsymbol{v} = v\boldsymbol{\tau}$ 可知，若 $\boldsymbol{\tau} =$

常矢量，即点作直线运动，则 $\boldsymbol{a}_n = 0$。

$\boldsymbol{a}_b = 0$ 说明加速度 $\boldsymbol{a}$ 在密切面内。

若已知 $\boldsymbol{a}_\tau$ 与 $\boldsymbol{a}_n$，则加速度 $\boldsymbol{a}$ 的大小和方向为

$$a = \sqrt{a_\tau^2 + a_n^n} = \sqrt{\left(\frac{\mathrm{d}v}{\mathrm{d}t}\right)^2 + \left(\frac{v^2}{\rho}\right)^2} \quad (5-22)$$

$$\tan\alpha = \frac{|a_\tau|}{a_n} \quad (5-23)$$

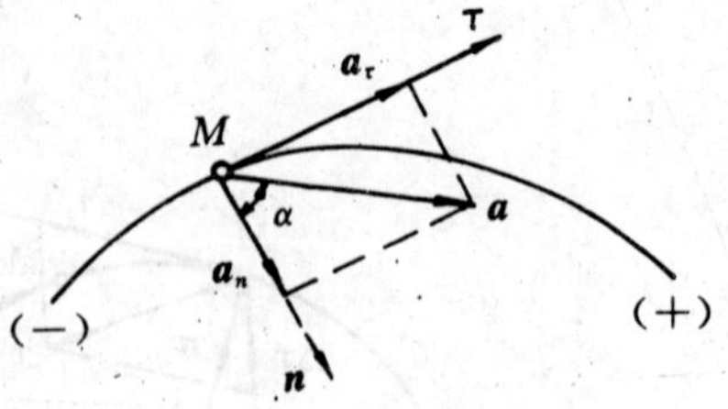

图 5-10

如图 5-10 所示。

(5) 特殊情况

1) 匀速曲线运动　由于 $v =$ 常数，则 $a_\tau = 0$，点的运动方程可由 $v = \frac{\mathrm{d}s}{\mathrm{d}t}$ 积分求得。设 s_0 为 $t = 0$ 时点的弧坐标，则点的运动方程为

$$s = s_0 + vt \quad (5-24)$$

2) 匀变速曲线运动　由于 $a_\tau = \frac{\mathrm{d}v}{\mathrm{d}t} =$ 常数，则将此式对时间积分，分别得到点的速度和运动方程，即

$$v = v_0 + a_\tau t \quad (5-25)$$

$$s = s_0 + v_0 t + \frac{1}{2}a_\tau t^2 \quad (5-26)$$

式中 v_0 和 s_0 分别是 $t = 0$ 时点的速度和弧坐标。从上两式中消去 t，得

$$v^2 - v_0^2 = 2a_\tau(s - s_0) \quad (5-27)$$

当点作直线运动时，以 a 代替 a_τ，式(5-25) ～ (5-27) 均成立。

【例 5-1】　杆 AB 绕点 A 转动时，拨动套在固定圆环上的小环 M，如图 5-11(a) 所示。已知固定圆环的半径为 R，$\varphi = \omega t$（ω 为常数）。试求小环 M 的运动方程、速度和加速度。如果将坐标系固结在 AB 杆上，试求小环 M 相对于这个动坐标系的运动方程、速度和加速度。

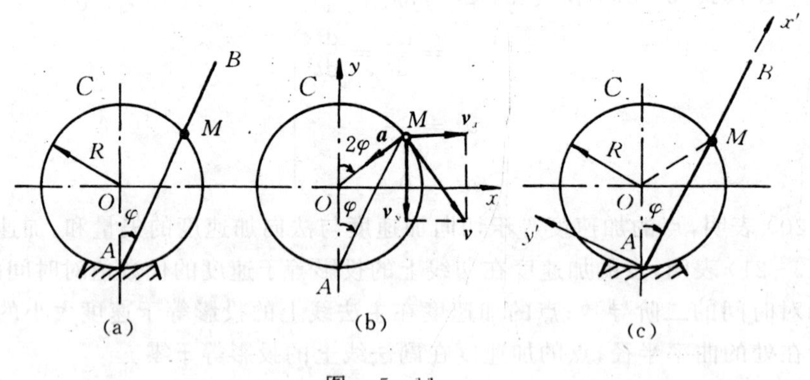

图　5-11

解　1. 直角坐标法

以小环为研究对象，直角坐标系 $Oxyz$ 选取如图 5-11(b) 所示。

(1) 点 M 的运动方程　为了列出点 M 的运动方程，考察任意瞬时 t 时点 M 的坐标。注意到 ΔAOM 是等腰三角形，根据同弧上圆心角与圆周角的关系，则

$$x = OM\sin 2\varphi = R\sin 2\varphi, \quad y = OM\cos 2\varphi = R\cos 2\varphi$$

将 $\varphi = \omega t$ 代入以上两式，得点 M 的运动方程

$$x = R\sin 2\omega t, \quad y = R\cos 2\omega t$$

（2）点 M 的速度　将运动方程对时间求一阶导数，得

$$v_x = \frac{\mathrm{d}x}{\mathrm{d}t} = 2R\omega\cos 2\omega t, \quad v_y = \frac{\mathrm{d}y}{\mathrm{d}t} = -2R\omega\sin 2\omega t$$

所以

$$v = \sqrt{v_x^2 + v_y^2} = 2R\omega$$

$$\cos\alpha = \frac{v_x}{v} = \cos 2\omega t = \cos 2\varphi$$

$$\cos\beta = \frac{v_y}{v} = -\sin 2\omega t = -\sin 2\varphi = \cos(90° + 2\varphi)$$

可见速度大小为 $2R\omega$，方向与矢径 $\boldsymbol{r}$ 垂直，式中 $\boldsymbol{r}$ 的模 $|\boldsymbol{r}| = R$。

（3）点 M 的加速度　将速度对时间求一阶导数，得

$$a_x = \frac{\mathrm{d}v_x}{\mathrm{d}t} = -4R\omega^2\sin 2\omega t = -4\omega^2 x$$

$$a_y = \frac{\mathrm{d}v_y}{\mathrm{d}t} = -4R\omega^2\cos 2\omega t = -4\omega^2 y$$

所以
$$a = \sqrt{a_x^2 + a_y^2} = 4R\omega^2$$

且有
$$\boldsymbol{a} = a_x\boldsymbol{i} + a_y\boldsymbol{j} = -4\omega^2(x\boldsymbol{i} + y\boldsymbol{j}) = -4\omega^2\boldsymbol{r}$$

可见加速度的大小为 $4R\omega^2$，方向与矢径 $\boldsymbol{r}$ 相反，式中 $\boldsymbol{r}$ 的模 $|\boldsymbol{r}| = R$。

（4）点 M 相对于固结在 AB 杆上的动坐标系的运动方程、速度和加速度　取固结在 AB 杆上的动坐标系 $Ax'y'$ 如图 5-11(c) 所示。考察点 M 在任意瞬时在动坐标系中的运动情况。

在动坐标系 $Ax'y'$ 中，点 M 始终沿 AB 杆作直线运动，由几何关系可得其运动方程为

$$x' = 2R\cos\varphi$$

即
$$x' = 2R\cos\omega t$$

速度为

$$v_r = v_{x'} = \frac{\mathrm{d}x'}{\mathrm{d}t} = -2R\omega\sin\omega t$$

加速度为

$$a_r = a_{x'} = \frac{\mathrm{d}v_{x'}}{\mathrm{d}t} = -2R\omega^2\cos\omega t$$

由此可见，坐标系选取不同，点 M 的运动方程、速度、加速度的形式也不同。这就是运动描述的相对性。

2．自然法

以小环 M 为研究对象，已知动点 M 的轨迹是半径为 R 的圆。取圆上点 C 为弧坐标原点，并规定沿轨迹的顺时针方向为正，如图 5-12 所示。仍将动点 M 置于任意位置，则动点沿轨迹的运动方程为

$$s = R(2\varphi) = 2R\omega t$$

速度为

$$v = \frac{ds}{dt} = 2R\omega$$

切向加速度与法向加速度分别为

$$a_\tau = \frac{dv}{dt} = 0, \quad a_n = \frac{v^2}{\rho} = \frac{(2R\omega)^2}{R} = 4R\omega^2$$

加速度 $\boldsymbol{a}$ 的大小为

$$a = \sqrt{a_\tau^2 + a_n^2} = 4R\omega^2$$

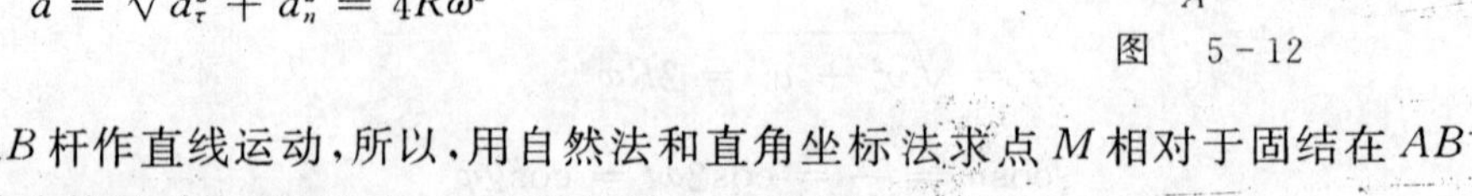

图 5-12

方向指向点 O。

由于点相对于 AB 杆作直线运动，所以，用自然法和直角坐标法求点 M 相对于固结在 AB 杆上的动坐标系 $Ax'y'$ 的运动方程、速度、加速度结果完全相同。

一般说来，若动点的轨迹未知，可采用直角坐标法；若动点的轨迹已知，则自然法与直角坐标法都可采用，但自然法更方便一些。

【例 5-2】 一辆汽车在一曲线道路上匀速行驶，速度为 $v = 10\ \text{m/s}$。刹车后，该车作减速运动，切向加速度为 $a_\tau = -0.1\,t\ \text{m/s}^2$。求汽车作减速运动的速度及运动方程。

解 以汽车为研究对象，曲线坐标正向与汽车行驶方向相同，弧坐标原点取在汽车刹车点上。由于

$$a_\tau = \frac{dv}{dt} = -0.1\,t$$

分离变量，得

$$dv = -0.1\,t\,dt$$

取刹车时为初瞬时，则 $t = 0$ 时 $v_0 = 10\ \text{m/s}$，对上式积分

$$\int_{v_0}^{v} dv = -\int_0^t 0.1t\,dt$$

求得速度为

$$v = v_0 - 0.05t^2 = 10 - 0.05\,t^2$$

再将

$$v = \frac{ds}{dt} = 10 - 0.05t^2$$

分离变量，得

$$ds = (10 - 0.05t^2)dt$$

由于 $t = 0$ 时 $s_0 = 0$，所以，将上式积分

$$\int_0^s ds = \int_0^t (10 - 0.05t^2)dt$$

由此得点的运动方程

$$s = 10t - 0.05 \times \frac{t^3}{3} = 10t - 0.0167\,t^3$$

§5-2 刚体基本运动的有关问题

研究刚体的运动，应解决三个问题：

(1) 怎样定义刚体的运动形式？

(2) 如何描述刚体的运动？

(3) 如何确定刚体上任一点的速度和加速度？

在本章中，我们将复习刚体运动的两种基本形式——平行移动和定轴转动，并讨论角速度与角加速度的矢量表示及相关问题。

1. 刚体的平行移动

刚体运动时，如果刚体上任一直线始终保持与它的初始位置平行，则这种运动称为刚体的平行移动，简称平动。

不难证明，刚体平动时，刚体上的各点在空间的轨迹彼此相同，且速度彼此相同，加速度也彼此相同。

上述结论说明，研究刚体的平动，可以归结为研究刚体内一个点的运动。只要知道刚体内一个点的情况，就可以确定平动刚体的运动。这样，就可以用点的运动学来求解刚体的平动问题。

2. 刚体的定轴转动

刚体运动时，如果刚体内有一条直线始终保持不动，则这种运动称为刚体的定轴转动。这条固定的直线称为转轴。

如图 5-13 所示，通过转轴作两个平面 N_0 和 N，平面 N_0 在空间不动，平面 N 则固连在刚体上随刚体一起转动。于是，刚体的位置可由两个平面的夹角 φ 完全确定。夹角 φ 称为刚体的转角。φ 角应看成代数量，规定以平面 N_0 到 N 为某一转向时(例如逆时针转向)为正值，相反转向时为负值，其单位为弧度(rad)。当刚体作定轴转动时，转角 φ 随时间变化，即

$$\varphi = \varphi(t) \tag{5-28}$$

上式称为刚体定轴转动的运动方程，简称转动方程。

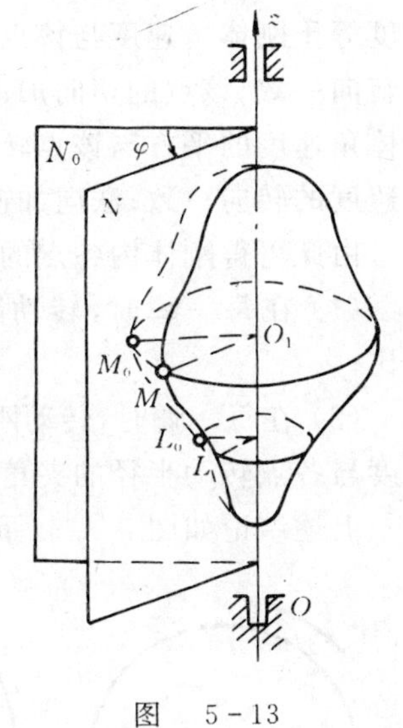

图 5-13

类似于点的速度与加速度的定义，刚体转动的角速度与角加速度分别为

$$\omega = \lim_{\Delta t \to 0} \frac{\Delta \varphi}{\Delta t} = \frac{d\varphi}{dt} \tag{5-29}$$

$$\alpha = \lim_{\Delta t \to 0} \frac{\Delta \omega}{\Delta t} = \frac{d\omega}{dt} = \frac{d^2\varphi}{dt^2} \tag{5-30}$$

角速度与转速的关系为

$$\omega = \frac{2\pi n}{60} = \frac{n\pi}{30} \tag{5-31}$$

刚体定轴转动中的物理量 φ, ω, α 与点的运动中的物理量 s, v, a_τ 在物理上和数学上是极为相似的。因此，像点的运动一样，刚体定轴转动也有两类问题。对照点的匀速和匀变速曲线运动的公式，就可以给出刚体定轴转动的公式。为了便于比较，列表 5-1 如下，以资对照。

表　5－1

运动状态	点的曲线运动	刚体定轴转动
匀速运动	$s = s_0 + vt$（v = 常数）	$\varphi = \varphi_0 + \omega t$（$\omega$ = 常数）
匀变速运动	$v = v_0 + a_\tau t$ $s = s_0 + v_0 t + \frac{1}{2}a_\tau t^2$ $v^2 - v_0^2 = 2a_\tau(s - s_0)$ （a_τ = 常数）	$\omega = \omega_0 + \alpha t$ $\varphi = \varphi_0 + \omega_0 t + \frac{1}{2}\alpha t^2$ $\omega^2 - \omega_0^2 = 2\alpha(\varphi - \varphi_0)$ （α = 常数）

由物理学我们已知，定轴转动刚体内任一点的速度、加速度分别为

$$v = R\omega \tag{5-32}$$

$$a_\tau = R\alpha \tag{5-33}$$

$$a_n = R\omega^2 \tag{5-34}$$

$$a = \sqrt{a_\tau^2 + a_n^2} = R\sqrt{\alpha^2 + \omega^4} \tag{5-35}$$

$$\tan\theta = \frac{|a_\tau|}{a_n} = \frac{|\alpha|}{\omega^2} \tag{5-36}$$

式中 R 为该点到转轴的距离，称之为转动半径。上述表达式可表述如下：转动刚体上任一点的速度等于刚体角速度与该点转动半径的乘积，速度的方向垂直于该点的转动半径，指向与角速度转向一致。该点的切向加速度等于刚体的角加速度与该点转动半径的乘积，法向加速度等于刚体角速度的平方与该点转动半径的乘积。切向加速度的方向沿圆周在该点的切线，指向与角加速度的转向一致；法向加速度的方向总是沿转动半径指向转轴。

由此可得刚体内各点的速度和加速度分布规律：

（1）在每一瞬时，转动刚体内所有各点的速度和加速度的大小都与各点的转动半径成正比；

（2）在每一瞬时，转动刚体内所有各点的速度都与各点的转动半径垂直，所有各点的全加速度与各点转动半径的夹角 θ 都相等。

上述结论如图 5－14 所示。

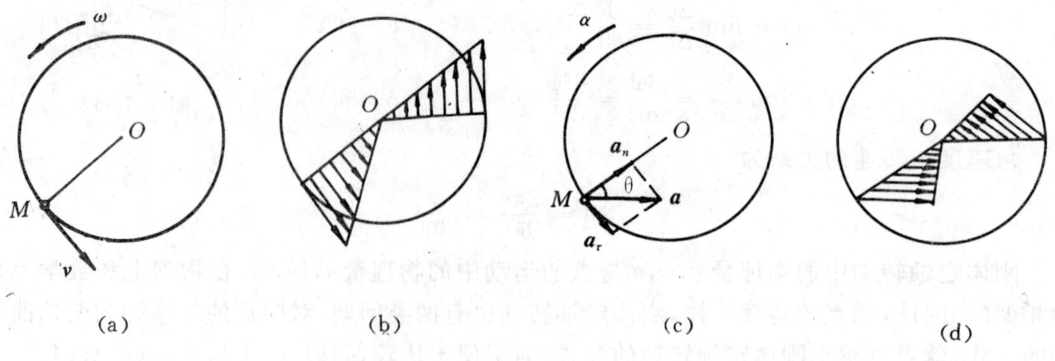

图　5－14

3. 角速度与角加速度的矢量表示法

在前面的讨论中，我们把角速度与角加速度看作是代数量，但在研究比较复杂的问题时，将角速度与角加速度用矢量表示往往较方便。

(1) 角速度与角加速度的矢量表示

1) 角速度的矢量表示　在一般情况下，描述刚体转动时，必须说明转轴的位置以及刚体绕此轴转动的快慢与转向，这些要素正好可以用一个矢量 $\boldsymbol{\omega}$ 来表示。

角速度 $\boldsymbol{\omega}$ 是转轴 z 上从任一点沿转轴作的矢量，它的模等于角速度的绝对值，即

$$|\boldsymbol{\omega}| = \left|\frac{\mathrm{d}\varphi}{\mathrm{d}t}\right|$$

$\boldsymbol{\omega}$ 的方位与转轴 z 的方位相同，$\boldsymbol{\omega}$ 的指向按右手法则决定：右手除大拇指外其他四指顺着角速度的转向，大拇指的指向就是角速度矢 $\boldsymbol{\omega}$ 的指向，如图 5-15 所示。当角速度的代数值为正时，$\boldsymbol{\omega}$ 的指向与 z 轴正向一致；反之则相反。若以 $\boldsymbol{k}$ 表示沿转轴 z 正向的单位矢量，则

$$\boldsymbol{\omega} = \omega \boldsymbol{k} \tag{5-37}$$

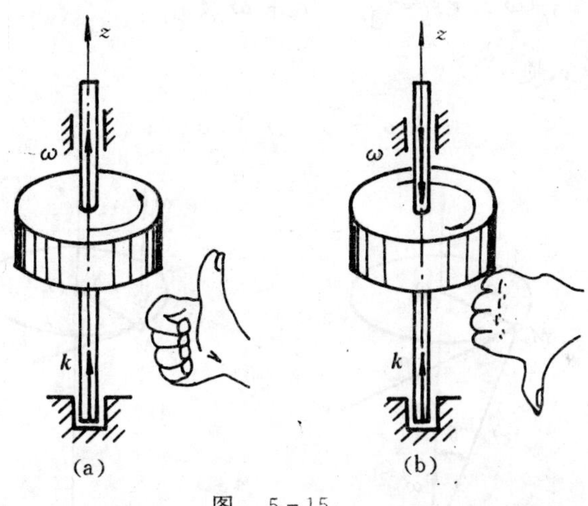

图　5-15

至于 $\boldsymbol{\omega}$ 的起点，可以在转轴上任意选取，也就是说，$\boldsymbol{\omega}$ 是一个滑动矢量。

2) 角加速度的矢量表示　根据定义，由式(5-37)可得角加速度矢量 $\boldsymbol{\alpha}$ 为

$$\boldsymbol{\alpha} = \frac{\mathrm{d}\boldsymbol{\omega}}{\mathrm{d}t} = \frac{\mathrm{d}}{\mathrm{d}t}(\omega \boldsymbol{k}) = \frac{\mathrm{d}\omega}{\mathrm{d}t}\boldsymbol{k} + \omega\frac{\mathrm{d}\boldsymbol{k}}{\mathrm{d}t}$$

注意到转轴 z 是固定不动的，于是，$\boldsymbol{k}$ 为常矢量，则 $\frac{\mathrm{d}\boldsymbol{k}}{\mathrm{d}t} = 0$，又 $\frac{\mathrm{d}\omega}{\mathrm{d}t} = \alpha$，所以

$$\boldsymbol{\alpha} = \alpha \boldsymbol{k} \tag{5-38}$$

因此，刚体绕定轴转动时，角加速度矢 $\boldsymbol{\alpha}$ 也是沿着转轴的。当角加速度的代数值为正时，$\boldsymbol{\alpha}$ 的指向与转轴 z 的正方向一致；反之则相反。若 α 与 ω 同号，则 $\boldsymbol{\alpha}$ 与 $\boldsymbol{\omega}$ 同向，此时刚体作加速转动；反之，刚体作减速转动。

(2) 以矢积表示刚体内任一点的速度和加速度

1) 以矢积表示刚体内任一点的速度　如图 5-16 所示，设已知刚体的角速度为 $\boldsymbol{\omega}$，由于它

是滑动矢量，其起始点 O 可以在转轴上任意选取。过点 O 作刚体内任一点 M 的矢径 $\boldsymbol{r}$，点 M 的转动半径为 R，θ 为 $\boldsymbol{r}$ 与 $\boldsymbol{\omega}$ 正向的夹角。于是，点 M 的速度 $\boldsymbol{v}$ 的大小为

$$v = R|\boldsymbol{\omega}|$$

$\boldsymbol{v}$ 的方向垂直于 $\boldsymbol{\omega}$ 与 $\boldsymbol{r}$ 所组成的平面，指向转动前进的一方。又根据矢积定义可得矢积 $\boldsymbol{\omega} \times \boldsymbol{r}$ 的大小为

$$|\boldsymbol{\omega} \times \boldsymbol{r}| = |\boldsymbol{\omega}|\,|\boldsymbol{r}|\sin\theta = R|\boldsymbol{\omega}|$$

它正好与点 M 的的速度大小相等，而 $\boldsymbol{\omega} \times \boldsymbol{r}$ 的方向也与点 M 的速度方向相同。因此，可以将速度以矢积的形式表示为

$$\boldsymbol{v} = \boldsymbol{\omega} \times \boldsymbol{r} \tag{5-39}$$

即绕定轴转动刚体内任一点的速度等于角速度矢量与该点相对于转轴上任一点的矢径的矢积。

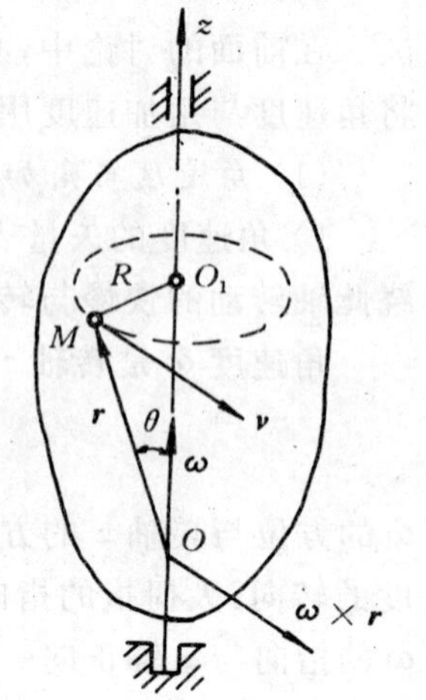

图 5-16

2）以矢积表示的刚体内任一点的加速度　将式(5-39)对时间求导，由加速度定义得

$$\boldsymbol{a} = \frac{\mathrm{d}\boldsymbol{v}}{\mathrm{d}t} = \frac{\mathrm{d}}{\mathrm{d}t}(\boldsymbol{\omega} \times \boldsymbol{r}) = \frac{\mathrm{d}\boldsymbol{\omega}}{\mathrm{d}t} \times \boldsymbol{r} + \boldsymbol{\omega} \times \frac{\mathrm{d}\boldsymbol{r}}{\mathrm{d}t}$$

注意到 $\frac{\mathrm{d}\boldsymbol{\omega}}{\mathrm{d}t} = \boldsymbol{\alpha}$，$\frac{\mathrm{d}\boldsymbol{r}}{\mathrm{d}t} = \boldsymbol{v}$，则

$$\boldsymbol{a} = \boldsymbol{\alpha} \times \boldsymbol{r} + \boldsymbol{\omega} \times \boldsymbol{v} \tag{5-40}$$

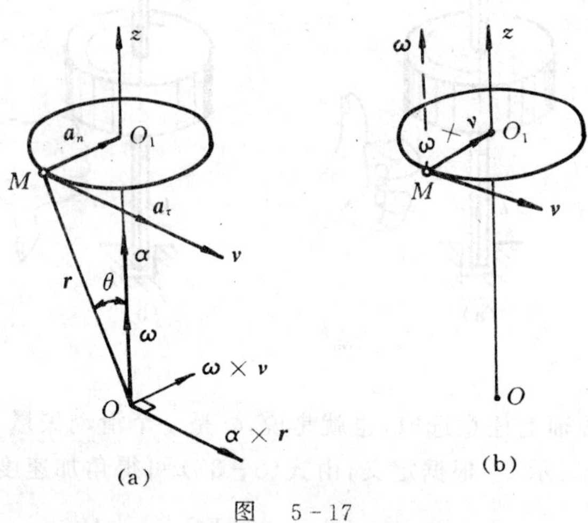

图　5-17

下面分别考察式(5-40)中右边两项的意义，如图 5-17 所示。

第一项 $\boldsymbol{\alpha} \times \boldsymbol{r}$ 的模为

$$|\boldsymbol{\alpha} \times \boldsymbol{r}| = |\boldsymbol{\alpha}|\,|\boldsymbol{r}|\sin\theta = R|\boldsymbol{\alpha}| = a_\tau$$

可见 $\boldsymbol{\alpha} \times \boldsymbol{r}$ 的大小与与点 M 的切向加速度的大小相等。根据右手法则，$\boldsymbol{\alpha} \times \boldsymbol{r}$ 的方向也与 $\boldsymbol{a}_\tau$ 的方向相同，如图 5-17(a) 所示。所以，切向加速度可表示为

$$\boldsymbol{a}_\tau = \boldsymbol{\alpha} \times \boldsymbol{r} \tag{5-41}$$

即定轴转动刚体内任一点的切向加速度等于角加速度矢量与该点相对于转轴上任意点的矢径的矢积。

第二项 $\boldsymbol{\omega} \times \boldsymbol{v}$ 的模为

$$|\boldsymbol{\omega} \times \boldsymbol{v}| = |\boldsymbol{\omega}| \ |\boldsymbol{v}|\sin 90° = |\boldsymbol{\omega}|R|\boldsymbol{\omega}| = R\omega^2 = a_n$$

可见 $\boldsymbol{\omega} \times \boldsymbol{v}$ 的大小与点 M 的法向加速度的大小相等。根据右手法则，$\boldsymbol{\omega} \times \boldsymbol{v}$ 的方向也与 $\boldsymbol{a}_n$ 的方向相同，如图 5－17(b) 所示。所以，法向加速度可表示为

$$\boldsymbol{a}_n = \boldsymbol{\omega} \times \boldsymbol{v} \tag{5-42}$$

即定轴转动刚体内任一点的法向加速度等于角速度矢量与该点速度矢量的矢积。

(3) 泊桑公式

现利用式(5－39) 推导出泊桑公式，这个公式下一章将要用到。

设在刚体上固结一坐标系 $Ax'y'z'$，它随刚体一起以角速度 ω 绕固定轴 z 转动，如图 5－18 所示。所谓泊桑公式，就是动坐标轴 x'，y'，z' 的单位矢量 $\boldsymbol{i}'$，$\boldsymbol{j}'$，$\boldsymbol{k}'$ 对于时间 t 的导数与转动角速度 $\boldsymbol{\omega}$ 之间的关系式，它们可以写成如下形式，即

$$\left.\begin{aligned}\frac{\mathrm{d}\boldsymbol{i}'}{\mathrm{d}t} &= \boldsymbol{\omega} \times \boldsymbol{i}' \\ \frac{\mathrm{d}\boldsymbol{j}'}{\mathrm{d}t} &= \boldsymbol{\omega} \times \boldsymbol{j}' \\ \frac{\mathrm{d}\boldsymbol{k}'}{\mathrm{d}t} &= \boldsymbol{\omega} \times \boldsymbol{k}'\end{aligned}\right\} \tag{5-43}$$

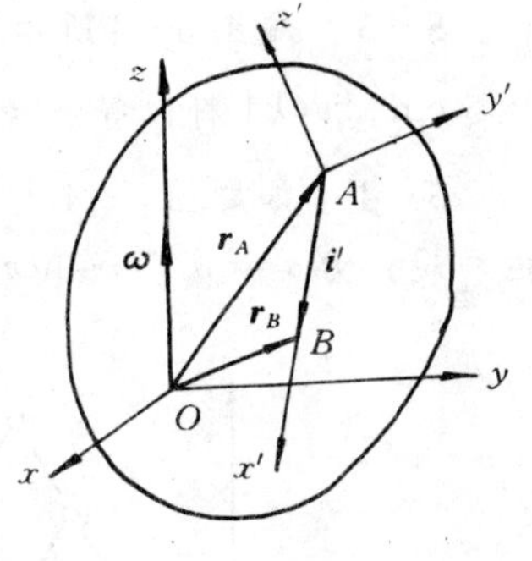

图 5－18

现证明如下：

设 x' 方向的单位矢量 $\boldsymbol{i}'$ 的端点为 B，以 $\boldsymbol{r}_A$ 与 $\boldsymbol{r}_B$ 分别表示 A 与 B 相对于点 O 的矢径，如图 5－18 所示，则

$$\boldsymbol{i}' = \boldsymbol{r}_B - \boldsymbol{r}_A$$

将上式对时间求导，得

$$\frac{\mathrm{d}\boldsymbol{i}'}{\mathrm{d}t} = \frac{\mathrm{d}\boldsymbol{r}_B}{\mathrm{d}t} - \frac{\mathrm{d}\boldsymbol{r}_A}{\mathrm{d}t} = \boldsymbol{v}_B - \boldsymbol{v}_A$$

由式(5－39) 可得

$$\boldsymbol{v}_B = \boldsymbol{\omega} \times \boldsymbol{r}_B, \qquad \boldsymbol{v}_A = \boldsymbol{\omega} \times \boldsymbol{r}_A$$

于是

$$\frac{\mathrm{d}\boldsymbol{i}'}{\mathrm{d}t} = \boldsymbol{\omega} \times \boldsymbol{r}_B - \boldsymbol{\omega} \times \boldsymbol{r}_A = \boldsymbol{\omega} \times (\boldsymbol{r}_B - \boldsymbol{r}_A) = \boldsymbol{\omega} \times \boldsymbol{i}'$$

同理

$$\frac{\mathrm{d}\boldsymbol{j}'}{\mathrm{d}t} = \boldsymbol{\omega} \times \boldsymbol{j}', \qquad \frac{\mathrm{d}\boldsymbol{k}'}{\mathrm{d}t} = \boldsymbol{\omega} \times \boldsymbol{k}'$$

习 题

5－1 如题图 5－1 所示，水平杆 OA 两端固定在墙上，另一杆 BN 下端以铰连接在 B 点，中间用小一半 M 将两杆套住。开始时 BN 位于铅直位置，OAB 在同一铅直平面内。已知 $OB = a$，$\varphi = \omega t$(ω 为常数)，杆绕 B 点作顺时针转动。求(1) 小环 M 沿 OA 杆的运动方程及速度；(2) 小环 M 沿 BN 杆的运动方程及速度。

5－2 点沿曲线 $\overset{\frown}{AO}$ 运动，曲线由 $\overset{\frown}{AOB}$ 和 $\overset{\frown}{OB}$ 两圆弧相连而成。$\overset{\frown}{AO}$ 段半径 $R_1 = 18\ \mathrm{m}$，$\overset{\frown}{OB}$ 段半径 $R_2 = 24\ \mathrm{m}$。取两圆弧交接处 O 为原点，规定正负方向如题图 5－2 所示。已知点 M 的运

动方程为 $s = 3 + 4t - t^2$，t 以 s 计，s 以 m 计，求(1)点 M 由 $t = 0$ 到 $t = 5$ s 所经历的路程；(2) $t = 5$ s 时点 M 的加速度。

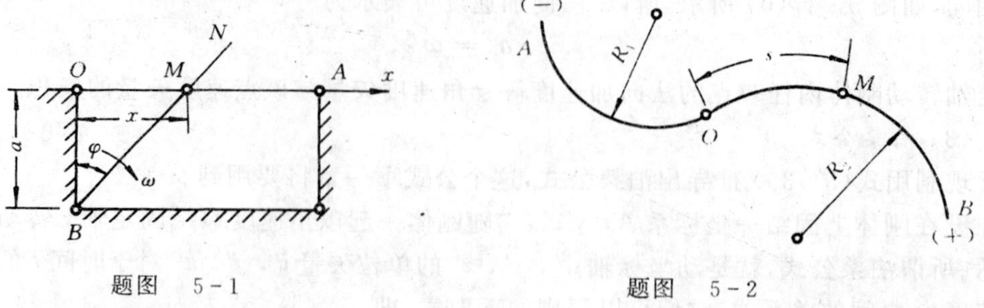

题图 5-1　　　题图 5-2

5-3　题图 5-3 所示曲线规尺的各杆，长为 $OA = AB = 20$ cm，$CD = DE = AC = AE = 5$ cm。如 OA 杆以等速绕 O 转动，且 $\varphi = \frac{\pi}{5}t$，求尺以 D 点的运动方程和轨迹。

5-4　如题图 5-4 所示，杆 AB 长 l，且绕 B 匀速转动，已知 $\varphi = \omega t$（ω 是常数），滑块 B 的运动规律为 $s = a + b\sin\omega t$（a 与 b 均为常数）。求 A 的轨迹。

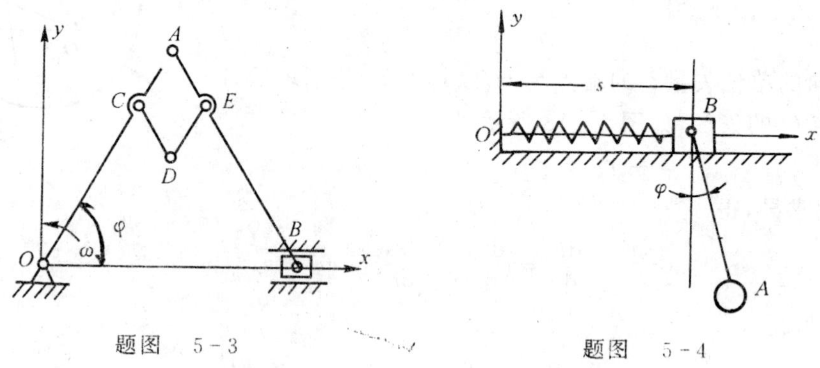

题图 5-3　　　题图 5-4

5-5　如题图 5-5 所示，在曲柄摇杆机构中，曲柄 $O_1A = 10$ cm，摇杆 $O_2B = 24$ cm，距离 $O_1O_2 = 10$ cm。如曲柄以 $\varphi = \frac{\pi}{4}t$ rad，绕 O_1 轴转动，运动开始时曲柄铅直向上。求点 B 的运动方程、速度和加速度。

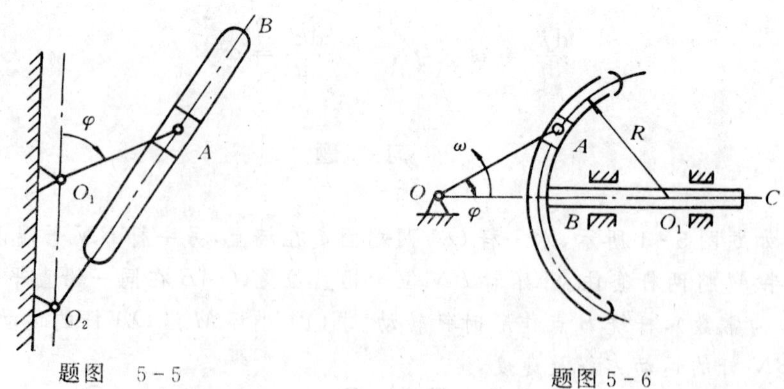

题图 5-5　　　题图 5-6

5-6　如题图 5-6 所示曲柄滑杆机构中，滑杆上有一圆形滑道，其半径 $R = 10$ cm，圆心

O_1在导杆 BC 上。曲柄长 $OA = 10\ \text{cm}$，以等角速度 $\omega = 4\ \text{rad/s}$ 绕 O 轴转动。求导杆 BC 的运动规律以及当曲柄与水平面间的交角为 30° 时导杆 BC 的速度和加速度。

5-7 点的运动方程为

$$x = 50\,t, \qquad y = 500 - 5t^2$$

其中 x 和 y 以 m 计。求当 $t = 0$ 时点的切向和法向加速度以及轨迹的曲率半径。

5-8 已知点沿空间曲线运动，其运动方程为

$$x = 7t, \qquad y = 3 + t^2, \qquad z = \frac{t^2}{3}$$

式中 x，y，z 以 m 计，t 以 s 计。试求 $t = 3\ \text{s}$ 时动点的速度、切向和法向加速度的大小及该点轨迹的曲率半径。

5-9 一动点作平面曲线运动，其速度方程为

$$v_x = 3, \qquad v_y = 2\pi\sin 4\pi t$$

其中 v_x，v_y 以 m/s，t 以 s 计。已知在初瞬时该动点在坐标原点，求该点的运动方程和轨迹方程。

5-10 揉茶机的揉桶由三个曲柄支持，曲柄的支座 A，B，C 与支轴 a，b，c 都恰成等边三角形，如题图 5-10 所示。三个曲柄长度相等，均长 $l = 15\ \text{cm}$，并以相同的转速 $n = 45\ \text{r/min}$ 分别绕其支座转动。求揉桶中心 O 的速度和加速度。

5-11 已知题图 5-11 所示机构的尺寸如下：$O_1A = O_2B = AM = r = 0.2\ \text{m}$，$O_1O_2 = AB$。如轮 O_1 按 $\varphi = 15\,\pi t\ \text{rad}$ 的规律运动，求当 $t = 0.5\ \text{s}$ 时杆 AB 上点 M 的速度和加速度。

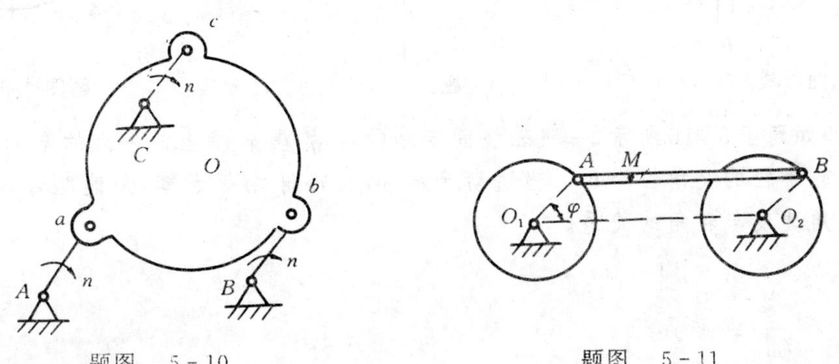

题图 5-10　　　　题图 5-11

5-12 台称机构如题图 5-12 所示，其中包括杠杆 AC、称台 ABD、砝码 C、重物 M 和支承杆 O_2B。已知 $O_1A = O_2B = l_1$，$O_1O_2 = AB$，$O_1C = l_2$。在图示位置，设法码得到向下的速度 $\boldsymbol{v}_c$，试求重物 M 的速度。

5-13 如图 5-13 所示。曲柄 CB 以等角速度 ω_0 绕 C 轴转动，其转动方程为 $\varphi = \omega_0 t$。通过套筒 B 带动摇杆 OA 绕 O 轴转动。设 $OC = h$，$CB = r$，求摇杆的转动方程。

5-14 机构如题图 5-14 所示，试求当 $\varphi = \dfrac{\pi}{4}$ 时摇杆 OC 的角速度和角加速度。假定杆 AB 以匀速 $\boldsymbol{u}$ 运动，开始时 $\varphi = 0$。

5-15 升降机装置由半径为 $R = 0.5\ \text{m}$ 的鼓轮带动，如题图 5-15 所示。被升降物体的运动方程为 $x = 5t^2$（t 以 s 计，x 以 m 计）。求鼓轮的角速度和角加速度，并求在任意瞬时，鼓轮轮缘上一点的全加速度的大小。

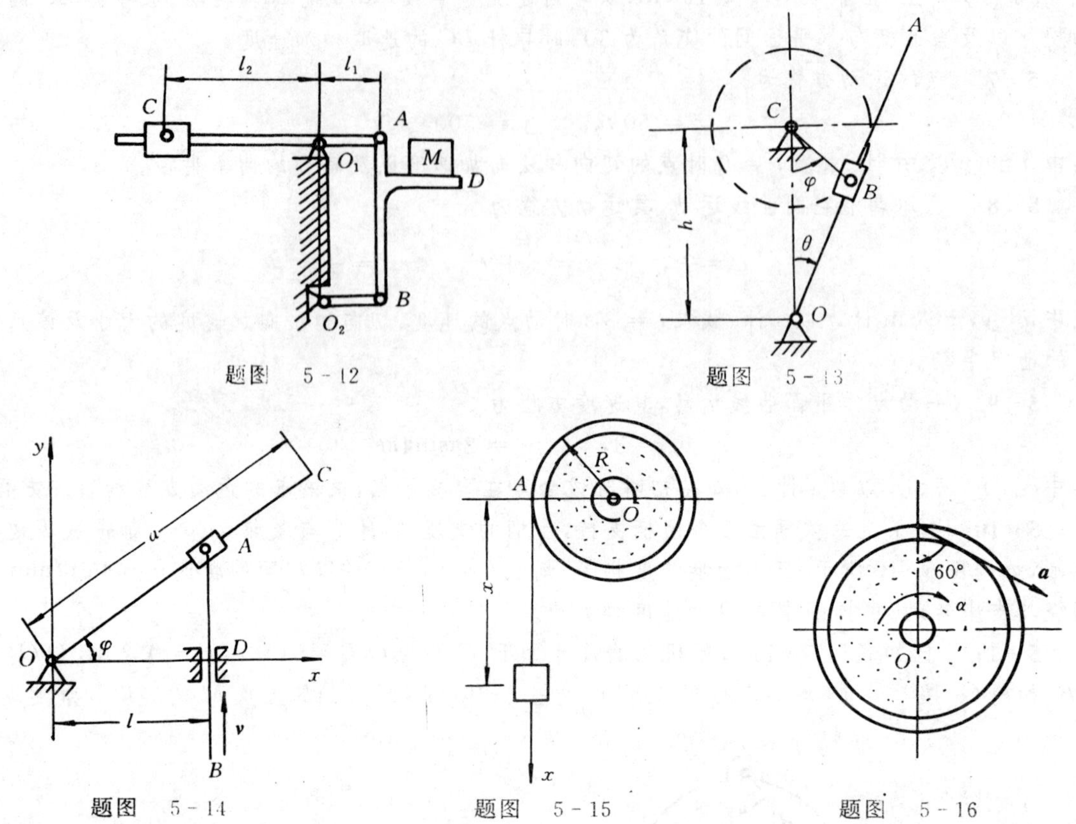

题图 5-12 题图 5-13
题图 5-14 题图 5-15 题图 5-16

5-16 如题图5-16所示，一飞轮绕固定轴O转动，其轮缘上任一点的全加速度在某段运动过程中与轮半径的交角恒为60°。当运动开始时，其转角φ_O等于零，角速度为ω_O。求飞轮的转动方程以及角速度与转角的关系。

第六章　点的合成运动

§6-1　点的合成运动的基本概念

1. 点的合成运动

采用不同的参考系来描述同一点的运动，其结果是不相同的。这就是运动描述的相对性。例如，列车直线行驶时，车上的观察者看列车轮缘上一点 M 作圆周运动，但地面上的观察者却看到点 M 沿旋轮线运动，如图 6-1 所示。又如，直管 OA 绕固定于机座的轴 O 转动，管内有一小球 M 沿直管向外运动，如图 6-2 所示，小球相对于直管作直线运动，但相对于机座却作曲线运动。

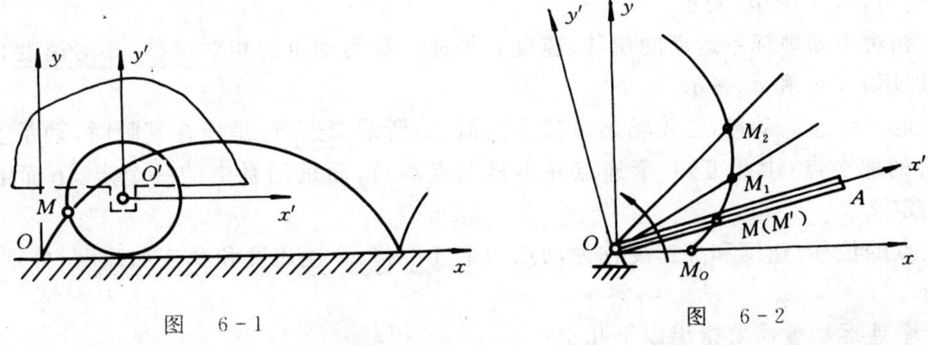

图　6-1　　　　图　6-2

上面两个例子表明，同一物体相对于不同的参考系来说，运动是不相同的。但是，这些不同的运动之间是有联系的。可以看出，轮缘上点 M 相对于地面的旋轮线运动，是由相对于车身的圆周运动与车身的直线平动组合而成。同样，管内小球 M 相对于机座的曲线运动，是由相对于直管的直线运动与直管的定轴转动组合而成。这种运动的组合常称为合成运动。

在工程中，常常利用合成运动的概念，将一种复杂的运动看成是两种简单运动的组合，先研究这些简单运动，然后把它们合成，使复杂问题的研究得到简化。

2. 绝对运动、相对运动和牵连运动

在工程上，通常把固结在地面上的或固结在相对地面保持静止的物体上的坐标系($Oxyz$)称为静坐标系，简称静系；把固结在相对于地球有运动的物体上的坐标系($O'x'y'z'$)称为动坐标系，简称动系。据此，可以给出几个定义：

动点相对于静坐标系的运动称为绝对运动，动点相对于动坐标系的运动称为相对运动，动坐标系相对于静坐标系的运动称为牵连运动。

从上述定义可知，点的绝对运动和相对运动是指动点本身的运动，其运动可能是直线运动

或曲线运动；而牵连运动是指动坐标系的运动，也就是指与动坐标系相固结的刚体的运动，其运动可能是平动、转动或其它较复杂的运动。

以图 6－1 为例，为了描述轮缘上一点 M 的运动，取动系 $O'x'y'$ 固结于车厢，静系 Oxy 固结于地面。这样，上述三种运动就随之确定了。点 M 的相对运动是圆周运动，绝对运动是旋轮线运动，牵连运动是车厢的直线平动。同理，对于图 6－2 中的问题，可取动系 $O'x'y'$ 固结于直管，静系 Oxy 固结于机座，于是，小球 M 的相对运动是沿管子的直线运动，绝对运动则是曲线运动，牵连运动是直管绕 O 轴的转动。

从上面两个例子可以看出，对于作合成运动的点，区分上述三种运动的步骤是：

(1) 把静坐标系固定在地面或某一参考体上；

(2) 将动坐标系固结在一个相对于地面或静坐标系有运动的恰当的物体上；

(3) 根据定义区分动点的三种运动。

总之，在分析动点的三种运动时，必须明确：① 站在什么地方看物体的运动；② 看什么物体的运动。

3. 绝对运动量、相对运动量和牵连运动量

动点相对于静坐标系运动的位移、速度和加速度称为动点的绝对位移、绝对速度和绝对加速度，分别用 $\boldsymbol{r}_a$，$\boldsymbol{v}_a$ 和 $\boldsymbol{a}_a$ 表示。

动点相对于动坐标系运动的位移、速度和加速度称为动点的相对位移、相对速度和相对加速度。分别用 $\boldsymbol{r}_r$，$\boldsymbol{v}_r$ 和 $\boldsymbol{a}_r$ 表示。

为了定义牵连运动量，首先给出牵连点的概念。所谓牵连点，是指在某瞬时，动系上与动点 M 相重合的那个点。由此可知，牵连点并不是动点本身，而是动系中的一个点。下面给出牵连运动量的定义。

牵连点的位移、速度和加速度称为动点的牵连位移、牵连速度和牵连加速度，分别用 $\boldsymbol{r}_e$，$\boldsymbol{v}_e$ 和 $\boldsymbol{a}_e$ 表示。

关于牵连运动量需要指出以下几点：

(1) 由于牵连运动是与动系相固结的刚体的运动，所以，只要确定了某瞬时的牵连点、牵连速度和牵连加速度就可以利用第五章中所讲的求运动刚体上任一点的速度和加速度公式来进行计算；

(2) 牵连点不一定在固结动系的刚体上，所以，牵连点一定要理解为是某瞬时动空间中与动点重合的那个点，也可理解为是与动系固结的刚体或其扩展体上与动点重合的那个点；

(3) 由于动点的相对运动，不同瞬时的牵连点也是不同的。因此，在一般情况下，动点在不同瞬时的牵连速度与牵连加速度是不相同的。但当动坐标系作平动时，由于每一瞬时动坐标系上各点都具有相同的速度和加速度，所以，动点在某瞬时的牵连速度和牵连加速度就是该瞬时动坐标系的速度和加速度。例如在图 6－1 中，如果车厢的速度为 $\boldsymbol{v}$，加速度为 $\boldsymbol{a}$，则点 M 的牵连速度与牵连加速度就是

$$\boldsymbol{v}_e = \boldsymbol{v}, \quad \boldsymbol{a}_e = \boldsymbol{a}$$

又如在图6－2中，如果直管转动的角速度为 ω，角加速度为 α，则某瞬时小球 M 的牵连速度和牵连加速度就是直管上该瞬时与小球重合点 M' 的速度和加速度。点 M' 的转动半径 $OM' = OM$，因此，牵连速度的大小为

$$v_e = OM \cdot \omega$$

方向垂直于 OM，指向直管转动的一方。切向和法向的牵连加速度的大小为

$$a_e^\tau = OM \cdot \alpha$$

$$a_e^n = OM \cdot \omega^2$$

$\boldsymbol{a}_e^\tau$ 与 OM 垂直，指向与 α 转向一致，$\boldsymbol{a}_e^n$ 指向转轴。

§6-2　点的速度合成定理

1. 速度合成定理

速度合成定理反映了动点的绝对速度、相对速度和牵连速度之间的关系。下面推导这个关系式。

设动点 M 在动坐标系中沿曲线 AB 作相对运动（图中未画出动系），曲线 AB 又随动坐标系在静坐标系 $Oxyz$ 中运动，如图 6-3 所示。设在瞬时 t，动点 M 在曲线 AB 的图示位置，经过时间间隔 Δt 后，曲线 AB 随动系运动到 A_1B_1。在瞬时 t，AB 上与动点 M 相重合的点（牵连点）沿弧 $\overset{\frown}{MM_1}$ 运动到 M_1，而动点 M 则沿 $\overset{\frown}{MM'}$ 运动到了 M'。由定义可知，矢量 $\overrightarrow{MM'}$ 是点 M 的绝对位移，$\overrightarrow{M_1M'}$ 是相对位移，而 $\overrightarrow{MM_1}$ 是牵连位移，它们有如下关系：

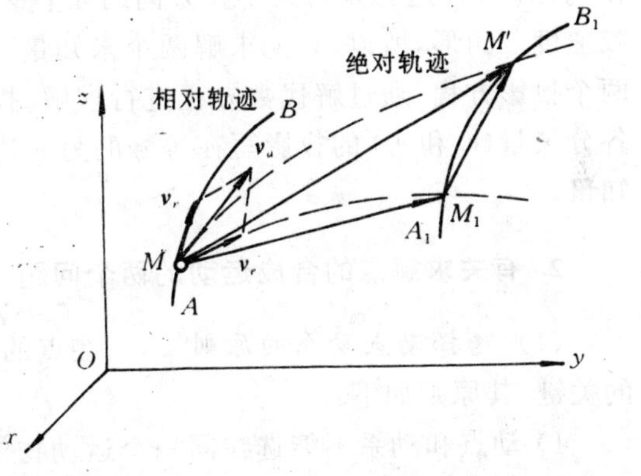

图　6-3

$$\overrightarrow{MM'} = \overrightarrow{MM_1} + \overrightarrow{M_1M'} \tag{6-1}$$

即动点的绝对位移等于牵连位移与相对位移的矢量和。将上式两边同除以 Δt，再取极限，得

$$\lim_{\Delta t \to 0} \frac{\overrightarrow{MM'}}{\Delta t} = \lim_{\Delta t \to 0} \frac{\overrightarrow{MM_1}}{\Delta t} + \lim_{\Delta t \to 0} \frac{\overrightarrow{M_1M'}}{\Delta t} \tag{6-2}$$

根据速度的定义，式(6-2)等号左侧一项就是动点 M 在瞬时 t 的绝对速度，即

$$\boldsymbol{v}_a = \lim_{\Delta t \to 0} \frac{\overrightarrow{MM'}}{\Delta t}$$

方向沿绝对轨迹 $\overset{\frown}{MM'}$ 在 M 点的切线方向。

式(6-2)右端第一项表示在瞬时 t 曲线 AB 上与动点 M 相重合的那一点（即牵连点）的速度，即牵连速度，则

$$\boldsymbol{v}_e = \lim_{\Delta t \to 0} \frac{\overrightarrow{MM_1}}{\Delta t}$$

方向沿曲线 $\overset{\frown}{MM_1}$ 在点 M 的切线方向。

式(6-2)右端第二项表示动点在瞬时 t 相对于动坐标系的速度，就是相对速度，则

$$\boldsymbol{v}_r = \lim_{\Delta t \to 0} \frac{\overrightarrow{M_1M'}}{\Delta t}$$

它的方向应当沿 $\overset{\frown}{M_1M'}$ 在 M_1 处的切线方向。但当 $\Delta t \to 0$ 时，曲线 A_1B_1 趋近于曲线 AB，这样，

动点在 t 瞬时的相对速度应当沿曲线 AB 在点 M 处的切线方向。

将以上结果代入式(6-2),得

$$\boldsymbol{v}_a = \boldsymbol{v}_e + \boldsymbol{v}_r \tag{6-3}$$

式(6-3)就是点的速度合成定理,它表明在任一瞬时,动点的绝对速度等于牵连速度与相对速度的矢量和。也就是说,动点的绝对速度可由牵连速度与相对速度所构成的平行四边形的对角线来确定。

应当指出,推导速度合成定理时,对牵连运动的形式未加任何限制,因此,无论动坐标系作何种运动,如平动、转动或其他较复杂的运动,该定理都成立。

式(6-3)中包含了 $\boldsymbol{v}_a$、$\boldsymbol{v}_e$ 和 $\boldsymbol{v}_r$ 三者的大小和方向共 6 个量,如果知道其中任意 4 个量,便可求出其余两个未知量,可用几何法,也可用解析法。所谓几何法,就是作速度平行四边形或速度三角形,利用几何关系进行求解,但必须保证绝对速度 $\boldsymbol{v}_a$ 是速度平行四边形的对角线。由于在 $\boldsymbol{v}_a$、$\boldsymbol{v}_e$ 与 $\boldsymbol{v}_r$ 这三者的大小和方向的 6 个量中必须已知 4 个量,才能惟一确定速度平行四边形或速度三角形,所以,只能求解两个未知量。所谓解析法,是将式(6-3)投影在坐标轴上,得到两个投影方程,通过解代数方程进行求解。投影时,必须将合矢量($\boldsymbol{v}_a$)的投影写在等号的一边,各分矢量($\boldsymbol{v}_e$ 和 $\boldsymbol{v}_r$)的投影写在等号的另一边。由于只有两个代数方程,所以也只能求解两个未知量。

2. 有关求解点的合成运动的两个问题

(1) *选择动点动系的原则*　在点的合成运动中,恰当地选择动点与动系,常常是解题的关键。其原则如下:

1) 动点和动系不能选在同一个运动物体上,也就是说,动点对于动系必须有相对运动;

2) 动点相对于动系的相对运动轨迹要简单、清楚,易于观察判断。

(2) *点的合成运动问题的解题步骤:*

1) 恰当地选择动点动系;

2) 分析三种运动和动点的三种速度(及加速度),确定哪些是未知量,哪些是已知量,判断问题是否可解。

3) 根据点的速度合成定理(以及加速度合成定理)求解未知量。

【例 6-1】 车厢以匀速 $v_1 = 5$ m/s 水平行驶。途中遇雨,雨滴铅直下落,而在车厢中观察到的雨滴的速度方向却偏斜向后,与铅直线成夹角 30°,如图 6-4(a) 所示。试求雨滴的绝对速度。

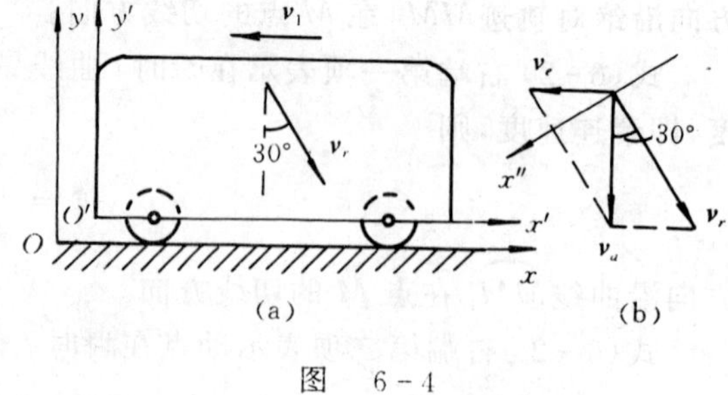

图 6-4

解 这个题目的特点是题目本身已明确指定了动点,这就是雨滴,解这类题目一般就以这个指定动点为研究对象,将动系固结在动点相对其有相对运动的物体上。

(1) 选择动点动系　以雨滴为动点,将动系 $x'O'y'$ 固结于车厢。

(2) 分析三种运动及动点的三种速度,并判断问题是否可解。

绝对运动:雨滴相对于地面的铅直下落,即直线运动;

相对运动：雨滴相对于车厢的与铅直线夹角为 30° 的直线运动；

牵连运动：车厢的直线平动。

绝对速度 $\boldsymbol{v}_a$：大小未知，方向铅直向下；

相对速度 $\boldsymbol{v}_r$：大小未知，方向与铅直线成 30° 角偏斜向下；

牵连速度 $\boldsymbol{v}_e$：雨滴的牵连速度就是平动动系的速度，大小为 v_1，方向水平向左。

写出速度合成定理，以"√"表示已知量，"?"表示未知量，根据上述分析，判断问题是否可解：

	$\boldsymbol{v}_a$	=	$\boldsymbol{v}_e$	+	$\boldsymbol{v}_r$
大小	?		√(v_1)		?
方向	√(↓)		√(←)		√(↘)

上式中只有两个未知量，可解。

(3) 根据速度合成定理求未知量　根据速度合成定理画出速度平行四边形，如图 6-4(b) 所示。需要强调的是，必须保证 $\boldsymbol{v}_a$ 是速度平行四边形的对角线。由几何关系可求得雨滴的绝对速度为

$$v_a = v_e \cot 30° = 5 \times \sqrt{3} = 8.660 \text{ m/s}$$

v_a 也可以用解析法求解。将速度合成定理分别向 x 和 y 轴上投影，得

$$x:\quad 0 = -v_e + v_r \sin 30°$$

$$y:\quad -v_a = 0 - v_1 \cos 30°$$

解这个方程组，就可求出 v_a，而且还可求出 v_r。

为了避免解方程组，可适当选取投影轴，例如取 x'' 轴为投影轴，如图 6-4(b) 所示。由于 x'' 轴与 $\boldsymbol{v}_r$ 垂直，因此，将速度合成定理向 x'' 轴投影后得

$$v_a \sin 30° = v_e \cos 30° + 0$$

由此式可立即解出 v_a。

【例 6-2】　在图 6-5 所示的机构中，已知 $O_1O_2 = a = 20$ cm，O_1A 杆以匀角速度 $\omega_1 = 3$ rad/s 绕 O_1 转动。求图示位置时套筒 A 相对于 O_2A 杆的速度及 O_2A 杆的角速度 ω_2。

解　这个题目的一个显著特点是两个运动部件是通过一个套筒联系在一起的，并且这个套筒相对于一个部件还有相对运动。由于套筒的尺寸不计，所以可以看作一个点。我们把这种将两个运动部件联系在一起的点称为运动连接点。除套筒外，滑块、小环等也常起运动连接点的作用。这类问题一般就以这个运动连接点作为动点，而将动系固结在动点相对其有相对运动的那个物体上。

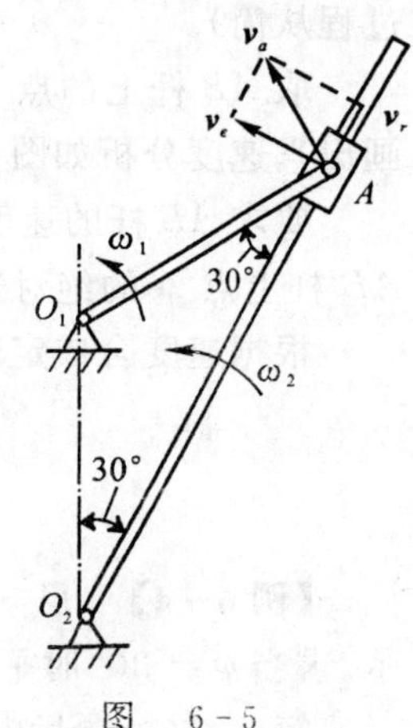

图　6-5

(1) 选择动点动系　取套筒 A 为动点，动坐标系 $O_2x'y'$ 固结在 O_2A 杆上(图中未画出)。

(2) 分析三种运动及动点的三种速度，并判断问题是否可解。

绝对运动：以 O_1 为圆心的圆周运动；

相对运动：沿 O_2A 杆的直线运动；

牵连运动：O_2A 杆绕 O_2 的定轴转动。

绝对速度 $\boldsymbol{v}_a$：大小为 $O_1A \cdot \omega$，方向垂直于 O_1A，指向如图示；

相对速度 v_r：大小未知，方向沿 O_2A 杆，指向如图示；

牵连速度 v_e：即 O_2A 杆上与 A 重合的那一点的速度，大小未知，方向垂直于 O_2A，指向如图示。

写出速度合成定理，判断问题是否可解。根据上述分析，有

	$\boldsymbol{v}_a$	$=$ $\boldsymbol{v}_e$	$+$ $\boldsymbol{v}_r$
大小	$\checkmark(O_1A\cdot\omega_1)$	?	?
方向	$\checkmark(\perp O_1A)$	$\checkmark(\perp O_2A)$	$\checkmark(\nearrow)$

式中有两个未知量，可解。

(3) 根据速度合成定理求未知量　根据速度合成定理作出速度平行四边形，$\boldsymbol{v}_a$ 是对角线，如图 6-5 所示。由几何关系可得

$$v_r = v_a\sin 30° = O_1A\cdot\omega_1\cdot\sin 30° = 20\times 3\times\frac{1}{2} = 30\ \text{cm/s}$$

$$v_e = v_a\cos 30° = O_1A\cdot\omega_1\cdot\cos 30° = 20\times 3\times\frac{\sqrt{3}}{2} = 30\sqrt{3}\ \text{cm/s}$$

由于 v_e 是 O_2A 杆上与动点 A 相重合的那一点的速度，所以，O_2A 杆的角速度为

$$\omega_2 = \frac{v_e}{O_2A} = \frac{v_e}{2a\cos 30°} = \frac{30\sqrt{3}}{2\times 20\times\frac{\sqrt{3}}{2}} = 1.5\ \text{rad/s}$$

【例 6-3】　凸轮在水平面上向右运动，如图 6-6 所示。凸轮半径为 R，在图示位置凸轮的速度为 $\boldsymbol{v}$，加速度 $\boldsymbol{a}$。求图示瞬时 AB 杆的速度以及点 A 相对于凸轮的速度。

解　这个题目的特点是机构的运动传递是通过两个物体的接触点来实现的。两个点分别属于两个物体，一个物体上的接触点始终不变，而另一个物体上的接触点始终在变，并且两个接触点有相对运动。在这种情况下，一般选不变的接触点为动点，动系固结在不包含动点的另一个运动物体上。这样，动点的相对运动容易确定（从本题开始，求解过程从简）。

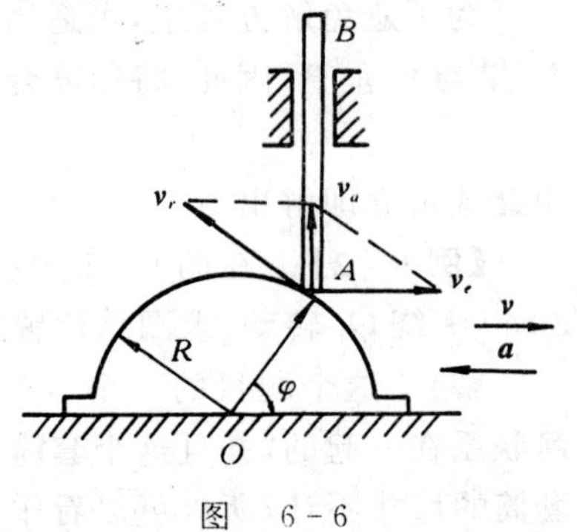

图　6-6

取 AB 杆上的点 A 为动点，动系固结在凸轮上（图中未画出）。速度分析如图 6-6 所示。

要求 AB 杆的速度，由于 AB 杆作平动，因此，只要求出 AB 杆上点 A 的绝对速度即可，而点 A 相对于凸轮的速度就是相对速度 v_r。

根据速度合成定理作速度平行四边形，如图 6-6 所示。由几何关系可得

$$v_a = v_e\cot\varphi = v\cot\varphi$$

$$v_r = \frac{v_e}{\sin\varphi} = \frac{v}{\sin\varphi}$$

【例 6-4】　已知圆轮半径为 R，偏心距为 e，绕 O 轴以匀角速度 ω 转动，如图 6-7(a) 所示。求当 $\varphi = 30°$ 时平底顶杆 AB 的速度。

解　这个题目中机构的运动传递也是通过两个物体的接触点来实现的，但两个物体上的接触点 C、D 在运动过程中均不断变换，其特点就是无不变的接触点。所以，不论选点 C 或点 D 为动点，相对运动都较难确定。在这种情况下，一般不选接触点为动点，而另选相对运动容易确

定的点为动点，这个动点称为特殊点，将动系固结在不包含动点的另一个物体上。

依据上面分析，我们看到，圆轮中心点 O_1 至平板的距离 R 在运动过程中始终保持不变，因此，点 O_1 相对平板的运动为平行于平板的直线运动，这一条直线就是点 O_1 的相对轨迹。于是，可选圆轮上的点 O_1 为动点，将动系固结在 AB 上。速度分析如图 6-7 所示。

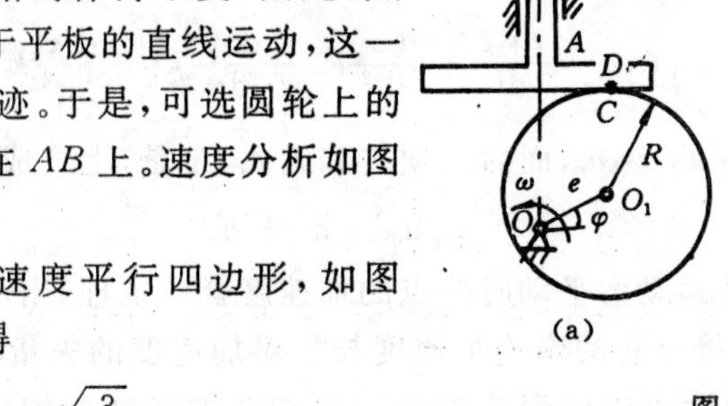

图 6-7

根据速度合成定理作速度平行四边形，如图 6-7(b) 所示。由几何关系得

$$v_e = v_a \cos 30° = \frac{\sqrt{3}}{2} e\omega$$

由于 AB 杆作平动，牵连速度就是 AB 杆的速度，所以

$$v_{AB} = v_e = \frac{\sqrt{3}}{2} e\omega$$

§6-3 点的加速度合成定理

速度合成定理与牵连运动的形式无关，但加速度合成定理是与牵连运动的形式有关的。

1. 牵连运动为平动时点的加速度合成定理

设动坐标系 $O'x'y'z'$ 相对于静坐标系 $Oxyz$ 作平动，动点 M 相对于动坐标系沿 $\overset{\frown}{AB}$ 运动，如图 6-8 所示。点 M 的相对运动方程为

$$x' = f_1'(t), \quad y' = f_2'(t), \quad z' = f_3'(t)$$

根据点的运动学理论，动点 M 的相对速度和相对加速度分别为

$$\boldsymbol{v}_r = \frac{\mathrm{d}x'}{\mathrm{d}t}\boldsymbol{i}' + \frac{\mathrm{d}y'}{\mathrm{d}t}\boldsymbol{j}' + \frac{\mathrm{d}z'}{\mathrm{d}t}\boldsymbol{k}'$$

$$\boldsymbol{a}_r = \frac{\mathrm{d}^2x'}{\mathrm{d}t^2}\boldsymbol{i}' + \frac{\mathrm{d}^2y'}{\mathrm{d}t^2}\boldsymbol{j}' + \frac{\mathrm{d}^2z'}{\mathrm{d}t^2}\boldsymbol{k}'$$

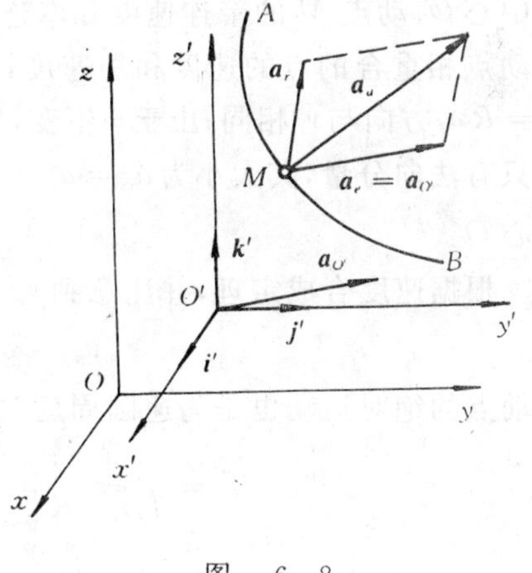

图 6-8

式中 $\boldsymbol{i}'$，$\boldsymbol{j}'$，$\boldsymbol{k}'$ 分别为沿坐标轴 x'，y'，z' 的单位矢量。

由于在每一瞬时，平动物体上（或平动的动空间中）各点的速度彼此相等，各点的加速度也彼此相等，因此，当牵连运动为平动时，动点在每一瞬时的牵连速度和牵连加速度都与该瞬时动坐标系原点 O' 的速度和加速度相等，即

$$\boldsymbol{v}_e = \boldsymbol{v}_{O'}, \quad \boldsymbol{a}_e = \boldsymbol{a}_{O'}$$

于是，点的速度合成定理 $\boldsymbol{v}_a = \boldsymbol{v}_e + \boldsymbol{v}_r$ 可以写成

$$\boldsymbol{v}_a = \boldsymbol{v}_{O'} + \frac{\mathrm{d}x'}{\mathrm{d}t}\boldsymbol{i}' + \frac{\mathrm{d}y'}{\mathrm{d}t}\boldsymbol{j}' + \frac{\mathrm{d}z'}{\mathrm{d}t}\boldsymbol{k}'$$

将上式对时间求导，并注意到，当牵连运动为平动时，单位矢量 $\boldsymbol{i}'$，$\boldsymbol{j}'$，$\boldsymbol{k}'$ 都是常矢量，所以有 $\dfrac{\mathrm{d}\boldsymbol{i}'}{\mathrm{d}t}=\dfrac{\mathrm{d}\boldsymbol{j}'}{\mathrm{d}t}=\dfrac{\mathrm{d}\boldsymbol{k}'}{\mathrm{d}t}=0$，因此可得

$$\boldsymbol{a}_a=\frac{\mathrm{d}\boldsymbol{v}_{O'}}{\mathrm{d}t}+\frac{\mathrm{d}^2x'}{\mathrm{d}t^2}\boldsymbol{i}'+\frac{\mathrm{d}^2y'}{\mathrm{d}t^2}\boldsymbol{j}'+\frac{\mathrm{d}^2z'}{\mathrm{d}t^2}\boldsymbol{k}'$$

上式右端第一项 $\dfrac{\mathrm{d}\boldsymbol{v}_{O'}}{\mathrm{d}t}=\boldsymbol{a}_{O'}=\boldsymbol{a}_e$，而后三项之和为 $\boldsymbol{a}_r$，于是，上式成为

$$\boldsymbol{a}_a=\boldsymbol{a}_e+\boldsymbol{a}_r \tag{6-4}$$

式(6-4)就是牵连运动为平动时的点的加速度合成定理。当牵连运动为平动时，在任一瞬时，动点的绝对加速度等于它的牵连加速度与相对加速度的矢量和。也就是说，牵连运动为平动时，动点的绝对加速度可以由牵连加速度与相对加速度所构成的平行四边形的对角线来表示。

2. 牵连运动为转动时的点的加速度合成定理

首先举一个例子，说明当牵连运动为转动时式(6-4)不成立。

设一圆盘以匀角速度 ω 绕固定轴 O 转动，同时圆盘上有一动点 M 在半径为 R 的圆槽内顺 ω 的转向以不变的速度 v_r 相对于圆盘运动，如图 6-9 所示。现要求点 M 的绝对加速度。

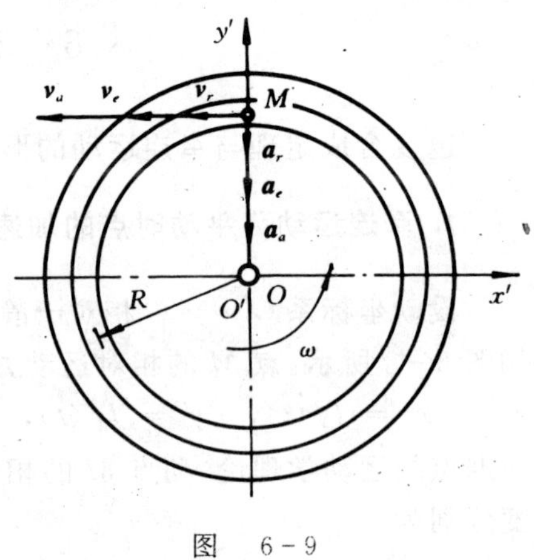

图 6-9

将动系固结在圆盘上，则动点的相对运动为匀速圆周运动。由于 $\boldsymbol{v}_r$ 的大小不变，所以，在瞬时 t，相对加速度 $\boldsymbol{a}_r$ 只有法向分量 $\boldsymbol{a}_r^n$，其大小为 $a_r=a_r^n=\dfrac{v_r^2}{R}$，方向指向圆盘中心 O；动点 M 的牵连速度和牵连加速度等于圆盘上与动点相重合的点的速度和加速度，牵连速度的大小为 $v_e=R\omega$，方向与 $\boldsymbol{v}_r$ 相同；由于 ω 不变，所以，牵连加速度 $\boldsymbol{a}_e$ 也只有法向分量，其大小为 $a_e=a_e^n=R\omega^2$，方向指向圆盘中心 O。

根据速度合成定理，并注意到 $\boldsymbol{v}_e$ 与 $\boldsymbol{v}_r$ 方向相同，所以，动点 M 的绝对速度 $\boldsymbol{v}_a$ 的大小为

$$v_a=v_e+v_r=R\omega+v_r=\text{常数}$$

即动点的绝对运动也是匀速圆周运动，所以，绝对加速度 $\boldsymbol{a}_a$ 也只有法向分量 $\boldsymbol{a}_a^n$，其大小为

$$a_a=a_a^n=\frac{v_a^2}{R}=\frac{(R\omega+v_r)^2}{R}=$$

$$R\omega^2+\frac{v_r^2}{R}+2\omega v_r=a_e+a_r+2\omega v_r$$

其方向指向圆心 O。

从上式可以看出，动点的绝对加速度不只是牵连加速度 $a_e=R\omega^2$ 与相对加速度 $a_r=\dfrac{v_r^2}{R}$ 之和，还多了一项 $2\omega v_r$。这一项的出现，是由于牵连运动为转动时，牵连运动会影响相对速度的改变，而相对运动也会影响牵连速度的改变。因此，式(6-4)已不适用，有必要推导牵连运动为转动时的点的加速度合成定理。

设 $Oxyz$ 代表静坐标系，$O'x'y'z'$ 为动坐标系，如图 6-10 所示。动坐标系绕定轴 Oz 转动的角速度和角加速度分别为 ω 和 α，动点 M 的相对速度与相对加速度分别为

$$\boldsymbol{v}_r = \frac{\mathrm{d}x'}{\mathrm{d}t}\boldsymbol{i}' + \frac{\mathrm{d}y'}{\mathrm{d}t}\boldsymbol{j}' + \frac{\mathrm{d}z'}{\mathrm{d}t}\boldsymbol{k}' \tag{6-5}$$

$$\boldsymbol{a}_r = \frac{\mathrm{d}^2x'}{\mathrm{d}t^2}\boldsymbol{i}' + \frac{\mathrm{d}^2y'}{\mathrm{d}t^2}\boldsymbol{j}' + \frac{\mathrm{d}^2z'}{\mathrm{d}t^2}\boldsymbol{k}' \tag{6-6}$$

点 M 的牵连速度和牵连加速度分别为动坐标系上与动点 M 相重合的那一点的速度和加速度，由式(5-39)与(5-40)可得

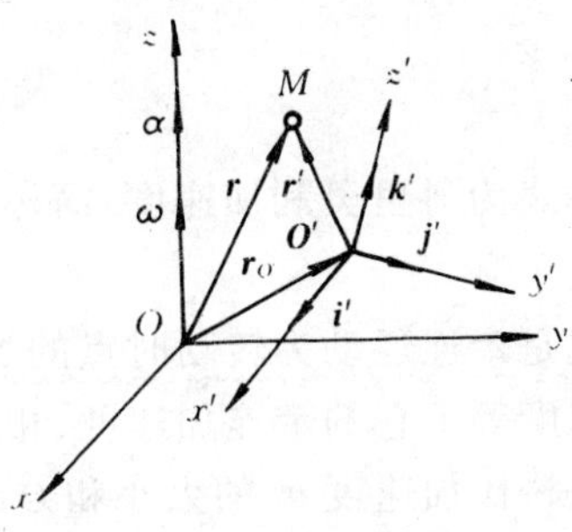

图 6-10

$$\boldsymbol{v}_e = \boldsymbol{\omega} \times \boldsymbol{r} \tag{6-7}$$

$$\boldsymbol{a}_e = \boldsymbol{\alpha} \times \boldsymbol{r} + \boldsymbol{\omega} \times \boldsymbol{v}_e \tag{6-8}$$

根据加速度的定义及速度合成定理，动点 M 的绝对加速度可以写为

$$\boldsymbol{a}_a = \frac{\mathrm{d}\boldsymbol{v}_a}{\mathrm{d}t} = \frac{\mathrm{d}\boldsymbol{v}_e}{\mathrm{d}t} + \frac{\mathrm{d}\boldsymbol{v}_r}{\mathrm{d}t} \tag{6-9}$$

先分析式(6-9)右端第一项。将式(6-7)代入，得

$$\begin{aligned}\frac{\mathrm{d}\boldsymbol{v}_e}{\mathrm{d}t} &= \frac{\mathrm{d}}{\mathrm{d}t}(\boldsymbol{\omega} \times \boldsymbol{r}) = \frac{\mathrm{d}\boldsymbol{\omega}}{\mathrm{d}t} \times \boldsymbol{r} + \boldsymbol{\omega} \times \frac{\mathrm{d}\boldsymbol{r}}{\mathrm{d}t} = \\ &\boldsymbol{\alpha} \times \boldsymbol{r} + \boldsymbol{\omega} \times \boldsymbol{v}_a = \boldsymbol{\alpha} \times \boldsymbol{r} + \boldsymbol{\omega} \times (\boldsymbol{v}_e + \boldsymbol{v}_r) = \\ &\boldsymbol{\alpha} \times \boldsymbol{r} + \boldsymbol{\omega} \times \boldsymbol{v}_e + \boldsymbol{\omega} \times \boldsymbol{v}_r\end{aligned}$$

将式(6-8)代入上式，得

$$\frac{\mathrm{d}\boldsymbol{v}_e}{\mathrm{d}t} = \boldsymbol{a}_e + \boldsymbol{\omega} \times \boldsymbol{v}_r \tag{6-10}$$

由此可知，当牵连运动为转动时，牵连速度 $\boldsymbol{v}_e$ 对时间的一阶导数等于牵连加速度 $\boldsymbol{a}_e$ 和一附加项 $\boldsymbol{\omega} \times \boldsymbol{v}_r$ 的矢量和，这个附加项就反映了相对运动对动点牵连速度变化的影响。

下面分析式(6-9)右端的第二项。将式(6-5)代入，由于牵连运动为定轴转动，所以 $\boldsymbol{i}'$，$\boldsymbol{j}'$，$\boldsymbol{k}'$ 为方向不断变化的变矢量，因此

$$\begin{aligned}\frac{\mathrm{d}\boldsymbol{v}_r}{\mathrm{d}t} = &\left(\frac{\mathrm{d}^2x'}{\mathrm{d}t^2}\boldsymbol{i}' + \frac{\mathrm{d}^2y'}{\mathrm{d}t^2}\boldsymbol{j}' + \frac{\mathrm{d}^2z'}{\mathrm{d}t^2}\boldsymbol{k}'\right) + \\ &\left(\frac{\mathrm{d}x'}{\mathrm{d}t}\frac{\mathrm{d}\boldsymbol{i}'}{\mathrm{d}t} + \frac{\mathrm{d}y'}{\mathrm{d}t}\frac{\mathrm{d}\boldsymbol{j}'}{\mathrm{d}t} + \frac{\mathrm{d}z'}{\mathrm{d}t}\frac{\mathrm{d}\boldsymbol{k}'}{\mathrm{d}t}\right)\end{aligned}$$

将式(6-6)代入，并运用泊桑公式(5-43)，得

$$\begin{aligned}\frac{\mathrm{d}\boldsymbol{v}_r}{\mathrm{d}t} &= \boldsymbol{a}_r + \left(\frac{\mathrm{d}x'}{\mathrm{d}t}\boldsymbol{\omega} \times \boldsymbol{i}' + \frac{\mathrm{d}y'}{\mathrm{d}t}\boldsymbol{\omega} \times \boldsymbol{j}' + \frac{\mathrm{d}z'}{\mathrm{d}t}\boldsymbol{\omega} \times \boldsymbol{k}'\right) = \\ &\boldsymbol{a}_r + \boldsymbol{\omega} \times \left(\frac{\mathrm{d}x'}{\mathrm{d}t}\boldsymbol{i}' + \frac{\mathrm{d}y'}{\mathrm{d}t}\boldsymbol{j}' + \frac{\mathrm{d}z'}{\mathrm{d}t}\boldsymbol{k}'\right)\end{aligned}$$

将式(6-5)代入上式，得

$$\frac{\mathrm{d}\boldsymbol{v}_r}{\mathrm{d}t} = \boldsymbol{a}_r + \boldsymbol{\omega} \times \boldsymbol{v}_r \tag{6-11}$$

由此可知，当牵连运动的转动时，相对速度对时间的一阶导数等于相对加速度 $\boldsymbol{a}_r$ 和一附加项 $\boldsymbol{\omega} \times \boldsymbol{v}_r$ 的矢量和，这个附加项反映了牵连运动对相对速度变化的影响。

将式(6-10)与式(6-11)代入式(6-9)，得

$$\boldsymbol{a}_a = \boldsymbol{a}_e + \boldsymbol{a}_r + 2\boldsymbol{\omega} \times \boldsymbol{v}_r \tag{6-12}$$

令

$$\boldsymbol{a}_c = 2\boldsymbol{\omega} \times \boldsymbol{v}_r \tag{6-13}$$

$\boldsymbol{a}_c$ 称之为科里奥利加速度，简称科氏加速度。于是，式(6-12) 变为

$$\boldsymbol{a}_a = \boldsymbol{a}_e + \boldsymbol{a}_r + \boldsymbol{a}_c \tag{6-14}$$

这就是牵连运动为转动时点的加速度合成定理：当牵连运动为转动时，动点在每一瞬时的绝对加速度等于它的牵连加速度、相对加速度与科氏加速度三者的矢量和。

科氏加速度 $\boldsymbol{a}_c$ 的大小和方向可由式(6-13) 确定。式中 $\boldsymbol{\omega}$ 是动坐标系转动的角速度矢，$\boldsymbol{v}_r$ 是动点的相对速度。根据两矢量矢积的定义，$\boldsymbol{a}_c$ 方向如图 6-11 所示，大小为

$$a_c = 2\omega v_r \sin\theta$$

当 $\boldsymbol{\omega} \parallel \boldsymbol{v}_r$ 时，$a_c = 0$；

当 $\boldsymbol{\omega} \perp \boldsymbol{v}_r$ 时，$a_c = 2\omega v_r$。

在我们经常遇到的平面问题中，即 $\boldsymbol{\omega}$ 垂直于图面，$\boldsymbol{v}_r$ 在该平面内，所以 $\boldsymbol{a}_c$ 也在该平面上，并与 $\boldsymbol{v}_r$ 垂直。在这种简单情况下，只要从 $\boldsymbol{v}_r$ 的方向顺着 $\boldsymbol{\omega}$ 的转向转过 90°，即得 $\boldsymbol{a}_c$ 的方向，此时 $a_c = 2\omega v_r$。

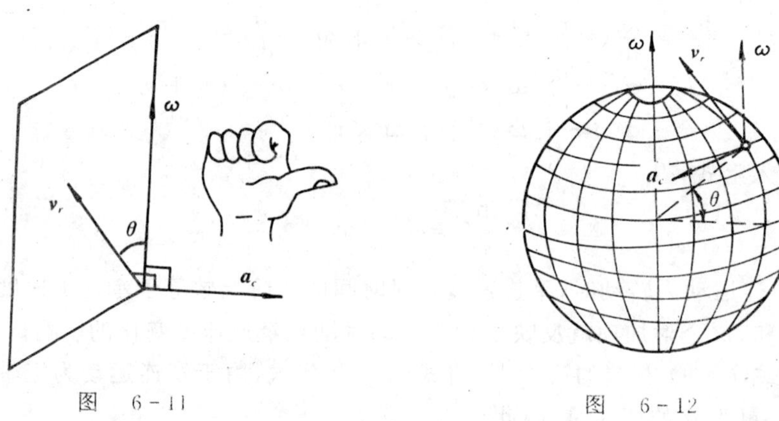

图 6-11　　　　图 6-12

地球上的物体相对于地球运动，而地球又绕地轴自转，因而是合成运动。在一般问题中，地球自转的影响可以略去不计，但在某些情况下，却必须予以考虑。例如，在北半球上，沿经线向北流动的江河右岸受到的冲刷要比左岸厉害，而在南半球则相反。这种现象可用科氏加速度来解释。如北半球的河流沿经线由南向北流，则河水的科氏加速度 $\boldsymbol{a}_c$ 沿纬度线指向西，即指向左侧，如图 6-12 所示。从牛顿第二定律可知，这是由于河流的右岸对河水作用了向左的力。根据作用与反作用定律，河水必然会给右岸一个反作用力。就是这个力成年累月的作用，造成了右岸比左岸冲刷得厉害。

3. 注意事项

(1) 当牵连运动不是平动时，式(6-4) 不成立。只要牵连运动中包含有转动，求加速度时就必须考虑科氏加速度，其大小和方向由式(6-13) 确定。

(2) 式(6-4) 和(6-14) 都是瞬时关系。

(3) 动点的绝对运动和相对运动都有可能是曲线运动，因此，绝对加速度和相对加速度各

有其切向和法向分量。

当牵连运动为曲线平动时，其牵连加速度也有其切向和法向分量，在这种情况下，式(6-4)可写为

$$\boldsymbol{a}_a^\tau + \boldsymbol{a}_a^n = \boldsymbol{a}_e^\tau + \boldsymbol{a}_e^n + \boldsymbol{a}_r^\tau + \boldsymbol{a}_r^n \tag{6-15}$$

同理，当牵连运动为转动时，式(6-14)可写为

$$\boldsymbol{a}_a^\tau + \boldsymbol{a}_a^n = \boldsymbol{a}_e^\tau + \boldsymbol{a}_e^n + \boldsymbol{a}_r^\tau + \boldsymbol{a}_r^n + \boldsymbol{a}_c \tag{6-16}$$

(4) 求解时宜用解析法，对于式(6-4)以及式(6-14)的平面问题(即 ω 与 $\boldsymbol{v}_r$ 垂直)，只能求解两个未知量；对于式(6-14)的空间问题(即 ω 与 $\boldsymbol{v}_r$ 不垂直)，可解三个未知量。

(5) 在进行加速度的分析求解之前，一般都要先进行速度的分析求解。这样，$\boldsymbol{a}_a^n$、$\boldsymbol{a}_e^n$，$\boldsymbol{a}_r^n$ 以及 $\boldsymbol{a}_c$ 的大小都可以计算出来而成为已知量。

(6) 对于式(6-15)与式(6-16)中的量，方向已知的，应画出正确指向；方位已知而指向未知的，指向可以假设。当绝对加速度的大小和方向都未知时，对于平面问题，可以把绝对加速度分解成 x，y 两个正交分量，然后按加速度合成定理向 x，y 轴上投影，得到两个投影代数方程，联立求解，得到加速度的大小和方向。对于空间问题，则可将式(6-14)写成

$$\boldsymbol{a}_{ax} + \boldsymbol{a}_{ay} + \boldsymbol{a}_{az} = \boldsymbol{a}_e^\tau + \boldsymbol{a}_e^n + \boldsymbol{a}_r^\tau + \boldsymbol{a}_r^n + \boldsymbol{a}_c \tag{6-17}$$

它可以解 3 个未知量。

4. 应用举例

【例 6-5】 求例 6-3 中 AB 杆的加速度。

解 (1) 动点动系的选择与例 6-3 相同。

(2) 运动分析与速度分析及求解见例 6-3。

(3) 加速度分析，并判断问题是否可解。

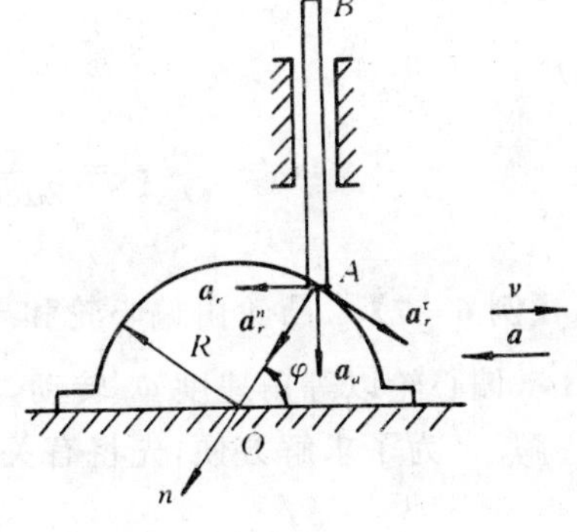

图 6-13

绝对加速度 $\boldsymbol{a}_a$：大小未知，方向铅直，指向假设如图 6-13 所示；

相对加速度 $\boldsymbol{a}_r$：切向分量 $\boldsymbol{a}_r^\tau$，大小未知，方向在点 A 与凸轮相切，指向假设如图 6-13 所示；法向分量 $\boldsymbol{a}_r^n$，大小为 $\dfrac{v_r^2}{R}$，方向由 A 指向 O；

牵连加速度 $\boldsymbol{a}_e$：大小为 a，方向水平向左。

根据以上分析，由式(6-15)可知

	$\boldsymbol{a}_a$	= $\boldsymbol{a}_e$	+ $\boldsymbol{a}_r^\tau$	+ $\boldsymbol{a}_r^n$	
大小	?	√(a)	?	√$\left(\dfrac{v_r^2}{R}\right)$	(1)
方向	√(↓)	√(←)	√(↘)	√(↙)	

式中只有两个未知量，可解。

(4) 根据加速度合成定理求解未知量。

由于 AB 杆作平动，所以，只要求出点 A 的绝对加速度，它就是 AB 杆的加速度。

为了计算 a_a 的大小，将式(1)向法线方向投影，得

$$a_a\sin\varphi = a_e\cos\varphi + a_r^n \tag{2}$$

由本题的已知条件及例 6-3 的速度分析可知

$$a_e = a,\quad a_r^n = \frac{v_r^2}{R} = \frac{1}{R}\,\frac{v^2}{\sin^2\varphi}$$

将上两式代到式(2) 中去，得

$$a_a = \frac{1}{\sin\varphi}\left(a\cos\varphi + \frac{v^2}{R\sin^2\varphi}\right) = a\cot\varphi + \frac{v^2}{R\sin^3\varphi}$$

图示瞬时 $\varphi < 90°$，说明 $\boldsymbol{a}_a$ 的方向假设是正确的。

【例 6-6】 求例 6-2 中 O_2A 杆的角加速度。

解 从本题开始，加速度分析从简。动点动系的选择及速度分析见例 6-2，加速度分析如图 6-14 所示。

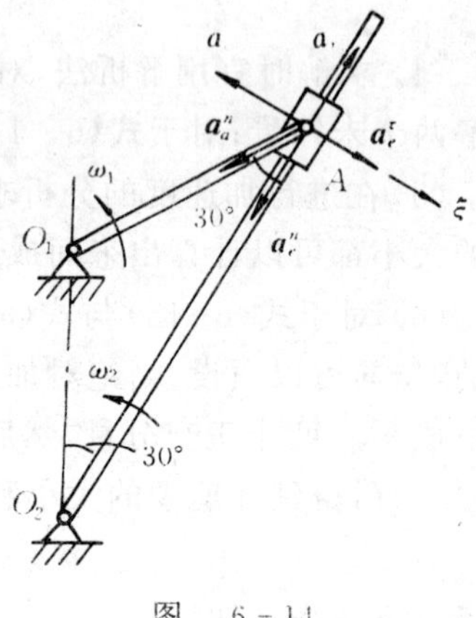

图 6-14

由式(6-15) 可知

$$\boldsymbol{a}_a^n = \boldsymbol{a}_e^\tau + \boldsymbol{a}_e^n + \boldsymbol{a}_r + \boldsymbol{a}_c \tag{1}$$

式中 $a_a^n = a\omega_1^2$，$a_e^n = O_2A\cdot\omega_2^2$，$a_c = 2\omega_2 v_r$。

为了求 O_2A 杆的角加速度 α_2，只需求出 a_e^τ 即可，为此，将式(1) 向 ξ 方向投影，得

$$-a_a^n\sin 30° = a_e^\tau - a_c$$

所以

$$a_e^\tau = -a_a^n\sin 30° + a_c = -a\omega_1^2\sin 30° + 2\omega_2 v_r = -20\times 3^2\times\frac{1}{2} + 2\times 1.5\times 30 = 0$$

又由于

$$a_e^\tau = O_2A\cdot\alpha_2$$

所以

$$\alpha_2 = \frac{a_e^\tau}{O_2A} = \frac{0}{2a\cos 30°} = 0$$

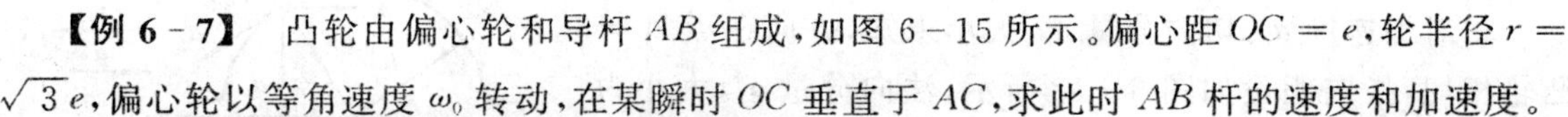

【例 6-7】 凸轮由偏心轮和导杆 AB 组成，如图 6-15 所示。偏心距 $OC = e$，轮半径 $r = \sqrt{3}\,e$，偏心轮以等角速度 ω_0 转动，在某瞬时 OC 垂直于 AC，求此时 AB 杆的速度和加速度。

解 为了求解方便，先将有关几何量计算出来，它们是

$$OA = \sqrt{e^2 + r^2} = 2e$$

$$\theta = \arctan\frac{e}{r} = 30°$$

取 AB 杆上的点 A 为动点，动系固结在凸轮上。AB 杆作平动，因此，点 A 的绝对速度和绝对加速度就是 AB 杆的速度和加速度。速度分析与加速度分析如图 6-15 所示。

根据速度合成定理画出速度平行四边形，如图 6-15(a) 所示，由几何关系得

$$v_a = v_e\tan\theta = OA\cdot\omega_O\tan\theta = 2e\omega_O\frac{1}{\sqrt{3}} = \frac{2}{\sqrt{3}}e\omega_O$$

$$v_r = \frac{v_a}{\sin\theta} = \frac{\dfrac{2}{\sqrt{3}}e\omega_O}{\dfrac{1}{2}} = \frac{4}{\sqrt{3}}e\omega_O$$

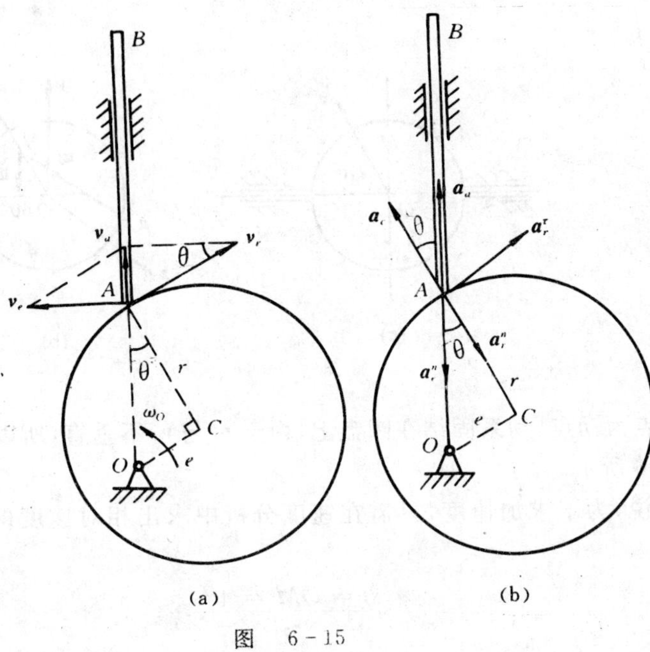

图 6-15

根据式(6-16)可知

$$\boldsymbol{a}_a = \boldsymbol{a}_e^n + \boldsymbol{a}_r^\tau + \boldsymbol{a}_r^n + \boldsymbol{a}_c \tag{1}$$

为求 a_a,将上式向 CA 方向投影,得

$$a_a\cos\theta = -a_e^n\cos\theta - a_r^n + a_c \tag{2}$$

式中各量分别为

$$\cos\theta = \frac{\sqrt{3}}{2}, \qquad a_e^n = OA \cdot \omega_O^2 = 2e\omega_O^2$$

$$a_r^n = \frac{v_r^2}{r} = \frac{\left(\dfrac{4}{\sqrt{3}}e\omega_O\right)^2}{\sqrt{3}\,e} = \frac{16}{3\sqrt{3}}e\omega_O^2$$

$$a_c = 2\omega_O v_r = 2\omega_O \times \frac{4}{\sqrt{3}}e\omega_O = \frac{8}{\sqrt{3}}e\omega_O^2$$

将这些量代入式(2)得

$$a_a = -a_e^n - \frac{a_r^n}{\cos\theta} + \frac{a_c}{\cos\theta} =$$

$$-2e\omega_O^2 - \frac{16}{3\sqrt{3}}e\omega_O^2 \times \frac{2}{\sqrt{3}} + \frac{8}{\sqrt{3}}e\omega_O^2 \times \frac{2}{\sqrt{3}} = -\frac{2}{9}e\omega_O^2$$

因此

$$v_{AB} = v_a = \frac{2}{\sqrt{3}}e\omega_O, \qquad a_{AB} = a_a = -\frac{2}{9}e\omega_O^2$$

负号说明 $\boldsymbol{a}_a$ 的实际方向与假设方向相反。

【例 6-8】 圆盘绕 AB 轴转动，其角速度 $\omega = 2t$ rad/s，点 M 沿圆盘半径离开中心向外缘运动，其运动规律为 $OM = 4t^2$ cm，OM 与轴 AB 成 60° 倾角，如图 6-16 所示。当 $t = 1$ s 时，圆盘位于铅垂面内，求此瞬时点 M 的绝对加速度。

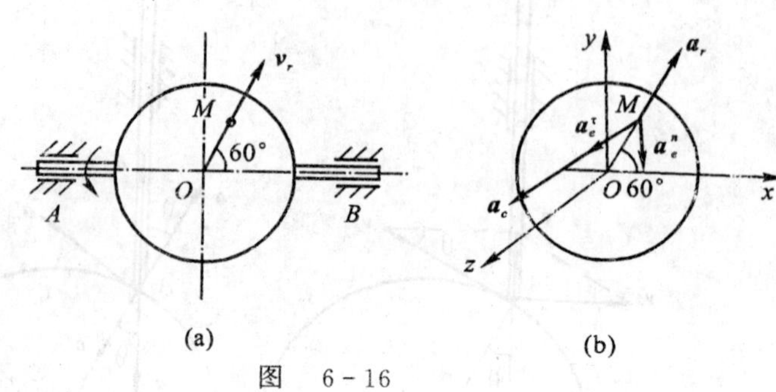

图 6-16

解 取 M 点为动点，动系固结在圆盘上，由于 $\boldsymbol{\omega}$ 与 $\boldsymbol{v}_r$ 不垂直，所以这是一个空间问题。速度分析如图 6-16 所示。

对于本题来说，为了求加速度，只需在速度分析中求出相对速度即可。根据题意，M 点的相对运动方程为

$$s_r = OM = 4t^2$$

所以，相对速度大小为

$$v_r = \frac{\mathrm{d}s_r}{\mathrm{d}t} = 8t \text{ cm/s}$$

方向沿 OM 向上，如图 6-16(a) 所示。

加速度分析如图 6-16 所示。由于 $\boldsymbol{a}_a$ 的大小方向均未知，则由式(6-16)可知

$$\boldsymbol{a}_{ax} + \boldsymbol{a}_{ay} + \boldsymbol{a}_{az} = \boldsymbol{a}_e^\tau + \boldsymbol{a}_e^n + \boldsymbol{a}_r + \boldsymbol{a}_c \tag{1}$$

式中 $a_e^\tau = h\varepsilon$，$a_e^n = h\omega^2$，$a_r = \dfrac{\mathrm{d}v_r}{\mathrm{d}t} = 8 \text{ cm/s}^2$，$a_c = 2\omega v_r \sin 60°$。

将式(1)分别向 x，y，z 轴上投影，得

$$a_{ax} = a_r \cos 60° \tag{2}$$

$$a_{ay} = a_r \sin 60° - a_e^n \tag{3}$$

$$a_{az} = a_e^\tau + a_c \tag{4}$$

注意到当 $t = 1$ s 时

$$a_r = 8 \text{ cm/s}^2$$

$$a_e^n = h\omega^2|_{t=1} = [OM\sin 60° \times (2t)^2]_{t=1} = (4t^2 \sin 60° \times 4t^2)_{t=1} = 8\sqrt{3} \text{ cm/s}^2$$

$$a_e^\tau = h\varepsilon|_{t=1} = \left(OM \times \sin 60° \times \frac{\mathrm{d}\omega}{\mathrm{d}t}\right)_{t=1} = (4t^2 \sin 60° \times 2)_{t=1} = 4\sqrt{3} \text{ cm/s}^2$$

$$a_c = 2\omega v_r \sin 60°|_{t=1} = (2 \times 2t \times 8t \times \sin 60°)_{t=1} = 16\sqrt{3} \text{ cm/s}^2$$

将上面各量代入到式(2)、(3)、(4)中,得

$$a_{ax}=4\ \mathrm{cm/s^2}$$

$$a_{ay}=-4\sqrt{3}\ \mathrm{cm/s^2}$$

$$a_{az}=20\sqrt{3}\ \mathrm{cm/s^2}$$

负号表示与假设的方向相反。

因此,点 M 的绝对加速度的大小为

$$a_a=\sqrt{a_{ax}^2+a_{ay}^2+a_{az}^2}=35.55\ \mathrm{cm/s^2}$$

其方向余弦为

$$\cos\alpha'=\frac{a_{ax}}{a_a}=0.112\,5$$

$$\cos\beta'=\frac{a_{ay}}{a_a}=0.194\,8$$

$$\cos\gamma'=\frac{a_{az}}{a_a}=0.974\,4$$

习　题

6-1　杆 OA 长 l,由推杆推动而在图面内绕点 O 转动,如题图 6-1 所示。假定推杆的速度为 $\boldsymbol{v}$,其弯头高为 a。试求杆端 A 的速度的大小(表示为由推杆至点 O 的的距离 x 的函数)。

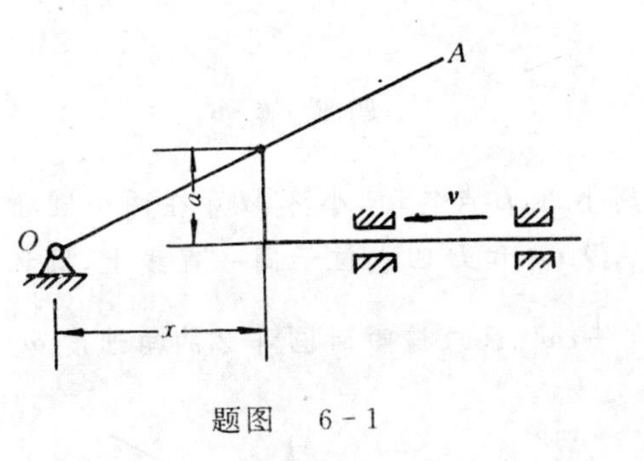

题图　6-1

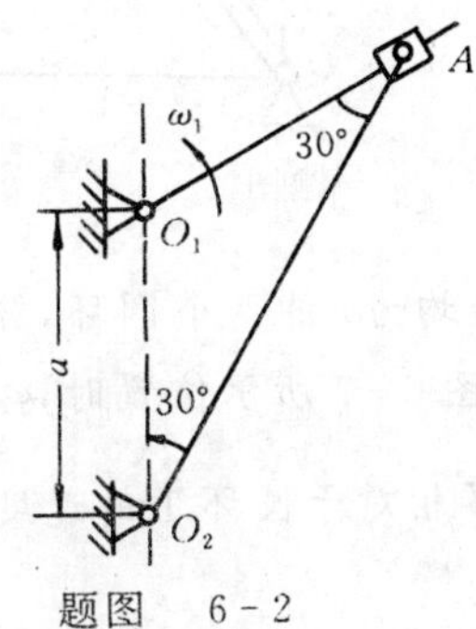

题图　6-2

6-2　题图 6-2 所示机构中,已知 $O_1O_2=a=200\ \mathrm{mm}$,$\omega_1=3\ \mathrm{rad/s}$。求图示位置时杆 O_2A 的角速度。

6-3　如题图 6-3 所示,摇杆机构的滑杆 AB 以等速 $\boldsymbol{v}$ 向上运动,初瞬时摇杆 OC 水平。摇杆长 $OC=a$,距离 $OD=l$。求当 $\varphi=\dfrac{\pi}{4}$ 时点 C 速度的大小。

6-4　如题图 6-4 所示机构,已知曲柄 $OA=r$ 以角速度 ω 绕 O 轴转动,构件 $BCDE$ 的 DE 段可在 $\varphi=30°$ 的滑道内滑动,CD 段水平,BC 段铅直。试求当 $\theta=30°$ 时,构件 $BCDE$ 上 B 点的速度。

6-5　直角曲杆 OCD 在题图 6-5 所示瞬时以角速度 ω_0(rad/s)绕 O 轴转动,使 AB 杆铅垂运动。已知 $OC=L$ (cm)。试求 $\varphi=45°$ 时,从动杆 AB 的速度。

6-6　曲柄滑道机构如题图 6-6 所示,$L=20\sqrt{3}\ \mathrm{cm}$;曲柄 $OA=20\ \mathrm{cm}$,以 $\omega=2\ \mathrm{rad/s}$

的匀角速度转动；连杆 AB 可在套筒内滑动，一端铰接于 A。试求图示位置($\varphi = 60°$，OA 铅直)时，套筒的角速度。

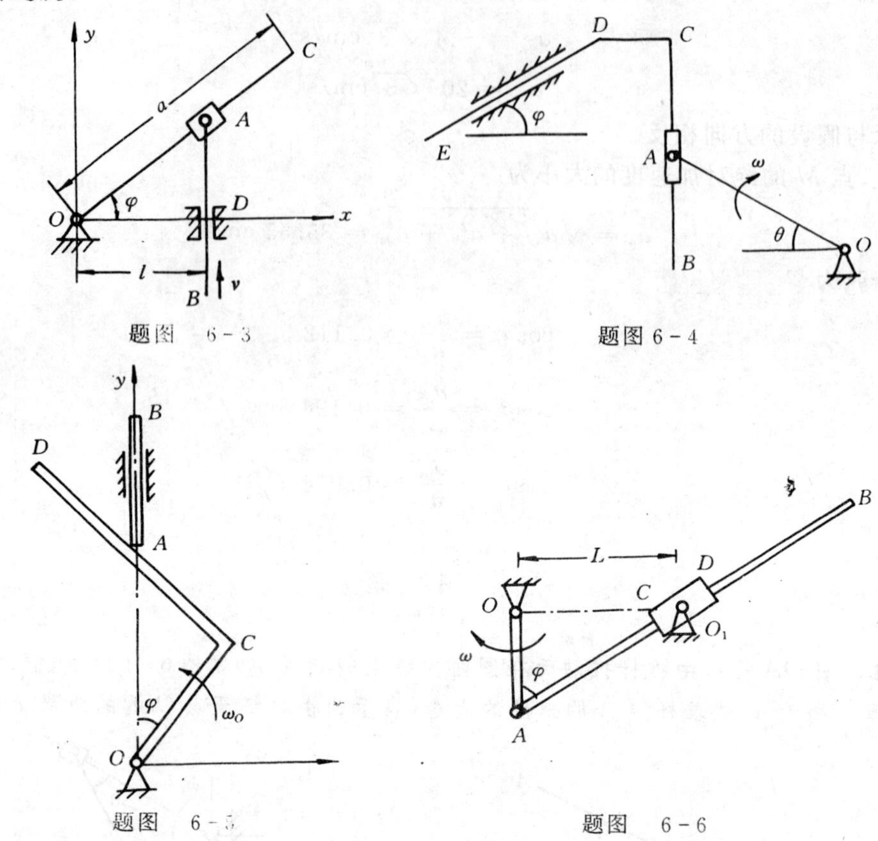

题图 6-3　　题图 6-4

题图 6-5　　题图 6-6

6-7　半径均为 r 的两个圆环，分别绕圆周上 A、B 点转动，小环 M 穿在两个圆环上。已知：$AB = 3r$，在题图 6-7 所示位置时，$\varphi = 30°$，A、O、O_1 和 B 四点位于同一直线上，圆环 1 的角速度为 ω_1，小环 M 相对于圆环 1 的速度为 $v_{r1} = \dfrac{1}{2}r\omega_1$。试求该瞬时圆环 2 的角速度 ω。

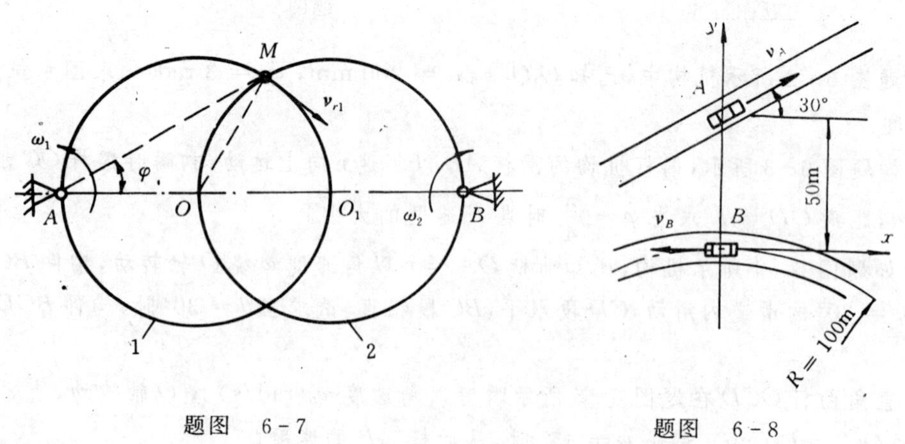

题图 6-7　　题图 6-8

6-8　题图6-8所示公路上行驶的两车速度都恒为 72 km/h。图示瞬时，在 A 车中的观察者看来，车 B 的速度、加速度应为多大？

6-9 题图 6-9 所示铰接四边形机构中，$O_1A = O_2B = 100\ \text{mm}$，又 $O_1O_2 = AB$，杆 O_1A 以等角速度 $\omega = 2\ \text{rad/s}$ 绕 O_1 轴转动。杆 AB 上有一套筒 C，此筒与杆 CD 相铰接。机构的各部件都在同一铅直面内。求当 $\varphi = 60°$ 时，杆 CD 的速度和加速度。

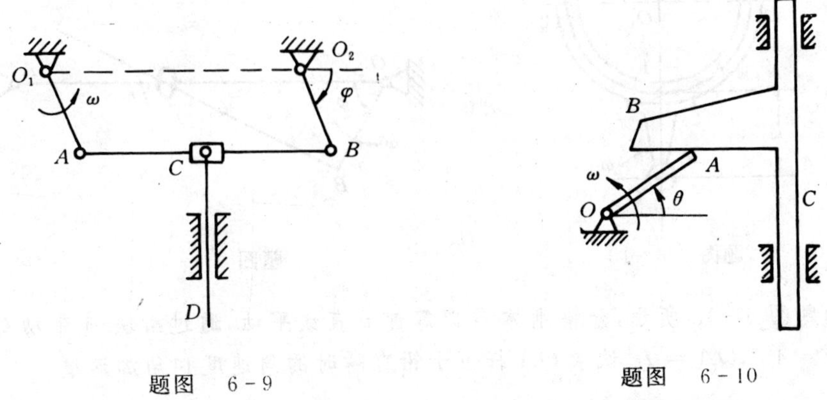

题图 6-9　　题图 6-10

6-10 如题图 6-10 所示，曲柄 OA 长 0.4 m 以等角速度 $\omega = 0.5\ \text{rad/s}$ 绕 O 轴逆时针转向转动。由于曲柄的 A 端推动水平板 B，而使滑杆 C 沿铅直方向上升。求当曲柄与水平线间的夹角 $\theta = 30°$ 时滑杆 C 的速度和加速度。

6-11 题图 6-11 所示偏心轮摇杆机构中，摇杆 O_1A 借助弹簧压在半径为 R 的偏心轮 C 上。偏心轮 C 绕轴 O 往复摆动，从而带动摇杆绕轴 O_1 摆动。设 $OC \perp OO_1$ 时，轮 C 的角速度为 ω，角加速度为零，$\theta = 60°$。求此时摇杆 O_1A 的角速度 ω_1 和角加速度 α_1。

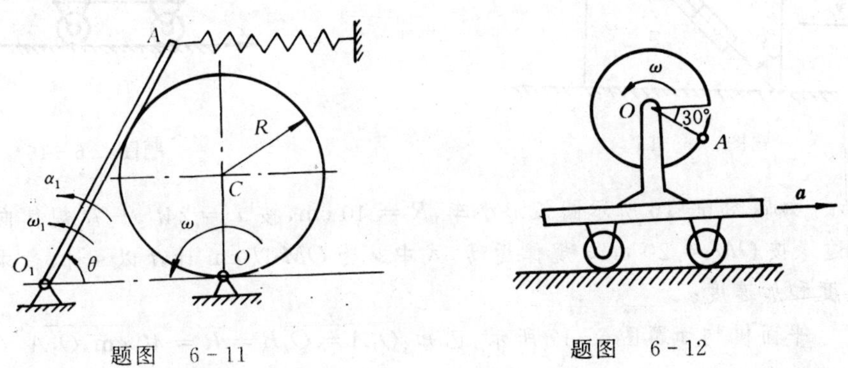

题图 6-11　　题图 6-12

6-12 小车沿水平方向向右作加速度运动，其加速度 $a = 0.493\ \text{m/s}^2$。在小车上有一轮绕 O 轴转动，转动的规律为 $\varphi = t^2$（t 以 s 计，φ 以 rad 计）。当 $t = 1\ \text{s}$ 时，轮缘上的点 A 的位置如题图 6-12 所示。如轮的半径 $r = 0.2\ \text{m}$，求此时点 A 的绝对加速度。

6-13 如题图 6-13 所示，半径为 r 的圆环内充满液体，液体按箭头方向以相对速度 $\boldsymbol{v}$ 在环内作匀速运动。如圆环以等角速度 ω 绕 O 轴转动，求在圆环内点 1 和点 2 处液体的绝对加速度的大小。

6-14 题图 6-14 所示直角曲杆 OBC 绕 O 轴转动，使套在其上的小环 M 沿固定直杆 OA 滑动。已知：$OB = 0.1\ \text{m}$，OB 与 BC 垂直，曲杆的角速度 $\omega = 0.5\ \text{rad/s}$，角加速度为零。求当

$\varphi = 60°$ 时小环 M 的速度和加速度。

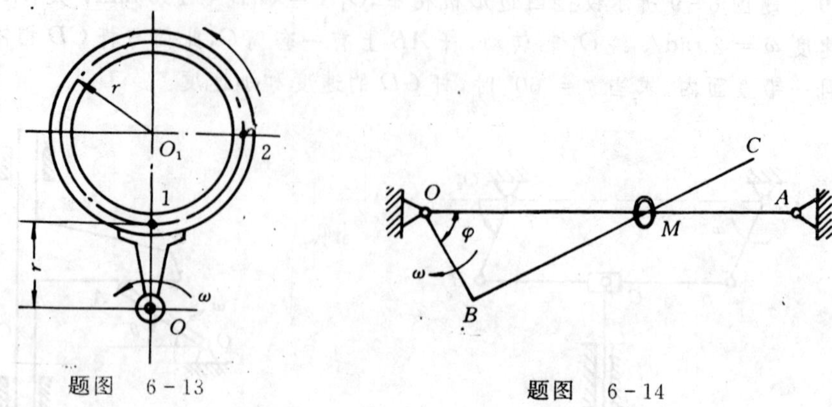

题图 6-13　　题图 6-14

6-15　如题图 6-15 所示，开槽刚体 B 以等速 v 直线平动，通过滑块 A 带动 OA 杆绕 O 轴转动。已知：$\varphi = 45°$、$OA = L$。试求 OA 杆位于铅直瞬时的角速度和角加速度。

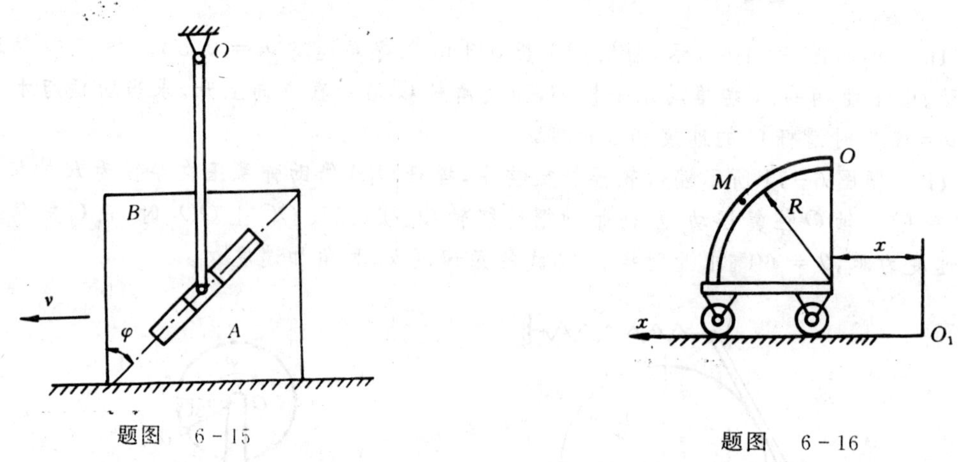

题图 6-15　　题图 6-16

6-16　如题图 6-16 所示圆弧形小车，$R = 40$ cm，按 $x = 24t^2 + 7t$ 规律向左运动，动点 M 沿圆弧边缘按 $OM = 20\pi t/3$ 规律运动，式中 x 为 OM 以 cm 计，t 以 s 计。试求 $t = 1$ s 时动点 M 的速度和加速度。

6-17　平面机构如题图 6-17 所示。已知：$O_1A = O_2B = R = 40$ cm，$O_1A \parallel O_2B$，O_1A 按 $\varphi = \pi t^2/24$ 规律绕轴 O_1 转动，动点 M 沿方形的铅垂边按规律 $OM = 3t^3 + 5t$ 运动，式中 φ 以 rad 计，OM 以 cm 计，t 以 s 计。试求 $t = 2$ s 时动点 M 的速度和加速度。

6-18　半径 $r = 400$ mm 的半圆形凸轮 A，水平向右作匀加速度运动，$a_A = 100$ mm/s²，推动 BC 杆沿 $\varphi = 30°$ 的导槽运动。在题图 6-18 所示位置时，$\theta = 60°$，$v_A = 200$ mm/s。试求该瞬时 BC 杆的加速度。

6-19　题图 6-19 所示小环 M 套在固定半圆环和直杆 AB 上。已知：$r = 12$ cm，AB 杆作平动。在图示位置 MC 与铅垂直线夹角 $\varphi = 30°$ 时，AB 杆的速度 $v = 3$ cm/s，加速度 $a = 3$ cm/s²，方向均向右。试求该瞬时小环 M 相对于 AB 杆的速度和加速度。

6-20　边长为 $2R$ 的正方形板，以匀角速度 $\omega = 4$ rad/s 绕 O_1 轴转动。板上有一个半径为

R 的半圆形槽，如题图 6－20 所示。动点 M 沿槽以 $OM = b = 30\pi\cos(\pi t/6)$ 的规律运动，式中 b 以 cm 计，t 以 s 计。已知：$R = 60$ cm，当 $t = 3$ s 时，板处于图示位置。试求该瞬时动点 M 的绝对加速度。

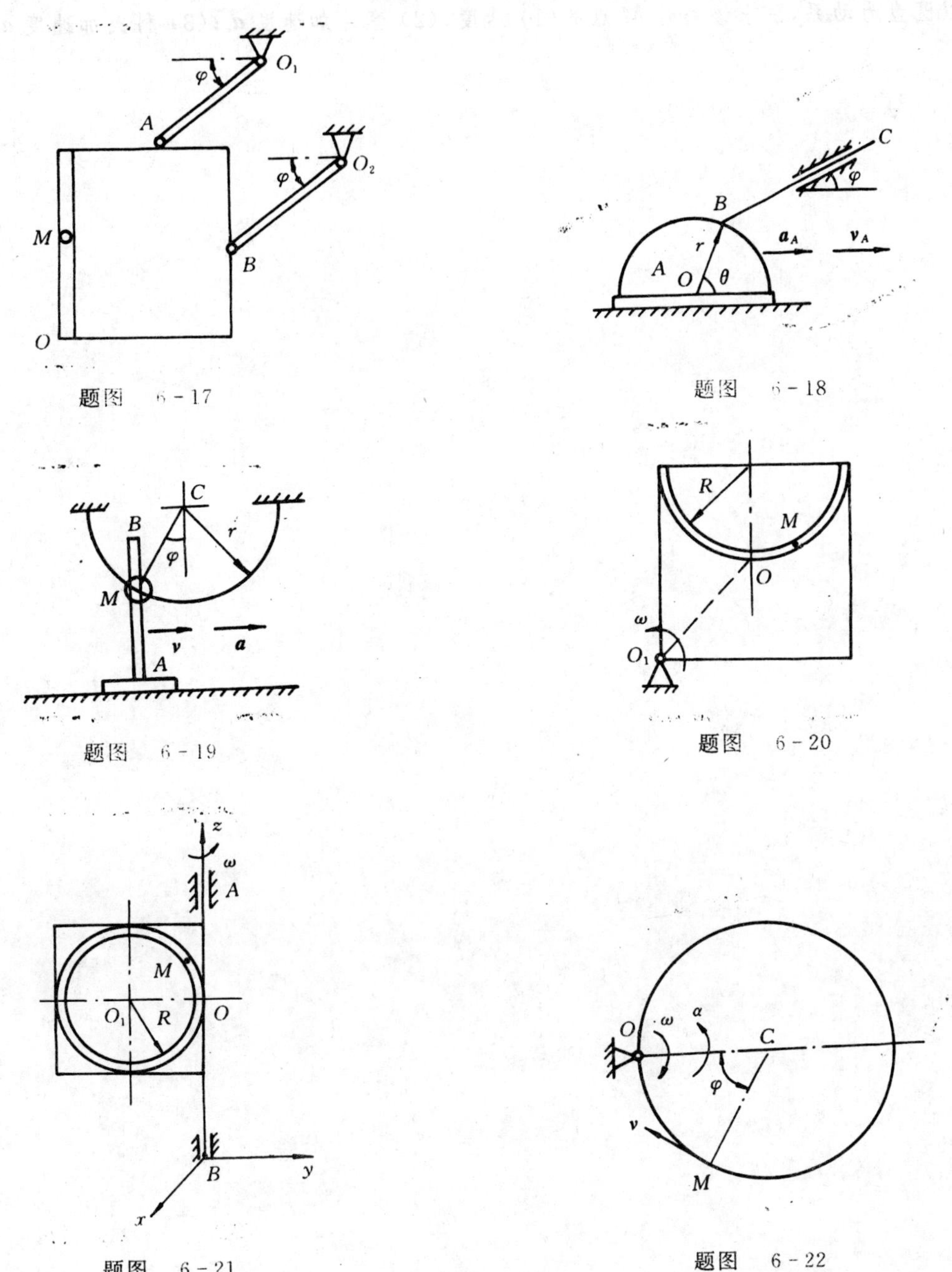

题图 6－17

题图 6－18

题图 6－19

题图 6－20

题图 6－21

题图 6－22

6－21 边长为 $2R$ 的正方形板，绕一边的铅垂轴 AB 以 $\omega = 4$ rad/s 作匀角速度转动，板上有半径为 $R = 40$ cm 的圆形槽，动点 M 按 $\overset{\frown}{O_0M} = L = 40\pi\cos(\pi t/6)$ 的规律运动，其中 L 以 cm 计，t 以 s 计。当 $t = 2$ s 时，正方形板位于题图 6－21 所示位置。若取正方形为动坐标系，试

求该瞬时动点 M 的相对加速度、牵连加速度和科氏加速度。

6-22 半径 $r=5\ \mathrm{cm}$ 的圆盘绕垂直盘面的 O 轴转动，动点 M 相对圆盘沿圆周以匀速率 $v=10\ \mathrm{cm/s}$ 运动。已知某瞬时圆盘在题图 6-22 所示位置，$\varphi=60°$，$\omega=2\ \mathrm{rad/s}$，$\alpha=3\ \mathrm{rad/s^2}$。若以圆盘为动系，试求该瞬时 M 点的(1) 速度；(2) 牵连加速度 $\boldsymbol{a}_e$；(3) 科氏加速度 $\boldsymbol{a}_c$。

第七章　刚体的平面运动

§7－1　刚体平面运动的基本概念及平面运动的描述

1. 刚体平面运动的定义

刚体运动时，如果刚体内任一点到某一固定平面的距离始终保持不变，则这种运动称为刚体的平面运动。

刚体的平面运动是工程中常见的一种运动，例如车轮沿直线轨道滚动（图 7－1）和曲柄连杆机构中连杆 AB 的运动（图 7－2）都是刚体平面运动的实例。

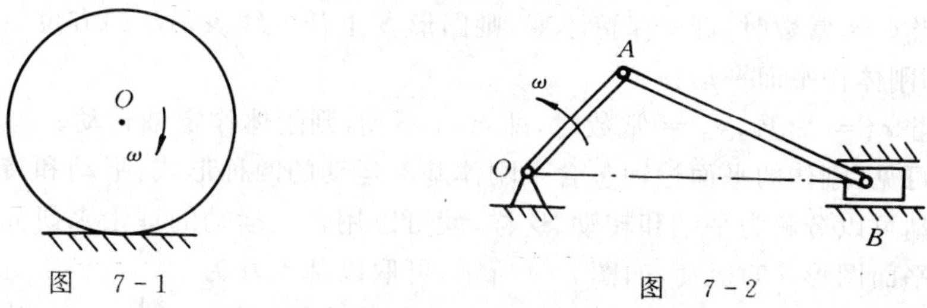

图　7－1　　　　图　7－2

2. 刚体平面运动的简化

设有一刚体作平面运动，刚体内任一点到固定平面 Ⅰ 的距离始终保持不变。现取一个平行于固定平面 Ⅰ 的平面 Ⅱ 截割刚体，得到一平面图形 S，如图 7－3 所示。当刚体作平面运动时，平面图形 S 始终在平面 Ⅱ 内运动。因此，把平面 Ⅱ 称为平面图形 S 的自身平面。如果在平面图形 S 上任取一点 A，通过 A 作垂直于图形 S 的直线 A_1A_2，显然，直线 A_1A_2 的运动是平动，直线 A_1A_2 上各点的运动与图形 S 上 A 点的运动完全相同。因此，图形 S 上点 A 的运动就可以代表直线 A_1A_2 上所有各点的运动。同理，图形 S 上其余各点 $B,C,\cdots$ 的运动也可以分别代表刚体内与图形 S 相垂直的直线 B_1B_2，C_1C_2，⋯ 的运动。由此可知，图形 S 上各点的运动就可以代表整个刚体的运动。于是，刚体的平面运动就可以简化为平面图形 S 在平面 Ⅱ 内的运动。也就是说，把对刚体平面运动的研究简化为对平面图形 S 在它自身平面内的运动来研究。

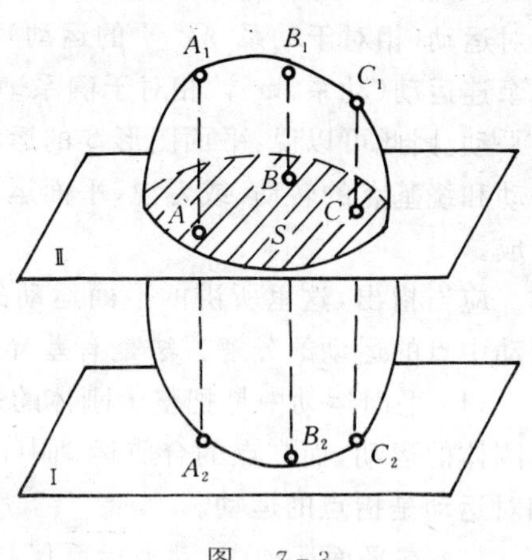

图　7－3

3. 刚体平面运动方程

由上述简化可知，确定了平面图形 S 任意瞬时 t 的位置，也就确定了平面运动刚体的运动规律。为此，只须确定平面图形 S 内任一线段 AB 的位置即可。在图形 S 所在平面内取静坐标系 Oxy，如图 7-4 所示，则线段 AB 的位置可由线段上一点 A 的坐标 x_A，y_A 和线段 AB 对于 x 轴的转角 φ 来表示。所选点 A 称为基点。当图形 S 在平面内运动时，基点 A 的坐标 x_A，y_A 和 φ 角都随时间而变化，即

$$\left.\begin{aligned} x_A &= f_1(t) \\ y_A &= f_2(t) \\ \varphi &= f_3(t) \end{aligned}\right\} \tag{7-1}$$

这就是刚体平面运动的运动方程，简称刚体平面运动方程。通过式(7-1)可以完全确定平面运动刚体的运动学特征。

4. 平面运动的分解

从式(7-1)可以看到两种特殊情况：

(1) 当 $\varphi =$ 常数时，即 φ 保持不变，则图形 S 上任一线段 AB 的方位始终与其原来的位置相平行，即刚体作平面平动；

(2) 当 $x_A =$ 常数，$y_A =$ 常数时，即点 A 不动，则刚体作定轴转动。

由此可见，刚体的平面运动包含了刚体基本运动的两种形式：平动和转动。也就是说，平面图形的运动可以分解为平动和转动。这样，就可以用合成运动的理论来研究刚体的平面运动。

对于平面图形 S 的运动，如图 7-4 所示，可取以基点 A 为原点的动坐标系 $Ax'y'$，动系只是在其原点 A 与图形相铰接，而动坐标轴 x'，y' 的方向分别始终与固定坐标轴 x，y 平行，即动系 $Ax'y'$ 是一个平动坐标系。于是，图形 S 的绝对运动(相对于静系 xOy 的运动)就是我们所研究的平面运动，它的相对运动(相对于动系 $Ax'y'$ 的运动)是绕基点 A 的转动，它的牵连运动(动系 $Ax'y'$ 相对于静系 xOy 的运动)是随基点 A 的平动。因此可以说：平面图形 S 的运动可以分解为随基点的平动和绕基点的转动。或者说，平面运动可视为平动与转动的合成。

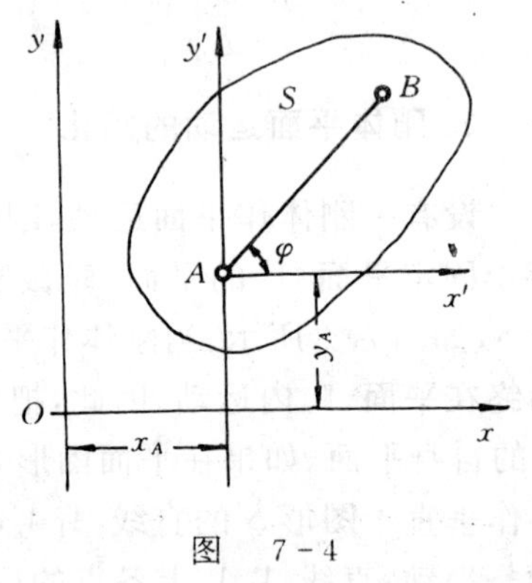

图 7-4

应当指出，这里所讲的平面运动的分解方法与点的合成运动中点的运动的分解方法是有差异的，主要不同之处在于：

(1) 平面运动中是把整个刚体的运动加以分解，因此，这里所讲的绝对运动和相对运动是指刚体的运动，而在点的合成运动中，是把一个点的运动加以分解，在那里所讲的绝对运动和相对运动是指点的运动。

(2) 在平面运动中，动坐标系仅与图形 S 上某一点铰接，因而图形相对于动坐标系可以转动；在点的合成运动中，动坐标系通常固结在某个物体上，因而这个物体相对于动坐标系是没有运动的。

5. 平面运动的分解与基点选择的关系

由于动坐标系是铰接在基点 A 上的，所以，动坐标系平动的速度和加速度就等于基点 A 的速度和加速度。因此，基点 A 的运动就代表了作平动的动坐标系的运动。但是，图形 S 上各点的运动轨迹、速度和加速度是各不相同的，又因为在上述的运动分解中，对基点的选择未作限制，就是说，基点的选择是任意的。所以，选择不同的基点，图形 S 将获得不同的牵连速度和牵连加速度。可见，平面图形 S 随基点平动的速度和加速度与基点的选择有关。

对于图形 S 相对于动坐标系转动的角速度和角加速度是否与基点的选择有关，我们可以通过下面的证明来回答这个问题。

设图形 S 上的任一线段在瞬时 t 和 t' 的位置分别为 AB 和 $A'B'$，它们表示图形 S 在这两个瞬时的位置，如图 7-5 所示。若选 A 为基点，在 Δt 时间间隔内，线段 AB 随基点平动到位置 $A'B''$，然后绕基点 A 转过角度 $\Delta\varphi_A$ 达到位置 $A'B'$；若选 B 为基点，则在 Δt 时间间隔内，线段 AB 随基点 B 平动到位置 $A''B'$，然后绕基点 B 转过 $\Delta\varphi_B$ 也达到位置 $A'B'$。无论是点是 A 还是 B，图形 S 的牵连运动都是平动，因此，$A'B'' \parallel AB$，$A''B' \parallel AB$，所以 $A'B'' \parallel A''B'$，由此可得

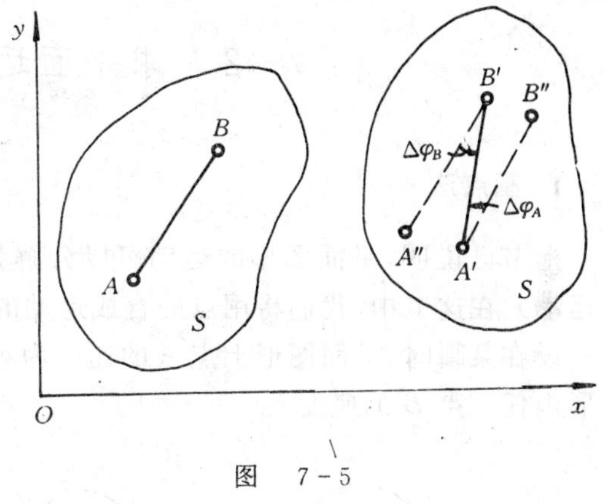

图 7-5

$$\Delta\varphi_A = \Delta\varphi_B$$

且转向相同。当 $\Delta t \to 0$ 时，有

$$\lim_{\Delta t\to 0}\frac{\Delta\varphi_A}{\Delta t} = \lim_{\Delta t\to 0}\frac{\Delta\varphi_B}{\Delta t}$$

即

$$\omega_A = \omega_B$$

上式再对 t 求导，则有

$$\alpha_A = \alpha_B$$

由此可知，在同一瞬时，图形 S 无论是绕基点 A 转动，还是绕基点 B 转动，图形的角速度都是相等的，角加速度也是相等的。这说明，图形相对于动坐标系转动的角速度与角加速度与基点的选择无关。因此，以后只说"图形的角速度和角加速度"，而不必指明基点。

综上所述，可以得出结论：平面运动可以分解为随基点的平动和绕基点的转动，其中平动的速度和加速度与基点的选择有关，而转动的角速度和角加速度与基点的选择无关。

最后还需指出，按照合成运动的观点，图形 S 绕基点转动的角速度和角加速度应该是相对角速度 ω_r 和相对角加速度 α_r，它们与绝对角速度 ω_a 和绝对角加速度 α_a 有什么关系呢？限于篇幅，这里只作一简要说明。因为动坐标系作平动，且 x'，y' 与 x，y 始终平行，因此，图形相对于动系的转角也就是相对于静系的转角，即

$$\Delta\varphi_a = \Delta\varphi_r$$

因此有

$$\lim_{\Delta t\to 0}\frac{\Delta\varphi_a}{\Delta t}=\lim_{\Delta t\to 0}\frac{\Delta\varphi_r}{\Delta t}$$

由定义得

$$\omega_a=\omega_r$$

上式再对时间求导，得

$$\alpha_a=\alpha_r$$

由此得出结论：当把刚体的平面运动分解为随基点的平动和绕基点的转动时，其转动角速度和角加速度既是绝对运动量，又是相对运动量。在这种情况下，只说"刚体（或平面图形）的角速度和角加速度"，而不必指明是绝对量还是相对量。

§7-2 求平面运动刚体内各点的速度

1. 基点法

上节已说明，平面图形的运动可以分解为随基点的平动（牵连运动）和绕基点的转动（相对运动）。在这节中，我们将用点的合成运动的观点来分析平面图形内各点速度之间的关系。

设在某瞬时，平面图形上点 A 的速度为 $\boldsymbol{v}_A$，平面图形的角速度为 ω，如图 7-6 所示，求平面图形内任一点 B 的速度 $\boldsymbol{v}_B$。

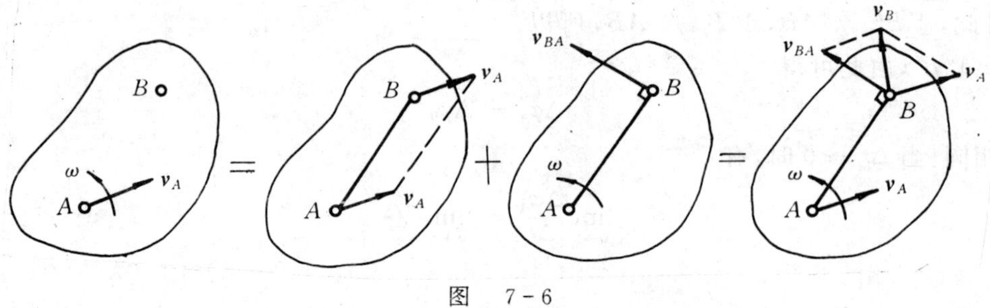

图 7-6

由于点 A 的运动已知，所以取点 A 为基点，点 B 为动点，铰接在点 A 的平动坐标系为动系。因此，点 B 的运动就可看成是牵连运动为平动而相对运动为绕基点（相对于平动坐标系）的圆周运动这两种运动的合成，其绝对运动是平面曲线运动。根据速度合成定理，可得 B 点的绝对速度为

$$\boldsymbol{v}_B=\boldsymbol{v}_e+\boldsymbol{v}_r$$

由于点 B 的牵连运动是动坐标系随基点 A 的平动，所以牵连速度为

$$\boldsymbol{v}_e=\boldsymbol{v}_A$$

而点 B 的相对运动是以基点 A 为圆心、半径为 AB 的圆周运动，所以，相对速度就是平面图形绕点 A 转动时点 B 的速度，用 $\boldsymbol{v}_{BA}$ 表示，即

$$\boldsymbol{v}_r=\boldsymbol{v}_{BA}$$

其大小为

$$v_r = v_{BA} = AB \cdot \omega$$

方向垂直于 AB,指向由 ω 的转向确定。因此,点 B 的速度可表示为

$$\boldsymbol{v}_B = \boldsymbol{v}_A + \boldsymbol{v}_{BA} \tag{7-2}$$

式(7-2)表明,平面图形内任一点的速度等于基点的速度与该点绕基点转动的速度的矢量和。这一求平面图形上任一点速度的方法称为基点法,也称为速度合成法,如图 7-6 所示。

2. 速度投影法

式(7-2)表明了平面图形上任意两点的速度之间的关系。根据此式,还可以得出同一刚体上两点速度的另一种关系。

将式(7-2)向 AB 连线上投影,如图 7-7 所示。得

$$v_B\cos\beta = v_A\cos\theta + v_{BA}\cos 90°$$

即

$$v_B\cos\beta = v_A\cos\theta \tag{7-3a}$$

或

$$(\boldsymbol{v}_B)_{AB} = (\boldsymbol{v}_A)_{AB} \tag{7-3b}$$

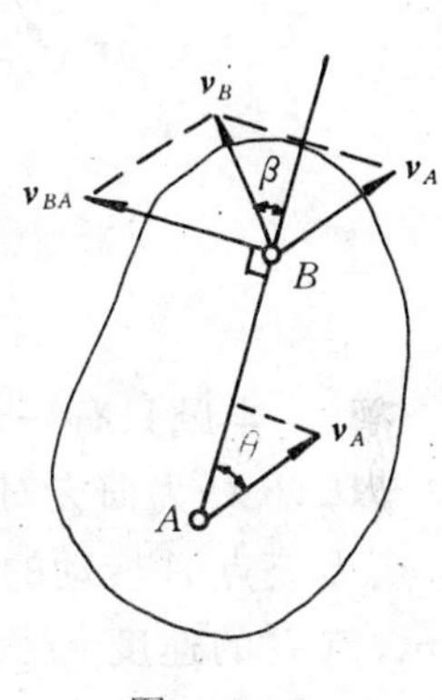

图 7-7

这就是速度投影定理,即平面图形上任意两点的速度在这两点连线上的投影彼此相等。这个定理反映了刚体的特性,因为刚体上任意两点之间的距离始终保持不变,因此,任意两点的速度在连线上的投影必须相等。否则,这两点的距离就要改变,那就不成其为刚体了。这个定理不仅适用于刚体的平面运动,而且也适用于刚体其他任何形式的运动。

在用基点法与速度投影法求解速度时,应注意以下几点:

(1) 由于式(7-2)就是速度合成定理用于平面运动刚体的结果,所以,在式(7-2)中,对于 $\boldsymbol{v}_A$, $\boldsymbol{v}_B$ 和 $\boldsymbol{v}_{BA}$ 的大小、方向 6 个量,如果知道其中任意 4 个量,便可求出其余两个未知量。求解的一个显著特点是基点与待求点在同一刚体上。求解可用几何法,也可用解析法。应用几何法作速度平行四边形时,一定要保证绝对速度 $\boldsymbol{v}_B$ 是对角线。应用解析法将式(7-2)向坐标轴投影时,由于式(7-2)是一个矢量合成关系式,所以应满足合矢量投影定理。

(2) 一般说来,尽可能选运动已知点为基点。

(3) 速度投影定理式(7-3)只表明了平面图形上任意两点的绝对速度之间的关系,而不包含相对速度,即不包含图形的角速度 ω。所以,式(7-3)不能用于求图形的角速度 ω。但它也带来了方便:如果已知平面图形上一点速度的大小和方向,又知另一点速度的方向,则可在图形角速度 ω 未知的情况下,求出另一点的速度。式(7-3)是一个代数方程,所以只能求一个未知量。

一般说来,基点法和速度投影法的解题步骤如下:

(1) 根据题意,分析各刚体的运动,哪些刚体作平动,哪些刚体作定轴转动,哪些刚体作平面运动;

(2) 选取作平面运动的刚体为研究对象,选取基点,进行速度分析;研究作平面运动的刚体上哪一点速度的大小和方向是已知的,哪一点速度的大小和方向是未知的,判断问题是否可解;

(3) 应用基点法式(7－2)或速度投影定理式(7－3)求解未知量。

【例 7－1】 直杆 AB 的长度是 $l=20$ cm，它的两端分别沿相互垂直的两条固定直线滑动，如图 7－8(a) 所示。在图示位置，A 端速度 $v_A=2$ cm/s，杆 AB 与水平线的夹角恰好为 30°。求解该瞬时 B 端的速度 $\boldsymbol{v}_B$ 和杆 AB 的角速度 ω。

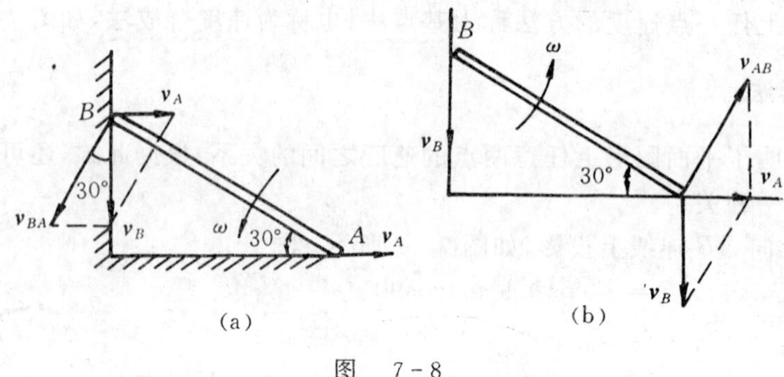

图 7－8

解 本题只有一个物体，即 AB 杆，它作平面运动。

以 AB 杆为研究对象，取点 A 为基点，基点 A 的速度 $\boldsymbol{v}_A$ 已知，大小为 2 cm/s，方向水平向右；点 B 绕点 A 转动的相对速度 $\boldsymbol{v}_{BA}$，其大小 $v_{BA}=l\omega$ 未知，方向垂直于 AB，指向如图 7－8(a) 所示；点 B 的速度 $\boldsymbol{v}_B$ 大小未知，方向铅直向下。

根据上面的分析，由基点法可知

	$\boldsymbol{v}_B$	= $\boldsymbol{v}_A$	+ $\boldsymbol{v}_{BA}$
大小	?	√(2 cm/s)	?($l\omega$)
方向	√(↓)	√(→)	√(⊥ AB)

式中只有两个未知量，可解。

根据基点法作出点 B 速度合成的平行四边形，如图 7－8(a) 所示，由图中几何关系可得

$$v_B=v_A\cot 30^\circ=2\times\sqrt{3}=3.464\ \text{cm/s}$$

$$v_{BA}=\frac{v_A}{\sin 30^\circ}=4\ \text{cm/s}$$

于是

$$\omega=\frac{v_{BA}}{AB}=\frac{4}{20}=0.2\ \text{rad/s}$$

根据 $\boldsymbol{v}_{BA}$ 的方向和基点 A 的位置，可以判定角速度 ω 是逆时针转向。

在这个题的求解中，其中求 v_B 这个量时可用速度投影定理，由图中几何关系可得

$$v_B\cos 60^\circ=v_A\cos 30^\circ$$

由此求得 v_B。

这个题也可选点 B 为基点，这时由基点法可得

$$\boldsymbol{v}_A=\boldsymbol{v}_B+\boldsymbol{v}_{AB}$$

点 A 的速度合成图如图 7－8(b) 所示。由图中几何关系可求得 $\boldsymbol{v}_B$，$\boldsymbol{v}_{AB}$ 与 ω，其结果与以 A 为基点时完全相同。

本题若用解析法求解也很方便，请读者自己完成。

【例 7-2】 四连杆机构如图 7-9 所示。曲柄 OA 长为 75 mm，以等角速度 $\omega_0 = 2$ rad/s 绕点 O 逆时针转动。试求当 OA 水平、摇杆 BC 铅直时，连杆 AB 和摇杆 BC 的角速度 ω_{AB} 和 ω_{BC}。

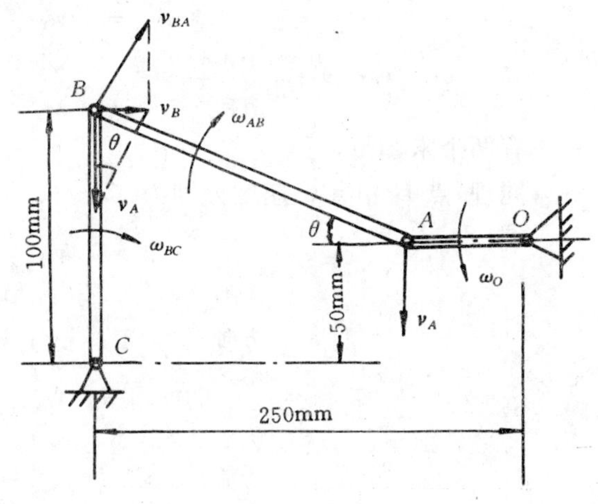

图 7-9

解 曲柄 OA 绕点 O 作定轴转动，摇杆 BC 绕点 C 摆动，连杆 AB 作平面运动。

以连杆 AB 为研究对象，选点 A 为基点。这样，基点 A 的速度 $\boldsymbol{v}_A$ 已知，大小为 $v_A = OA \cdot \omega_0 = 150$ mm/s，方向垂直于 OA，指向如图；点 B 相对于点 A 作圆周运动的速度 $\boldsymbol{v}_{BA}$ 的大小 $v_{BA} = AB \cdot \omega_{AB}$ 未知，方向垂直于 AB，指向假定如图 7-9 所示；点 B 绝对速度 $\boldsymbol{v}_B$ 的大小未知，方向垂直于 BC，指向如图示。

根据上面的分析，由基点法可知

	$\boldsymbol{v}_B$	=	$\boldsymbol{v}_A$	+	$\boldsymbol{v}_{BA}$
大小	?		√($OA \cdot \omega_0$)		?($AB \cdot \omega_{AB}$)
方向	√(⊥ BC)		√(⊥ OA)		√(⊥ AB)

式中只含有两个未知量，可解。

要求 ω_{AB} 和 ω_{BC}，须先解出 v_{BA} 和 v_B。为此，根据基点法作出点 B 速度合成的平行四边形，如图 7-9 所示，由几何关系得

$$v_B = v_A \tan\theta$$

$$v_{BA} = \frac{v_A}{\cos\theta}$$

所以

$$\omega_{AB} = \frac{v_{BA}}{AB} = \frac{v_A}{\cos\theta} \frac{1}{\dfrac{250-70}{\cos\theta}} = \frac{6}{7} \quad \text{rad/s}$$

$$\omega_{BC} = \frac{v_B}{BC} = v_A \tan\theta \frac{1}{100} = \frac{v_A}{100} \times \frac{100-50}{250-70} = \frac{3}{7} \ \text{rad/s}$$

【例 7-3】 图 7-10 所示车轮沿直线轨道作无滑动滚动（即纯滚动），已知车轮半径 $r = 60$ cm，转速 $n = 50$ r/min，轮心 O 的速度大小为 $v_0 = 314$ cm/s，方向水平向右。求图示位置轮缘上 A,B,C 三点的速度。

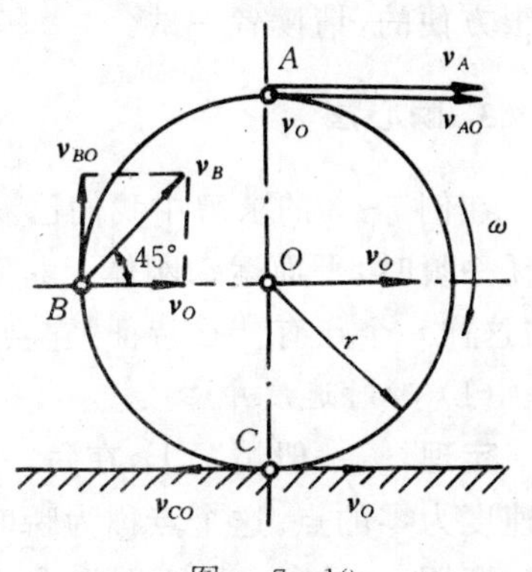

图 7-10

解 本题只有一个车轮，该轮作平面运动。

以车轮为研究对象，以点 O 为基点。于是，轮缘上 A，B,C 三点随基点平动的速度均等于 $\boldsymbol{v}_O$，相对于基点 O 作圆周运动的角速度 $\omega = \dfrac{n\pi}{30}$，所以，$A,B,C$ 三点绕 O 转动的相对速度的方向如图7-10 所示，它们的大小均为

$$v_{AO} = v_{BO} = v_{CO} = r\omega = r\frac{n\pi}{30} = 314 \text{ rad/s}$$

由基点法可得 A 点速度为

	$\boldsymbol{v}_A$	$=$	$\boldsymbol{v}_O$	$+$	$\boldsymbol{v}_{AO}$	
大小	?		✓(314 cm/s)		✓($r\omega$)	(1)
方向	?		✓(→)		✓($\perp OA$)	

式中有两个未知量,可解。

同理,点 B 和点 C 速度分别为

	$\boldsymbol{v}_B$	$=$	$\boldsymbol{v}_O$	$+$	$\boldsymbol{v}_{BO}$	
大小	?		✓(314 cm/s)		✓($r\omega$)	(2)
方向	?		✓(→)		✓($\perp OB$)	

	$\boldsymbol{v}_C$	$=$	$\boldsymbol{v}_O$	$+$	$\boldsymbol{v}_{CO}$	
大小	?		✓(314 cm/s)		✓($r\omega$)	(3)
方向	?		✓(→)		✓($\perp OC$)	

式(2) 和(3) 中也都只含有两个未知量,可解。

根据式(1) 作点 A 速度合成的平行四边形,由速度分析可知,$\boldsymbol{v}_O$ 与 $\boldsymbol{v}_{AO}$ 沿同一直线,且指向相同,所以,这种情况下的速度平行四边形退化为共线的三矢量,于是

$$v_A = v_O + v_{AO} = 628 \text{ cm/s}$$

其方向垂直于 OA,指向如图 7-10 所示。

根据式(2) 作点 B 速度合成的平行四边形,如图 7-10 所示,由几何关系得

$$v_B = \sqrt{v_O^2 + v_{BO}^2} = \sqrt{314^2 + 314^2} = 444 \text{ cm/s}$$

其方向与水平线 BO 成 $45°$ 角,指向如图 7-10 所示。

由式(3) 作点 C 速度合成的平行四边形,由速度分析可知,$\boldsymbol{v}_O$ 与 $\boldsymbol{v}_{CO}$ 沿同一直线,但指向相反,所以,速度平行四边形退化为共线的三矢量,于是

$$v_C = v_O - v_{CO} = 0$$

上 式表明,车轮作纯滚动时,轮缘上与轨道接触点的速度为零。事实上,轨道上的点总是不动的,其速度为零。由于车轮没有滑动,轮缘与轨道相互接触的点应具有相同的速度,所以,点 C 的速度也必定为零。

由于 A,B,C 三点的速度在求解前其大小和方向均未知,因此,这种情况用解析法求解也是很方便的,请读者一试。

3. 瞬心法

在例 7-3 的求解中我们已看到,在轮缘上与轨道接触的点 C 其速度为零。现在的问题是,在任一瞬时,平面运动刚体上是否一定存在一个速度为零的点?如果存在,应该怎样寻找这个点?这样一个点有什么特征?它会给运动分析带来什么方便?这里将详细讨论这几个问题。

(1) 瞬时速度中心

定理 一般情况下,在每一瞬时,平面图形内或平面图形的扩展部分上,都惟一地存在一个速度为零的点。这个点称为瞬时速度中心,简称瞬心。

证明 设有一平面图形 S,如图 7-11 所示。取图形上的点 A 为基点,它的绝对速度为 $\boldsymbol{v}_A$,图形的角速度为 ω,转向如图 7-11 所示。由基点法,图形上任一点 M 的速度可按下式计算

$$\boldsymbol{v}_M = \boldsymbol{v}_A + \boldsymbol{v}_{MA}$$

如果点 M 在 $\boldsymbol{v}_A$ 的垂线 AN 上（由 $\boldsymbol{v}_A$ 顺 ω 的转向转 90° 就是 AN，如图 7－11 所示），由图中可以看出，$\boldsymbol{v}_A$ 和 $\boldsymbol{v}_{MA}$ 在同一直线上，而方向相反，故 $\boldsymbol{v}_M$ 的大小为

$$v_M = v_A - v_{MA} = v_A - AM \cdot \omega$$

由上式可知，随着点 M 在垂线 AN 上的位置不同，v_M 的大小也不同。那么，总可以找到一点 C，在这点上

$$|\boldsymbol{v}_{CA}| = |\boldsymbol{v}_A|$$

即

$$AC \cdot \omega = v_A$$

于是

$$v_C = v_A - AC \cdot \omega = 0$$

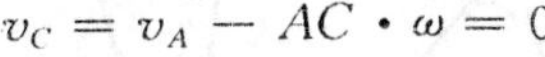

由此定理得证。

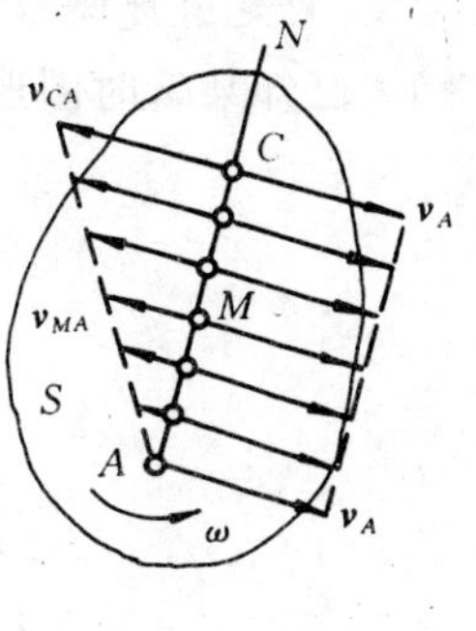

图 7－11

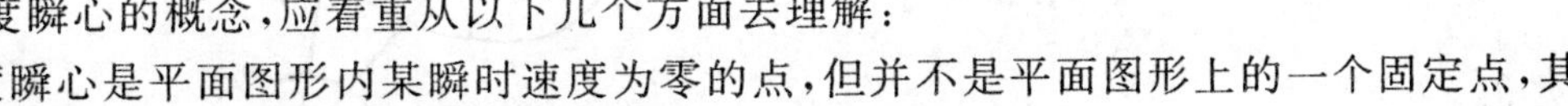

关于速度瞬心的概念，应着重从以下几个方面去理解：

1） 速度瞬心是平面图形内某瞬时速度为零的点，但并不是平面图形上的一个固定点，其位置随时间而变化，在不同瞬时有不同的位置；

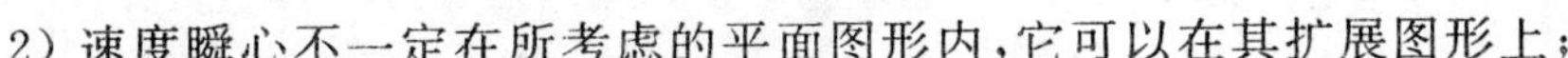

2）速度瞬心不一定在所考虑的平面图形内，它可以在其扩展图形上；

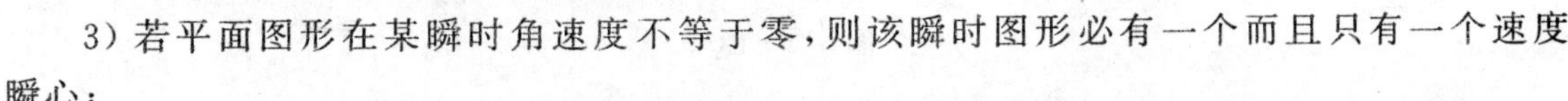

3）若平面图形在某瞬时角速度不等于零，则该瞬时图形必有一个而且只有一个速度瞬心；

4） 若平面图形在运动中的某瞬时角速度等于零，则该瞬时图形的运动称为瞬时平动。其特点是该瞬时图形上各点的速度大小相等，方向相同；

5）对运动中的平面图形，速度瞬心只是其速度为零，而其加速度不为零。如果平面图形在运动中速度瞬心的加速度也为零的话，则该点一定是个固定点。于是，平面图形的运动就是定轴转动而不是平面运动了；

6） 速度瞬心是相对于一个平面运动刚体而定义的，不同的平面运动刚体，同一时刻各有各的速度瞬心。

（2）瞬心法

如果我们以某瞬时的速度瞬心 C 为基点，则此瞬时基点的速度 $\boldsymbol{v}_C = 0$，所以，由基点法求得平面图形内任一点 P 的速度为

$$\boldsymbol{v}_P = \boldsymbol{v}_{PC}$$

由此得出结论：平面图形内任一点的速度等于该点随图形绕速度瞬心 C 转动的速度，其大小为

$$v_P = PC \cdot \omega$$

它的方向垂直于 PC，指向由 ω 的转向确定。由此可知，平面图形上各点速度在某瞬时分布规律与图形绕定轴转动时的分布规律相同，如图 7－12 所示。于是，平面图形的运动可以看成是绕速度瞬心的瞬时转动，因而速度瞬心又称为

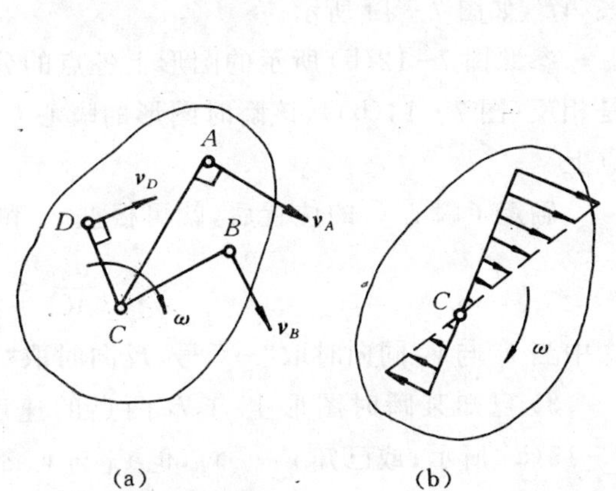

图 7－12

瞬时转动中心。

选择速度瞬心作为基点来求图形上任一点的速度，较选其它点为基点方便。这种利用速度瞬心求速度的方法称为速度瞬心法，简称瞬心法。

(3) 确定速度瞬心位置的方法

1）已知某瞬时图形上 A,B 两点速度的方向，但它们互不平行，如图 7－13 所示。

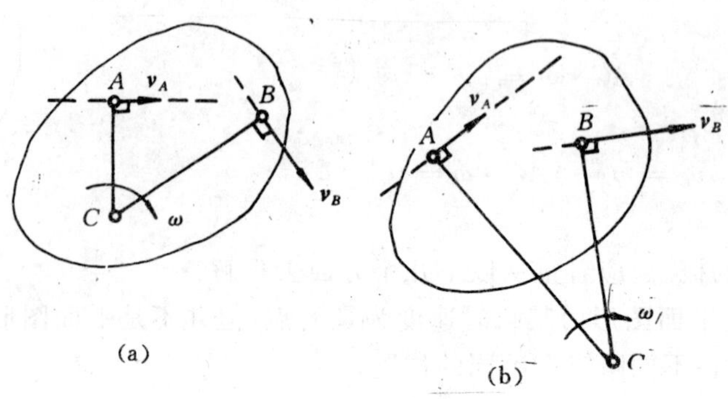

图 7－13

由于图形上各点的速度应垂直于各点至瞬心的连线，所以，过 A,B 两点分别作直线与速度垂直，则此二直线的交点 C 就是该瞬时图形的瞬心，点 C 可能在图形内，也可能在图形的延伸部分上，如图 7－13 所示。

如果在此瞬时，已知瞬心 C 的位置与图形上某一点（例如点 A）速度的大小与指向，则此瞬时图形的角速度的大小为

$$\omega = \frac{v_A}{AC}$$

转向由 $\boldsymbol{v}_A$ 的指向确定。

2）已知某瞬时图形上 A,B 两点的速度 $\boldsymbol{v}_A$ 和 $\boldsymbol{v}_B$，且 $\boldsymbol{v}_A /\!/ \boldsymbol{v}_B$，但大小不相等，方向垂直于连线 AB，如图 7－14 所示。

参照图 7-12(b) 所示的图形上各点的分布规律，不论 $\boldsymbol{v}_A$ 和 $\boldsymbol{v}_B$ 的指向相同（图 7－14(a)）还是相反（图 7－14(b)），该瞬时图形的瞬心 C 都必定在连线 AB 与速度 $\boldsymbol{v}_A$ 和 $\boldsymbol{v}_B$ 两端连线的交点上。

确定了瞬心 C 的位置后，就可根据 $\boldsymbol{v}_A$ 和 $\boldsymbol{v}_B$ 的大小求出图形角速度的大小

$$\omega = \frac{v_A}{AC} = \frac{v_B}{BC} = \frac{|v_A \mp v_B|}{AB}$$

式中当 $\boldsymbol{v}_A$ 与 $\boldsymbol{v}_B$ 同向时取“－”号，反向时取“＋”号，角速度 ω 的转向应由 $\boldsymbol{v}_A$ 和 $\boldsymbol{v}_B$ 的指向确定。

3）已知某瞬时图形上 A,B 两点的速度，$\boldsymbol{v}_A = \boldsymbol{v}_B$，$\boldsymbol{v}_A /\!/ \boldsymbol{v}_B$，且都垂直于连线 AB，如图 7－15(a) 所示；或已知 $\boldsymbol{v}_A /\!/ \boldsymbol{v}_B$，但 $\boldsymbol{v}_A$ 与 $\boldsymbol{v}_B$ 都与连线 AB 不垂直，如图 7－15(b) 所示。

根据上述两种方法，可以确定这时图形的瞬心在无穷远，同时可求得该瞬时图形的角速度 $\omega = 0$，即平面图形此时作瞬时平动，该瞬时图形上各点的瞬时速度彼此相等。

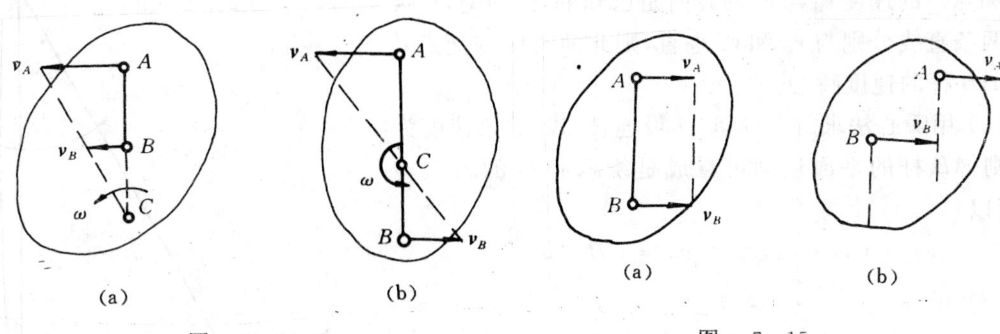

图 7-14

图 7-15

4) 若图形沿某一固定面(平面或曲面)作纯滚动(即无滑动的滚动),如图 7-16 所示。则每一瞬时图形与固定面相接触的点 C 就是图形的瞬心。这种情况在例 7-3 中已作过说明,不再赘述。

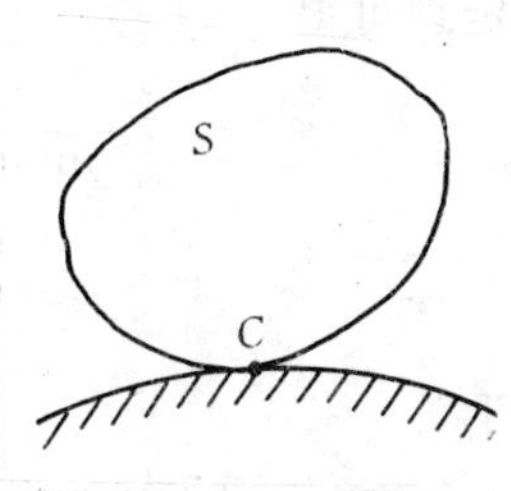

图 7-16

在举例说明瞬心法的应用之前,先介绍一下解题步骤:

(1) 分析机构各构件的运动;

(2) 选取研究对象,进行速度分析,确定速度瞬心;

(3) 用瞬心法求解未知量。

现举例说明瞬心法的应用。

【例 7-4】 用瞬心法求解例 7-3。

解 (1) 分析机构各构件的运动 本题只有一个车轮,该轮作平面运动。

(2) 选取研究对象,进行速度分析,确定速度瞬心 以车轮为研究对象,由于是纯滚动,所以车轮上点 C 是瞬心。

(3) 用瞬心法求解未知量 由于点 C 是瞬心,所以

$$v_C = 0$$

又由于车轮的角速度为

$$\omega = \frac{n\pi}{30}$$

所以,A 点的速度为

$$v_A = 2r\omega = 2r\,\frac{n\pi}{30} = 628\ \text{cm/s}$$

方向水平向右,而

$$v_B = BC \cdot \omega = \sqrt{2}\,r\omega = 444\ \text{cm/s}$$

方向垂直于 BC,指向如图 7-10 所示。

【例 7-5】 曲柄连杆机构如图 7-17 所示,曲柄 OA 长为 $r = 0.125$ m,以等转速 $n = 1\,500$ r/min 绕点 O 转动,连杆 AB 长为 $l = 0.35$ m。试求 OA 与 OB 夹角为 60° 时滑块 B 的速度及连杆 AB 的角速度。如果 OA 与 OB 夹角为 90°,则结果如何?

解 (1) 分析机构各构件运动 OA 杆作定轴转动,滑块 B 沿水平方向平动,连杆 AB 作平面运动。

(2) 选取研究对象，进行速度分析，确定瞬心位置。以连杆 AB 为研究对象，因连杆 AB 上点 A 和点 B 的速度 $\boldsymbol{v}_A$ 与 $\boldsymbol{v}_B$ 的方向是已知的，通过 A,B 两点作两条直线分别与 $\boldsymbol{v}_A$ 和 $\boldsymbol{v}_B$ 垂直，则此两直线的交点 C 就是 AB 杆的速度瞬心。

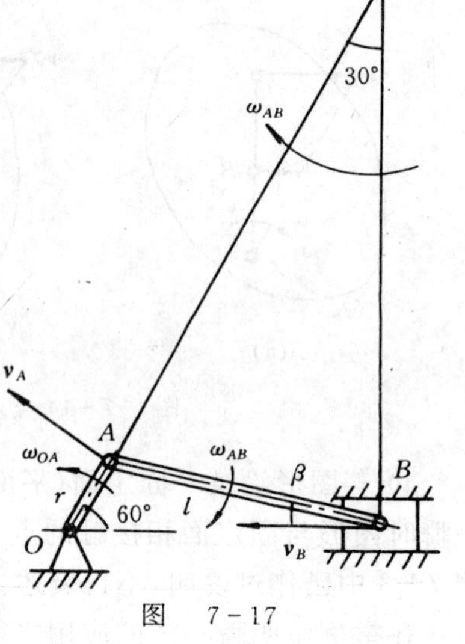

图 7-17

(3) 用瞬心法求解未知量 设连杆 AB 的角速度为 ω_{AB}，则 AB 杆的平面运动可看成是绕瞬心 C 的瞬时转动，所以

$$v_A = CA \cdot \omega_{AB}, \qquad v_B = CB \cdot \omega_{AB}$$

其中

$$v_A = r\omega_{OA} = r\frac{n\pi}{30} = 19.63 \text{ m/s}$$

为了求得 ω_{AB} 和 v_B，需先通过几何关系求出 CA 与 CB。由正弦定理可得

$$\frac{l}{\sin60°} = \frac{OA}{\sin\beta}$$

所以

$$\beta = \arcsin0.309\,3 = 18.0°$$

又由于

$$\angle ACB = 30°$$
$$\angle BAC = 60° + \beta = 78°$$
$$\angle ABC = 90° - \beta = 72°$$

故由正弦定理得

$$\frac{l}{\sin30°} = \frac{CB}{\sin78°} = \frac{CA}{\sin72°}$$

于是

$$CA = \frac{l\sin72°}{\sin30°} = 0.665 \text{ m}$$

$$CB = \frac{l\sin78°}{\sin30°} = 0.686 \text{ m}$$

因此

$$\omega_{AB} = \frac{v_A}{CA} = 29.5 \text{ rad/s}$$

$$v_B = CB \cdot \omega_{AB} = 20.20 \text{ m/s}$$

(4) 当 OA 与 OB 夹角为 90°时，由于 $\boldsymbol{v}_A$ 与 $\boldsymbol{v}_B$ 方向相同，且都不与连杆 AB 垂直，故 AB 杆作瞬时平动，因此

$$v_B = v_A = 19.63 \text{ m/s}$$

$$\omega_{AB} = 0$$

【例 7-6】 图 7-18 中所示为双曲柄机构，已知曲柄 OA 绕固定点 O 转动的角速度为 ω，且 $OA = AB = BO_1 = O_1C = r$，角 $\theta = \beta = 60°$，求滑块 C 的速度。

解 (1) 分析机构各构件运动 OA 和 O_1B 杆均作定轴转动，滑块 C 沿水平方向平动，AB

杆和 BC 杆都作平面运动。

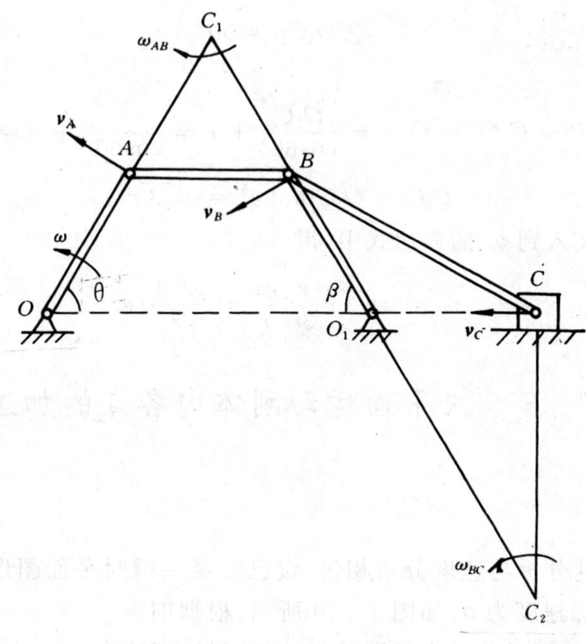

图 7-18

(2) 选取研究对象,进行速度分析,确定速度瞬心　为了求 $\boldsymbol{v}_C$,必须先求得 $\boldsymbol{v}_B$,而 $\boldsymbol{v}_B$ 又需由 $\boldsymbol{v}_A$ 求得。因此,分别选取 AB 与 BC 杆为研究对象,由于 $\boldsymbol{v}_A$ 与 $\boldsymbol{v}_B$ 的方向已知,因此,可确定出 AB 杆的速度瞬心 C_1,再根据 $\boldsymbol{v}_B$ 和 $\boldsymbol{v}_C$ 的方向,确定出 BC 杆的速度瞬心 C_2。

(3) 用瞬心法求解未知量

由于

$$v_A = OA \cdot \omega$$

所以,AB 杆的角速度为

$$\omega_{AB} = \frac{v_A}{C_1A} = \frac{OA \cdot \omega}{C_1A}$$

由此得

$$v_B = C_1B \cdot \omega_{AB} = C_1B\,\frac{OA \cdot \omega}{C_1A}$$

由 $\boldsymbol{v}_B$ 又可求得 BC 杆的角速度

$$\omega_{BC} = \frac{v_B}{C_2B} = \frac{C_1B}{C_2B}\,\frac{OA \cdot \omega}{C_1A}$$

于是

$$v_C = C_2C \cdot \omega_{BC} = C_2C\,\frac{C_1B}{C_2B}\,\frac{OA \cdot \omega}{C_1A}$$

式中各几何尺寸分别由已知条件与几何关系求得。由已知得

$$OA = r$$

又由于 ΔC_1AB 是等边三角形,所以

$$C_1A = C_1B = AB = r$$

又由几何关系可得

$$\angle CO_1C_2 = 60°$$

所以

$$C_2B = C_2O_1 + O_1B = \frac{O_1C}{\cos 60°} + r = \frac{r}{\cos 60°} + r = 3r$$

$$C_2C = O_1C\tan 60° = \sqrt{3}\,r$$

将求得的各几何尺寸代入到 v_C 的表达式中，得

$$v_C = \sqrt{3}\,r\,\frac{r}{3r}\,\frac{r\omega}{r} = \frac{\sqrt{3}}{3}r\omega$$

§7－3　求平面运动刚体内各点的加速度

1. 基点法

平面运动的加速度分析与速度分析相仿。设已知某一瞬时平面图形内某一点 A 的加速度为 $\boldsymbol{a}_A$，角速度为 ω，角加速度为 α，如图 7－19 所示。根据前面所述，平面图形 S 的运动可以分解为随同基点 A 的平动(牵连运动)和绕基点 A 的转动(相对运动)，因此，平面图形内任一点 B 的加速度 $\boldsymbol{a}_B$(即 B 点的绝对加速度 $\boldsymbol{a}_a$)可以用牵连运动为平动时的点的加速度合成定理求出，即

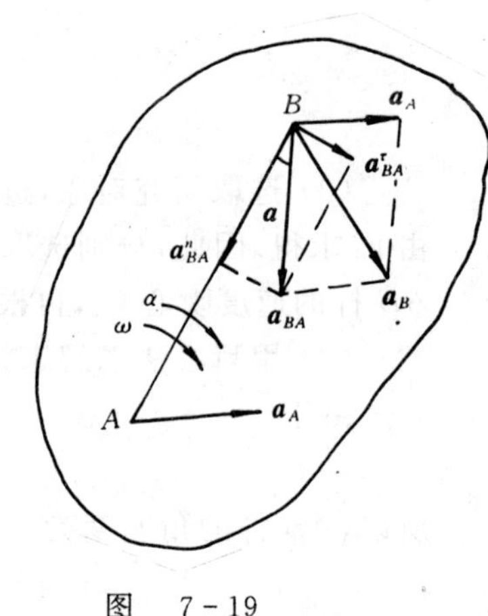

图　7－19

$$\boldsymbol{a}_B = \boldsymbol{a}_e + \boldsymbol{a}_r \tag{7－4}$$

由于牵连运动是平动，故

$$\boldsymbol{a}_e = \boldsymbol{a}_A \tag{7－5}$$

B 点的相对加速度 $\boldsymbol{a}_r$ 是 B 点绕基点 A 作圆周运动的加速度，用 $\boldsymbol{a}_{BA}$ 表示，即

$$\boldsymbol{a}_r = \boldsymbol{a}_{BA} \tag{7－6}$$

所以，$\boldsymbol{a}_{BA}$ 由相对切向加速度和相对法向加速度组成，即

$$\boldsymbol{a}_{BA} = \boldsymbol{a}^{\tau}_{BA} + \boldsymbol{a}^{n}_{BA} \tag{7－7}$$

式中

$$a^{\tau}_{BA} = AB \cdot \alpha$$

方向与连线 AB 垂直，指向由 α 的方向确定。而

$$a^{n}_{BA} = AB \cdot \omega^2$$

方向沿连线 AB，且指向基点 A。

根据上面的分析，将式(7－5)、式(7－6)、式(7－7)代入式(7－4)，得

$$\boldsymbol{a}_B = \boldsymbol{a}_A + \boldsymbol{a}^{\tau}_{BA} + \boldsymbol{a}^{n}_{BA} \tag{7－8}$$

上式表明，平面图形内任一点的加速度，等于随基点平动的加速度与该点相对于基点转动的切向加速度和法向加速度的矢量和。这一求平面图形内任一点加速度的方法称为基点法，也称为加速度合成法。

在用基点法求解加速度时，应注意以下几点：

(1) 由于式(7-8)中涉及的量较多，在具体计算时，一般用解析法求解比较方便，即通过矢量方程的投影式求解未知量。只有在特殊情况下用几何法才较为方便。

(2) 式(7-8)中有4个矢量，每一个矢量都有大小、方向两个量，共有8个量。但式(7-8)只是一个平面矢量关系式，所以，它只有两个投影式，因此，只有知道其中6个量，才能解出其余的两个未知量；

(3) 在分析各量时应注意，要分析图形上任一点的各种加速度的大小和方向(或方位)，画出该点的加速度矢量图。通常 $\boldsymbol{a}_A$ 的大小和方向、$\boldsymbol{a}_{BA}^n$ 的大小和方向以及 $\boldsymbol{a}_{BA}^\tau$ 的方位都是已知的，对于方向已知的，要画出正确指向，对于方位已知而指向未知的，可假设指向。对于大小和方向都未知的，可分解成正交的两个分量，并假定指向；

(4) 在很多情况下，点 A 和点 B 都可能是曲线运动，因此，式(7-8)还可写成

$$\boldsymbol{a}_B^\tau + \boldsymbol{a}_B^n = \boldsymbol{a}_A^\tau + \boldsymbol{a}_A^n + \boldsymbol{a}_{BA}^\tau + \boldsymbol{a}_{BA}^n \tag{7-9}$$

当点 B 的加速度的大小和方向均未知时，式(7-8)还可写成

$$\boldsymbol{a}_{Bx} + \boldsymbol{a}_{By} = \boldsymbol{a}_A^\tau + \boldsymbol{a}_A^n + \boldsymbol{a}_{BA}^\tau + \boldsymbol{a}_{BA}^n \tag{7-10}$$

不论是式(7-9)还是式(7-10)，它们都只能求两个未知量；

(5) 在进行加速度分析之前，一般应先进行速度分析，先求出图形的角速度 ω(在某些情况下，例如圆轮作纯滚动时，还可通过将 ω 对时间求导而求得图形的角加速度 α)，这样，相对于基点作圆周运动的法向加速度 $a_{BA}^n = AB \cdot \omega^2$ 就是已知量了(在某些情况下，$a_{BA}^\tau = AB \cdot \alpha$ 也可成为已知量。

2. $\boldsymbol{\omega} = 0$ 时的加速度投影法

一般情况下，不存在像速度投影定理那样简单形式的加速度投影定理，即不能认为平面图形上任意两点的加速度在两点连线上的投影相等。但当图形的角速度 $\omega = 0$ 时(瞬时平动或由静止到运动的初瞬时)，类似于速度投影定理的推导，由式(7-8)可得如下简单形式的加速度投影定理，即

$$(\boldsymbol{a}_B)_{AB} = (\boldsymbol{a}_A)_{AB} \qquad (\omega = 0)$$

【例7-7】 半径为 r 的轮子沿直线轨道作无滑动滚动，如图7-20(a)所示，已知某瞬时轮心 O 的速度为 $\boldsymbol{v}_O$，加速度为 $\boldsymbol{a}_O$，试求轮缘上 A、B、C、D 各点的加速度。

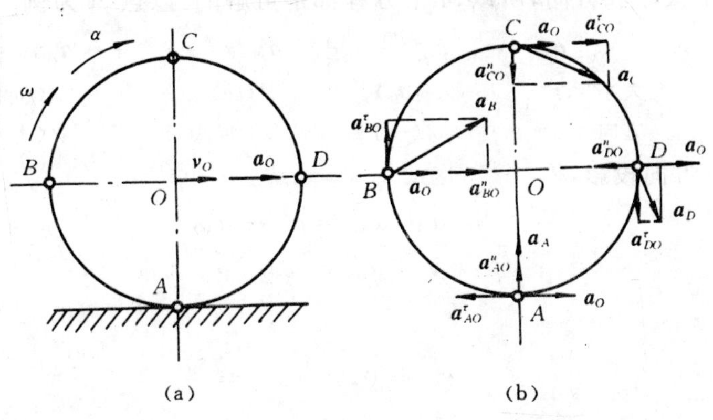

图 7-20

解　(1) 机构运动分析　本题中只有一个轮子，该轮作平面运动。

(2) 速度分析　以轮为研究对象。轮子作纯滚动，故轮子与轨道的接触点 A 就是速度瞬心。因此，轮子的角速度为

$$\omega = \frac{v_O}{r}$$

由于上述关系式在轮子运动过程中的任何时刻都成立，换句话说，上式是轮子运动过程中 ω 与 v_O 的函数关系式，因此，可以通过将上式对时间求导来求轮子的角加速度，即

$$\alpha = \frac{\mathrm{d}\omega}{\mathrm{d}t} = \frac{1}{r}\frac{\mathrm{d}v_O}{\mathrm{d}t}$$

由于轮心 O 作直线运动，故有

$$\frac{\mathrm{d}v_O}{\mathrm{d}t} = a_O$$

则

$$\alpha = \frac{a_O}{r}$$

ω 和 α 的转向如图 7－20(a) 所示。

(3) 加速度分析　现以 O 为基点来求 A,B,C,D 各点的加速度。根据式(7－8)，有

$$\boldsymbol{a}_A = \boldsymbol{a}_O + \boldsymbol{a}_{AO}^{\tau} + \boldsymbol{a}_{AO}^{n}$$

$$\boldsymbol{a}_B = \boldsymbol{a}_O + \boldsymbol{a}_{BO}^{\tau} + \boldsymbol{a}_{BO}^{n}$$

$$\boldsymbol{a}_C = \boldsymbol{a}_O + \boldsymbol{a}_{CO}^{\tau} + \boldsymbol{a}_{CO}^{n}$$

$$\boldsymbol{a}_D = \boldsymbol{a}_O + \boldsymbol{a}_{DO}^{\tau} + \boldsymbol{a}_{DO}^{n}$$

式中 $\boldsymbol{a}_O$ 的大小为 a_O，方向水平向右；$\boldsymbol{a}_{AO}^{\tau}$、$\boldsymbol{a}_{BO}^{\tau}$、$\boldsymbol{a}_{CO}^{\tau}$、$\boldsymbol{a}_{DO}^{\tau}$ 的方向分别与 AO,BO,CO,DO 垂直，指向如图 7－20(b) 所示，其大小分别为

$$a_{AO}^{\tau} = a_{BO}^{\tau} = a_{CO}^{\tau} = a_{DO}^{\tau} = r\alpha = a_O$$

$\boldsymbol{a}_{AO}^{n}$、$\boldsymbol{a}_{BO}^{n}$、$\boldsymbol{a}_{CO}^{n}$、$\boldsymbol{a}_{DO}^{n}$ 的方向分别沿 AO,BO,CO,DO 且都指向 0，它们的大小分别为

$$a_{AO}^{n} = a_{BO}^{n} = a_{CO}^{n} = a_{DO}^{n} = r\omega^2 = \frac{v_O^2}{r}$$

这样，在求 A,B,C,D 4 个点的加速度的 4 个方程中，都只包含有两个未知量，它们分别是 $\boldsymbol{a}_A$、$\boldsymbol{a}_B$、$\boldsymbol{a}_C$、$\boldsymbol{a}_D$ 的大小和方向，所以，4 个方程都是可解的。以点 A 为例

	$\boldsymbol{a}_A$	=	$\boldsymbol{a}_O$	+	$\boldsymbol{a}_{AO}^{\tau}$	+	$\boldsymbol{a}_{AO}^{n}$
大小	?		√(a_O)		√($r\alpha$)		√($r\omega^2$)
方向	?		√(→)		√($\perp AO$)		√(↑)

将上式向 x 和 y 方向投影，得

$$x:\quad a_{Ax} = a_O - a_{AO}^{\tau}$$

$$y:\quad a_{Ay} = a_{AO}^{n}$$

解之，得

$$a_{Ax} = 0,\qquad a_{Ay} = \frac{v_O^2}{r}$$

于是

$$a_A = \sqrt{a_{Ax}^2 + a_{Ay}^2} = \frac{v_O^2}{r}$$

同理，将另外三个方程分别向 x，y 方向投影，得

$$\begin{cases} a_{Bx} = a_O + a_{BO}^n \\ a_{By} = a_{BO}^\tau \end{cases}, \quad \begin{cases} a_{cx} = a_O + a_{CO}^n \\ a_{Cy} = - a_{CO}^\tau \end{cases}, \quad \begin{cases} a_{Dx} = a_O - a_{nDO} \\ a_{Dy} = - a_{DO}^\tau \end{cases}$$

解之，得

$$\begin{cases} a_{Bx} = a_O + \dfrac{v_O^2}{r}, \\ a_{By} = a_O \end{cases} \quad \begin{cases} a_{Cx} = 2a_O \\ a_{Cy} = - \dfrac{v_O^2}{r}, \end{cases} \quad \begin{cases} a_{Dx} = a_O - \dfrac{v_O^2}{r} \\ a_{Dy} = - a_O \end{cases}$$

所以

$$a_B = \sqrt{\left(a_O + \frac{v_O^2}{r}\right)^2 + a_O^2}$$

$$a_C = \sqrt{(2a_O)^2 + \left(\frac{v_O^2}{r}\right)^2}$$

$$a_D = \sqrt{\left(a_O - \frac{v_O^2}{r}\right)^2 + a_O^2}$$

各点加速度方向如图 7-20(b) 所示。

上述计算结果有两点值得注意：

(1) 点 A 是轮子的速度瞬心，但其加速度并不等于零。这说明，瞬心作为瞬时转动中心本质上不同于固定的转动中心。

(2) 本题中的 α 之所以可以通过对 ω 求导而求得，是因为 $\omega = \dfrac{v_O}{r}$ 这个表达式在轮子整个运动过程中都成立，它是一个函数关系式。如果 ω 的表达式只是某一个瞬时的表达式，并不是在运动全过程都成立，则不能通过对 ω 求导来求 α。本题中如果轮子是在一个曲线轨道上作纯滚动，则 $\omega = \dfrac{v_O}{r}$ 仍成立，但 $\alpha = \dfrac{d\omega}{dt} = \dfrac{a_O^\tau}{r}$。一般说来，对于轮系中作纯滚动的圆轮，求出 ω 后可由 $\alpha = \dfrac{d\omega}{dt}$ 求圆轮的角加速度 α；而对于杆系中作平面运动的构件，用瞬心法求出的角速度 ω 一般都是瞬时关系，而不是函数关系（特殊情况除外），就不能用求导的方法求角加速度 α，而应根据式(7-8)，利用解析法求出 a_{BA}^τ 一项，由 $a_{BA}^\tau = AB \cdot \alpha$ 求得 α。

【例 7-8】 图 7-21 所示的曲柄连杆机构中，已知曲柄 OA 长 0.2 m，连杆 AB 长 1 m，OA 以匀角速度 $\omega = 10$ rad/s 绕点 O 转动。求图示位置滑块 B 的加速度和 AB 杆的角加速度。

解 (1) 机构运动分析 OA 杆作定轴转动，滑块 B 沿水平方向运动，AB 杆作平面运动。

(2) 速度分析 以 AB 杆为研究对象，由于 $\boldsymbol{v}_A$，$\boldsymbol{v}_B$ 方向已知，分别作 $\boldsymbol{v}_A$ 与 $\boldsymbol{v}_B$ 的垂线交于 C，则点 C 就是 AB 杆在图示瞬时的速度瞬心。

因为

$$v_A = OA \cdot \omega = 2 \text{ m/s}$$

由几何关系得

$$AC = AB = 1 \text{ m}$$

所以

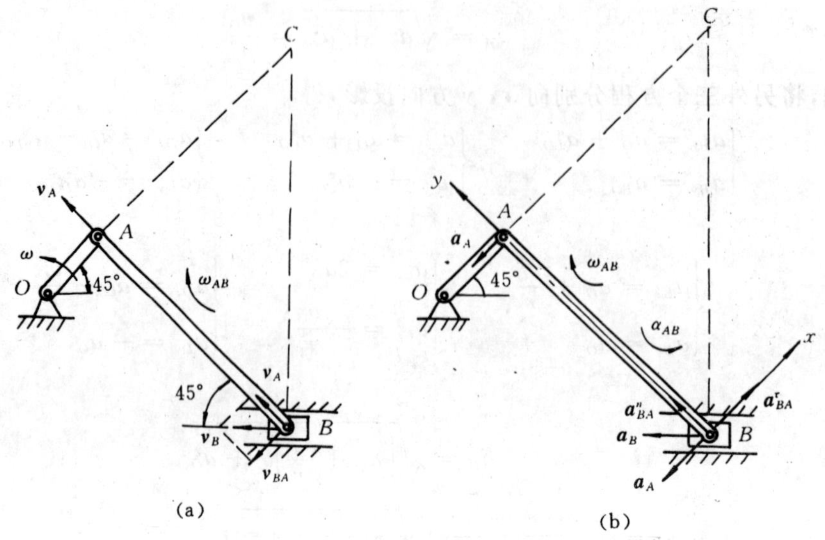

图 7-21

$$\omega_{AB} = \frac{v_A}{CA} = 2\ \text{rad/s}$$

转向如图所示。

上式只是该瞬时一个特定时刻的关系，不是一个在运动全过程都成立的函数关系式，因此，不能通过对 ω_{AB} 求导来求 α_{AB}。

(3) 加速度分析　以 AB 杆为研究对象，取 A 为基点，进行加速度分析。

由于 OA 杆作匀速转动，所以，点 A 的加速度 $\boldsymbol{a}_A$ 的大小为

$$a_A = a_A^n = OA \cdot \omega^2 = 20\ \text{m/s}^2$$

方向由 A 指向 O；a_{BA}^τ 的大小 $a_{BA}^\tau = AB \cdot \alpha_{AB}$ 未知，方向垂直于 AB，指向假设如图 7-21(b) 所示；a_{BA}^n 的大小为

$$a_{BA}^n = AB \cdot \omega_{AB}^2 = 4\ \text{m/s}^2$$

方向由 B 指向 A，$\boldsymbol{a}_B$ 的大小未知，方向水平，指向假设如图 7-21(b) 所示。

根据上述分析，由式(7-8)得

	$\boldsymbol{a}_B$	=	$\boldsymbol{a}_A$	+	$\boldsymbol{a}_{BA}^\tau$	+	$\boldsymbol{a}_{BA}^n$
大小	?		√($OA \cdot \omega^2$))		?($AB \cdot \alpha_{AB}$)		√($AB \cdot \omega_{AB}^2$)
方向	?(←)		√(↙)		√($\perp AB$)		√(↖)

式中只有两个未知量，可解。

为了求 α_{AB} 和 a_B，第一步可先求出 a_{BA}^τ 与 a_B，然后再由 a_{BA}^τ 求得 α_{AB}。为此，取坐标系如图所示，将上式向 y 和 x 方向投影，得

$$y:\quad a_B \sin 45° = a_{BA}^n$$

$$x:\quad -a_B \cos 45° = -a_A + a_{BA}^\tau$$

解以上两式，得

$$a_B = 5.66\ \text{m/s}^2$$

$$a_{BA}^\tau = 16\ \text{m/s}^2$$

所得结果为正，表示所假设的指向是正确的。

杆 AB 的角加速度为

$$\alpha_{AB} = \frac{a_{BA}^{\tau}}{AB} = 16 \text{ rad/s}^2$$

指向如图 7－21(b) 所示。

【例 7－9】 如图 7－22 所示，四连杆机构中 $AB = 1$ m，$BC = CD = 2$ m，$AD = 3$ m，已知杆 AB 以匀角速度 $\omega = 10$ rad/s 绕 A 轴转动。试求 BC 杆的角加速度 α_{BC}，CD 杆的角加速度 α_{CD} 以及 BC 杆中点 G 的加速度 a_G。

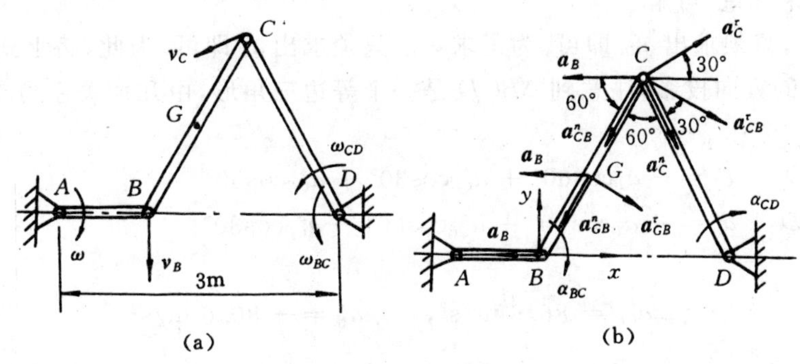

图 7－22

解 (1) 机构运动分析 AB 杆与 CD 杆均作定轴转动，BC 杆作平面运动。

(2) 速度分析 以 BC 杆为研究对象，由于 $\boldsymbol{v}_B$ 和 $\boldsymbol{v}_C$ 的方向已知，所以，作 $\boldsymbol{v}_B$ 和 $\boldsymbol{v}_C$ 的垂线交于 D，则点 D 就是该瞬时 BC 杆的速度瞬心。已知

$$v_B = AB \cdot \omega = 10 \text{ m/s}$$

所以

$$\omega_{BC} = \frac{v_B}{DB} = 5 \text{ rad/s}$$

由于点 C 作圆周运动，其加速度必有切向与法向两个分量。为了便于下一步的加速度分析，需将 CD 杆的角速度也求出来。由于点 C 既是 BC 杆上的一点，也是 CD 杆上的一点，因此，以 BC 杆为研究对象，则

$$v_C = CD \cdot \omega = 10 \text{ m/s}$$

再以 CD 杆为研究对象，则

$$\omega_{CD} = \frac{v_C}{CD} = 5 \text{ rad/s}$$

(3) 加速度分析 以 BC 杆为研究对象，取点 B 为基点，对点 C 进行加速度分析。

$\boldsymbol{a}_C$ 有两个分量，$\boldsymbol{a}_C^{\tau}$ 的大小 $a_C^{\tau} = CD \cdot \alpha_{CD}$ 未知，方向垂直于 CD，指向假设如图 7－22(b) 所示；$\boldsymbol{a}_{CB}^{n}$ 的大小为

$$a_C^n = CD \cdot \omega_{CD}^2 = 50 \text{ m/s}^2$$

方向由 C 指向 D；由于 AB 杆匀速转动，所以 $\boldsymbol{a}_B$ 的大小为

$$a_B = a_B^n = AB \cdot \omega^2 = 100 \text{ m/s}^2$$

方向由 B 指向 A；$\boldsymbol{a}_{CB}^{\tau}$ 的大小 $a_{CB}^{\tau}=BC\cdot\alpha_{BC}$ 未知，方向垂直于 BC，指向假设如图 7-22(b) 所示；$\boldsymbol{a}_{CB}^{n}$ 的大小为

$$a_{CB}^{n}=BC\cdot\omega_{BC}^{2}=50\ \text{m/s}^2$$

方向由 C 指向 B。

根据上述分析，由式(7-9)得

	$\boldsymbol{a}_C^{\tau}$	+ $\boldsymbol{a}_C^{n}$	= $\boldsymbol{a}_B$	+ $\boldsymbol{a}_{CB}^{\tau}$	+ $\boldsymbol{a}_{CB}^{n}$
大小	?$(CD\cdot\alpha_{CD})$	√$(CD\cdot\omega_{CD}^2)$	√$(AB\cdot\omega^2)$	?$(BC\cdot\alpha_{BC})$	√$(BC\cdot\omega_{BC}^2)$
方向	√($\perp CD$)	√(↘)	√(←)	√($\perp BC$)	√(↙)

式中只有两个未知量，可解。

为了求 α_{BC}，只须求出 a_{CB}^{τ} 即可。为了求 α_{CD}，只须求出 a_C^{τ} 即可。为此，将上式分别向 CD 方向及与 CD 垂直的方向投影，注意到 ΔBCD 是一个等边三角形，由几何关系可求得各角的角度，于是得

$$CD:\quad a_C^{n}=-a_B\cos60^\circ+a_{CB}^{\tau}\cos30^\circ+a_{CB}^{n}\cos60^\circ$$

$$\perp CD:\quad a_n^{\tau}=-a_B\cos30^\circ+a_{CB}^{\tau}\cos60^\circ-a_{CB}^{n}\cos30^\circ$$

解之，得

$$a_{CB}^{\tau}=86.6\ \text{m/s}^2,\qquad a_C^{\tau}=-86.6\ \text{m/s}^2$$

所以

$$\alpha_{BC}=\frac{a_{CB}^{\tau}}{BC}=43.3\ \text{rad/s}^2$$

$$\alpha_{CD}=\frac{a_C^{\tau}}{CD}=-43.3\ \text{rad/s}^2$$

结果的正负说明假设指向与实际相符或相反。由此可见，当 AB 杆匀速转动时，CD 杆并不是匀速转动。

仍以 BC 杆为研究对象，B 点为基点，对 G 点进行加速度分析。

由于 $\boldsymbol{a}_G$ 的大小方向均未知，所以，将 $\boldsymbol{a}_G$ 分解为 $\boldsymbol{a}_{Gx}$ 与 $\boldsymbol{a}_{Gy}$ 两个正交分量；$\boldsymbol{a}_B$ 的大小方向均已知；$\boldsymbol{a}_{GB}^{\tau}$ 的大小为

$$a_{GB}^{\tau}=BG\cdot\alpha_{BC}=43.3\ \text{m/s}^2$$

方向垂直于 BC，指向由 α_{BC} 确定，如图 7-22(b) 所示；$\boldsymbol{a}_{GB}^{n}$ 的大小为

$$a_{GB}^{n}=BG\cdot\omega_{BC}^{2}=25\ \text{m/s}^2$$

方向由 G 指向 B。

根据上面分析，由式(7-10)可得

	$\boldsymbol{a}_{Gx}$	+ $\boldsymbol{a}_{Gy}$	= $\boldsymbol{a}_B$	+ $\boldsymbol{a}_{GB}^{\tau}$	+ $\boldsymbol{a}_{GB}^{n}$
大小	√	?	√$(AB\cdot\omega^2)$	√$(BG\cdot\alpha_{BC})$	√$(BG\cdot\omega_{BC}^2)$
方向	?(→)	√(↑)	√(←)	√($\perp BC$)	√(↙)

式中两个未知量，可解。

取 x，y 轴如图，将上式分别向 x，y 方向投影，得

$$x:\quad a_{Gx}=-a_B+a_{GB}^{\tau}\cos30^\circ-a_{GB}^{n}\cos60^\circ$$

$$y:\quad a_{Gy}=0-a_{GB}^{\tau}\cos60^\circ-a_{GB}^{n}\cos30^\circ$$

解之，得

$$a_{Gx} = -75\ \mathrm{m/s^2}, \qquad a_{Gy} = -43.3\ \mathrm{m/s^2}$$

负号表示 $\boldsymbol{a}_{Gx}$ 和 $\boldsymbol{a}_{Gy}$ 与假设方程相反，即都在各自坐标轴的负向。

如果本题只要求 $\boldsymbol{a}_G$，不再要求其它运动量，那么，能否以 BC 杆为研究对象，以点 B 为基点，直接对点 G 进行加速度分析与求解呢？回答是否定的。因为直接对 G 点进行加速度分析与求解，方程中会包含有三个未知量，即 $\boldsymbol{a}_G$ 的大小和方向以及 $\boldsymbol{a}_{GB}^{\tau}$ 的大小。因此，为了求 $\boldsymbol{a}_G$，必须先对点 C 进行加速度分析，以求得 $\boldsymbol{a}_{CB}^{\tau}$，进而求得 α_{BC}，这样 $\boldsymbol{a}_{GB}^{\tau}$ 的大小就成为已知量了，然后再对 G 点进行加速度分析，这时方程中只包含有 $\boldsymbol{a}_G$ 的大小和方向两个未知量，使求解得以顺利进行。

【例 7-10】 在例 7-5 中，当 OA 与 OB 夹角为 90° 时，求 AB 杆的角加速度 α_{AB} 和滑块 B 的加速度 $\boldsymbol{a}_B$。

解 (1) 机构运动分析与例 7-5 相同。

(2) 速度分析见例 7-5，由于该瞬时 AB 杆作瞬时平动，所以

$$\omega_{AB} = 0, \qquad v_A = v_B = 19.63\ \mathrm{m/s}$$

(3) 加速度分析　以 AB 杆为研究对象，取点 A 为基点，对点 B 进行加速度分析。

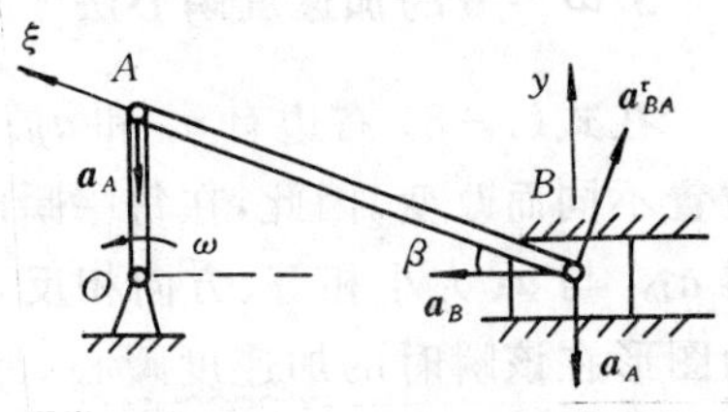

图　7-23

$\boldsymbol{a}_B$ 的大小未知，方向水平，指向假设向左，如图 7-23 所示；$\boldsymbol{a}_A$ 的大小为

$$a_A = a_A^n = OA \cdot \omega_{OA}^2 = 3\,081.13\ \mathrm{m/s^2}$$

方向由 A 指向 O；$\boldsymbol{a}_{BA}^{\tau}$ 的大小 $a_{BA}^{\tau} = AB \cdot \alpha_{AB}$ 未知，方向垂直于 AB，指向假设如图 7-23 所示；由于 $\omega_{AB} = 0$，所以 $a_{BA}^n = 0$。

根据上面的分析，由式(7-8)可得

	$\boldsymbol{a}_B$	=	$\boldsymbol{a}_A$	+	$\boldsymbol{a}_{BA}^{\tau}$
大小	?		?$(OA \cdot \omega_{OA}^2)$		✓$(AB \cdot \alpha_{AB})$
方向	✓(←)		✓(↓)		✓(⊥ AB)

式中只有两个未知量，可解。

为了求 α_{AB} 和 a_B，须先解出 a_{BA}^{τ} 与 a_B，然后再由 a_{BA}^{τ} 求得 α_{AB}。为此，将上式分别向图示的 ξ 和 y 方向投影，得

$$\xi:\quad a_B\cos\beta = -a_A\sin\beta$$

$$y:\quad 0 = -a_A + a_{BA}^{\tau}\cos\beta$$

式中

$$\sin\beta = \frac{OA}{AB} = \frac{r}{l}, \qquad \cos\beta = \frac{OB}{AB} = \frac{\sqrt{l^2 - r^2}}{l}$$

所以

$$a_B = -\frac{\sin\beta}{\cos\beta}a_A = -\frac{r}{\sqrt{l^2 - r^1}}a_A = -1\,178.10\ \mathrm{m/s^2}$$

$$a_{BA}^{\tau} = \frac{a_A}{\cos\beta} = \frac{l}{\sqrt{l^2 - r^2}}a_A = 3\,298.68\ \mathrm{m/s^2}$$

负号表示指向假设与实际相反。由 a_{BA}^{τ} 即可求得

$$\alpha_{AB} = \frac{a_{BA}^{\tau}}{AB} = \frac{a_{BA}^{\tau}}{l} = 9\ 424.80\ \text{rad/s}^2$$

由本题的计算结果可以看出，当 AB 杆作瞬时平动时，$\boldsymbol{v}_A = \boldsymbol{v}_B$，但 $\boldsymbol{a}_A \neq \boldsymbol{a}_B$；$\omega_{AB} = 0$，但 $\alpha_{AB} \neq 0$。因此，瞬时平动本质上不同于平动。

本题的 $\boldsymbol{a}_B$ 还可利用加速度投影法计算，由于 $\omega = 0$，所以有

$$a_A \sin\beta = |a_B| \cos\beta$$

将几何关系代入，得

$$|a_B| = \frac{r}{\sqrt{l^2 - r^2}} a_A$$

$\boldsymbol{a}_B$ 取绝对值，只因为由加速度投影定理明显可以看出 $\boldsymbol{a}_B$ 方向假设错了，所以上式仅求其大小。

3. $\omega = 0$ 的加速度瞬心法

在式(7-8)右边有 $\boldsymbol{a}_A$ 和 $\boldsymbol{a}_{BA}$ 两个量，在某一确定瞬时，$\boldsymbol{a}_A$ 是一定的，而 $\boldsymbol{a}_{BA}$ 却随着点 B 的位置不同而改变。因此，在每一瞬时，从理论上讲，总能在图形内或其扩展部分找到一点 Ⅰ，使得 $\boldsymbol{a}_{\mathrm{I}A}$ 与 $\boldsymbol{a}_A$ 大小相等、方向相反，从而使 $\boldsymbol{a}_{\mathrm{I}}$ 等于零。在某一瞬时，图形内加速度为零的一点称为图形在该瞬时的加速度瞬心。加速度瞬心确定后，在求解各点加速度时，就可将图形的运动看作是绕加速度瞬心的瞬时转动，特别是当图形的 $\omega = 0$ 时任一点 M 的加速度为

$$a_M = \mathrm{I}M \cdot \alpha$$

方向垂直于 ⅠM。

但是，在一般情况下，加速度瞬心的确定远不像速度瞬心的确定那样简单。但在特殊情况下，加速度瞬心还是比较容易确定的。

当 $\omega = 0$ 时，式(7-8)变为

$$\boldsymbol{a}_B = \boldsymbol{a}_A + \boldsymbol{a}_{BA}^{\tau}$$

上式与基点法求速度的表示式

$$\boldsymbol{v}_B = \boldsymbol{v}_A + \boldsymbol{v}_{BA}$$

无论在数学形式上还是在物理意义上都是完全相似的，因此，在 $\omega = 0$ 的情况下，确定速度瞬心的方法完全可以用来确定加速度瞬心。

【例 7-11】 用加速度瞬心法求解例 7-10。

解 AB 杆作瞬时平动，所以 $\omega = 0$，其加速度瞬心可由作 $\boldsymbol{a}_A$ 与 $\boldsymbol{a}_B$ 的垂线寻找其交点而得，如图 7-24 所示。由加速度瞬心法可得

$$a_A = \mathrm{I}A \cdot \alpha$$

所以

$$\alpha = \frac{a_A}{\mathrm{I}A} = \frac{a_A}{AB\cos\beta} = \frac{a_A}{\sqrt{l^2 - r^2}}$$

$$a_B = \mathrm{I}B\,\alpha = AB\sin\beta\,\frac{a_A}{AB\cos\beta} = a_A\tan\beta$$

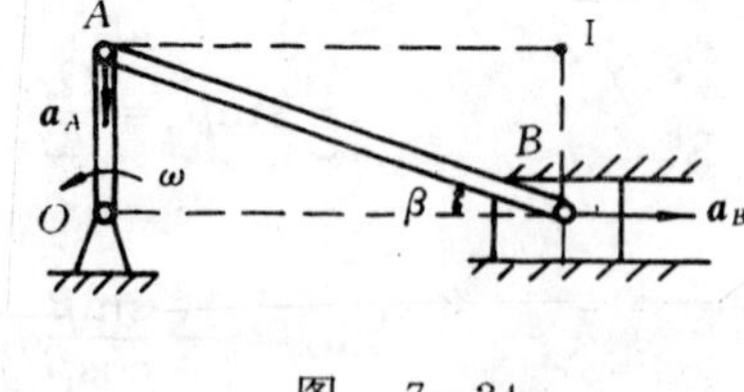

图 7-24

结果与例 7-10 完全一致，且简便快捷。

从本章的分析可以看到，瞬时转动与定轴转动是有区别的，瞬时平动与平动以及速度瞬心与加速度瞬心也是有区别的。在本章结束之际，有必要将它们分别作一总结。

(1) 平面图形绕速度瞬心的瞬时转动与定轴转动的区别

1) 刚体定轴转动时，轴上各点的速度和加速度都恒等于零，而绕速度瞬心作瞬时转动时，速度瞬心只是速度等于零，而加速度不等于零；

2) 刚体定轴转动与绕速度瞬心作瞬时转动时，刚体上各点的速度分布规律相同，但两者的加速度分布却不同，

3) 速度瞬心在刚体上的位置随时间而变化，但刚体定轴转动时转轴在刚体上的位置是固定不变的。

(2) 瞬时平动与平动的区别

1) 刚体平动时，刚体上各点的轨迹相同，速度相同，加速度也相同。而瞬时平动时，刚体上各点只是速度相同，但各点的加速度不相同；

2) 刚体平动时，刚体的角速度与角加速度恒等于零。而瞬时平动时，只是瞬时角速度等于零，而角加速度不等于零。

(3) 速度瞬心和加速度瞬心的区别

1) 速度瞬心与加速度瞬心是不同的两个点，两者一般并不重合。前者速度为零，加速度不为零。后者加速度为零，速度不为零；

2) 刚体绕速度瞬心的速度分布与刚体绕定轴转动时速度分布情形一样，刚体绕加速度瞬心的加速度分布与刚体绕定轴转动时的加速度分布情况一样。

§7-4　运动学综合应用举例

工程中的机构都是由若干个物体通过一定的联接方式组成的，各物体间通过联接点而传递运动。为了分析机构的运动，首先要搞清楚各物体都作什么运动，要计算有关联接点的速度和加速度。

在复杂的机构中，可能同时有平面运动和点的合成运动问题。这时就需要分别分析，综合应用有关理论来分析机构及相关点的运动。

【例 7-12】　在图 7-25 所示机构中，曲柄 OA 以匀角速度 $\omega = 0.5$ rad/s 绕 O 轴逆时针转动，$OA = 10$ cm，CD 杆以匀速 $v = 15$ cm/s 水平向左滑动。在图示位置，曲柄 OA 水平，槽杆 AB 与水平线的夹角为 45°，A，C 两铰链之间的距离 $AC = 10\sqrt{2}$ cm，求此时槽杆 AB 的角速度 ω_{AB}。

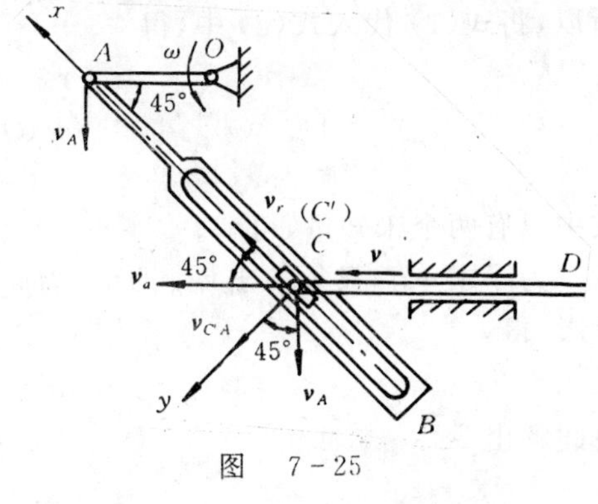

图　7-25

解　(1) 分析机构各构件的运动　曲柄 OA 作定轴转动，CD 杆沿水平槽作直线平动，滑块 C 作水平直线运动，槽杆 AB 作平面运动。

(2) 选取研究对象，进行速度分析与求解　这个题目的特点是作平面运动的刚体与其它刚体接触处有相对运动，这类题目属于综合型题目。解决这类题目往往需要综合运用点的合成运动与刚体的平面运动两种理论。

本题是这类综合型题目中的一种，它是一个牵连运动为平面运动的点的合成运动问题。因此，在研究动点的运动时，是以动点为研究对象，动系固结在作平面运动的刚体上，对动点进行

点的合成运动分析。而动点的牵连速度(即作平面运动刚体上与动点相重合的那一点的速度)又需要以这个刚体为研究对象,选取基点,对刚体作平面运动分析。由此可得到两个矢量方程,根据题意,联立求解。

为了求槽杆 AB 的角速度 ω_{AB},先以作平面运动的槽杆 AB 为研究对象,选 A 为基点。这样,基点 A 的速度 $\boldsymbol{v}_A$ 的大小为 $v_A = OA \cdot \omega = 5$ cm/s,方向垂直于 OA,铅直向下。AB 杆上与滑块 C 相重合的那一点 C' 的速度 $\boldsymbol{v}_{C'}$ 大小方向均未知,而 $\boldsymbol{v}_{CA}$ 的大小 $v_{CA} = AC' \cdot \omega_{AB}$ 未知,方向垂直于 AB,指向假设如图 7-25 所示。

根据以上分析,由基点法得

	$\boldsymbol{v}_{C'}$	=	$\boldsymbol{v}_A$	+	$\boldsymbol{v}_{C'A}$	
大小	?		$\checkmark(OA \cdot \omega)$		$\checkmark(AC' \cdot \omega_{AB})$	(1)
方向	?		$\checkmark(\perp OA)$		$\checkmark(\perp AB)$	

式中有三个未知量,不可解。

由于从点的合成运动观点看,$\boldsymbol{v}_{C'}$ 是滑块 C 的牵连速度,因此,再以滑块 C 为动点,将动系固结在槽杆上,则动点的三种运动与三种速度分别为

绝对运动:水平直线运动;

相对运动:沿槽杆的直线运动;

牵连运动:槽杆的平面运动。

绝对速度 $\boldsymbol{v}_a$:大小为 v,方向水平向左;

相对速度 $\boldsymbol{v}_r$:大小未知,方向沿 AB,指向假设如图 7-25 所示;

牵连速度 $\boldsymbol{v}_e$:大小方向均未知。

由速度合成定理得

	$\boldsymbol{v}_a$	=	$\boldsymbol{v}_e$	+	$\boldsymbol{v}_r$	
大小	$\checkmark(v)$		?		?	(2)
方向	$\checkmark(\leftarrow)$		?		$\checkmark(\nwarrow)$	

式中三个未知量,不可解。

根据前面的分析可知

$$\boldsymbol{v}_e = \boldsymbol{v}_{C'}$$

所以,将式(1) 代入式(2) 中,得

	$\boldsymbol{v}_a$	=	$\boldsymbol{v}_A$	+	$\boldsymbol{v}_{C'A}$	+	$\boldsymbol{v}_r$	
大小	$?(v)$		$\checkmark(OA \cdot \omega)$		$?(AC' \cdot \omega_{AB})$		?	(3)
方向	$\checkmark(\leftarrow)$		$\checkmark(\perp OA)$		$\checkmark(\perp AB)$		$\checkmark(\nwarrow)$	

式中只有两个未知量,可解。

为了求 ω_{AB},只须求出 $\boldsymbol{v}_{C'A}$ 即可。为此,选取坐标系 Cxy,如图 7-25 所示,将式(3) 向 y 轴上投影,得

$$v_a \sin 45° = v_A \cos 45° + v_{C'A}$$

由此解出

$$v_{C'A} = 5\sqrt{2}\ \text{cm/s}$$

所得 $v_{C'A}$ 为正,说明图中所设 $\boldsymbol{v}_{C'A}$ 的指向与实际相符,于是

$$\omega_{AB} = \frac{v_{C'A}}{AC'} = \frac{v_{C'A}}{10\sqrt{2}} = 0.5\ \text{rad/s}$$

【例 7－13】 在图 7－26 所示机构中，已知：轮 Ⅰ 固定，轮 Ⅱ 作纯滚动，其匀角速度为 ω，$O_1C = L$，$O_1A = 3L/4$，两轮半径都是 r。试求图示瞬时(1) $\boldsymbol{v}_A$；(2) ω_{AB}；(3) α_{AB}。

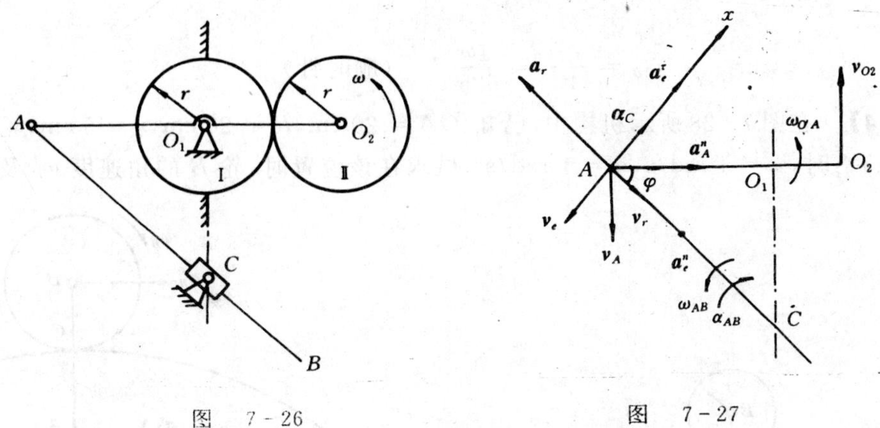

图 7－26　　　　图 7－27

解　本题是平面运动和合成运动的综合问题。运动分析如图 7－27 所示。

(1) 求 v_A　轮 Ⅱ 作平面运动，根据题设条件可得

$$v_{O2} = r\omega$$

$$\omega_{O_1A} = \frac{v_{O2}}{2r} = \frac{\omega}{2} \quad (\text{逆时针})$$

所以

$$v_A = O_1A \cdot \omega_{O_1A} = \frac{3L\omega}{8} \quad (\downarrow)$$

(2) 求 ω_{AB}　以点 A 为动点，动系固结于套筒 C 上，则

$$\boldsymbol{v}_A = \boldsymbol{v}_e + \boldsymbol{v}_r$$

式中

$$v_e = v_A\cos\varphi = \frac{9L\omega}{40}, \qquad v_r = v_A\sin\varphi = \frac{3L\omega}{40}$$

所以

$$\omega_{AB} = \omega_C = \frac{v_e}{AC} = \frac{9\omega}{50} \quad (\text{逆时针})$$

(3) 求 α_{AB}　因为 $\alpha_{O_1A} = 0$，所以

$$a_A^\tau = 0$$

$$a_A = a_A^n = O_1A\omega_{O_1A}^2 = \frac{3L\omega^2}{16}$$

$$a_C = 2\omega_C v_r = \frac{27L\omega^2}{250}$$

	$\boldsymbol{a}_A^n$	=	$\boldsymbol{a}_e^\tau$	+	$\boldsymbol{a}_e^n$	+	$\boldsymbol{a}_r$	+	$\boldsymbol{a}_C$
大小	✓		?		✓		?		✓
方向	✓		✓		✓		✓		✓

向 Ax 方向投影，得

$$a_A\sin\varphi = a_e^\tau + a_C$$

所以
$$a_e^\tau = \frac{21L\omega^2}{500}$$

故

$$\alpha_{AB} = \frac{a_e^\tau}{AC} = \frac{21\omega^2}{625} \quad （顺时针）$$

【例 7-14】 在图 7-28 所示机构中，已知：$OA = 20$ cm，$R = 20$ cm，$r = 5$ cm，轮 B 作纯滚动。当 $\varphi = 30°$ 时，$\omega = 1$ rad/s，$\alpha = 1$ rad/s²。试求在该位置时，轮 B 的角速度 ω_B 及角加速度 α_B。

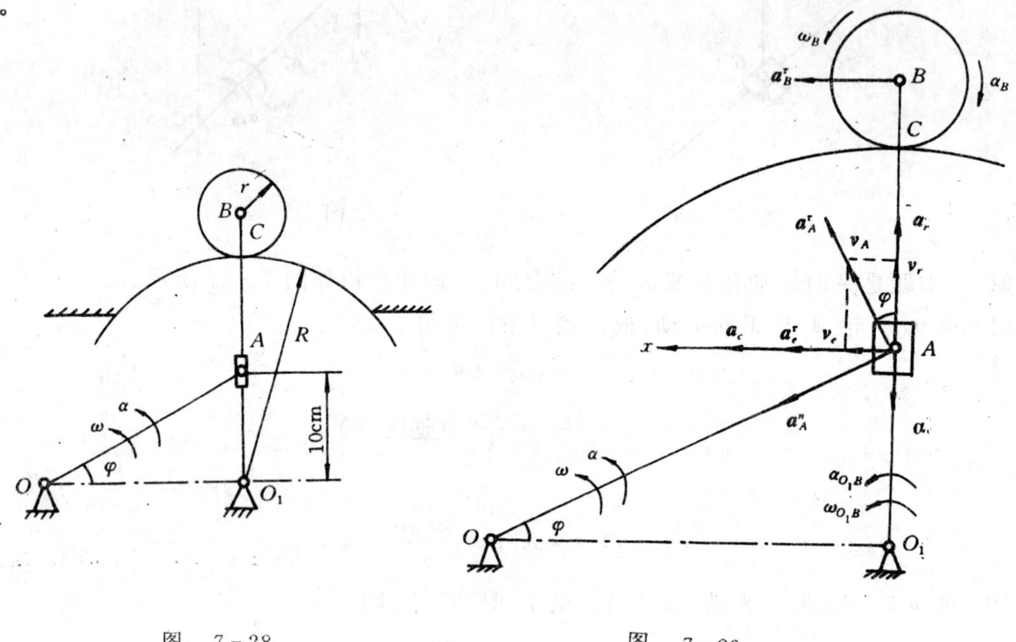

图 7-28　　图 7-29

解 (1) 求轮 B 的角速度 ω_B　运动分析如图 7-29 所示。以滑块 A 为动点，动系固连于 O_1B 杆上，由

$$\boldsymbol{v}_A = \boldsymbol{v}_e + \boldsymbol{v}_r$$

得

$$v_r = v_A\cos\varphi = 10\sqrt{3}\,\omega$$

$$\omega_{O_1B} = \frac{v_e}{OA} = \frac{v_A\sin\varphi}{O_1A} = \omega = 1 \text{ rad/s}$$

B 轮作平面运动，点 C 为瞬心，所以

$$\omega_B = \omega\cdot O_1B/r = 5 \text{ rad/s} \quad （逆时针）$$

(2) 求 B 轮的角加速度 α_B　A 点加速度为

	$\boldsymbol{a}_A^\tau$	+	$\boldsymbol{a}_A^n$	=	$\boldsymbol{a}_e^\tau$	+	$\boldsymbol{a}_e^n$	+	$\boldsymbol{a}_r$	+	$\boldsymbol{a}_C$
大小	✓		✓		?		✓		?		✓
方向	✓		✓		✓		✓		✓		✓

式中 $a_C = 2\omega_{O_1B}v_r$，$a_A^n = 20\omega^2$，$a_A^\tau = 20\alpha$，向 x 投影

$$a_A^n\cos\varphi + a_A^\tau\sin\varphi = a_e^\tau + a_C$$

所以

$$\alpha_{O_1B}=\frac{a_e^{\tau}}{O_1A}=1-\sqrt{3}$$

$$a_B^{\tau}=\alpha_{O_1B}(R+r)$$

则轮 B 的角加速度

$$\alpha_B=\frac{a_B^{\tau}}{r}=\frac{\alpha_{O_1B}(R+r)}{r}=-3.66\ \mathrm{rad/s^2}\quad（顺时针）$$

【例 7-15】 平面机构如图 7-30 所示。连杆 2、套筒 3 和圆轮 4 在点 B 铰接，套筒 3 可沿摇杆 5 滑动，圆轮 4 可在半径为 R 的圆槽内作纯滚动。已知：OA 杆以匀角速度 ω 转动，$OA=r$，$AB=L$，$R=4r$。在图示位置时，OA 及 CD 处于铅垂位置，$BC=4r$，AB 处水平。试求该瞬时(1) 圆轮 4 的角速度 ω_4 和角加速度 α_4；(2) 摇杆 5 的角速度 ω_5 和角加速度 α_5。

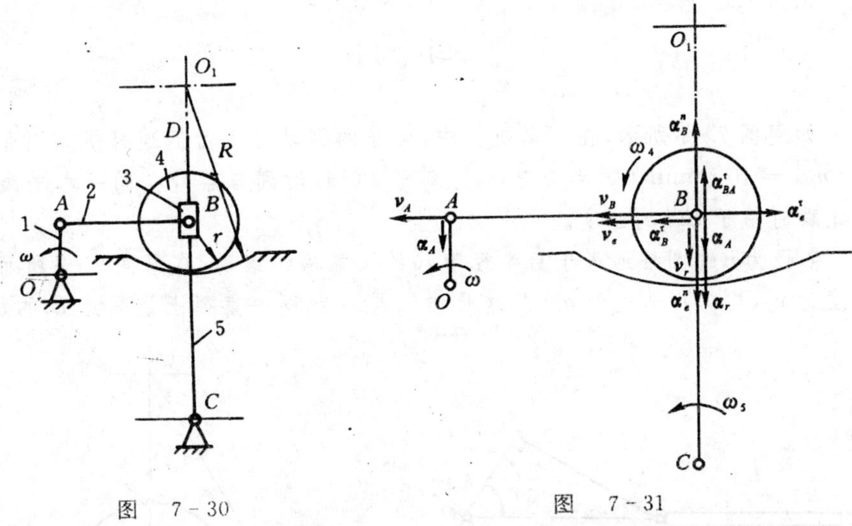

图 7-30　　　　图 7-31

解 (1) 求轮 4 的的角速度 ω_4　运动分析如图 7-31 所示。AB 杆作瞬时平动，则有

$$v_A=v_B=r\omega$$

$$\omega_{AB}=0$$

所以

$$\omega_4=\frac{v_B}{r}=\omega\qquad（逆时针）$$

(2) 求摇杆 5 的角速度 ω_5　以铰 B 为动点，动系固连于摇杆 5 上，则有

$$\boldsymbol{v}_B=\boldsymbol{v}_e+\boldsymbol{v}_r$$

$$v_B=v_e$$

所以

$$v_r=0$$

因此

$$\omega_5=\frac{v_B}{BC}=\frac{\omega}{4}\qquad（逆时针）$$

(3) 求轮 4 的角加速度 α_4　以 AB 杆为研究对象，以点 A 为基点，则有

	$\boldsymbol{a}_B^{\tau}$	+	$\boldsymbol{a}_B^{n}$	=	$\boldsymbol{a}_A$	+	$\boldsymbol{a}_{BA}^{\tau}$	+	$\boldsymbol{a}_{BA}^{n}$
大小	?		✓		✓		?		0
方向	✓		✓		✓		✓		✓

向 BA 方向投影得

$$a_B^\tau = 0$$

所以

$$\alpha_4 = 0$$

(4) 求摇杆 5 的角加速度 α_5　分析动点、动系同(2)，则有

	$\boldsymbol{a}_B^\tau$	+	$\boldsymbol{a}_B^n$	=	$\boldsymbol{a}_e^\tau$	+	$\boldsymbol{a}_e^n$	+	$\boldsymbol{a}_r$	+	$\boldsymbol{a}_C$
大小	√		√		?		√		?		√
方向	√		√		√		√		√		√

式中　$a_e^n = \dfrac{r\omega^2}{4}$，$a_C = 2\omega_5 v_r = 0$，将上式向 BA 方向投影得

$$a_e^\tau = 0$$

所以

$$\alpha_5 = 0$$

习　题

7-1　如题图 7-1 所示，在筛动机构中，筛子的摆动是由曲柄连杆机构所带动。已知曲柄 OA 的转速 $n_{OA} = 40\ \text{r/min}$，$OA = 0.3\ \text{m}$。当筛子 BC 运动到与点 O 在同一水平线上时，$\angle BAO = 90°$。求此瞬时筛子 BC 的速度。

7-2　半径为 r 的圆柱形滚子沿半径为 R 的圆弧槽纯滚动。在题图 7-2 所示瞬时，滚子中心 C 的速度为 $\boldsymbol{v}_C$，切向加速度为 $\boldsymbol{a}_C^\tau$。求这时接触点 A 和同一直径上最高点 B 的加速度。

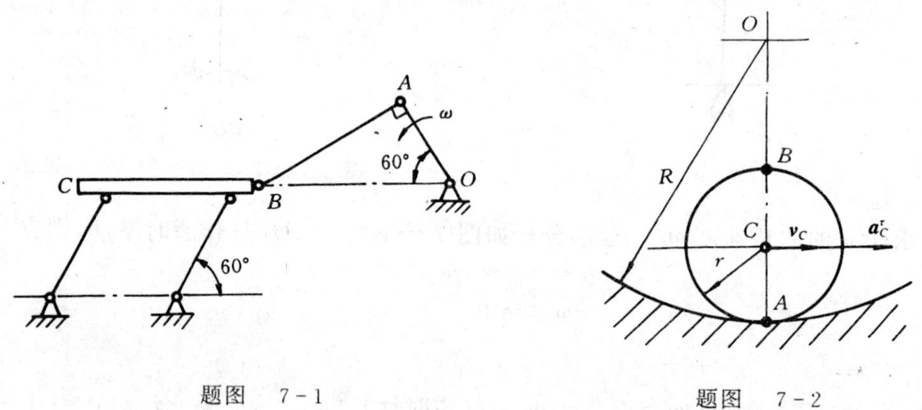

题图　7-1　　　　题图　7-2

7-3　题图 7-3 所示两齿条以速度 $\boldsymbol{v}_1$ 和 $\boldsymbol{v}_2$ 同方向运动。在两齿条间夹一齿轮，其半径为 r，求齿轮的角速度及其中心 O 的速度。

7-4　题图 7-4 所示机构中，已知：$OA = 0.1\ \text{m}$，$BD = 0.1\ \text{m}$，$DE = 0.1\ \text{m}$，$EF = 0.1\sqrt{3}\ \text{m}$；$\omega_{OA} = 4\ \text{rad/s}$。在图示位置时，曲柄 OA 与水平线 OB 垂直；且 B、D 和 F 在同一铅直线上。又 DE 垂直于 EF。求杆 EF 的角速度和点 F 的速度。

7-5　在题图 7-5 所示机构中，已知：曲柄 OA 以匀角速度 ω 转动，$OA = r$，$AB = 2r$，$O_1B = BC = 2\sqrt{3}r/3$，$CD = 4r$。试求在图示（OA 铅垂，AB 水平）瞬时，杆 AB，O_1C，CD 各自的角速度，以及滑块 D 的速度。

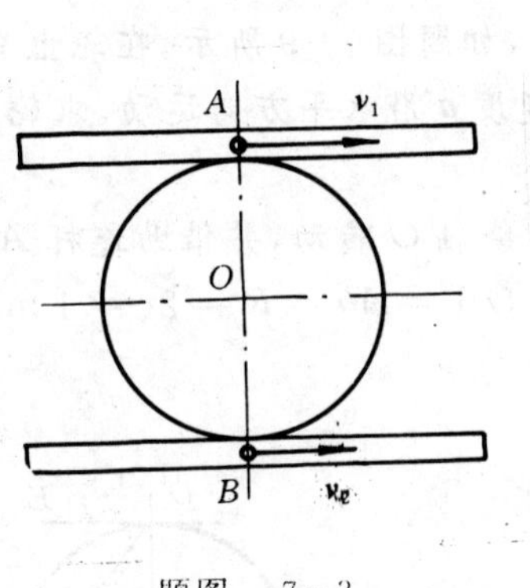

题图 7-3

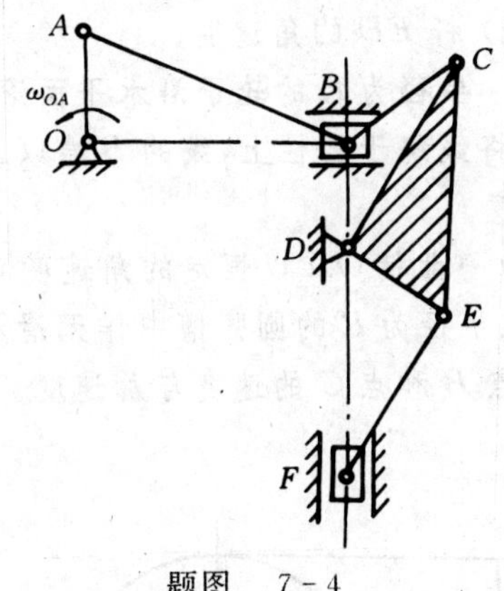

题图 7-4

7-6 在题图 7-6 所示平面机构中，C 为 AB 中点，$OA = r = 25\ \text{cm}$，$O_1E = 4r$。当 $\varphi = 60°$ 时，$\omega = 8\ \text{rad/s}$，OA 和 AB 在同一水平线上，且 $CE \perp EO_1$，$AB \perp BO_1$。试求该瞬时 O_1E 杆的角速度 ω_{O_1}。

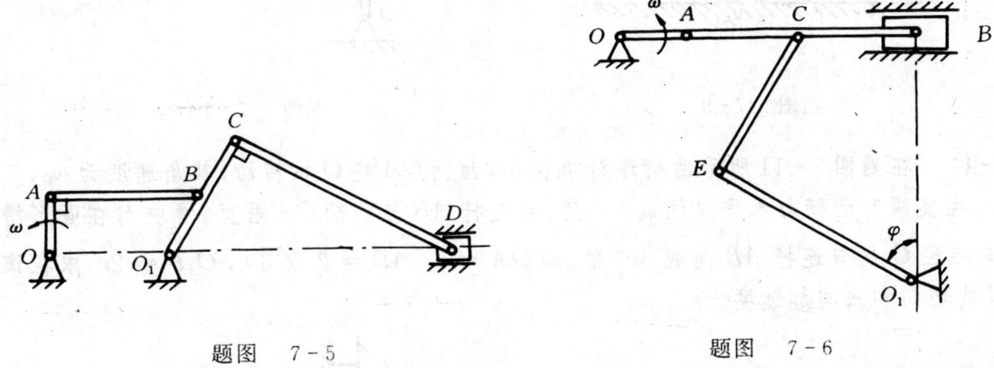

题图 7-5　　　　题图 7-6

7-7 已知：圆柱直径 $d = 2\ \text{m}$，在水平面上作纯滚动，$v_C = 2\ \text{m/s}$，杆 AB 与圆柱相切于 D 点（$AD = AE$）。设杆与圆柱间无滑动，试求在题图 7-7 所示 $\varphi = 60°$ 位置时滑块 A 的速度。

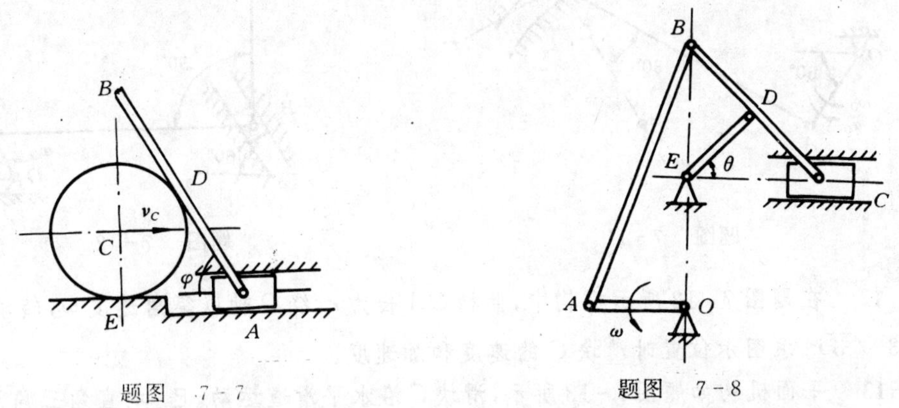

题图 7-7　　　　题图 7-8

7-8 平面机构如题图 7-8 所示。已知：曲柄 OA 以匀角速度 ω 绕 O 轴转动，$OA = BD = DC = ED = r$。在图示位置时，OA 位于水平，OEB 为铅垂线，$\theta = 45°$。试求该瞬时：(1) 滑块 C

的速度；(2) 杆 ED 的角速度。

7-9 半径为 R 的轮子沿水平面滚动而不滑动，如题图 7-9 所示。在轮上有圆柱部分，其半径为 r。将线绕于圆柱上，线的 B 端以速度 $\boldsymbol{v}$ 和加速度 $\boldsymbol{a}$ 沿水平方向运动。求轮的轴心 O 的速度和加速度。

7-10 曲柄 OA 以恒定的角速度 $\omega = 2\ \text{rad/s}$ 绕轴 O 转动，并借助连杆 AB 驱动半径为 r 的轮子在半径为 R 的圆弧槽中作无滑动的滚动。设 $OA = Ab = R = 2r = 1\ \text{m}$，求题图 7-10 所示瞬时点 B 和点 C 的速度与加速度。

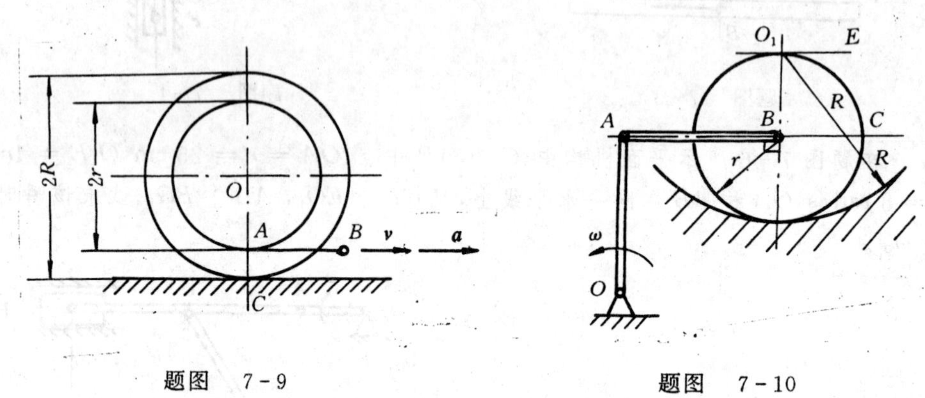

题图 7-9　　　　题图 7-10

7-11 在题图 7-11 所示曲柄连杆机构中，曲柄 OA 绕 O 轴转动，其角速度为 ω_O，角加速度为 α_O。在某瞬时曲柄与水平线间成 60° 角，而连杆 AB 与曲柄 OA 垂直。滑块 B 在圆形槽内滑动，此时半径 O_1B 与连杆 AB 间成 30° 角。如 $OA = r$，$AB = 2\sqrt{3}r$，$O_1B = 2r$，求在该瞬时滑块 B 的切向和法向加速度。

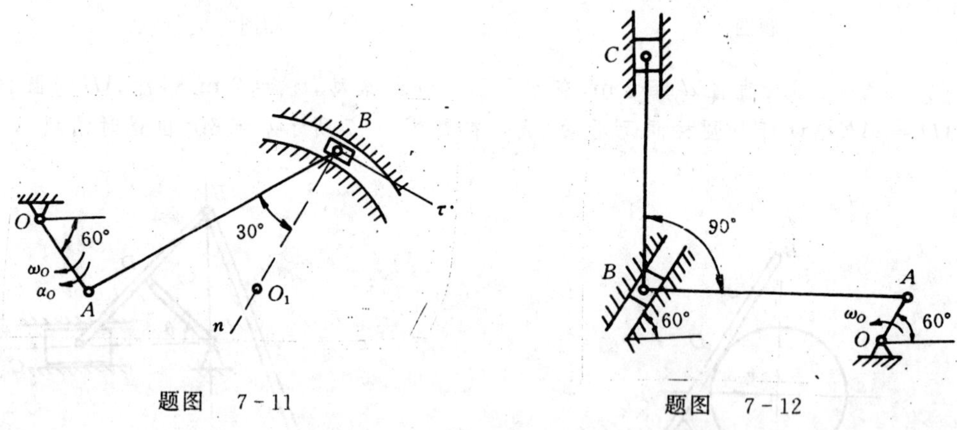

题图 7-11　　　　题图 7-12

7-12 在题图 7-12 所示机构中，曲柄 OA 长为 r，绕 O 轴以等角速度 ω_O 转动，$AB = 6r$，$BC = 3\sqrt{3}r$。求图示位置时滑块 C 的速度和加速度。

7-13 平面机构如题图 7-13 所示，滑块 C 沿水平滑道运动。已知：直角三角形板 OAB 边长 $OB = 15\ \text{cm}$，$OA = 30\ \text{cm}$，$BC = 15\sqrt{5}\ \text{cm}$，圆盘 A 沿固定圆槽作纯滚动，$r = 10\ \text{cm}$，$R = 40\ \text{cm}$。在图示位置时，圆盘 A 的角速度 $\omega = 2\ \text{rad/s}$、角加速度 $\alpha = 3\ \text{rad/s}^2$，$OA$ 铅垂，$AB \perp BC$。试求该瞬时滑块 C 的加速度。

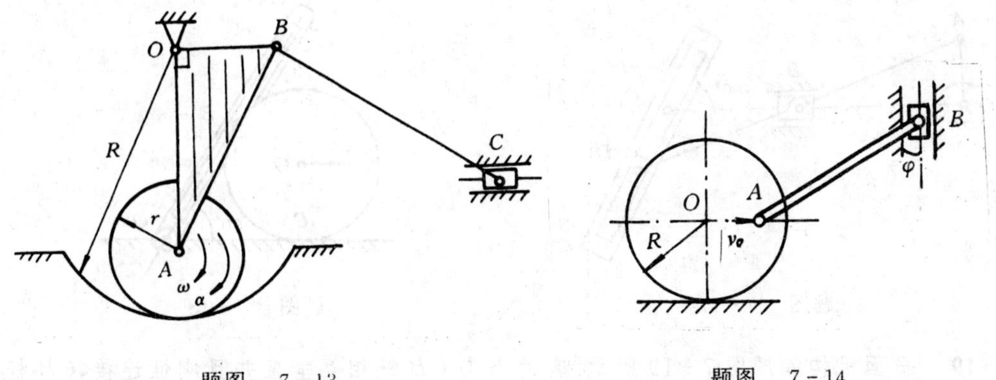

题图　7-13　　　　题图　7-14

7-14　半径为R的的圆轮O沿水平直线轨道作纯滚动，滑块B沿铅垂滑槽滑动。已知：轮心速度v_O为常量，$OA = R/2$，$AB = L = 2R$。在题图7-14所示瞬时，$\varphi = 60°$，OA在同一水平线上。试求该瞬时滑块B的速度与加速度。

7-15　在题图7-15所示机构中，已知：匀角速度ω，曲柄$OA = r$，杆$AB = L$，纯滚动轮B半径R_1，圆弧轨道半径R_2。试求当OA和O_1B铅直、A倾角为φ时轮B的角速度ω_B和角加速度α_B。

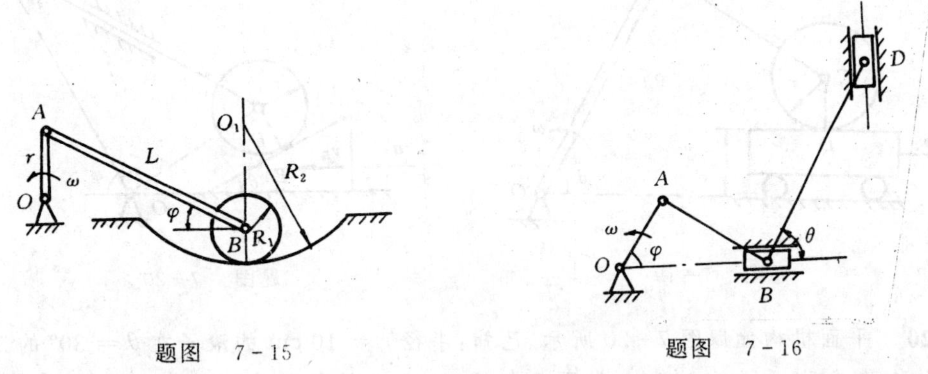

题图　7-15　　　　题图　7-16

7-16　平面机构如题图7-16所示。已知：$OA = 10$ cm，$BD = 30$ cm。在图示位置时，$\varphi = \theta = 60°$，$OA \perp AB$，OA的角速度$\omega = 2$ rad/s、角加速度为零。试求该瞬时滑块D的速度和加速度。

7-17　题图7-17所示曲柄连杆机构带动摇杆O_1C绕O_1轴摆动。在连杆AB上装有两个滑块，滑块B在水平槽内滑动，而滑块D则在摇杆O_1C的槽内滑动。已知：曲柄长$OA = 50$ mm，绕O轴转动的匀角速度$\omega = 10$ rad/s。在图示位置时，曲柄与水平线间成90°角，$\angle OAB = 60°$，摇杆与水平线间成60°角；距离$O_1D = 70$ mm。求摇杆的角速度和角加速度。

7-18　如题图7-18所示，轮O在水平面上滚动而不滑动，轮心以匀速$v_O = 0.2$ m/s运动。轮缘上固连销钉B，此销钉在摇杆O_1A的槽内滑动，并带动摇杆绕O_1轴转动。已知：轮的半径$R = 0.5$ m，在图示位置时，AO_1是轮的切线，摇杆与水平面间的交角为60°。求摇杆在该瞬时的角速度和角加速度。

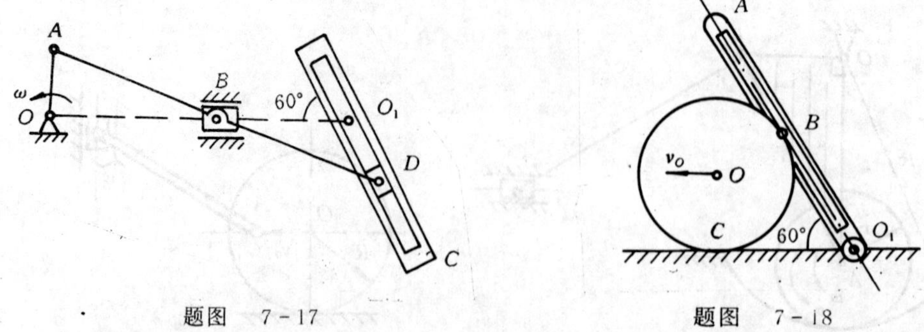

题图 7-17　　　　题图 7-18

7-19 平面机构如题图 7-19 所示。套筒 B 与 CB 杆相互垂直并且刚性连接，CB 杆与滚子中心 C 点铰接，滚子在车上作纯滚动，小车在水平面上平动。已知：半径 $r=h=10\text{ cm}$，$CB=4r$。在图示位置时，$\theta=60°$，OA 杆的角速度 $\omega=2\text{ rad/s}$，小车的速度 $v=10\text{ cm/s}$。试求该瞬时滚子的角速度。

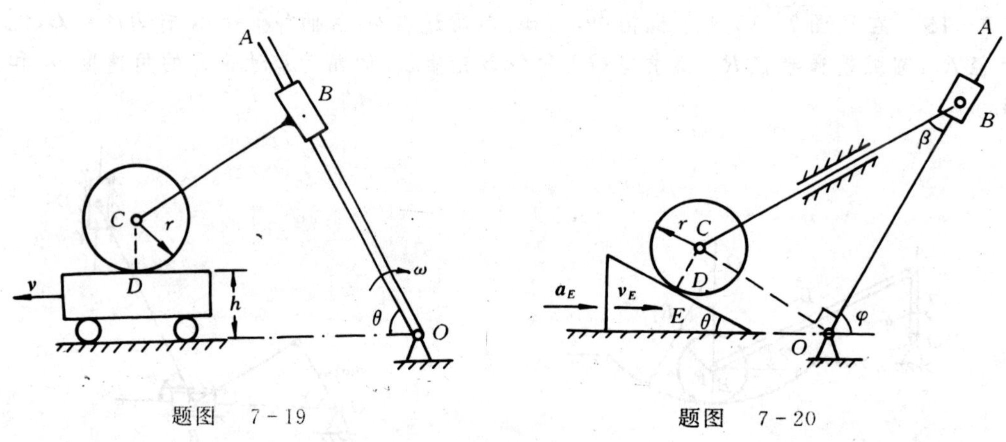

题图 7-19　　　　题图 7-20

7-20 平面机构如题图 7-20 所示。已知：半径 $r=10\text{ cm}$ 的滚子在 $\theta=30°$ 的三角块上作无滑动的纯滚动，$BC=60\text{ cm}$。在图示位置时，三角块的速度 $v_E=2\text{ cm/s}$，加速度 $a_E=3\text{ cm/s}^2$，$\varphi=60°$，$\beta=30°$，OC 连线恰与 OA 垂直。试求该瞬时 OA 杆的角速度 ω_O 和角加速度 ε_O。

7-21 在题图 7-21 所示机构中，已知：ω_O 为常量，$OA=OD=r$，$R=2r$，轮 B 作纯滚动，图示瞬时 $\varphi=30°$，$\psi=30°$。试求该瞬时：(1) 轮 B 的角速度 ω_B 及角加速度 α_B；(2) O_1C 杆的角速度 ω_1 及角加速度 α_1。

7-22 平面机构如题图 7-22 所示。已知：半径为 r 的滚子沿 $\varphi=30°$ 斜面纯滚动，$AB=4R$，T 形杆的 OBD 的 $OB=4\sqrt{3}r$，$BC=\sqrt{3}r$，$CD=3r$，$OE=6r$。在图示位置时，滚子的角速度 $\omega=2\text{ rad/s}$、角加速度 $\alpha=0$，OB 铅垂，$\beta=60°$。试求该瞬时 EF 杆的角速度 ω_E 的角加速度 α_E。

7-23 题图 7-23 所示平面机构中，杆 AB 以不变的速度 $\boldsymbol{v}$ 沿水平方向运动，套筒 B 与杆 AB 的端点铰接，并套在绕 O 轴转动的 OC 上，可沿该杆滑动。已知 AB 和 OE 两平行线间的垂

直距离为 b。求在图示位置($\gamma = 60°, \beta = 30°, OD = BD$)时杆 OC 的角速度和角加速度、滑块 E 的速度和加速度。

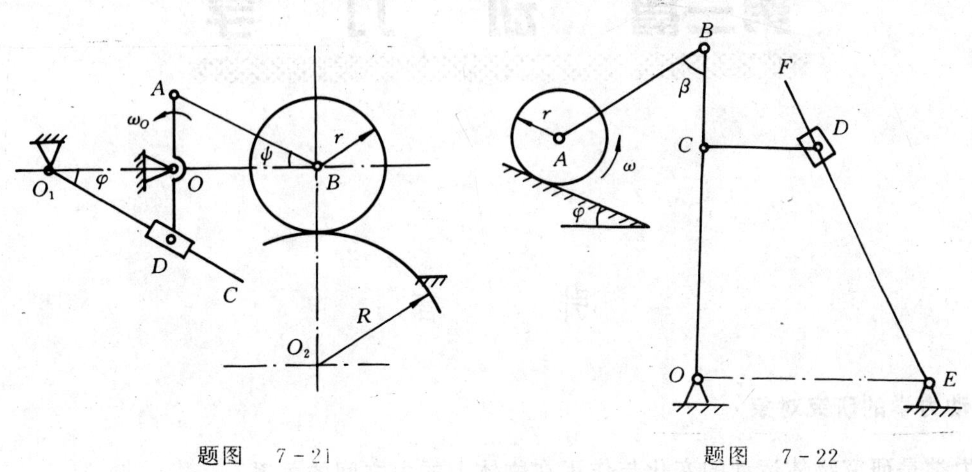

题图 7-21

题图 7-22

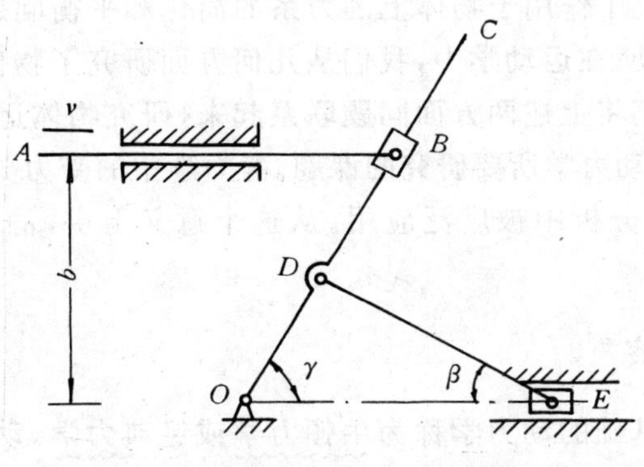

题图 7-23

第三篇 动 力 学

引 言

1. 动力学的研究对象

动力学是研究物体运动的变化与作用在物体上的力之间的关系。

在静力学中我们研究了作用于物体上的力系的简化和平衡问题，没有讨论物体在不平衡的力系作用下将如何运动；在运动学中，我们从几何方面研究了物体的运动，没有涉及运动产生的物理原因。现在，我们将上述两方面问题联系起来，研究物体运动的变化与作用在物体上的力之间的关系。这就是动力学所要研究的课题。静力学中的受力分析及运动学中的运动分析方法将在动力学问题的分析中被广泛应用。从这个意义上讲，静力学和运动学是动力学的基础。

2. 动力学的主要内容

以牛顿运动定律为基础的动力学称为牛顿力学或经典力学。动力学的主要内容是经典力学。牛顿定律是以实验为根据的，它仅对某些参考系成立。凡是对牛顿运动定律都能适用的参考系称为惯性参考系。相对于惯性参考系静止不动或作匀速直线运动的系统都是惯性参考系。相对于惯性参考系有加速度的系统称为非惯性参考系。在非惯性参考系中，牛顿运动定律不成立。

牛顿运动定律只适用于低速、宏观物体。这里的低速指远远小于光速的速度，对一般的工程问题都可以得到足够精确的结果。如果物体的速度接近于光速或要研究的现象涉及物质的微观世界，则要应用相对论力学或量子力学。

除了经典力学，动力学还包括了分析力学的一些内容和机械振动的基本理论，如动静法、虚位移原理、拉格朗日方程和单自由度的振动问题。

3. 动力学的形成和发展是与生产的发展密切联系的

随着生产的发展，工程技术中不断提出新的动力学问题。机器和机械设计上的均衡问题、振动问题和稳定问题，结构物在冲击和振动环境中的动态响应，交通运输工具的操纵性、稳定性和舒适性以及动力学载荷的作用、震动等都属于动力学问题；人造地球卫星和宇宙火箭的发射和运行等尖端科学技术中，更包含着许多动力学问题，而且不断地向动力学提出了许多复杂的新课题，这些大大地推动了动力学的发展。当然，以上问题的解决只靠理论力学是不够的，但是理论力学中的动力学基本理论，却是研究这些问题所必需的基础。所以学好动力学的基本理论和分析方法，将为今后解决这些问题打下良好的基础。

4. 动力学的力学模型

（1）质点　质点是具有一定质量但尺寸及几何形状可以忽略不计的物体。

（2）质点系　质点系是有限个或无限个质点的集合。这是力学中最普遍的抽象化模型，它包括刚体、弹性体和流体。如质点系中质点的运动不受约束的限制，称为自由质点系；反之，称为非自由质点系。

（3）刚体　刚体是无数质点所组成的不变形系统。当物体的大小及形状不能忽略，但可以略去变形的影响时，可将该物体抽象为刚体。刚体内任意两点之间的距离是不变的。

（4）力学模型简化的条件　物体简化为质点或质点系，不是由物体本身的大小所决定，而是由所研究问题的性质所决定，具有相对的概念。例如，研究地球上相对于地球运动的物体时，不能把地球看成一个点，而在研究地球在太阳系中的运动，就可以把地球看成一个质点；刚体作平动时，因为刚体内各点的运动情况完全相同，也可以不考虑这个刚体的形状和大小，而将它抽象为一个质点来研究。

在动力学中将着重研究质点系动力学、特别是非自由质点系动力学的问题。

第八章　质点动力学基础

本章的主要内容是在牛顿运动定律的基础上建立质点的运动微分方程，并根据质点受力的性质和运动的初始条件求解。

§8－1　动力学的基本定律

动力学的基础是牛顿关于运动的三个定律，也称为动力学基本定律，这是牛顿在总结伽利略、开普勒等人研究成果的基础上提出来的。

1. 定律

第一定律（惯性定律）：任何质点如不受力作用（或所受合力为零），则将保持静止或匀速直线运动的状态。

这个定律表明了任何质点都有保持其静止或匀速直线运动状态的属性。这种属性称为该质点的惯性。事实上第一定律给出了物体做惯性运动的条件，所以第一定律也叫惯性定律，而质点做匀速直线运动称为惯性运动。

由第一定律可知：质点不受力作用或受平衡力系作用时，将保持运动状态不变。所以，若质点受到不平衡力系的作用时，其运动状态一定改变。作用于物体的力与物体运动状态的改变的定量关系将由第二定律给出。

第二定律（力与加速度之间的关系）：质点的质量与加速度的乘积，等于作用于质点的力的大小。加速度的方向与力的方向相同。

如果以 $\boldsymbol{a}$ 表示质点的加速度，$\boldsymbol{F}$ 表示作用在质点上的力，m 表示质点的质量（图 8－1），则第二定律可以用公式表示为

$$\boldsymbol{F} = m\boldsymbol{a} \tag{8-1}$$

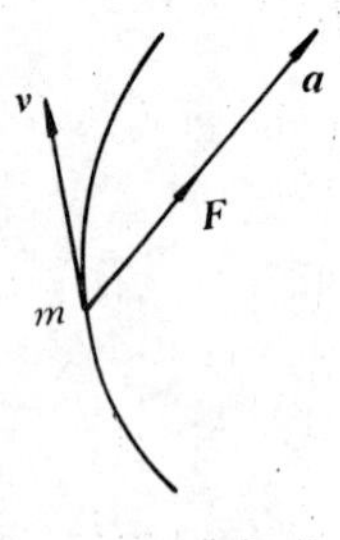

这是第二定律的数学表达式，它是质点动力学的基本方程，建立了质点的加速度、质量与作用力之间的定量关系。

v
a
F
m

图　8－1

当质点同时受到 n 个力作用时，式（8－1）的左端为这 n 个力的合力，即

$$\sum_{i=1}^{n} \boldsymbol{F}_i = m\boldsymbol{a} \tag{8-2}$$

由第二定律可知，在相同的力作用下，质量愈大的质点加速度愈小，或者说，质点的质量愈大保持惯性运动的能力愈强。由此可知，质量是物体惯性的度量。

设一物体的重量为 $\boldsymbol{W}$，物体在真空中自由降落的加速度为 $\boldsymbol{g}$，则根据式（8－1）有

$$m\boldsymbol{g} = \boldsymbol{W}$$

或 $$m = \frac{W}{g} \tag{8-3}$$

如果测得物体的重量 W 和加速度 g 的值，就可以求得物体的质量。

注 意重量与质量是两个不同的概念。重量是物体所受重力的大小，质量是物体惯性的度量。一物体的重量随它在地面上的位置而改变，相应地，重力加速度也随之而改变，但重量与重力加速度的比值却是一常量，说明物体的质量是一常量。

第三定律（作用与反作用定律）：两个物体间的作用力与反作用力总是大小相等，方向相反，沿着同一直线，且同时分别作用在这两个物体上。这个定律在静力学学过，它不仅适用于平衡的物体，也适用于任何运动的物体。

这个定律为解决以下问题提供了方便：若将两个有联系的物体看作质点系，则两个物体之间的力可以看作内力，有

$$\sum_{i=1}^{n} \boldsymbol{F}_i^{(i)} = 0 \tag{8-4}$$

$$\sum_{i=1}^{n} \boldsymbol{M}_O(\boldsymbol{F}_i^{(i)}) = 0 \tag{8-5}$$

式中 $\boldsymbol{F}_i^{(i)}$ 为第 i 个质点上所受的内力，点 O 为任意点。

牛顿第一、第二定律阐明了作用于质点的力与质点运动状态变化的关系，第三定律阐明两物体相互作用的关系。

2. 单位制和量纲

（1） 单位制　力学中有许多物理量，每个物理量都必须用适当的单位来量度。由于某些物理量之间具有一定的关系，所以并不是每个物理量的单位都是可以任意规定的。如质量的单位为 kg，加速度的单位为 $\mathrm{m/s^2}$，则力的单位为 N，且

$$1\ \mathrm{N} = 1\ \mathrm{kg \cdot m/s^2}$$

在许多物理量中，以某几个量作为基本量，它们的单位称为基本单位。其它量的单位都可由基本单位导出，称为导出单位，而那些量相应地称为导出量。

选取不同的基本单位，就形成不同的单位制。在本书采用 GB3100 国际单位制及应用中规定的国际单位制(SI)，以长度、时间、质量为基本量，它们的单位以米(m)、秒(s)和千克(kg)为基本单位。其它量均为导出量，它们的单位则是导出单位。工程实际中也常出现工程单位制(EI)，根据量和单位的国家标准，应换算成国际单位制。

（2）量纲或因次　表示某一物理量是由哪几个基本量组成的式子，称为该物理量的量纲或因次。国际单位制中，速度的量纲为

$$\dim V = \text{长度} \cdot \text{时间}^{-1} = \mathrm{LT^{-1}}$$

注意，量纲与单位是两个不同的概念，量纲一定，但是可以用大小不同的单位来表示。可以用量纲检验力学方程的正确性。在同一个方程中，各项的量纲必须相同，求出的一个力应具有力的量纲，这对于定性地判断方程及解答的正确与否很有帮助。

§8－2　质点的运动微分方程

质点的运动微分方程的实质是把牛顿第二定律写成微分方程的形式。

设一质点 M 在汇交力系 $\boldsymbol{F}_i(i=1,2,\cdots,n)$ 的作用下沿某一空间曲线运动，如此质点的质量为 m，它在惯性坐标系 $Oxyz$ 中的矢径为 $\boldsymbol{r}$，则根据式(8-2)，可将质点的运动微分方程写成矢径 $\boldsymbol{r}$ 的导数形式(图 8-2)。

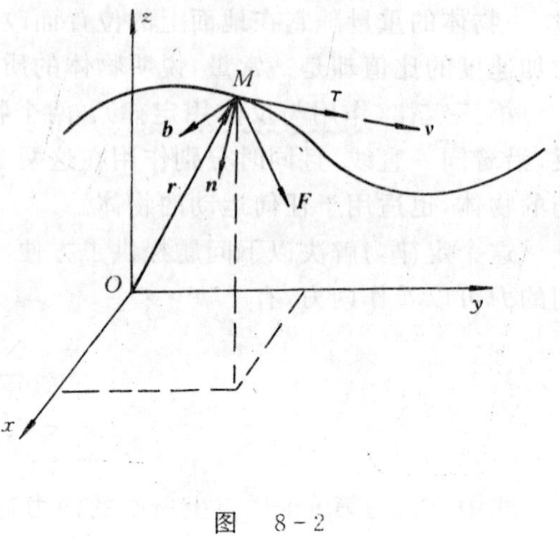

图 8-2

$$m\frac{\mathrm{d}^2\boldsymbol{r}}{\mathrm{d}t^2}=\sum_{i=1}^{n}\boldsymbol{F}_i \tag{8-6}$$

式(8-6)多用于推导公式，解决实际问题通常用它的投影形式。

1. 质点运动微分方程的直角坐标形式

将矢量方程式(8-6)投影到直角坐标系 $Oxyz$ 的坐标轴上，得到质点运动微分方程的直角坐标形式为

$$\left.\begin{aligned}m\frac{\mathrm{d}^2x}{\mathrm{d}t^2}&=\sum_{i=1}^{n}X_i\\ m\frac{\mathrm{d}^2y}{\mathrm{d}t^2}&=\sum_{i=1}^{n}Y_i\\ m\frac{\mathrm{d}^2z}{\mathrm{d}t^2}&=\sum_{i=1}^{n}Z_i\end{aligned}\right\} \tag{8-7}$$

式(8-7)中，x,y,z 分别为矢径 $\boldsymbol{r}$ 在三个直角坐标轴上的投影，X_i,Y_i,Z_i 分别为力 $\boldsymbol{F}_i$ 在 3 个直角坐标轴上的投影。

2. 质点运动微分方程的自然坐标形式

$\boldsymbol{\tau},\boldsymbol{n},\boldsymbol{b}$ 分别为点 M 运动轨迹的切线、法线和副法线方向的单位矢量，轴 $M\tau$、Mn 和 Mb 组成自然轴系，将矢量方程式(8-6)投影在自然轴上(图 8-2)，得到质点运动微分方程式的自然坐标形式为

$$\left.\begin{aligned}m\frac{\mathrm{d}v}{\mathrm{d}t}&=\sum_{i=1}^{n}F_{\tau i}\\ m\frac{v^2}{\rho}&=\sum_{i=1}^{n}F_{ni}\\ 0&=\sum_{i=1}^{n}F_{bi}\end{aligned}\right\} \tag{8-8}$$

式(8-8)中的 $F_{\tau i},F_{ni},F_{bi}$ 分别是作用于质点的各力在切线、主法线和副法线方向上的投影。

§8-3 质点动力学的两类基本问题

应用质点运动微分方程可求解质点动力学的两类问题。

第一类问题：已知质点的运动，求作用在质点上的力。如已知质点的运动方程，求它们对时间的导数，于是由质点的运动微分方程即可求得作用在质点的力。所以说，求解第一类问题可归结为微分问题。

第二类问题：已知作用在质点上的力，求质点的运动。作用在质点上的力可以是常力或变力，变力可以是时间、坐标、速度的函数或同时是上述三种变量的函数。求质点的运动就是要求运动微分方程的解。运动微分方程的通解包含积分常数，这些常数由质点运动的初始条件决定。初始条件是指 $t=0$ 的瞬时，质点的初始位置和初始速度。质点的运动规律不仅决定于作用力，也与质点的运动初始条件有关。第二类问题归结为积分问题。由于积分往往比微分困难，特别是当力的函数形式复杂时，可能求不到问题的解析解，而只能求出近似的数值解。

下面举例说明解决质点动力学两类基本问题时，如何建立运动微分方程及其求解方法。

【例 8-1】 电梯如图 8-3(a) 所示。已知电梯的加速度 $a=$ 常数、方向向上。电梯重量为 Q，放在电梯地板上的物质重量为 $\boldsymbol{P}$，求：

(1) 物体对地板的压力；

(2) 电梯吊绳的拉力。

解 此题是已知运动求作用力，故属于动力学第一类问题。

(1) 求物体对地板的压力

选取重物为研究对象，进行受力分析和运动分析；选图 8-3(b) 所示坐标轴，列运动微分方程求解。

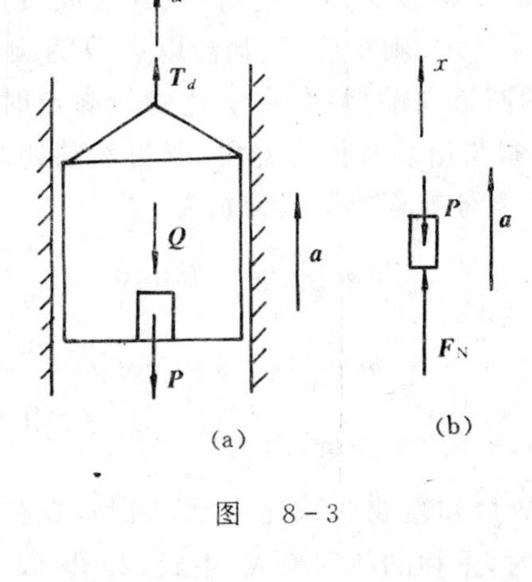

图 8-3

由质点运动微分方程的直角坐标形式，得

$$\frac{P}{g}a = F_{\mathrm{N}} - P$$

或

$$F_{\mathrm{N}} = P\left(1+\frac{a}{g}\right) = F'_{\mathrm{N}}$$

式中 F'_{N} 为物体对地板的压力。

讨论 压力 F'_{N} 由两部分组成。第一部分等于物体的重量 P，这是当电梯作匀速直线运动 $(a=0)$ 或静止时所具有的压力，称为静压力；第二部分为 $\frac{P}{g}a$，它只在物体作加速运动时才发生，因而称为附加动压力，总压力为 F'_{N}。这个题目中，总压力大于静压力，这种现象称为超重。由于超重，不仅使地板所受的压力增大，而且也使物体内部的压力增大，这时站在电梯内的人感到很沉重。超重很大，人将感到很难维持，这是宇宙航行中所必须解决的一个重要问题；如果加速度方向向下，总压力为

$$F'_{\mathrm{N}} = P\left(1-\frac{a}{g}\right)$$

当 $a=g$ 时，$F'_{\mathrm{N}}=0$，这时物体各部分间因重力引起的压力消失了，这种现象称为失重，在宇宙航行中也会遇到。

(2) 求电梯吊绳中的拉力

取电梯和重物整体为研究对象，受力如图 8-3(a) 所示，选坐标轴 x，则投影形式的质点运动微分方程为

$$\frac{Q+P}{g}a = T_d - (Q+P)$$

解得

$$T_d = (Q + P)\left(1 + \frac{a}{g}\right) = T\left(1 + \frac{a}{g}\right)$$

式中 $T = Q + P$，称为绳索的静反力。

讨论　工程中把绳索动反力的值 T_d 和静反力的值 T 的比值称为动荷系数，用 K_d 表示：$K_d = \frac{T_d}{T} = 1 + \frac{a}{g}$。动荷系数 K_d 表示由于物体有加速度使约束反力（或负荷）增加的倍数，在设计电梯钢绳时必须考虑 K_d。

【例 8-2】　图 8-4 所示桥式起重机上，小车吊着质量为 m 的重物，沿横向作匀速运动，速度为 v_0，吊绳长为 l。由于突然原因急刹车，重物因惯性绕悬挂点 O 向前摆动。试求刹车后绳索的最大张力及刹车前后瞬间绳索张力的比。

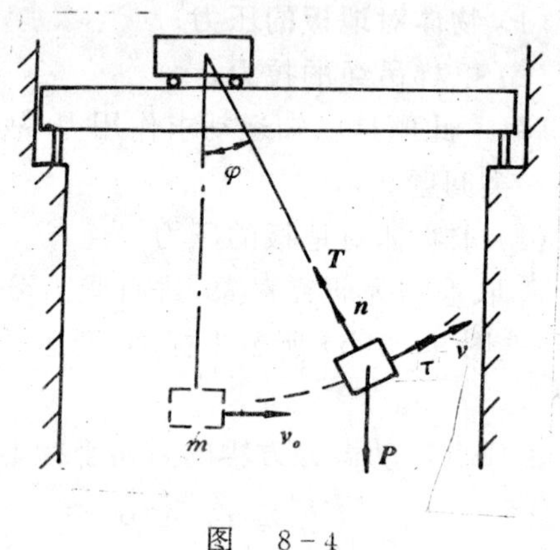

图　8-4

解　取重物为研究对象，并看成质点，受力如图 8-4 所示。刹车后，重物沿以点 O 为圆心，以 l 为半径的圆弧向前摆动。在未达到最高点时的一般位置，绳索与铅垂线偏离 φ 角。取自然轴如图示，重物的运动微分方程投影式分别为

$$m\frac{\mathrm{d}v}{\mathrm{d}t} = -P\sin\varphi \tag{1}$$

$$m\frac{v^2}{l} = T - P\cos\varphi \tag{2}$$

式中 v 与 φ 均为变量，由式(1)知 $a_\tau = \frac{\mathrm{d}v}{\mathrm{d}t} < 0$，而 $v > 0$，故可知重物作减速运动。因此，在初始位置（$\varphi = 0$）时，重物的速度最大。由式(2)得

$$T = P\left(\cos\varphi + \frac{v^2}{gl}\right)$$

由于 $\varphi = 0$ 时，$v = v_{\max} = v_0$，$\cos\varphi = 1$，因此，刚刹车时，绳索的张力 $\boldsymbol{T}'$ 获得最大值，即

$$T'_{\max} = T_{\max} = P\left(1 + \frac{v_0^2}{gl}\right)$$

刹车前，重物作匀速直线运动。由平衡条件知 $T' = T = P$。因此刹车前后瞬间动荷系数 $K_d = \frac{T'_{\max}}{T'} = 1 + \frac{v_0^2}{gl}$。

讨论　起重机的小车急刹车时，绳索张力发生急剧变化。动荷系数 K_d 与初始速度的平方 v_0^2 成正比。如果 v_0 超过一定限度，将造成拉断钢索的生产事故。因此，工厂中安全操作规则中都规定了起重机运行的速度，以确保安全。

【例 8-3】　质量为 m 的小球，从某点 O 以初速度 $\boldsymbol{v}_0$ 抛出，空气阻力不计，求下列两种初始条件下小球的运动：

(1) $\boldsymbol{v}_0$ 与水平成 θ 角；

(2) $\boldsymbol{v}_0$ 铅垂向上（图 8-5）。

解　(1) $\boldsymbol{v}_0$ 与水平成 α 角　以小球为研究对象。以点 O 为坐标原点建立坐标系 xOy，使 $\boldsymbol{v}_0$ 在坐标平面内（图 8-5(a)），则在任一瞬时，小球均只受有铅垂向下的重力 $\boldsymbol{P} = m\boldsymbol{g}$ 作用。于是可得小球的运动微分方程为

$$m\ddot{x} = 0 \tag{1}$$

$$m\ddot{y} = -mg \tag{2}$$

运动的初始条件是

$$t = 0 \quad \left.\begin{aligned} x_0 &= 0 & y_0 &= 0 \\ \dot{x}_0 &= v_0\cos\theta & \dot{y}_0 &= v_0\sin\theta \end{aligned}\right\} \tag{3}$$

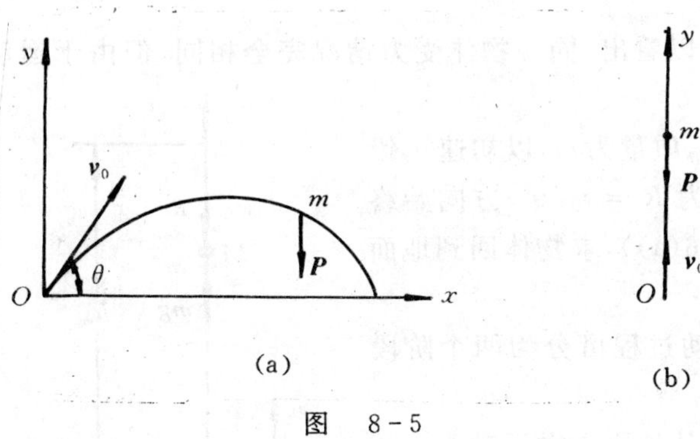

图 8-5

将式(1) 和式(2) 分离变量后积分得

$$\int_{v_0\cos\theta}^{\dot{x}} \mathrm{d}\dot{x} = 0 \tag{4}$$

$$\int_{v_0\sin\theta}^{\dot{y}} \mathrm{d}\dot{y} = -g\int_0^t \mathrm{d}t \tag{5}$$

求解式(4)、式(5)，得小球的速度沿 Ox,Oy 轴的投影分别为

$$\dot{x} = v_0\cos\theta \tag{6}$$

$$\dot{y} = v_0\sin\theta - gt \tag{7}$$

将式(6)、式(7) 分离变量后积分得

$$\int_0^x \mathrm{d}x = \int_0^t v_0\cos\theta\mathrm{d}t \tag{8}$$

$$\int_0^y \mathrm{d}y = \int_0^t (v_0\sin\theta - gt)\mathrm{d}t \tag{9}$$

求解式(8)、式(9)，得小球直角坐标形式的运动方程为

$$x = v_0t\cos\theta \tag{10}$$

$$y = v_0t\sin\theta - \frac{1}{2}gt^2 \tag{11}$$

从式(10)、式(11) 中消去时间 t，得小球的轨迹方程为

$$y = x\tan\theta - \frac{g}{2v_0\cos^2\theta}x^2 \tag{12}$$

式(12) 为小球的轨迹方程，可看出其轨迹是一条平面抛物线。

(2) v_0 铅垂向上　仍以小球为研究对象，以点 O 为坐标原点，Oy 轴与 v_0 一致，受力分析及运动分析如图 8-5(b) 所示，则其运动微分方程为

$$m\ddot{x} = 0 \tag{13}$$

$$m\ddot{y} = -mg \tag{14}$$

小球运动的初始条件为

$$t = 0 \quad \left.\begin{array}{ll} x_0 = 0 & y_0 = 0 \\ \dot{x}_0 = 0 & \dot{y}_0 = v_0 \end{array}\right\} \tag{15}$$

重复(1)的计算过程，得小球的运动方程为

$$\begin{aligned} x &= 0 \\ y &= v_0 t - \frac{1}{2}gt^2 \end{aligned} \tag{16}$$

从以上两种情况可以看出，同一物体受力情况完全相同，但由于运动的初始条件不同，其运动方程也不同。

【例 8-4】 物体 M，质量为 m，以初速 v_0 铅垂上抛，空气阻力大小为 $R = mkv^2$，方向始终与运动方向相反(图 8-6(a))，求物体回到地面时的速度。

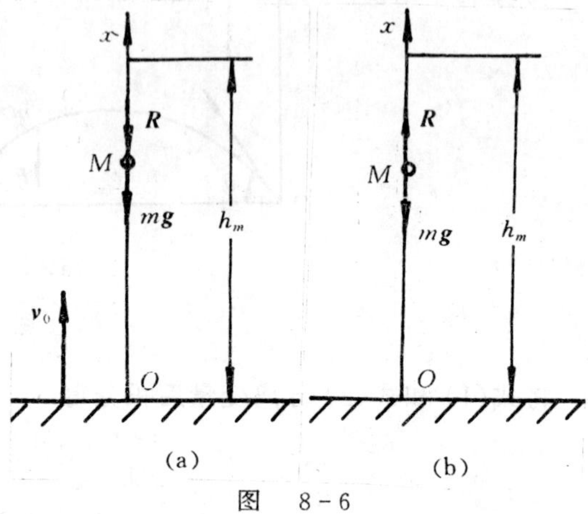

图　8-6

解　此物体的运动过程可分为两个阶段研究

(1) 物体以初速 v_0 从地面上抛运动至 $v = 0$，上升最大距离 h_m；

(2) 物体在 h_m 的高度以初速 $v = 0$ 下落，落地的速度就是我们所要求的速度。

求解过程如下：

(1) 上升阶段　以物体 M 为研究对象。受力、运动分析如图 8-6(a) 所示，选坐标轴 x 为铅直向上的方向(与物体运动方向相同)。运动微分方程为

$$m\ddot{x} = -mg - mkv^2 \tag{1}$$

运动的初始条件为

$$t = 0 \quad x_0 = 0,\ \dot{x}_0 = v_0 \tag{2}$$

式(1)中，由于 x 轴正向与物体运动方向相同，故

$$\left.\begin{aligned} \dot{x} &= v \\ \ddot{x} &= a = \frac{dv}{dt} = \frac{dv}{dx}\frac{dx}{dt} = v\frac{dv}{dx} \end{aligned}\right\} \tag{3}$$

将式(3)代入式(1)得

$$mv\frac{dv}{dx} = -mg - mkv^2 \tag{4}$$

将式(4)分离变量并积分得

$$-\int_{v_0}^{0}\frac{v dv}{g + kv^2} = \int_0^{h_m} dx \tag{5}$$

求解式(5)得

$$h_m = \frac{1}{2k}\ln\frac{g + kv_0^2}{g} \tag{6}$$

式(6)即为抛体上升的最大高度。

(2) 下落阶段　仍以物体 M 为研究对象，受力、运动分析如图 8-6(b) 所示。同样选坐标轴 x 向上为正，与物体运动方向相反，运动微分方程为

$$m\ddot{x} = -mg + mkv^2 \tag{7}$$

运动的初始条件为

$$t = 0,\ x_0 = h_m,\ \dot{x}_0 = 0 \tag{8}$$

式(7) 中，由于 x 轴正向与物体运动方向相反，故

$$\left.\begin{aligned} \dot{x} &= -v \\ \ddot{x} &= -\frac{\mathrm{d}v}{\mathrm{d}t} = -\frac{\mathrm{d}v}{\mathrm{d}x}\frac{\mathrm{d}x}{\mathrm{d}t} = -\frac{\mathrm{d}v}{\mathrm{d}x}(-v) = v\frac{\mathrm{d}v}{\mathrm{d}x} \end{aligned}\right\} \tag{9}$$

设物体落地时的速度为 v_1，将式(9) 代入式(7)，分离变量并积分得

$$-\int_0^{v_1} \frac{v\mathrm{d}v}{g - kv^2} = \int_{h_m}^0 \mathrm{d}x \tag{10}$$

求解式(10) 得

$$v_1 = v_0\sqrt{\frac{g}{g + kv_0^2}}$$

【例 8-5】 如图 8-7 所示，一细长杆 OA，O 端用光滑铰固定，O_1 端有一小球 M。设球的质量为 m，杆的质量不计，杆长为 l。当杆在铅直位置时，球因受冲击具有水平初速 $\boldsymbol{v}_0$。不计空气阻力，求球的运动和杆对球的约束力。

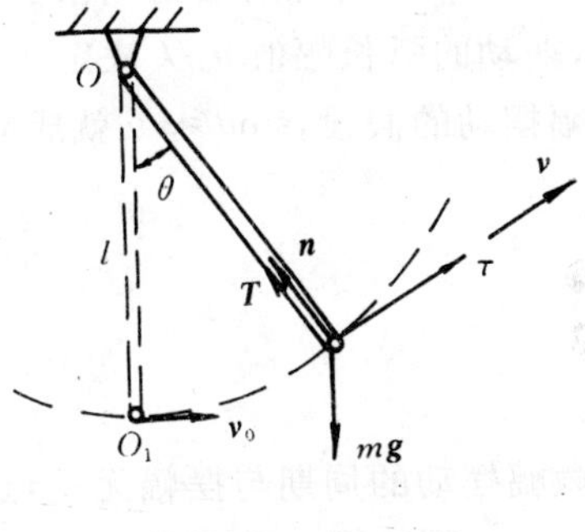

图 8-7

解 把小球简化为一质点做为研究对象。小球受杆的约束只能在铅直面内沿圆弧运动，是个非自由质点。

由于质点运动的轨迹是圆弧，所以用自然坐标系研究较为方便。设质点在任意瞬时的位置为 M，其弧坐标为 s，杆的摆角为 θ，故 $s = l\theta$，$v = \dfrac{\mathrm{d}s}{\mathrm{d}t} = l\dot{\theta}$，点 M 的切向和法向矢量 $\boldsymbol{\tau}$ 和 $\boldsymbol{n}$ 如图 8-7 所示，设$\dfrac{\mathrm{d}v}{\mathrm{d}t}$ 的正向沿 $\boldsymbol{\tau}$ 的方向。

小球的受力、运动分析如图 8-7 所示，运动微分方程在 $\boldsymbol{\tau}$，$\boldsymbol{n}$ 两个方向的投影方程分别为

$$\left.\begin{aligned} m\frac{\mathrm{d}v}{\mathrm{d}t} &= -mg\sin\theta \\ m\frac{v^2}{l} &= T - mg\cos\theta \end{aligned}\right\} \tag{1}$$

式(1) 中的第一式建立了主动力与切向加速度的关系，第二式建立了法向加速度与约束力的关系。

下面分两种情况讨论：

(1) 微幅摆动　当杆的摆角 θ 很小时，$\sin\theta \approx \theta$，将式(1) 改写为

$$\left.\begin{aligned} ml\ddot{\theta} &= -mg\sin\theta \\ ml\dot{\theta}^2 &= T - mg\cos\theta \end{aligned}\right\} \tag{2}$$

或

$$\left.\begin{aligned} \ddot{\theta} + \frac{g}{l}\theta &= 0 \\ T &= mg\cos\theta + ml\dot{\theta}^2 \end{aligned}\right\} \tag{3}$$

令 $k^2 = \dfrac{g}{l}$ 并代入式(3) 的第一式得

$$\ddot{\theta} + k^2\theta = 0 \tag{4}$$

这是一个常系数二阶线性齐次微分方程，其初始条件为

$$t=0,\ \theta_0=0,\ \dot{\theta}_0=\frac{v_0}{l} \tag{5}$$

式(4)的通解为

$$\theta=A\sin(kt+\varphi) \tag{6}$$

式(1)中的 A,φ 为待定常数，将式(5)代入式(6)，得

$$A=\frac{v_0}{kl},\ \ \varphi=0 \tag{7}$$

式(7)代入式(6)得

$$\theta=\frac{v_0}{kl}\sin kt \tag{8}$$

式(8)即为杆的摆角 θ 随时间的变化规律。此式表明小球沿圆弧作简谐运动。当摆长 l 一定时，摆动的弧长幅值 v_0/k 决定于初始速度 v_0，只要 v_0 相当小，弧长的幅值就能在小范围内满足微幅摆动的假设，$\sin\theta\approx\theta$ 就成立。这种摆称为单摆或数学摆。摆动的周期及频率分别为

$$\left.\begin{aligned}T&=\frac{2\pi}{k}=2\pi\sqrt{\frac{l}{g}}\\ f&=\frac{1}{T}=\frac{1}{2\pi}\sqrt{\frac{g}{l}}\end{aligned}\right\} \tag{9}$$

即微幅摆动的周期与摆幅无关，这种性质称为微幅摆动的等时性。

(2) 大幅摆动或圆周运动　若初始速度 v_0 较大，则不能用 θ 近似代替 $\sin\theta$，式(1)的第一式可重写为

$$\ddot{\theta}+\frac{g}{l}\sin\theta=0 \tag{10}$$

将 $\ddot{\theta}=\dfrac{\mathrm{d}\dot{\theta}}{\mathrm{d}t}=\dfrac{d\dot{\theta}}{\mathrm{d}\theta}\dfrac{\mathrm{d}\theta}{\mathrm{d}t}=\dot{\theta}\dfrac{\mathrm{d}\dot{\theta}}{\mathrm{d}t}$ 代入式(10)得

$$\dot{\theta}\frac{\mathrm{d}\dot{\theta}}{\mathrm{d}\theta}=-\frac{g}{l}\sin\theta \tag{11}$$

式(10)是一个常系数二阶齐次非线性微分方程，其解为椭圆积分，这时运动的周期与起始条件有关，不再具有等时性。我们只研究其速度的变化规律，将式(11)分离变量并积分得(注意初始条件式(5))

$$\int_{\dot{\theta}_0}^{\dot{\theta}}\mathrm{d}\left(\frac{\dot{\theta}^2}{2}\right)=-\int_{\theta_0}^{\theta}\frac{g}{l}\sin\theta\mathrm{d}\theta \tag{12}$$

求解式(12)得

$$v^2=(l\dot{\theta})^2=v_0^2+2gl(\cos\theta-1) \tag{13}$$

式(13)表示杆在任意位置 θ 时球的速度 v，由式(13)可知，当 $v_0\geqslant\sqrt{4gl}$ 时，小球才能作圆周运动，否则球作摆动。

求得速度之后，可由式(3)的第二式求出未知的约束力 $\boldsymbol{T}$。

$$\begin{aligned}T&=mg\cos\theta+m\frac{v^2}{l}=mg\cos\theta+\frac{m}{l}[v_0^2+2gl(\cos\theta-1)]=\\ &mg(3\cos\theta-2)+\frac{mv_0^2}{l}\end{aligned} \tag{14}$$

以上5个例题中，例8-1，例8-2均为已知运动求力，属动力学第一类问题；例8-3、例8

-4为已知力求运动。其中例8-3中的力是常力，例8-4中的力是速度的函数，属动力学第二类问题；例8-5是先从已知的主动力求质点的运动，然后根据已求得的运动再求约束力，故既有第一类问题，又有第二类问题。

通过以上例题可总结出求解质点动力学问题的步骤如下：

(1) 选取某质点为研究对象；

(2) 分析作用在质点上的力，包括主动力和约束反力；

(3) 分析质点的运动情况，计算质点的加速度，这一步要注意：有的题目已给出了运动，有的题目没有直接给出运动，要通过计算才能得出；

(4) 根据未知量的情况，选择恰当的投影轴，写出在该轴上的运动微分方程的投影式；

(5) 求出未知的力或运动。对第二类动力学问题要注意合理应用运动初始条件确定积分常数，使问题得到确定的解。

求解质点动力学问题，还应注意以下几点：

(1) 物体的受力分析　在动力学中，物体的受力分析与静力学相同，仍然要画研究对象的受力图，分析物体受哪些力的作用，要根据约束类型画约束反力。分析受力时，先不考虑物体的运动。

(2) 物体的运动分析　确定质点的运动轨迹是否已知、是直线还是曲线；分析质点运动要素(运动方程、速度、加速度)是否已知，所用的坐标形式。有些情况下虽未直接给出运动，但经过运动学的分析计算可得出结果者也算是已知的。

(3) 建立运动微分方程

1) 在什么位置建立点的运动微分方程，要根据题意确定。如题目只需要求某一特殊位置的力或加速度，则在特殊位置列方程；如题目需要求几个位置或任意位置的力或加速度，则在一般位置列方程。这个方程适合整个运动过程，即质点不论在什么位置、什么时候，运动微分方程都能表示质点实际的运动和受力情况。求解以后，将题目要求的几个特殊位置的参数代入，求出答案。

2) 选择方程的坐标形式。坐标形式的选择，由质点的运动和未知力的情况确定。一般说来，最常用的是直角坐标，只有当点的运动轨迹已知时，才能用自然轴形式的方程。无论采用何种形式，所得的结果都应是一样的，只是解题的繁简不同而已。

3) 列运动微分方程时，力的投影和加速度的投影均要注意正确确定其正负号，将其分别写在投影方程的两边。未知的加速度如用坐标对时间的二阶导数表示，则不必考虑正负号的问题。题目中所用到的速度、加速度均为绝对速度、绝对加速度。

4) 对于质点系，原则上可以对每个质点写出运动微分方程。但由于各质点的运动以及所受的力都是互有关联的，就所有各质点写出的不论什么形式的微分方程，必然是联立微分方程。在大多数情况下，要求得这些联立方程的精确解是非常困难的。因此，对于质点系的问题，只有在最简单的情况下才用本章所述的方法求解，一般问题要应用以后各章讲述的定理求解。

习　题

8-1　物块 A，B，质量分别为 $m_1=100\ \text{kg}$，$m_2=200\ \text{kg}$，用弹簧连结如题图8-1所示。设物块 A 在弹簧上按规律 $x=20\sin 10t$ 作简谐运动(x 以 mm 计，t 以 s 计)，求水平面所受压力

的最大值与最小值。

8-2 题图8-2所示起重机的绳索当拉力为35 kN时即被拉断，现在吊一重为$W=$ 25 kN的物体，如果它在$t=0.25$ s内，速度从静止到达0.6 m/s。设重物为匀加速上升，问起吊是否安全。

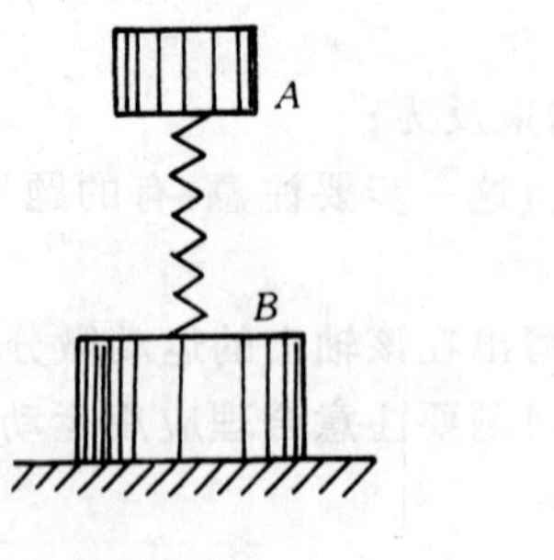

题图 8-1

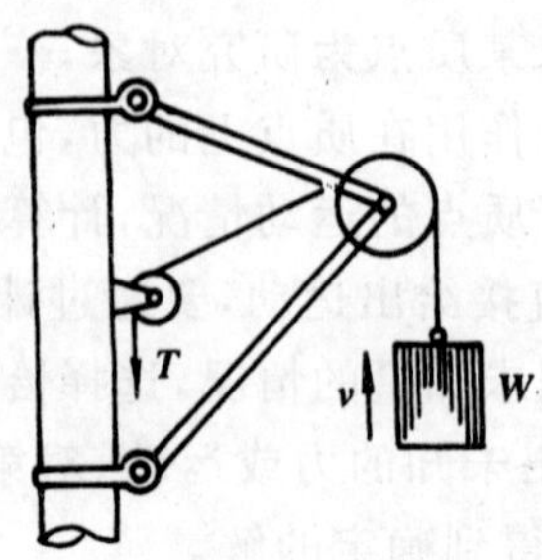

题图 8-2

8-3 如题图8-3所示，在曲柄滑道机构中，活塞和活塞杆质量共为50 kg。曲柄OA长为0.3 m，绕O轴作匀速转动，转速为$n=120$ r/min。求当曲柄在$\varphi=0°$和$\varphi=90°$时，作用在构件BDC上总的水平力。

8-4 半径为R的偏心轮绕O轴以匀角速度ω转动，推动导板沿铅直轨道运动，如题图8-4所示。导板顶部放有一质量为m的物块A，设偏心距$OC=e$，开始时OC沿水平线。求(1)物块对导板的最大压力；(2)使物体不离开导板的ω最大值。

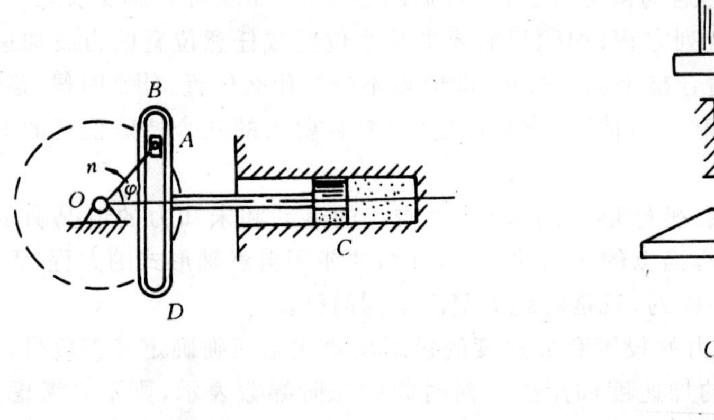

题图 8-3

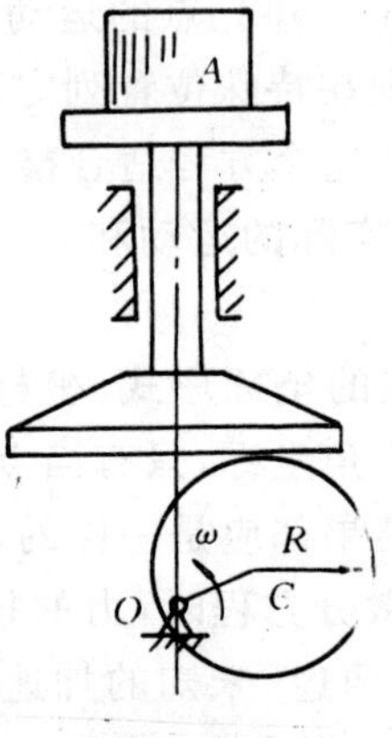

题图 8-4

8-5 如题图8-5所示，小球从光滑半圆柱的顶点A无初速地下滑，求小球脱离半圆柱时的位置角φ。

8-6 如题图8-6所示，重量为$Q=30$ kN的物体悬于钢索下端，以匀速$v_0=2$ m/s下降，若卷筒突然刹车，求钢索的最大伸长。设钢索每伸长10 mm需力20 kN。

8-7 小球A重为P，以两细绳AB，AC挂起，两绳与铅垂线夹角均为θ，如题图8-7所示。现将绳AC突然剪断，试求在该瞬时绳AB的拉力T_0，并求AC未剪断时AB的拉力T。

8-8 如题图8-8所示，在三棱柱ABC的粗糙斜面上，放一质量为m的物体M，三棱柱以匀加速度$\boldsymbol{a}$沿水平方向运动。设摩擦因数为f_s，且$f_s<\tan\theta$。为使物体M在三棱柱上处于相

对静止，试求 a 的最大值，以及这时物体 M 对三棱柱的压力。

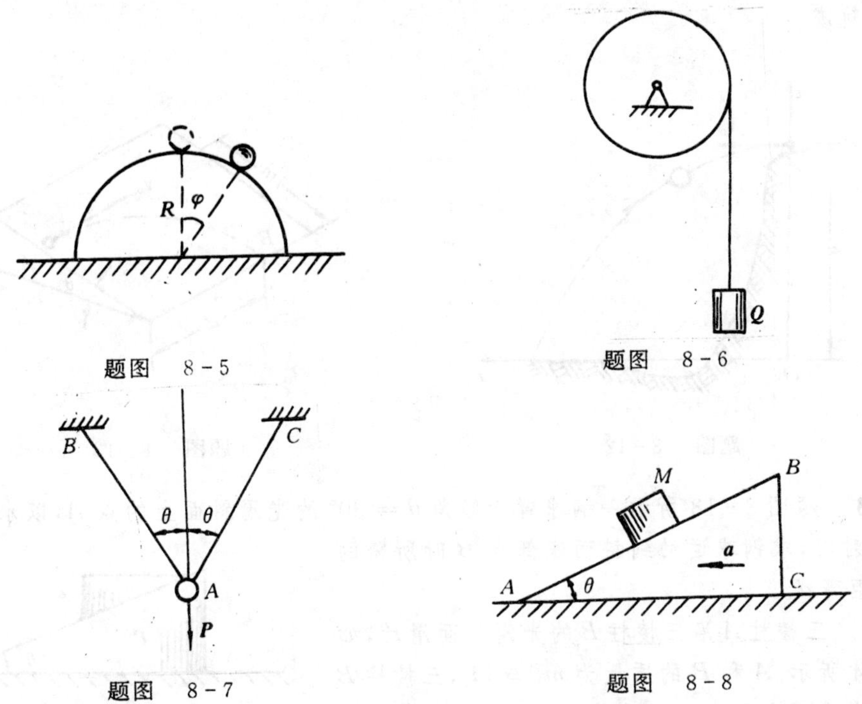

题图 8-5

题图 8-6

题图 8-7

题图 8-8

8-9 题图8-9所示质量为 m 的质点 O 带有电荷 e，质点在一均匀电场中，电场强度为 $E = A\sin kt$，其中 A 和 k 均为常数，若已知质点在电场中所受力为 $\boldsymbol{F} = e\boldsymbol{E}$，其方向与 $\boldsymbol{E}$ 相同。质点的初速为 $\boldsymbol{v}_0$，与 x 轴的夹角为 θ，且取坐标原点为起始位置。如重力的影响不计，求质点的运动方程。

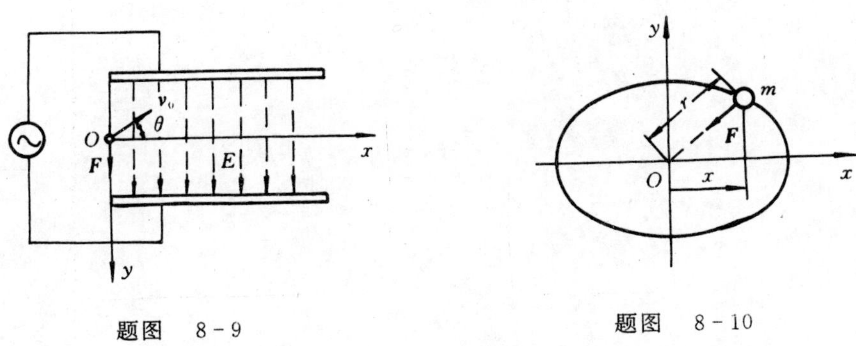

题图 8-9

题图 8-10

8-10 题图8-10所示质点的质量为 m，受指向原点 O 的力 $F = kr$ 作用，力与质点到点 O 的距离成正比。如初瞬时质点的坐标为 $x = x_0, y = 0$，而速度的分量为 $v_x = 0, v_y = v_0$。试求质点的轨迹。

8-11 不前进的潜水艇质量为 m，受到较小的沉力 $\boldsymbol{P}$(重力与浮力的合力）向水底下潜。在沉力不大时，水的阻力 $\boldsymbol{F}$ 可视为与下潜速度的一次方成正比，并等于 kAv。其中 k 为比例常数，A 为潜水艇的水平投影面积，v 为下潜速度。如当 $t = 0$ 时，$v = 0$。求下潜速度和在时间 T 内潜水艇下潜的路程 S。

8-12 物体由高度 h 处以速度 $\boldsymbol{v}_0$ 水平抛出，如题图8-12所示。空气阻力可视为与速度的一次方成正比，即 $\boldsymbol{F}=-km\boldsymbol{v}$，其中 m 为物体的质量，$\boldsymbol{v}$ 为物体的速度，k 为常系数。求物体的运动方程和轨迹。

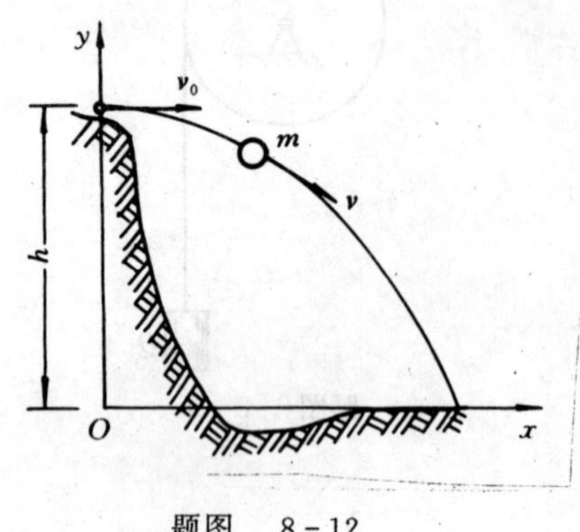

题图　8-12

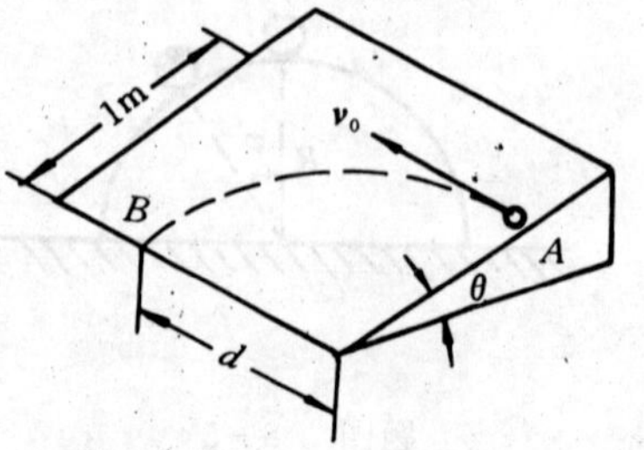

题图　8-13

8-13　题图 8-13 所示一钢球置于倾角 $\theta=30°$ 的光滑斜面上的点 A，以水平初速度 $v_0=5\ \mathrm{m/s}$ 射出，求钢球运动到斜面底部点 B 时所需的时间 t 和距离 d。

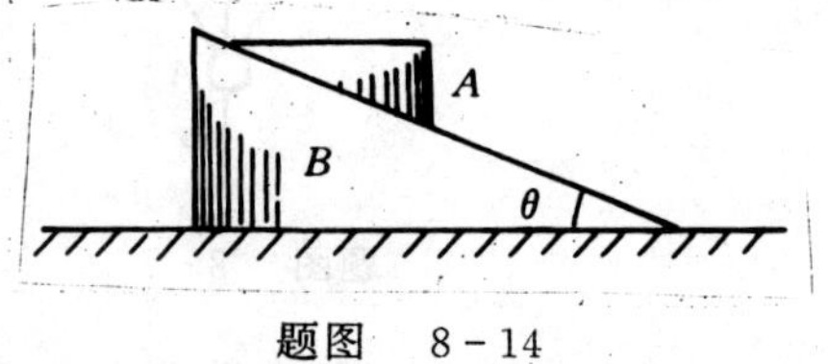

题图　8-14

8-14　三棱柱 A 沿三棱柱 B 的光滑斜面滑动，如题图 8-14 所示。A 和 B 的质量为 m_1 与 m_2，三棱柱 B 的斜面与水平面成 θ 角，如开始时物系静止，摩擦略去不计。求运动时三棱柱 B 的加速度。

第九章　质点系动力学基础

上一章讨论了质点动力学问题。应该指出，只有在特殊情况下才能把物体抽象为质点。在一般情况下和多数工程实际问题中，应将所研究的物体抽象为质点系（包括流体、弹性体、刚体和刚体系统等）。从本章开始讨论质点系的动力学问题。

从理论上讲，对质点系的动力学问题可将各质点拆开后，对每个质点列出运动微分方程求解。但正如上一章所述，得到的是微分方程组。一般情况下难以求得精确解，而且对于某些动力学问题，往往不必求解各质点的运动情况，而只需要知道质点系整体的运动特征就够了。例如对于刚体，只需确定刚体质心的运动和绕质心的转动。求解质点系或刚体动力学问题，本书主要采用以下方法：

(1) 达朗伯原理　在牛顿运动定律的基础上，引入惯性力的概念，用静力学中研究平衡问题的方法来研究动力学中不平衡的问题，因而也被称为动静法。

(2) 动力学基本定理　包括动量定理、动量矩定理和动能定理。建立描述整个质点系（刚体）运动特征的一些物理量（又称运动量，如质点系的动量、动量矩和动能），并建立作用在质点系上的力系与这些物理量的变化率之间的关系，求解质点系动力学问题。

(3) 动力学普遍方程和拉格朗日方程　将虚位移原理（以质点系为研究对象，从位移和功的概念出发，建立了任意质点系平衡的条件，比本书第一篇静力学中以刚体为研究对象的刚体静力学更具有普遍的意义，是求解静力学平衡问题的最一般的原理。这是本课程的重要学习内容之一。）与达朗伯原理结合起来，导出求解非自由质点系动力学问题的重要方法，属分析力学的内容。

本章的主要内容是给出质点系的动量、动量矩的基本概念及相应的计算方法，还将介绍质点系的质心、对转轴的转动惯量的概念及计算方法，作为质点系动力学的学习基础。

§9-1　质点系的质心

如图 9-1 所示，设有 n 个质点组成的质点系，各质点的质量分别为 $m_1, m_2, \cdots, m_n$，各质点质量之和为 $M=\sum_{i=1}^{n} m_i$，则由公式

$$\boldsymbol{r}_C=\frac{\sum_{i=1}^{n} m_i \boldsymbol{r}_i}{M} \tag{9-1}$$

所确定的一点 C 称为质点系的质量中心，简称质心。质点系的运动不仅与所受的力有关，而且与质点系质量的分布情况有关，而质量分布的特征之一可以用质量中心来描述，对于任意的质点系，质心的坐标公式为

$$x_C = \frac{\sum_{i=1}^{n} m_i x_i}{M} \\ y_C = \frac{\sum_{i=1}^{n} m_i y_i}{M} \\ z_C = \frac{\sum_{i=1}^{n} m_i z_i}{M} \tag{9-2}$$

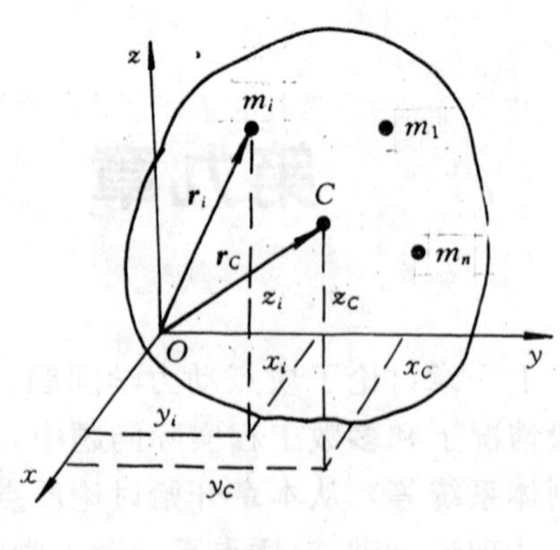

图 9-1

式中 x_i, y_i, z_i 为第 i 个质点的直角坐标。

质心的位置反映了质点系各质点质量分布的情形。如果质点系受重力作用，因重力与质量成正比 ($\boldsymbol{p}_i = m_i \boldsymbol{g}$)，而重力又是相互平行的，故有 $\boldsymbol{r}_C = \frac{\sum_{i=1}^{n} m_i \boldsymbol{r}_i}{M} = \frac{\sum_{i=1}^{n} m_i g \boldsymbol{r}_i}{Mg} = \frac{\sum_{i=1}^{n} p_i \boldsymbol{r}_i}{P}$ 即质心与重心重合。

一般来说，质心比重心有更广泛的意义，因质点系并不一定受重力的作用，例如宇宙中太阳系、星系或微观世界中的粒子系统。下面还将看到引入质心的概念可简化各运动量的计算。

§9-2 动量的概念及其计算

由经验可知，物体间相互机械作用的强弱，不仅与物体的质量有关，而且与物体相互作用时的相对速度有关。例如轮船靠岸时，其速度不大，但由于它的质量很大，若不当心，就有撞坏码头或船体的危险，而枪弹则因其速度很大，其质量虽小，却能射入或穿透坚实的障碍。因此，可以用质点的质量与速度的乘积，来表征质点的这种运动量。

1. 质点的动量

质点的质量与速度的乘积称为质点的动量。记为 $\boldsymbol{p} = m\boldsymbol{v}$。动量是物体某瞬时机械运动强弱(包括方向)的一种度量，动量是矢量，它的方向与质点速度的方向一致。

动量的量纲为

$$\dim \boldsymbol{p} = \dim(m\boldsymbol{v}) = \mathrm{MLT}^{-1}$$

在国际单位制中动量的单位为 kg · m/s。

2. 质点系的动量

质点系内各质点动量的矢量和称为质点系的动量，即

$$\boldsymbol{p} = \sum_{i=1}^{n} m_i \boldsymbol{v}_i \tag{9-3}$$

式中 n 为质点系的质点数，m_i 为质点系内第 i 个质点的质量，$\boldsymbol{v}_i$ 为该质点的绝对速度，上式为质点系的动量的主矢量。

将式(9-1) 重写为

$$Mr_C = \sum_{i=1}^{n} m_i r_i \tag{9-4}$$

式(9-4)两端对时间 t 求一阶导数得

$$\frac{\mathrm{d}}{\mathrm{d}t}(Mr_C) = \frac{\mathrm{d}}{\mathrm{d}t}\left(\sum_{i=1}^{n} m_i r_i\right)$$

由于质量 m_i 是不变的,故上式可写为

$$M\frac{\mathrm{d}r_C}{\mathrm{d}t} = \sum_{i=1}^{n} m_i \frac{\mathrm{d}r_i}{\mathrm{d}t}$$

或

$$Mv_C = \sum_{i=1}^{n} m_i v_i \tag{9-5}$$

式(9-5)中 $v_C = \dfrac{\mathrm{d}r_C}{\mathrm{d}t}$ 是质点系质心的速度,第 i 个质点的速度 $v_i = \dfrac{\mathrm{d}r_i}{\mathrm{d}t}$,比较式(9-3)与式(9-5),可见

$$p = \sum_{i=1}^{n} m_i v_i = Mv_C \tag{9-6}$$

式(9-6)表明,质点系的动量等于质心速度与其全部质量的乘积。应用式(9-6)计算刚体的动量非常方便。

【例 9-1】 求图 9-2 所示的各均质物体或质点的动量。各物体或质点的质量均为 m。

(1) 在图 9-2(a) 中,已知轮子的角速度为 ω,半径为 R。

解 由于轮子的质心与转轴 O 重合,质心速度 $v_0 = 0$,故轮子动量的大小为

$$p = mv_0 = 0$$

(2) 在图 9-2(b) 中,已知 $v_A = v$,杆 AB 长为 l。

解 由于杆 AB 作平面运动,点 H 为杆 AB 的速度瞬心,则由运动学知识可求得质心 C 的速度为

$$v_C = HC \cdot \omega_{AB} = \frac{l}{2}\frac{v_A}{AH} = \frac{l}{2}\frac{v_A}{l\cos 60^\circ} = v_A\text{,方向如图}$$

故杆 AB 的动量的大小为

$$p = mv_C = mv_A$$

方向与 v_C 方向相同。

(3) 在图 9-2(c) 中,已知杆 OA 长为 l,用球铰链 O 固定,以等角速度 ω 绕铅直线转动,杆与铅直线的夹角为 θ。

解 杆 OA 质心 C 的速度为

$$v_C = \frac{l}{2}\sin\theta \cdot \omega$$

方向沿点 C 轨迹的切线方向,与 ω 的转向一致。

故杆 OA 的动量为

$$p = mv_C = m \cdot \frac{l}{2}\sin\theta \cdot \omega = \frac{ml\omega}{2}\sin\theta$$

请读者考虑如何用式(9-3)来计算杆 OA 的动量(即用质点系动量的定义计算)。

(4) 在图 9-2(d) 中,已知 $r = 1\ \mathrm{m}$,$\omega = 2\ \mathrm{rad/s}$,$v = 3\ \mathrm{m/s}$。

解 此系统的动量为质点与小车动量的矢量和。设其在 x 方向的分量为 p_x,在 y 方向的

分量为 p_y,则

$$p_x = p_{车x} + p_{质点x} = mv + m(v + v_r\cos60°) =$$

$$m \times 3 + m \times (3 + r\omega \times \frac{1}{2}) = 3m + 3m + \frac{1}{2}m \times 1 \times 2 = 7m$$

$$p_y = p_{车y} + p_{质点x} = 0 + m \cdot v_r\sin60° = m \times r\omega \times \frac{\sqrt{3}}{2} =$$

$$m \times 1 \times 2 \times \frac{\sqrt{3}}{2} = \sqrt{3}m$$

所以
$$p = \sqrt{p_x^2 + p_y^2} = \sqrt{49m^2 + 3m^2} = \sqrt{52}m = 2\sqrt{13}m$$

设 p 与 x 轴正向夹角为 θ,则

$$\cos\theta = \frac{p_x}{p} = \frac{7m}{2\sqrt{13}m} = 0.970\ 7$$

故 $\theta = 13.9°$

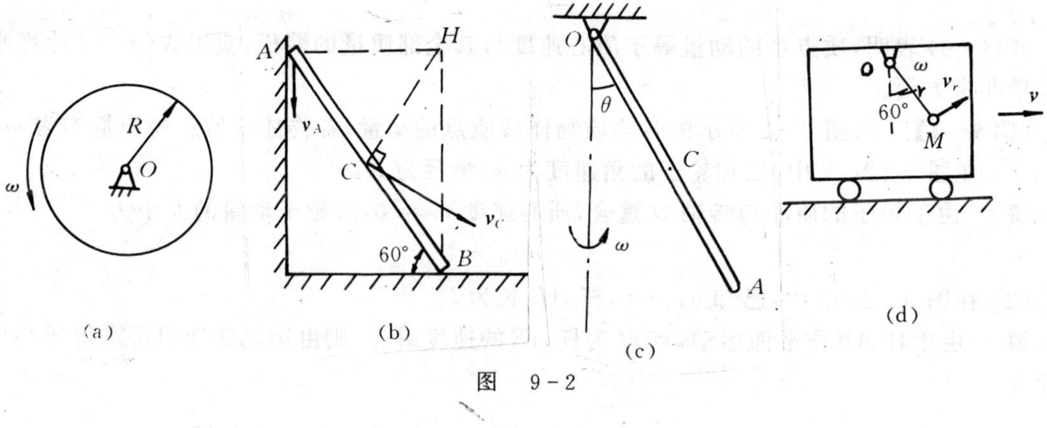

图 9-2

§9-3 动量矩的概念及其计算

研究质点或质点系绕某点(轴)的转动,如研究地球绕太阳公转或刚体绕定轴转动时,在力学中引出一个物理量 —— 动量矩,以表征质点或质点系绕某点(轴)的运动强弱。

1. 质点的动量矩

设质点 Q 某瞬时的动量为 $m\boldsymbol{v}$,质点相对点 O 的位置用矢径 $\boldsymbol{r}$ 表示,如图 9-3 所示。那么我们把质点 Q 的动量对于点 O 的矩,定义为质点对于点 O 的动量矩,即

$$\boldsymbol{M}_0(m\boldsymbol{v}) = \boldsymbol{r} \times m\boldsymbol{v} \qquad (9-7)$$

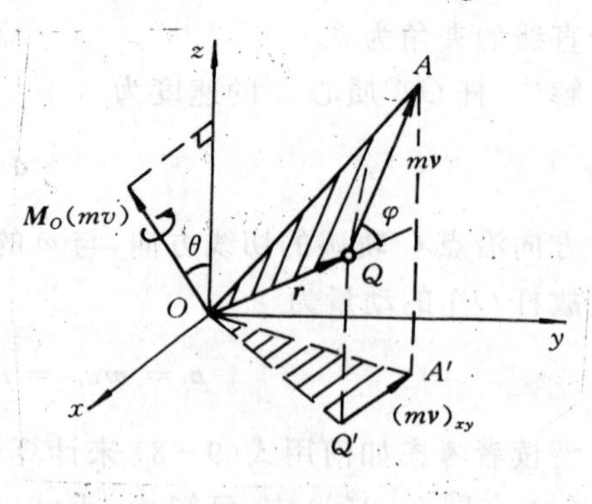

图 9-3

动量矩 $\boldsymbol{M}_0(m\boldsymbol{v})$ 是矢量,它垂直于矢径 $\boldsymbol{r}$ 与动量 $m\boldsymbol{v}$ 所组成的平面,矢量的指向按照右手法则而定,它的大小为

$$|M_0(mv)| = mv \cdot r\sin\varphi = 2\triangle OQA$$

质点动量 mv 在 xOy 平面内的投影 $(mv)_{xy}$ 对于点 O 的矩，定义为质点动量对于 z 轴的矩，简称对于 z 轴的动量矩。对轴的动量矩是代数量，由图 9-3 可见

$$M_z(mv) = \pm\, 2\triangle OQ'A'$$

质点对点 O 的动量矩与对 z 轴的动量矩二者的关系，可仿照静力学中所学力对点的矩与力对轴的矩的关系建立，即质点对点 O 的动量矩矢在 z 轴上的投影，等于对 z 轴的动量矩，即

$$[M_0(mv)]_z = M_z(mv) \tag{9-8}$$

动量矩的量纲为 ML^2T^{-1}，在国际单位制中的单位为 $kg\cdot m^2/s$。

2. 质点系的动量矩

质点系对某点 O 的动量矩等于各质点对同一点 O 的动量矩的矢量和，或称为质点系动量对点 O 的主矩，即

$$L_0 = \sum_{i=1}^{n} M_0(m_i v_i) \tag{9-9}$$

质点系对某轴 z 的动量矩等于各质点对同一 z 轴动量矩的代数和，即

$$L_z = \sum_{i=1}^{n} M_z(m_i v_i) \tag{9-10}$$

因 $[L_0]_z = \sum_{i=1}^{n}[M_0(m_i v_i)]_z$，将式(9-8)代入，并注意到式(9-10)，得

$$[L_0]_z = L_z \tag{9-11}$$

即质点系对某点 O 的动量矩矢在通过该点的 z 轴上的投影等于质点系对于该轴的动量矩。

刚体平动时，可将全部质量集中于质心，做为一个质点计算其动量矩。

$$L_0 = \sum_{i=1}^{n} M_0(m_i v_i) = \sum_{i=1}^{n} r_i \times m_i v_i =$$

$$\sum_{i=1}^{n} r_i \times m_i v_C = (\sum_{i=1}^{n} m_i r_i) \times v_C = M r_C \times v_C \tag{9-12}$$

式(9-12)中，M，r_C，v_C 分别为平动刚体的质量、质心到点 O 的矢径和质心的速度。

绕定轴转动的刚体对于转轴的动量矩可按如下方法进行计算(图 9-4)，即

$$L_z = \sum_{i=1}^{n} M_z(m_i v_i) = \sum_{i=1}^{n} m_i v_i \cdot r_i = \sum_{i=1}^{n} m_i \omega r_i \cdot r_i = \omega \sum_{i=1}^{n} m_i r_i^2$$

令 $\sum_{i=1}^{n} m_i r_i^2 = J_z$，称为刚体对于 z 轴的转动惯量。于是得

$$L_z = J_z \omega \tag{9-13}$$

即绕定轴转动刚体对其转轴的动量矩等于刚体对转轴的转动惯量与转动角速度的乘积。

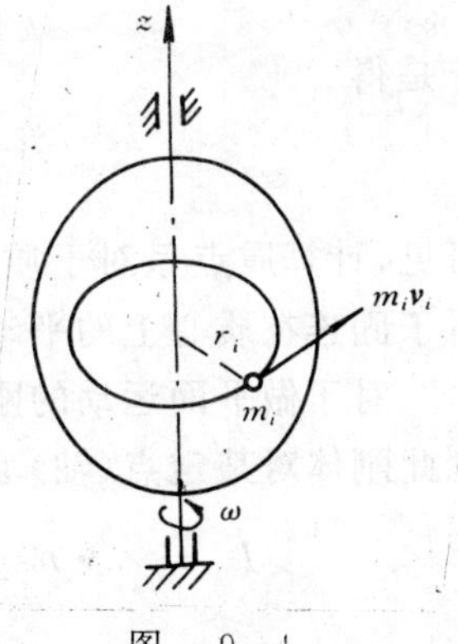

图 9-4

引入质点系质心的概念可简化质点系对某定点(轴)的动量矩的计算并给出平面运动刚体对某定点(轴)的动量矩的计算方法。

如图 9-5 所示，点 O 为定点，点 C 为质点系的质心，质点系对于定点 O 的动量矩为

$$L_0 = \sum_{i=1}^{n} M_0(m_i \boldsymbol{v}_i) = \sum_{i=1}^{n} \boldsymbol{r}_i \times m_i \boldsymbol{v}_i$$

对于任一质点 m_i，由图可见

$$\boldsymbol{r}_i = \boldsymbol{r}_C + \boldsymbol{r}'_i$$

于是

$$\boldsymbol{L}_0 = \sum_{i=1}^{n} (\boldsymbol{r}_C + \boldsymbol{r}'_i) \times m_i \boldsymbol{v}_i =$$

$$\boldsymbol{r}_C \times \sum_{i=1}^{n} m_i \boldsymbol{v}_i + \sum_{i=1}^{n} \boldsymbol{r}'_i \times m_i \boldsymbol{v}_i =$$

$$\boldsymbol{r}_C \times M\boldsymbol{v}_C + \boldsymbol{L}_C \qquad (9-14)$$

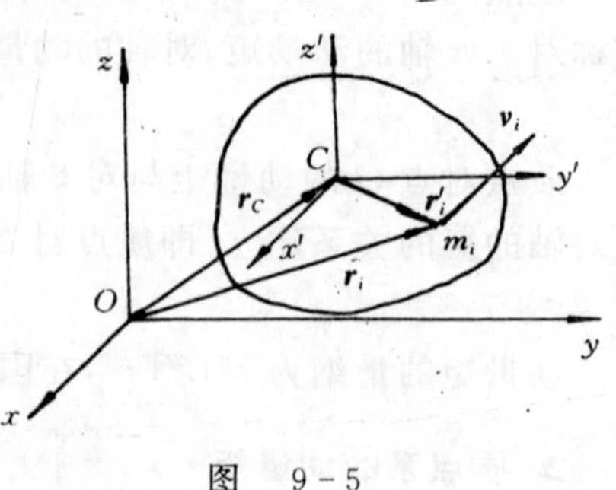

图 9-5

式中 $M = \sum_{i=1}^{n} m_i$ 为质点系的总质量，$\boldsymbol{v}_C$ 为质心速度

$$\boldsymbol{L}_C = \sum_{i=1}^{n} \boldsymbol{r}'_i \times m_i \boldsymbol{v}_i \qquad (9-15)$$

是质点系的绝对运动相对于质心的动量矩。对于运动着的质心 C，用质点 m_i 的绝对速度 $\boldsymbol{v}_i$ 来计算动量矩是不方便的。因此，通常引入固结于质心的平动参考系，用相对于此参考系的相对速度计算质点系对于质心的动量矩。

图 9-5 中的 $Cx'yz'$ 为原点固结于质心 C 的平动参考系，质点 m_i 对此动系的相对速度为 $\boldsymbol{v}_{ir}$，绝对速度为 $\boldsymbol{v}_i$，牵连速度就是质心的速度 $\boldsymbol{v}_C$。由速度合成定理，有

$$\boldsymbol{v}_i = \boldsymbol{v}_C + \boldsymbol{v}_{ir}$$

则质点系对于质心的动量矩为

$$\boldsymbol{L}_C = \sum_{i=1}^{n} \boldsymbol{r}'_i \times m_i(\boldsymbol{v}_C + \boldsymbol{v}_{ir}) = \left(\sum_{i=1}^{n} m_i \boldsymbol{r}'_i\right) \times \boldsymbol{v}_C + \sum_{i=1}^{n} \boldsymbol{r}'_i \times m_i \boldsymbol{v}_{ir} =$$

$$M\boldsymbol{r}'_C \times \boldsymbol{v}_C + \sum_{i=1}^{n} \boldsymbol{r}'_i \times m_i \boldsymbol{v}_{ir}$$

上式中，$\boldsymbol{r}'_C$ 为质心 C 对于平动系 $Cx'y'z'$ 的矢径。此处 C 为此动系的原点，显然 $\boldsymbol{r}'_C = 0$，即

$$\sum_{i=1}^{n} m_i \boldsymbol{r}'_i = 0$$

于是得

$$\boldsymbol{L}_C = \sum_{i=1}^{n} \boldsymbol{r}'_i \times m_i \boldsymbol{v}_{ir} \qquad (9-16)$$

可见，计算质点系对于质心的动量矩时，用质点相对于惯性参考系的绝对速度 $\boldsymbol{v}_i$，或用质点相对于固连在质心上的平动参考系的相对速度 $\boldsymbol{v}_{ir}$，其结果都是一样的。

对于做平面运动的刚体，将其运动分解为随同其质心 C 的平动和绕质心 C 的转动两部分，则此刚体对某定点(轴)的动量矩为代数量

$$L_0 = r_C \cdot mv_C \cdot \sin\varphi + L_C = Mr_C v_C \sin\varphi + \sum_{i=1}^{n} r'_i \cdot m_i r'_i \omega =$$

$$Mr_C v_C \sin\varphi + \omega \sum_{i=1}^{n} m_i r'^2_i = Mr_C v_C \sin\varphi + J_C \omega \qquad (9-17)$$

式(9-17)即为计算平面运动刚体对某定点(轴)的动量矩的一般表达式。

式中 φ 为矢径 $\boldsymbol{r}_C$ 与质心速度 $\boldsymbol{v}_C$ 的小于$\dfrac{\pi}{2}$的夹角，

$$J_C = \sum_{i=1}^{n} m_i r'^2_i$$

为刚体对垂直于运动平面的质心轴的转动惯量。刚体对质心轴的动量矩可由式(9－16)求得，即

$$L_C = \sum_{i=1}^{n} r'_i \cdot m_i r'_i \omega = \omega \sum_{i=1}^{n} m_i r'^2_i = J_C \omega \qquad (9-17)'$$

式(9－9)、式(9－10)分别为质点系对某定点、定轴的动量矩的一般计算式；式(9－14)为引入质心概念得出的质点系对某定点(轴)的动量矩的计算式，可以简化前两式的计算；式(9－12)、式(9－13)、式(9－17)分别为平动刚体、绕定轴转动刚体和平面运动刚体对某定点(轴)的动量矩的计算式；式(9－16)为质点系或刚体相对于质心的运动对质心 C 的动量矩的计算式。以上诸公式在学习和应用动量矩定理时经常被用到。

§9－4 转动惯量

由 §9－2 知刚体对 z 轴的转动惯量的定义为

$$J_z = \sum_{i=1}^{n} m_i r_i^2$$

或用积分表示为

$$J_z = \int_M r^2 \mathrm{d}m \qquad (9-18)$$

它是刚体转动的惯性度量，其大小不仅和刚体质量的大小有关，而且还和质量对于轴的分布状态有关。例如，刚体的质量对某轴分布得远，则刚体对此轴具有较大的转动惯量。在机械中常见的飞轮，做得比较笨重，而边缘比较厚实(图 9－7)，其目的就是为了增大它的转动惯量，使机器的转动状态比较平稳。反之，在一些仪表中，则希望指针的反应较灵敏，因此就应该减小它的转动惯量，这时，就要求选择比重小的材料，如采用轻金属或塑料等，同时尺寸也要小一些且尽量将质量集中在转轴附近。

转动惯量的量纲是 ML^2，它的单位是 $kg \cdot m^2$，这个单位较大，故有时采用 $kg \cdot cm^2$。

设刚体的质量为 M，则比值 J_z/M 的量纲是 L^2，令 $\rho_z^2 = J_z/M$

或

$$J_z = M\rho_z^2$$

ρ_z 称为刚体对 z 轴的回转半径或惯性半径。这就是说，若将刚体的质量集中在距离 z 轴为 ρ_z 的点上，其转动惯量与原刚体的转动惯量相等。

确定刚体对于轴的转动惯量可用计算方法或实验方法。

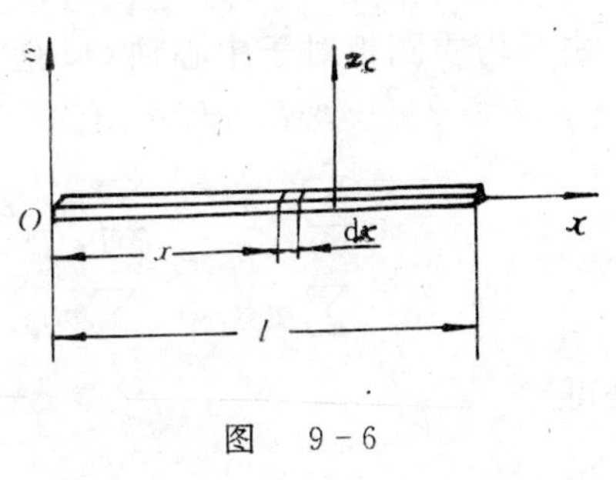

图 9－6

1. 由定义计算转动惯量

这是最基本的方法，我们举例说明计算的步骤：

(1) 均质细直杆(图 9－6)对于 z 轴的转动惯量

设杆的单位长度的质量为 ρ，取杆上一微段 $\mathrm{d}x$，其质量为 $\mathrm{d}m = \rho \mathrm{d}x$，则此杆对于过杆端的 z 轴的转动

惯量为

$$J_z = \sum_{i=1}^{n} m_i r_i^2 = \sum_{i=1}^{n} x_i^2 \cdot \rho \Delta x_i = \int_0^l x^2 \rho \mathrm{d}x = \frac{l^3}{3}\rho = \frac{M}{3} l^2 \tag{9-19}$$

式中 $M = \rho l$ 为杆的质量。

(2) 均质薄圆环对于中心轴的转动惯量(图 9-7)　将圆环沿圆周分成许多微段,设每段的质量为 m_i,由于这些微段到中心轴的距离都等于半径 R,所以圆环对于中心轴 z 的转动惯量为

$$J_z = \sum_{i=1}^{n} m_i R^2 = R^2 \sum_{i=1}^{n} m_i = MR^2 \tag{9-20}$$

式中 M 为圆环的质量。

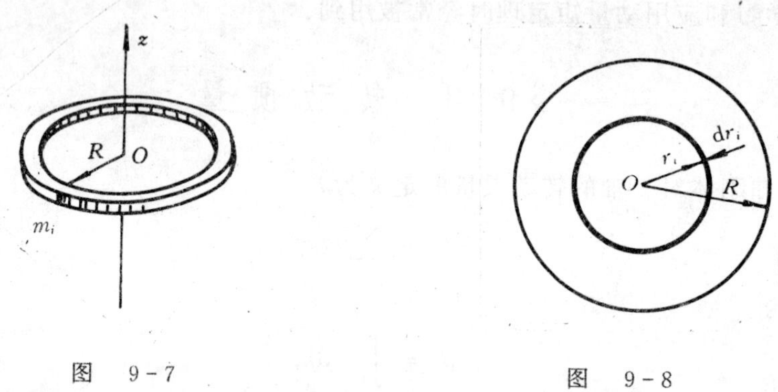

图　9-7　　　　图　9-8

(3) 均质薄圆板对于中心轴的转动惯量(图 9-8)　设圆板的半径为 R,质量为 M。将圆板分成无数个细圆环,任一圆环的半径为 r_i,宽度为 $\mathrm{d}r_i$,则细圆环的质量为

$$\mathrm{d}m_i = 2\pi r_i \mathrm{d}r_i \rho$$

式中 $\rho = \dfrac{M}{\pi R^2}$,是均质圆板单位面积的质量。圆板对于中心轴的转动惯量为

$$J_z = \int_0^R r^2 \times 2\pi r \mathrm{d}r \rho = 2\pi\rho \frac{R^4}{4} = \frac{1}{2} MR^2 \tag{9-21}$$

(4) 均质薄圆板对于直径轴的转动惯量(图 9-9)　薄圆板对于 x 轴和 y 轴的转动惯量分别为

$$\left.\begin{aligned} J_x &= \sum_{i=1}^{n} m_i y_i^2 \\ J_y &= \sum_{i=1}^{n} m_i x_i^2 \end{aligned}\right\} \tag{9-22}$$

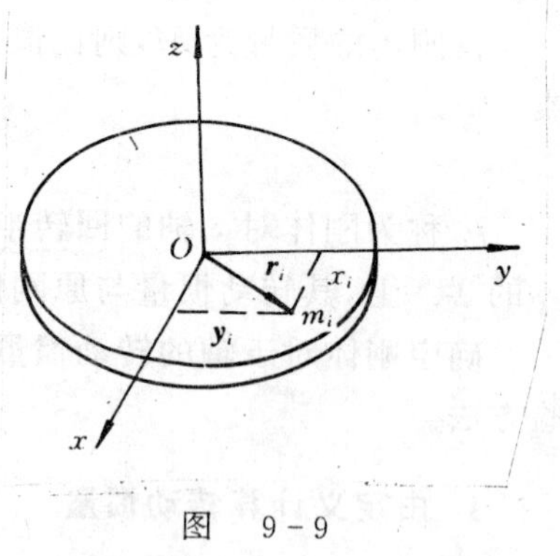

图　9-9

由于均质圆板对于中心轴 Oz 是对称的,因此有

$$J_x = J_y$$

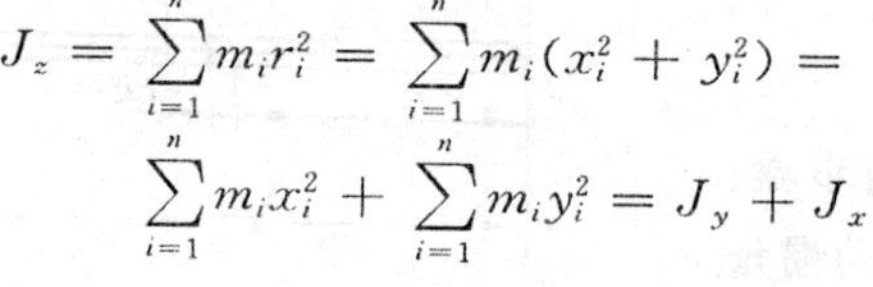

由　$$J_z = \sum_{i=1}^{n} m_i r_i^2 = \sum_{i=1}^{n} m_i (x_i^2 + y_i^2) =$$

$$\sum_{i=1}^{n} m_i x_i^2 + \sum_{i=1}^{n} m_i y_i^2 = J_y + J_x$$

于是得

$$J_x = J_y = \frac{1}{2}J_z = \frac{1}{4}MR^2 \tag{9-23}$$

2. 平行轴定理

定理:刚体对于任一轴的转动惯量,等于刚体对于通过质心,并与该轴平行的轴的转动惯量,加上刚体的质量与两轴间距离平方的乘积,即

$$J_z = J_{zC} + Ml^2 \tag{9-24}$$

证明:设点 C 为刚体的质心,刚体对于通过质心的 z 轴的转动惯量为 J_{zC},刚体对于平行于该轴的另一轴 z_1 的转动惯量为 J_{z1},两轴间距离为 l(图 9-10)。现在来建立两者的关系,为此,分别以 O,C 两点为原点,作直角坐标系 $Ox_1y_1z_1$ 和 $Cxyz$,由图可得

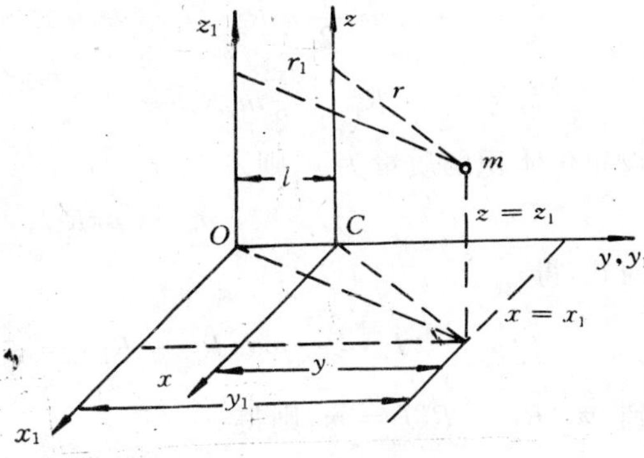

$$J_{zC} = \sum_{i=1}^{n} m_i r_i^2 = \sum_{i=1}^{n} m_i(x_i^2 + y_i^2)$$

$$J_{z1} = \sum_{i=1}^{n} m_i r_{1i}^2 = \sum_{i=1}^{n} m_i(x_{1i}^2 + y_{1i}^2)$$

图 9-10

由于 $x_{1i} = x_i$, $y_{1i} = y_i + l$

所以

$$J_{z1} = \sum_{i=1}^{n} m_i[x_i^2 + (y_i + l)^2] = \sum_{i=1}^{n} m_i(x_i^2 + y_i^2) + 2l\sum_{i=1}^{n} m_i y_i + l^2\sum_{i=1}^{n} m_i = J_{zC} + 2l\sum_{i=1}^{n} m_i y_i + l^2 M$$

由质心坐标公式 $y_C = \dfrac{\sum_{i=1}^{n} m_i y_i}{M}$,当坐标原点取在质心 C 时

$$y_C = 0$$

所以

$$\sum_{i=1}^{n} m_i y_i = 0$$

于是得

$$J_{z1} = J_{zC} + Ml^2$$

由平行轴定理可知,刚体对于过质心的轴的转动惯量最小。

由平行轴定理可以计算图 9-6 所示的均质细长杆对质心轴 $z_C(z_C \,/\!/\, z)$ 的转动惯量为

$$J_{zC} = J_z - Ml^2/4 = \frac{1}{3}Ml^2 - \frac{1}{4}Ml^2 = \frac{1}{12}Ml^2 \tag{9-25}$$

3. 计算刚体转动惯量的组合法

当物体由几个几何形状简单的物体组成时,计算整体(物体系)的转动惯量可先分别计算每一部分(物体)的转动惯量,然后再合起来,如果物体有空心的部分,可把这部分质量视为负值处理。

【例 9-2】 如图 9-11 所示,质量为 m 的均质空心圆柱体外径为 R_1,内径为 R_2,求对于中

心轴 z 的转动惯量。

解 空心圆柱可看成由两个实心圆柱体组成，外圆柱体的转动惯量为 J_1，内圆柱体的转动惯量 J_2 取负值，即

$$J_z = J_1 - J_2$$

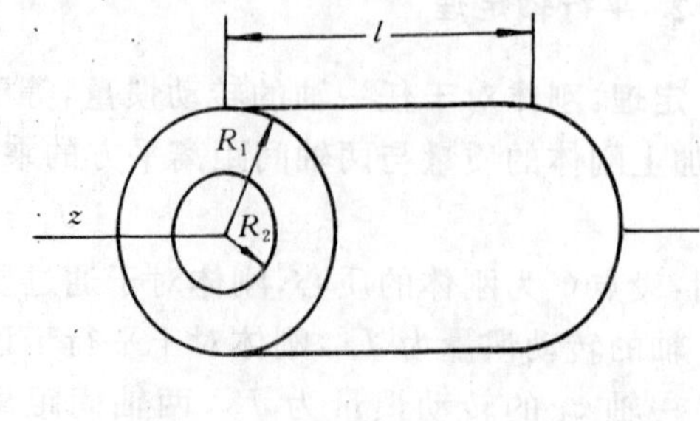

图 9-11

设 m_1, m_2 分别为外、内圆柱体的质量，则

$$J_1 = \frac{1}{2}m_1R_1^2$$

$$J_2 = \frac{1}{2}m_2R_2^2$$

于是 $$J_z = \frac{1}{2}m_1R_1^2 - \frac{1}{2}m_2R_2^2$$

设单位体积的质量为 ρ，则

$$m_1 = \rho\pi R_1^2 l, \quad m_2 = \rho\pi R_2^2 l$$

代入前式，得

$$J_z = \frac{1}{2}\rho\pi l(R_1^4 - R_2^4) = \frac{1}{2}\rho\pi l(R_1^2 - R_2^2)(R_1^2 + R_2^2)$$

注意到 $\rho\pi l(R_1^2 - R_2^2) = m$，则得

$$J_z = \frac{1}{2}m(R_1^2 + R_2^2)$$

4. 实验方法

对于不规则形状或非均质刚体，用积分法（定义）计算转动惯量较困难，但用实验法可直接测定。

(1) 扭转振动法 将被测物体用一根细钢杆悬挂起来，将细钢杆扭过一个角度 φ，然后释放，让被测物体作自由扭转振动，如图 9-12 所示。设钢杆的扭转刚度（扭转一单位角度所需的力矩）为 c，物体对铅直 z 轴的转动惯量为 J_z，则可计算得到物体自由扭转振动的周期为

$$T = 2\pi\sqrt{\frac{J_z}{c}}$$

如已知常数 c，由实验测得振动的周期 T，就可求得 J_z。如果 c 未知，则可将已知转动惯量 J_0 的标准物体挂在钢杆上，用实验方法测出扭转振动周期 T_0。因为

$$T_0 = 2\pi\sqrt{\frac{J_0}{c}}$$

所以 $$J_z = J_0\frac{T^2}{T_0^2}$$

这样也可求出 J_z。

(2) 复摆法 设物体在重力的作用下绕水平轴 O 摆动，称为复摆，水平轴又称为摆的悬挂轴（或悬点），如图 9-13 所示。测出复摆的微小摆动周期为

$$T = 2\pi\sqrt{\frac{\rho_C^2 + s^2}{gs}}$$

所以 $$J_C = M\rho_C^2 = Mgs\left(\frac{T^2}{4\pi^2} - \frac{s}{g}\right)$$

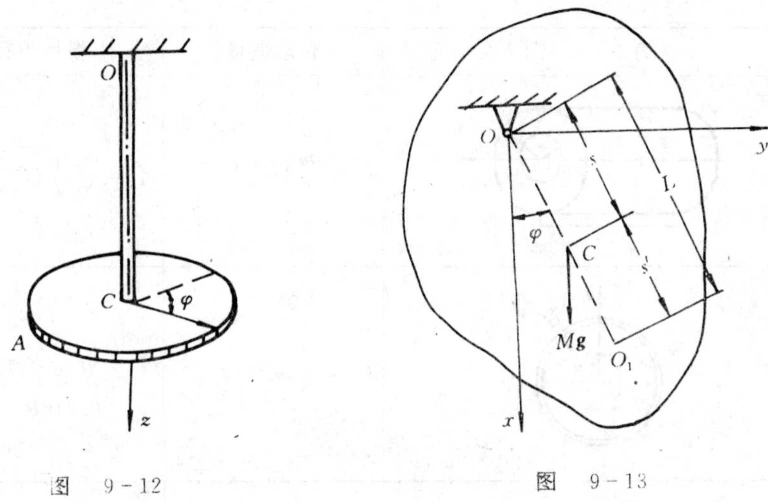

图 9-12　　　　图 9-13

这是对于过质心 C 的水平轴（质心轴）的转动惯量。式中 ρ_C 表示物体对该质心轴的回转半径，s 为质心到悬挂轴的距离，可通过悬挂法测量。对于悬挂轴 O 的转动惯量则为

$$J_0 = M(\rho_C^2 + s^2) = Mgs\frac{T^2}{4\pi^2}$$

还有一些实验方法如落地观测法、三线悬挂扭振法，都是先测定扭转周期，再根据周期与转动惯量之间的关系计算转动惯量。

表 9-1 列出一些常见均质物体的转动惯量和惯性半径，供参考应用。

表 9-1　均质物体的转动惯量

物体的形状	简　　图	转动惯量	惯性半径	体　积
细直杆	z　z_C　O　C	$J_{zC} = \frac{m}{12}l^2$ $J_z = \frac{m}{3}l^2$	$\rho_{zC} = \frac{l}{2\sqrt{3}} = 0.289l$ $\rho_z = \frac{l}{\sqrt{3}} = 0.578l$	
薄壁圆筒	h　R　O　z　l	$J_z = mR^2$	$\rho_z = R$	$2\pi Rlh$
圆　柱	$\frac{l}{2}$　x　$\frac{l}{2}$　R　C　O　z　y	$J_z = \frac{1}{2}mR^2$ $J_x = J_y = \frac{m}{12}(3R^2 + l^2)$	$\rho_z = \frac{R}{\sqrt{2}} = 0.707R$ $\rho_x = \rho_y = \sqrt{\frac{1}{12}(3R^2 + l^2)}$	$\pi R^2 l$

续　表

物体的形状	简　　图	转动惯量	惯性半径	体　积
空心圆柱	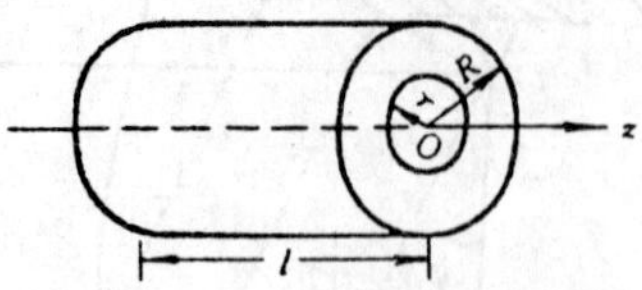	$J_z=\frac{m}{2}(R^2+r^2)$	$\rho_z=\sqrt{\frac{1}{2}(R^2+r^2)}$	$\pi l(R^2-r^2)$
薄壁空心球	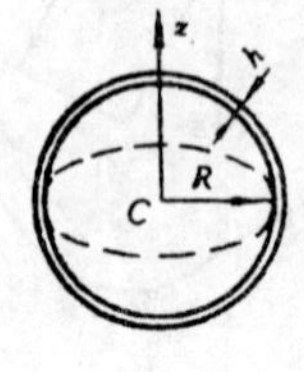	$J_z=\frac{2}{3}mR^2$	$\rho_z=\sqrt{\frac{2}{3}}R=0.816R$	$\frac{3}{2}\pi Rh$
实心球	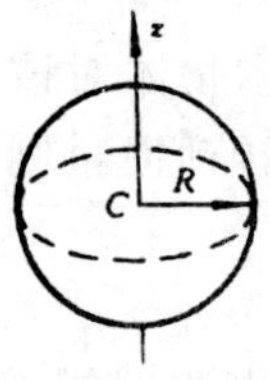	$J_z=\frac{2}{5}mR^2$	$\rho_z=\sqrt{\frac{2}{5}}R=0.632R$	$\frac{4}{3}\pi R^3$
圆锥体	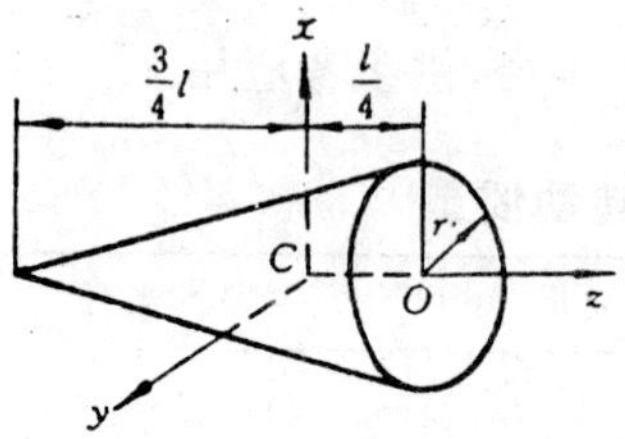	$J_z=\frac{3}{10}mr^2$ $J_x=J_y=\frac{3}{80}m(4r^2+l^2)$	$\rho_z=\sqrt{\frac{3}{10}}r=0.548r$ $\rho_x=\rho_y=\sqrt{\frac{3}{80}(4r^2+l^2)}$	$\frac{\pi}{3}r^2l$
圆环	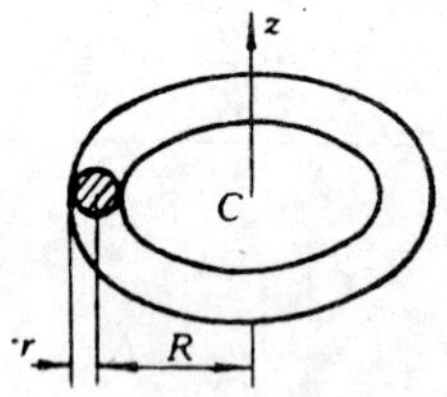	$J_z=m\left(R^2+\frac{3}{4}r^2\right)$	$\rho_z=\sqrt{R^2+\frac{3}{4}r^2}$	$2\pi^2r^2R$
椭圆形薄板	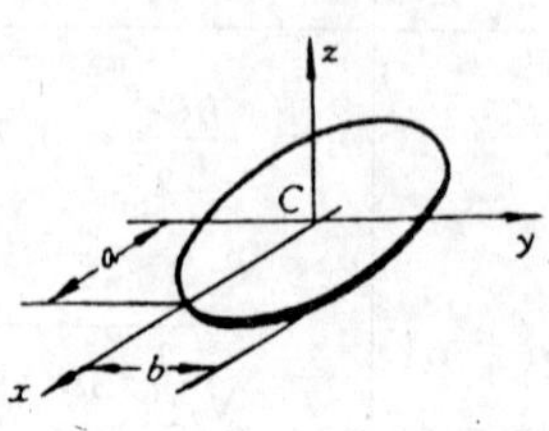	$J_z=\frac{m}{4}(a^2+b^2)$ $J_y=\frac{m}{4}a^2$ $J_x=\frac{m}{4}b^2$	$\rho_z=\frac{1}{2}\sqrt{a^2+b^2}$ $\rho_y=\frac{a}{2}$ $\rho_x=\frac{b}{2}$	πabh

续　表

物体的形状	简　　图	转动惯量	惯性半径	体　积
立方体		$J_z=\dfrac{m}{12}(a^2+b^2)$ $J_y=\dfrac{m}{12}(a^2+c^2)$ $J_x=\dfrac{m}{12}(b^2+c^2)$	$\rho_z=\sqrt{\dfrac{1}{12}(a^2+b^2)}$ $\rho_y=\sqrt{\dfrac{1}{12}(a^2+c^2)}$ $\rho_x=\sqrt{\dfrac{1}{12}(b^2+c^2)}$	abc
矩形薄板		$J_z=\dfrac{m}{12}(a^2+b^2)$ $J_y=\dfrac{m}{12}a^2$ $J_x=\dfrac{m}{12}b^2$	$\rho_z=\sqrt{\dfrac{1}{12}(a^2+b^2)}$ $\rho_y=0.289a$ $\rho_x=0.289b$	abh

【例 9-3】 试求下列各均质物体对定点(轴)O 的动量矩。各物体的尺寸和角速度如图 9-14 所示。

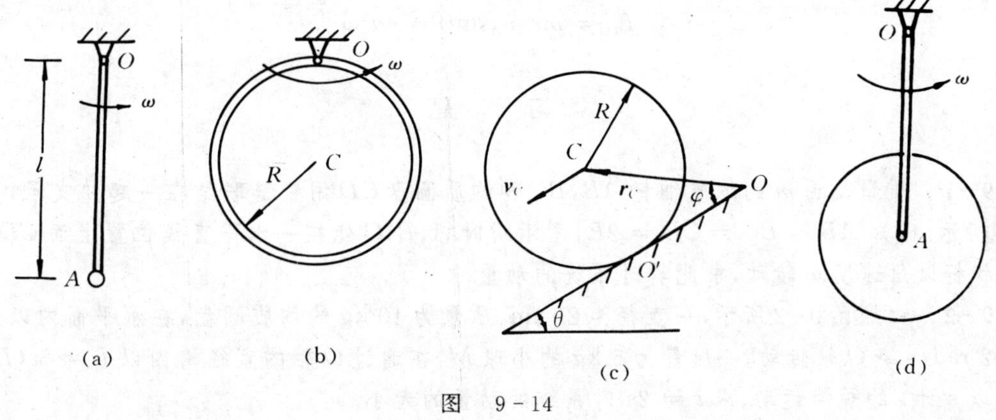

图　9-14

解　(1) 均质杆 OA 的端点 A 焊接一质量为 m_1 的质点(图 9-14(a))。这是由质量为 m 的均质杆 OA 和质量为 m_1 的质点 A 组成的质点系;杆 OA 的运动是以角速度 ω 绕 O 轴的定轴转动,质点 A 的运动是半径为 l 的圆周运动,速度 $v_A=l\omega$,指向与 ω 转向一致,此质点系对 O 轴的动量矩为

$$L_O=l_{O,\text{杆}OA}+L_{O,\text{质点}}=J_O\omega+m_1lv_A=$$
$$\frac{1}{3}ml^2\omega+m_1ll\omega=\left(\frac{1}{3}m+m_1\right)\omega l^2$$

(2) 薄圆环绕 O 轴转动(图 9-14(b))。

$$L_O=J_O\omega=(mR^2+mR^2)\omega=2mR^2\omega$$

(3) 圆轮沿斜面作无滑动的滚动,质心速度为 v_C(图 9-14(c))。 圆轮的运动为平面运动,故对定点 O 的动量矩需按式(9-17)计算。

$$L_O = mr_C v_C \sin\varphi + J_C\omega = mRv_C + \frac{1}{2}mR^2\frac{v_C}{R} = \frac{3}{2}mRv_C$$

若计算此圆轮对地面上与圆轮相接触的点 O' 的动量矩，则

$$L_{O'} = mRv_C \sin\frac{\pi}{2} + J_C\omega = \frac{3}{2}mRv_C = L_O$$

(4) 均质圆盘半径为 R，质量为 m，细杆长 l，杆重不计，求下列三种情况下圆盘对固定轴的动量矩(图 9-14(d))。

1) 圆盘固结于杆上，杆盘一起以角速度 ω 绕 O 轴作定轴转动，则

$$L_O = J_O\omega = J_{O盘}\omega = \left(\frac{1}{2}mR^2 + ml^2\right)\omega = \left(\frac{1}{2}R^2 + l^2\right)m\omega$$

2) 圆盘绕 A 轴转动，相对于杆 OA 的角速度为 ω，盘的运动为平面运动，即

$$L_O = mr_A \cdot v_A \cdot \sin\varphi + J_A\omega_1$$

式中 $\omega_1 = \omega_e + \omega_r = \omega + \omega = 2\omega$ 为圆盘的绝对角速度，其转向与 OA 杆相同。

故
$$L_O = ml \cdot l\omega \cdot \sin\frac{\pi}{2} + \frac{1}{2}mR^2 \cdot 2\omega = ml^2\omega + mR^2\omega = m(l^2 + R^2)\omega$$

3) 圆盘绕 A 轴转动，相对于杆 OA 的角速度为 $-\omega$，此种情况与 2) 的不同之处为

$$\omega_1 = \omega_e + \omega_r = \omega - \omega = 0$$

即圆盘作平动，故

$$L_O = mr_A v_A \sin\varphi = ml^2\omega$$

习　　题

9-1　质量均为 m 的均质细杆 AB，BC 和均质圆盘 CD 用铰链联结在一起并支承，如题图 9-1 所示。已知 $AB = BC = CD = 2R$，图示瞬时 A，B，C 处在一水平直线位置上而 CD 铅直，且 AB 杆以角速度 ω 转动，求此瞬时系统的动量。

9-2　如题图 9-2 所示，一直径为 20 cm、质量为 10 kg 的均质圆盘，在水平面内以角速度 $\omega = 2$ rad/s 绕 O 轴转动。一质量为 5 kg 的小球 M，在通过 O 轴的直径槽内以 $L = 5t$(L 以 cm 计，t 以 s 计) 的规律运动，求 $t = 2$s 时系统的动量的大小。

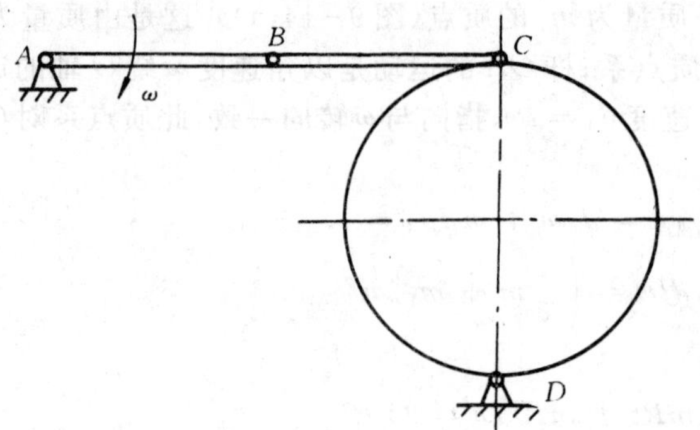

题图　9-1

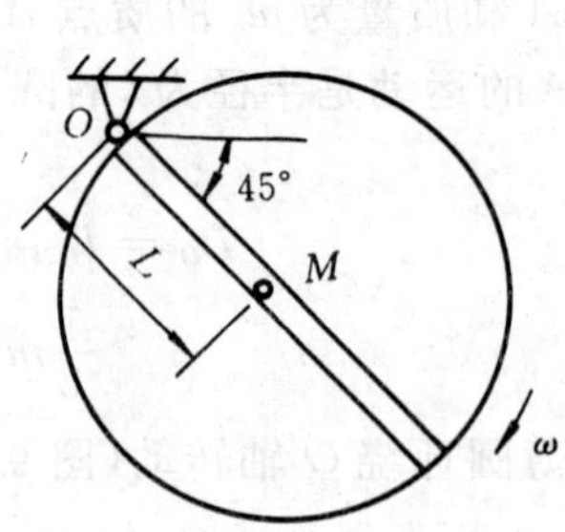

题图　9-2

9-3 题图 9-3 所示系统中各杆都为均质杆。已知：杆 OA，CD 的质量各为 m，杆 AB 质量为 $2m$，且 $OA = AC = CB = CD = l$，杆 OA 以角速度 ω 转动，求图示瞬时各杆动量的大小并在图中标明其动量的方向。

9-4 已知 $AB = OA = l$，$\omega =$ 常数，均质连杆 AB 的质量为 m，而曲柄 OA、滑块 B 的质量不计。求题图 9-4 所示瞬时系统的动量的大小并在图中标明方向。

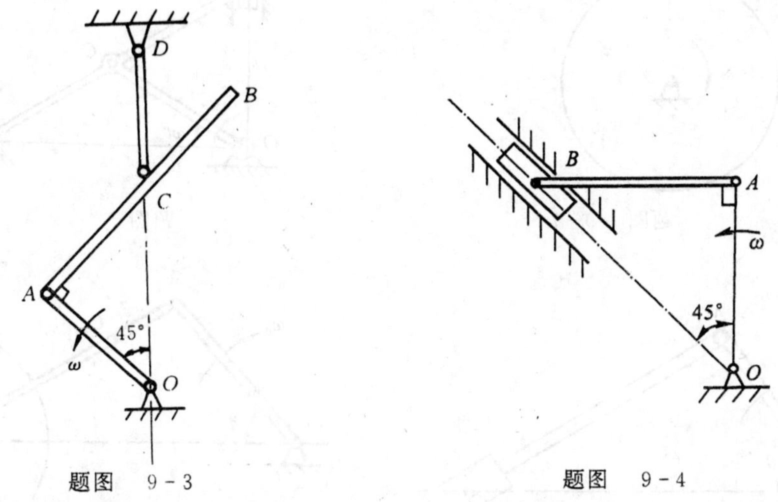

题图 9-3　　　　题图 9-4

9-5 十字杆由两根均质细杆固连而成，OA 长 $2l$，质量为 $2m$；BD 长 l，质量为 m。求题图 9-5 所示系统对 Oz 轴的转动惯量。

9-6 如题图 9-6 所示，均质细圆环质量为 M，半径为 R，其上固接一质量为 m 的均质细杆 AB，系统在铅垂面内以角速度 ω 绕 O 轴转动，已知 $\angle CAB = 60°$，求系统对 O 轴的动量矩。

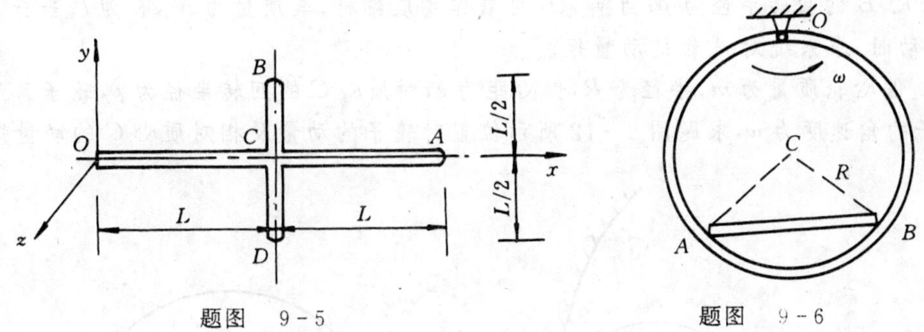

题图 9-5　　　　题图 9-6

9-7 质量为 M，半径为 R 的均质圆盘，以角速度 ω 转动。其边缘上焊接一质量为 m、长为 b 的均质细杆 AB，如题图 9-7 所示。求系统动量的大小以及对轴 O 的动量矩的大小。

9-8 题图 9-8 所示椭圆规尺 AB 的质量为 $2m_1$，曲柄 OC 的质量为 m_1，而滑块 A 和 B 的质量均为 m_2。已知：$OC = AC = CB = l$；曲柄和尺的质心分别在其中点上；曲柄绕 O 轴转动的角速度 ω 为常量。当开始时，曲柄水平向右，求此时质点系的动量。

9-9 如题图 9-9 所示，平面机构的曲柄以角速度 ω 绕固定轴 O 转动，带动连杆 AB 运动，AB 可在套筒 C 中滑动。已知 $OA = l$，$AB = 3l$。设杆 OA 与 AB 均可看作均质细杆，其单位长度质量均为 ρ，套筒质量不计。当 $\theta = 60°$ 时，$OC = 2l$，求该瞬时系统对 O 轴的动量矩。

9－10　如题图 9－10 所示机构，已知 OA 杆长为 r，质量为 m，质心在杆的中点，以 ω_O 绕点 O 转动；AB 杆长为 l，质量为 m，质心在点 C，$AC=\frac{1}{3}l$；均质轮 B 质量为 $2m$，半径为 R，在水平面上作纯滚动，求当 $\theta=90°$ 时该系统动量的大小。

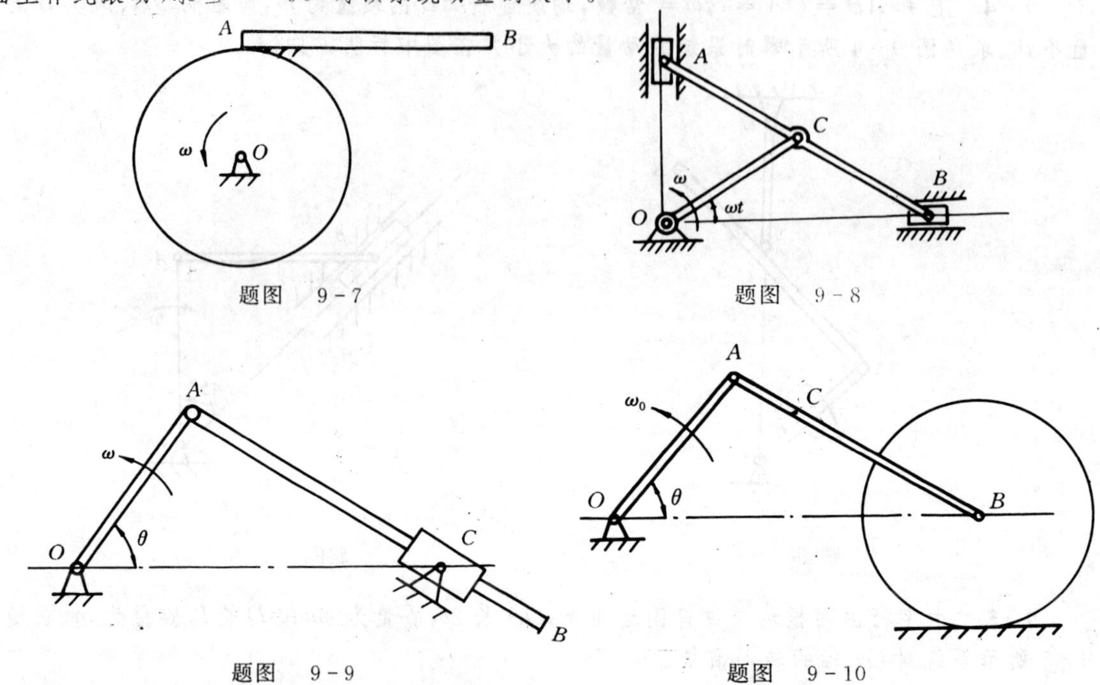

题图　9－7　　题图　9－8

题图　9－9　　题图　9－10

9－11　行星齿轮机构题图 9－11 所示，齿轮 D 固定，轮心为 A；行星齿轮 C 质量为 m，半径为 R，对质心 B 的回转半径为 ρ；曲柄 AB 可看作均质细杆，其质量为 M，长为 l。当杆 AB 以角速度 ω 转动时，求系统对 A 轴的动量矩。

9－12　偏心轮质量为 m，半径为 R，偏心距为 e，对质心 C 的回转半径为 ρ，轮子只滚动而不滑动，轮子的角速度为 ω，求题图 9－12 所示位置时轮子的动量及相对质心 C 的动量矩。

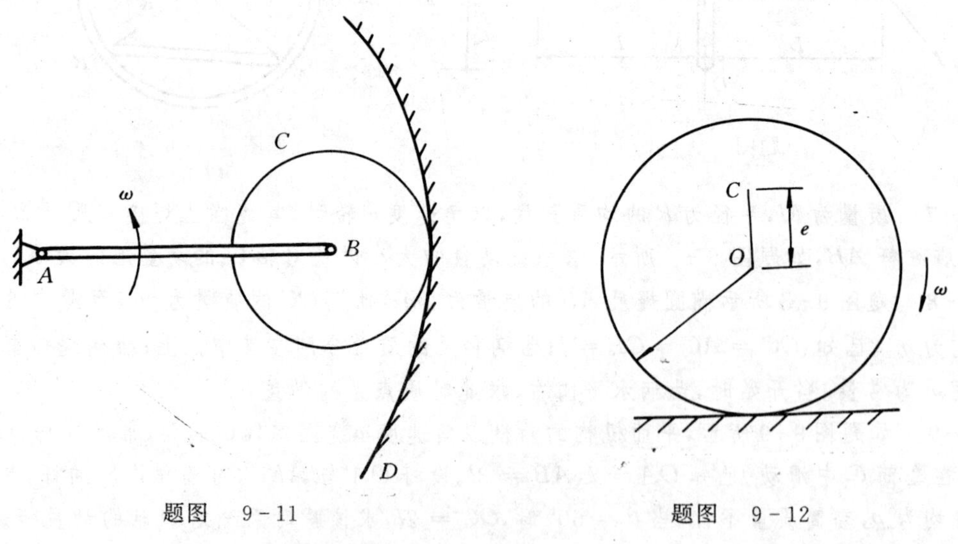

题图　9－11　　题图　9－12

第十章　达朗伯原理

正如上一章所言，达朗伯原理是将动力学问题转化为静力学问题，根据平衡理论来求解。它是求解质点系或刚体动力学问题的一种重要的方法。也称为动静法。

本章将引入惯性力的概念，推导出质点和质点系的达朗伯原理，应用达朗伯原理求解质点系及刚体的动力学问题，特别是轴承动反力问题，并由达朗伯原理推导出质点系的动量定理和动量矩定理。

§10-1　惯性力　达朗伯原理

1. 惯性力

当物体受到力的作用使其运动状态发生变化时，由于物体的惯性，对外界产生反作用力，抵抗运动的变化。这种抵抗力称为惯性力。惯性力的大小等于质量乘加速度，方向与加速度相反，作用在使此物体产生加速度的其它物体上，即惯性力

$$\boldsymbol{F}_g = -m\boldsymbol{a}$$

我们通过以下简单实例说明惯性力的概念。

沿直线轨道推车，如图10-1所示。设人推车的力为$\boldsymbol{F}$，不计摩擦，车的质量为m，加速度为$\boldsymbol{a}$。由牛顿第二定律知，$\boldsymbol{F} = m\boldsymbol{a}$。同时，根据牛顿第三定律，车必给人以反作用力$\boldsymbol{F}'$，即

$$\boldsymbol{F}' = -\boldsymbol{F} = -m\boldsymbol{a}$$

力$\boldsymbol{F}'$是因为人要改变车的运动状态，由于车的惯性而引起的对人的抵抗力，即惯性力。注意，惯性力$\boldsymbol{F}'$并不是作用在车上，而是作用在人手上。显然，车的质量愈大，惯性力也愈大。若车的加速度愈大，则惯性力也愈大。

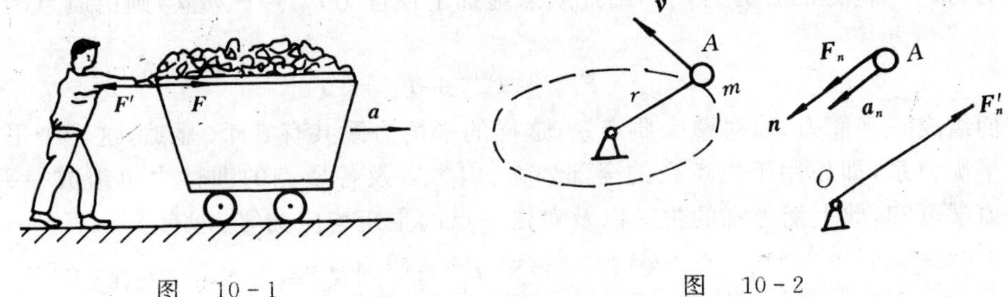

图　10-1　　　　图　10-2

链球运动中，重球系在链子一端，如图10-2所示，在水平面作圆周运动。设球的质量为m，速度为$\boldsymbol{v}$，圆半径为r。球受到链的拉力$\boldsymbol{F}_n$作用，引起的法向加速度为

$$\boldsymbol{a}_n = \frac{v^2}{r}\boldsymbol{n}$$

根据牛顿第二定律，　　$F_n = ma_n$

同时，由牛顿第三定律，球对链的反作用力为

$$F'_n = -F_n = -ma_n$$

力 F'_n 是因为链要改变球的运动状态，由于球的惯性而引起对链的抵抗力。因此力的方向总是沿法线离开中心，故称为离心力，这也是一种惯性力。此力不是作用在球上，而是作用在链子上。

2. 质点的达朗伯原理

设质量为 m 的非自由质点 M，在主动力 $\boldsymbol{F}$ 及约束反力 $\boldsymbol{F}_N$ 作用下运动，加速度为 $\boldsymbol{a}$，如图 10-3 所示。由牛顿第二定律

$$m\boldsymbol{a} = \boldsymbol{F} + \boldsymbol{F}_N$$

将上式左端 $m\boldsymbol{a}$ 移到等号右边，则

$$\boldsymbol{F} + \boldsymbol{F}_N - m\boldsymbol{a} = 0$$

引入惯性力 $\boldsymbol{F}_g = -m\boldsymbol{a}$ 后，则有

$$\boldsymbol{F} + \boldsymbol{F}_N + \boldsymbol{F}_g = 0 \qquad (10-1)$$

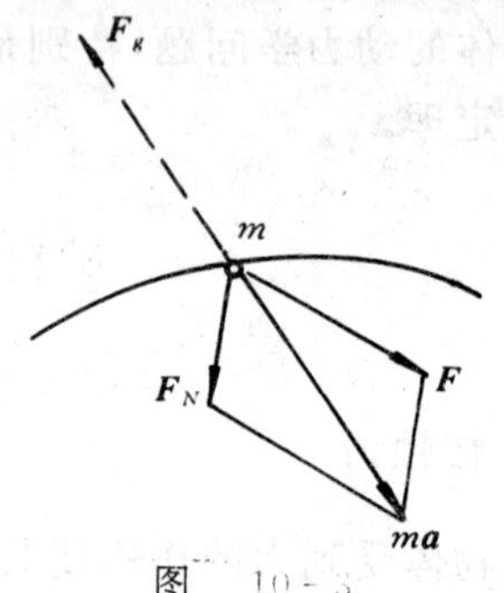

图 10-3

此式表明，当非自由质点运动时，主动力 $\boldsymbol{F}$、约束反力 $\boldsymbol{F}_N$ 和惯性力 $\boldsymbol{F}_g$ 组成一平衡力系。由此得质点的达朗伯原理：如果在质点上除了作用有真实的主动力和约束反力外，再假想地加上惯性力，则这些力在形式上组成一平衡力系。式(10-1)在形式上是一个平衡方程，解决的却是动力学问题，因此这种方法也叫动静法。这里特别值得注意的是，惯性力 $\boldsymbol{F}_g$ 是人为地加到质点上的，但它不是作用在质点上的力。根据前面所述惯性力的概念，$\boldsymbol{F}_g$ 是质点加在施力物体上的力并力图使质点保持原有的运动状态。

用达朗伯原理解题作受力图时，除了主动力和约束反力以外，还要虚加上惯性力。解题方法与静力学解题方法相同。

3. 质点系的达朗伯原理

设非自由质点系由 n 个质点组成，第 i 个质点的质量为 m_i，加速度为 $\boldsymbol{a}_i$，作用于此质点外力的合力为 $\boldsymbol{F}_i^{(e)}$，内力的合力为 $\boldsymbol{F}_i^{(i)}$，给此质点虚加上惯性力 $\boldsymbol{F}_{gi} = -m_i\boldsymbol{a}_i$，则由质点的达朗伯原理有

$$\boldsymbol{F}_i^{(e)} + \boldsymbol{F}_i^{(i)} + \boldsymbol{F}_{gi} = 0$$

即它们组成一平衡力系。对整个质点系，这样的平衡力系共有 n 个。显然，这 n 个平衡力系之和也是平衡力系，即作用于质点系的全部外力、内力以及各质点的惯性力也组成一平衡力系。根据静力学可知，此平衡力系的主矢以及对任一点的主矩均应为零。即有

$$\sum_{i=1}^{n}\boldsymbol{F}_i^{(e)} + \sum_{i=1}^{n}\boldsymbol{F}_i^{(i)} + \sum_{i=1}^{n}\boldsymbol{F}_{gi} = 0$$

$$\sum_{i=1}^{n}M_O(\boldsymbol{F}_i^{(e)}) + \sum_{i=1}^{n}M_O(\boldsymbol{F}_i^{(i)}) + \sum_{i=1}^{n}M_O(\boldsymbol{F}_{gi}) = 0$$

由于内力总是成对出现，且等值反向，故

$$\sum_{i=1}^{n}\boldsymbol{F}_i^{(i)} = 0,\ \sum_{i=1}^{n}M_O(\boldsymbol{F}_i^{(i)}) = 0$$

于是得

$$\left.\begin{aligned}\sum_{i=1}^{n}\boldsymbol{F}_i^{(e)}+\sum_{i=1}^{n}\boldsymbol{F}_{gi}=0\\ \sum_{i=1}^{n}\boldsymbol{M}_O(\boldsymbol{F}_i^{(e)})+\sum_{i=1}^{n}\boldsymbol{M}_O(\boldsymbol{F}_{gi})=0\end{aligned}\right\}\tag{10-2}$$

此 式表明，在质点系运动的任一瞬时，作用于质点系的全部外力（包括主动力与约束反力，$\sum_{i=1}^{n}\boldsymbol{F}_i^{(e)}$ 表示外力系的主矢，$\sum_{i=1}^{n}\boldsymbol{M}_O(\boldsymbol{F}_i^{(e)})$ 表示外力系的主矩）与虚加在各质点上的惯性力，组成平衡力系，这就是质点系的达朗伯原理。式(10－2) 为矢量式，在具体应用时，取其在各坐标轴上的投影式。对质点系特别是刚体或刚体系的动力学问题，当已知系统的运动求约束反力时，应用达朗伯原理非常方便（对有些既要求运动又要求力的综合问题，所有未知量均出现在式(10－2) 的投影式中，求解联立方程即可求出全部未知量）。

§10－2　刚体惯性力系的简化

由上节可知，在质点系中应用达朗伯原理时，需要对每一个质点虚加其惯性力，这些力组成一个惯性力系。若质点的数目是有限个时，可逐个质点加惯性力。但对于刚体，由于其质点数目有无限多个，因而每个刚体上各质点的惯性力组成一分布力系。如果用静力学中力系简化的方法将每个刚体的惯性力系进行简化，用简化的结果来等效代替刚体原来的惯性力系，对于用达朗伯原理解题就方便得多。

由静力学的力系简化理论知，任一力系向任选的中心简化的结果为一力和一力偶，它们对物体的作用取决于力系的主矢量和主矩。主矢量与简化中心无关，而一般情况下主矩随简化中心不同而改变。

1. 惯性力系的主矢

设刚体内任一质点的质量为 m_i，加速度为 $\boldsymbol{a}_i$；刚体的质量为 M，质心 C 的加速度为 $\boldsymbol{a}_c$，则惯性力系的主矢量为

$$\boldsymbol{F}'_{gR}=\sum_{i=1}^{n}\boldsymbol{F}_{gi}=\sum_{i=1}^{n}(-m_i\boldsymbol{a}_i)=-\sum_{i=1}^{n}m_i\boldsymbol{a}_i$$

因为 $\sum_{i=1}^{n}m_i\boldsymbol{a}_i=M\boldsymbol{a}_C$，故上式为

$$\boldsymbol{F}'_{gR}=-M\boldsymbol{a}_C\tag{10-3}$$

此式表明，无论刚体作什么运动，且无论向哪一点简化，惯性力系的主矢量都等于刚体的质量与质心加速度的乘积，方向与质心加速度的方向相反。

2. 惯性力系的主矩

惯性力系的主矩，随刚体作不同形式的运动而不同，下面分别计算平动刚体、绕定轴转动刚体和平面运动刚体的惯性力系的主矩。

(1) 平动刚体　如图 10－4 所示，刚体平动时惯性力系是均匀分布在体积内的平行力系，

即

$$\boldsymbol{F}_{gi} = - m_i \boldsymbol{a}_i$$

惯性力系的主矢量为

$$\boldsymbol{F}_{gR} = - M\boldsymbol{a}_C$$

惯性力系对于质心 C 的主矩为

$$\boldsymbol{M}_C(\boldsymbol{F}_g) = \sum_{i=1}^{n} \boldsymbol{m}_C(\boldsymbol{F}_{gi}) = \sum_{i=1}^{n} \boldsymbol{r}'_i \times (- m_i \boldsymbol{a}_i) =$$

$$- \sum_{i=1}^{n} m_i \boldsymbol{r}'_i \times \boldsymbol{a}_i$$

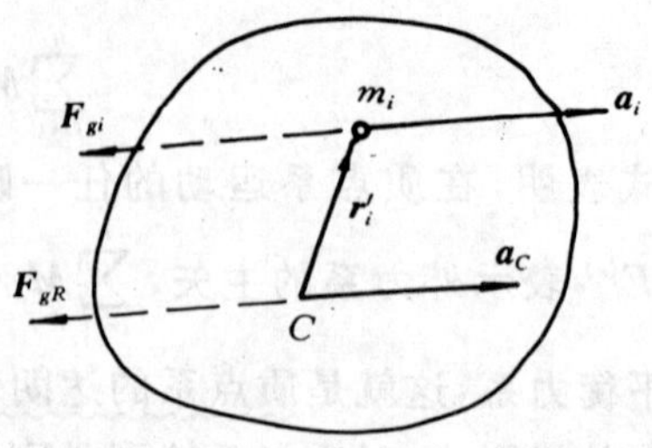

图 10-4

上式中 $\boldsymbol{a}_i = \boldsymbol{a}_C$，$\sum_{i=1}^{n} m_i \boldsymbol{r}'_i = M\boldsymbol{r}'_C$，其中 $\boldsymbol{r}'_C$ 为质心 C 对于以质心 C 为原点的动坐标系的矢径，显然 $\boldsymbol{r}'_C = 0$。于是得

$$\boldsymbol{M}_{gC} = \boldsymbol{M}_C(\boldsymbol{F}_g) = - (\sum_{i=1}^{n} m_i \boldsymbol{r}'_i) \times \boldsymbol{a}_C = - M\boldsymbol{r}'_C \times \boldsymbol{a}_C = 0 \qquad (10-4)$$

这个结果表明，刚体平动时，将其惯性力系向质心 C 简化，所得主矩为零，即简化为通过质心 C 的一个合力，其大小等于刚体的质量与质心加速度的乘积，方向与质心加速度相反。即

$$\boldsymbol{F}_{gR} = - M\boldsymbol{a}_C \qquad (10-5)$$

(2) 绕定轴转动刚体　我们只讨论具有质量对称平面，而且固定轴垂直于对称平面的特殊情况。这时可以将惯性力系先简化为在对称面内的平面力系，再将它向轴心 O 简化。设刚体转动的角速度、角加速度分别为 ω, α，如图 10-5(a) 所示，则惯性力系的主矢量 $\boldsymbol{F}'_{gR} = - M\boldsymbol{a}_C$，主矩 $M_{gO} = \sum_{i=1}^{n} m_O(\boldsymbol{F}_{gi})$ 为代数量。

任一质量为 m_i 的质点的惯性力 $\boldsymbol{F}_{gi} = - m_i \boldsymbol{a}_i$ 可以分解为图 10-5(a) 所示的法向惯性力 $\boldsymbol{F}_{gin} = - m_i \boldsymbol{a}_{in} = - m_i r_i \omega^2 \boldsymbol{n}$，切向惯性力 $\boldsymbol{F}_{gi\tau} = - m_i \boldsymbol{a}_{i\tau} = - m_i r_i \alpha \boldsymbol{\tau}$，显然，法向惯性力对 O 轴的力矩为零，由此得到惯性力系对 O 轴的主矩为

$$M_{gO} = \sum_{i=1}^{n} \boldsymbol{m}_O(\boldsymbol{F}_{gi\tau}) = - \sum_{i=1}^{n} m_i r_i a_{i\tau} = - \sum_{i=1}^{n} m_i r_i r_i \alpha =$$

$$- \sum_{i=1}^{n} m_i r_i^2 \alpha = - (\sum_{i=1}^{n} m_i r_i^2) \alpha$$

式中 $\sum_{i=1}^{n} m_i r_i^2 = J_O$，为刚体对转轴的转动惯量，则

$$M_{gO} = - J_O \alpha \qquad (10-6)$$

上式表明惯性力系对固定轴 O 的主矩等于刚体对轴 O 的转动惯量与角加速度的乘积，方向与角加速度的转向相反。

惯性力系向固定轴 O 简化的全部结果是

$$\left.\begin{aligned} &1)\ \text{作用线通过 } O \text{ 轴的一个力 } \boldsymbol{F}'_{gR} = - M\boldsymbol{a}_C = - mr_C(\alpha\boldsymbol{\tau} + \omega^2\boldsymbol{n}) \\ &2)\ \text{力偶} \quad M_{gO} = - J_O \alpha \end{aligned}\right\} \qquad (10-7)$$

两者均在刚体的对称面内(图 10-5(b))，此惯性力系简化的最后结果是一个合力，此合力的大小和方向与主矢量 $\boldsymbol{F}_{gR}'$ 相同，即

$$\boldsymbol{F}_{gR} = \boldsymbol{F}'_{gR} = - M\boldsymbol{a}_C \qquad (10-8)$$

其作用线位置通过点 O_1(图 10-5(c)),且

$$OO_1 = L = \frac{J_O}{Mr_C} \tag{10-9}$$

r_C 为轴心 O 到质心 C 的距离。点 O_1 即为复摆的摆心。

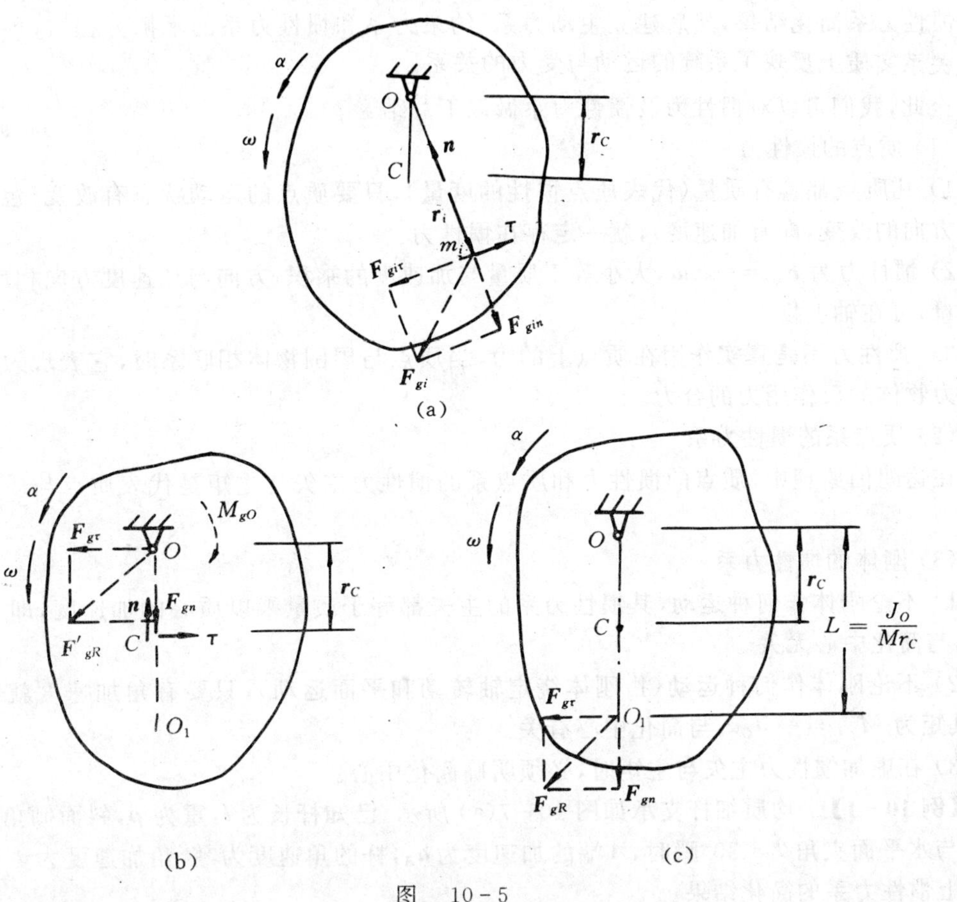

图 10-5

如果固定轴恰好通过质心 C,则惯性力系的主矢量为零,惯性力系向质心 C 简化的主矩为 $M_{gC} = -J_C\alpha$,惯性力系的最后简化结果为一个合力偶,称为惯性力偶。若 $\alpha = 0$ 即刚体作匀角速转动,则 $M_{gC} = 0$,这时惯性力系自身相互平衡,称为动平衡。

(3) 平面运动刚体　设刚体具有质量对称平面,刚体平行于此平面运动,则惯性力系可简化为在此平面内的平面力系,如图 10-6 所示。根据平面运动可以分解为随质心 C 的平动和绕 C 点的转动,将惯性力系向质心 C 简化,得到一个力和一个力偶,此力的大小和方向由惯性力系的主矢量 $\boldsymbol{F}_{gR}' = -M\boldsymbol{a}_C$ 确定,作用线通过质心。此力偶的力偶矩等于惯性力系对质心 C 的主矩

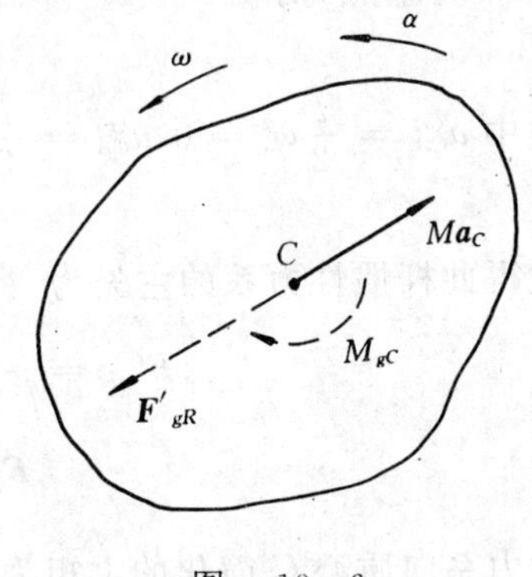

图 10-6

$$M_{gC} = - J_C \alpha \tag{10-10}$$

式中J_C是刚体对于C轴的转动惯量，C轴通过质心且垂直于图形，负号表示力偶矩的转向与角速度相反。

由以上的讨论可以看到，由于刚体运动形式不同，惯性力系简化的结果也不相同. 因此，在应用达朗伯原理研究刚体动力学问题时，必须先分析刚体的运动，按刚体运动的不同形式求得惯性力系简化结果，然后建立主动力系、约束力系和惯性力系的平衡方程。这种形式上的平衡关系实质上反映了系统的运动与受力的关系。

至此，我们可以对惯性力及惯性力系做以下总结：

(1) 质点的惯性力

1) 凡质点都具有质量(代表质点惯性的度量)，只要质点的运动状态有改变(包括速度大小及方向的改变，即有加速度)，就一定存在惯性力。

2) 惯性力为$\boldsymbol{F}_g = - m\boldsymbol{a}$，大小等于质量与加速度的乘积，方向与加速度方向相反，惯性力是矢量，可在轴上投影。

3) 惯性力不是真实作用在质点上的力，当质点与周围物体相联系时，它表现为质点对周围施力物体的反作用力的合力。

(2) 质点系的惯性力系

在达朗伯原理中，质点的惯性力和质点系的惯性力主矢与主矩是代表质点与质点系的运动量。

(3) 刚体的惯性力系

1) 不论刚体作何种运动，其惯性力系的主矢都等于质量乘以质心的加速度，即$\boldsymbol{F}'_{gR} = - M\boldsymbol{a}_C$，与简化中心无关。

2) 不论刚体作何种运动(指刚体绕定轴转动和平面运动)，只要有角加速度就有惯性力偶，其矩为$M_{gO} = - J_O \alpha$，与简化中心有关。

3) 在虚加惯性力主矢与主矩时，必须明确简化中心。

【例 10-1】 均质细杆支承如图 10-7(a) 所示。已知杆长为l，重为$\boldsymbol{p}$，斜面倾角$\varphi = 60°$。若杆与水平面夹角$\theta = 30°$瞬时，A端的加速度为$\boldsymbol{a}_A$，杆的角速度为零，角加速度为α。试求此瞬时杆上惯性力系的简化结果。

解 杆AB做平面运动，可将惯性力系向质心C简化，故需求得质心C的加速度$\boldsymbol{a}_C$，以杆端点A为基点，则

$$\boldsymbol{a}_C = \boldsymbol{a}_A + \boldsymbol{a}_{CA}^{(n)} + \boldsymbol{a}_{CA}^{(\tau)}$$

上式中$a_{CA}^{(n)} = \dfrac{l}{2}\omega^2 = 0$，$a_{CA}^{(\tau)} = \dfrac{l}{2}\alpha$方向如图 10-7(b) 所示，故

$$\boldsymbol{a}_C = \boldsymbol{a}_A + \boldsymbol{a}_{CA}^{(\tau)}$$

因此得此杆惯性力系的主矢为

$$\boldsymbol{F}'_{gR} = -\frac{P}{g}\boldsymbol{a}_C = -\frac{P}{g}(\boldsymbol{a}_A + \boldsymbol{a}_{CA}^{(\tau)}) = \boldsymbol{F}_{ge} + \boldsymbol{F}_{g\tau}$$

式中
$$\boldsymbol{F}_{ge} = -\frac{P}{g}\boldsymbol{a}_A, \quad \boldsymbol{F}_{g\tau} = -\frac{P}{g}\boldsymbol{a}_{CA}^{(\tau)}$$

惯性力系向质心C简化的主矩为
$$M_{gC} = J_C \alpha = \frac{1}{12}\frac{P}{g}l^2\alpha$$

方向如图 10-7(a) 所示。

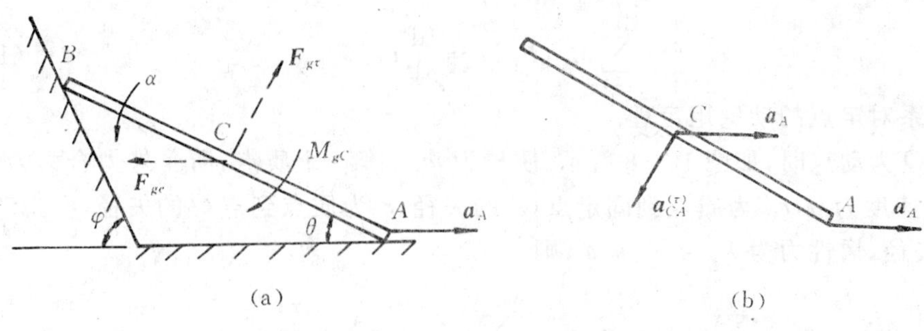

图 10-7

§10-3 达朗伯原理应用举例

1. 由达朗伯原理导出质点系的动量定理、动量矩定理(统称动量原理)

式(10-2)为达朗伯原理的一般形式,其中

$$\sum_{i=1}^{n}\boldsymbol{F}_{gi}=-\sum_{i=1}^{n}m_i\boldsymbol{a}_i=-M\boldsymbol{a}_C$$

为惯性力系的主矢。

$$\sum_{i=1}^{n}\boldsymbol{M}_O(\boldsymbol{F}_{gi})=-\sum_{i=1}^{n}\boldsymbol{r}_i\times m_i\boldsymbol{a}_i$$

为惯性力系对某点 O 的主矩。故式(10-2)的第一式可另写为

$$\sum_{i=1}^{n}\boldsymbol{F}_i^{(e)}=M\boldsymbol{a}_C \tag{10-11}$$

或

$$\sum_{i=1}^{n}\boldsymbol{F}_i^{(e)}=\sum_{i=1}^{n}m_i\boldsymbol{a}_i=\frac{\mathrm{d}\boldsymbol{p}}{\mathrm{d}t} \tag{10-11$'$}$$

式中 $\boldsymbol{p}=\sum_{i=1}^{n}m_i\boldsymbol{v}_i$ 为质点系的动量主矢。称式(10-11)为质点系的质心运动定理,式(10-11)′为质点系动量定理。

式(10-2)的第二式可另写为

$$\sum_{i=1}^{n}\boldsymbol{M}_O(\boldsymbol{F}_i^{(e)})=\sum_{i=1}^{n}\boldsymbol{r}_i\times m_i\boldsymbol{a}_i \tag{10-12}$$

现在研究上式右端

(1) 当点 O 为定点时,

$$\sum_{i=1}^{n}\boldsymbol{r}_i\times m_i\boldsymbol{a}_i=\sum_{i=1}^{n}\boldsymbol{r}_i\times m_i\frac{\mathrm{d}\boldsymbol{v}_i}{\mathrm{d}t}=\frac{\mathrm{d}}{\mathrm{d}t}\sum_{i=1}^{n}(\boldsymbol{r}_i\times m_i\boldsymbol{v}_i) \tag{10-12$'$}$$

而

$$\sum_{i=1}^{n}(\boldsymbol{r}_i\times m_i\boldsymbol{v}_i)=\boldsymbol{L}_O$$

为质点系对定点 O 的动量矩,因此式(10-12)′可写为

$$\sum_{i=1}^{n}\boldsymbol{r}_i\times m_i\boldsymbol{a}_i=\frac{\mathrm{d}}{\mathrm{d}t}\boldsymbol{L}_O$$

故由式(10－12)得

$$\sum_{i=1}^{n} \boldsymbol{M}_O(\boldsymbol{F}_i^{(e)}) = \frac{\mathrm{d}}{\mathrm{d}t}\boldsymbol{L}_O \qquad (10-12)''$$

上式即为质点系对定点的动量矩定理。

(2) 当点 O 为动点时，如图 10－8 所示。质量为 m_i 的第 i 个质点，所受外力合力为 $\boldsymbol{F}_i^{(e)}$、内力合力为 $\boldsymbol{F}_i^{(i)}$，速度为 $\boldsymbol{v}_i$，$\boldsymbol{r}_i'$ 为质点到固定点 O' 的矢径，$\boldsymbol{r}_i$ 为质点到点 O 的矢径，$\boldsymbol{r}_0$ 为动点 O 到固定点 O' 的矢径，惯性力为 $\boldsymbol{F}_{gi} = -m_i\boldsymbol{a}_i$，则

$$\begin{aligned}\sum_{i=1}^{n} \boldsymbol{M}_O(\boldsymbol{F}_{gi}) &= -\sum_{i=1}^{n} \boldsymbol{r}_i \times m_i\boldsymbol{a}_i = -\sum_{i=1}^{n} (\boldsymbol{r}'_i - \boldsymbol{r}_0) \times m_i\boldsymbol{a}_i = \\ &-\sum_{i=1}^{n} \boldsymbol{r}'_i \times m_i\boldsymbol{a}_i + \boldsymbol{r}_O \times \sum_{i=1}^{n} m_i\boldsymbol{a}_i = \\ &-\sum_{i=1}^{n} \frac{\mathrm{d}}{\mathrm{d}t}(\boldsymbol{r}'_i \times m_i\boldsymbol{v}_i) + \boldsymbol{r}_O \times M\boldsymbol{a}_C = \\ &-\frac{\mathrm{d}}{\mathrm{d}t}\sum_{i=1}^{n} [(\boldsymbol{r}_O + \boldsymbol{r}_i) \times m_i\boldsymbol{v}_i] + \boldsymbol{r}_O \times M\boldsymbol{a}_C = \\ &\boldsymbol{r}_O \times M\boldsymbol{a}_C - \frac{\mathrm{d}\boldsymbol{r}_O}{\mathrm{d}t} \times \sum_{i=1}^{n} m_i\boldsymbol{v}_i - \boldsymbol{r}_O \times \frac{\mathrm{d}}{\mathrm{d}t}(\sum_{i=1}^{n} m_i\boldsymbol{v}_i) - \frac{\mathrm{d}}{\mathrm{d}t}\sum_{i=1}^{n} (\boldsymbol{r}_i \times m_i\boldsymbol{v}_i) = \\ &\boldsymbol{r}_O \times M\boldsymbol{a}_C - \boldsymbol{v}_O \times M\boldsymbol{v}_C - \boldsymbol{r}_O \times M\boldsymbol{a}_C - \frac{\mathrm{d}}{\mathrm{d}t}\boldsymbol{L}_O = -\boldsymbol{v}_O \times m\boldsymbol{v}_C - \frac{\mathrm{d}}{\mathrm{d}t}\boldsymbol{L}_O\end{aligned} \qquad (10-13)$$

将此式代入式(10－2)的第二式得

$$\sum_{i=1}^{n} \boldsymbol{m}_O(\boldsymbol{F}_i^{(e)}) - \boldsymbol{v}_O \times M\boldsymbol{v}_C - \frac{\mathrm{d}}{\mathrm{d}t}\boldsymbol{L}_O = 0$$

即
$$\frac{\mathrm{d}}{\mathrm{d}t}\boldsymbol{L}_O + \boldsymbol{v}_O \times M\boldsymbol{v}_C = \sum_{i=1}^{n} \boldsymbol{M}_O(\boldsymbol{F}_i^{(e)}) \qquad (10-13)'$$

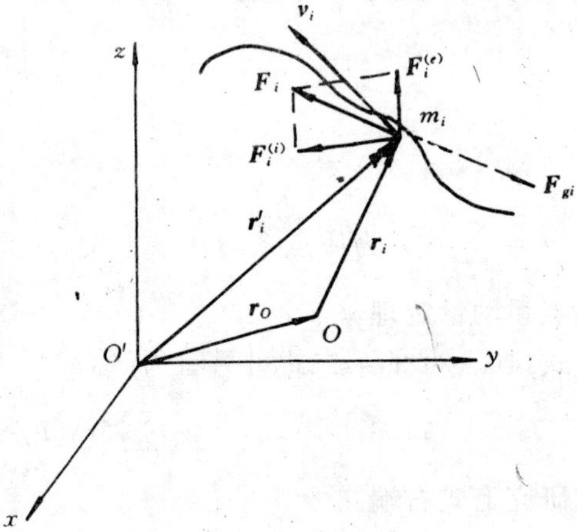

式中 $\boldsymbol{v}_0$ 为动点 O 的速度，$\boldsymbol{v}_C$ 为质心的速度，式(10－13)′ 为以绝对速度表示的对动点 O 的动量矩定理。当 $\boldsymbol{v}_O \mathbin{/\mkern-5mu/} \boldsymbol{v}_C$ 时，有

$$\frac{\mathrm{d}}{\mathrm{d}t}\boldsymbol{L}_O = \sum_{i=1}^{n} \boldsymbol{M}_O(\boldsymbol{F}_i^{(e)}) \qquad (10-13)''$$

当动点 O 为质点系或刚体的质心时，有 $\boldsymbol{v}_O = \boldsymbol{v}_C$，或 $\boldsymbol{v}_C \times M\boldsymbol{v}_C = 0$，则式(10－13)′ 为

图 10－8

$$\frac{\mathrm{d}\boldsymbol{L}_C}{\mathrm{d}t} = \sum_{i=1}^{n} \boldsymbol{m}_C(\boldsymbol{F}_i^{(e)}) \qquad (10-13)'''$$

式(10－13)′，式(10－13)″，式(10－13)‴ 均为质点系的绝对速度对动点的动量矩定理的表达式。

由以上各式可以看出，式(10－2) 与式(10－12)″、式(10－13)′、式(10－13)″、式(10－13)‴ 是等价的。

2. 达朗伯原理应用举例

【例 10-2】 图 10-9 所示均质圆轮铰接于水平梁的中点。已知：轮半径为 r，重为 $\boldsymbol{P}$，梁长为 $2l$，重为 $3\boldsymbol{P}$，绕在轮上的绳的一端挂一重为 $\boldsymbol{P}$ 的物块 G。试用达朗伯原理求支座 B 的反力。

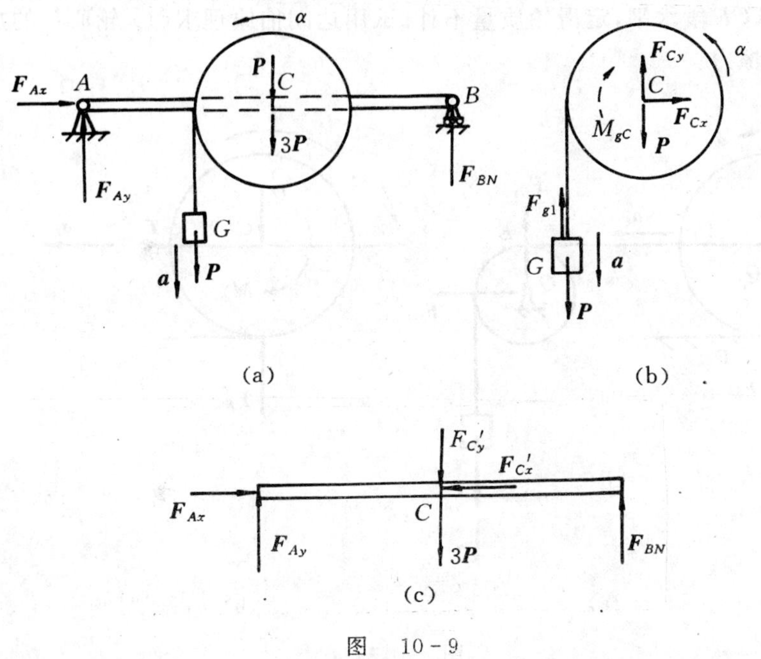

图 10-9

解 取系统为研究对象，受力、运动分析如图10-9(a) 所示。显然，这是个刚体系的动力学问题，可用达朗伯原理求解。未知量有约束反力 $\boldsymbol{F}_{Ax}$，$\boldsymbol{F}_{Ay}$，$\boldsymbol{F}_{BN}$，加速度 a 及角加速度 α，共计 5 个。

(1) 取轮及重物G为研究对象。画出全部外力(主动力、约束反力)及虚加的惯性力如图 10-9(b) 所示，这是一个平面力系。其中

$$F_{g1} = \frac{P}{g}a,\ M_{gc} = J_C\alpha = \frac{1}{2}\frac{P}{g}r^2\alpha$$

$$\sum M_C = 0,\ Pr - F_{g1}r - M_{gC} = 0$$

即
$$Pr - \frac{P}{g}ar - \frac{1}{2}\frac{P}{g}r^2\alpha = 0 \tag{1}$$

考虑到运动学条件 $a = r\alpha$

得
$$1 - \frac{a}{g} - \frac{a}{2g} = 0$$

解得
$$a = 2g/3 \tag{2}$$

$$\sum F_x = 0,\ F_{Cx} = 0 \tag{3}$$

$$\sum F_y = 0,\ F_{Cy} - P - P + F_{g1} = 0$$

即
$$F_{Cy} = 2P - F_{g1} = 2P - \frac{P}{g}a = 2P - \frac{P}{g} \times \frac{2}{3}g = \frac{4}{3}P \tag{4}$$

(2) 取 AB 杆为研究对象，受力、运动分析(此杆静止不动) 如图 10-9(c) 所示。

$$\sum_{i=1}^{n} M_A(\boldsymbol{F}) = 0,\ 3Pl + F'_{Cy}l - F_{BN} \times 2l = 0$$

求得 $$F_{BN} = \frac{1}{2}(3P + F'_{Cy}) = \frac{1}{2}(3P + \frac{4}{3}P) = \frac{13}{6}P$$

【例 10-3】 如图 10-10(a) 所示，已知均质轮 C 重为 $\boldsymbol{Q}$，半径为 r，在水平面上作纯滚动，物块 A 重为 $\boldsymbol{P}$，绳 CE 段水平，定滑轮质量不计。试用达朗伯原理求 (1) 轮心 C 的加速度；(2) 轮子与地面间的摩擦力。

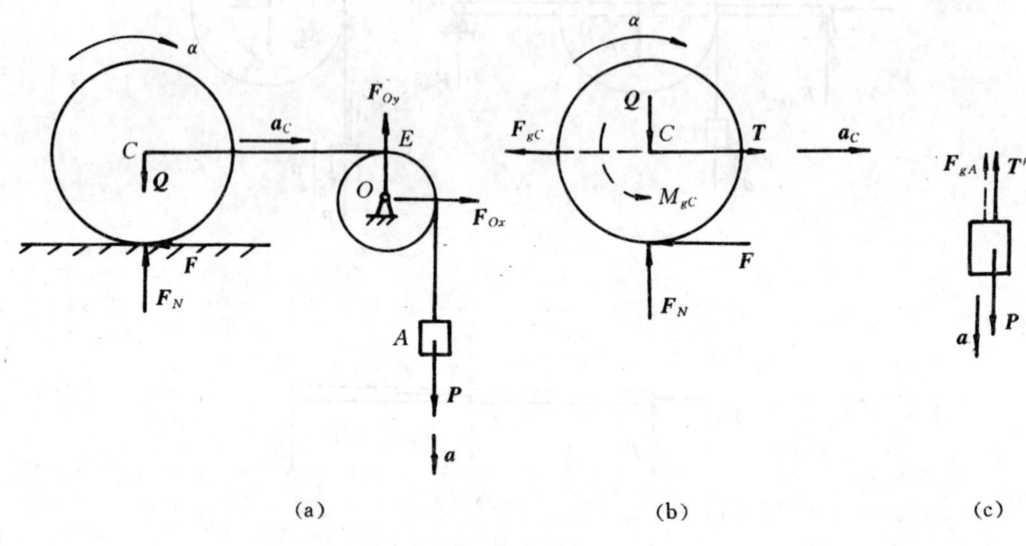

图 10-10

解 取整体为研究对象，受力分析、运动分析如图 10-10(a) 所示。未知的约束反力有 $\boldsymbol{F}_N, \boldsymbol{F}, \boldsymbol{F}_{Ox}, \boldsymbol{F}_{Oy}$，未知的运动量有 $\boldsymbol{a}_C, \alpha, \boldsymbol{a}$，共 7 个未知量，故将其拆开，分别取轮 C、重物 A 为研究对象，受力分析及运动分析分别如图 10-10(b)，图 10-10(c) 所示，其中惯性力(矩) 为

$$F_{gC} = \frac{Q}{g}a_C,\ M_{gC} = J_C\alpha,\quad F_{gA} = \frac{P}{g}a$$

(1) 分析轮 C

$$\sum M_C = 0,\ -Fr + M_{gC} = 0 \quad 或 \quad -Fr + \frac{1}{2}\frac{Q}{g}r^2\alpha = 0 \tag{1}$$

$$\sum X = 0,\ T - F_{gC} - F = 0 \quad 或 \quad T - \frac{Q}{g}a_C - F = 0 \tag{2}$$

另外，还有运动学条件 $$a_C = r\alpha \tag{3}$$

以上 3 式中，有未知量 a_C, α, F, T，故还需寻求新的方程。

(2) 分析重物 A

$$\sum Y = 0,\ F_{gA} + T' - P = 0$$

即 $$\frac{P}{g}a + T' - P = 0 \tag{4}$$

运动学条件 $$a = a_C \tag{5}$$

以上 5 式联立求解得

$$a = \frac{2gP}{3Q + 2P} \tag{6}$$

$$F = \frac{QP}{3Q + 2P}$$

【例 10-4】 图 10-11(a) 所示系统位于铅直面内，由两相同的均质细杆铰接而成，D 端搁在光滑的水平面上。已知：杆长均为 l，质量均为 m，不计滑道摩擦，杆 AB 铅直。试用达朗伯原理求 $\theta = 60°$ 开始运动瞬时：(1) 杆 BD 的角加速度；(2) D 处的反力。

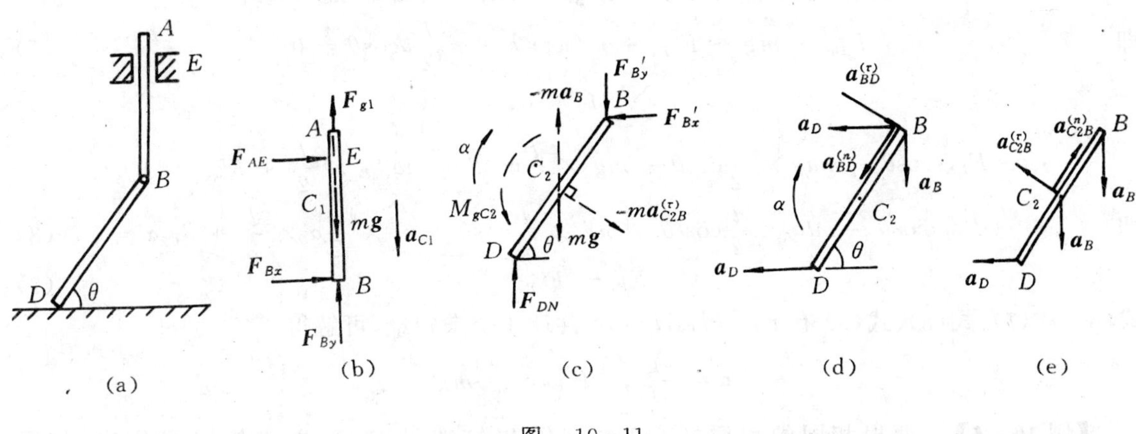

图 10-11

解 此系统中，AB 杆做平动，BD 杆作平面运动，受力及运动分析分别如图 10-11(b)、图 10-11(c) 所示。设 AB 杆质心 C 向下运动的加速度为 a_{C1}，BD 杆质心 C_2 的加速度为 a_{C2}，BD 杆转动的角加速度为 α，则虚加惯性力后可用达朗伯原理求解。

在图 10-11(c) 中，杆 BD 的质心 C_2 的加速度大小、方向均是未知的，可以点 B 为基点，研究 $\boldsymbol{a}_{C2}$，分以下两步进行。

(1) 以点 D 为基点，研究点 B 加速度，加速度矢量图如图 10-11(d) 所示。加速度矢量方程为

$$\boldsymbol{a}_B = \boldsymbol{a}_D + \boldsymbol{a}_{BD}^{(n)} + \boldsymbol{a}_{BD}^{(\tau)} \tag{1}$$

式中 $a_{BD}^{(\tau)} = l\alpha$，因为开始运动的瞬时，杆 DB 转动的角速度为

$$\omega_{BD} = 0$$

故

$$a_{BD}^{(n)} = l\omega_{BD}^2 = 0$$

可由式(1) 解得

$$a_B = a_{BD}^{(\tau)}\cos\theta = l\alpha\cos\theta \tag{2}$$

(2) 以点 B 为基点，研究点 C_2 加速度。加速度矢量图如图 10-11(e) 所示，加速度矢量方程为

$$\boldsymbol{a}_{c2} = \boldsymbol{a}_B + \boldsymbol{a}_{C2B}^{(n)} + \boldsymbol{a}_{C2B}^{(\tau)} \tag{3}$$

式中 $a_{C2B}^{(\tau)} = \frac{l}{2}\alpha, a_{C2B}^{(n)} = l/2 \cdot \omega_{BD}^2 = 0$

所以

$$\boldsymbol{a}_{C2} = \boldsymbol{a}_B + \boldsymbol{a}_{C2B}^{(\tau)}$$

杆 BD 作平面运动，故惯性力系向质心 C_2 简化得

$$\left.\begin{aligned} &\text{主矢} \quad \boldsymbol{F}_{gC2} = -m\boldsymbol{a}_{C2} = -m\boldsymbol{a}_B - m\boldsymbol{a}_{C2B}^{(\tau)} \\ &\text{主矩} \quad M_{gC2} = J_{C2}\alpha \end{aligned}\right\} \tag{4}$$

以 AB 杆为研究对象，因为是平动，故惯性力系向质心 C_1 简化，得 $F_{g1} = ma_B$

方向如图 10 - 11(b) 所示。

$$\sum Y = 0, F_{g1} - mg + F_{By} = 0$$

解得 $$F_{By} = mg - F_{g1} = mg - ma_B = m(g - l\alpha\cos\theta) \tag{6}$$

以 BD 杆为研究对象，受力、运动分析如图 10 - 11(c) 所示。

$$\Sigma Y = 0,\ F_{DN} - mg - F'_{By} + ma_B - ma_{C2B}^{(\tau)}\cos\theta = 0$$

即 $$F_{DN} - mg - F'_{By} + ml\alpha\cos\theta - m\frac{l}{2}\alpha\cos\theta = 0 \tag{7}$$

$$\sum M_B = 0,$$

$$-F_{DN}l\cos\theta - ma_B \times \frac{l}{2}\cos\theta + mg \times \frac{l}{2}\cos\theta + ma_{C2B}^{(\tau)} \times \frac{l}{2} + M_{gC2} = 0$$

即 $$-F_{DN}l\cos\theta - ml\alpha \times \frac{l}{2}\cos^2\theta + mg \times \frac{l}{2}\cos\theta + m \times \frac{l}{2}\alpha \times \frac{l}{2} + J_{C2}\alpha = 0 \tag{8}$$

$$F_{By} = F'_{By} \tag{9}$$

式(6)、式(7)、式(8)、式(9) 有 $F_{By}, F'_{By}, F_{DN}, \alpha$ 共计 4 个未知量，可解得

$$\alpha = \frac{9g}{7l},\quad F_{DN} = \frac{29}{28}mg$$

【例 10 - 5】 两根相同的均质杆 OA 与 AB，以铰链 A 连接，并由铰链 O 固定，如图 10 - 12(a) 所示。设 $OA = AB = l$，杆的质量为 m。求系统由水平位置从静止开始运动的瞬时，OA 杆与 AB 杆的角加速度及铰链 O 的约束反力。

解 本题为已知主动力求运动，然后再求约束反力的问题，即为两类动力学问题的综合问题。用达朗伯原理解题时，未知的运动量包含在惯性力中。为了首先求得运动，在选择研究对象及建立"平衡"方程时，应尽量使未知约束反力在方程中不出现。

本题由 OA 与 AB 两杆件组成，根据约束的特点，先取整体为研究对象较方便；这时铰链 A 处的力为内力，在"平衡"方程中不出现，未知约束反力只有 $\boldsymbol{F}_{Ox}$ 与 $\boldsymbol{F}_{Oy}$。其受力如图 10 - 12(b) 所示。

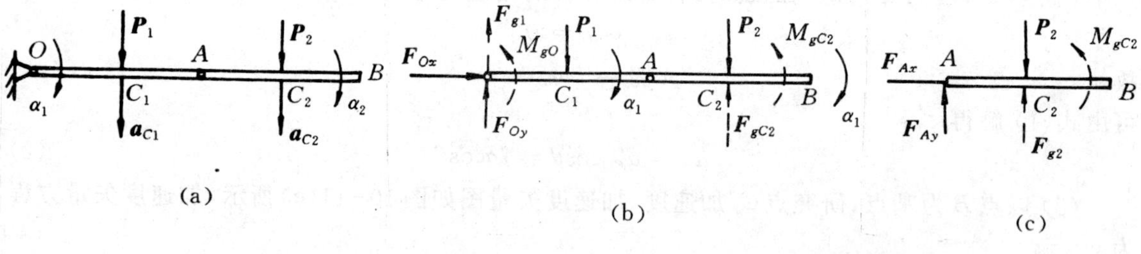

图 10 - 12

设在水平位置瞬时，OA 杆与 AB 杆的角加速度分别为 α_1 和 α_2，方向均为顺时针转向。

由运动学知，OA 杆作定轴转动，开始瞬时 $\omega_1 = 0, \alpha_1 \neq 0$，其质心 C_1 的加速度为 $a_{C1} = \frac{l}{2}\alpha_1$；$AB$ 杆作平面运动，开始瞬时 $\omega_2 = 0, \alpha_2 \neq 0$，故质心 C_2 的加速度为 $a_{C2} = l\alpha_1 + \frac{l}{2}\alpha_2$，如图 10 - 12(a) 所示。

简化惯性力系。AO 杆定轴转动，故将惯性力系向转轴 O 简化，惯性力主矢的大小为

$$F_{g1} = ma_{C1} = \frac{1}{2}ml\alpha_1$$

方向如图 10－12(b) 所示。惯性力主矩为

$$M_{gO} = J_O\alpha_1 = \frac{1}{3}ml^2\alpha_1$$

转向如图 10－12(b) 所示。

AB 杆做平面运动，将惯性力系向质心 C 简化，惯性力主矢的大小为

$$F_{g2} = ma_{C2} = ml\left(\alpha_1 + \frac{\alpha_2}{2}\right)$$

方向如图 10－12(b) 所示。惯性力主矩为

$$M_{gC_2} = J_{C2}\alpha_2 = \frac{1}{12}ml^2\alpha_2$$

转向如图 10－12(b) 所示。先取整体为研究对象，列平衡方程

$$\sum_{i=1}^{n} M_O(\boldsymbol{F}_i) = 0$$

$$M_{gO} + M_{gC_2} + F_{g2} \times \frac{3}{2}l - P_1 \times \frac{l}{2} - P_2 \times \frac{3}{2}l = 0$$

式中　$P_1 = P_2 = mg$。

整理上式得

$$11\alpha_1 + 5\alpha_2 = 12\frac{g}{l} \tag{1}$$

取 AB 杆为研究对象，受力如图 10－12(c) 所示。有

$$\sum_{i=1}^{n} M_A(\boldsymbol{F}_i) = 0 \quad M_{gC_2} + F_{g2}\frac{l}{2} - P_2\frac{l}{2} = 0$$

整理上式得

$$3\alpha_1 + 2\alpha_2 = 3\frac{g}{l} \tag{2}$$

联立式(1)、式(2) 解得

$$\alpha_1 = \frac{9g}{7l}, \quad \alpha_2 = -\frac{3g}{7l}$$

代入惯性力的表达式得

$$\left.\begin{aligned} F_{g1} &= \frac{1}{2}ml\alpha_1 = \frac{9}{14}mg \\ F_{g2} &= ml\left(\alpha_1 + \frac{\alpha_2}{2}\right) = \frac{15}{14}mg \end{aligned}\right\} \tag{3}$$

已知惯性力后，便可求得未知的约束反力。取整体为研究对象，列平衡方程

$$\sum X = 0, \quad F_{Ox} = 0$$

$$\sum Y = 0, \quad F_{Oy} + F_{g1} - P_1 - P_2 + F_{g2} = 0$$

将式(3) 结果代入后求得

$$F_{Oy} = \frac{2}{7}mg$$

通过以上例题的分析求解过程，我们总结出用达朗伯原理解题的主要步骤：

(1) 根据题意，选取研究对象，画分离体图。

(2) 分析研究对象所受的主动力和约束反力，画受力图。约束反力一般是要求的未知量。

(3) 分析研究对象的运动情况，确定各组成部分的加速度和角加速度，如果加速度或角加速度是未知量，则可根据运动情况，假设加速度方向或角加速度的转向。

(4) 根据研究对象的运动形式，按刚体惯性力系的简化结果假想地加上惯性力和惯性力偶。这里特别要注意惯性力与惯性力偶的符号问题。画受力图时，已使惯性力与加速度反向，即 $\boldsymbol{F}_g = -M\boldsymbol{a}_C$；惯性力偶与角加速度反向，即 $M_{gC} = -J_C\alpha$。因此，在具体计算时，用 $F_g = Ma_C$，$M_{gC} = J_C\alpha$ 代入平衡方程即可，切不可再用 $F_g = -Ma_C$，$M_{gC} = -J_C\alpha$ 代入，否则负号就重复了。

(5) 根据达朗伯原理，主动力系、约束反力系及惯性力系组成一个平衡力系，利用静力学中的平衡方程即可求解未知量。

由此可见，除了分析运动和虚加惯性力外，达朗伯原理解题步骤与静力学中平衡问题的解题步骤完全相同。

§10－4　绕定轴转动刚体的轴承动反力

刚体绕定轴转动时，由于转子质量不均匀性以及制造或安装时的误差，转子对于转动轴线常常产生偏心或偏角，转动时出现的惯性力将使轴承处产生除静反力以外的附加反力，这种附加反力称为动反力。机器高速转动时，产生的动反力不仅数值可能很大，而且方向在不断变化，影响机器或机械的平稳运行和正常工作，甚至造成破坏。因此，如何消除动反力，或把它控制在一定范围内，有重要意义。

我们讨论一般情形下(即刚体无对称平面，或有对称平面而与转轴不垂直)，求轴承动反力的问题。

一般刚体绕定轴转动时，其中任一质点的惯性力为 $\boldsymbol{F}_{gi} = -m_i\boldsymbol{a}_i$，如图 10－13 所示。全部惯性力组成空间力系，将此空间惯性力系向转轴上任一点 O 简化，得一个力和一个力偶。这个力等于惯性力系的主矢 $\boldsymbol{F}_g$；这个力偶的矩等于惯性力系对点 O 的主矩 $\boldsymbol{M}_{gO}$，即

$$\boldsymbol{F}_g = \sum_{i=1}^{n}\boldsymbol{F}_{gi} = -\sum_{i=1}^{n}m_i\boldsymbol{a}_i$$

$$\boldsymbol{M}_{gO} = \sum_{i=1}^{n}\boldsymbol{M}_O(\boldsymbol{F}_{gi})$$

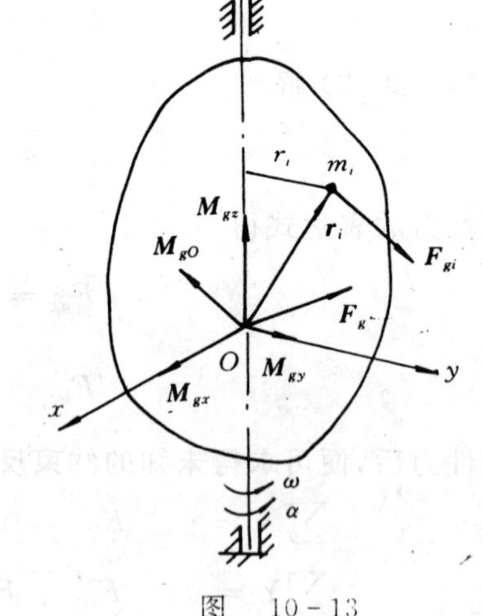

图　10－13

如前所述，此惯性力系的主矢为

$$\boldsymbol{F}_g = -M\boldsymbol{a}_C \qquad (10-14)$$

由于定轴转动刚体内各点的加速度皆与转轴垂直，因而 $\boldsymbol{F}_g$ 垂直于转轴。

为求惯性力系对点 O 的主矩，现将质点的速度 $\boldsymbol{v}_i$ 和加速度 $\boldsymbol{a}_i$ 按式(5－39)、式(5－40)写成矢量积的形式，即

$$\boldsymbol{v}_i = \boldsymbol{\omega} \times \boldsymbol{r}_i$$

$$\boldsymbol{a}_i = \boldsymbol{\alpha} \times \boldsymbol{r}_i + \boldsymbol{\omega} \times \boldsymbol{v}_i$$

式中 $\boldsymbol{r}_i$ 为质点到固定点 O 的矢径，$\boldsymbol{\omega},\boldsymbol{\alpha}$ 为沿 z 轴的角速度和角加速度矢量。由此

$$\boldsymbol{M}_{g0} = \sum_{i=1}^{n}\boldsymbol{M}_0(\boldsymbol{F}_{gi}) = -\sum_{i=1}^{n}\boldsymbol{r}_i \times m_i\boldsymbol{a}_i =$$

$$-\sum_{i=1}^{n}\boldsymbol{r}_i \times m_i(\boldsymbol{\alpha} \times \boldsymbol{r}_i) - \sum_{i=1}^{n}\boldsymbol{r}_i \times m_i(\boldsymbol{\omega} \times \boldsymbol{v}_i) \tag{1}$$

以 $\boldsymbol{i},\boldsymbol{j},\boldsymbol{k}$ 表示沿固结于刚体的直角坐标轴 x,y,z 的单位矢量，并将 $\boldsymbol{r}_i$ 展成

$$\boldsymbol{r}_i = x\boldsymbol{i} + y\boldsymbol{j} + z\boldsymbol{k}$$

注意到 $\boldsymbol{\omega},\boldsymbol{\alpha}$ 皆沿 z 轴，而 $\boldsymbol{k} \times \boldsymbol{i} = \boldsymbol{j},\boldsymbol{k} \times \boldsymbol{j} = -\boldsymbol{i}$ 和 $\boldsymbol{k} \times \boldsymbol{k} = 0$，则有

$$\boldsymbol{\alpha} \times \boldsymbol{r}_i = \alpha\boldsymbol{k} \times (x\boldsymbol{i} + y\boldsymbol{j} + z\boldsymbol{k}) = \alpha(x\boldsymbol{j} - y\boldsymbol{i})$$

$$\boldsymbol{v}_i = \boldsymbol{\omega} \times \boldsymbol{r}_i = \omega\boldsymbol{k} \times (x\boldsymbol{i} + y\boldsymbol{j} + z\boldsymbol{k}) = \omega(x\boldsymbol{j} - y\boldsymbol{i})$$

$$\boldsymbol{\omega} \times \boldsymbol{v}_i = \omega\boldsymbol{k} \times \omega(x\boldsymbol{j} - y\boldsymbol{i}) = -\omega^2(x\boldsymbol{i} + y\boldsymbol{j})$$

将上式代入式(1)，得

$$\boldsymbol{M}_{gO} = -\sum_{i=1}^{n}(x\boldsymbol{i} + y\boldsymbol{j} + z\boldsymbol{k}) \times m_i\alpha(x\boldsymbol{j} - y\boldsymbol{i}) +$$

$$\sum_{i=1}^{n}(x\boldsymbol{i} + y\boldsymbol{j} + z\boldsymbol{k}) \times m_i\omega^2(x\boldsymbol{i} + y\boldsymbol{j}) =$$

$$-\sum_{i=1}^{n}m_i\alpha[(x^2 + y^2)\boldsymbol{k} - xz\boldsymbol{i} - yz\boldsymbol{j}] + \sum_{i=1}^{n}m_i\omega^2(xz\boldsymbol{j} - yz\boldsymbol{i}) \tag{2}$$

或

$$\boldsymbol{M}_{gO} = (J_{xz}\alpha - J_{yz}\omega^2)\boldsymbol{i} + (J_{yz}\alpha + J_{xz}\omega^2)\boldsymbol{j} - J_z\alpha\boldsymbol{k} \tag{10-15}$$

式中 $J_z = \sum_{i=1}^{n}m_i(x^2 + y^2) = \sum_{i=1}^{n}m_ir_i^2$ 为刚体对 z 轴的转动惯量，而

$$\left.\begin{aligned} J_{xz} &= \sum_{i=1}^{n}m_ixz \\ J_{yz} &= \sum_{i=1}^{n}m_iyz \end{aligned}\right\} \tag{10-16}$$

为刚体对 z 轴的两个离心转动惯量或惯性积。

式(10-15)给出了一般情况下定轴转动刚体惯性力系对转轴上任一点 O 简化的惯性力偶矩矢表达式。其中最后一项为对转轴 z 的惯性力偶矩，即

$$M_{gz} = -J_z\alpha$$

式中负号表示力偶转向与角加速度转向相反。而惯性力系对固结于刚体并垂直于转轴的 x,y 两轴的惯性力偶矩分别为

$$\left.\begin{aligned} M_{gx} &= J_{xz}\alpha - J_{yz}\omega^2 \\ M_{gy} &= J_{yz}\alpha + J_{xz}\omega^2 \end{aligned}\right\} \tag{10-17}$$

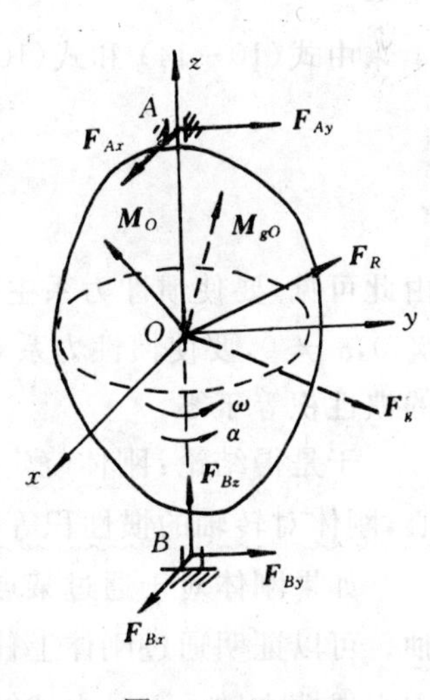

图 10-14

为求转动刚体支座反力，将此刚体的主动力系也向点 O 简化，得一力 $\boldsymbol{F}_R$ 和一力偶 $\boldsymbol{M}_O$，加上轴承反力和惯性力系简化结果，如图 10-14 所示。

根据达朗伯原理，可列出下列 6 个方程：

$$
\begin{aligned}
&F_{Ax}+F_{Bx}+F_{Rx}+F_{gx}=0\\
&F_{Ay}+F_{By}+F_{Ry}+F_{gy}=0\\
&F_{Az}+F_{Rz}=0\\
&F_{By}OB-F_{Ay}OA+M_x+M_{gx}=0\\
&-F_{Bx}OB+F_{Ax}OA+M_y+M_{gy}=0\\
&M_z+M_{gz}=0
\end{aligned}
$$

由前个方程解得轴承反力，即

$$
\left.\begin{aligned}
F_{Ax}&=-\frac{1}{AB}[(M_y+F_{Rx}OB)+(M_{gy}+F_{gx}OB)]\\
F_{Ay}&=\frac{1}{AB}[(M_x+F_{Ry}OB)+(M_{gx}-F_{gy}B)]\\
F_{Bx}&=\frac{1}{AB}[(M_y-F_{Rx}OA)+(M_{gy}-F_{gx}OA)]\\
F_{By}&=-\frac{1}{AB}[(M_x+F_{Ry}OA)+(M_{gx}+F_{gy}OA)]\\
F_{Bz}&=-F_{Rz}
\end{aligned}\right\}\tag{10-18}
$$

由上式可知，由于惯性力系分布在垂直于转轴的各平面内，止推轴承沿 z 轴的反力 $\boldsymbol{F}_{Bz}$ 与惯性力无关。与 z 轴垂直的轴承反力 $\boldsymbol{F}_{Ax}$，$\boldsymbol{F}_{Ay}$，$\boldsymbol{F}_{Bx}$，$\boldsymbol{F}_{By}$ 由两部分组成：(1) 由主动力引起的静反力；(2) 由惯性力引起的附加动反力。

要使附加动反力等于零，必须有

$$
\begin{aligned}
M_{gx}&=M_{gy}=0\\
F_{gx}&=F_{gy}=0
\end{aligned}
$$

即轴承附加动反力等于零的条件是惯性力系主矢等于零，惯性力系对于 x 轴和 y 轴的矩等于零。

由式(10-14)和式(10-16)应有

$$
\begin{aligned}
F_{gx}=-Ma_{Cx}=0,F_{gy}&=-ma_{cy}=0\\
M_{gx}&=J_{xz}\alpha-J_{yz}\omega^2=0\\
M_{gy}&=J_{yz}\alpha+J_{xz}\omega^2=0
\end{aligned}
$$

由此可见，要使惯性力系主矢等于零，必须有 $a_C=0$，即转轴必须通过质心；刚体转动时，一般 $\omega\neq 0$，$\alpha\neq 0$，要使惯性力系对于 x 轴和 y 轴的矩等于零，必需有 $J_{xz}=J_{yz}=0$，即刚体对于转轴的惯性积等于零。

于是得结论：刚体绕定轴转动时，避免出现轴承附加动反力的条件是转轴通过刚体的质心，刚体对转轴的惯性积等于零。

如果刚体对于通过某点的 z 轴的惯性积 J_{xz} 和 J_{yz} 等于零，则此 z 轴称为该点的惯性主轴。可以证明通过刚体上任一点，都有三个互相垂直的惯性主轴。通过质心的惯性主轴，称为中心惯性主轴。于是上述结论也可叙述如下：避免出现轴承附加动反力的条件是刚体转轴应为刚体的中心惯性主轴。

设刚体的转轴通过质心，且刚体除重力外，没有受到其它主动力作用，则刚体可以在任意位置静止不动，这种现象称为静平衡。当刚体的转轴通过质心且为惯性主轴时，刚体转动时不出现轴承附加动反力，这种现象称为动平衡。能够静平衡的转子，不一定能实现动平衡。由于材料不十分均匀，或者由于制造、安装不够精确，动平衡条件往往不易满足。对于某些高速转动的转子，为了达到动平衡目的，通常都在安装好之后，用动平衡机进行动平衡试验，并根据试验结果在转子的适当位置附加或挖去一小部分质量，以使转动轴成为中心惯性主轴。

【例 10-6】 设转子的偏心距 $e = 0.1$ mm，质量 $m = 20$ kg，转轴垂直于转子的对称面，如图 10-15 所示。若转子以匀转速 $n = 12\ 000$ r/min 转动，求轴承的附加动反力。设转子对称面与两轴承 O_1，O_2 的距离相等。

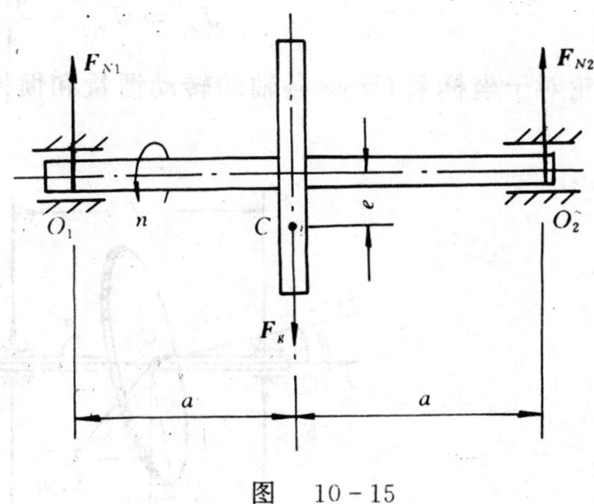

图 10-15

解 以系统为研究对象。由于转轴垂直于转子的对称面，且转子作匀角速转动，故其惯性力可以简化为通过质心 C 的一合力 $\boldsymbol{F}_g$，其大小为 $F_g = me\omega^2$，方向与质心的加速度 $\boldsymbol{a}_C$ 的方向相反。注意，因转子作匀角速转动，所以 $a_C^{(\tau)} = 0$。

应用达朗伯原理，主动力系、约束反力系和惯性力系满足平衡条件。但是，此处只求附加动反力，故可以不考虑重力（即主动力）的作用，仅建立附加动反力与惯性力的关系，即可求得

$$F_{N1} = F_{N2} = \frac{1}{2}me\omega^2 = \frac{20 \times 0.1 \times 10^{-3}}{2} \times \left(\frac{12\ 000 \times 2\pi}{60}\right)^2 = 1.58\ \text{kN}$$

如果仅考虑重力作用，则轴承 O_1，O_2 的静反力为

$$F'_{N1} = F'_{N2} = 98\ \text{N}$$

在此情形下，附加动反力约为静反力的 16 倍。由此可以清楚地看到，附加动反力是由于惯性力引起的，要消除这种约束力，可在转子两端平面上附加平衡的质量。

【例 10-7】 设汽轮机的叶轮中心轴线，由于安装误差与转轴形成 $\theta = 0.015$ rad 的偏角（实际安装时，技术指标所允许的误差远小于此数值），如图 10-16(a) 所示。作为初步近似，认为叶轮是均质圆盘。设叶轮质量 $m = 2\ 000$ kg，半径 $r = 50$ cm，以匀角速 $n = 3\ 000$ r/min 转动，两轴承 O_1 和 O_2 间的距离为 $l = 3.5$ m。试求轴承的附加动反力。

解 选点 C 为坐标原点，作固结在叶轮上的直角坐标系 $Cxyz$，令 Cz 轴与转轴重合，Cx 轴铅直向下，Cy 轴沿水平方向。

因叶轮绕 z 轴匀速转动，轮上各质点只有法向惯性力 $\boldsymbol{F}_{gin}$，这是一分布在叶轮体积内的惯性力系。因叶轮的质心在 z 轴上，$x_c = y_c = 0$，故惯性力系的主矢量为零。又因此力系中每个力均与 z 轴相交，对 z 轴的矩为零，故力系的主矩在 z 轴上的投影为零。由式(11-16)知，惯性力系对 x 轴和 y 轴的力矩之和分别为

$$M_{gx} = -J_{gz}\omega^2 \text{ 和 } M_{gy} = J_{zx}\omega^2$$

Cy 轴沿叶轮的直径，它是轮的对称轴之一，根据惯性主轴的概念知，此轴为中心惯性主轴之一，即

$$J_{gz} = 0$$

但是由于有偏角 θ，Cz 轴并非惯性主轴。因此，要计算 J_{zx} 的值。

为了计算 J_{zx}，引入另一坐标系 $Cx_1y_1z_1$。Cz_1 轴垂直于叶轮平面通过质心 C。Cx_1 轴和 Cy_1 轴均在叶轮平面内，沿轮的直径方向。Cy_1 与 Cy 轴重合，显然，此坐标系是中心惯性主轴坐标，即

$$J_{x_1y_1} = J_{y_1z_1} = J_{z_1x_1} = 0 \tag{1}$$

叶轮为均质圆轮，则叶轮对于 Cx_1, Cy_1, Cz_1 轴的主转动惯量分别为

$$J_{x_1} = J_{y_1} = \frac{mr^2}{4}, \quad J_{z_1} = \frac{mr^2}{2} \tag{2}$$

即叶轮对于坐标系 $Cxyz$ 各轴的转动惯量和惯性积。

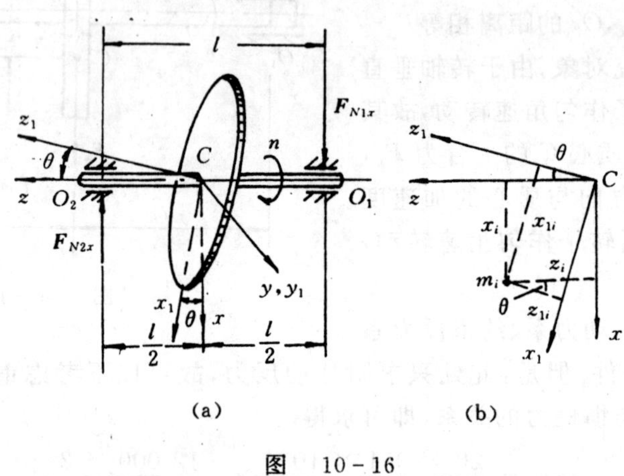

图 10-16

图 10-16(b) 表示从 Cy（或 Cy_1）轴端点看的情形。m_i 表示叶轮的任一质点，此点对于坐标系 $Cxyz$ 的坐标为 x_i, y_i, z_i，对于坐标系 $Cx_1y_1z_1$，此点的坐标为 x_{1i}, y_{1i}, z_{1i}；显然，$y_i = y_{1i}$，根据坐标变换公式

$$\left.\begin{aligned} z_i &= z_{1i}\cos\theta + x_{1i}\sin\theta \\ x_i &= x_{1i}\cos\theta - z_{1i}\sin\theta \end{aligned}\right\} \tag{3}$$

由此求得

$$J_{zx} = \sum_{i=1}^{n} z_i x_i m_i = \sum_{i=1}^{n} (z_{1i}\cos\theta + x_{1i}\sin\theta)(x_{1i}\cos\theta - z_{1i}\sin\theta)m_i =$$

$$\sum_{i=1}^{n} z_{1i}x_{1i}m_i(\cos^2\theta - \sin^2\theta) + [\sum_{i=1}^{n}(x_{1i}^2 + y_{1i}^2)m_i]\sin\theta\cos\theta -$$

$$[\sum_{i=1}^{n}(y_{1i}^2 + z_{1i}^2)m_i]\sin\theta\cos\theta = J_{z_1x_1}(\cos^2\theta - \sin^2\theta) + (J_{z1} - J_{x1})\sin\theta\cos\theta$$

由式(1) 知

$$J_{z_1x_1} = 0$$

得

$$J_{zx} = (J_{z1} - J_{x1})\sin\theta\cos\theta = \frac{J_{z1} - J_{x1}}{2}\sin 2\theta$$

当 θ 很小时，$\sin 2\theta = 2\theta$，则此式简化为

$$J_{zx} = \frac{J_{z1} - J_{x1}}{2} \times 2\theta$$

代入式(2)的 J_{x1} 和 J_{z1}，得

$$J_{zx} = \frac{mr^2}{4}\theta$$

代入式(10-18)中第三式，求得轴承的附加动反力为在平面 xOz 中的一力偶

$$F_{N1x} = F_{N2x} = \frac{1}{l}J_{zx}\omega^2$$

而

$$F_{N1y} = F_{N2y} = 0$$

由这个结果，再一次看到惯性积的物理意义，即 J_{zx} 乘以角速度 ω 的平方表示匀角速转动刚体的离心惯性力对 y 轴的力矩。

最后，代入已知数据，求得轴承的附加动反力为

$$F_{N1x} = F_{N2x} = \frac{2\ 000}{3.5} \times \frac{0.5^2}{4} \times 0.015 \times \left(\frac{3\ 000 \times 2\pi}{60}\right)^2 = 52.9\ \text{kN}$$

显然，轴承附加动反力与角速度的平方成正比。当叶轮转速很高时，例如 10 000 r/min 以上，轴承附加动反力就会更大。同时，此力的方向随同转轴而转动，形成周期性变化的压力，会引起轴承的振动。因此，在均衡时要尽量设法减小 J_{zx} 的值。在理想情况下，偏角 $\theta = 0$，即 $J_{zx} = 0$，此时 Cz 轴是通过轮质心的中心惯性主轴。这时，惯性力系本身构成一平衡力系，轴承的附加动反力为零。

习　题

10-1　直角形刚性弯杆 OAB，由 OA 与 AB 固结而成；其中 $AB = 2R$，$OA = R$，AB 杆的质量为 m，AO 杆的质量不计，题图 10-1 所示瞬时杆绕 O 轴转动的角速度与角加速度分别为 ω 与 α，求均质杆 AB 的惯性力系向点 O 简化的结果，并将方(转)向标在图上。

10-2　半径为 R 的圆环在水平面内绕通过环上一点 O 的铅垂轴以角速度 ω、角加速度 α 转动。环内有一质量为 m 的光滑小球 M，题图 10-2 所示瞬时(θ 为已知)有相对速度 v_r(方向如图)，求此瞬时小球的科氏惯性力和牵连惯性力并在图中标出方向。

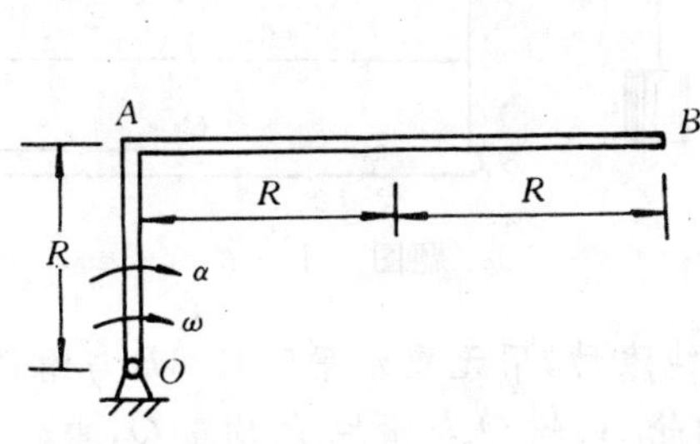

题图　10-1

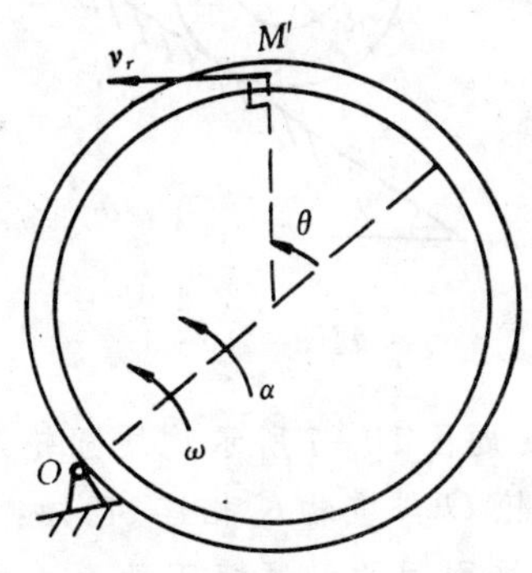

题图　10-2

10-3　题图10-3所示两重物通过无重滑轮用绳连接，滑轮又铰接在无重支架上。已知：物块G_1,G_2的质量分别为$m_1 = 50$ kg,$m_2 = 70$ kg，杆AB长$l_1 = 120$ cm,A,C间的距离为$l_2 = 80$ cm，夹角$\theta = 30°$。试用动静法求杆CD的内力。

10-4　题图10-4所示均质杆AB的质量为4 kg，置于光滑的水平面上。在杆的B端作用一水平推力$P = 60$ N，使杆AB沿$\boldsymbol{P}$力方向作直线平移。试求AB杆的加速度和角θ之值。

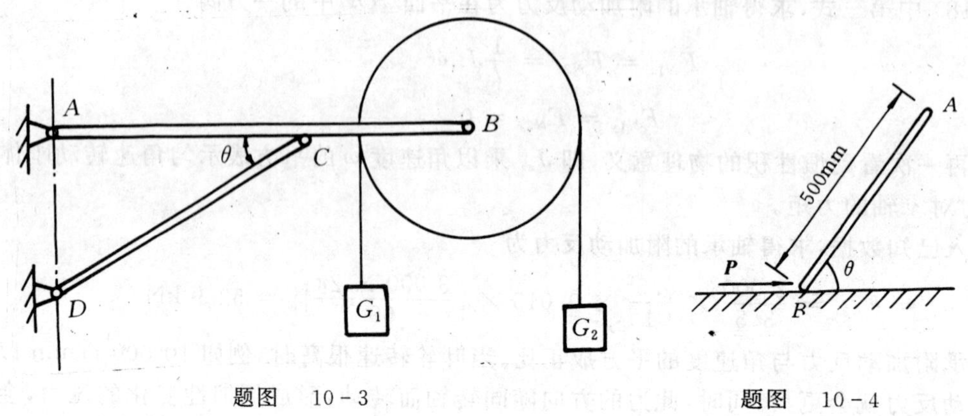

题图　10-3　　　　题图　10-4

10-5　质量为m的轮与轴置于倾角为θ的斜面上，轮的半径为R，轴的半径为r，轮与轴对通过轮中心的轴线的惯性半径为ρ。今在轴上作用一力$\boldsymbol{P}$，设力作用线与轴相切，并与水平线成β角，使轮沿斜面向上运动，轮与斜面之间的摩擦因数为f。试分别讨论轮与地面接触点无滑动及有滑动两种情况下轮心C的加速度。

10-6　在题图10-6所示系统中，均质杆AB长l，质量为m_1；均质圆轮D的半径为r，质量为m_2；物体G的质量为m_3。系统原处于静止，杆AB处于水平位置。某瞬时，A端的绳子突然断开，求该瞬时物体G和杆的质心C的加速度以及点O处的反力。设绳与轮之间无相对滑动，点O处摩擦不计。

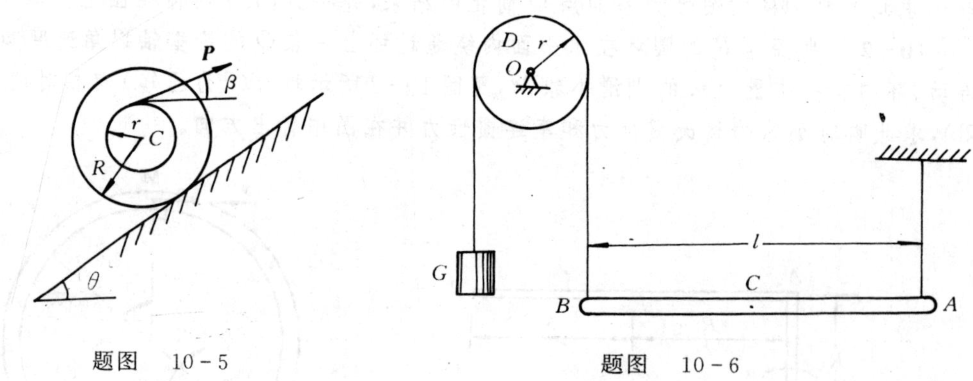

题图　10-5　　　　题图　10-6

10-7　题图10-7所示均质圆轮沿水平面作纯滚动，用无重水平刚杆AB与滑块B相连，又通过定滑轮O与重物C相连。已知：半径为R的轮A、轮O与滑块B均重Q，重物C重$2Q$，滑块B与水平面间的动摩擦因数为f，轮O上作用一常力偶矩为M。试用动静法求系统开始运动的瞬时：(1) 重物C的加速度；(2) 杆AB的内力。

10-8　曲柄滑道机构如题图10-8所示，已知圆轮半径为r，对轮轴的转动惯量为J，轮上

作用一不变的力偶 M,ABD 滑槽的质量为 m,不计摩擦。求圆轮的转动微分方程。

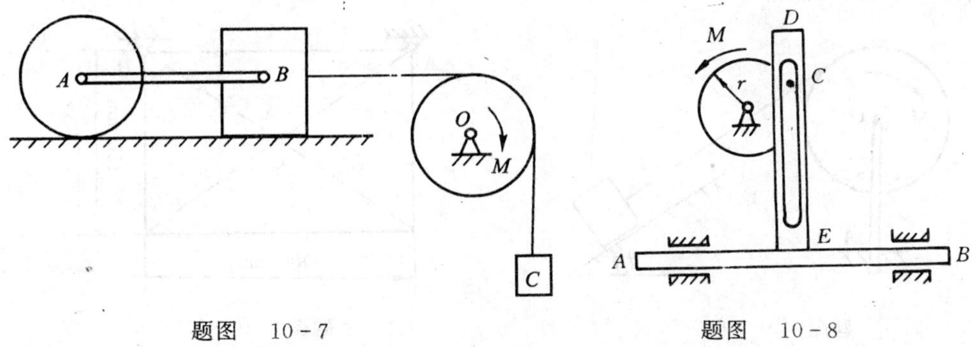

题图　10－7　　　　题图　10－8

10－9　题图 10－9 所示为均质细杆弯成的圆环,半径为 r,转轴 O 通过圆心垂直于环面,A 端自由,AD 段为微小缺口,设圆环以匀角速度 ω 绕轴 O 转动,环的线密度为 ρ,不计重力,求任意截面 B 处对 AB 段的约束反力。

10－10　题图 10－10 所示矩形块质量 $m_1 = 100\ \text{kg}$,置于平台车上。车质量为 $m_2 = 50\ \text{kg}$。此车沿光滑的水平面运动。车和矩形块在一起由质量为 m_3 的物体牵引,使之作加速运动。设物块与车之间的摩擦力足够阻止相对滑动,求能够使车加速运动的质量 m_3 的最大值,以及此时车的加速度大小。

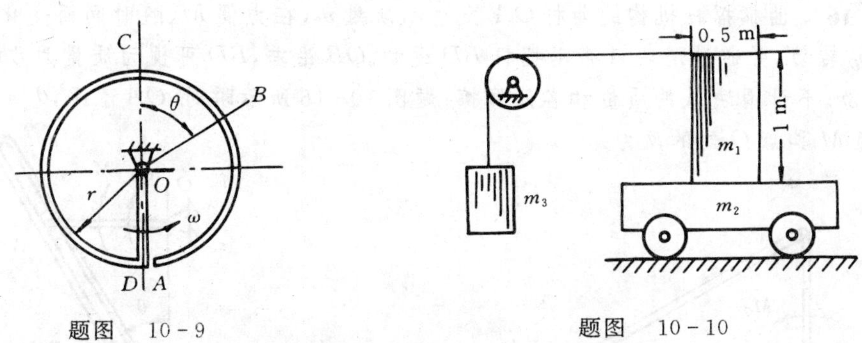

题图　10－9　　　　题图　10－10

10－11　题图 10－11 所示均质定滑轮装在铅直的无重悬臂梁上,用绳与滑块连接。已知:轮半径 $r = 1\ \text{m}$、重 $Q = 20\ \text{kN}$,滑块重 $P = 10\ \text{kN}$,梁长为 $2r$,斜面的倾角 $\tan\theta = 3/4$,动摩擦因数 $f' = 0.1$。若在轮 O 上作用一常力偶矩 $M = 10\ \text{kN}\cdot\text{m}$。试求:(1) 滑块 B 上升的加速度;(2) 支座 A 处的反力。

10－12　题图 10－12 所示长方形均质平板,质量为 27 kg,由两个销 A 和 B 悬挂。如果突然撤去销 B,求在撤去销 B 的瞬时平板的角加速度和销 A 的约束反力。

10－13　题图 10－13 所示均质板质量为 m,放在两个均质圆柱滚子上,滚子质量皆为 $\dfrac{m}{2}$,其半径均为 r。如在板上作用一水平力 $\boldsymbol{F}$,并设滚子无滑动,求板的加速度。

10－14　圆柱形滚子质量为 20 kg,其上绕有细绳,绳沿水平方向拉出,跨过无重滑轮 B 系有质量为 10 kg 的重物 A,如题图 10－14 所示。如滚子沿水平面只滚不滑,求滚子中心 C 的加速度。

10－15　铅垂面内曲柄连杆滑块机构中,均质直杆 $OA = r$,$AB = 2r$,质量分别为 m 和

$2m$，滑块质量为 m。曲柄 OA 匀速转动，角速度为 ω_O。在题图 10－15 所示瞬时，滑块运行阻力为 $\boldsymbol{F}$。不计摩擦，求滑道对滑块的约束反力及 OA 上的驱动力偶矩 M_O。

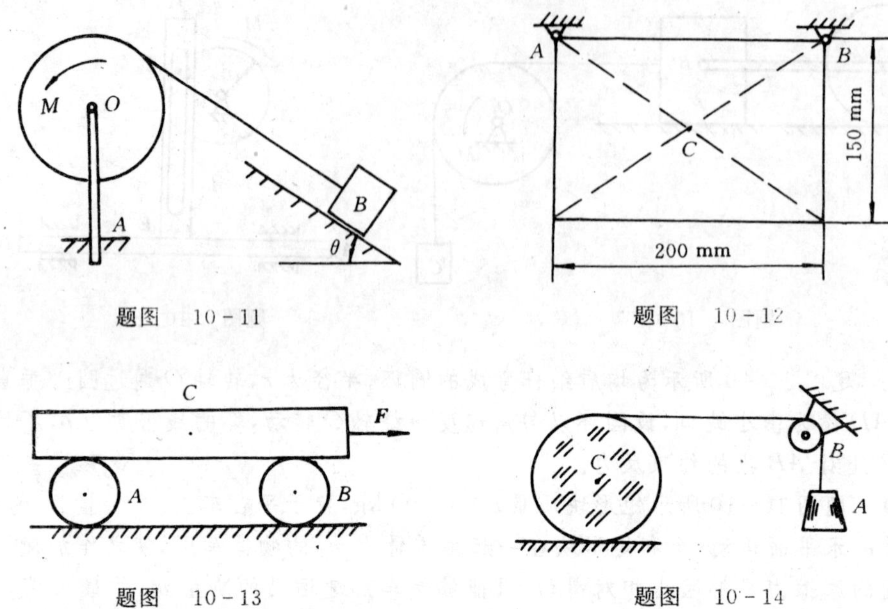

题图 10－11

题图 10－12

题图 10－13

题图 10－14

10－16 曲柄摇杆机构的曲杆 OA 长为 r，质量 m，在力偶 M（随时间而变化）驱动下以匀角速度 ω_O 转动，并通过滑块 A 带动摇杆 BD 运动。OB 铅垂，BD 可视为质量为 8 m 的均质等直杆，长为 $3r$。不计滑块 A 的质量和各处摩擦；题图 10－16 所示瞬时，OA 水平，$\theta = 30°$。求此时驱动力偶矩 M 和点 O 处的反力。

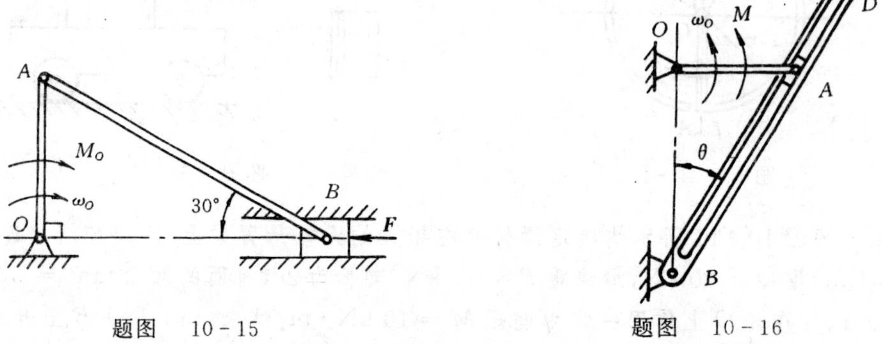

题图 10－15

题图 10－16

10－17 三圆盘 A，B 和 C 质量各为 12 kg，共同固结在 x 轴上，其位置如题图 10－17 所示。若 A 盘质心 G 距轴 5 mm，而 B 和 C 盘的质心在轴上。今若将两个皆为 1 kg 的均衡质量分别放在 B 和 C 盘上，问应如何放置可使物系达到动平衡？

10－18 在题图 10－18 所示系统中，已知：均质杆 AB 的长为 l，质量为 m，均质圆盘的半径为 r，质量也为 m，在水平面上作纯滚动。试求杆从图示水平位置无初速释放瞬时：(1) 杆 AB 的角加速度；(2) 圆盘中心 A 的加速度 a_A。

10－19 题图 10－19 所示内侧光滑的圆环在水平面内绕过点 O 的铅垂轴转动，均质细杆的 A 端与圆环铰接，B 端压在环上。已知：环的内半径为 r，杆长 $l = \sqrt{2}\,r$，质量为 m。试求图示角速度为 ω，角加速度为 α 瞬时，杆上 A，B 两点在水平面内的反力。

10-20 题图 10-20 所示均质圆轮沿斜面作纯滚动，用平行于斜面的无重刚杆连接轮与滑块。已知：轮半径为 r，轮与滑块质量均为 m，斜面倾角为 θ，与滑块间的动摩擦因数为 f'，不计滚动摩擦。试求：(1) 滑块 A 的加速度；(2) 杆的受力。

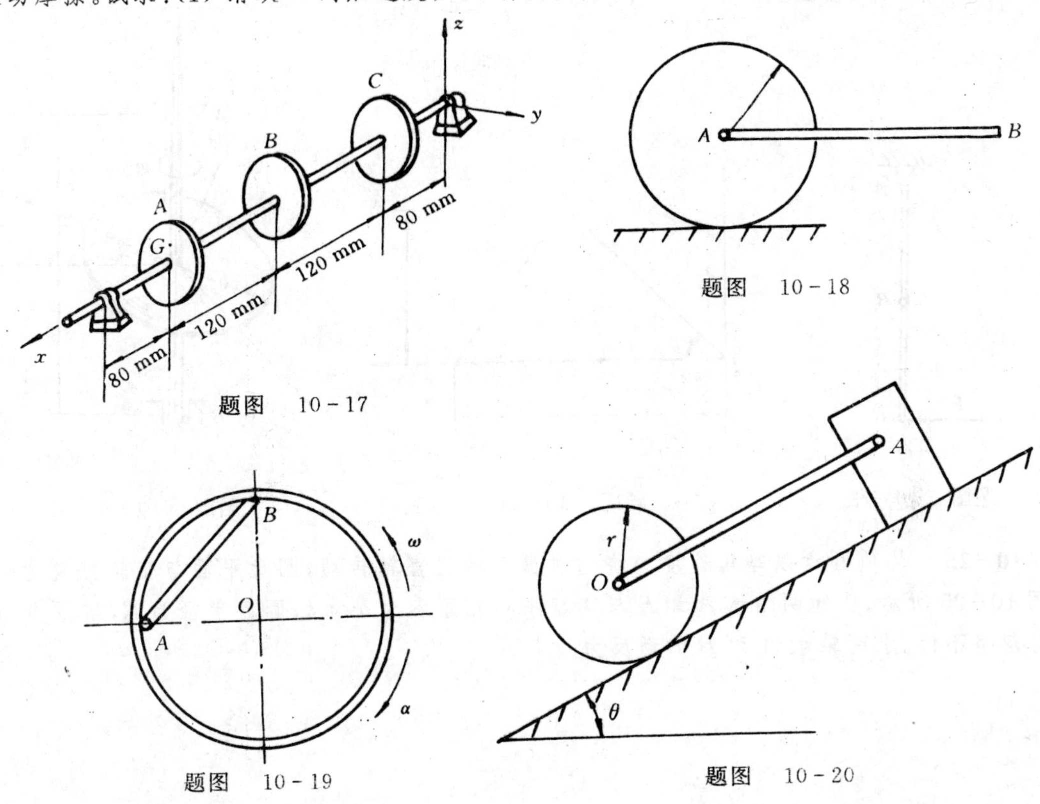

题图 10-17

题图 10-18

题图 10-19

题图 10-20

10-21 如题图 10-21 所示，板的质量为 m_1，受水平力 $\boldsymbol{F}$ 作用，沿水平面运动，板与平面间的动摩擦因数为 f。在板上放一质量为 m_2 的均质实心圆柱，此圆柱对板只滚动而不滑动。求板的加速度。

10-22 如题图 10-22 所示，一重为 P 的物块 A 下降时，借助于跨过滑轮 D 的绳子，使轮子 B 在水平轨道上只滚动而不滑动。已知轮 B 与轮 C 固结在一起，总重为 Q，对通过轮心 O 的水平轴的惯性半径为 ρ，试求 A 的加速度及两物体间绳的拉力。

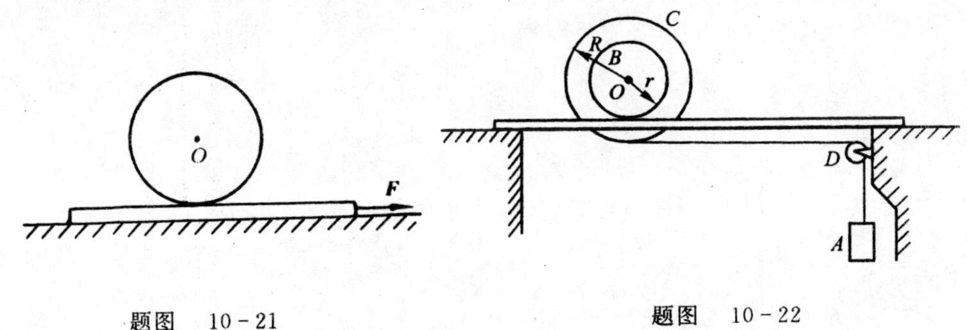

题图 10-21

题图 10-22

10-23 长 l，质量为 m 的均质杆 AB，BD 用铰链 B 联结，并用铰链 A 固定，位于题图

10－23 所示平衡位置。今在 D 端作用一水平力 $\boldsymbol{F}$，求此瞬时两杆的角加速度及 A 轴的反力。

10－24　如题图10－24所示，均质等厚三角板，已知 $\angle AOB=\theta$，单位面积的质量为 ρ，求对 x 轴和 y 轴的的惯性积。

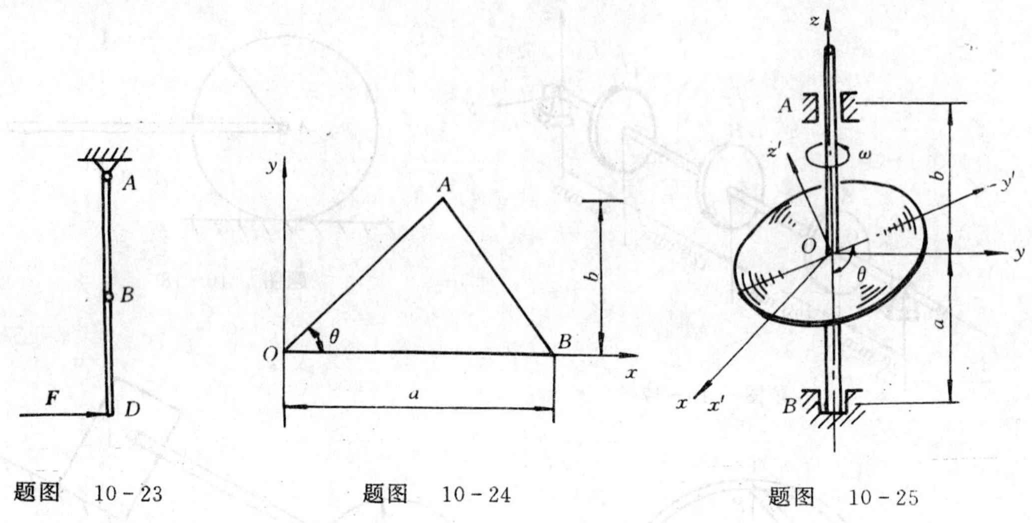

题图　10－23　　　　题图　10－24　　　　题图　10－25

10－25　均质圆盘以等角速度 ω 绕通过盘心的铅直轴转动，圆盘平面与转轴交成 θ 角，如题图10－25所示。已知两轴承 A 和 B 与圆盘中心相距各为 a 和 b；圆盘半径为 R，质量为 m，厚度可忽略不计。求两轴承 A 和 B 的动反力。

第十一章　质点系动力学基本定理

质点系动力学基本定理也称质点系动力学普遍定理，包括动量定理、动量矩定理、动能定理以及由这三个基本定理所推导出来的其它一些定理，这些定理建立了描述整个质点系运动特征的一些物理量（例如动量、动量矩和动能）的变化率与作用在质点系上的力系所形成的力的作用量（包括力的冲量、冲量矩、功）之间的关系，可用来求解质点系动力学的两类基本问题。本章介绍质点系的动量定理和动量矩定理（统称动量原理）。

§11-1　质点系的动量定理

我们已在第10章指出，式(10-11)为质点系的动量定理，式(10-11)为质点系的质心运动定理，现分别讨论如下：

1. 动量定理

动量定理的表达式为

$$\frac{\mathrm{d}\boldsymbol{p}}{\mathrm{d}t}=\sum_{i=1}^{n}\boldsymbol{F}_i^{(e)} \tag{11-1}$$

上式中 $\boldsymbol{p}=\sum\limits_{i=1}^{n}m_i\boldsymbol{v}_i=M\boldsymbol{v}_C$ 为质点系的动量，$\sum\limits_{i=1}^{n}\boldsymbol{F}_i^{(e)}$ 为质点系所受外力系的主矢量。它表明，质点系的动量对时间的一阶导数等于外力系的主矢量。由这个定理可以看出，质点系的内力不能改变质点系的动量。应用这个定理解题时，我们通常用它的投影形式，如在直角坐标轴上的投影式为

$$\left.\begin{aligned}\frac{\mathrm{d}p_x}{\mathrm{d}t}&=\sum_{i=1}^{n}F_{ix}^{(e)}\\ \frac{\mathrm{d}p_y}{\mathrm{d}t}&=\sum_{i=1}^{n}F_{iy}^{(e)}\\ \frac{\mathrm{d}p_z}{\mathrm{d}t}&=\sum_{i=1}^{n}F_{iz}^{(e)}\end{aligned}\right\} \tag{11-2}$$

将式(11-1)重写为

$$\mathrm{d}\boldsymbol{p}=\sum_{i=1}^{n}\boldsymbol{F}_i^{(e)}\mathrm{d}t \tag{11-3}$$

$\sum\limits_{i=1}^{n}\boldsymbol{F}_i^{(e)}\mathrm{d}t$ 称为外力系主矢量的元冲量。此式表明质点系动量的微分等于外力系主矢量的元冲量。上式为质点系动量定理的微分形式。应用时可将其投影到直角坐标轴或自然坐标轴上。

设 $t=t_0$ 时，质点系的动量为 $\boldsymbol{p}_0$，$t=t_1$ 时，质点系的动量为 $\boldsymbol{p}$，则对式(11-3)积分得

$$\boldsymbol{p} - \boldsymbol{p}_0 = \int_{t_0}^{t} \sum_{i=1}^{n} \boldsymbol{F}_i^{(e)} \mathrm{d}t = \sum_{i=1}^{n} \int_{t_0}^{t} \boldsymbol{F}_i^{(e)} \mathrm{d}t = \sum_{i=1}^{n} \boldsymbol{I}_i^{(e)} \tag{11-4}$$

上式为质点系动量定理的积分形式,即在某一时间间隔内,质点系动量的改变量等于这段时间内作用于质点系的外力冲量的矢量和($\sum_{i=1}^{n} \boldsymbol{I}_i^{(e)} = \sum_{i=1}^{n} \int_{t_0}^{t} \boldsymbol{F}_i^{(e)} \mathrm{d}t$,称为外力系主矢的冲量)。应用式(11-4)时,仍然将它写为直角坐标轴上的投影式,即

$$\left.\begin{aligned} p_x - p_{0x} &= \sum_{i=1}^{n} \int_{t_0}^{t} F_{ix}^{(e)} \mathrm{d}t = \sum_{i=1}^{n} I_{ix}^{(e)} \\ p_y - p_{0y} &= \sum_{i=1}^{n} \int_{t_0}^{t} F_{ix}^{(e)} \mathrm{d}t = \sum_{i=1}^{n} I_{iy}^{(e)} \\ p_z - p_{0z} &= \sum_{i=1}^{n} \int_{t_0}^{t} F_{ix}^{(e)} \mathrm{d}t = \sum_{i=1}^{n} I_{iz}^{(e)} \end{aligned}\right\} \tag{11-5}$$

以上各式中所定义的冲量的量纲为 LMT^{-1},与动量的量纲相同。国际单位制中所采用的单位为牛顿·秒。

2. 质点系动量守恒定理

如果作用于质点系的外力系的主矢量等于零,即 $\sum_{i=1}^{n} \boldsymbol{F}_i^{(e)} = 0$,则由式(11-1)得

$$\boldsymbol{p} = \sum_{i=1}^{n} m_i \boldsymbol{v}_i = \text{常矢量}$$

如果作用于质点系的外力系的主矢量在某一固定坐标轴上的投影为零,例如 $\sum_{i=1}^{n} F_{ix}^{(e)} = 0$,则由式(11-2)得

$$p_x = \sum_{i=1}^{n} m_i v_{ix} = \text{常数}$$

以上结论称为质点系动量守恒定律。注意,质点系的总动量 $\boldsymbol{p}$ 不变,而由于内力的作用,质点系内各质点的动量有可能改变,但总的改变量为零。

3. 质心运动定理

质心运动定理的表达式

$$M \boldsymbol{a}_C = \sum_{i=1}^{n} \boldsymbol{F}_i^{(e)} \tag{11-6}$$

式中 $\boldsymbol{a}_C$ 为质点系质心的加速度。质点系的质量与质心加速度的乘积等于作用于质点系的外力系的矢量和(即外力系的主矢量),这个结论称为质心运动定理。

对于由 n 个刚体组成的刚体系统,设第 i 个刚体的质量为 m_i,质心 C_i 的速度为 $\boldsymbol{v}_{Ci}$,加速度为 $\boldsymbol{a}_{Ci}$,刚体系统的总质量为 M,质心加速度为 $\boldsymbol{a}_C$,则此系统的动量为

$$\boldsymbol{p} = \sum_{i=1}^{n} m_i \boldsymbol{v}_{Ci}$$

故由式(11-1)得

$$\frac{\mathrm{d}}{\mathrm{d}t}\left(\sum_{i=1}^{n} m_i \boldsymbol{v}_{Ci}\right) = \sum_{i=1}^{n} \boldsymbol{F}_i^{(e)}$$

即
$$\sum_{i=1}^{n} m_i \frac{\mathrm{d}\boldsymbol{v}_{Ci}}{\mathrm{d}t} = \sum_{i=1}^{n} \boldsymbol{F}_i^{(e)}$$

或
$$\sum_{i=1}^{n} m_i \boldsymbol{a}_{Ci} = \sum_{i=1}^{n} \boldsymbol{F}_i^{(e)} \tag{11-6$'$}$$

上式即为刚体系统的质心运动定理，如果 $\boldsymbol{a}_C$ 为已知量，则利用式(11－6)计算刚体系统的动力学问题更方便。

由式(11－6)、式(11－6)′可知，质心的运动与质点系的内力无关，而只与外力系的主矢量有关。如果外力系主矢量恒等于零，即 $\sum_{i=1}^{n} \boldsymbol{F}_i^{(e)} = 0$，则质心保持静止或匀速直线运动（即 $r_{C1} = r_{C2}$ 或 $\boldsymbol{v}_{C1} = \boldsymbol{v}_{C2}$）。在一个不受外力作用或所受外力系主矢为零的系统中，每一质点的运动可能是复杂的，其速度的大小方向都可能随时改变，但质心却作惯性运动。如果作用于质点系的外力系的主矢量在某轴上的投影等于零，则质心在该轴上的速度投影保持不变；若开始速度投影等于零，则质心沿该轴的坐标保持不变，即 $x_C = x_{C0}$。以上结论称为质心运动守恒定理。

质心运动定理在直角坐标轴上的投影式为

$$\left.\begin{aligned} Ma_{Cx} &= \sum_{i=1}^{n} X_i^{(e)} \\ Ma_{Cy} &= \sum_{i=1}^{n} Y_i^{(e)} \\ Ma_{Cz} &= \sum_{i=1}^{n} Z_i^{(e)} \end{aligned}\right\} \tag{11-7}$$

质心运动定理在自然轴上的投影式为

$$\left.\begin{aligned} M\frac{v_C^2}{\rho} &= \sum_{i=1}^{n} F_{in}^{(e)} \\ M\frac{\mathrm{d}v_C}{\mathrm{d}t} &= \sum_{i=1}^{n} F_{i\tau}^{(e)} \\ 0 &= \sum_{i=1}^{n} F_{ib}^{(e)} \end{aligned}\right\} \tag{11-8}$$

【例 11－1】 如图 11－1 所示，棒球 M 质量为 0.14 kg，以速度 $v_0 = 50$ m/s 向右沿水平方向运动。被球棒打击后，棒球与 v_0 成 $\varphi = 135°$ 角运动，速度大小降至 $v = 40$ m/s，试计算球棒作用于球的冲量的大小。若棒与球的接触时间为 0.02 s，求棒给球的平均作用力大小。

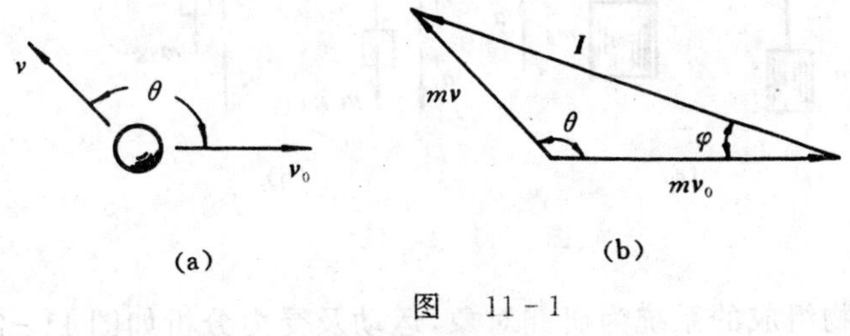

图 11－1

解 此题为已知棒球的运动，求棒球所受的力。

由式(11－4)得

$$mv - mv_0 = I \quad (1)$$

将上式分别向 x,y 轴投影得

$$-mv\cos45° - mv_0 = I_x$$

$$mv\sin45° = I_y$$

所以

$$I_x = -m(v\cos45° + v_0) = -0.14 \times (40 \times \frac{\sqrt{2}}{2} + 50) = -10.96 \text{ N} \cdot \text{s}$$

$$I_y = mv\sin45° = 0.14 \times (40 \times \frac{\sqrt{2}}{2}) = 3.96 \text{ N} \cdot \text{s}$$

故 $I = \sqrt{I_x^2 + I_y^2} = \sqrt{10.96 + 3.96^2} = 11.65 \text{ N} \cdot \text{s}$

还可用以下方法计算冲量 $\boldsymbol{I}$,图 11-2 (b) 表明了式(1) 中三个矢量的关系,则由余弦定理得

$$I = \sqrt{(mv_0)^2 + (mv)^2 - 2(mv_0)(mv)\cos135°} = 11.65 \text{ N} \cdot \text{s}$$

并可求得 $\varphi = 19.87°$

这样冲量 $\boldsymbol{I}$ 的大小和方向就完全确定了。

由于棒与球相互作用时间极短,无法找出其变化规律,因此只能用平均作用力 $\boldsymbol{F}^*$ 表示棒对球的作用力。故

$$F^* = \frac{I}{\Delta t} = \frac{11.65}{0.02} = 582.5 \text{ N}$$

方向与冲量 $\boldsymbol{I}$ 的方向相同。

【例 11-2】 如图 11-2 (a) 所示,已知塔轮由半径为 r_1 和 r_2 的均质圆轮固连在一起组成,设已知两轮的总质量为 M,两重物的质量分别为 m_1 和 m_2,不计绳的质量,求当 M_1 以加速度 $\boldsymbol{a}_1$ 下降时,轴承 O 的约束反力。

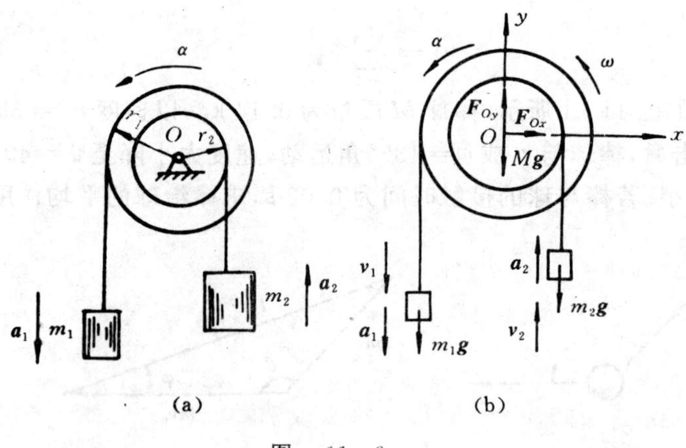

图 11-2

解 取塔轮与两重物组成的系统为研究对象,运动及受力分析如图 11-2 (b) 所示,由运动学条件知塔轮的角加速度

$$\alpha = \frac{a_1}{r_1} = \frac{a_2}{r_2}$$

所以，重物 M_2 上升的加速度为 $a_2 = \frac{r_2}{r_1}a_1$，所选直角坐标系如图 11-2 (b) 所示，则系统在 x，y 方向的动量分别为

$$p_x = p_{塔轮,x} + p_{m_1,x} + p_{m_2,x} = 0$$

$$p_y = P_{塔轮,y} + p_{m_1,y} + p_{m_2,y} = 0 + (-m_1v_1) + m_2v_2$$

代入式(11-2)的第一、二式得

$$F_{Ox} = 0$$

$$\frac{d}{dt}(-m_1v_1 + m_2v_2) = F_{Oy} - Mg - m_1g - m_2g$$

即

$$F_{Ox} = 0$$

$$F_{Oy} = (M + m_1 + m_2)g + m_2a_2 - m_1a_1 = (M + m_1 + m_2)g + (\frac{r_2}{r_1}m_2 - m_1)a_1$$

【例 11-3】 如图 11-3 所示，三角块可沿光滑水平面运动。已知：三角块重 $P = 4P_1 = 8P_2$，$\theta = 30°$，系统开始静止。试求当 P_1 下降 $h = 10$ cm 时，三角块沿水平方向的位移 Δx(不计摩擦力)。

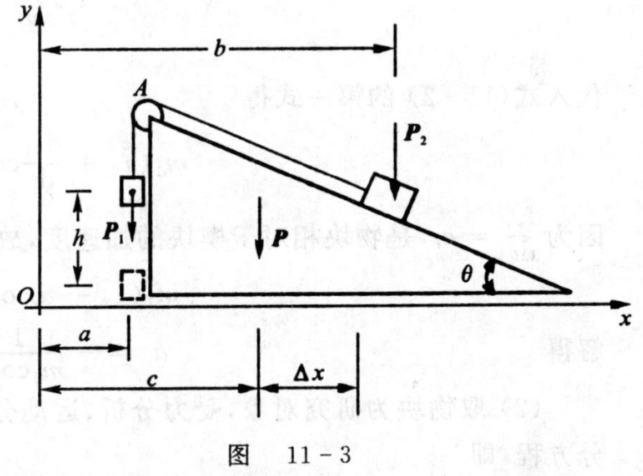

图 11-3

解 以系统为研究对象，受力图如图 11-3 所示，由于 $\sum X_i^{(e)} = 0$，故系统的动量在 x 方向守恒，又因为系统开始静止，故有 $\sum_{i=1}^{n} m_i v_{ix} =$ 常数 $= 0$，因此，系统的质心在 x 方向不变，即

$$x_{C1} = x_{C2} \tag{1}$$

设系统在静止状态时，质点 P_1，P_2 和三角块 P 到 y 轴的距离分别为 a，b，c；在 P_1 下降 $h = 10$ cm 时，三角块沿 x 轴正向移动的距离为 Δx，则系统前后两个位置的质心在 x 方向的坐标 x_{C1}，x_{C2} 分别可由以下二式计算得出，即

$$x_{C1} = \frac{P_1a + P_2b + Pc}{P_1 + P_2 + P} \tag{2}$$

$$x_{C2} = \frac{P_1(a + \Delta x) + P_2(b - h\cos\theta + \Delta x) + P(c + \Delta x)}{P_1 + P_2 + P} \tag{3}$$

将式(2)、式(3)代入式(1)得

$$\Delta x = \frac{h\cos\theta \cdot P_2}{P_1 + P_2 + P} = \frac{10\cos 30°}{8 + 2 + 1} = 0.787\ 3\ \text{cm}$$

【例 11-4】 如图 11-4 (a) 所示，质量为 m_1 的物块，沿倾角为 θ 的光滑楔块滑下。楔块放在光滑的水平面上，已知楔块质量为 m_2。求(1) 物块水平方向的加速度 $\ddot{x}_1$；(2) 楔块的加速度 $\ddot{x}_2$；(3) 楔块对物块的反作用力 $\boldsymbol{F}_1$ 及水平面对楔块的反作用力 $\boldsymbol{F}_2$。

解 (1) 先取楔块和物块组成的系统为研究对象，受力图如图 11-4 (a) 所示，因此有 $\sum_{i=1}^{n} X_i^{(e)} = 0$，即系统在 x 方向动量守恒。运动的初始时刻 $t = 0$，系统在 x 方向的动量 $p_{x0} = c$ (常数)，任意时刻 t，由点的速度合成定理 $\boldsymbol{v}_a = \boldsymbol{v}_e + \boldsymbol{v}_r$，求出物块的速度在 x 方向的投影为

$$\dot{x}_1 = \dot{x}_2 + v_r\cos\theta \tag{1}$$

式(1)中 $\dot{x}_2$ 为楔块的速度在 x 方向的投影，v_r 为物块相对于楔块沿楔块的斜面运动的速度。任意时刻，系统在 x 轴方向的动量为

$$p_x = m_1\dot{x}_1 + m_2\dot{x}_2 = m_1(\dot{x}_2 + v_r\cos\theta) + m_2\dot{x}_2 = p_{x0} = 常数$$

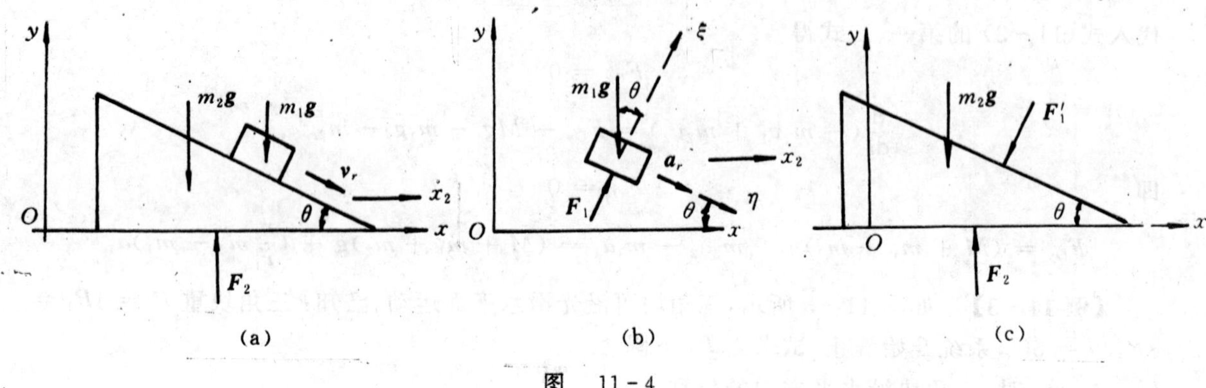

图 11-4

代入式(11-2)的第一式得

$$m_1(\ddot{x}_2 + \frac{dv_r}{dt}\cos\theta) + m_2\ddot{x}_2 = 0$$

因为 $\frac{dv_r}{dt} = a_r$，是物块相对于楔块的加速度，故上式可重写为

$$m_1(\ddot{x}_2 + a_r\cos\theta) + m_2\ddot{x}_2 = 0$$

解得

$$a_r = -\frac{1}{m_1\cos\theta}(m_1 + m_2)\ddot{x}_2 \tag{2}$$

(2) 取物块为研究对象，受力分析、运动分析见图 11-4 (b)，在 η 方向列出物块的运动微分方程，即

$$m_1(a_r + \ddot{x}_2\cos\theta) = m_1g\sin\theta \tag{3}$$

解得

$$a_r = g\sin\theta - \ddot{x}_2\cos\theta \tag{4}$$

注意这里物块的加速度在 η 方向的投影必须是绝对加速度在 η 方向上的投影。

式(2)、式(4)联立解得

$$\ddot{x}_2 = -\frac{m_1g\sin\theta\cos\theta}{m_2 + m_1\sin^2\theta} \tag{5}$$

进而求得

$$a_r = \frac{m_1 + m_2}{m_2 + m_1\sin^2\theta}g\sin\theta \tag{6}$$

所以物块水平方向的加速度

$$\ddot{x}_1 = \ddot{x}_2 + a_r\cos\theta = \frac{m_2\sin2\theta}{2(m_2 + m_1\sin^2\theta)}g \tag{7}$$

在 ξ 方向列出物块的运动微分方程

$$m_1\ddot{x}_2\sin\theta = F_1 - m_1g\cos\theta \tag{8}$$

式(5)、(8)联立求得

$$F_1 = \frac{m_1m_2\cos\theta}{m_2 + m_1\sin\theta}g \tag{9}$$

(3) 以楔块为研究对象，其受力分析、运动分析见图 11-4 (c)，在 y 方向列出楔块的运动微分方程

$$m_2\ddot{y}_2 = F_2 - m_2 g - F_1'\cos\theta \tag{10}$$

因为 $\ddot{y}_2 = 0$，故式(10) 可重写为

$$F_2 = m_2 g + F_1'\cos\theta = \frac{m_2(m_1 + m_2)}{m_2 + m_1\sin^2\theta}g$$

【例 11-5】 图 11-5 所示为水流流经变截面弯管的示意图。设流体是不可压缩的，流动是稳定的（流体是一种可变形的质点系。在流体机械中，当流体流经弯曲管道、喷嘴或叶片时，质点系的动量发生变化，引起动约束力。在一般情形下，流体运动的性质十分复杂，这里为了说明质点系动量的应用，我们仅讨论不可压缩和理想的流体，而且假设流体各质点流经空间固定点时，其速度不随时间而改变）。求流体对管壁的压力。

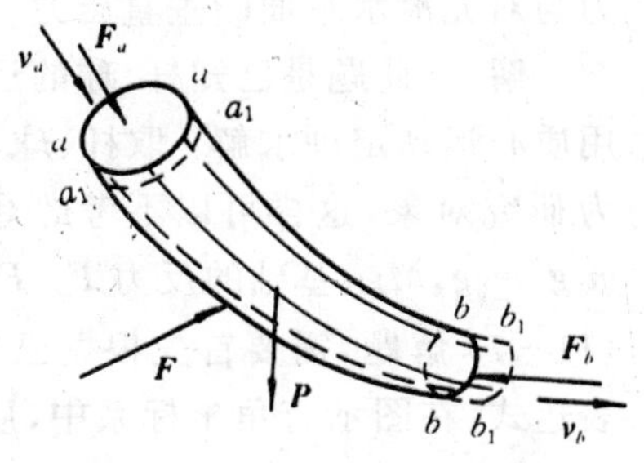

图 11-5

解 从管中任意取出两个截面 aa 与 bb 之间的流体作为研究的质点系。设想经过无限小的时间间隔 $\mathrm{d}t$，这一部分流体流到两个截面 aa_1 和 bb_1 之间。令 Q 为流体在单位时间内流过截面的流量，γ 为比重，则质点系在时间 $\mathrm{d}t$ 内流过截面的质量为 $m = \frac{Q\gamma}{g}\mathrm{d}t$，在时间间隔 $\mathrm{d}t$ 内质点系动量的变化为

$$\Delta \boldsymbol{p} = \boldsymbol{p} - \boldsymbol{p}_0 = \boldsymbol{P}'_{a_1b} - \boldsymbol{p}_{ab} = (\boldsymbol{p}_{bb_1} + \boldsymbol{p}_{a_1b}) - (\boldsymbol{p}_{a_1b} + \boldsymbol{p}_{aa_1})$$

因为管内流动是稳定的，有 $\boldsymbol{p}_{a_1b} = \boldsymbol{p}'_{a_1b}$，于是

$$\boldsymbol{p} - \boldsymbol{p}_0 = \boldsymbol{p}_{bb_1} - \boldsymbol{p}_{aa_1}$$

当 $\mathrm{d}t$ 趋于零时，可认为在截面 aa 与 a_1a_1 之间各质点的速度相同，截面 b_1b_1 与 bb 之间各质点的速度相同，于是得

$$\boldsymbol{p} - \boldsymbol{p}_0 = \frac{Q\gamma}{g}\mathrm{d}t(\boldsymbol{v}_b - \boldsymbol{v}_a)$$

作用于质点系上的外力有均匀分布于体积 $aabb$ 内的重力 $\boldsymbol{W}$，管壁对于质点系的作用力 $\boldsymbol{F}$，以及两截面 aa 和 bb 上受到的相邻流体的压力 $\boldsymbol{F}_a$ 和 $\boldsymbol{F}_b$。

将动量定理的微分形式应用于所研究的质点系，则有

$$\frac{Q\gamma}{g}\mathrm{d}t(\boldsymbol{v}_b - \boldsymbol{v}_a) = (\boldsymbol{W} + \boldsymbol{F}_a + \boldsymbol{F}_b + \boldsymbol{F})\mathrm{d}t$$

即

$$\frac{Q\gamma}{g}(\boldsymbol{v}_b - \boldsymbol{v}_a) = \boldsymbol{W} + \boldsymbol{F}_a + \boldsymbol{F}_b + \boldsymbol{F}$$

我们将管壁对于流体的反力 $\boldsymbol{F}$ 分为两部分：$\boldsymbol{F}'$ 为不考虑流体的动量改变时管壁的反力，$\boldsymbol{F}''$ 为由于流体的动量发生变化而产生的附加动反力，则 $\boldsymbol{F}'$ 由下式计算，即

$$\boldsymbol{W} + \boldsymbol{F}_a + \boldsymbol{F}_b + \boldsymbol{F}' = 0$$

所以

$$\boldsymbol{F}' = -(\boldsymbol{W} + \boldsymbol{F}_a + \boldsymbol{F}_b)$$

附加动反力由下式确定，即

$$\boldsymbol{F}'' = \frac{Q\gamma}{g}(\boldsymbol{v}_b - \boldsymbol{v}_a)$$

设截面 aa 和 bb 的面积分别为 Aa 和 Ab，由不可压缩流体的连续性定律知

$$Q = A_a v_a = A_b v_b$$

因此，只要知道流速和曲管的尺寸，即可求得附加动压力。流体对管壁的附加动压力可根据反作用关系确定。

在应用以上各个公式时应取其投影形式。

【例 11-6】 如图 11-6 所示，质量为 m_1，长为 l 的均质杆 OD，在其端部连接一质量为 m_2，半径为 r 的小球。杆 OD 以匀角速度 ω 绕基座上的轴 O 转动，基座的质量为 M。求基座对突台 A，B 的水平压力与对光滑水平面的垂直压力。

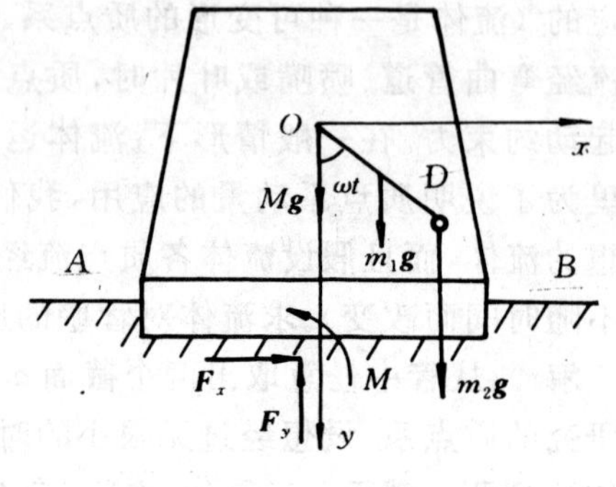

图 11-6

解 此题是已知杆、球的运动，求支座约束力。可用质心运动定理求解：取杆、球、基座所组成的质点系为研究对象，这样可以不考虑 O 轴处的内力；外力有 $m_1\boldsymbol{g}$，$m_2\boldsymbol{g}$，$M\boldsymbol{g}$，基础的反力 $\boldsymbol{F}_x$，$\boldsymbol{F}_y$ 和反力偶 M。应用式(11-7)解题，需要首先根据已知条件写出 a_{Cx}，a_{Cy} 的表达式。在图示直角坐标系中，质点系的质心坐标 x_C，y_C 分别为

$$\left.\begin{aligned} x_C &= \frac{Mx_O + m_1x_1 + m_2x_2}{M + m_1 + m_2} \\ y_C &= \frac{My_O + m_1y_1 + m_2y_2}{M + m_1 + m_2} \end{aligned}\right\} \tag{1}$$

式中 x_O，y_O 为基座质心的坐标，x_1，y_1 为均质杆的质心坐标，x_2，y_2 为小球质心的坐标，设坐标系原点取在基座上的转轴 O 处，则有

$$\left.\begin{aligned} & x_O = c_1, y_O = c_2 \qquad (c_1, c_2 \text{ 为常数}) \\ & x_1 = \frac{l}{2}\sin\omega t, y_1 = \frac{l}{2}\cos\omega t \\ & x_2 = (l + r)\sin\omega t, y_2 = (l + r)\cos\omega t \end{aligned}\right\} \tag{2}$$

式(2)代入式(1)得

$$\left.\begin{aligned} x_C &= \frac{Mc_1 + m_1\dfrac{l}{2}\sin\omega t + m_2(l + r)\sin\omega t}{M + m_1 + m_2} \\ y_C &= \frac{Mc_2 + m_1\dfrac{l}{2}\cos\omega t + m_2(l + r)\cos\omega t}{M + m_1 + m_2} \end{aligned}\right\} \tag{3}$$

将式(3)分别对时间 t 求两次导数得

$$\left.\begin{aligned} \ddot{x}_C &= \frac{m_1\dfrac{l}{2} + m_2(l + r)}{M + m_1 + m_2}(-\omega^2\sin\omega t) \\ \ddot{y}_C &= \frac{m_1\dfrac{l}{2} + m_2(l + r)}{M + m_1 + m_2}(-\omega^2\cos\omega t) \end{aligned}\right\} \tag{4}$$

将式(4)代入式(11-7)得

$$[m_1\frac{l}{2}+m_2(l+r)](-\omega^2\sin\omega t)=F_x$$

$$[m_1\frac{l}{2}+m_2(l+r)](-\omega^2\cos\omega t)=-F_y+Mg+m_1g+m_2g$$

所以
$$F_y=Mg+m_1g+m_2g+\frac{m_1l+2m_2(l+r)}{2}\omega^2\cos\omega t$$

反力偶 M 的求出需用达朗伯原理或下面将要学习的动量矩定理。

【例 11-7】 如图 11-7 (a) 所示，曲柄连杆机构安装在平台上，平台放在光滑的水平基础上。曲柄 O_1A 质量为 m_1，以等角速度 ω 绕 O_1 轴转动。连杆 AB 质量为 m_2。连杆和曲柄都是均质的。平台质量为 m_3，滑块 B 的质量不计，曲柄和连杆的长度相等，即 $O_1A=BA=l$。如当 $t=0$ 时，曲柄和连杆在同一水平线上（即 $\varphi=0$），并且平台速度为零。求平台的水平运动规律和基础对平台的反力 F_N。

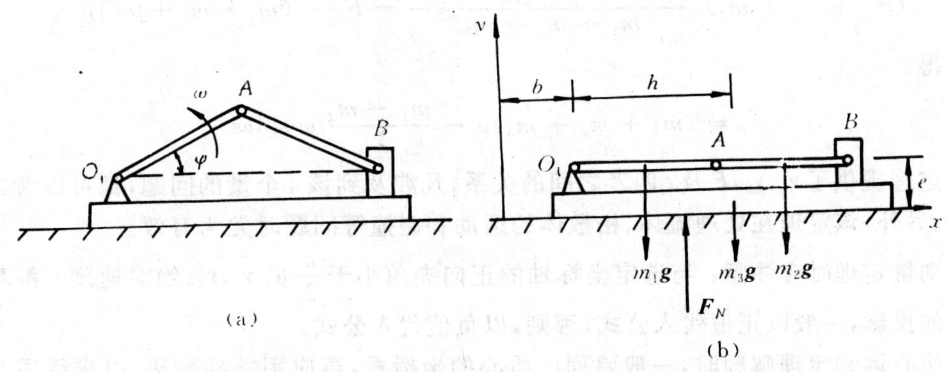

图 11-7

解 以系统整体为研究对象，在 $t=0$ 时刻系统的受力分析、运动分析如图 11-7 (b) 所示。可见

$$\sum F_x^{(e)}=0$$

即系统所受的外力主矢量在 x 方向投影等于零，故系统的动量在 x 方向守恒，且 $p_{Ox}=\sum_{i=1}^{n}m_iv_{Ci}=Mv_{COx}=$ 常数 $=0$，所以质心坐标在 x 方向不变，即

$$x_{C1}=x_{C2} \tag{1}$$

系统运动开始瞬时，质心的 x 方向的坐标为

$$x_{C0}=\frac{m_1(b+\frac{l}{2})+m_2(b+\frac{3}{2}l)+m_3(b+h)}{m_1+m_2+m_3} \tag{2}$$

设系统运动到某任一位置（图 11-7 (a)）时，平台沿 x 轴正向移动的距离为 x，则质心的 x 方向的坐标为

$$x_{C1}=\frac{m_1(b+x+\frac{l}{2}\cos\omega t)+m_2(b+x+\frac{3}{2}l\cos\omega t)+m_2(b+h+x)}{m_1+m_2+m_3} \tag{3}$$

将式(3)、式(2) 代入式(1) 求得平台的水平运动规律，即

$$x = \frac{m_1 + 3m_2}{2(m_1 + m_2 + m_3)} l(1 - \cos\omega t) \tag{4}$$

任一瞬时系统质心的 y 坐标为

$$y_C = \frac{m_1(e + \frac{l}{2}\sin\omega t) + m_2(e + \frac{l}{2}\sin\omega t) + m_3 \frac{e}{2}}{m_1 + m_2 + m_3} \tag{5}$$

将式(5) 对时间 t 求两次导数得

$$\ddot{y}_C = \frac{-(m_1 + m_2)\frac{l}{2}\omega^2\sin\omega t}{m_1 + m_2 + m_3} \tag{6}$$

应用质心运动定理 $M\ddot{y}_C = \sum_{i=1}^{n} F_y^{(e)}$，则

$$(m_1 + m_2 + m_3)\frac{-(m_1 + m_2)\frac{l}{2}\omega^2\sin\omega t}{m_1 + m_2 + m_3} = F_N - (m_1 + m_2 + m_3)g \tag{7}$$

由上式解得

$$F_N = (m_1 + m_2 + m_3)g - \frac{m_1 + m_2}{2} l\omega^2\sin\omega t \tag{8}$$

动量定理提供了 v_1, v_2, F 及 t 四者之间的关系，凡涉及到该 4 个量的问题，都可以考虑用该定理求解。另外，该定理在处理流体、松散体的运动和碰撞等问题时尤为有效。

应用动量定理时应注意：与选定坐标轴的正向夹角小于 $\frac{\pi}{2}$ 的 v_1, v_2（绝对速度）和 $\boldsymbol{F}$ 在该坐标轴上的投影，一般以正值代入公式，否则，以负值代入公式。

应用质心运动定理解题时，一般要列出质心的坐标式，再应用求导数法，以求得质心加速度与各质点加速度之间的关系 ($M\boldsymbol{a}_C = \sum_{i=1}^{n} m_i \boldsymbol{a}_i$)，质心运动定理是动量定理的另一种形式，应用十分广泛。我们说平动刚体可以抽象为一个质点来研究，现在可以知道这个点应当是质心，当质点系尤其是刚体一般运动时，它的运动总可以分解为随同质心的平动和相对于质心的转动，应用质心运动定理能求出质心的运动，也就确定了质点系或刚体随同质心的平动，至于刚体绕质心的转动，是我们在动量矩 定理一节的研究内容。

质心运动定理对那些质心运动已知的质点系特别有用，因为定理中不包括内力，可以直接求作用于质点系上的未知外力；反之，若已知外力，可以应用这个定理去求质心的运动规律。

应用动量定理或质心运动定理时还应注意：由于动量定理与质心运动定理均由牛顿定律推导得出，所以定理中的运动量如质心的坐标、速度和加速度等，必须分别是相对于惯性参考系的坐标值、绝对速度和绝对加速度。

§11-2　质点系的动量矩定理

设有一质点系受外力系作用，此力系向一点简化，一般情况下可得到一个主矢量和一个主矩。由质点系动量定理或质心运动定理知，外力系的主矢量引起质点系的动量或质心运动的变化，那么外力系的主矩对质点系的运动有什么影响（主矩与动量无关，而质点系的动量不能描述质点系相对于质心的运动）？质点系的动量矩定理将回答这个问题。

质点系的动量或质心的运动只描述质点系运动的一方面特征，质点系的动量矩可描述质点系的另一方面特征，以刚体动力学为例，前者对应刚体随质心的平动，后者对应刚体的转动。平动和转动是刚体运动的两种基本形式。因此可以说，质点系的动量和动量矩是描述刚体两种基本运动形式的动力学物理量，两者相互补充，使我们对刚体的运动有一全面的了解。

1. 质点系的动量矩定理

（1）质点系对固定点 O 和固定轴 z 的动量矩定理，由式(10－12)″可得

$$\frac{\mathrm{d}}{\mathrm{d}t}\boldsymbol{L}_O = \sum_{i=1}^{n} M_O(\boldsymbol{F}_i^{(e)}) \tag{11-9}$$

为质点系对固定点 O 的动量矩定理：质点系对于某定点 O 的动量矩对时间的导数，等于作用于质点系的外力对同一点的矩的矢量和（外力系对点 O 的主矩）。

在应用动量矩定理解题时，常用式(11－9)的投影形式

$$\begin{aligned}\frac{\mathrm{d}}{\mathrm{d}t}L_x &= \sum_{i=1}^{n} M_x(\boldsymbol{F}_i^{(e)}) \\ \frac{\mathrm{d}}{\mathrm{d}t}L_y &= \sum_{i=1}^{n} M_y(\boldsymbol{F}_i^{(e)}) \\ \frac{\mathrm{d}}{\mathrm{d}t}L_z &= \sum_{i=1}^{n} M_z(\boldsymbol{F}_i^{(e)})\end{aligned} \tag{11-10}$$

即：质点系对于某定轴的动量矩对时间的导数，等于作用于质点系的外力对同一轴的矩的代数和。

由这个定理我们可以看出：

1）质点系的内力不能改变质点系的动量矩，只有作用于质点系的外力才能使质点系的动量矩发生变化。这与质点系的动量不能被内力改变是一样的。

2）当外力系对于某定点（或某定轴）的主矩（或力矩的代数和）等于零时，质点系对于该点（或该轴）的动量矩保持不变，这就是质点系的动量矩守恒定律。例如作用于质点系的所有外力对于某定轴 x 的矩的代数和恒等于零，即

$$\sum_{i=1}^{n} M_x(\boldsymbol{F}_i^{(e)}) = 0，则\ L_x = \sum_{i=1}^{n} M_x(m\boldsymbol{v}_i) = 常量$$

【例 11－8】 如图 11－8 所示，固结在一起的两均质轮，半径分别为 r_1，r_2，重分别为 $\boldsymbol{P}_1$，$\boldsymbol{P}_2$，重物 M 重 $\boldsymbol{P}_3$，斜面倾角为 θ，不计绳重和各处的摩擦。试求在铅垂常力 $\boldsymbol{F}$ 作用下均质轮的角加速度（斜面与拉重物的绳平行）。

解 以均质轮和重物 M 组成的质点系为研究对象，受力分析、运动分析如图 11－8 所示。应用对定轴的动量矩定理求解。动量矩以逆时针为正，此质点系对 O 轴的动量矩为

$$\begin{aligned}L_O &= L_{O轮1} + L_{O轮2} + L_{重物} = J_{01}\omega + J_{02}\omega + \frac{p_3}{g}vr_1 = \\ &\frac{1}{2}\frac{P_1}{g}r_1^2\omega + \frac{1}{2}\frac{P_2}{g}r_2^2\omega + \frac{P_3}{g}r_1\omega r_1 = \\ &(\frac{1}{2}P_1r_1^2 + \frac{1}{2}P_2r_2^2 + P_3r_1^2)\frac{\omega}{g} = \\ &(P_1r_1^2 + P_2r_2^2 + 2P_3r_1^2)\frac{\omega}{2g}\end{aligned} \tag{1}$$

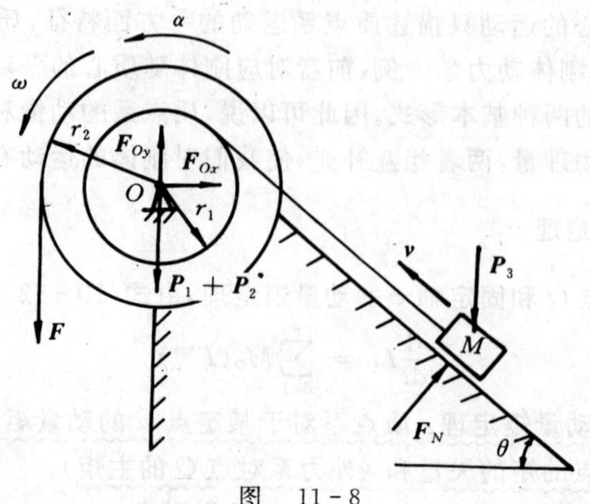

图 11-8

作用于质点系的外力除力 $\boldsymbol{F}$，重力 $\boldsymbol{P}_1,\boldsymbol{P}_2$ 和 $\boldsymbol{P}_3$ 外，还有轴承 O 的反力 F_{Ox} 和 F_{Oy}，斜面对重物的约束力 $\boldsymbol{F}_N$。其中 $\boldsymbol{P}_1,\boldsymbol{P}_2,\boldsymbol{F}_{Ox},\boldsymbol{F}_{Oy}$ 对 O 轴力矩为零，将 $\boldsymbol{P}_3$ 沿斜面及垂直方向分解为 $\boldsymbol{P}_\tau$ 和 $\boldsymbol{P}_n$，$\boldsymbol{P}_n$ 与 $\boldsymbol{F}_N$ 相抵消，而 $P_\tau = P_3\sin\theta$，则外力系对 O 轴的矩为

$$M^{(e)} = \sum_{i=1}^{n} M_0(\boldsymbol{F}_i^{(e)}) = Fr_2 - P_3\sin\theta r_1 \tag{2}$$

由质点系对 O 轴的动量矩定理，有

$$\frac{\mathrm{d}}{\mathrm{d}t}\left[(P_1r_1^2 + P_2r_2^2 + 2P_3r_1^2)\frac{\omega}{2g}\right] = Fr_2 - P_3r_1\sin\theta$$

即
$$(P_1r_1^2 + P_2r_2^2 + 2P_3r_1^2)\frac{\alpha}{2g} = Fr_2 - P_3r_1\sin\theta$$

求得
$$\alpha = 2g(Fr_2 - P_3r_1\sin\theta)/(P_1r_1^2 + P_2r_2^2 + 2P_3r_1^2)$$

【例 11-9】 如图 11-9 所示，水涡轮以等角速度 ω 绕通过点 O 的铅直轴 z 转动，试求从涡轮叶片间流过的水流给涡轮的转动力矩。

解 欲求水流给涡轮的转动力矩 M_z，可求涡轮的叶片给水流的反力矩 M_z'，二者大小相等，方向相反。

取两叶片间的流体（图 11-9 (a) 中的阴影部分）为研究的质点系。作用于质点的外力有重力和叶片的约束力，因重力平行于 z 轴，故外力主矩等于叶片给水流的约束反力对 z 轴的矩 M_z'。

现在来计算动量矩的增量 $\mathrm{d}L_z$，设在瞬时 t，质点系占据位置 $ABCD$（图 11-9 (b)），在瞬时 $t+\mathrm{d}t$，质点系的位置为 $abcd$。设流动是稳定的，则

$$\begin{aligned}\mathrm{d}L_z &= L_{abcd} - L_{ABCD} = (L_{abCD} + L_{CDcd}) \\ &\quad - (L_{ABab} + L_{abCD}) = \\ &\quad L_{CDcd} - L_{ABab}\end{aligned}$$

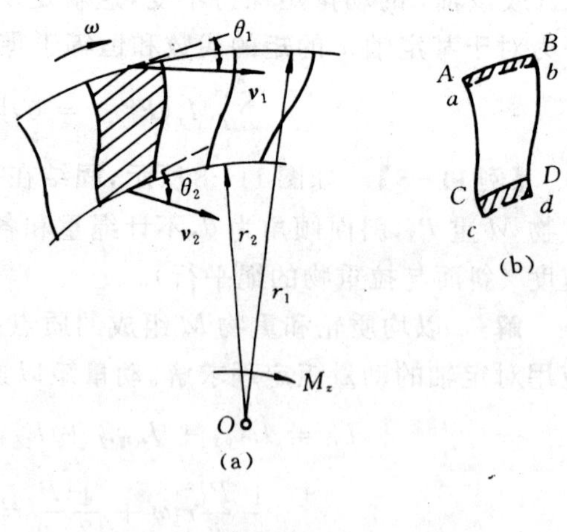

图 11-9

设 q_v 为体积流量，ρ 为密度，v_1 和 v_2 分别为水流进口处和出口处的绝对速度，r_1 和 r_2 分别为涡轮外圆和内圆的半径，θ_1 和 v_1 与涡轮外圆切线的夹角，θ_2 为 v_2 与涡轮圆切线的夹角，则

$$L_{CDcd} = q_v\rho \mathrm{d}t \cdot v_2 r_2 \cos\theta_2$$
$$L_{ABab} = q_v\rho \mathrm{d}t \cdot v_1 r_1 \cos\theta_1$$

将以上结果代入动量矩定理$\dfrac{\mathrm{d}L_z}{\mathrm{d}t} = \sum\limits_{i=1}^{n}(\boldsymbol{F}_i^{(e)})$ 或 $\mathrm{d}L_z = \sum\limits_{i=1}^{n} M_z(\boldsymbol{F}_i^{(e)})\mathrm{d}t$

得
$$q_v\rho(v_2 r_2\cos\theta_2 - v_1 r_1 \cos\theta_1) = M_z'$$

如此水涡轮共有 n 个叶片，总流量为 $Q_V = nq_v$，则总的转动力偶矩为
$$M_z = nM_z' = Q_V\rho(v_2 r_2\cos\theta_2 - v_1 r_1\cos\theta_1)$$

方向如图 11－9 (a) 所示。

【例 11－10】 如图 11－10 所示，半径为 r 的圆环，对铅直轴 z 的转动惯量为 J_z，初角速度为 ω_0；质量为 m 的小球自顶端 A 沿圆环内槽自由下落。试求小球到达 B 处时圆环的角速度 ω。

解 此系统所受的重力和轴承的支反力对于转轴的矩都等于零，因此系统对于转轴的动量矩守恒，即 $L_{z1} = L_{z2}$。当 $\theta = 0$ 时（小球位于圆环的顶端），$L_{z1} = J_z\omega_0$

当 $\theta \neq 0$ 时（小球落到 B 点时）
$$L_{z2} = J_z\omega + m(R\sin\theta)\omega(R\sin\theta) = J_z\omega + m(R\sin\theta)^2\omega$$

式中 ω 为所求的角速度，故
$$J_z\omega_0 = J_z\omega + m(R\sin\theta)^2\omega$$

解得
$$\omega = J_z\omega_0/(J_z + mR^2\sin^2\theta)$$

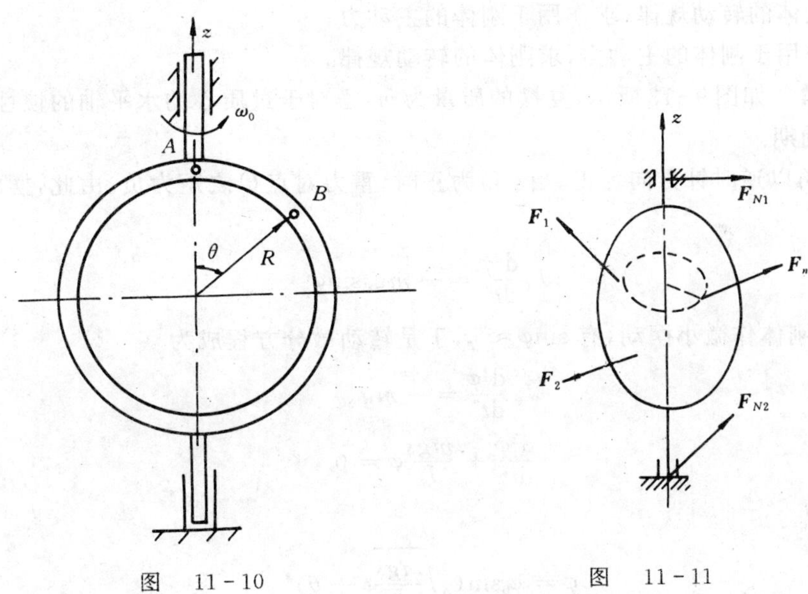

图 11－10　　　　图 11－11

(2) 刚体绕定轴转动微分方程　现在我们研究绕定轴转动刚体的动力学问题。如图 11－11 所示，设刚体上作用有主动力 $\boldsymbol{F}_1, \boldsymbol{F}_2, \cdots, \boldsymbol{F}_n$ 和轴承约束反力 $\boldsymbol{F}_{N1}, \boldsymbol{F}_{N2}$，这些力都是外力。已知刚体对 z 轴的转动惯量为 J_z，角速度为 ω，于是刚体对于 z 轴的动量矩为 $J_z\omega$。

由质点系对于 z 轴的动量矩定理得
$$\frac{\mathrm{d}}{\mathrm{d}t}(J_z\omega) = \sum_{i=1}^{n} M_z(\boldsymbol{F}_i) + \sum_{i=1}^{n} M_z(\boldsymbol{F}_{Ni})$$

由于轴承约束反力对于 z 轴的力矩等于零，于是有

$$\frac{\mathrm{d}}{\mathrm{d}t}(J_z\omega)=\sum_{i=1}^{n}M_z(\boldsymbol{F}_i)$$

或
$$J_z\frac{\mathrm{d}\omega}{\mathrm{d}t}=\sum_{i=1}^{n}M_z(\boldsymbol{F}_i) \tag{11-10}$$

上式也可写成

$$J_z\alpha=\sum_{i=1}^{n}M_z(\boldsymbol{F}_i) \tag{11-10$'$}$$

或
$$J_z\frac{\mathrm{d}^2\varphi}{\mathrm{d}t^2}=\sum_{i=1}^{n}M_z(\boldsymbol{F}_i) \tag{11-10$''$}$$

以上各式均称为刚体绕定轴的转动微分方程：刚体对转轴的转动惯量与角加速度的乘积，等于作用于刚体的主动力对该轴的矩的代数和。

由上式可说明转动惯量的物理意义。由质心运动定理知刚体沿直线（如Ox轴）平动时，有$M\ddot{x}_C=\sum_{i=1}^{n}F_x^{(e)}$，这里$F_x^{(e)}$表示外力在$x$轴上的投影，将此式与$J_z\frac{\mathrm{d}^2\varphi}{\mathrm{d}t^2}=\sum_{i=1}^{n}M_z(\boldsymbol{F}_i)$对比，不难看出，转动惯量在刚体转动时所起的作用相当于质量在刚体平动时所起的作用。因此，可以说转动惯量是刚体转动时刚体惯性的度量。由上式还可看出，相同的力矩作用在不同的刚体上，转动惯量大的刚体角加速度小，这也说明转动惯量大的刚体转动的惯性也大。刚体的转动微分方程可以解决刚体绕定轴转动的两类动力学问题：

(1) 已知刚体的转动规律，求作用于刚体的主动力；

(2) 已知作用于刚体的主动力，求刚体的转动规律。

【例 11-11】 如图 9-13 所示，复摆的质量为m，摆对于过质心的水平轴的惯性半径为ρ_C，求微小摆动的周期。

解 设φ角以逆时针方向为正。当φ角为正时，重力对点O之矩为负。由此，摆的转动微分方程为

$$J_O\frac{\mathrm{d}^2\varphi}{\mathrm{d}t^2}=-mgs\sin\varphi$$

根据题意，刚体作微小摆动，有$\sin\varphi\approx\varphi$，于是转动微分方程成为

$$J_O\frac{\mathrm{d}^2\varphi}{\mathrm{d}t^2}=-mgs\varphi$$

或
$$\frac{\mathrm{d}^2\varphi}{\mathrm{d}t^2}+\frac{mgs}{J_O}\varphi=0$$

此方程的通解为

$$\varphi=\varphi_0\sin\left(\sqrt{\frac{mgs}{J_O}}t+\theta\right)$$

φ_0称为角振幅，θ是初相位，它们都由运动初始条件确定。

摆动周期为

$$T=2\pi\sqrt{\frac{J_O}{mgs}}=2\pi\sqrt{\frac{m\rho_C^2+ms^2}{mgs}}=2\pi\sqrt{\frac{\rho_C^2+s^2}{gs}}$$

【例 11-12】 如图 11-12 (a)所示，均质圆轮A质量为m_1，半径为r_1，以角速度ω绕杆OA的A端转动，此时将轮放置在质量为m_2的另一均质圆轮B上，其半径为r_2，轮B原为静止，但可绕其中心轴自由转动。放置后，轮A的质量由轮B支持。略去轴承的摩擦和杆OA的重量，并

设两轮间的摩擦因数为 f。问自轮 A 放在轮 B 上到两轮间没有相对滑动为止，经过多少时间？

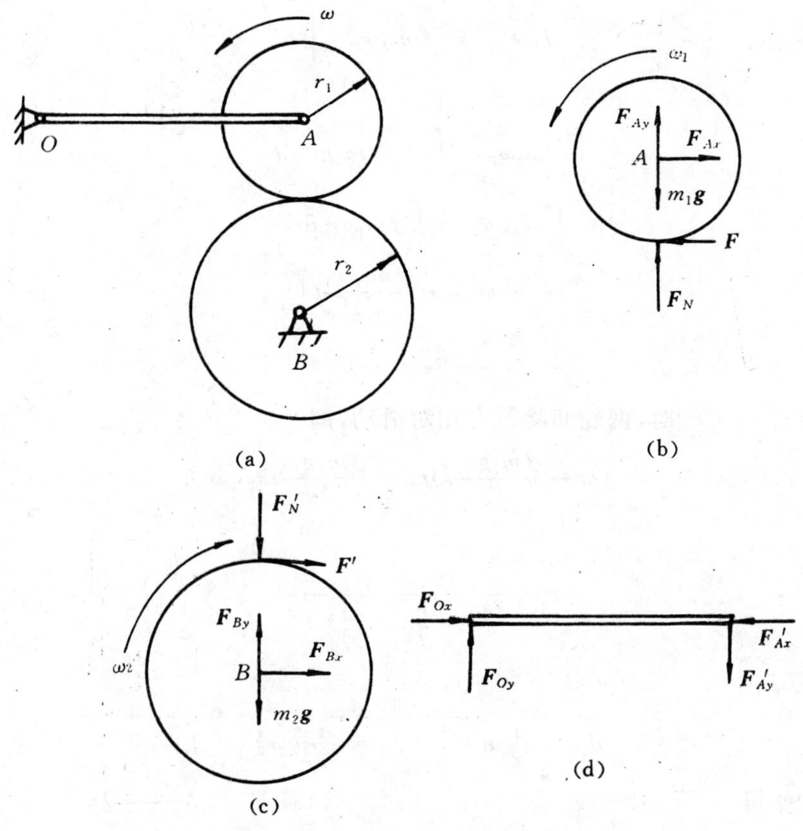

图 11-12

解 此题中 A,B 两轮均作定轴转动，可分别取 A,B 轮为研究对象，受力及运动分析如图 11-12 (b)，11-12 (c) 所示，其两轮的相对运动可分为两个阶段研究。

A,B 轮之间有相对滑动，分别对 A,B 轮，OA 杆应用刚体绕定轴转动微分方程得

$$J_A \frac{\mathrm{d}\omega_1}{\mathrm{d}t} = -Fr_1 \tag{1}$$

$$J_B \frac{\mathrm{d}\omega_2}{\mathrm{d}t} = F' r_2 \tag{2}$$

$$0 = F_{Ay}' l \tag{3}$$

由式(3) 得，$F_{Ay}' = F_{Ay} = 0$，对 A 轮沿铅直方向应用质心运动定理，得

$$m_1 a_{Ay} = F_{Ay} - m_1 g + F_N \tag{4}$$

因为 $a_{Ay} = 0, F_{Ay} = 0$，故由式(4) 得

$$F_N = m_1 g$$

所以

$$F = F' = fF_N = fm_1 g \tag{5}$$

式(5) 分别代入式(1)，(2) 得

$$
\left.\begin{aligned}
J_A \frac{d\omega_1}{dt} &= -fm_1gr_1 \\
J_B \frac{d\omega_2}{dt} &= fm_1gr_2
\end{aligned}\right\} \tag{6}
$$

将式(6)积分得

$$
\int_{\omega}^{\omega'} J_A d\omega_1 = \int_0^t - fm_1gr_1dt
$$

$$
\int_0^{\omega''} J_B d\omega_2 = \int_0^t fm_1gr_2dt
$$

即

$$
\left.\begin{aligned}
\omega' - \omega &= -\frac{fm_1gr_1}{J_A}t \\
\omega'' &= \frac{fm_1gr_2}{J_B}t
\end{aligned}\right\} \tag{7}
$$

以上两式中的 $\omega' r_1 = \omega'' r_2$ 时，两轮间将没有相对滑动，即

$$
\left(\omega - \frac{fm_1gr_1}{J_A}t\right)r_1 = \frac{fm_1gr_2}{J_B}tr_2 \tag{8}
$$

求解式(8)得

$$
t = \frac{\omega}{fm_1g} \frac{1}{\dfrac{r_1}{J_A} + \dfrac{r_2^2}{r_1 J_B}} \tag{9}
$$

由已知条件

$$
J_A = \frac{1}{2}m_1r_1^2, \quad J_B = \frac{1}{2}m_2r_2^2 \tag{10}
$$

式(10)代入式(9)得

$$
t = \frac{\omega r_1}{2fg\left(1 + \dfrac{m_1}{m_2}\right)}
$$

至此，本章对于一般质点系的动力学问题（包括平动刚体和绕定轴转动刚体）的解法均已作了叙述，但还没有涉及平面运动的刚体，我们下面着重研究这个问题。

2. 质点系相对于质心的动量矩定理

式(10-13)‴给出质点系相对于质心的动量矩定理，即

$$
\frac{d}{dt}\boldsymbol{L}_C = \sum_{i=1}^{n} \boldsymbol{M}_C(\boldsymbol{F}_i^{(e)}) \tag{11-11}
$$

质点系相对于质心的动量矩对时间的导数，等于作用于质点系的外力对质心的主矩。这个结论称为质点系对于质心的动量矩定理。该定理在形式上与质点系对于固定点的动量矩定理完全一样。由此定理可知，质点系相对于质心的运动只与外力系对质心的主矩有关。许多实例可以说明这一点。例如，飞机或轮船必须有舵才能转弯。当舵有偏角时，流体对于舵的推力对质心的力矩使得飞机或轮船对质心的动量矩改变，从而引起转弯的角加速度。又如跳水运动员跳水时，如果他准备翻斛斗，他必须脚蹬跳板以获得初角速度。这是因为他在空中时，重心通过质心，对质心的力矩为零，质点系对质心的动量矩守恒。如无初始角速度，对质心的动量矩恒为零，他靠内力是不能翻斛斗的。如果他有了初角速度，想在空中多翻几个斛斗，他就要把身体蜷

缩起来，使四肢尽量靠近质心，以减小身体对质心的转动惯量，从而增大角速度。

3. 刚体的平面运动微分方程

对于平面运动刚体绕质心轴的转动部分应用式(11-11)，并注意到式(9-17)有

$$\frac{\mathrm{d}}{\mathrm{d}t}(J_C\omega) = \sum_{i=1}^{n} M_C(\boldsymbol{F}_i^{(e)})$$

即
$$J_C\frac{\mathrm{d}\omega}{\mathrm{d}t} = \sum_{i=1}^{n} M_C(\boldsymbol{F}_i^{(e)}) \tag{11-12}$$

或
$$J_C\alpha = \sum_{i=1}^{n} M_C(\boldsymbol{F}_i^{(e)}) \tag{11-13}$$

由式(11-6)可知平面运动刚体随质心的平动部分动力学问题的计算方法，将式(11-6)、式(11-13)联立得

$$\left.\begin{aligned} M\boldsymbol{a}_C &= \sum_{i=1}^{n}\boldsymbol{F}_i^{(e)} \\ J_C\frac{\mathrm{d}\omega}{\mathrm{d}t} &= \sum_{i=1}^{n} M_C(\boldsymbol{F}_i^{(e)}) \end{aligned}\right\} \tag{11-14}$$

上式称为刚体的平面运动微分方程，可用来求解平面运动刚体的动力学问题。

【例 11-13】 如图 11-13 所示，滚子重 $\boldsymbol{P}$，外轮半径为 R，滚子的鼓轮半径为 r，回转半径为 ρ，放在粗糙的水平面上（不打滑），鼓轮上绕有细绳，细绳拉力 $\boldsymbol{T}$，与水平面夹角为 θ。试求滚子所受的摩擦力。

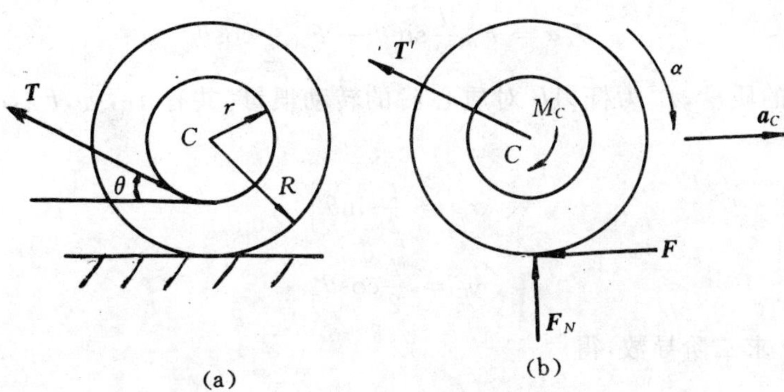

图 11-13

解 取轮 C 为研究对象，此轮作平面运动，受力、运动分析如图 11-13 (b) 所示，其中 $\boldsymbol{T}' = \boldsymbol{T}$，$M_C = Tr$，是将 $\boldsymbol{T}$ 向质心 C 简化的结果，应用刚体平面运动微分方程有

$$\frac{P}{g}a_C = -T'\cos\theta - F$$

$$J_C\alpha = FR + M_C$$

以上两式中，$J_C = \dfrac{P}{g}\rho^2$，未知量有 a_C,α,F，考虑到轮子只滚不滑的运动学条件，有 $a_C = R\alpha$，三式联立可解得

$$F = (rR + \rho^2\cos\theta)T/(\rho^2 + R^2)$$

【例 11-14】 如图 11-14 (a) 所示，图示均质杆 AB 长为 l，放在铅直平面内，杆的一端 A

靠在光滑的铅直墙上，另一端 B 放在光滑的水平地板上，并与水平面成 φ_0 角。此后，全杆由静止状态倒下。求(1) 杆在任意位置时的角加速度和角速度；(2) 当杆脱离墙时，此杆与水平面所夹的角。

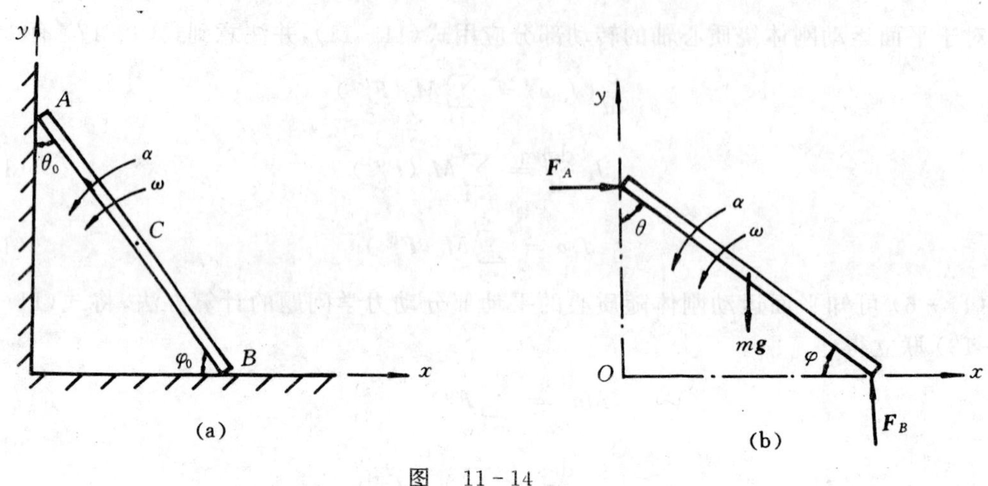

图 11-14

解 杆 AB 的运动为平面运动。受力及运动分析如图 11-14(b)所示。应用刚体平面运动微分方程

$$m\ddot{x}_C = F_A \tag{1}$$

$$m\ddot{y}_C = F_B - mg \tag{2}$$

$$J_C\alpha = F_B\frac{l}{2}\sin\theta - F_A\frac{l}{2}\cos\theta \tag{3}$$

式中 m 为杆 AB 的质量，J_C 为杆 AB 对质心 C 的转动惯量。共有 $\ddot{x}_C,\ddot{y}_C,F_A,F_B,\alpha$ 5 个未知量，需建立补充方程

$$\left.\begin{aligned} x_C &= \frac{l}{2}\sin\theta \\ y_C &= \frac{l}{2}\cos\theta \end{aligned}\right\} \tag{4}$$

以上两式对时间 t 求二阶导数，得

$$\left.\begin{aligned} \ddot{x}_C &= -\frac{l}{2}\dot{\theta}^2\sin\theta + \frac{l}{2}\ddot{\theta}\cos\theta \\ \ddot{y}_C &= -\frac{l}{2}\dot{\theta}^2\cos\theta - \frac{l}{2}\ddot{\theta}\sin\theta \end{aligned}\right\} \tag{5}$$

式(5)代入式(1)、式(2)得

$$m\frac{l}{2}(-\dot{\theta}^2\sin\theta + \ddot{\theta}\cos\theta) = F_A \tag{6}$$

$$-m\frac{l}{2}(\dot{\theta}^2\cos\theta + \ddot{\theta}\sin\theta) = F_B - mg \tag{7}$$

因为 $\alpha = \ddot{\theta}$、$J_C = \frac{1}{12}ml^2$，故由式(3)得

$$ml^2\ddot{\theta} = 6l(F_B\sin\theta - F_A\cos\theta) \tag{8}$$

式(6)、式(7)代入式(8)得

$$ml\ddot{\theta} = 6\left\{\sin\theta\left[mg - \frac{ml}{2}(\dot{\theta}^2\cos\theta + \ddot{\theta}\sin\theta)\right] - m\frac{l}{2}(-\dot{\theta}^2\sin\theta + \ddot{\theta}\cos\theta)\cos\theta\right\}$$

简化整理得

$$\ddot{\theta} = \alpha = \frac{3}{2}\frac{g}{l}\sin\theta = \frac{3}{2}\frac{g}{l}\cos\varphi \tag{9}$$

因为

$$\ddot{\theta} = \dot{\theta}\frac{\mathrm{d}\dot{\theta}}{\mathrm{d}\theta} \tag{10}$$

式(10)代入式(9)得

$$\dot{\theta}\frac{\mathrm{d}\dot{\theta}}{\mathrm{d}\theta} = \frac{3}{2}\frac{g}{l}\sin\theta$$

分离变量并积分得

$$\int_0^{\dot{\theta}}\dot{\theta}\mathrm{d}\dot{\theta} = \int_{\frac{\pi}{2}-\varphi_0}^{\theta}\frac{3}{2}\frac{g}{l}\sin\theta\mathrm{d}\theta$$

求得

$$\dot{\theta} = \omega = \sqrt{\frac{3g}{l}(\sin\varphi_0 - \cos\theta)} = \sqrt{\frac{3g}{l}(\sin\varphi_0 - \sin\varphi)} \tag{11}$$

当杆脱离墙时，令 $F_A = 0$ 并代入式(6)，得

$$-\dot{\theta}^2\sin\theta + \ddot{\theta}\cos\theta = 0 \tag{12}$$

式(9)、式(11)代入式(12)得

$$-\sin\theta\frac{3g}{l}(\sin\varphi_0 - \sin\varphi) + \cos\theta\frac{3g}{2l}\cos\varphi = 0$$

求得

$$\varphi = \sin^{-1}\left(\frac{2}{3}\sin\varphi_0\right)$$

【例 11-15】 如图 11-15 (a) 所示，两均质轮 A 和 B，质量分别为 m_1，m_2，半径分别为 r_1 和 r_2，用细绳连接。轮 A 绕固定轴转动。不计细绳的质量及轴承 O 处的摩擦，试求轮 B 下落时轮心 C 的加速度及细绳的拉力。

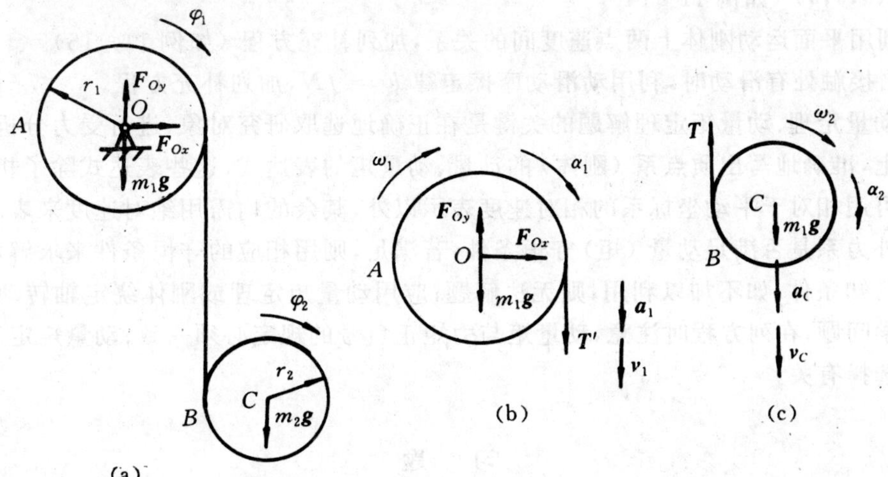

图 11-15

解　此系统中，轮 A 作绕 O 轴的定轴转动，轮 B 作平面运动，C 点轨迹是铅直线。分别取两轮为研究对象，受力、运动分析如图 11-15 (b)、图 11-15 (c) 所示。列轮 A 的转动方程及轮 B 的平面运动方程有

$$J_A\alpha_1 = T'r_1 \tag{1}$$

$$J_C\alpha_2 = Tr_2 \tag{2}$$

$$m_2a_C = m_2g - T \tag{3}$$

以上三式中，共有 α_1,α_2,a_C,T 4 个未知量，故需寻求运动学补充方程。分析点 C 速度，有

$$v_C = v_1 + r_2\omega_2 = r_1\omega_1 + r_2\omega_2 \tag{4}$$

式(4) 对时间 t 求一次导数得

$$\frac{\mathrm{d}v_C}{\mathrm{d}t} = a_C = r_1\frac{\mathrm{d}\omega_1}{\mathrm{d}t} + r_2\frac{\mathrm{d}\omega_2}{\mathrm{d}t}$$

即

$$a_C = r_1\alpha_1 + r_2\alpha_2 \tag{5}$$

式(1)、(2)、(3)、(5) 联立求得

$$\left.\begin{aligned} \alpha_1 = \frac{2m_2g}{r_1(3m_1+2m_2)},\quad \alpha_2 = \frac{2m_2g}{r_2(3m_1+2m_2)} \\ a_C = \frac{2(m_1+m_2)}{3m_1+2m_2}g,\quad T = \frac{m_1m_2}{3m_1+2m_2}g \end{aligned}\right\} \tag{6}$$

平面运动刚体的力学问题一般较复杂，其解题步骤与动量矩定理类似，关键在于当平面运动微分方程中的未知数多于三个时，要通过静力学和运动学的有关知识加列足够的补充方程才能求解，大致归纳如下：

(1) 圆轮作纯滚动。当轮心轨迹为直线时，$a_C = r\alpha$ (如例 11-13)；当轮心轨迹为曲线时，$a_C^\tau = r\alpha$。

(2) 杆子作平面运动。可列出质心坐标与转角的函数关系。例如，$x_C = x_C(\theta)$，$y_C = y_C(\theta)$，然后对时间 t 求二阶导数得到质心加速度与转动角速度和角加速度之间的关系 $\ddot{x}_C = f_1(\theta,\dot{\theta},\ddot{\theta})$，$\ddot{y} = f_2(\theta,\dot{\theta},\ddot{\theta})$ (如例 11-14)。

(3) 利用平面运动刚体上两点速度间的关系，加列补充方程 (如例 11-15)。

(4) 当接触处有滑动时，利用动滑动摩擦定律 $F = fN$，加列补充方程。

应用动量定理、动量矩定理解题的关键是在正确地选取研究对象，进行受力分析和运动分析的基础上，准确地写出质点系 (刚体) 的动量、动量矩的表达式，这些表达式除了相对于质心的动量矩可用相对于平动坐标系的相对速度表示以外，其余的均需用绝对速度来表示；注意系统所受的外力系是否满足动量 (矩) 守恒条件，若满足，则用相应的守恒条件来求解，因为这也是给定的已知条件，如不加以利用，则无法解题；应用动量矩定理或刚体绕定轴转动微分方程求解动力学问题，在列方程时注意，动量矩与力矩正负号的规定必须一致；动量矩定理的形式，与矩心的选择有关。

习　题

11-1　如题图 11-1 所示，跳水员身重 60 kg，以速度 $v = 2$ m/s 跳离跳板末端 A，设起跳

时间为 0.4 s，求跳水员作用在跳板上的平均反力。

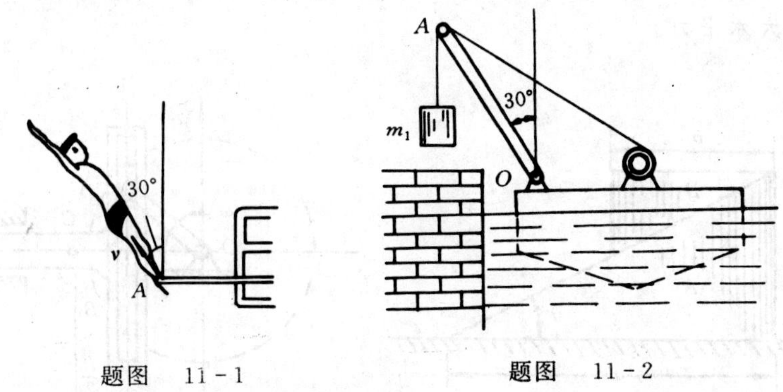

题图 11-1　　　　题图 11-2

11-2　题图 11-2 所示浮动起重机举起质量 $m_1 = 2\,000$ kg 的重物。设起重机质量 $m_2 = 20\,000$ kg，杆长 $OA = 8$ m；开始时杆与铅直位置成 60° 角，水的阻力和杆重均略去不计。当起重杆 OA 转动与铅直位置成 30° 角时，求起重机的位移。

11-3　平台车质量 $m_1 = 500$ kg，可沿水平轨道运动。平台车上站有 1 人，质量 $m_2 = 70$ kg，车与人以共同速度 v_0 向右方运动。如人相对平台车以速度 $v_r = 2$ m/s 向左方跳出，不计平台车水平方向的阻力及摩擦，问平台车增加的速度为多少？

11-4　如题图 11-4 所示，均质杆 AB，长 l，直立在光滑水平面上。求它从铅直位置无初速地倒下时，端点 A 相对图示坐标系的轨迹。

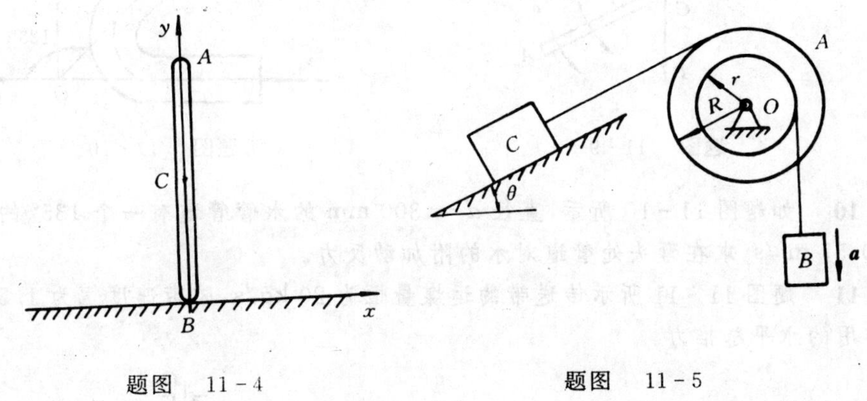

题图 11-4　　　　题图 11-5

11-5　题图 11-5 所示机构中，鼓轮 A 质量为 m_1。转轴 O 为其质心。重物 B 的质量为 m_2，重物 C 的质量为 m_3。斜面光滑，倾角为 θ。已知 B 物的加速度为 $\boldsymbol{a}$，求轴承 O 处的约束反力。

11-6　小船质量为 m，自由地停泊在静止的水平面上；船上站着两个人。质量为 m_1 的人向船尾移动了 l_1，而质量为 m_2 的人则向船头移动了 l_2。不计水的阻力，试求小船移动的距离。

11-7　题图 11-7 所示水平面上放一均质三棱柱 A，在其斜面上又放一均质三棱柱 B。两三棱柱的横截面均为直角三角形。三棱柱 A 的质量 m_A 为三棱柱 B 质量 m_B 的 3 倍，其尺寸如题图 11-7 所示。设各处摩擦不计，初始时系统静止。求三棱柱 A 运动的加速度及地面的支持力。

11-8　在题图 11-8 所示曲柄滑杆机构中，曲柄以等角速度 ω 绕 O 轴转动。开始时，曲柄 OA 水平向右。已知：曲柄的质量为 m_1，滑块 A 的质量为 m_2，滑杆的质量为 m_3，曲柄的质心在

OA 的中点，$OA = l$；滑杆的质心在点 C，而 $BC = \dfrac{l}{2}$。求(1) 机构质量中心的运动方程；(2) 作用在轴 O 的最大水平力。

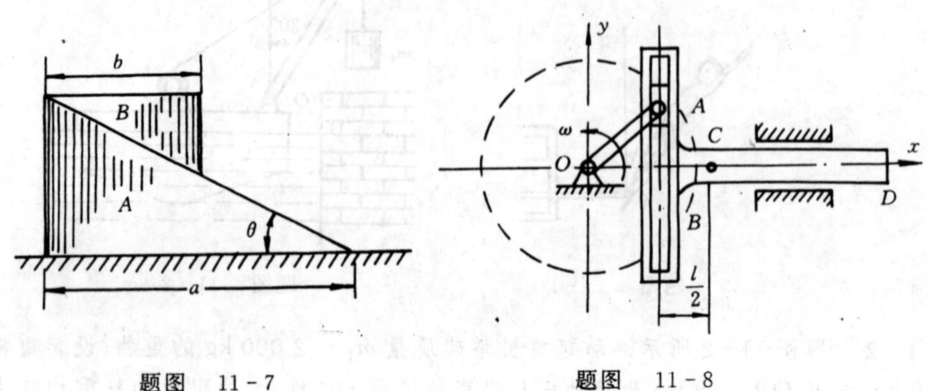

题图 11-7　　　　题图 11-8

11-9　如题图 11-9 所示，均质杆 OA，长 $2l$，重为 $\boldsymbol{P}$，绕着通过 O 端的水平轴在铅直面内转动，转动到与水平成 φ 角时，角速度与角加速度分别为 ω 及 α。试求这时铰支座 O 的反力。

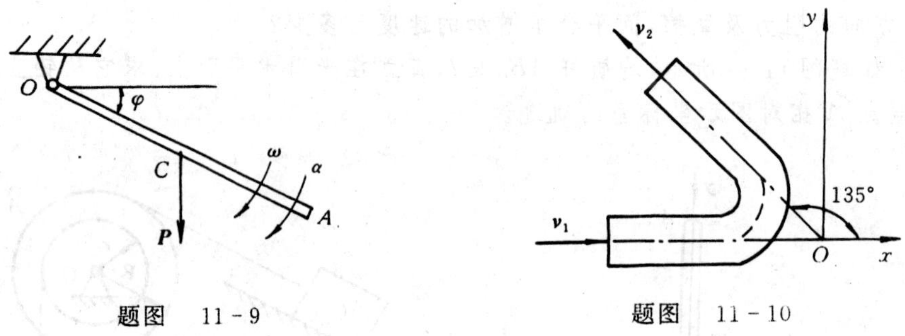

题图 11-9　　　　题图 11-10

11-10　如题图 11-10 所示，直径 $d = 300$ mm 的水管管道有一个 135° 的弯头，水的流量 $Q = 0.57$ m^3/s，求在弯头处管道对水的附加动反力。

11-11　题图 11-11 所示传送带的运煤量恒为 20 kg/s，胶带速度恒为 1.5 m/s。求胶带对煤块作用的水平总推力。

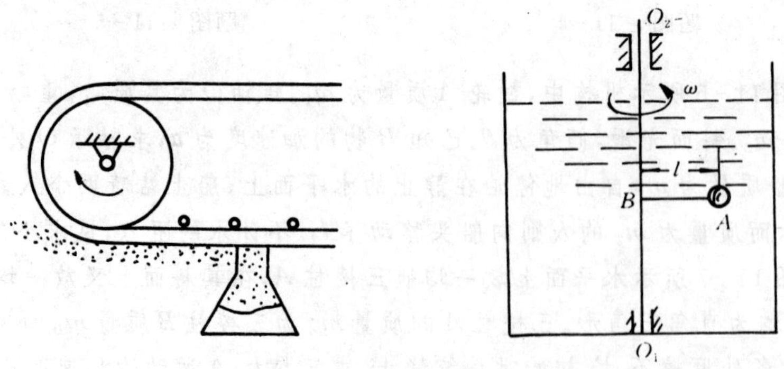

题图 11-11　　　　题图 11-12

11-12　题图 11-12 所示小球 A，质量为 m，连接在长 l 的无重杆 AB 上，放在盛有液体的容器中。杆以初角速度ω_0绕O_1O_2轴转动，小球受到与速度反向的液体阻力$F = km\omega$，k为比例常数。问经过多少时间角速度ω成为初角速度的一半？

11-13 如题图11-13所示，水平均质圆盘重$\boldsymbol{Q}$，半径为R，细杆BB_1重$\boldsymbol{P}$，长l，可在槽OA内滑动，开始时B端在O处，系统转动角速度为ω_0。若松开B端，试求B距点O为$R/2$时圆盘的角速度。

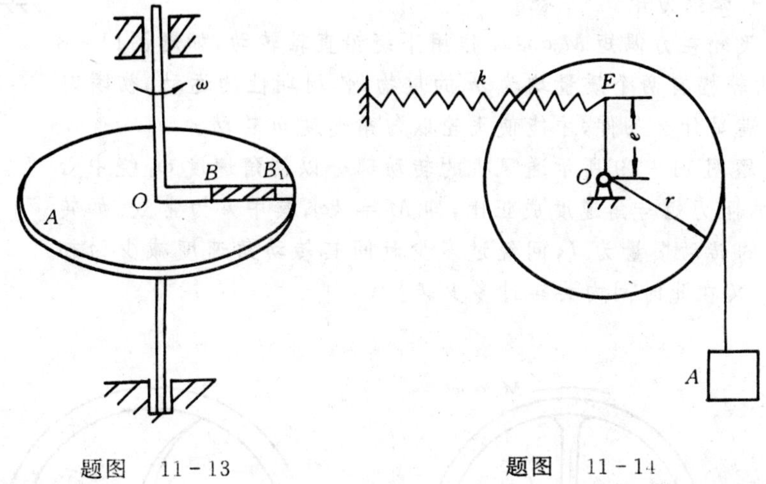

题图 11-13　　题图 11-14

11-14 在题图11-14所示系统中，均质圆轮质量为M，半径为r，其上绕一不可伸长的绳子，绳子的一端挂重物A，其质量为m。一弹簧常数为k的弹簧一端连于轮的点E，另一端连于墙上，处于水平位置。$OE = e$。图示位置为系统的平衡位置，这时EO线为铅直。试求当圆轮偏离平衡位置一微小转角φ时，其角加速度是多少？

11-15 如题图11-15所示，均质细圆环的质量为m，半径为r，C为质心。圆环在铅垂平面内，可绕位于圆环周缘的光滑固定轴O转动。圆环于OC水平时，由静止释放，求释放瞬时圆环的角加速度及轴承O的反力。

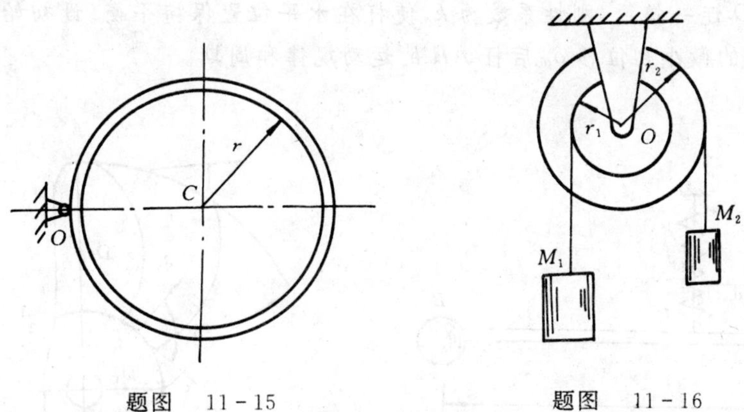

题图 11-15　　题图 11-16

11-16 两个重物M_1和M_2的质量各为m_1与m_2，分别系在两条不计质量的绳上，如题图11-16所示。此两绳又分别围绕在半径为r_1和r_2的塔轮上。塔轮的质量为m_3，质心为O，对轴O的回转半径为ρ。重物受重力作用而运动，求塔轮的角加速度α。

11-17 如题图11-17所示，为求半径$R=0.5\,\text{m}$的飞轮A对于通过其重心轴的转动惯量，在飞轮上绕以细绳，绳的末端系一质量为$m_1=8\,\text{kg}$的重锤，重锤自高度$h=2\,\text{m}$处落下，测得落下时间$t_1=16\,\text{s}$。为消去轴承摩擦的影响，再用质量为$m_2=4\,\text{kg}$的重锤作第二次试验，此重锤自同一高度落下的时间为$t_2=25\,\text{s}$。假定摩擦力矩为一常数，且与重锤的重量无关，求飞轮的转动惯量和轴承的摩擦力矩。

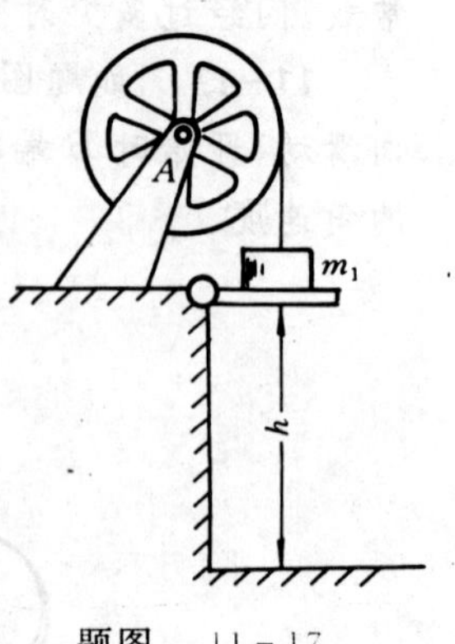

题图 11-17

11-18 飞轮在力偶矩$M_0\cos\omega t$作用下绕铅直轴转动，如题图11-8所示。沿飞轮的轮幅有两个质量均为m的重物，作周期性的运动。初瞬时$r=r_0$。问r应满足什么条件，才能使飞轮以匀角速度ω转动。

11-19 题图11-19所示通风机的转动部分以初角速度ω_0绕中心轴转动，空气的阻力矩与角速度成正比，即$M=k\omega$，其中k为常数。如转动部分对其轴的转动惯量为J，问经过多少时间其转动角速度减少为初角速度的一半？又在此时间内共转过多少转？

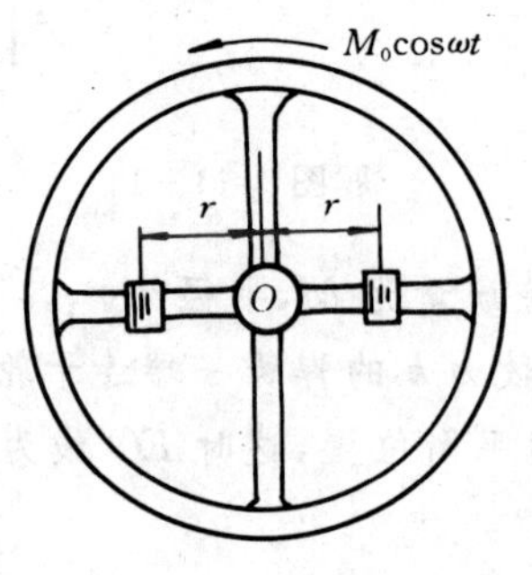

题图 11-18

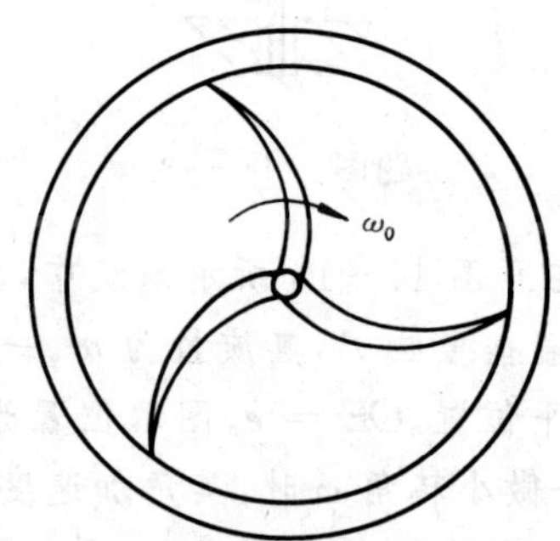

题图 11-19

11-20 题图11-20所示均质杆AB长l，质量为m_1。杆的B端固连质量为m_2的小球，其大小不计。杆上点D连一弹簧，刚性系数为k，使杆在水平位置保持平衡。设初始静止，求给小球B一个铅直向下的微小初位移δ_0后杆AB的运动规律和周期。

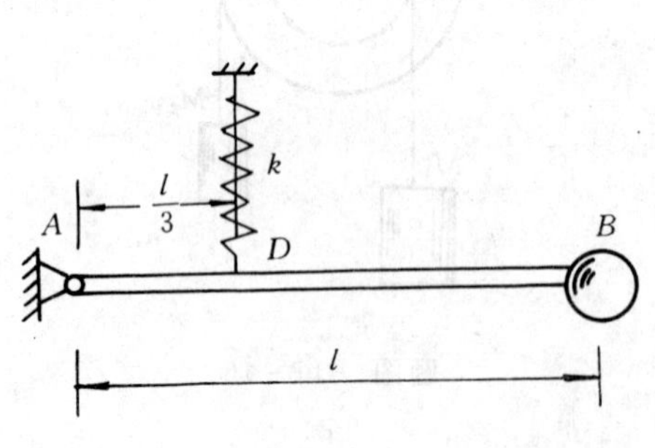

题图 11-20

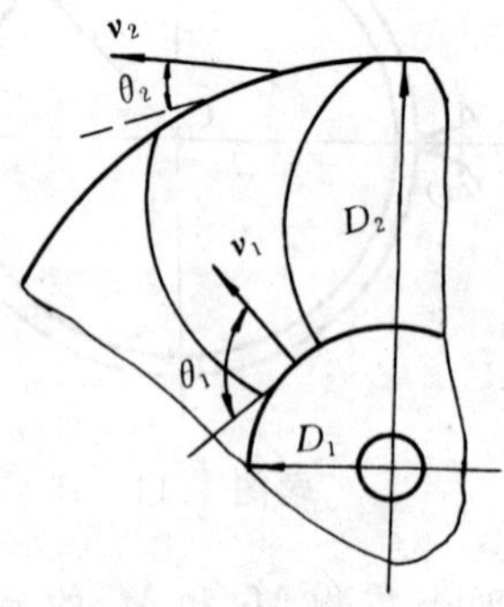

题图 11-21

11-21 题图11-21所示离心式空气压缩机的转速$n=8\,600\,\text{rad/min}$，体积流量为$q_v=$

370 m^3/min，第一级叶轮气道进口直径为 $D_1 = 0.355$ m，出口直径为 $D_2 = 0.6$ m。气流进口绝对速度 $v_1 = 109$ m/s，与切线成角 $\theta_1 = 90°$；气流出口绝对速度 $v_2 = 183$ m/s，与切线成角 $\theta_2 = 21°30'$。设空气密度 $\rho = 1.16$ kg/m^3，试求这一级叶轮的转矩。

11－22 题图 11－22 所示两带轮的半径各为 R_1 和 R_2，其质量各为 m_1 和 m_2，两轮以胶带相连接，各绕两平行的固定轴转动。如在第一个带轮上作用矩为 M 的主动力偶，在第二个带轮上作用矩为 M' 的阻力偶。带轮可视为均质圆盘，胶带与轮间无滑动，胶带质量略去不计。求第一个带轮的角加速度。

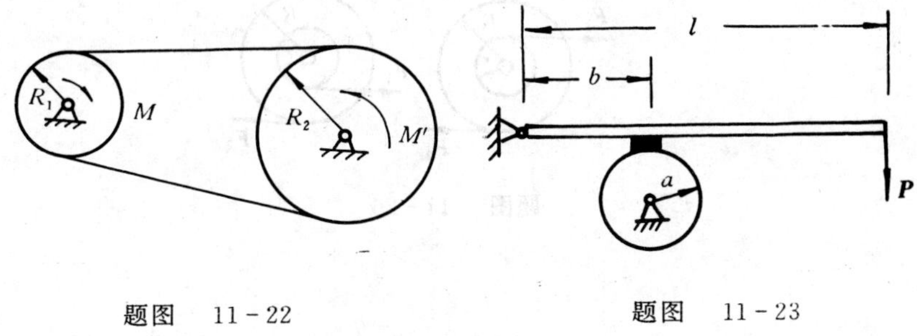

题图 11－22　　　　题图 11－23

11－23 如题图 11－23 所示，均质圆盘重 $\boldsymbol{W}$，半径为 a，以角速度 ω 绕水平轴转动。今在闸杆的一端加一铅直力 $\boldsymbol{P}$，以使圆盘停止转动。设杆与盘间的动摩擦因数为 f，问圆盘转动多少周后才停止转动？

11－24 如题图 11－24 所示，有一轮子，轴的直径为 50 mm，无初速的沿倾角 $\theta = 20°$ 的轨道滚下，设只滚不滑，5 s 内轮心滚过的距离为 $s = 3$ m。试求轮子对轮心的惯性半径。

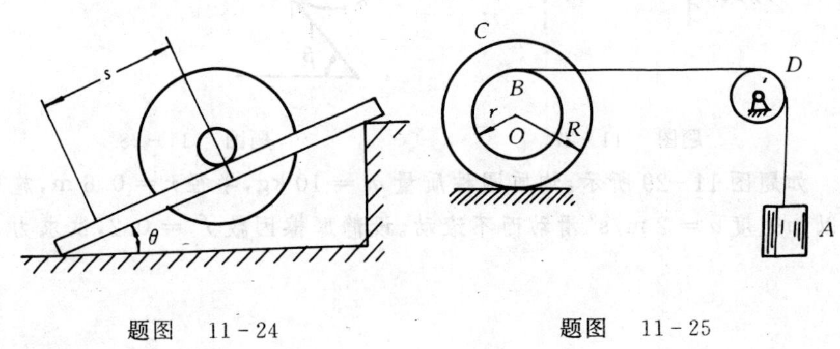

题图 11－24　　　　题图 11－25

11－25 重物 A 质量为 m_1，系在绳子上，绳子跨过不计质量的固定滑轮 D，并绕在鼓轮 B 上，如题图 11－25 所示。由于重物下降，带动了轮 C，使它沿水平轨道滚动而不滑动。设鼓轮半径为 r，轮 C 的半径为 R，两者固连在一起，总质量为 m_2，对于其水平轴 O 的回转半径为 ρ。求重物 A 的加速度。

11－26 质量为 m 的均质圆盘，平放在光滑水平面上。若受力情况分别如题图 11－26 所示，$F' = 2F$，$F_1 = F_2$，又 $R = 2r$，试问圆盘各作什么运动？

11－27 题图 11－27 所示均质长方形板，放置在光滑水平面上。若点 B 的支承面突然移开，试求此瞬时点 A 的加速度。

11－28 题图 11－28 所示机构中，作纯滚动的均质轮 O_1 与均质轮 O_2 重均为 $\boldsymbol{P}$，半径均为

R，弹簧的刚性系数为 k，斜面倾角为 β。开始时系统静止，且弹簧处于原长，绳与轮 O_2 间不打滑，绳的倾斜段与斜面平行，另一段成水平。试求：(1) 轮 O_1 能下达的最大距离；(2) 此时轮心 O_1 的加速度；(3) 绳索 O_1A 段的张力。

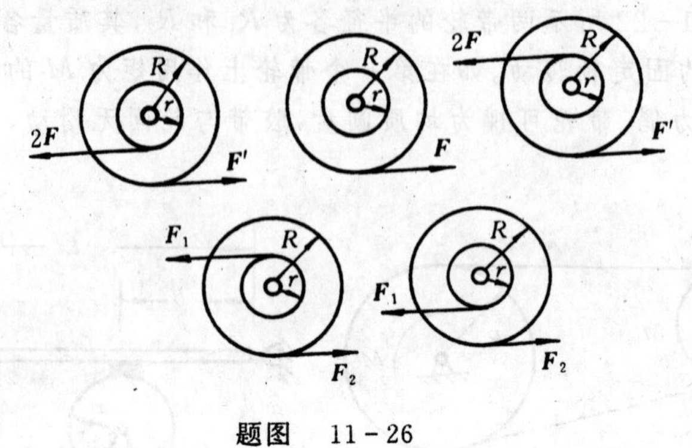

题图 11-26

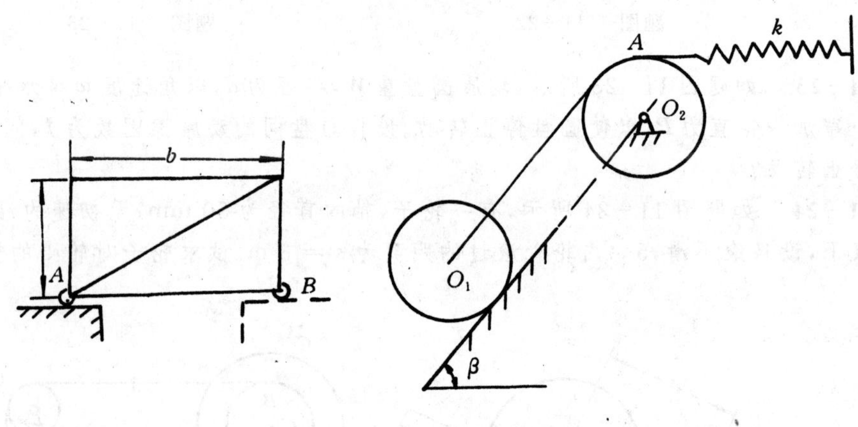

题图 11-27　　题图 11-28

11-29　如题图 11-29 所示，均质圆柱质量 $m = 10$ kg，半径 $r = 0.6$ m，施以水平力 $\boldsymbol{P}$ 使其沿水平面以加速度 $a = 2$ m/s^2 滑动而不滚动。设静摩擦因数 $f' = 0.2$，试求力 $\boldsymbol{P}$ 的大小及高度 h。

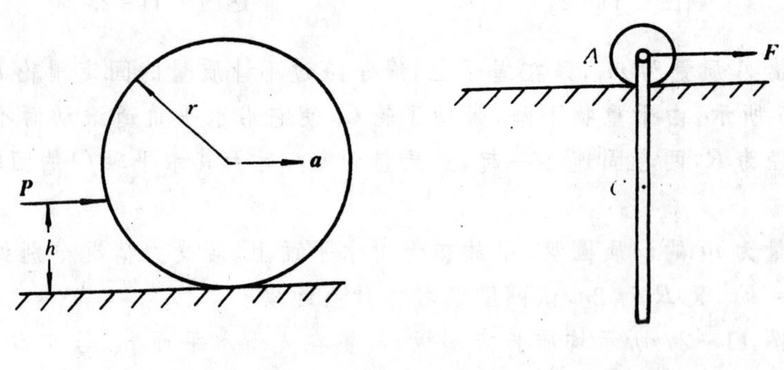

题图 11-29　　题图 11-30

11-30　如题图 11-30 所示，均质细杆重 90 N，通过铰接在 A 端的小滚轮铅垂地搁置在光滑水平面上，滚轮的质量可以略去不计。现在点 A 作用一水平力 $\boldsymbol{F}$，其大小为 45 N，使细杆由静止进入运动，试求运动初瞬时点 A 和细杆质心 C 的加速度。

11－31 如题图 11－31 所示，半径为 r，质量为 m 的均质圆环，绕中心 O 以角速度 ω_0 转动。现将此转动的圆环放到粗糙的固定水平面上，圆环触及水平面时中心 O 的速度为零，此后圆环沿水平面作有滑动的滚动。试求圆环开始作纯滚动时的角速度。

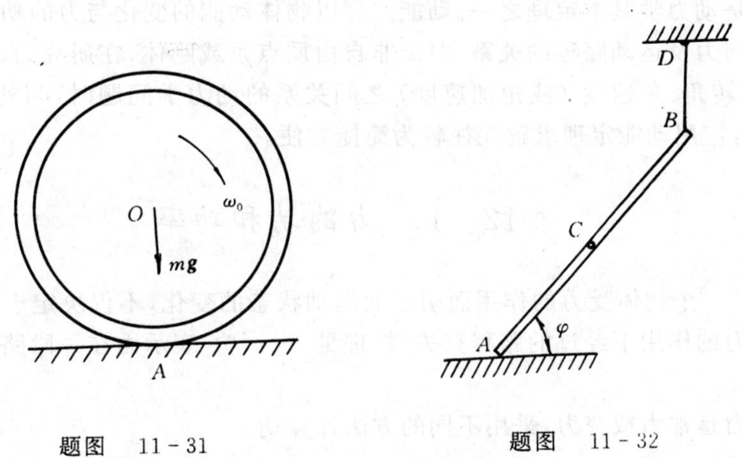

题图 11－31　　　　题图 11－32

11－32 如题图 11－32 所示，均质杆 AB 长为 l，质量为 M，一端系在绳 BD 上，另一端搁在光滑水平面上。当绳处于铅直而杆静止时，杆对水平面的倾角 $\varphi=45°$。现绳突然断掉，试求杆对 A 端的约束反力。

第十二章　动能定理

动能定理是动力学基本定理之一。动能定理以物体动能的变化与力的功的关系，反映出速度大小的改变与力及运动路程的关系。对于非自由质点系或刚体，在研究力、位移、速度（或加速度）和力矩、转角、角速度（或角加速度）之间关系的动力学问题时，与达朗伯原理和动量（矩）定理比较，应用动能定理求解往往较为简捷方便。

§12-1　力的功和功率

我们知道：一个物体受力的作用而引起的运动状态的变化，不仅决定于力的大小和方向，而且与物体在力的作用下经过的路程有关。物理量 —— 功，表示力在一段路程上的累积效应，记为 W。

根据作用力是常力或变力，采用不同的方法计算功。

1. 常力的功

设质点 M 在大小和方向都不变的力 $\boldsymbol{F}$ 作用下沿直线走过一段路程 s，如图 12-1 所示，力 $\boldsymbol{F}$ 在这段路程内所做的功

$$W = F\cos\theta s$$

或

$$W = \boldsymbol{F} \cdot \boldsymbol{s}$$

式中 θ 为力 $\boldsymbol{F}$ 与直线位移方向之间的夹角。即作用在物体（质点）上的常力沿直线路程所作的功等于该力矢量与物体位移矢量的数量积。所以功是代数量。功的量纲为 $\dim W = \mathrm{ML^2T^{-2}}$，在国际单位制中，功的单位为焦耳（J），即

1 焦[耳]（J）= 1 牛[顿]·米（N·m）= 1 千克·米^2/ 秒^2（kg·m^2/s^2）

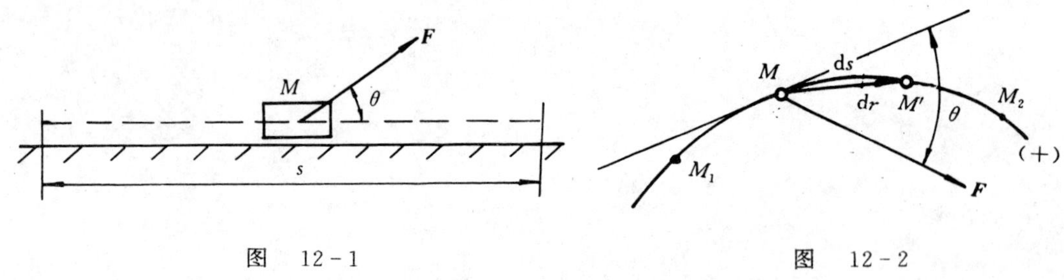

图　12-1　　　　图　12-2

2. 变力的功

设质点 M 在任意力 $\boldsymbol{F}$ 作用下沿空间曲线运动（如图 12-2 所示）。由于 M 在从 M_1 至 M_2 的运动过程中，$\boldsymbol{F}$ 的大小和方向始终是变化的，所以要将质点走过的路程分成许多微段（小弧

段)，每一小段弧长 ds 可近似地看成是直线位移；力 $\boldsymbol{F}$ 在这微小位移中可以看作常力即它的大小方向不变，它所作的功称为元功，记作 δW（因为力的元功只有在某些条件下才可能是函数 W 的全微分 dW，当力的作用点位移极小时，我们把一般力的元功写成 δW，而不写成 dW）。所以

$$\delta W = F\cos\theta ds \tag{12-1}$$

力在全路程上作的功等于元功之和，即

$$W = \int_0^s F\cos\theta ds \tag{12-2}$$

设 $d\boldsymbol{r}$ 为质点的微小位移，则前两式分别可以写成

$$\delta W = \boldsymbol{F}\cdot d\boldsymbol{r} \tag{12-3}$$

$$W = \int_{M_1}^{M_2} \boldsymbol{F}\cdot d\boldsymbol{r} \tag{12-4}$$

或

$$W = \int_{M_1}^{M_2} F_\tau ds \tag{12-4$'$}$$

F_τ 为力 $\boldsymbol{F}$ 在曲线轨迹切线方向的投影。

我们取固结于地面的直角坐标系为质点运动的参考系，$\boldsymbol{i},\boldsymbol{j},\boldsymbol{k}$ 为三个坐标轴的单位矢量，则

$$\boldsymbol{F} = X\boldsymbol{i} + Y\boldsymbol{j} + Z\boldsymbol{k}$$
$$d\boldsymbol{r} = dx\boldsymbol{i} + dy\boldsymbol{j} + dz\boldsymbol{k}$$

将以上两式代入式(12-4)，得到作用力在质点从 M_1 到 M_2 的运动过程中所作的功，即

$$W_{12} = \int_{M_1}^{M_2} \boldsymbol{F}\cdot d\boldsymbol{F} = \int_{M_1}^{M_2} (Xdx + Ydy + Zdz) \tag{12-5}$$

上式称为功的解析表达式。

3. 合力的功

若质点 M 同时受几个力 $\boldsymbol{F}_1,\boldsymbol{F}_2,\cdots,\boldsymbol{F}_n$ 的作用，它们的合力为 $\boldsymbol{F}_R$，那么质点在合力 $\boldsymbol{F}_R$ 的作用下沿有向曲线 $\overset{\frown}{M_1M_2}$ 所作的功为

$$\begin{aligned} W &= \int_{M_1}^{M_2} \boldsymbol{F}_R\cdot d\boldsymbol{r} = \int_{M_1}^{M_2} (\boldsymbol{F}_1 + \boldsymbol{F}_2 + \cdots + \boldsymbol{F}_n) d\boldsymbol{r} = \\ &\int_{M_1}^{M_2} \boldsymbol{F}_1\cdot d\boldsymbol{r} + \int_{M_1}^{M_2} \boldsymbol{F}_2\cdot d\boldsymbol{r} + \cdots + \int_{M_1}^{M_2} \boldsymbol{F}_n\cdot d\boldsymbol{r} = \\ &W_1 + W_2 + \cdots + W_n \end{aligned} \tag{12-6}$$

上式表明：作用于质点的合力在任一路程中所作的功，等于各分力在同一路程中所做的功的代数和。而代数运算比矢量运算简便的多，因此可以不求合力而直接计算分力的功后求和。

以上为求功的一般方法，研究的是作用在质点上力的功，若质点系内有几个质点受到力的作用，则作用于质点系的力作的功等于各力的功的代数和。

4. 几种常见力的功的计算

(1) 重力的功　设物体在运动时只受到受力作用，重心的轨迹如图 12-3 所示，重力 $\boldsymbol{P} =$

mg 在直角坐标轴上的投影为

$$X = 0,\ Y = 0\quad Z = -mg$$

应用式(12-5),重力作功为

$$W_{12} = \int_{z_1}^{z_2} - mg\mathrm{d}z = mg(z_1 - z_2) \tag{12-7}$$

可见,重力作的功仅与重心 C 在运动开始和末了位置的高度差 $(z_1 - z_2)$ 有关,与运动轨迹的形状无关。当 $z_1 > z_2$ 时,重力作正功。当 $z_1 < z_2$ 时,重力作负功。

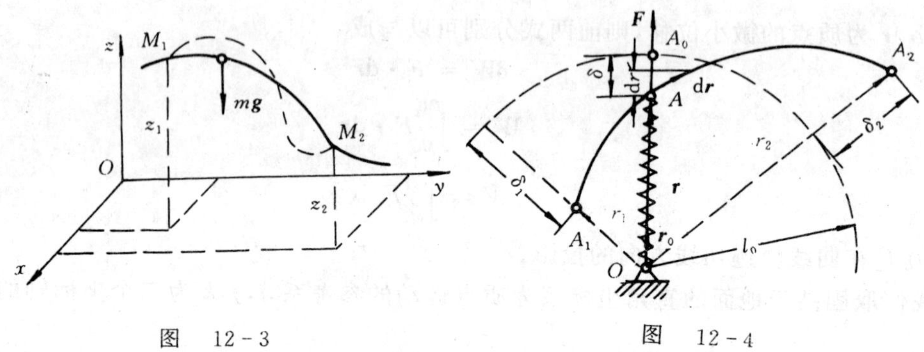

图 12-3　　　　图 12-4

(2) 弹性力的功　设质点受到弹性力的作用,作用点 A 的轨迹为图 12-4 所示的曲线 A_1A_2。设弹簧的自然长度(原长)为 l_0,求质点从 A_1 点运动至 A_2 点时,弹性力 $\boldsymbol{F}$ 所作的功。

在弹簧的弹性极限内,弹性力的大小与其变形量 δ 成正比,即　$F = k\delta$

力的方向总是指向自然位置(即弹簧未变形时端点的位置 A_0)。比例系数 k 称为弹簧的刚性系数(或倔强系数、刚度系数),在国际单位制中,k 的单位取牛[顿]/米(N/m)或牛[顿]/厘米(N/cm)。

以点 O 为原点,设点 A 的矢径为 F,沿矢径方向的单位矢量为 $\boldsymbol{r}_0$,则 $\boldsymbol{r} = r\boldsymbol{r}_0$。弹性力为

$$\boldsymbol{F} = -k(r - l_0)\boldsymbol{r}_0$$

上式中加负号的原因:当弹簧伸长时,$r > l_0$,力 $\boldsymbol{F}$ 与 $\boldsymbol{r}_0$ 的方向相反;当弹簧被压缩时,$r > l_0$,力 $\boldsymbol{F}$ 与 $\boldsymbol{r}_0$ 的方向一致。应用式(12-4),求得点 A 由 A_1 到 A_2 弹性力作的功

$$W_{12} = \int_{A_1}^{A_2} \boldsymbol{F} \cdot \mathrm{d}\boldsymbol{r} = \int_{A_1}^{A_2} - k(r - l_0)\boldsymbol{r}_0 \cdot \mathrm{d}\boldsymbol{r}$$

因为 $\boldsymbol{r}_0 \cdot \mathrm{d}\boldsymbol{r} = \dfrac{\boldsymbol{r} \cdot \mathrm{d}\boldsymbol{r}}{r} = \dfrac{1}{2r}\mathrm{d}(\boldsymbol{r} \cdot \boldsymbol{r}) = \dfrac{1}{2r}\mathrm{d}(r^2) = \mathrm{d}r$

所以
$$W_{12} = \int_{r_1}^{r_2} - k(r - l_0)\mathrm{d}r = \frac{k}{2}[(r_1 - l_0)^2 - (r_2 - l_0)^2]$$

或
$$W_{12} = \frac{k}{2}(\delta_1^2 - \delta_2^2) \tag{12-8}$$

在推导上式的过程中,没有附加任何条件,因此是计算弹性力作功的普遍公式。弹性力作的功只与弹簧在初始和末了位置的变形量 δ 有关,而与力作用点 A 的轨迹形状无关。当 $\delta_1 > \delta_2$ 时,弹性力作正功,否则作负功。在应用上式时,不必另外考虑功的正负。

(3) 作用在绕定轴转动刚体上的力的功　设作用力 $\boldsymbol{F}$ 与力作用点 A 处的轨迹切线之间的夹角为 θ,如图 12-5 所示,则力 $\boldsymbol{F}$ 在切线上的投影为

$$F_\tau = F\cos\theta$$

当刚体绕定轴转动时，转角 φ 与弧长 s 的关系为

$$ds = Rd\varphi$$

式中 R 为力作用点到轴的垂距，力 $\boldsymbol{F}$ 的元功为

$$\delta W = \boldsymbol{F}\cdot d\boldsymbol{r} = F_\tau ds = F_\tau R d\varphi$$

而 $F_\tau R$ 等于力 F 对于转轴 z 的力矩 M_z，即 $M_z(\boldsymbol{F}) = F_\tau R$

所以

$$\delta W = M_z d\varphi \tag{12-9}$$

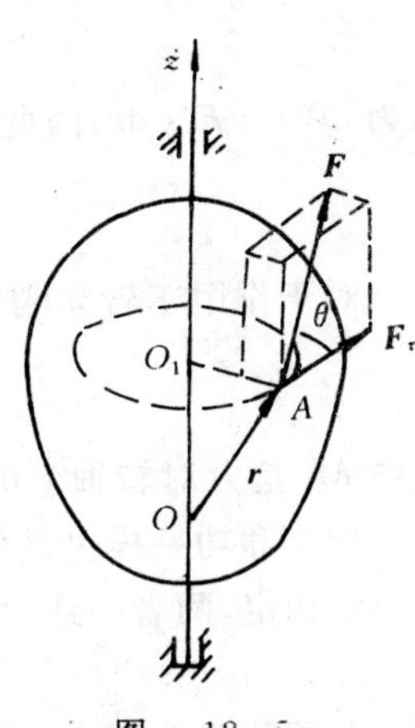

图 12-5

力 F 在刚体从角 φ_1 到 φ_2 转动过程中作的功为

$$W_{12} = \int_{\varphi_1}^{\varphi_2} M_z d\varphi = \int_{\varphi_1}^{\varphi_2} F_\tau R d\varphi = \int_{\varphi_1}^{\varphi_2} F\cos\theta R d\varphi \tag{12-10}$$

如果作用在刚体上的是力偶，则力偶所作的功仍可用上式计算，这时 M_z 为力偶对转轴的矩，也等于力偶矩矢 $\boldsymbol{M}$ 在 z 轴上的投影。当 $M_z = m =$ 常力偶时，有

$$W = m(\varphi_2 - \varphi_1) \tag{12-11}$$

(4) 作用在平面运动刚体上力系的功　设平面运动刚体上受有多个力作用，将此力系向刚体的质心简化，得主矢量 $\boldsymbol{F}_R' = \sum_{i=1}^{n} \boldsymbol{F}_i$，主矩 $M_C = \sum_{i=1}^{n} m_C(\boldsymbol{F}_i)$，则刚体质心 C 由 C_1 移至 C_2，同时刚体又由 φ_1 转到 φ_2 角度时，力系所作功为

$$W_{12} = \int_{C_1}^{C_2} \boldsymbol{F}_R' \cdot d\boldsymbol{r}_C + \int_{\varphi_1}^{\varphi_2} M_C d\varphi \tag{12-12}$$

可见，平面运动刚体上力系的功就等于力系向质心简化所得的力和力偶作功之和。这个结论也适用于作一般运动的刚体，力系的简化点也可以是刚体上任意一点。

(5) 物体沿固定面滚动时，滑动摩擦力的功　如图 12-6 所示，F 为滑动摩擦力，轮子只滚不滑，在轮上点 B 有微小位移 $d\boldsymbol{r}$ 时，力 $\boldsymbol{F}$ 的元功为

$$\delta W = \boldsymbol{F}\cdot d\boldsymbol{r} \tag{12-13}$$

而点 B 的速度 $\boldsymbol{v}_B = \frac{d\boldsymbol{r}}{dt}$，所以 $d\boldsymbol{r} = \boldsymbol{v}_B dt$，代入式(12-13)得

$$\delta W = \boldsymbol{F}\cdot \boldsymbol{v}_B dt = 0 \tag{12-14}$$

所以得到结论：滚动摩擦中的滑动摩擦力的功为零。

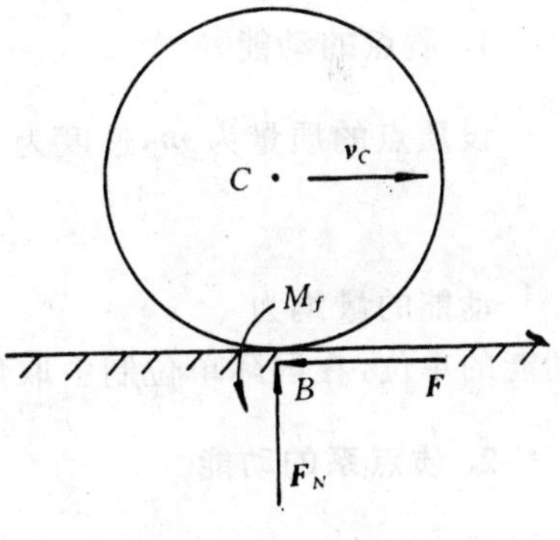

若还考虑滚动摩擦，且已知滚动摩阻系数为 k，若轮子转过的角度为 φ，则滚阻力偶的元功

$$\delta W = - kF_N d\varphi$$

图 12-6

所以

$$W = \int_0^{\varphi} - kF_N d\varphi = - k\int_0^{\varphi} F_N d\varphi \tag{12-15}$$

5. 功率

在工程实际中，不仅要知道力作了多少功，而且还要知道在单位时间内作了多少功。单位时间内力所作的功称为功率，它是衡量机器工作能力的一个重要指标。

设在 dt 时间内某力的元功为 δW，则此力的功率是

$$P = \frac{\delta W}{\mathrm{d}t}$$

因为 $\delta W = \boldsymbol{F} \cdot \mathrm{d}\boldsymbol{r}$,因此

$$P = \frac{\delta W}{\mathrm{d}t} = \boldsymbol{F} \cdot \frac{\mathrm{d}\boldsymbol{r}}{\mathrm{d}t} = \boldsymbol{F} \cdot \boldsymbol{v} = F_\tau v \tag{12-16}$$

对于作用于转动刚体上的力或力偶,其功率为

$$P = \frac{\delta W}{\mathrm{d}t} = M_z \frac{\mathrm{d}\varphi}{\mathrm{d}t} = M_z \omega \tag{12-17}$$

式中 M_z 是力对转轴 z 的矩,ω 是角速度。

功率和功一样也是代数量,其正负由力 F_τ(力偶 M)与作用点的速度(角速度)方向(转向)一致而定。两者一致时为正,反之为负。功率的量纲为

$$\dim P = \mathrm{ML^2T^{-3}}$$

在国际单位制中,功率的单位是瓦[特](W),1 瓦[特](W) = 1 焦[耳]/秒 (J/s),瓦[特]的 1 000 倍称为千瓦 (kW)。

机器工作时,必须输入功率。输入的功率中,一部分用于克服摩擦力之类的阻力而损耗掉,只有一部分作为输出,成为用来做功的有效功率。输出功率与输入功率之比称为机械效率,它是衡量机器质量的指标之一。用 η 表示机械效率,则

$$\eta = \frac{\text{输出功率}}{\text{输入功率}} \tag{12-18}$$

§12-2 动能的计算

动能是物体机械运动的一种度量,是运动量,恒大于或等于零。

1. 质点的动能

设质点的质量为 m,速度为 $\boldsymbol{v}$,则质点的动能为

$$T = \frac{1}{2}mv^2 \tag{12-19}$$

动能的量纲为 $\dim T = \mathrm{ML^2T^{-2}}$

动能的单位,在国际单位制中取焦[耳](J)。

2. 质点系的动能

质点系内各质点动能的算术和称为质点系的动能。即

$$T = \sum_{i=1}^{n} \frac{1}{2} m_i v_i^2 \tag{12-20}$$

3. 刚体的动能

刚体是由无数质点组成的质点系。刚体做不同的运动时,各个质点的速度分布不同。刚体的动能可以根据刚体所作的运动来计算。

(1) 平动刚体的动能　当刚体做平动时,刚体上各点的速度都等于质心的速度,所以得平动刚体的动能为

$$T = \sum_{i=1}^{n} \frac{1}{2} m_i v_i^2 = \frac{1}{2} v_C^2 \sum_{i=1}^{n} m_i = \frac{1}{2} M v_C^2 \tag{12-21}$$

式中 v_C 是质心的速度，$M = \sum_{i=1}^{n} m_i$ 是刚体的质量。如果我们设想质心是一个质点，它的质量等于刚体的质量，那么平动刚体的动能等于这个质点的动能。

（2）绕定轴转动刚体的动能　如图 9－4 所示，当刚体绕定轴 z 转动时，其上任一点 m_i 的速度为 $v_i = r_i \omega$，式中 ω 是刚体的角速度，r_i 是质点 M_i 到转轴的垂距，于是得到定轴转动刚体的动能为

$$T = \sum_{i=1}^{n} \frac{1}{2} m_i v_i^2 = \frac{1}{2} \sum_{i=1}^{n} m_i (r_i \omega)^2 = \frac{\omega^2}{2} \sum_{i=1}^{n} m_i r_i^2$$

因为 $J_z = \sum_{i=1}^{n} m_i r_i^2$ 是刚体对于 z 轴的转动惯量，所以得

$$T = \frac{1}{2} J_z \omega^2 \tag{12-22}$$

即绕定轴转动刚体的动能，等于刚体对于转轴的转动惯量与角速度平方乘积的一半。

（3）平面运动刚体的动能　如图 12－7 所示，取刚体质心 C 所在的平面图形。设图形中的点 P 是某瞬时的速度瞬心，ω 是平面图形转动的角速度，将刚体的运动看成是绕 P 轴的瞬时转动，则其动能为

$$T = \frac{1}{2} J_P \omega^2 \tag{12-23}$$

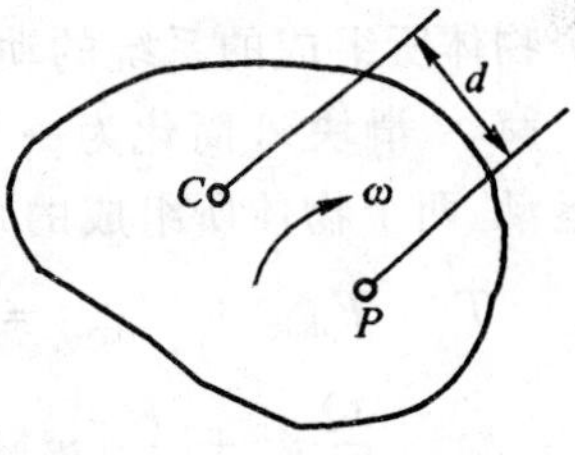

图　12－7

式中 J_P 是刚体对于瞬时转动轴的转动惯量。因为在不同时刻，刚体以不同的点作瞬心，因此用上式计算动能很不方便。

设点 C 为刚体的质心，根据计算转动惯量的平行轴定理得

$$J_P = J_C + M\mathrm{d}^2$$

M 为刚体的质量，代入式（12－23）得

$$T = \frac{1}{2}(J_C + M\mathrm{d}^2)\omega^2 = \frac{1}{2} J_C \omega^2 + \frac{1}{2} M(\mathrm{d}\omega)^2$$

而 $\omega \mathrm{d} = v_C$ 是刚体质心的速度，于是

$$T = \frac{1}{2} J_C \omega^2 + \frac{1}{2} M v_C^2 \tag{12-23$'$}$$

即作平面运动刚体的动能，等于随质心平动的动能与绕质心转动的动能的和。注意上式中的 C 是刚体的质心，否则该式不能成立。

【例 12－1】　求下列各物体或质点的动能。

（1）已知均质圆盘的半径为 R，质量为 m，绕 O 轴转动的角速度为 ω，如图 12－8 所示。求圆盘的动能。

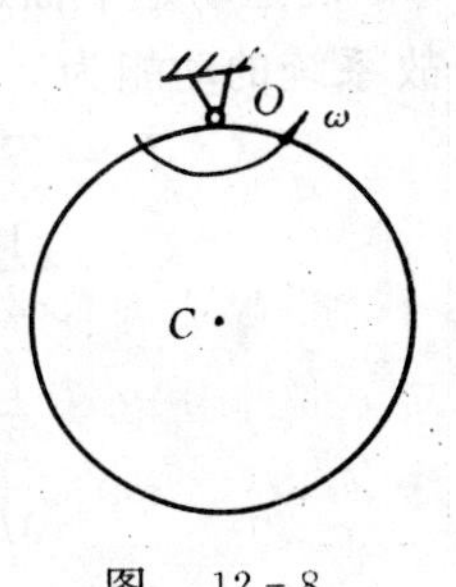

图　12－8

解　由于圆盘的运动是定轴转动，故由式（12－22）得

$$T = \frac{1}{2} J_O \omega^2 = \frac{1}{2}\left(\frac{1}{2} mR^2 + mR^2\right)\omega^2 = \frac{3}{4} mR^2 \omega^2$$

(2) 在图 12-9 中，已知 $OA \underline{\underline{\parallel}} O_1B = r$，三角板 CDE 的质量为 M，OA 杆转动角速度为 ω，求三角板的动能。

解 三角板的运动为平动，故动能为

$$T = \frac{1}{2}Mv_G^2 = \frac{1}{2}M(r\omega)^2 = \frac{1}{2}Mr^2\omega^2$$

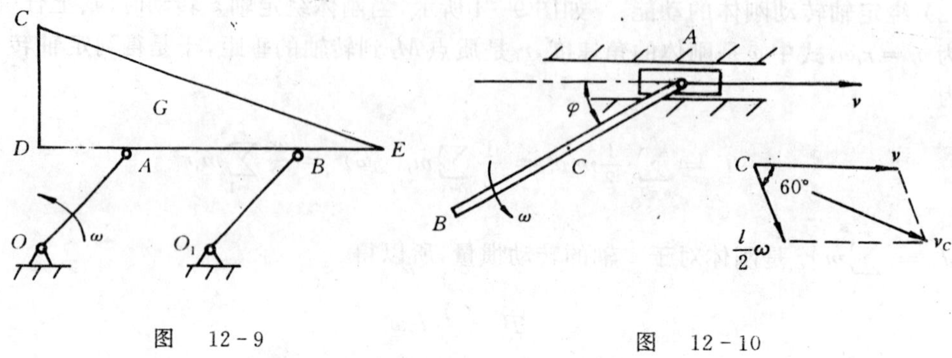

图 12-9　　　　图 12-10

(3) 已知均质杆 AB 长为 l，重为 P，其角速度为 ω，滑块 A 重为 Q，速度为 v，角 $\varphi = 30°$，求两个物体所组成的系统的动能（图 12-10）。

解 滑块 A 简化为一个质点（或刚体），其运动是直线运动（或平动）；杆 AB 的运动是平面运动。两个物体所组成的系统的动能为

$$T = T_{滑块} + T_{杆AB} = \frac{Q}{2g}v^2 + \frac{P}{2g}v_c^2 + \frac{1}{2}J_C\omega^2 =$$

$$\frac{Q}{2g}v^2 + \frac{P}{2g}[v^2 + (\frac{l}{2}\omega)^2 - 2v(\frac{l}{2}\omega)\cos(\pi - 60°)] +$$

$$\frac{P}{24g}l^2\omega^2 = \frac{Q}{2g}v^2 + \frac{P}{2g}v^2 + \frac{P}{6g}l^2\omega^2 + \frac{Pl}{4g}v\omega$$

(4) 如图 12-11 所示，AB 杆长 40 cm，其端点 B 沿与水平面成 $\alpha = 30°$ 夹角的平面运动，而端点 A 沿半径 $OA = 60$ cm 的圆弧运动。已知均质杆 OA 和杆 AB 的质量分别为 M 和 $2M$，当 AB 杆水平时，$OA \perp AB$，杆 OA 转动的角速度为 $\omega = 2$ r/s，试求此时系统的动能。(M 单位为 kg)

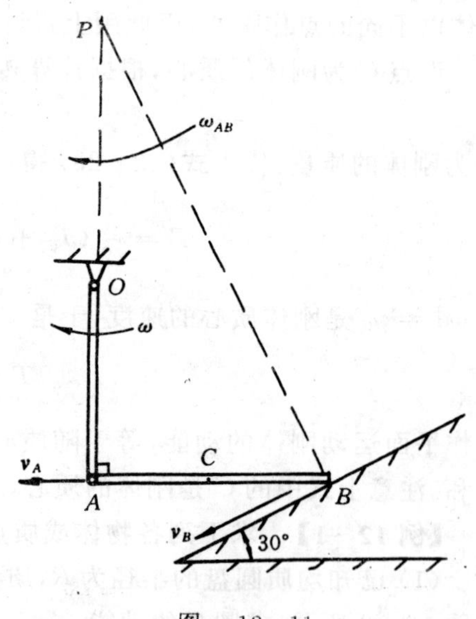

图 12-11

解 杆 OA 是绕 O 轴的定轴转动，角速度为 ω；杆 AB 的运动是平面运动，速度瞬心是点 P（图 12-11），故系统的动能为

$$T = T_{杆OA} + T_{杆AB} =$$

$$\frac{1}{2}J_O\omega^2 + \frac{1}{2} \times 2Mv_C^2 + \frac{1}{2}J_C\omega_{AB}^2 =$$

$$\frac{1}{2} \times \frac{1}{3}MOA^2\omega^2 +$$

$$M(\omega_{AB}\sqrt{AC^2 + AP^2})^2 +$$

$$\frac{1}{2}\times\frac{1}{12}\times 2M\cdot AB^2\omega_{AB}^2=\frac{1}{6}M\times 0.6^2\times 2^2+$$

$$M(\frac{v_A}{AB\cdot\tan 60^\circ}\sqrt{0.20^2+(AB\tan 60^\circ)})^2+$$

$$\frac{1}{12}M\times 0.4^2\times(\frac{v_A}{AB\cdot\tan 60^\circ})^2=1.84M$$

§12－3　动 能 定 理

1. 质点的动能定理

我们取质点的运动微分方程的矢量形式

$$m\frac{\mathrm{d}\boldsymbol{v}}{\mathrm{d}t}=\boldsymbol{F}$$

方程两边点乘 $\mathrm{d}\boldsymbol{r}$，得

$$m\frac{\mathrm{d}\boldsymbol{v}}{\mathrm{d}t}\cdot\mathrm{d}\boldsymbol{r}=\boldsymbol{F}\cdot\mathrm{d}\boldsymbol{r}$$

因为 $\mathrm{d}\boldsymbol{r}=\boldsymbol{v}\mathrm{d}t$，所以上式可写为

$$m\boldsymbol{v}\cdot\mathrm{d}\boldsymbol{v}=\boldsymbol{F}\cdot\mathrm{d}\boldsymbol{r}$$

即

$$\mathrm{d}(\frac{1}{2}mv^2)=\delta W \tag{12-24}$$

式(12－24)称为质点动能定理的微分形式：质点动能的增量等于作用在质点上力的元功。

如果质点沿曲线运动了一段路程，其速度由 $\boldsymbol{v}_1$ 变到 $\boldsymbol{v}_2$，将式(12－24)沿路径积分，得

$$\frac{1}{2}mv_2^2-\frac{1}{2}mv_1^2=W_{12} \tag{12-25}$$

这就是质点动能定理的积分形式。在质点运动的某个过程中，质点动能的改变量等于作用于质点的力作的功。

动能定理建立了质点的动能与作用力的功的关系。它表明了在机械运动中功与动能相互转化的关系。从公式可以看出，如果力作正功则质点的动能增加，即接受能量；如果力作负功则质点的动能减小，即输出能量。因此可用动能 $\frac{1}{2}mv^2$ 来度量质点因运动而具有的作功能力。动能定理提供了速度 $\boldsymbol{v}$，力 $\boldsymbol{F}$ 与路程 s 之间的数量关系式。当作用力为常量或仅是位置的函数时，应用动能定理求解某些动力学问题比较方便。

2. 质点系的动能定理

取质点系内任一质点，质量为 m_i，速度为 $\boldsymbol{v}_i$，作用在该质点上所有的力合成为主动力 $\boldsymbol{F}_i$ 和约束反力 $\boldsymbol{F}_{Ni}$，根据质点动能定理的微分形式有

$$\mathrm{d}(\frac{1}{2}m_iv_i^2)=\delta W_{F_i}+\delta W_{F_{Ni}}$$

式中 δW_{F_i} 和 $\delta W_{F_{Ni}}$ 分别表示作用于这个质点的主动力和约束反力所作的元功。

设质点系有 n 个质点，对于每个质点都可以列出如上的方程，将 n 个方程相加，得

$$\sum_{i=1}^{n}\mathrm{d}(\frac{1}{2}m_iv_i^2) = \sum_{i=1}^{n}\delta W_{F_i} + \sum_{i=1}^{n}\delta W_{F_{Ni}}$$

或

$$\mathrm{d}\left[\sum_{i=1}^{n}(\frac{1}{2}m_iv_i^2)\right] = \sum_{i=1}^{n}\delta W_{F_i} + \sum_{i=1}^{n}\delta W_{F_{Ni}}$$

式中 $\sum_{i=1}^{n}(\frac{1}{2}m_iv_i^2)$ 是质点系的动能，我们用 T 表示。若质点系的约束都是理想约束（其约束反力的元功之和为零的约束。如工程实际中常见的约束类型：柔索、刚性杆、光滑面、光滑滑道、光滑铰链、光滑轴承、固定端等，由于其约束反力或垂直于其作用点的位移，或其作用点的位移为零，故它们的约束反力的元功之和为零，因而这些约束都是理想约束），则上式所表示的质点系动能定理的微分形式为

$$\mathrm{d}T = \sum_{i=1}^{n}\delta W_{F_i} \tag{12-26}$$

或

$$\frac{\mathrm{d}T}{\mathrm{d}t} = \sum_{i=1}^{n}P_{F_i} \tag{12-27}$$

$\sum_{i=1}^{n}P_{F_i} = \sum_{i=1}^{n}\frac{\delta W_{F_i}}{\mathrm{d}t}$ 为主动力系的功率。

由此得：具有理想约束的质点系，其动能的改变（增量或对时间的一阶导数），等于作用于质点系的主动力的元功（或功率）之和。

对式(12-26)积分得

$$T_2 - T_1 = \sum_{i=1}^{n}W_{F_i} \tag{12-28}$$

T_1 和 T_2 分别是质点系在某一段运动过程的起点和终点的动能。上式称为质点系动能定理的积分（有限）形式。在理想约束的条件下，质点系在某一段运动过程中起点和终点的动能改变量，等于作用于质点系的主动力在这段过程中所作的功的和。

这里需要说明两点：

(1) 表示质点系动能定理的式(12-26)～(12-28)虽是在质点系具有理想约束条件下得到的。但若质点系的约束有非理想约束力（如粗糙面约束中有滑动时的摩擦力）时，只要将该非理想约束的约束力作为主动力对待即可。

(2) 作用于质点系的主动力既有外力，也有内力。内力总是成对出现，且等值、反向、共线，因而内力系的主矢和对任一点的主矩均为零。但是内力所作功的和，却不一定为零。例如，两个相互吸引的质点组成的质点系，当它们彼此接近时，这两个引力虽是内力，但它们的元功之和不等于零而是大于零。又如汽车发动机汽缸内的燃气压力对汽车来说也是内力，但却作正功；机器中轴与轴承间相互作用的摩擦力也是内力，但却作负功。然而，也有不少内力作功之和为零的实例，如刚体内任意两点间相互作用的力的功等于零（刚体内任意两点间没有相对位移，两点的内力的功等值（一正一负），故代数和为零）。

动能定理建立了质点系的动能和主动力（或功率）间的数量关系。对于具有理想约束的质点系，由于约束反力不作功，因而它也就不出现在动能定理的表达式中，而主动力通常总是已知的，所以质点系动能定理不能用来求理想约束的约束反力。它主要用于求质点系或系内某些质点（或物体）的运动。求加速度时，可用微分形式的功率方程；求速度或位移（路程）时，则用其积分形式。又由于动能定理的表达式是一个标量方程，不必考虑各点速度的方向，故应用起

来比较方便。当然，由于它只能建立一个方程，故只能求解一个未知量。

【例 12-2】 如图 12-12 所示，鼓轮对轴 O 的转动惯量为 J_O，物体 A 重 P，物体 B 重 Q。系统由静止释放后，鼓轮作顺时针方向转动，试求物体 A 下降距离为 h 时的速度和加速度。

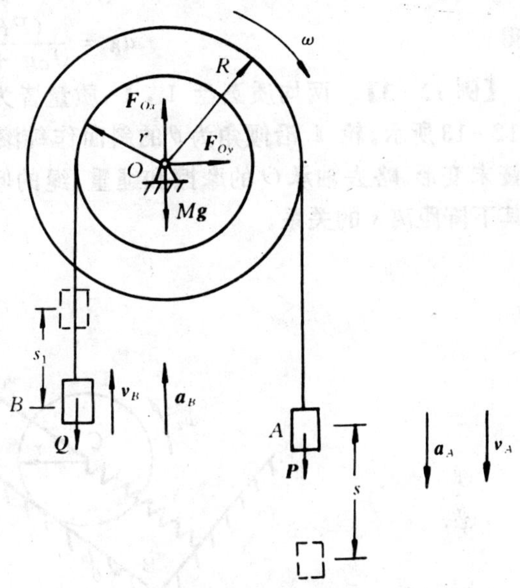

图 12-12

解 以系统为研究对象，受力及运动分析如图12-12所示，由于要求速度，所以用动能定理的积分形式求解。

由于系统由静止释放，故 $T_1 = 0$。

质点系任一瞬时的动能为

$$T_2 = \frac{1}{2}J_O\omega^2 + \frac{1}{2}\frac{P}{g}v_A^2 + \frac{1}{2}\frac{Q}{g}v_B^2 \quad (1)$$

式(1)中出现了 ω, v_A, v_B 三个运动量，而动能需用一个运动量来表示，因而要找出以上三者之间的关系，均用 v_A 表示（下降距离对时间 t 的一阶导数为 v_A、二阶导数为 a_A）.

$$\omega = \frac{v_A}{R}, \quad v_B = \omega r = \frac{r}{R}v_A \quad (2)$$

将式(2)代入式(1)得

$$T_2 = \frac{1}{2}J_O\left(\frac{v_A}{R}\right)^2 + \frac{1}{2}\frac{P}{g}v_A^2 + \frac{1}{2}\frac{Q}{g}\left(\frac{r}{R}v_A\right)^2 = \frac{1}{2}v_A^2\left[\frac{J_O}{R^2} + \frac{P}{g} + \frac{Q}{g}\left(\frac{r}{R}\right)^2\right] \quad (3)$$

由于 O 轴是理想约束，故只需计算重力的功。设质点 A 任一瞬时下降的距离为 s 则

$$W_{12} = Ps - Qs_1 \quad (4)$$

因为鼓轮转角 $\varphi = \frac{s}{R} = \frac{s_1}{r}$，所以 $s_1 = \frac{r}{R}s$，代入式(4)得

$$W_{12} = Ps - Q\frac{r}{R}s \quad (5)$$

将式(3)、式(5)代入动能定理的积分形式方程(12-28)得

$$\frac{1}{2}v_A^2\left[\frac{J_O}{R^2} + \frac{P}{g}R^2 + \frac{Q}{g}\left(\frac{r}{R}\right)^2\right] - 0 = Ps - Q\frac{r}{R}s \quad (6)$$

令 $s = h$，得重物 A 下降距离为 h 时的速度，则有

$$v_A = \sqrt{\frac{2h\left(P - Q\frac{r}{R}\right)}{\frac{J_O}{R^2} + \frac{P}{g} + \frac{Q}{g}\left(\frac{r}{R}\right)^2}} = \sqrt{\frac{2h(PR - Qr)gR}{J_Og + PR^2 + Qr^2}} = \sqrt{\frac{2(PR - Qr)ghR}{J_Og + PR^2 + Qr^2}} \quad (7)$$

欲求重物 A 下降的加速度，可用式(6)对时间 t 求一次导数，则有

$$v_A a_A\left[\frac{J_O}{R^2} + \frac{P}{g}R^2 + \frac{Q}{g}\left(\frac{r}{R}\right)^2\right] = \left(P - Q\frac{r}{R}\right)\frac{\mathrm{d}s}{\mathrm{d}t}$$

由于$\frac{\mathrm{d}s}{\mathrm{d}t} = v_A$，代入上式得

$$a_A[\frac{J_O}{R^2} + \frac{P}{g}R^2 + \frac{Q}{g}(\frac{r}{R})^2] = P - Q\frac{r}{R}$$

解得

$$a_A = \frac{(PR - Qr)gR}{J_O g + PR^2 + Qr^2}$$

【例 12-3】 两均质圆盘Ⅰ，Ⅱ，质量皆为m，半径皆为r，与质量也为m的物体A连接如图12-13所示。轮Ⅱ沿倾角为θ的斜面作纯滚动，弹簧的刚性系数为k，开始时系统静止，且设弹簧未变形。略去轴承O的摩擦和绳重，绳的倾斜段和弹簧、斜面平行。试求重物A的加速度a_A与其下降距离s的关系。

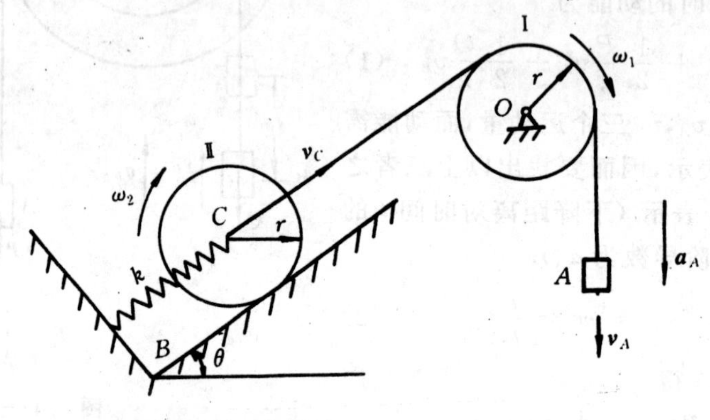

图 12-13

解 以系统为研究对象，应用动能定理求解。质点系所受约束均为理想约束，因此约束反力不做功。运动分析如图12-13所示。质点系动能为

$$T_1 = 0$$

$$T_2 = \frac{1}{2}mv_A^2 + \frac{1}{2}J_O\omega_1^2 + \frac{1}{2}J_C\omega_2^2 + \frac{1}{2}mv_C^2$$

式中由运动学关系知

$$\omega_1 = \frac{v_A}{r},\quad \omega_2 = \frac{v_C}{r} = \frac{v_A}{r}$$

故

$$T_2 = \frac{1}{2}mv_A^2 + \frac{1}{2} \times \frac{1}{2}mr^2(\frac{v_A{}^2}{r}) + \frac{1}{2} \times \frac{1}{2}mr^2(\frac{v_A}{r})^2 + \frac{1}{2}mv_A^2 =$$
$$\frac{1}{2}mv_A^2 + \frac{1}{4}mv_A^2 + \frac{1}{4}mv_A^2 + \frac{1}{2}mv_A^2 = \frac{3}{2}mv_A^2$$

主动力的功为

$$W_{12} = mgs + \frac{1}{2}k(0^2 - s^2) - mgs\sin\theta =$$
$$mgs - mg\sin\theta s - \frac{1}{2}ks^2$$

代入动能定理得

$$\frac{3}{2}mv_A^2 - 0 = mgs - mg\sin\theta s - \frac{1}{2}ks^2$$

上式两边同时对时间求一次导数，则

$$3mv_Aa_A = mg\frac{\mathrm{d}s}{\mathrm{d}t} - mg\sin\theta\frac{\mathrm{d}s}{\mathrm{d}t} - ks\frac{\mathrm{d}s}{\mathrm{d}t}$$

上式中$\frac{\mathrm{d}s}{\mathrm{d}t} = v_A$，故上式可写为

$$3ma_A = mg - mg\sin\theta - ks$$

所以

$$a_A = \frac{1}{3}\left[(1 - \sin\theta)g - \frac{ks}{m}\right]$$

【例 12－4】 如图 12－14 所示，鼓轮重 W，轮半径为 R，轮轴的半径为 r，对质心轴 O 的回转半径为 ρ，且 $\rho^2 = Rr$。鼓轮在与斜面平行的拉力 $\boldsymbol{P}$ 作用下，沿倾角为 θ 的粗糙斜面往上滚动而不滑动，不计滚动摩阻。试求质心 O 的加速度。

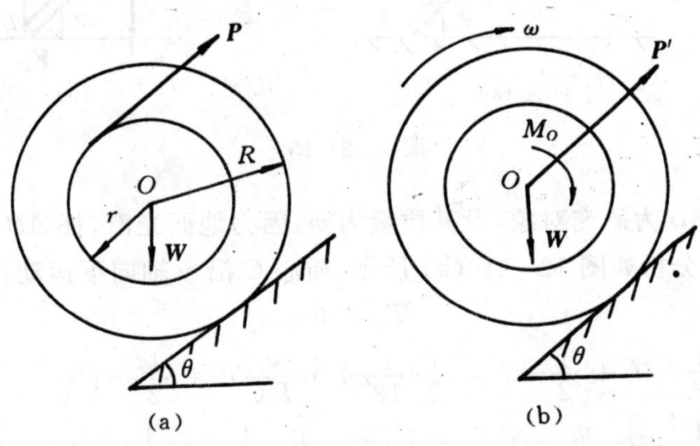

图　12－14

解　以轮为研究对象，轮与斜面接触处的摩擦力、支承力均为理想约束反力，将力 $\boldsymbol{P}$ 向质心 O 简化，得一个力 $\boldsymbol{P}' = \boldsymbol{P}$，力偶 $M_O = Pr$（如图 12－14 (b) 所示）。

轮的动能为

$$T_1 = c \qquad (c \text{ 为任意常数})$$

$$T_2 = \frac{1}{2}mv_O^2 + \frac{1}{2}J_O\omega^2 = \frac{1}{2}\frac{W}{g}v_O^2 + \frac{1}{2}\frac{W}{g}\rho^2\left(\frac{v_O}{R}\right)^2 =$$

$$\frac{1}{2}\frac{W}{g}v_O^2 + \frac{1}{2}\frac{W}{g}Rr\frac{v_O^2}{R^2} = \frac{1}{2}\frac{W}{g}v_O^2\left(1 + \frac{r}{R}\right)$$

主动力的功为

$$W_{12} = Ps + M_O\frac{s}{R} - Ws\sin\theta$$

代入动能定理的积分形式，则有

$$\frac{1}{2}\frac{W}{g}v_O^2\left(1 + \frac{r}{R}\right) - c = Ps + P\frac{r}{R}s - Ws\sin\theta$$

上式两端对时间 t 求一次导数

$$\left(1 + \frac{r}{R}\right)\frac{W}{g}v_Oa_O = P\frac{\mathrm{d}s}{\mathrm{d}t} + P\frac{r}{R}\frac{\mathrm{d}s}{\mathrm{d}t} - W\frac{\mathrm{d}s}{\mathrm{d}t}\sin\theta$$

求得

$$a_O = \frac{P + P\frac{r}{R} - W\sin\theta}{\left(1 + \frac{r}{R}\right)W}g$$

【例 12－5】 如图 12－15 (a) 所示，长为 l 的均质杆 AB 的 A 端用绳悬挂，B 端搁在光滑水平面上，且 $\varphi = 60°$。设绳突然断掉，试求杆 AB 在重力作用下运动到 $\varphi = 30°$ 时，其质心 C 的加速度。

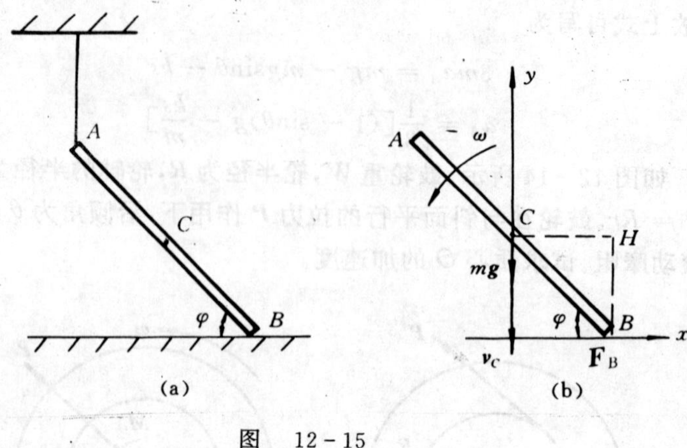

图　12－15

解　以均质杆 AB 为研究对象，设其质量为 m，因为地面光滑，杆 AB 所受摩擦力为零，做平面运动。受力、运动分析如图 12－15 (b) 所示。质心 C 沿 y 轴向下运动，故杆 AB 的动能为

$$T_1 = 0$$

$$T_2 = \frac{1}{2}J_C\omega^2 + \frac{1}{2}mv_C^2 = \frac{1}{2}(\frac{1}{12}ml^2)(\frac{v_c}{HC})^2 + \frac{1}{2}mv_C^2 =$$

$$\frac{1}{24}ml^2(\frac{v_C}{\frac{l}{2}\cos\varphi})^2 + \frac{1}{2}mv_c^2 = (\frac{1}{6}\frac{1}{\cos^2\varphi} + \frac{1}{2})mv_C^2$$

主动力的功为

$$W_{12} = mg\frac{l}{2}\sin 60° - mg\frac{l}{2}\sin\varphi = mg\frac{l}{2}(\sin 60° - \sin\varphi)$$

代入动能定理表达式，则有

$$(\frac{1}{6}\frac{1}{\cos^2\varphi} + \frac{1}{2})mv_C^2 - 0 = mg\frac{l}{2}(\sin 60° - \sin\varphi) \tag{1}$$

解得

$$v_C^2 = \frac{lg(\sin 60° - \sin\varphi)}{1 + \frac{1}{3\cos^2\varphi}}$$

$\varphi = 30°$ 时

$$v_C^2 = \frac{9lg(\sqrt{3} - 1)}{26}$$

式(1) 两端对时间 t 求一次导数得

$$2v_Ca_C(\frac{1}{2} + \frac{1}{6}\times\frac{1}{\cos^2\varphi}) + v_C^2(\frac{1}{6}\times\frac{2\sin\varphi}{\cos^3\varphi}\dot{\varphi}) = \frac{gl}{2}(-\cos\varphi)\dot{\varphi} \tag{2}$$

因为

$$\omega = \frac{v_C}{\frac{l}{2}\cos\varphi}$$

φ 增大的方向与 ω 方向相反，故 $\dot{\varphi} = -\omega$

所以

$$\dot{\varphi} = -\frac{v_C}{\frac{l}{2}\cos\varphi}$$

代入式(2) 得

$$v_C a_C\left(1+\frac{1}{3\cos^2\varphi}\right)+v_C^2\frac{\sin\varphi}{3\cos^2\varphi}\left(-\frac{v_C}{\frac{1}{2}\cos\varphi}\right)=\frac{gl}{2}(-\cos\varphi)\left(-\frac{v_C}{\frac{l}{2}\cos\varphi}\right)$$

令 $\varphi=30°$，代入上式

$$a_C\times\frac{13}{9}+\left(-\frac{\sin30°}{\cos^3 30°}\right)\frac{9lg(\sqrt{3}-1)}{26}\times\frac{2}{3}=g$$

所以
$$a_C=1.39g$$

通过以上例题，可将应用动能定理解题的步骤总结如下：

(1) 恰当选取研究对象，对质点系，一般可取整个系统为研究对象；

(2) 根据题意确定质点系（刚体）运动的始末位置，并根据刚体的运动情况（如平动、定轴转动、平面运动）分别计算在该位置时的动能。计算动能必须用绝对速度、绝对角速度。

(3) 分析质点系的受力情况，画出受力图，并计算在运动的始末过程中作用于质点系的全部力所做的功（可以按主动力和约束反力对力进行分类，也可以按内力和外力对力进行分类），并求它们的代数和。

(4) 应用质点系动能定理求未知量。若求速度，可直接用动能定理的积分形式，若求加速度，必须写出一般位置的动能及功的表达式，对时间 t 求一次导数后可求出加速度。还可用动能定理的微分形式直接求出加速度。

3. 功率方程

式(12-27)又称功率方程，可用来研究机器运转时的功能关系，得到机器运转时的功率方程，简称机器的功率方程。此方程右边包括所有作用于质点系的力的功率。就机器而言，则包括输入功率，即作用于机器的主动力（如电机的转矩）的功率；输出功率，即有用阻力（如机床加工时工件作用于机床的力）的功率；损耗功率，即无用阻力（如摩擦力）的功率。后两者显然应取负值。分别用 P_i, P_o, P_l 代表以上三种功率，则式(12-27)成为

$$\frac{\mathrm{d}T}{\mathrm{d}t}=P_i-P_o-P_l \tag{12-29}$$

这是机器的功率方程，它表明机器动能的变化与各种功率之关系。机器启动时，$\mathrm{d}T/\mathrm{d}t>0$，必须 $P_i>P_o+P_l$；平稳运转时，$\mathrm{d}T/\mathrm{d}t=0$，应有 $P_i=P_o+P_l$；停车时，$P_i=0$，如机器同时停止工作，则 $P_o=0$，$\mathrm{d}T/\mathrm{d}t<0$，表明机器受到无用阻力的作用而逐渐停止运转。

【例 12-6】 某传动系统的输入功率为 $P_i=10$ kW。稳定运行时，测得输出功率为 $P_o=7$ kW。求损耗功率及传动系统的总效率。设该系统分三级传动，第一级和第二级传动的效率为 $\eta_1=\eta_2=0.9$，求第三级传动的效率。

解 由式(12-29)，稳定运转时 $P_i=P_o+P_l$，因而损耗功率为

$$P_l=10-7=3\text{ kW}$$

传动系统的总效率为

$$\eta=\frac{7}{10}=0.7$$

第一级传动的输出功率即第二级传动的输入功率，第二级的输出功率即第三级的输入功率。第三级的输出功率为 P_o。整个传动系统的总效率等于各级传动的效率之乘积，即

$$\eta=\eta_1\eta_2\eta_3$$

所以 $$\eta_3 = \eta/\eta_1\eta_2 = \frac{0.7}{0.9 \times 0.9} = 86.4\%$$

§12-4 势力场、势能、机械能守恒定律

1. 势力场

(1) 力场　如物体在某空间内部任一位置都受到一个大小和方向完全由所在位置确定的力的作用，这部分空间称为力场。例如地球上的重力场及太阳系的太阳引力场都是力场。

(2) 势力场　如质点在某一力场内运动时，力对于质点所作的功仅与质点的起止位置有关，而与质点运动的路径无关，这样的力场称为势力场或保守力场。重力场、弹性力场、万有引力场都是势力场。

(3) 有势（保守）力　在势力场中，物体受到的力叫有势力（也叫势力）或保守力。如重力、弹性力都是保守力。

2. 势能

所谓势能即质点在势力场中从某一位置 M 运动到任意选定的基点 M_0 的过程中有势力所作的功，用 V 表示，则

$$V = \int_M^{M_0} \boldsymbol{F} \cdot \mathrm{d}\boldsymbol{r} = \int_M^{M_0} (X\mathrm{d}x + Y\mathrm{d}y + Z\mathrm{d}z) \tag{12-30}$$

在同一个势力场中，质点在不同的位置，势能的大小不同。为了能够比较各点的势能，必须在计算各位置的势能时，取同一个终点 M_0，即

$$\left.\begin{aligned} V_1 &= \int_{M_1}^{M_0} \boldsymbol{F} \cdot \mathrm{d}\boldsymbol{r} \\ V_2 &= \int_{M_2}^{M_0} \boldsymbol{F} \cdot \mathrm{d}\boldsymbol{r} \end{aligned}\right\} \tag{12-31}$$

所以
$$\begin{aligned} V_2 - V_1 &= \int_{M_2}^{M_0} \boldsymbol{F} \cdot \mathrm{d}\boldsymbol{r} - \int_{M_1}^{M_0} \boldsymbol{F} \cdot \mathrm{d}\boldsymbol{r} = \\ &\int_{M_2}^{M_0} \boldsymbol{F} \cdot \mathrm{d}\boldsymbol{r} + \int_{M_0}^{M_1} \boldsymbol{F} \cdot \mathrm{d}\boldsymbol{r} = \int_{M_2}^{M_1} \boldsymbol{F} \cdot \mathrm{d}\boldsymbol{r} \end{aligned} \tag{12-32}$$

若取基点 M_0 的势能等于零，则称其为零势能点，所以说势能的大小是相对的。凡讲到势能，一定要先指明其零势能位置，势能的大小和正负都是相对零势能位置而言的。零势能点 M_0 可以任意选取。对于不同的零势能点，在势力场中同一位置的势能可有不同的数值。但是，不论零点位置如何选择，物体在两个位置的势能之差是不变的。

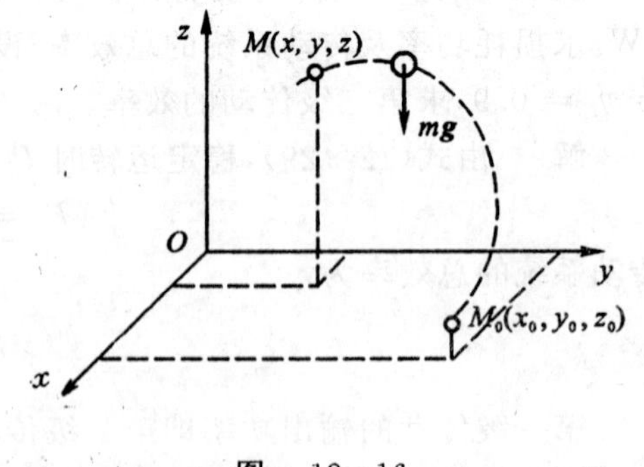

图　12-16

下面计算几种常见有势力的势能。

(1) 重力场中的势能　在重力场中，设坐标轴如图 12-16 所示，重力 $\boldsymbol{P}$ 在各轴上的投影为

$$P_x = 0,\quad P_y = 0,\quad P_z = -mg$$

取 M_0 为零势能点，点 M 的势能为

$$V = \int_z^{z_0} -mg\mathrm{d}z = mg(z - z_0) \tag{12-33}$$

(2) 弹性力场中的势能　设弹簧的一端固定，另一端与物体连接，如图 12-17 所示，弹簧的刚性系数为 k。取点 M_0 为零势能点，则质点的势能按下式计算，即

$$V = \frac{k}{2}(\delta^2 - \delta_0^2) \tag{12-34}$$

式中，δ 和 δ_0 分别为弹簧端点在 M 和 M_0 时弹簧的变形量。

如果取弹簧的自然位置为零势能点，则有 $\delta_0 = 0$，于是得

$$V = \frac{k}{2}\delta^2 \tag{12-35}$$

(3) 万有引力场中的势能　设质量为 m_1 的质点受质量为 m_2 物体的万有引力 $\boldsymbol{F}$ 作用，如图 12-18 所示。

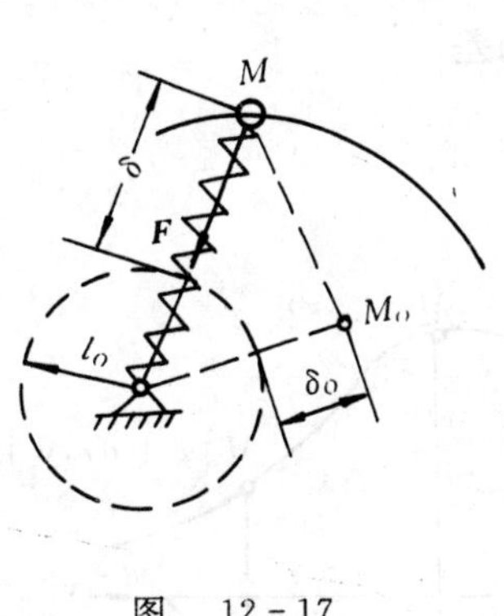

图　12-17

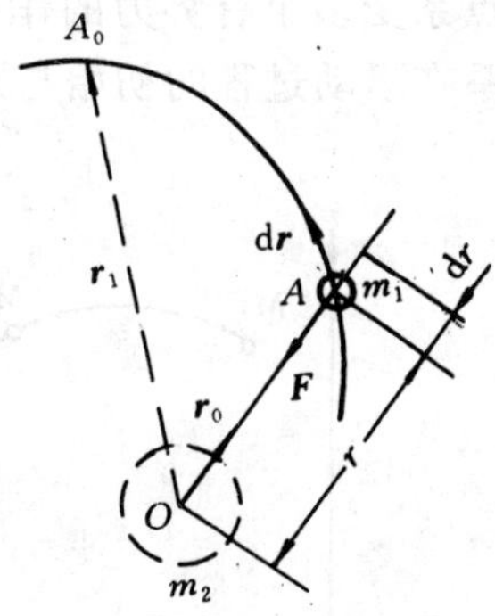

图　12-18

取点 A_0 为零势能点，则质点在点 A 的势能为

$$V = \int_A^{A_0} \boldsymbol{F}\cdot\mathrm{d}\boldsymbol{r} = \int_A^{A_0} -\frac{fm_1m_2}{r^2}\boldsymbol{r}_0\cdot\mathrm{d}\boldsymbol{r}$$

式中 f 为引力常数，$\boldsymbol{r}_0$ 是质点的矢径方向的单位矢量。$\boldsymbol{r}_0\cdot\mathrm{d}\boldsymbol{r}$ 为矢径增量 $\mathrm{d}\boldsymbol{r}$ 在矢径方向的投影，由图可见它应等于矢径长度的增量 $\mathrm{d}r$，即 $\boldsymbol{r}_0\cdot\mathrm{d}\boldsymbol{r} = \mathrm{d}r$。设 $\boldsymbol{r}_1$ 是零势能点的矢径，于是有

$$V = \int_r^{r_1} -\frac{fm_1m_2}{r^2}\mathrm{d}r = fm_1m_2\left(\frac{1}{r_1} - \frac{1}{r}\right) \tag{12-36}$$

如果选取的零势能点在无穷远处，即 $r_1 = \infty$，于是得

$$V = -\frac{fm_1m_2}{r} \tag{12-36$'$}$$

上述计算表明，万有引力作功只决定于质点运动的初始位置 A 和终了位置 A_0，与点的轨迹形状无关，万有引力场确为势力场。

由上可见，质点的势能可以表示成质点位置坐标 x, y, z 的单值连续函数，这种函数称为势能函数。一般形式的质点势能函数可以表示成 $V = V(x,y,z)$。如果势能是常量，即

$$V(x,y,z) = 常量$$

则由上式可以确定一个曲面，在这个曲面上各点的势能都相等。这种曲面称为等势面，例如重力场的等势面是不同高度的水平面（$z=$ 常数）。牛顿引力场的等势面是以引力中心作为球心的不同半径的同心球面（$r=$ 常量）。零点位置所在的等势面称为零势面。

3. 有势力的功可用势能计算

设某个有势力的作用点在质点系的运动过程中，从点 M_1 到点 M_2，如图 12-19 所示，则该力所作的功为 W_{12}。若取 M_0 为零势能点，则从 M_1 到 M_0 和从 M_2 到 M_0 有势力所作的功分别为 M_1 和 M_2 位置的势能 V_1 和 V_2。因为有势力的功与轨迹形状无关，所以可认为质点从点 M_1 经过点 M_2 到点 M_0，有势力的功为

$$W_{10}=W_{12}+W_{20}$$

由式(12-30)得 $W_{10}=V_1, W_{20}=V_2$

所以
$$W_{12}=V_1-V_2 \tag{12-37}$$

即有势力的功等于质点系在运动过程的初始与终了位置的势能的差。

对于质点系受多个有势力的作用，可以证明，在势力场运动时，各有势力所作的功的代数和等于质点系在运动过程的初始与末了位置的势能的差。

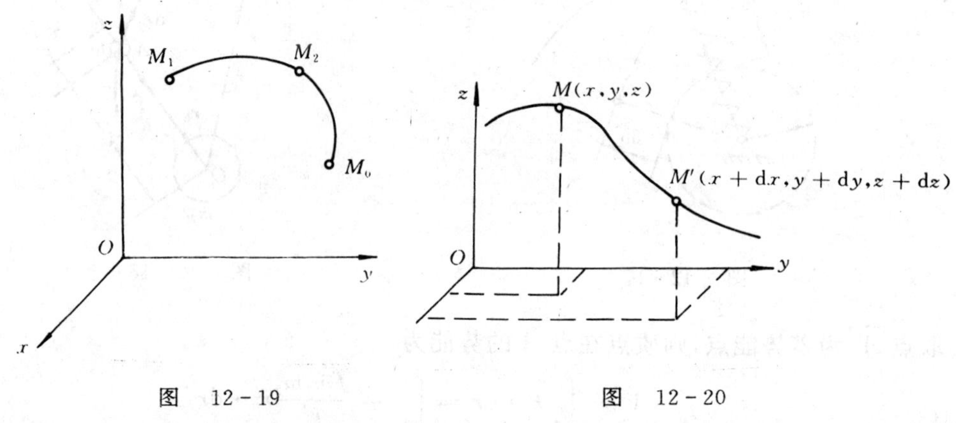

图 12-19 图 12-20

4. 用势能对坐标的偏导数表示有势力

设有势力 $\boldsymbol{F}$ 的作用点从点 M 移到点 M'，如图 12-20 所示。这两点的势能分别为 $V(x,y,z)$ 和 $V(x+dx,y+dy,z+dz)$。有势力的元功可用势能的差计算，即

$$\delta W=V(x,y,z)-V(x+dx,y+dy,z+dz)=-dV$$

因为
$$dV=\frac{\partial V}{\partial x}dx+\frac{\partial V}{\partial y}dy+\frac{\partial V}{\partial z}dz$$

所以
$$\delta W=-\frac{\partial V}{\partial x}dx-\frac{\partial V}{\partial y}dy-\frac{\partial V}{\partial z}dz$$

设有势力 $\boldsymbol{F}$ 在直角坐标轴上的投影为 X,Y,Z，则力的元功解析式为

$$\delta W=Xdx+Ydy+Zdz$$

比较以上两式，得

$$X=-\frac{\partial V}{\partial x},\quad Y=-\frac{\partial V}{\partial y},\quad z=-\frac{\partial V}{\partial z} \tag{12-38}$$

即有势力在直角坐标轴上的投影等于势能对于该坐标的偏导数冠以负号。如果势能的函数表达式已知，应用上式可求得作用于物体的有势力。

如果系统有多个有势力，总势能为V，则对于作用点坐标为x_i,y_i,z_i的有势力$\boldsymbol{F}_i$，其相应的投影为

$$X_i=-\frac{\partial V}{\partial x_i},\quad Y_i=-\frac{\partial V}{\partial y_i},\quad Z_i=-\frac{\partial V}{\partial z_i} \tag{12-39}$$

5. 机械能守恒定律

（1）机械能　质点系在某瞬时的动能与势能的代数和称为机械能。

（2）机械能守恒定律　如果质点系在运动过程中只有有势力作功，则机械能保持不变，这一规律称为机械能守恒定律。

设质点系在运动过程的初始和终了瞬时的动能分别为T_1和T_2，有势力在这个过程中所作的功为W_{12}，根据动能定理有

$$T_2-T_1=W_{12}$$

在势力场中，有势力的功可用势能计算，即

$$T_2-T_1=V_1-V_2$$

上式移项后得

$$T_1+V_1=T_2+V_2 \tag{12-40}$$

上式就是机械能守恒定律的数学表达式，即质点系仅在有势力的作用下运动时，其机械能保持不变。这样的质点系称为保守系统。

如果质点系还受到非保守力的作用，称为非保守系统。非保守系统的机械能是不守恒的。设保守力所作的功为W_{12}，非保守力所做的功为W_{12}'，由动能定理得

$$T_2-T_1=W_{12}+W_{12}'$$

因　$W_{12}=V_1-V_2$，于是有

$$T_2-T_1=V_1-V_2+W_{12}'$$

或

$$(T_2+V_2)-(T_1+V_1)=W_{12}' \tag{12-41}$$

当质点系受到摩擦阻力等力作用时，W_{12}'是负功，质点系在运动过程中机械能减少，称为机械能耗散；当质点系受到非保守力的主动力作用时，如果W_{12}'是正功，则质点系在运动过程中机械能增加，这时外界对系统输入了能量。

根据机械能守恒定律，质点或质点系在势力场中运动时，动能与势能可以互相转换。动能的减少（或增加），必然伴随着势能的增加（或减少），而且减少和增加的量相等，总的机械能保持不变。机械能守恒定律是普遍的能量守恒定律的一个特殊情况。能量守恒定律表明，能量不会消失，也不能创造，而只能从一种形式转换为另一种形式。如运动着的物体由于受摩擦阻力的作用而减少速度，是动能转换成了热能；水流冲击水轮机带动发电机发电，是动能转换成了电能；电动机带动机器运转，则是电能转换成了机械能，等等。在这里，机械能改变了，但机械能与热能、电能等的总和则保持不变。虽然我们不研究运动形式的变化，但从这里可以看出机

械运动与其它形式的运动之间的联系。

【例 12－7】 如图 12－21 所示的鼓轮 D 匀速转动，使绕在轮上钢索下端的重物以 $v = 0.5\ \text{m/s}$ 匀速下降，重物质量为 $m = 250\ \text{kg}$。设当鼓轮突然被卡住时，钢索的刚性系数 $k = 3.35 \times 10^6\ \text{N/m}$，求此后钢索的最大张力。

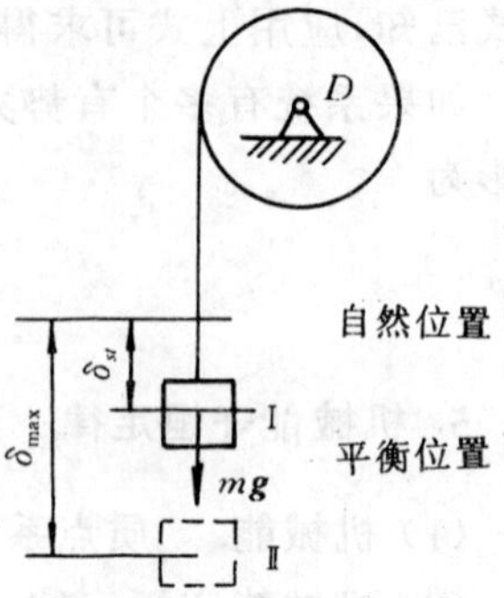

图 12－21

解 鼓轮匀速转动时，重物处于平衡状态，临卡住的前一瞬时钢索的伸长量 $\delta_{st} = \dfrac{mg}{k}$，钢索的张力 $F = k\delta_{st} = mg = 2.45\ \text{kN}$。

当鼓轮被卡住后，由于惯性，重物将继续下降，钢索继续伸长，钢索对重物作用的弹性力逐渐增大，重物的速度逐渐减少。当速度等于零时，弹性力达最大值，此值等于钢索的最大张力。

因重物只受重力和弹性力的作用，因此系统的机械能守恒。取重物平衡位置 Ⅰ 为重力和弹性力的零势能点，则在 Ⅰ，Ⅱ 两位置系统的势能分别为

$$V_1 = 0$$

$$V_2 = \frac{k}{2}(\delta_{\max}^2 - \delta_{st}^2) - mg(\delta_{\max} - \delta_{st})$$

因 $T_1 = \dfrac{1}{2}mv^2, T_2 = 0$，于是有

$$\frac{1}{2}mv^2 + 0 = 0 + \frac{k}{2}(\delta_{\max}^2 - \delta_{st}^2) - mg(\delta_{\max} - \delta_{st})$$

注意到 $k\delta_{st} = mg$，上式可改写为

$$\delta_{\max}^2 - 2\delta_{st}\delta_{\max} + (\delta_{st}^2 - \frac{v^2}{g}\delta_{st}) = 0$$

解得

$$\delta_{\max} = \delta_{st}(1 \pm \sqrt{\frac{v^2}{g\delta_{st}}})$$

因 $\delta_{\max}$ 应大于 δ_{st}，因此上式应取正号。

钢索的最大张力为

$$F_{\max} = k\delta_{\max} = k\delta_{st}(1 + \sqrt{\frac{v^2}{g\delta_{st}}}) = mg(1 + \frac{v}{g}\sqrt{\frac{k}{m}})$$

代入数据，求得

$$F_{\max} = 16.9\ \text{kN}$$

由此可见，当鼓轮被突然卡住后，钢索的张力增大了 5.9 倍。

【例 12－8】 如图 12－22 所示，鼓轮的质量 $m_1 = 100\ \text{kg}$，轮半径 $R = 0.5\ \text{m}$，轴半径 $r = 0.2\ \text{m}$，可在水平面上作纯滚动，对中心轴 C 的回转半径 $\rho = 0.25\ \text{m}$。弹簧的刚性系数 $k = 60\ \text{N/m}$，开始时 弹簧为自然长度，弹簧和 EH 段绳与水平面平行，定滑轮的质量不计。若在轮上加一矩为 $M = 20\ \text{N}\cdot\text{m}$ 的常力偶，当质量 $m_2 = 20\ \text{kg}$ 的物体 D 无初速下降 $s = 0.4\ \text{m}$ 时，试求鼓轮的角速度和角加速度。

解 取系统为研究对象，点 O_1, G 的约束是理想约束。做功的力为弹簧的弹性力及重物 D 的重力，为保守力；M 是非保守力。

用机械能守恒定律求解，则有

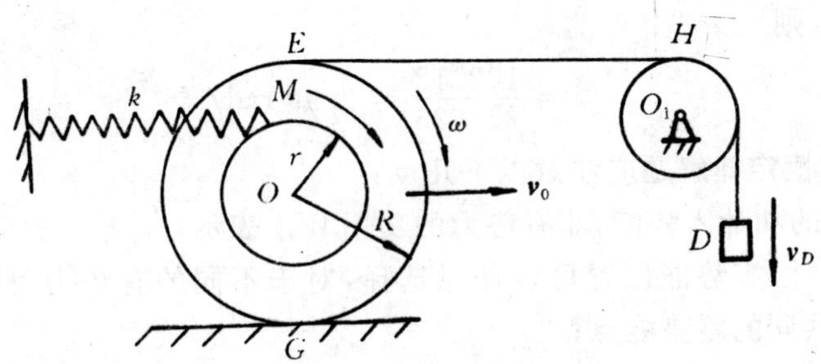

图　12-22

$$T_1 = 0$$

$$T_2 = \frac{1}{2}m_1 v_C^2 + \frac{1}{2}m_1 \rho^2 \quad \omega + \quad \frac{1}{2}m_2 v_D^2 =$$

$$\frac{1}{2}m_1(\omega R)^2 + \frac{1}{2}m_1\rho^2\omega^2 + \frac{1}{2}m_2(\omega \times 2R)^2 =$$

$$[\frac{1}{2}m_1(R^2+\rho^2) + 2m_2R^2]\omega^2$$

取运动的初始位置为零势能点，则某瞬时系统的势能为（物块 D 下降距离为 h）$V_1 = 0$

$$V_2 = -m_2gh + \frac{1}{2}k[(R+r)\frac{h}{2R}]^2$$

$$W_{12}' = M\frac{h}{2R}$$

将以上各式代入式(12-41)得

$$[\frac{1}{2}m \cdot (R^2+\rho^2) + 2m_2R^2]\omega^2 - m_2gh + \frac{1}{2}k[(R+r)\frac{h}{2R}]^2 - 0 = M\frac{h}{2R} \quad (1)$$

当 $h = s = 0.4$ m 时，由式(1)求得

$$25.625\omega^2 = 84.048 \quad (2)$$

由式(2)求得

$$\omega = 1.811 \text{ rad/s}$$

式(1)对时间 t 求一次导数得

$$[\frac{1}{2}m_1(R^2+\rho^2) + 2m_2R^2] \times 2\omega\alpha - m_2g\frac{dh}{dt} +$$

$$k\left(\frac{R+r}{2R}\right)^2 h\frac{dh}{dt} = \frac{M}{2R}\frac{dh}{dt}$$

$\frac{dh}{dt} = v_D = 2R\omega$，代入上式得

$$\left[\frac{1}{2}m_1(R^2+\rho^2) + 2m_2R^2\right] \times 2\omega\alpha - m_2g \times 2R\omega +$$

$$k\left(\frac{R+r}{2R}\right)^2 h \times 2R\omega = \frac{M}{2R} \times 2R\omega$$

即
$$\left[\frac{1}{2}m_1(R^2+\rho^2) + 2m_2R^2\right]\alpha - m_2gR + k\left(\frac{R+r}{2R}\right)^2 hR = \frac{M}{2}$$

所以
$$\alpha = \frac{\frac{M}{2} + m_2gR - k\left(\frac{R+r}{2R}\right)^2 hR}{\frac{1}{2}m_1(R^2+\rho^2) + 2m_2R^2}$$

令 $h = s = 0.4\ \text{m}$，则

$$\alpha = \frac{102.12}{25.625} = 3.99\ \text{rad/s}^2$$

应用机械能守恒定律解题应注意以下几点：

(1) 将有势力的功计入势能，非有势力的功用 W_{12}' 表示；

(2) 计算势能时，零势能位置可以任意选择，对于不同的有势力可以选择不同的零势能点，也可选择一个共同的零势能点；

(3) 恰当选取计算势能的 Ⅰ，Ⅱ 位置，可以简化计算。

§12-5　动力学基本定理的综合应用

上一章及本章所学的质点系动力学基本定理，建立了质点或质点系（刚体）运动的一些物体量与所有力的作用量（冲量、功等）之间的关系。这些定理虽然都可以从质点动力学基本方程推导出来，但是各个定理从不同的侧面阐明了物体机械运动的规律，每个定理各有特点。例如，动量定理和动量矩定理既反映速度大小的变化，也反映速度方向的变化，而动能定理则只反映速度大小的变化；动量定理和动量矩定理涉及所有外力（包括约束反力），却与内力无关，而动能定理则涉及所有作功的力（不论是内力或外力）等等。

质点系动力学基本定理提供了求解质点和质点系动力学问题的一般方法。由于各个定理有各自的特点，在不少动力学问题中，有的只能用某一个定理求解，有的则可用不同的定理求解，这就需要根据问题的性质和所给的条件及要求，恰当地选择合适的定理。关于如何恰当地选择定理是求解问题的重要一步。定理的选择有很大的灵活性，并没一个一成不变的规则。我们只能提出一般方法，供读者学习参考。

(1) 首先明确所研究的质点系包括哪些物体，是整个系统还是其中的某一部分；分析题目已知条件与所求各未知量之间有什么关系（若是力、时间、加速度（或速度）之间的关系宜用动能定理)。再分析质点系的运动状态和受力情形有什么特点（若满足守恒条件，应优先应用守恒定律）。根据以上两方面的分析结果决定用什么定理来建立动力学方程。

(2) 对于非自由质点系，建立动力学方程时，若已知主动力系求质点系的运动，最好使方程中不包含未知的约束反力。这时，如果质点系在保守力作用下（或有非保守力作用，但非保守力不做功)，用机械能守恒定律较为方便。如约束反力不做功，可用质点系动能定理。如约束反力与某定轴相交或平行，可用质点系动量矩定理。如约束反力均与某轴垂直，可用质点系动量定理或质心运动定理在此轴上的投影式。

(3) 若已知运动（包括用动能定理和动量矩定理求得的运动），求质点系的约束反力。通常用动量定理（包括质心运动定理）和动量矩定理。若要求的是内力，则需取分离体或用动能定理。

(4) 对于既要求运动又要求力的综合性问题，总的思路是，先求运动，再求力。对有的问题虽只求运动，但问题比较复杂时，往往用一个定理不能求解。以上两种问题需要综合应用动力学基本定理求解，求解时还要充分利用题中的附加条件（如运动学关系，库仑摩擦定律等)，增列补充方程，使方程中的未知数与方程数相等，方能求解。

【例 12-9】　如图 12-23 (a) 所示的起重装置中，已知：均质轮 A 重为 P、半径为 R；均质

轮 B 重为 $\boldsymbol{Q}$，半径为 r，轮 C 半径为 r，质量不计，其上作用力偶矩为 M 的常值力偶，且 $R=2r$，倾角为 β。设轮与绳子间无相对滑动。试求：(1) 轮心 B 的加速度 a_B；(2) 支座 A 的反力。

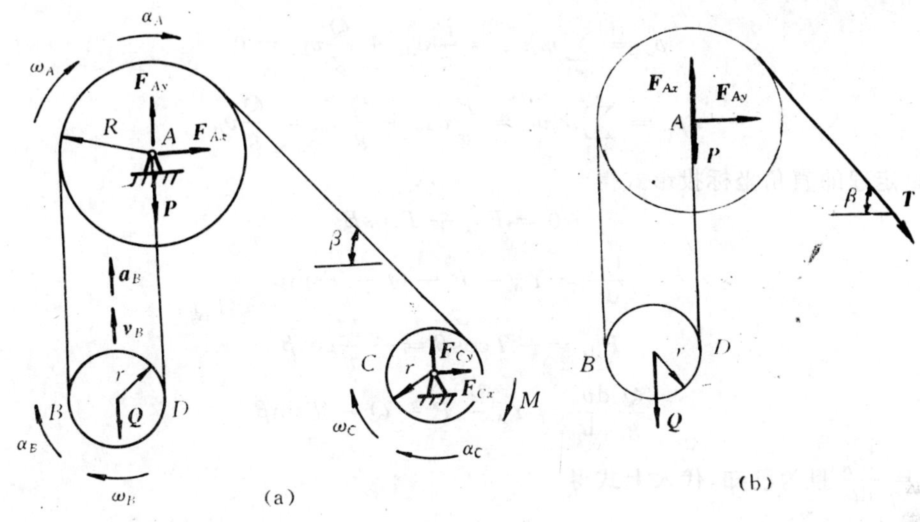

图　12-23

解　此题为刚体系统的动力学综合问题，受力及运动分析如图12-23 (a) 所示。可先求运动后求力。

(1) 以系统整体为研究对象，用动能定理求 a_B。A，C 轴承约束均为理想约束，故主动力的功为

$$W_{12}=M\varphi_C-Qh_B$$

动能 $T_1=c_1$，c_1 为任意常数

$$T_2=\frac{1}{2}J_A\omega_A^2+\frac{1}{2}J_B\omega_B^2+\frac{1}{2}m_Bv_B^2=$$

$$\frac{1}{2}\times\frac{P}{2g}R^2\left(\frac{2v_B}{R}\right)^2+\frac{1}{2}\times\frac{Q}{2g}r^2\left(\frac{v_B}{r}\right)^2+\frac{Q}{2g}v_B^2=$$

$$\frac{v_B^2}{4g}(3Q+4P)$$

将以上各式代入质点系的动能定理得

$$\frac{v_B^2}{4g}(3Q+4P)-c_1=M\varphi_C-Qh_B$$

上式两端对时间 t 求一次导数得

$$\frac{1}{2g}v_Ba_B(3Q+4P)=M\frac{\mathrm{d}\varphi_C}{\mathrm{d}t}-Q\frac{\mathrm{d}h_B}{\mathrm{d}t}$$

上式中 $\frac{\mathrm{d}\varphi_C}{\mathrm{d}t}=\omega_C=\frac{2v_B}{r}$，$\frac{\mathrm{d}h_B}{\mathrm{d}t}=v_B$

故上式为
$$\frac{1}{2g}a_B(3Q+4P)=\frac{2M}{r}-Q$$

所以
$$a_B=2g(2M/r-Q)/(3Q+4P)$$

(2) 求支座反力 $\boldsymbol{F}_{Ax}$，$\boldsymbol{F}_{Ay}$，如图12-23 (b) 所示，由于不计轮 C 的质量，故绳子拉力为 $T=$

$\dfrac{M}{r}$,A 轴承静止,可应用质点系动量定理求解轴承 A 的反力 $\boldsymbol{F}_{Ax}$,$\boldsymbol{F}_{Ay}$。

质点系在 x,y 方向的动量分别为

$$p_x = \sum_{i=1}^{n} m_i v_{ix} = \frac{P}{g} v_{Ax} + \frac{Q}{g} v_{Bx} = 0$$

$$p_y = \sum_{i=1}^{n} m_i v_{iy} = \frac{P}{g} v_{Ay} + \frac{Q}{g} v_{By} = \frac{Q}{g} v_B$$

代入动量定理的直角坐标投影式得

$$0 = F_{Ax} + T\cos B$$

$$\frac{\mathrm{d}p_y}{\mathrm{d}t} = Y_A - P - Q - T\sin\beta$$

或

$$F_{Ax} = - T\cos\beta = - \frac{M}{r}\cos\beta$$

$$\frac{Q}{g}\frac{\mathrm{d}v_B}{\mathrm{d}t} = Y_A - P - Q - T\sin\beta$$

因为 $a_B = \dfrac{\mathrm{d}v_B}{\mathrm{d}t}$ 且为已知,代入上式得

$$Y_A = P + Q + 2Q(2M/r - Q)/(3Q + 4P) + \frac{M}{r}\sin\beta$$

【例 12-10】 三棱柱体 ABC 质量为 M,放在光滑的水平面上,可以无摩擦地滑动,质量为 m 的均质圆柱体沿斜边向下滚动而不滑动,如图 12-24 (a) 所示。若斜面倾角为 θ,试求三棱柱体的加速度。设系统开始静止。

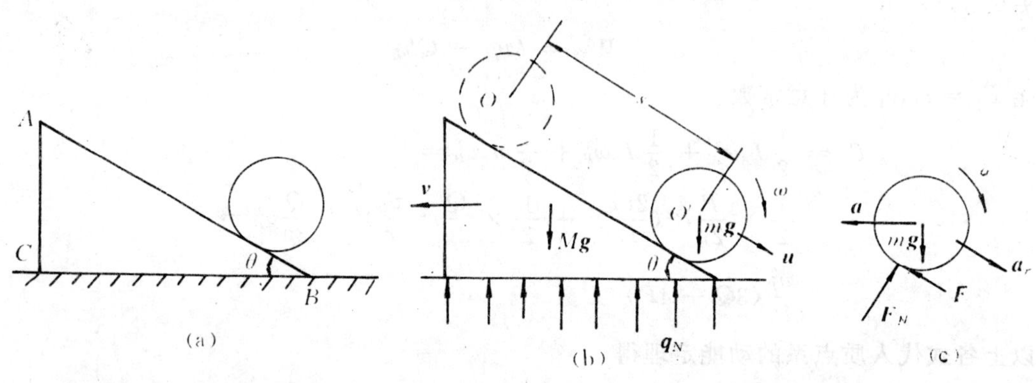

图 12-24

解 取三棱柱体和圆柱体所组成的系统为研究对象。系统所受的外力有重力 M_g,m_g,分布反力 q_N,如图 12—24(b) 所示。系统在水平方向不受外力,则水平方向动量应守恒。显然,当圆柱体沿斜边 AB 向下滚动时,三棱柱体必向左滑动。

设圆柱体的质心 O 相对于三棱柱体的速度为 $\boldsymbol{u}$,三棱柱体向左滑的速度为 $\boldsymbol{v}$,由于系统初始处于静止,则根据动量守恒定理有

$$p_x = - Mv + m(u\cos\theta - v) = 0$$

可解得

$$u = \frac{M + m}{m\cos\theta} v \tag{1}$$

由于上式中的 u,v 均为未知量，一个等式不能求解两个未知量，需再建立一个动力学方程。应用动能定理，已知系统的动能 $T_1=0$，当圆柱体沿 AB 向下滚动了距离 s 以后，系统的动能为

$$T_2=\frac{1}{2}Mv^2+\frac{1}{2}m(v^2+u^2-2uv\cos\theta)+\frac{1}{2}J_0\omega^2$$

式中
$$J_0=\frac{1}{2}mr^2,\quad \omega=\frac{u}{r}$$

r 为圆柱体的半径，ω 为圆柱体沿斜边滚动的角速度。于是

$$T_2=\frac{1}{2}Mv^2+\frac{1}{2}m(v^2+u^2-2vu\cos\theta)+\frac{1}{4}mu^2$$

作用于系统所有力的功为

$$W_{12}=mgs\sin\theta$$

代入积分形式的质点系动能定理表达式，则有

$$\frac{1}{2}Mv^2+\frac{1}{2}m(u^2+v^2-2uv\cos\theta)+\frac{1}{4}mu^2=mgs\sin\theta \tag{2}$$

将式(1) 代入式(2) 得

$$\frac{M+m}{4m\cos\theta}[3(M+m)-2m\cos^2\theta]v^2=mgs\sin\theta$$

将上式两端对时间 t 求一次导数，并注意到$\frac{dv}{dt}=a,\frac{ds}{dt}=u$，可得三棱柱体的加速度为

$$a=\frac{mg\sin2\theta}{3(M+m)-2m\cos^2\theta}$$

讨论：

(1) 本题虽只求运动，由于问题比较复杂，有复合运动，未知量超过一个，仅用动量守恒定理或动能定理均不能求解，必须要综合应用动量守恒定理和动能定理才能求解。

(2) 本题还有其它解法，先以系统为研究对象，水平方向动量守恒；然后再以圆柱体为研究对象列平面运动微分方程，联立求解，具体解法如下：

以系统为研究对象，受力和运动分析如图 12-24 (b) 所示，则由动量守恒得

$$p_x=-Mv+m(u\cos\theta-v)=0$$

可解得
$$u=\frac{M+m}{m\cos\theta}v$$

将上式对时间 t 求一次导数得

$$a_r=\frac{M+m}{m\cos\theta}a$$

再以圆柱体为研究对象，受力和运动分析如图 12-24 (c) 所示，则有

$$m(a_r-a\cos\theta)=mg\sin\theta-F$$

$$\frac{1}{2}mr^2\alpha=Fr$$

以上三个方程，有四个未知量，即 a,a_r,α 和 F，为此，由运动学条件补充一个方程，即

$$\alpha=\frac{a_r}{r}$$

四个方程联立求解，得

$$a=\frac{mg\sin2\theta}{3(M+m)-2m\cos^2\theta}$$

【例 12-11】 均质细杆 AB 长为 l,质量为 m,起初紧靠在铅垂墙壁上,由于微小干扰,杆绕点 B 倾倒如图 12-25 (a) 所示。不计摩擦,求:(1) B 端未脱离墙时 AB 杆的角速度、角加速度及 B 处的反力;(2) B 端脱离墙壁时的 θ_1 角;(3) 杆着地时质心的速度及杆的角速度。

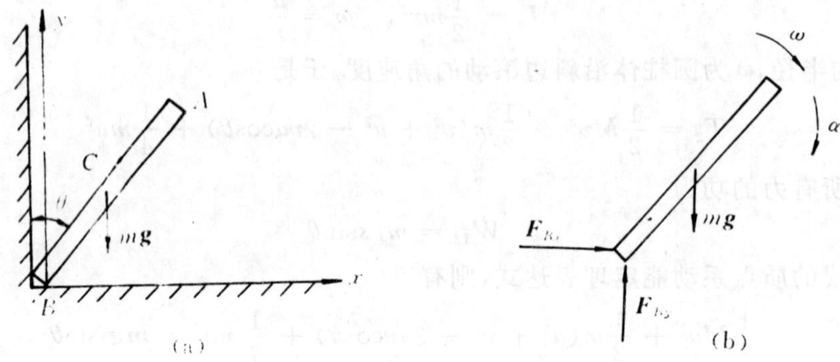

图 12-25

解 以均质细杆 AB 为研究对象,杆 B 端未脱离墙壁时,杆的运动是绕 B 处的定轴转动,可用动能定理求其转动的角速度和角加速度。

由已知条件,得 $T_1 = 0$

$$T_2 = \frac{1}{2}J_B\omega^2 = \frac{1}{2} \times \frac{1}{3}ml^2\dot{\theta}^2 = \frac{1}{6}ml^2\dot{\theta}^2$$

重力的功为 $$W_{12} = mg(\frac{l}{2} - \frac{l}{2}\cos\theta) = \frac{mgl}{2}(1 - \cos\theta)$$

将以上各式代入动能定理得

$$\frac{1}{6}ml^2\dot{\theta}^2 - 0 = \frac{mgl}{2}(1 - \cos\theta) \tag{1}$$

解得 $$\omega = \dot{\theta} = \sqrt{\frac{3g}{l}(1 - \cos\theta)} \tag{2}$$

式(1) 两边对时间 t 求一次导数,则

$$\alpha = \ddot{\theta} = \frac{3g}{2l}\sin\theta \tag{3}$$

欲求 B 处的反力 $\boldsymbol{F}_{Bx}$,$\boldsymbol{F}_{By}$(图 12-25 (b)) 可建立图 12-25 (a) 所示的直角坐标系,则杆质心 C 的坐标为

$$x_C = \frac{l}{2}\sin\theta$$

$$y_C = \frac{l}{2}\cos\theta$$

以上两式分别对时间 t 求二次导数,可得质心 C 的加速度在 x,y 方向的投影为

$$\ddot{x}_C = -\frac{l}{2}\sin\theta \cdot \dot{\theta}^2 + \frac{l}{2}\cos\theta \cdot \ddot{\theta} \tag{4}$$

$$\ddot{y}_C = -\frac{l}{2}\cos\theta \cdot \dot{\theta}^2 - \frac{l}{2}\sin\theta \cdot \ddot{\theta} \tag{5}$$

应用质心运动定理

$$m\ddot{x}_C = F_{Bx} \tag{6}$$

$$m\ddot{y}_C = F_{By} - mg \tag{7}$$

将式(4)、式(5) 分别代入式(6)、式(7)，并注意到式(2)、式(3) 得

$$F_{Bx} = \frac{3}{4}mg\sin\theta(3\cos\theta - 2) \tag{8}$$

$$F_{By} = mg - \frac{3}{4}mg(3\sin^2\theta + 2\cos\theta - 2) \tag{9}$$

当 $F_{Bx} = 0$ 时，由式(8) 得

$$\theta_1 = \cos^{-1}\frac{2}{3} \tag{10}$$

当 B 处脱离墙壁杆倾倒时，杆的运动是平面运动。取杆在铅垂位置为运动起点，则 $T_1 = 0$

$$T_2 = \frac{1}{2}J_C\dot{\theta}^2 + \frac{1}{2}m(\dot{x}_C^2 + \dot{y}_C^2)$$

式中
$$\dot{x}_C = \dot{\theta}_1\frac{l}{2}\cos\theta_1 = \frac{\sqrt{gl}}{3}$$

脱离墙壁后，水平方向受力为零，$\dot{x}_C =$ 常数。

$$\dot{y}_C = (\frac{l}{2}\cos\theta)'_t = -\frac{l}{2}\sin\theta \cdot \dot{\theta}$$

$$W_{12} = \frac{mgl}{2}$$

将以上各式代入动能定理得

$$\omega = \dot{\theta} = \sqrt{\frac{8g}{3l}}$$

$$v_C = \sqrt{\dot{x}_C^2 + \dot{y}_C^2} = \frac{\sqrt{7gl}}{3}$$

或取杆的运动起点为杆在脱离墙壁时的位置，则 $T_1 = \frac{1}{2}J_B\dot{\theta}_1^2 = \frac{1}{6}mgl$， T_2 不变

$$W_{12} = \frac{mgl}{2}(\cos\theta_1 - \cos\theta)$$

仍可求得相同的结果。

习　题

12-1　(1) 在题图 12-1 (a) 所示系统中，弹簧原长为 $\sqrt{2}R$，弹簧刚性系数为 k，小球重为 $\boldsymbol{P}$，其尺寸不计。当小球以题图 12-1 所示位置 M 沿粗糙固定弧面纯滚到位置 B 时，试求：滑动摩擦力作的功 W_1 等于多少?，重力作的功 W_2 等于多少?，弹性力作的功 W_3 等于多少?

(2) 如题图 12-1 (b) 所示，一质量为 m 的重物悬挂于弹簧常数为 k 的弹簧上，试求重物由平衡位置起再向下移动 Δ 时弹性力作的功。

12-2　题图 12-2 所示鼓轮在固定水平面上作纯滚动。已知：常量的拉力 $\boldsymbol{T}$、静滑动摩擦力 $\boldsymbol{F}$、重力 $\boldsymbol{Q}$、法向反力 $\boldsymbol{F}_{\mathrm{N}}$ 和力矩为 m_k 的力偶，半径 r, R，倾角 θ。试求当轮心移动距离 s 时各力作的功。

12-3　题图 12-3 所示直角刚杆的 OA 部分可视为均质直杆，重 P_1，OB 部分亦为均质直

杆，重 P_2，质点 A 重 Q，尺寸 l_1，l_2，h，刚性系数 k 均为已知，系统平衡时杆 OA 水平。若以平衡位置为零势能位置，试求当杆有微小偏角 φ 时系统的势能。

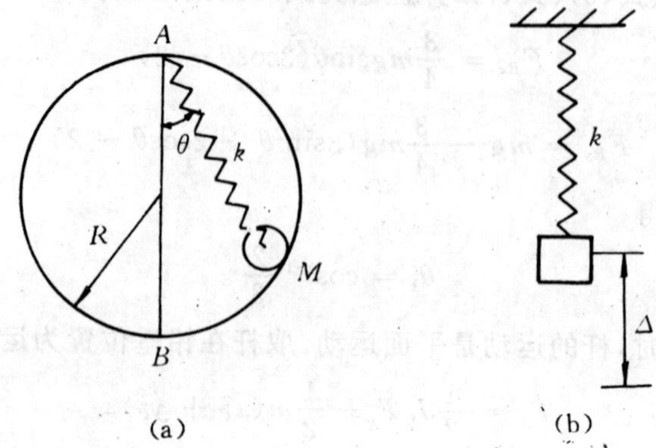

题图 12-1

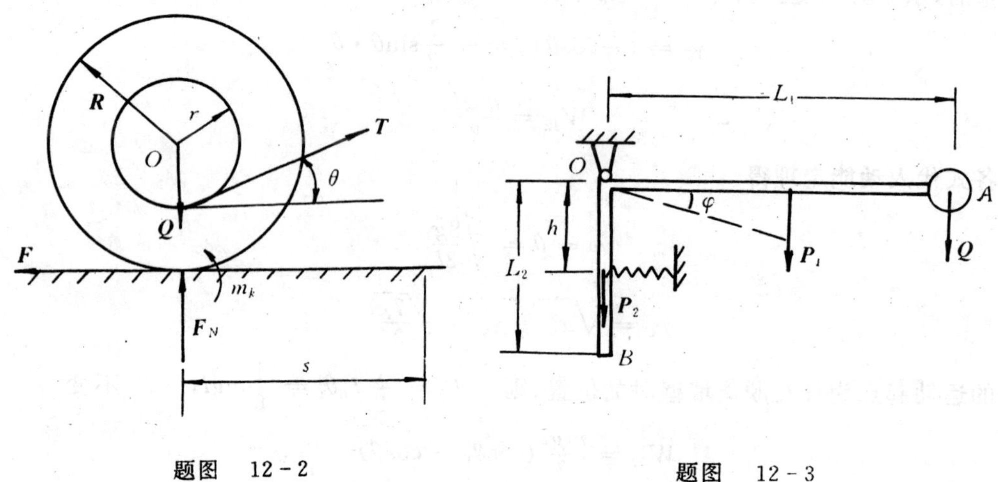

题图 12-2　　　　题图 12-3

12-4　一水泵抽水量 $Q = 0.06\ \mathrm{m^3/s}$，扬程 $H = 20\ \mathrm{m}$，如抽水机总效率为 $\eta = 0.6$，问需选用多大马力的电动机？（注：1 马力 $= 0.735\ \mathrm{kW}$）

12-5　题图 12-5 所示汽车装有一可翻转的车箱，内装有 $5\ \mathrm{m^3}$ 的砂石，砂石比重为 $23\ \mathrm{N/m^3}$。车箱装砂石后重心 C 与翻转轴 A 的水平距离为 100 cm，铅直距离为 70 cm，欲使车箱绕 A 轴翻转的角速度为 0.05 rad/s，问所需的最大功率为若干？

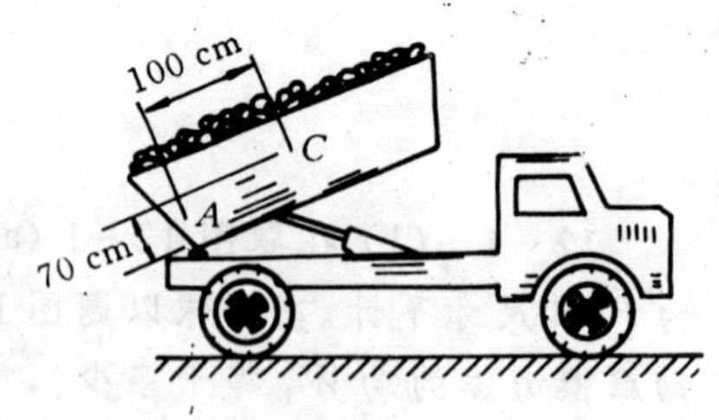

题图 12-5

12-6　一载重汽车总重 100 kN，在水平路面上行驶时，空气阻力 $R = 0.001v^2$（v 以 m/s 计，R 以 kN 计），其它阻力相当于车重的 0.016 倍。设机械效率为 $\eta = 0.85$，车以 54 km/h 的速度行驶，求发动机的功率。

12-7　如题图 12-7 所示长为 l、重为 P 的均质杆 OA 以匀角速度 ω 绕铅直轴 Oz 转动，

并与 Oz 轴的夹角 θ 保持不变，求杆 OA 的动能。

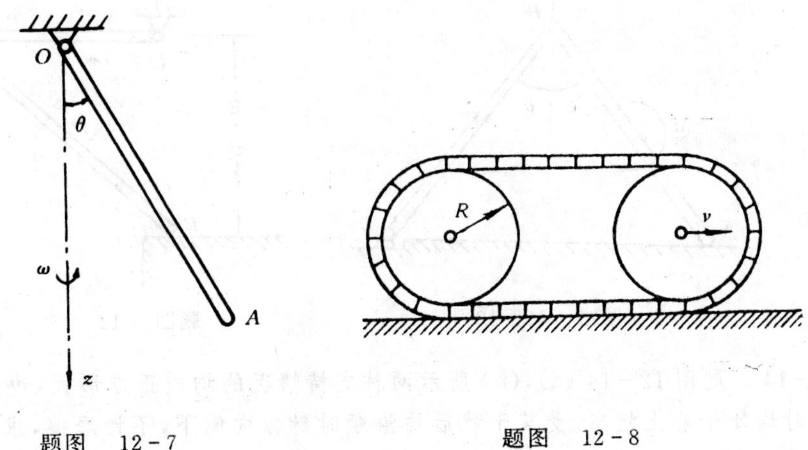

题图　12－7　　　　题图　12－8

12－8　题图 12－8 所示坦克的履带质量为 m，两个车轮的质量均为 m_1。车轮被看成均质圆盘，半径为 R，两车轮轴间的距离为 πR。设坦克前进速度为 v，试计算此质点系的动能。

12－9　设质点系所受外力的主矢量和主矩都等于零。试问该质点系的动量、动量矩、动能、质心的速度和位置会不会改变？质点系中各质点的速度和位置会不会改变？

12－10　如题图 12－10 所示，均质杆 OA 的质量为 30 kg，杆在铅直位置时弹簧处于自然状态。设弹簧刚性系数 $k=3$ kN/m，为使杆能由铅直位置 OA 转到水平位置 OA'，在铅直位置时的角速度至少应为多大？

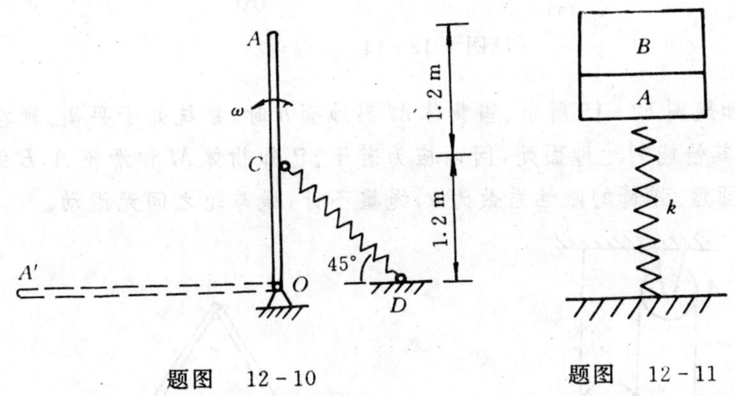

题图　12－10　　　　题图　12－11

12－11　质量为 2 kg 的物块 A 在弹簧上处于静止，如题图 12－11 所示。弹簧的刚性系数 k 为 400 N/m。现将质量为 4 kg 的物块 B 放置在物块 A 上，刚接触就释放它。求(1) 弹簧对两物块的最大作用力；(2) 两物块得到的最大速度。

12－12　平面机构由两均质杆 AB，BO 组成，两杆的质量均为 m，长度均为 l，在铅垂平面内运动。在杆 AB 上作用一不变的力偶矩 M，从题图 12－12 所示位置由静止开始运动。不计摩擦，试求当滚子 A 即将碰到铰支座 O 时 A 端的速度。

12－13　两个均质杆组成的机构及尺寸如题图 12－13 所示。OA 杆的质量是 AB 杆质量的两倍。如果略去所有摩擦，求当 OA 杆由水平位置释放转动到铅垂位置时，AB 杆 B 端的速度。

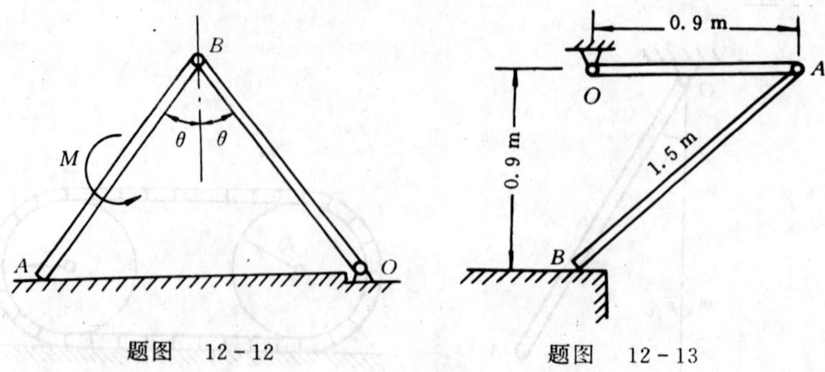

题图 12-12　　题图 12-13

12-14　题图 12-14 (a),(b) 所示两种支持情况的均质正方形板，边长均为 a，质量均为 m，初始时均处于静止状态。受某干扰后均沿顺时针方向倒下，不计摩擦，求当 OA 边处于水平位置时，两方板的角速度。

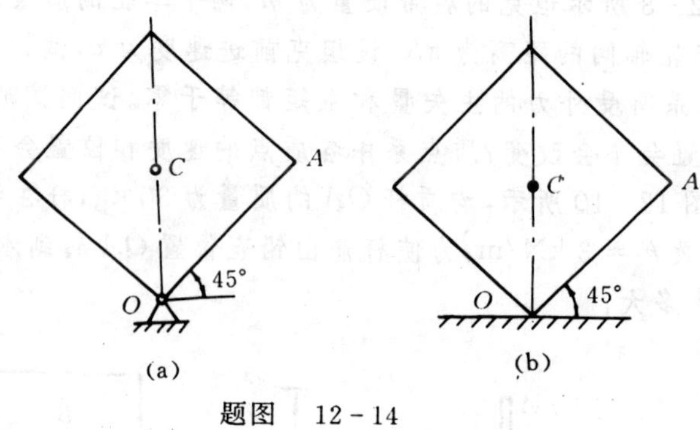

题图 12-14

12-15　一系统如题图 12-15 所示。当物体 M 离地面 h 时，系统处于平衡。现在给物体 M 以向下的初速度 $\boldsymbol{v}_0$，使其恰能到达地面处，问 $\boldsymbol{v}_0$ 应为若干？已知物体 M 和滑轮 A,B 的重量均为 P，且滑轮可看成均质圆盘。弹簧的刚性系数为 k，绳重不计，绳与轮之间无滑动。

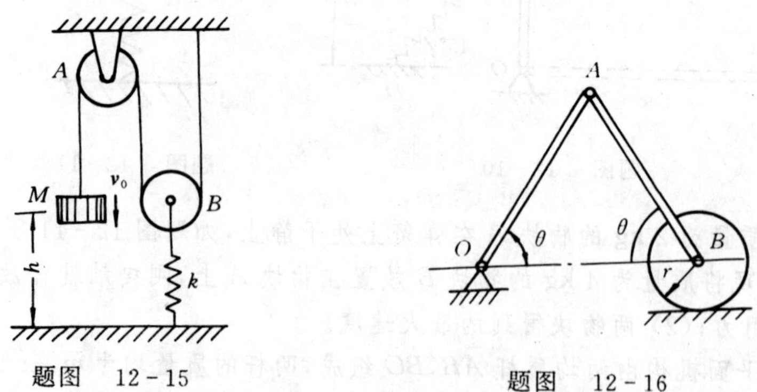

题图 12-15　　题图 12-16

12-16　在题图 12-16 所示系统中，均质杆 OA,OB 各长 l，质量均为 m_1；均质圆轮的半径为 r，质量为 m_2。当 $\theta = 60°$ 时，系统由静止开始运动，求当 $\theta = 30°$ 时轮心的速度。该轮在水平面上只滚动不滑动。

12-17 如题图 12-17 所示，自行车（包括车轮子）连同人的质量共为 80 kg，每个轮子的质量各为 5 kg，轮的质量可看成均匀地分布在半径为 35 cm 的圆周上，轮与地面间的滚动摩阻系数为 0.5 cm。如在开始时，骑车人以 9 km/h 的速度前进，问在他停止以脚踩踏板后，自行车还能行多少路程？

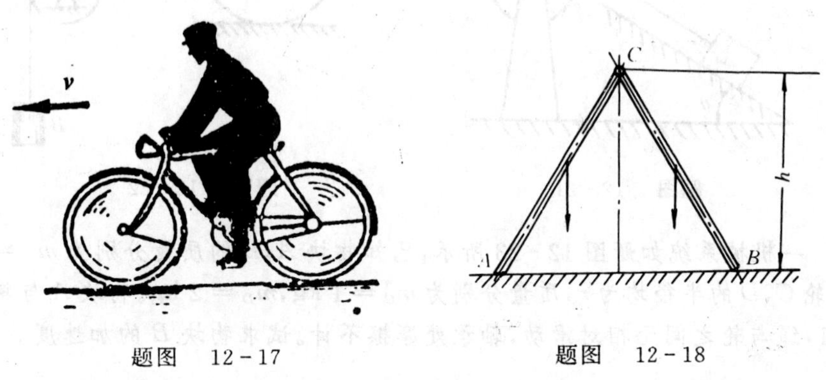

题图 12-17　　题图 12-18

12-18 两均质杆 AC 和 BC 质量均为 m，长均为 l，在点 C 由光滑铰链相连接，A，B 端放置在光滑水平面上，如题图 12-18 所示。杆系在铅直面内（题图 12-18 所示位置）由静止开始运动，求铰链 C 落到地面时的速度。

12-19 均质链条全长为 l，放置在光滑桌面上，在题图 12-19 所示位置由静止释放。求链条在其最后一环离开桌棱时的速度和经过的时间。

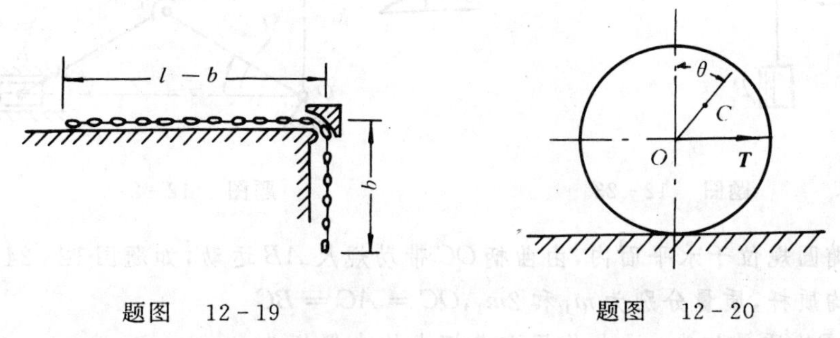

题图 12-19　　题图 12-20

12-20 题图 12-20 所示偏心轮质量为 m，半径为 R，偏心距为 e，对质心 C 的回转半径为 ρ。轮心 O 作用一常力 $\boldsymbol{T}$ 使轮沿直线水平轨道滚动而无滑动，轮子在 $\theta=0$ 位置由静止开始运动，求轮心 O 的加速度。

12-21 力偶矩 M 为常量，作用在绞车的鼓轮上，使轮转动，如图 12-21 所示。轮的半径为 r，质量为 m_1。缠绕在鼓轮上的绳子系一质量为 m_2 的重物，使其沿倾角为 θ 的斜面上升。重物与斜面间的滑动摩擦因数为 f，绳子质量不计，鼓轮可视为均质圆柱。在开始时，此系统处于静止。求鼓轮转动 φ 角时的角速度与角加速度。

12-22 如题图 12-22 所示，半径为 R 重 P_1 的均质圆盘 A 放在水平面上。绳子的一端系在圆盘中心 A，另一端绕过均质滑轮 C 后挂有重物 B。已知滑轮 C 的半径为 r，重为 P_2，重物 B 重 P_3，绳子不可伸长，其质量略去不计，圆盘滚而不滑，并不计滚动摩擦。系统从静止开始运动。求重物 B 下落的距离为 x 时，圆盘中心的速度和加速度。

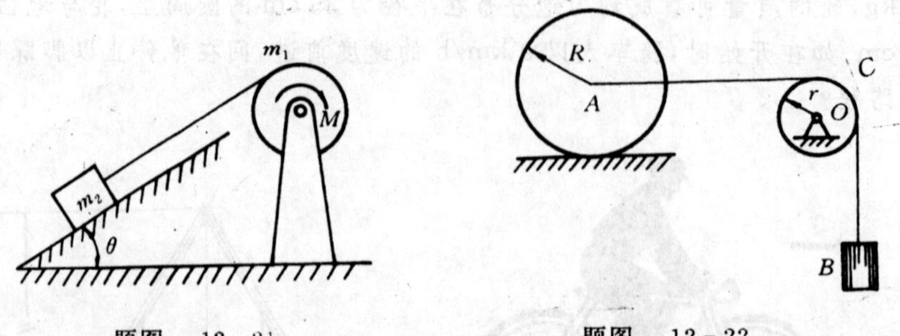

题图　12－21　　　　题图　12－22

12－23　一机械系统如题图12－23所示，已知物块A，B的质量分别为$m_A = 5\ \mathrm{kg}$，$m_B = 1\ \mathrm{kg}$。均质滑轮C，D的半径均为r，质量分别为$m_C = 1\ \mathrm{kg}$，$m_D = 2\ \mathrm{kg}$。物块A与斜面间的摩擦因数$f = 0.1$，绳与轮之间无相对滑动，轴承处摩擦不计。试求物块B的加速度。

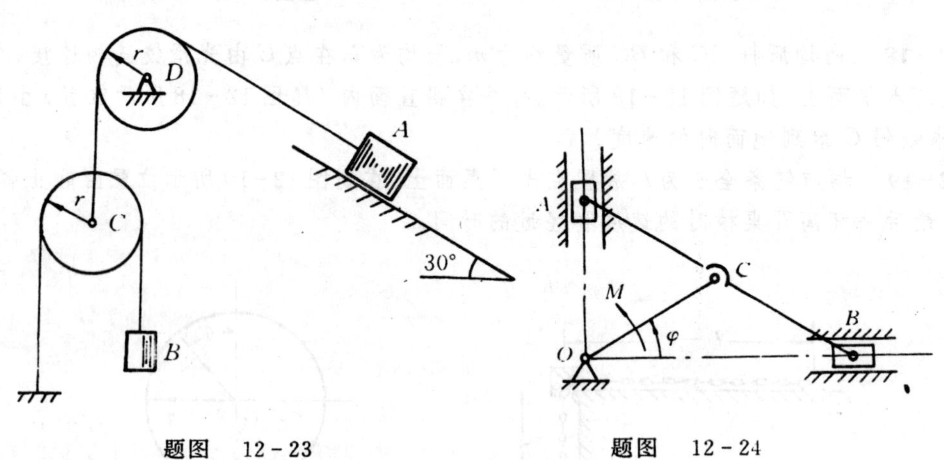

题图　12－23　　　　题图　12－24

12－24　椭圆规位于水平面内，由曲柄OC带动规尺AB运动，如题图12－24所示。曲柄和椭圆规尺都是均质杆，质量分别为m_1和$2m_1$，$OC = AC = BC = l$，滑块A和B的质量均为m_2。如作用在曲柄上的力偶矩为M，且M为常数。设$\varphi = 0$时系统静止，忽略摩擦，求曲柄的角速度和角加速度（以转角φ的函数表示）。

12－25　均质细杆长l，质量为m_1，上端B靠在光滑的墙上，下端A以铰链与均质圆柱的中心相连，圆柱质量为m_2，半径为R，放在粗糙的地面上，自题图12－25所示位置，由静止开始滚动而不滑动，杆与水平线的交角$\theta = 45°$。求点A在初瞬时的加速度。

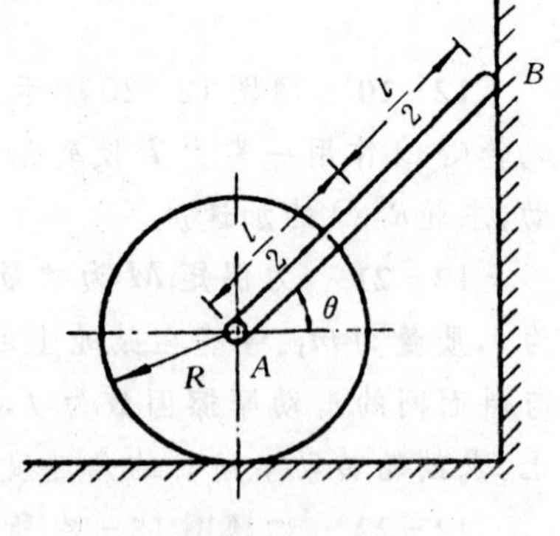

题图　12－25

综合题

12-26 如题图12-26所示，重物A重P，连在一根无重量的、不能伸长的绳子上，绳子绕过固定滑轮D并绕在鼓轮B上。由于重物下降，带动C沿水平轨道滚动而不滑动。鼓轮B的半径为r，轮C的半径为R，两者固连一起，总重量为Q，对于水平轴的惯性半径为ρ。求重物A的加速度及地面对轮C的作用力。轮D的质量不计。

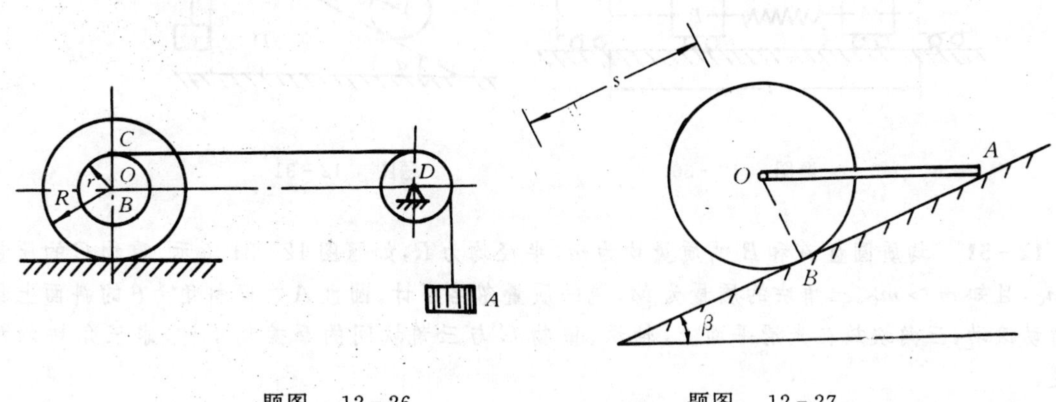

题图 12-26　　　题图 12-27

12-27 机构如题图12-27所示，已知：均质轮O沿倾角为β的固定斜面作纯滚动，重为P、半径R，均质细杆OA重Q，且水平，初始时系统静止，忽略杆两端A,O处的摩擦。试求(1)轮的中心O的速度、加速度和经过的路程s的关系；(2) A,B处的约束反力。

12-28 鼓轮质量为m_1，对于中心轴的回转半径为ρ，置于摩擦因数为f的粗糙水平面上，并与光滑铅直墙接触，如题图12-28所示。重物A的质量为m_2，求A的加速度和鼓轮所受的约束力。

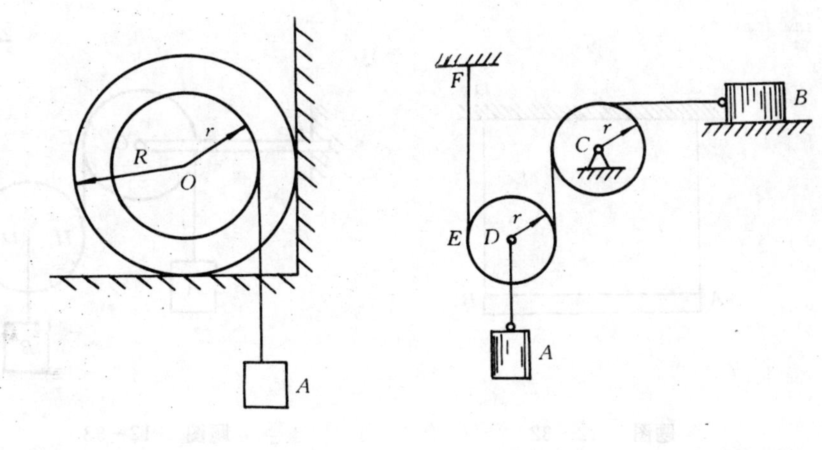

题图 12-28　　　题图 12-29

12-29 如题图12-29所示，重物A和B通过动滑轮D和定滑轮C而运动。开始时是静止的。重物A和B的重量均为P，滑轮C和D的重量均为Q，可视为均质圆盘，重物B与水平面间的动滑动摩擦因数为f'，绳索不可伸长，其质量不计。试求重物A下降h时的速度和加速度，并求 EF 段绳中的拉力。

12－30 题图12－30所示弹簧两端各系以重物 A 和 B，放在光滑的水平面上，其中重物 A 的质量为 m_1，重物 B 的质量为 m_2，弹簧的原长为 l_0，刚性系数为 k。若将弹簧拉长到 l 然后无初速地释放，问弹簧回到原长时，重物 A 和 B 的速度各为多少？

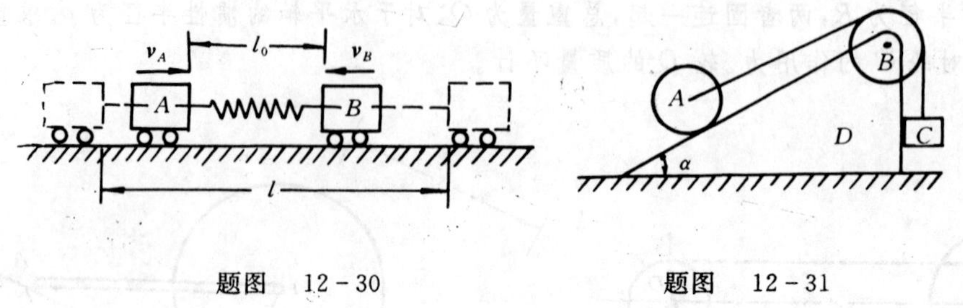

题图 12－30　　题图 12－31

12－31 均质圆盘 A 和 B 的质量均为 m，半径均为 R，如题图12－31所示。重物 C 的质量为 m_C，且知 $m > m_C$。三角块的质量为 M，绳的质量忽略不计。圆盘 A 在倾斜角为 θ 的斜面上作无滑动滚动，三角块放在光滑平面上，轴承、重物 C 与三角块间的摩擦均不计，求三角块的加速度。

12－32 均质棒 AB 的质量为 $m = 4$ kg，其两端悬挂在两条平行绳上，棒处在水平位置，如题图12－32所示。设其中一绳突然断了，求此瞬时另一绳的张力。

12－33 题图12－33所示机构中，物块 A，B 的质量均为 m，两均质圆轮 C，D 的质量均为 $2m$，半径均为 R。C 轮铰接于无重悬臂梁 CK 上，D 为动滑轮，梁的长度为 $3R$，绳与轮间无滑动。系统由静止开始运动，求：(1) A 物块上升的加速度；(2) HE 段绳的拉力；(3) 固定端 K 处的约束反力。

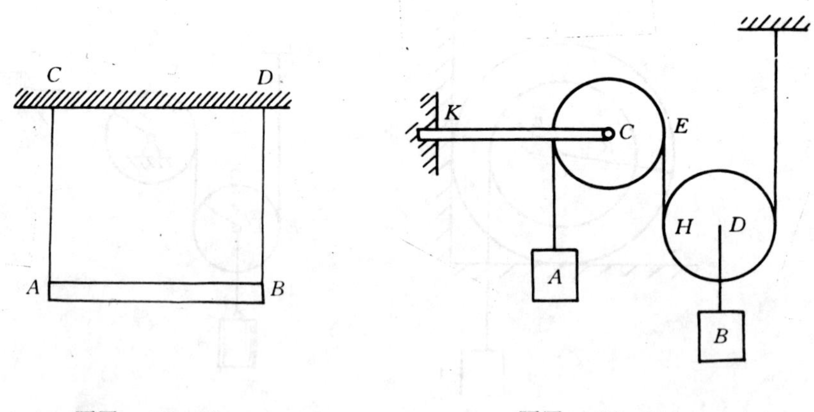

题图 12－32　　题图 12－33

12－34 在题图12－34所示机构中，沿斜面纯滚动的圆柱体 O' 和鼓轮 O 为均质物体，质量均为 m，半径均为 R。绳子不能伸缩，其质量略去不计。粗糙斜面的倾角为 θ，不计滚动摩擦。如在鼓轮上作用一常力偶 M。求：(1) 鼓轮的角加速度；(2) 轴承 O 的水平反力。

12－35 均质细杆长为 l，质量为 m，静止直立于光滑水平面上。当杆受到微小干扰而倒下时，求杆刚刚达到地面时的角速度和地面约束力。

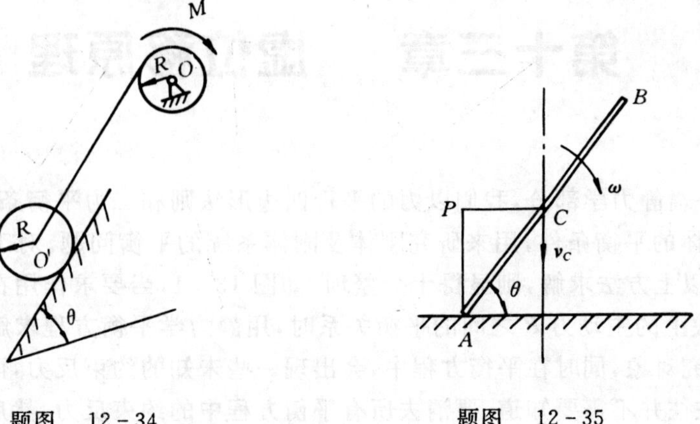

题图　12－34　　　　题图　12－35

第十三章　虚位移原理

在本书第一篇静力学部分，我们以力的平行四边形法则和二力平衡条件为基础，通过力系的简化，得出刚体的平衡条件，用来研究刚体及刚体系统的平衡问题。对于有些复杂系统的平衡问题，如果用以上方法求解，则显得十分繁琐。如图 13－1，当要求作用在曲柄上的主动力矩 M 与作用在滑块上的主动力 $\boldsymbol{P}$ 之间的平衡关系时，用静力学平衡方程求解，需要分别取曲柄、连杆、滑块为研究对象，同时在平衡方程中，会出现一些未知的约束反力，而这些约束反力在所研究的问题中往往并不需要知道。要消去所有平衡方程中的约束反力，然后求出主动力间的平衡关系，这是一个很繁琐的过程。本章我们将介绍普遍适用于研究任意质点系的平衡问题的一个原理，能有效地解决上述问题。它从位移和功的概念出发，得出任意质点系的平衡条件，这个原理称做虚位移原理。

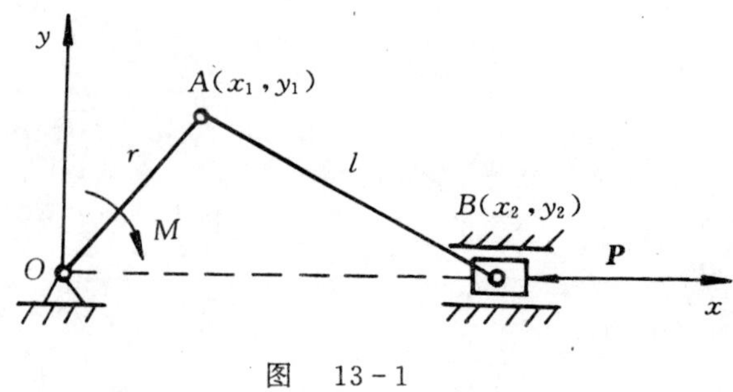

图　13－1

应用虚位移原理求解系统的平衡问题时，在所列的方程中，将不出现约束反力，联立方程的数目也将减少，因而可使运算简化。

虚位移原理不但能简捷地处理物系的静力学问题，而且还可与达朗伯原理相结合，得到一个解答动力学问题的动力学普遍方程。这些理论构成分析力学体系的基础。本章只介绍虚位移原理的工程应用，而不按分析力学体系追求其完整性和严密性。

在讲述虚位移原理之前，我们先了解有关的一些概念。

§13－1　约束及约束方程

在静力学中，我们将限制某物体运动的周围物体称为约束，约束对被约束物体的作用表现为约束力。为了研究问题的方便，现在从运动学方面来看约束的作用。如一非自由质点系的位置或速度受到某些预定条件的限制（限制质点或质点系运动的各种条件），这些限制条件称为约束。在一般情形下，约束对质点系运动的限制可以通过质点系中各质点的坐标或速度的数学方程来表示，称为约束方程。

例如，曲柄连杆机构（图 13－1）的曲柄销 A 只能做圆周运动，滑块 B 只能沿滑槽运动。这

些限制条件可用以下的约束方程来表示，即

$$\left.\begin{array}{l}x_1^2+y_1^2=r^2\\(x_2-x_1)^2+(y_2-y_1)^2=l^2\\y_2=0\end{array}\right\}\qquad(1)$$

又如图 13-2 中的小球 B 受刚杆 AB 的约束，被限制在铅直平面内绕固定点 A 沿圆弧运动，圆弧的半径为 l，其约束方程为

$$x^2+y^2=l^2\qquad(2)$$

在以上两例中，约束只限制质点系的几何位置，约束方程只是各质点位置坐标的函数。这种约束称为几何约束。

几何约束的约束方程一般形式是

$$f_j(x_1,y_1,z_1,\cdots,x_n,y_n,z_n)=0\qquad(j=1,2,\cdots,s)\qquad(13-1)$$

式中 n 是质点系中质点的数目，s 是约束方程的数目。

在以上两例中，约束又都不随时间而变，故约束方程中不显含时间 t。这种约束称为定常约束。

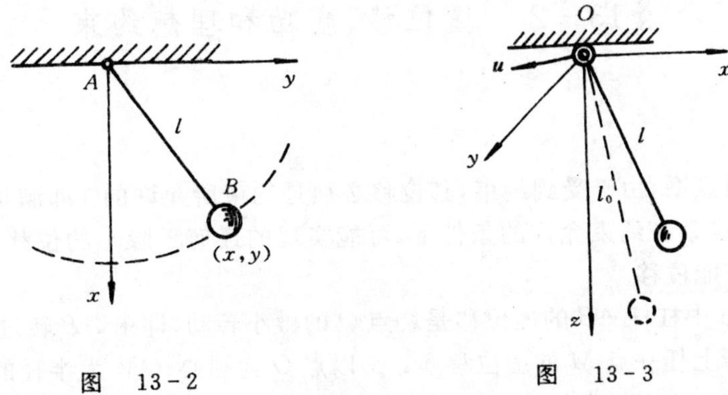

图 13-2　　　　图 13-3

有的约束随时间而变化，因而在约束方程中显含时间 t，这种约束称为非定常约束。例如，将绳子的上端穿过小环 O，下端系一小球，如图 13-3 所示。设初瞬时小球与小环 O 的距离为 l_0，今以匀速 u 拉动绳子，则在任一瞬时 t，小球与小环的距离为 $l=l_0-ut$，于是约束方程为

$$x^2+y^2+z^2=(l_0-ut)^2\qquad(3)$$

因方程中显含时间 t，所以是非定常约束。非定常几何约束方程的一般形式是

$$f_j(x_1,y_1,z_1,\cdots,x_n,y_n,z_n,t)=0\qquad j=(1,2,\cdots,s)\qquad(13-2)$$

如果约束既能限制质点沿某一方向的运动，又能限制沿相反方向的运动，则称为双面约束或固执约束。如果约束只能限制质点某一方向的运动，而不能限制相反方向的运动，则称为单面约束或非固执约束。图 13-2 中小球 B 所受的刚杆约束［由约束方程(2)表示］是双面约束。但如将刚杆改为绳子，因绳子不能限制小球沿着使绳子松弛的方向运动，所以成了单面约束，其约束方程为

$$x^2+y^2\leqslant l^2\qquad(4)$$

将式(4)与(2)对比，可见双面约束的约束方程是等式，而单面约束的约束方程是不等式。

本书中只考虑双面约束的情形，如遇到单面约束，只要约束不致消失或松弛，即可当作双面约束对待。

以上所举的各种约束，都只对质点的位置施加限制，而对质点的速度未加限制，在约束方程中不显含质点速度（即坐标对时间的一阶导数），这种约束称为完整约束。有的约束虽对质点系中质点的速度施加限制，但可以积分成有限形式，这样的约束仍是完整约束。例如，轮子在水平面上沿直线（取为 x 轴）滚动而不滑动（图 13－4），接触点的速度为零，这一约束条件可用方程表示为

$$\dot{x}_C - r\dot{\varphi} = 0 \qquad (5)$$

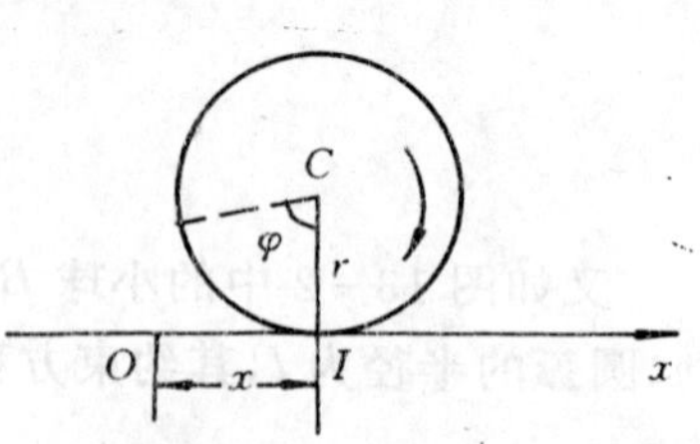

图　13－4

式中 $\dot{x}_C$ 是轮心的速度，$\dot{\varphi}$ 是轮子的角速度，r 是轮子的半径。方程(5) 是地面对轮子速度施加的限制条件，但该方程可以积分成为（假设积分常数是零）

$$x_C - r\varphi = 0$$

所以地面对轮子的约束仍是完整约束。

如果在约束方程中显含坐标对时间的导数，并且不可积分，则这种约束称为非完整约束。本书中只讨论完整约束的情形，对非完整约束不详细叙述。

§13－2　虚位移、虚功和理想约束

1．虚位移

一个质点或质点系，由于受到约束，其位移必须是约束所允许的（即满足约束条件的）。在某瞬时，质点或质点系在约束允许的条件下，可能实现的任何无限小的位移，称为该质点或质点系的虚位移或可能位移。

例如，图 13－5 中杠杆 AB 的虚位移是绕点 O 的微小转动，即由 AB 转过一微小角度 $\delta\theta$ 到 $A'B'$。相应地，杠杆上任一点 M 的虚位移 $\delta \boldsymbol{r}_M$ 是以点 O 为圆心、OM 为半径的圆上一段微小的弦 MM'。由于 $\delta\theta$ 是微小的，所以可以认为 $\delta \boldsymbol{r}_M$ 垂直于 AB 且有 $\delta \boldsymbol{r}_M = \overline{MM'}$。同样，$A$，$B$ 两点的虚位移 $\delta \boldsymbol{r}_A$，$\delta \boldsymbol{r}_B$ 也垂直于 AB。各点虚位移的方向如图 13－5 所示。又如图 13－6 中曲柄连杆机构的虚位移，可由曲柄 OA 转过一微小角度 $\delta\varphi$ 而得到，即由位置 OAB 到 $OA'B'$。曲柄销 A 的虚位移 $\delta \boldsymbol{r}_A$ 垂直于 OA，且 $\delta \boldsymbol{r}_A = \overline{AA'}$；滑块 B 的虚位移 $\delta \boldsymbol{r}_B$ 则沿导槽，且 $\delta \boldsymbol{r}_B = \overline{BB'}$。以上两例中的杠杆 AB 或曲柄 OA，如向相反方向转动一微小角度，也是约束所允许的，在这种情况下，整个系统及其各点将有相反方向的虚位移。

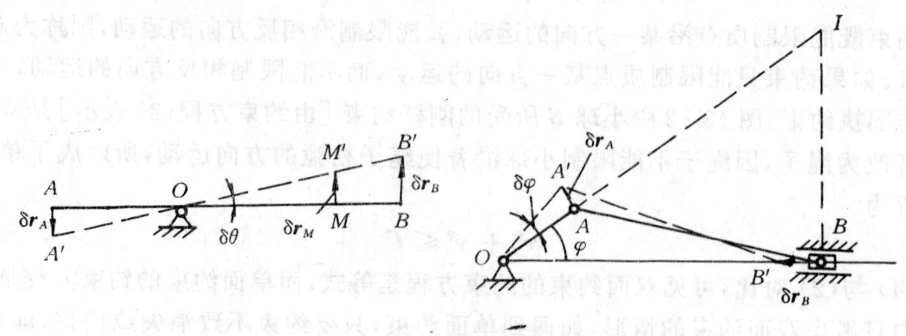

图　13－5　　　　图　13－6

虚位移与真正运动发生的实位移既有区别又有联系，主要表现为：

(1) 虚位移是无限小的位移，以致既使是质点产生虚位移也不致改变原来的平衡条件，而实位移可以是无限小的位移，也可以是有限的位移；

(2) 虚位移可以有为约束所允许的几种不同的方向（如图 13-6 中滑块 B 的虚位移可以向左，也可以向右）；

(3) 虚位移是假想的，仅决定于质点系所受的约束，而与质点系所受的力、时间以及质点系的运动情况无关。实位移不仅决定于质点系所受的约束，也和所受力、时间以及运动的初始条件有关；

(4) 实位移是在一定的时间内发生的，虚位移只是纯几何的概念，完全与时间无关。以后用记号 $\delta x, \delta s, \delta \boldsymbol{r}, \delta \varphi \cdots$ 表示虚位移以区别于实位移 $\mathrm{d}x, \mathrm{d}s, \mathrm{d}\boldsymbol{r}, \mathrm{d}\varphi \cdots$，$\delta$ 为变分符号，它表示变量 $x, s, \boldsymbol{r}$ 和 φ 的无限小“变更”。如为代数量的变分，其正向与原代数量一致，如 δx，δs。如为矢量的变分，则为小位移矢量，方向如图 13-6 所示，如 $\delta \boldsymbol{r}_A$，算式中则计算其大小。虚位移可以是线位移也可以是角位移，如图 13-6 中的 $\delta \boldsymbol{r}_A$，$\delta \varphi$。

(5) 质点系在定常完整约束条件下，它的无限小的实位移是它的虚位移之一；

(6) 质点系在非定常约束条件下，某瞬时的虚位移是将时间固定后，约束所允许的位移，而实位移是不能固定时间的，所以这时实位移不一定是虚位移中的一个。

2. 虚功

设某质点受力 $\boldsymbol{F}$ 作用。设想给质点一虚位移 $\delta \boldsymbol{r}$，如图 13-7 (a) 所示，则力 $\boldsymbol{F}$ 在虚位移 $\delta \boldsymbol{r}$ 上作的功称为虚功，即

$$\delta W = \boldsymbol{F} \cdot \delta \boldsymbol{r} \qquad (13-3)$$

其解析表达式为

$$\delta W = X\delta x + Y\delta y + Z\delta z \quad (13-4)$$

式中 X, Y, Z 是力 $\boldsymbol{F}$ 在直角坐标轴上的投影；$\delta x, \delta y, \delta z$ 是虚位移 $\delta \boldsymbol{r}$ 在直角坐标轴上的投影。

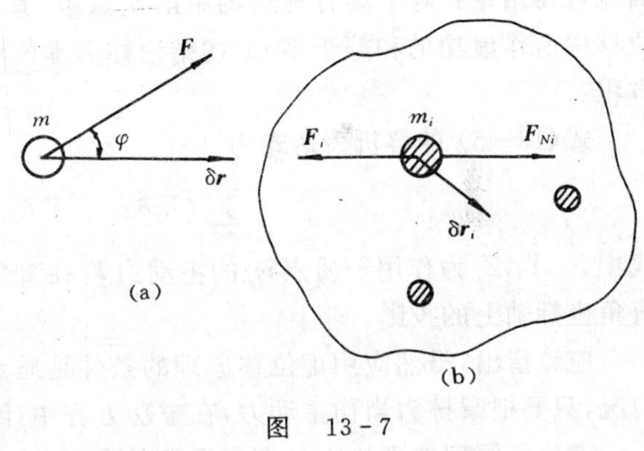

图 13-7

虚功也是假设的并且与虚位移是同阶的无穷小量。我们所遇到的虚功与实位移中的元功虽然采用同一符号 δW，但它们之间是有本质区别的。元功是力在真实位移中作的功，而虚功是在假想的虚位移中所作的功，所以虚功也是假想的。

3. 理想约束

很多情况下，约束反力与约束所允许的虚位移互相垂直，约束反力的虚功等于零；很多系统内部的相互约束力所作虚功之和也等于零，这种约束称为理想约束。在动能定理一章已分析过光滑表面、光滑铰链、刚性杆以及不可伸长的绳索等理想约束，其约束反力都不作功或作功之和等于零。同样，这种理想约束的约束反力 $\boldsymbol{F}_{Ni}$ 在虚位移 $\delta \boldsymbol{r}_i$ 中也不作虚功或虚功之和等于零，即

$$\sum_{i=1}^{n} \boldsymbol{F}_{Ni} \cdot \delta \boldsymbol{r}_i = 0$$

§13-3　虚位移原理

设有一质点系处于静止平衡状态。取质点系中任一质点m_i，如图13-7 (b) 所示，作用在该质点上的主动力的合力为$\boldsymbol{F}_i$，约束反力的合力为$\boldsymbol{F}_{Ni}$。因为质点系平衡，则这个质点也处于平衡，因此有

$$\boldsymbol{F}_i + \boldsymbol{F}_{Ni} = 0$$

若给质点系以某种虚位移，其中质点m_i的虚位移为$\delta \boldsymbol{r}_i$，则作用在质点m_i上的力$\boldsymbol{F}_i$和$\boldsymbol{F}_{Ni}$的虚功的和为

$$\boldsymbol{F}_i \cdot \delta \boldsymbol{r}_i + \boldsymbol{F}_{Ni} \cdot \delta \boldsymbol{r}_i = 0$$

对于质点系内所有质点，都可得到与上式同样的等式。我们将这些等式相加，得

$$\sum_{i=1}^{n} \boldsymbol{F}_i \cdot \delta \boldsymbol{r}_i + \sum_{i=1}^{n} \boldsymbol{F}_{Ni} \cdot \delta \boldsymbol{r}_i = 0$$

如果质点系具有理想约束，则约束反力在虚位移中所作虚功的和为零，即$\sum_{i=1}^{n} \boldsymbol{F}_{Ni} \cdot \delta \boldsymbol{r}_i = 0$，代入上式得

$$\sum_{i=1}^{n} \boldsymbol{F}_i \cdot \delta \boldsymbol{r}_i = 0 \tag{13-5}$$

因此可得结论：对于具有理想约束的质点系，其平衡条件是作用于质点系的主动力在任何虚位移中所作虚功的和等于零。上述结论称为虚位移原理，又称为虚功原理，式(13-5) 称为虚功方程。

式(13-5) 的解析表达式为

$$\sum_{i=1}^{n} (X_i \delta x_i + Y_i \delta y_i + Z_i \delta z_i) = 0 \tag{13-6}$$

式中X_i，Y_i，Z_i为作用于质点m_i的主动力$\boldsymbol{F}_i$在直角坐标轴上的投影，δx_i，δy_i，δz_i为虚位移$\delta \boldsymbol{r}_i$在直角坐标轴上的投影。

应该指出，虽然应用虚位移原理的条件是质点系应具有理想约束，但也可以用于有摩擦的情况，只要把摩擦力当作主动力，在虚功方程中计入摩擦力所作的虚功即可。

虚位移原理在理论上具有很重要的意义，它是分析力学的基础，在弹性力学、结构力学中也有广泛的应用。在工程实际中，虚位移原理可用来求解以下静力学问题：

(1) 质点系在给定位置平衡时，求主动力之间的关系；

(2) 求质点系在已知主动力作用下的平衡位置；

(3) 求质点系在已知主动力作用下平衡时的约束反力。

下面举例说明虚位移原理在工程实际中的应用。

【例 13-1】　在图13-8所示机构中，各杆及滑块B的重量不计。已知：$OA = l$，$O_1C = 3l$，P，$M_1 = 3Pl/2$。试用虚位移原理求机构在图13-8所示位置平衡时，作用在OA杆上的力偶M的大小。

解　(1) 以系统整体为研究对象，所有约束均为理想约束。主动力(偶) 有$\boldsymbol{P}$，M_1，M，求M

的大小实际上是求 $\boldsymbol{P},M_1,M$ 之间即主动力(偶)在图 13－8 所示位置平衡时的关系。

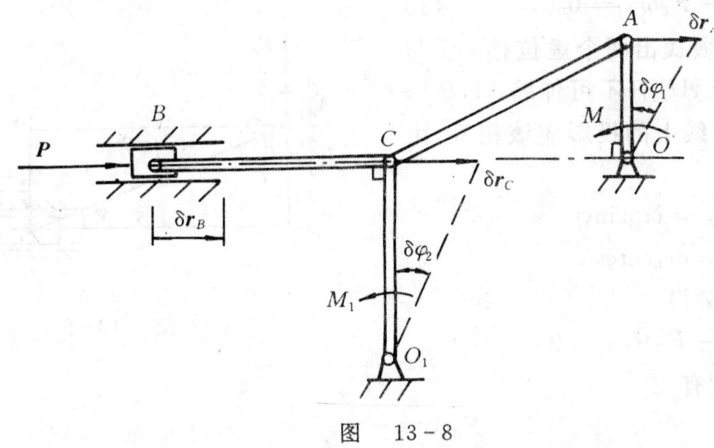

图 13－8

给系统以虚位移。B 滑块向右的虚位移为 δr_B，则 C,A 两点向右的虚位移为

$$\delta \boldsymbol{r}_C = \delta \boldsymbol{r}_A = \delta \boldsymbol{r}_B$$

OA 杆转过的虚转角为

$$\delta\varphi_1 = \frac{\delta r_A}{OA} = \frac{\delta r_B}{l}$$

O_1C 杆转过的虚转角为

$$\delta\varphi_2 = \frac{\delta r_C}{O_1C} = \frac{\delta r_B}{3l}$$

计算所有主动力在虚位移中所作虚功的和，列出虚功方程

$$P\delta r_B - M_1\delta\varphi_2 - M\delta\varphi_1 = 0 \tag{1}$$

将上式中的 $\delta\varphi_1$ 用 $\frac{\delta r_B}{l}$ 代替，$\delta\varphi_2$ 用 $\frac{\delta r_B}{3l}$ 代替，则

$$P\delta r_B - M_1\frac{\delta r_B}{3l} - M\frac{\delta r_B}{l} = 0 \tag{2}$$

即

$$(P - \frac{M_1}{3l} - M\frac{1}{l})\delta r_B = 0 \tag{3}$$

因 δr_B 是任意的，故

$$P - \frac{M_1}{3l} - M\frac{1}{l} = 0 \tag{4}$$

解得

$$M = \frac{1}{2}Pl$$

求解虚功方程(1)，需将 $\delta r_B,\delta\varphi_1,\delta\varphi_2$ 用一个虚位移表示，即要找出此三者之间的关系。这里我们直接根据机构及约束的几何关系，找出了以上三个虚位移（转角）之间的关系，即

$$\delta\varphi_1 = \frac{\delta r_B}{l},\quad \delta\varphi_2 = \frac{\delta r_B}{3l}$$

并代入式(1)，才得到式(2)，这种确定各处虚位移之间关系的方法称为几何法。

【例 13－2】 图 13－9 所示椭圆规机构，连杆 AB 长为 l，杆重和滑道、铰链上的摩擦力均忽略不计。求在图 13－9 所示位置平衡时，主动力 $\boldsymbol{F}_A$ 和 $\boldsymbol{F}_B$ 之间的关系。

解 研究整个机构平衡，系统的约束为理想约束，取坐标轴如图 13－9 所示。根据虚位移

原理，可建立主动力 F_A 和 F_B 的虚功方程，即

$$F_A\delta r_A - F_B\delta r_B = 0 \tag{1}$$

为解此方程，必须找出两个虚位移 δr_A 与 δr_B 之间的关系，由于 AB 杆不可伸缩，A,B 两点的虚位移在 AB 连线上的投影应该相等，由图 13-9 可知

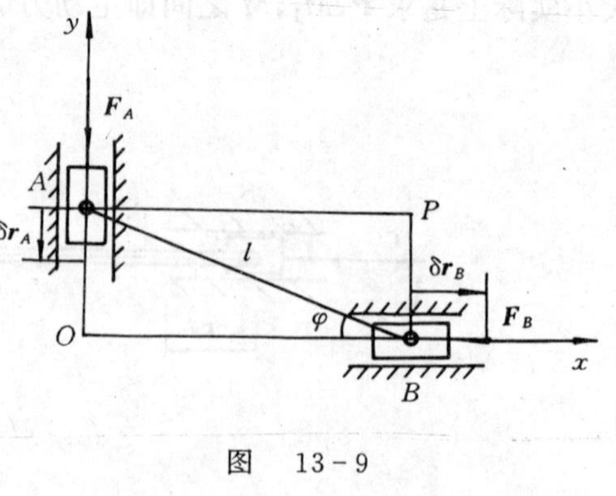

图 13-9

$$\delta r_B\cos\varphi = \delta r_A\sin\varphi$$

或

$$\delta r_A = \delta r_B\cot\varphi \tag{2}$$

将式(2)代入式(1)，解得

$$(F_A\cot\varphi - F_B)\delta r_B = 0$$

因 δr_B 是任意的，因此有

$$F_A\cot\varphi = F_B$$

或

$$\frac{F_A}{F_B} = \tan\varphi$$

为求虚位移间的关系，也可以用所谓“虚速度”法。这种方法是借助于运动学中各点速度之间的关系，找到其虚位移之间的关系。因此，运动学中求各点速度分布的规律的方法（如定轴转动、瞬时转动中心、速度投影定理等）都可用来确定刚体内各点虚位移之间的关系。也可用速度合成定理来确定两刚体之间重合点的虚位移之间的关系。我们给系统某个虚位移 $\delta \boldsymbol{r}_B$，$\delta \boldsymbol{r}_A$，如图 13-9 所示，可以假想虚位移是在某个极短的时间 $\mathrm{d}t$ 内发生的，这时对应点 B 和点 A 的速度 $\boldsymbol{v}_B = \dfrac{\delta \boldsymbol{r}_B}{\mathrm{d}t}$ 和 $\boldsymbol{v}_A = \dfrac{\delta \boldsymbol{r}_A}{\mathrm{d}t}$ 称为虚速度。这样 B,A 两点虚位移大小之比也就等于虚速度大小之比，即

$$\frac{\delta r_B}{\delta r_A} = \frac{v_B}{v_A}$$

杆 AB 作平面运动，P 为其速度瞬心，由瞬心法可建立 B,A 两点的速度关系

$$\frac{v_B}{v_A} = \frac{PB}{PA} = \tan\varphi$$

因此有

$$\frac{\delta r_B}{\delta r_A} = \tan\varphi$$

代入式(1)，同样解得

$$\frac{F_A}{F_B} = \frac{\delta r_B}{\delta r_A} = \tan\varphi$$

这个方法中的速度也是虚设的，所以称为虚速度法。事实上，此题的第一种解法也可理解为虚速度沿 AB 连线投影相等。

此题还可用解析法求解。选取适当的坐标轴，给定各主动力作用点的坐标，然后将坐标变分，即求得各点的虚位移。应用解析法时需特别注意的是坐标轴的原点要选在固定点上。

如 A,B 两点沿 y,x 轴的虚位移为 $\delta y_A,\delta x_B$，根据虚位移原理，有

$$-F_A\delta y_A - F_B\delta x_B = 0 \tag{3}$$

式(3)中 F_A,F_B 的负号是因为它们分别与 y,x 轴正向相反，而 $\delta y_A,\delta x_B$（称为对坐标的变分，其计算与微分相同）始终被认为是分别沿 y,x 轴的正向。

而

$$x_B = l\cos\varphi, \quad y_A = l\sin\varphi$$

其变分为

$$\delta x_B = -l\sin\varphi\,\delta\varphi, \quad \delta y_A = l\cos\varphi\,\delta\varphi \tag{4}$$

式(4)代入式(3),得

$$-F_A l\cos\varphi\,\delta\varphi - F_B(-l\sin\varphi\,\delta\varphi) = 0$$

消去 $\delta\varphi$,解得

$$\frac{F_A}{F_B} = \tan\varphi$$

【例 13-3】 在图 13-10 (a) 所示机构中,已知:$AB = BC = l, BD = BE = b$,杆重不计,弹簧的刚性系数为 k;当 $AC = a$ 时,弹簧为原长。设在 C 处作用一水平力 $\boldsymbol{P}$,求系统处于平衡时,A,C 间距离 x。

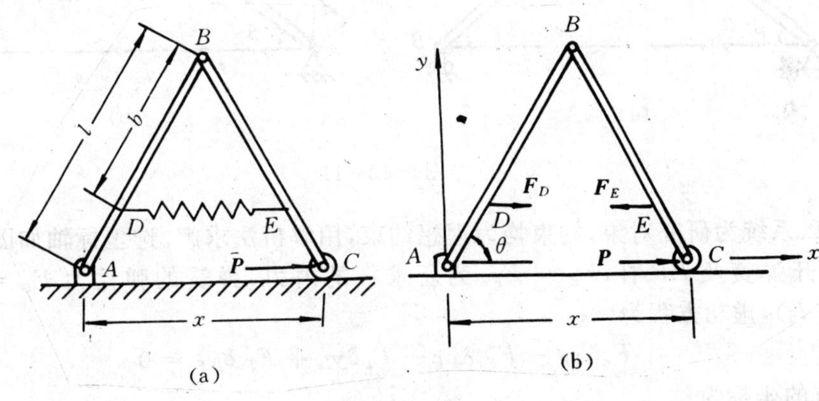

图 13-10

解 以系统整体为研究对象,所受约束均为理想约束,选图 13-10 (a) 所示的坐标轴,用解析法求解,将弹簧断开后,点 D,E 的弹簧拉力分别为 $\boldsymbol{F}_D, \boldsymbol{F}_E$(图 13-10 (b)),且有 $F_D = F_E$,故得虚功方程,即

$$P\delta x_C + F_D\delta x_D - F_E\delta x_E = 0 \tag{1}$$

以 θ 为参变量,写出点 C,D,E 的 x 坐标,即

$$x_C = 2l\cos\theta, \quad x_D = (l-b)\cos\theta, \quad x_E = (l+b)\cos\theta$$

坐标变分为

$$\left.\begin{aligned} \delta x_C &= -2l\sin\theta\delta\theta \\ \delta x_D &= -(l-b)\sin\theta\delta\theta \\ \delta x_E &= -(l+b)\sin\theta\delta\theta \end{aligned}\right\} \tag{2}$$

弹簧拉力 F_D, F_E 的计算

$$F_D = k\Delta = k\left(\frac{xb}{l} - \frac{ab}{l}\right) = \frac{kb}{l}(x-a) = F_E \tag{3}$$

将式(2)、式(3)代入式(1)得

$$P(-2l\sin\theta\delta\theta) + \frac{kb}{l}(x-a)[-(l-b)\sin\theta\delta\theta] -$$

$$\frac{kb}{l}(x-a)[-(l+b)\sin\theta\delta\theta]=0$$

解得

$$x=a+\frac{P}{k}\frac{l^2}{b^2}$$

【解 13-4】 机构如图 13-11 (a) 所示。已知：弹簧的刚性系数 $k=100\ \mathrm{N/cm}$，原长 $l_0=50\ \mathrm{cm}$，$l=60\ \mathrm{cm}$，$\beta=30°$，$EF\ /\!/\ AB$，杆重不计。试用虚位移原理求连杆 EF 的内力。

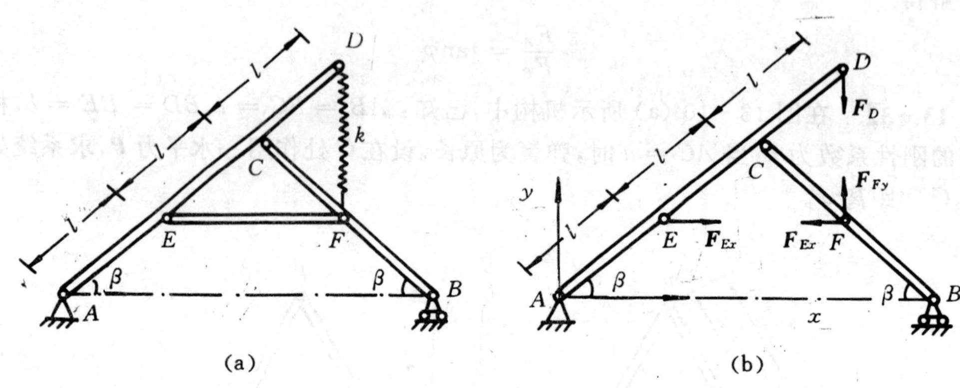

图 13-11

解 以系统为研究对象，约束均为理想约束，用解析法求解。选坐标轴如图 13-11 (b) 所示，分别断开弹簧及 EF 杆，$F_E=F_{Fx}$ 为所求杆的内力，弹簧的弹性力 $F_D=F_{Fy}=k\Delta=k(2l\sin\beta-l_0)$，虚功方程为

$$F_E\delta x_E-F_{Fx}\delta x_F-F_D\delta y_D+F_{Fy}\delta y_F=0 \tag{1}$$

各力作用点的坐标为

$$x_E=l\cos\beta,\quad x_F=3l\cos\beta,\quad y_D=3l\sin\beta,\quad y_F=l\sin\beta$$

坐标的变分为

$$\left.\begin{aligned}\delta x_E&=-l\sin\beta\delta\beta\\ \delta x_F&=-3l\sin\beta\delta\beta\\ \delta y_D&=3l\cos\beta\delta\beta\\ \delta y_F&=l\cos\beta\delta\beta\end{aligned}\right\} \tag{2}$$

将式(2) 代入式(1)，并考虑到 $F_E=F_{Fx}$，有

$$F_E(-l\sin\beta\delta\beta)-F_E(-3l\sin\beta\delta\beta)-k(2l\sin\beta-l_0)(3l\sin\beta\delta\beta)+$$
$$k(2l\sin\beta-l_0)(l\cos\beta\delta\beta)=0$$

解得

$$F_E=1\ 000\cot\beta=1\ 732\ \mathrm{N}$$

【例 13-5】 图 13-12 (a) 所示连续梁，载荷 $P_1=800\ \mathrm{N}$，$P_2=600\ \mathrm{N}$，$P_3=1\ 000\ \mathrm{N}$；尺寸 $a=2\ \mathrm{m}$，$b=3\ \mathrm{m}$。求固定端 A 的约束反力。

解 (1) 为了求出固定端 A 的约束反力偶 M_A，可将固定端换成固定铰支座，而把 M_A 视为主动力，如图 13-12 (b) 所示。这样，连续梁变成一个自由度的杆系结构。设杆系的虚位移用 AB 梁的微小转角 $\delta\varphi$ 表示，主动力在虚位移中的元功之和为零。虚功方程为

$$-M_A\delta\varphi+P_1\delta y_{F_1}+P_2\delta y_{G_1}-P_3\delta y_{H_1}=0 \tag{1}$$

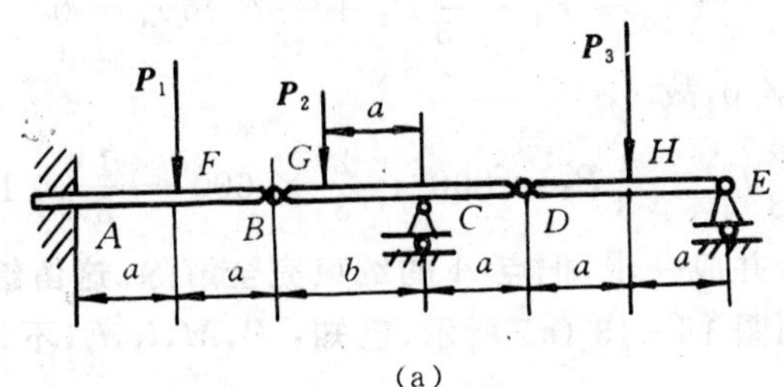

(a)

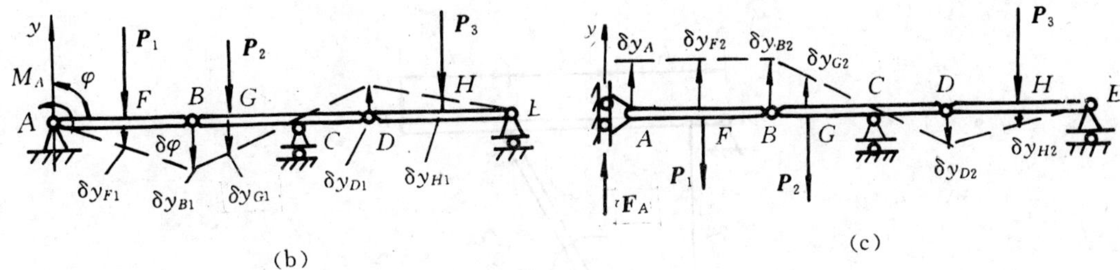

(b)　　　　(c)

图　13-12

用几何法求各点的虚位移。由图可知：

$$\delta y_{F_1} = a\delta\varphi = 2\delta\varphi$$

$$\delta y_{G_1} = \frac{a}{b}\delta y_{B_1} = \frac{2}{3} \times 4\delta\varphi = \frac{8}{3}\delta\varphi$$

$$\delta y_{H_1} = \frac{a}{2a}\delta y_{D_1} = \frac{1}{2} \times \frac{a}{b}\delta y_{B_1} = \frac{1}{2} \times \frac{2}{3} \times 4\delta\varphi = \frac{4}{3}\delta\varphi$$

代入式(1)得

$$\left(-M_A + 2P_1 + \frac{8}{3}P_2 - \frac{4}{3}P_3\right)\delta\varphi = 0$$

而 $\delta\varphi$ 是任意的，$\delta\varphi \neq 0$，故

$$M_A = 2P_1 + \frac{8}{3}P_2 - \frac{4}{3}P_3 =$$

$$2 \times 800 + \frac{8}{3} \times 600 - \frac{4}{3} \times 1\,000 = 1\,867\ \text{N}\cdot\text{m}$$

(2) 为了求出固定端 A 的约束反力 $\boldsymbol{F}_A$，应将 A 端约束换成铅直滚轮，而把固定端的铅直约束力 $\boldsymbol{F}_A$ 视为主动力，如图 13-12 (c) 所示。这时，杆 AB 只能沿铅直方向平动。设杆系的虚位移用 δy_A 表示，主动力在虚位移中的元功之和为零，虚功方程为

$$F_A\delta y_A - P_1\delta y_{F_2} - P_2\delta y_{G_2} + P_3\delta y_{H_2} = 0 \tag{2}$$

用几何法求各点的虚位移。因杆 AB 只能平动，故

$$\delta y_{F_2} = \delta y_{B_2} = \delta y_A$$

$$\delta y_{G_2} = \frac{a}{b}\delta y_{B_2} = \frac{a}{b}\delta y_A = \frac{2}{3}\delta y_A$$

$$\delta y_{H_2} = \frac{a}{2a}\delta y_{D_2} = \frac{a}{2b}\delta y_{B_2} = \frac{1}{2} \times \frac{2}{3}\delta y_A = \frac{1}{3}\delta y_A$$

代入式(2)得

$$(F_A - P_1 - \frac{2}{3}P_2 + \frac{1}{3}P_3)\delta y_A = 0$$

因 δy_A 是任意的，且 $\delta y_A \neq 0$，故

$$F_A = P_1 + \frac{2}{3}P_2 - \frac{1}{3}P_3 = 800 + \frac{2}{3} \times 600 - \frac{1}{3} \times 1\ 000 = 867\ \text{N}$$

也可以把上述两步合并成一步，把点 A 的约束完全解除。这留给读者去思考。

【例 13-6】 结构如图 13-13 (a) 所示，已知：P,M,l_1,l_2，不计杆重。试用虚位移原理求支座 D 的反力。

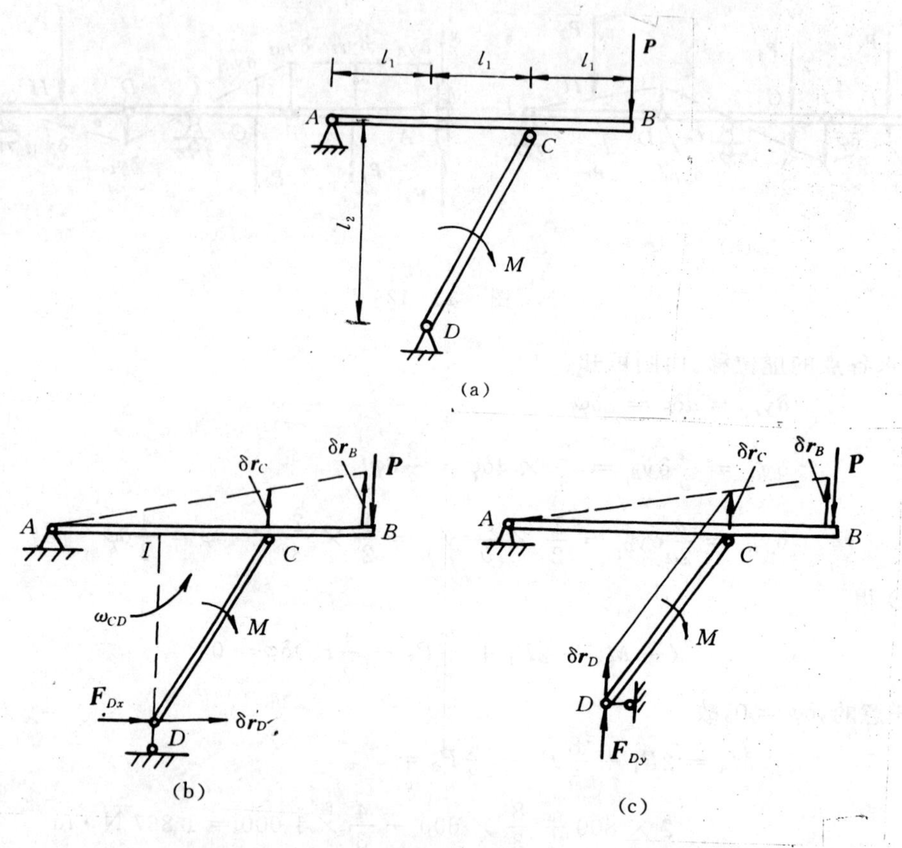

图 13-13

解 以系统整体为研究对象，约束均为理想约束。

(1) 解除支座 D 的水平约束，代之以水平方向的约束反力 $\boldsymbol{F}_{Dx}$。此时系统成为一个自由度的机构，给系统一虚位移如图 13-13 (b) 所示。其中点 I 为 CD 杆在此瞬时的速度瞬心。虚功方程为

$$-P\delta r_B - M\delta\varphi_{CD} + F_{Dx}\delta r_D = 0 \tag{1}$$

上式中，$\delta\varphi_{CD}$ 为 CD 杆的微小转角，由运动学知识可知，此转角为逆时针转向，力偶 M 为顺时针转向，故虚功 $M\delta\varphi_{CD}$ 前面要加负号。下面用虚速度法找出虚位移（转角）$\delta r_B,\delta r_D,\delta\varphi_{CD}$ 之间的关系。CD 杆转动的角速度为

$$\omega_{CD} = \frac{1}{l_2}\frac{\delta r_D}{\mathrm{d}t} = \frac{\delta\varphi_{CD}}{\mathrm{d}t} = \frac{\delta r_C}{l_1 \mathrm{d}t} = \frac{\frac{2}{3}\delta r_B}{l_1}\frac{1}{\mathrm{d}t} = \frac{2}{3l_1}\frac{\delta r_B}{\mathrm{d}t}$$

所以

$$\left.\begin{aligned} \delta\varphi_{CD} &= \frac{1}{l_2}\delta r_D \\ \delta r_B &= \frac{3l_1}{2l_2}\delta r_D \end{aligned}\right\} \tag{2}$$

将式(2) 代入式(1) 得

$$-P \times \frac{3l_1}{2l_2}\delta r_D - M\frac{1}{l_2}\delta r_D + F_{Dx}\delta r_D = 0$$

即
$$\left(-\frac{3l_1}{2l_2}P - \frac{M}{l_2} + F_{Dx}\right)\delta r_D = 0$$

由于 δr_D 是任意的，且 $\delta r_D \neq 0$

故
$$F_{Dx} = \frac{M}{l_2} + \frac{3l_1}{2l_2}P$$

(2) 解除支座 D 的竖向约束，代之以向上的约束反力 $\boldsymbol{F}_{Dy}$，此时系统仍为一个自由度的机构。给系统一虚位移如图 13－13 (c) 所示。其中 AB 杆绕 A 轴作定轴转动，CD 杆为向上的瞬时平动，故 $\delta r_D = \delta r_C$，转角 $\delta\varphi_{CD} = 0$，虚功方程为

$$F_{Dy}\delta r_D - P\delta r_B = 0 \tag{3}$$

由于 $\delta r_B = \frac{3}{2}\delta r_C = \frac{3}{2}\delta r_D$，代入式(3) 得

$$F_{Dy}\delta r_D - P \times \frac{3}{2}\delta r_D = 0$$

解得

$$F_{Dy} = \frac{3}{2}P$$

通过以上例题，我们可归纳出用虚位移原理解题的一般步骤：

(1) 取研究对象，弄清题意，判断是否为理想约束（若有摩擦时，可将摩擦力当作主动力处理）。由于理想约束反力不作功，一般取整体为研究对象。

(2) 受力分析。若求主动力之间的关系，或求系统的平衡位置时只需画出主动力（包括在虚位移中作功的内力，如例 13－3、13－4 中的弹性力），不必画约束反力。若求约束反力，则需要解除约束，把约束反力当作主动力处理，这样将相应地增加系统的自由度数目。

(3) 画出各主动力作用点的虚位移，确定各点虚位移之间的关系，均以独立的参变量来表示。

(4) 根据虚位移原理，列出虚功方程（$\sum \delta W_F = 0$）。计算虚功时必须注意其正负号。

§13－4　自由度和广义坐标

1. 自由度

设质点系由 n 个质点组成，在直角坐标系中需 $3n$ 个坐标来确定质点系在空间的位置。如

果质点系受到 s 个完整约束，约束方程如式(13-2)，则 $3n$ 个坐标需满足 s 个约束方程，只有 $3n-s$ 个坐标是独立的，而其余 s 个坐标则是这些独立坐标的给定的函数。由此可知，要确定质点系的位置不需要 $3n$ 个坐标，只需要确定任意 $N=3n-s$ 个独立坐标就够了。确定具有完整约束质点系的位置的独立坐标的个数称为质点系的自由度数（此定义只适用完整约束的系统。一般情形下，包括非完整约束时，要用虚位移的概念来定义自由度。质点系中质点坐标的独立坐标的个数，或独立的虚位移个数，称为质点系的自由度数。在完整约束的情形下，坐标的独立变分的个数和独立坐标的个数相同，两种定义一致）。如图 13-2 中的质点 B 具有一个自由度，图 13-1 的机构具有一个自由度。

2. 广义坐标

在一般情形下，用直角坐标来表示质点系的位置并不总是很方便的。例如图 13-1 所示的曲柄连杆机构，如选曲柄 OA 对 x 轴的转角 φ 为独立变量，则很方便并且惟一地确定质点系的位置。各质点的直角坐标可表示为 φ 的单值连续函数，即

$$x_A = r\cos\varphi, \qquad y_A = r\sin\varphi,$$

$$x_B = r\cos\varphi + \sqrt{l^2 - r^2\sin^2\varphi} \qquad y_B = 0$$

又如图 13-14 所示的球摆，如选球坐标中的角 θ 和 φ 为两个独立变量，也很方便并且惟一地确定质点 M 的位置。质点 M 的直角坐标可表示为 θ 和 φ 的单值连续函数，即

$$\begin{aligned} x &= l\sin\theta\cos\varphi \\ y &= l\sin\theta\sin\varphi \\ z &= l\cos\theta \end{aligned}$$

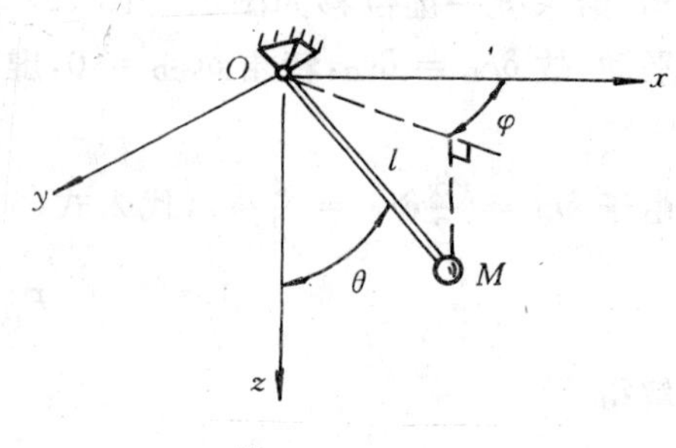

图 13-14

在一般情形下，我们可以选择任意变量（包括直角坐标）表示质点系的位置。惟一地确定质点系位置的独立变量，称为广义坐标。图 13-1 中的曲柄连杆机构的角 φ 是广义坐标，球摆中的角 θ 和 φ 也是广义坐标。显然，广义坐标的数目等于确定质点系位置的独立变量的数目。在完整约束的情形下，质点系的广义坐标的数目等于自由度数。广义坐标可以是直角坐标，也可以是弧长，也可以是角度或其它参变量，不管选取什么样的参变量作为广义坐标，它们都应该是彼此独立的，而且一经确定，质点系的位置就惟一确定了。所以，对同一问题，广义坐标的选取不是惟一的，无一定的法则。正因为如此，可以根据问题的性质和解题的要求任意选取广义坐标，这就具有较大的灵活性，比直接采用彼此独立的直角坐标来确定质点系的位置方便得多。

如果以 $q_1, q_2, \cdots, q_N$ 表示质点系的广义坐标，则各质点的坐标都可以写成这些广义坐标的函数。对于定常的完整约束，各质点的坐标可以写成如下的广义坐标的函数形式

$$\left.\begin{aligned} x_i &= x_i(q_1, q_2, \cdots, q_N) \\ y_i &= y_i(q_1, q_2, \cdots, q_N) \\ z_i &= z_i(q_1, q_2, \cdots, q_N) \end{aligned}\right\} \quad (i = 1, 2, \cdots, n) \tag{13-7}$$

类似于多元函数求微分的方法，可将上式进行变分运算，如对其中第一式求变分，得

$$\delta x_i = \frac{\partial x_i}{\partial q_1}\delta q_1 + \frac{\partial x_i}{\partial q_2}\delta q_2 + \cdots + \frac{\partial x_i}{\partial q_N}\delta q_N$$

上式建立了质点坐标的变分与其广义坐标的变分的关系，即质点在直角坐标中的虚位移与广义坐标中虚位移之间的关系。

对于式(13－7)中各式都进行同样的变分运算，得

$$\left.\begin{aligned}\delta x_i &= \sum_{k=1}^{N}\frac{\partial x_i}{\partial q_k}\delta q_k\\ \delta y_i &= \sum_{k=1}^{N}\frac{\partial y_i}{\partial q_k}\delta q_k\\ \delta z_i &= \sum_{k=1}^{N}\frac{\partial z_i}{\partial q_k}\delta q_k\end{aligned}\right\}\quad (i=1,2,\cdots,n) \tag{13-8}$$

式中 δq_k 称为广义虚位移，可以是线位移，也可以是角位移。上式表明，质点系的虚位移都可以用质点系的广义虚位移表示。

§13－5　以广义坐标表示的质点系平衡条件

1. 平衡条件

在式(13－6)表达的虚位移原理中，是以质点的直角坐标的变分表示虚位移的。但这些虚位移不一定是独立的虚位移，所以在解题时，还要建立虚位移之间的关系，然后才能将问题解决。如果我们直接用广义坐标的变分来表示虚位移，则这种广义虚位移之间是相互独立的，这时虚位移原理可以表示为更简洁的形式。

将式(13－8)的虚位移表达式代入虚功方程(13－6)中，得

$$\begin{aligned}\sum\delta W_F &= \sum_{i=1}^{n}\left(X_i\sum_{k=1}^{N}\frac{\partial x_i}{\partial q_k}\delta q_k + Y_i\sum_{k=1}^{N}\frac{\partial y_i}{\partial q_k}\delta q_k + Z_i\sum_{k=1}^{N}\frac{\partial z_i}{\partial q_k}\delta q_k\right)=\\ &\sum_{k=1}^{N}\left[\sum_{i=1}^{n}\left(X_i\frac{\partial x_i}{\partial q_k}+Y_i\frac{\partial y_i}{\partial q_k}+Z_i\frac{\partial z_i}{\partial q_k}\right)\right]\delta q_k = 0\end{aligned} \tag{13-9}$$

在式(13－9)中，如果令

$$Q_k = \sum_{i=1}^{n}\left(X_i\frac{\partial x_i}{\partial q_k}+Y_i\frac{\partial y_i}{\partial q_k}+Z_i\frac{\partial z_i}{\partial q_k}\right)\quad (k=1,2,\cdots,N) \tag{13-10}$$

则式(13－9)可简写为

$$\sum\delta W_F = \sum_{k=1}^{N}Q_k\delta q_k = 0 \tag{13-11}$$

式(13－11)中 δq_k 为广义虚位移，而 $Q_k\delta q_k$ 又具有功的量纲，所以 Q_k 称为广义力。广义力的量纲由它所对应的广义虚位移而定。当 δq_k 是线位移时，Q_k 具有力的量纲；当 δq_k 是角位移时，Q_k 具有力矩的量纲。

由于广义坐标都是相互独立的，广义虚位移是任意的，若式(13－11)成立，必须有

$$Q_1 = Q_2 = \cdots = Q_N = 0 \tag{13-12}$$

式(13－12)说明：质点系的平衡条件是所有的广义力都等于零。这就是用广义坐标表示的质点系的平衡条件。

质点系具有 N 个自由度，有 N 个广义力；式(13－12)的 N 个平衡方程是互相独立的，可联立求解一般质点系的平衡问题。工程中多数的机构只有一个自由度，只需列出一个广义力等于

零的平衡方程即可求解其主动力之间的关系。利用广义坐标表示的平衡条件求解实际问题时，关键在于如何表达其广义力。

2. 广义力的计算

通常求广义力的方法有两种：一种方法是采用公式(13-10)计算，即解析法：

$$Q_k = \sum_{i=1}^{n}\left(X_i\frac{\partial x_i}{\partial q_k} + Y_i\frac{\partial y_i}{\partial q_k} + Z_i\frac{\partial z_i}{\partial q_k}\right) \quad (k = 1,2,\cdots,N)$$

另一种方法是只给质点系一个广义虚位移 δq_k 不等于零，而其它 $(N-1)$ 个广义虚位移都等于零。这时方程(13-11)中所有主动力在相应的虚位移中所做虚功的和用 $\sum\delta W_k'$ 表示，则有

$$\sum\delta W_k' = Q_k\delta q_k$$

由此可求出广义力，即

$$Q_k = \frac{\sum\delta W_k'}{\delta q_k} \tag{13-13}$$

在解决实际问题时，往往应用第二种方法（也叫几何法）比较方便。

【例 13-7】 杆 OA 和 AB 以光滑铰链相连，O 端固定于光滑铰链，杆长 $OA = a$，$AB = b$。设杆的质量不计，今在点 A 作用一铅垂向下的力 $\boldsymbol{P}$，在自由端 B 作用一水平力 $\boldsymbol{F}$，又在 AB 杆上作用一力偶，其矩为 M，如图 13-15 (a) 所示。当整个系统在铅垂平面内处于平衡时，求杆 OA 和 AB 分别与铅垂线所成的交角 φ_1 和 φ_2。

解 系统具有理想约束，以整体为研究对象，其上的主动力系为 $\boldsymbol{P}$，$\boldsymbol{F}$ 及 M，杆 OA 和 AB 的位置可由角 φ_1 和 φ_2 完全确定，系统具有两个自由度。今选择 φ_1 和 φ_2 为系统的广义坐标，则对应的广义虚位移为 $\delta\varphi_1$ 和 $\delta\varphi_2$，设 φ_1 与 φ_2 以顺时针转向为正。下面分别用 § 13-3 介绍的方法及广义力的方法求解。

(1) 解析法　取 Oxy 坐标轴如图 13-15 (a) 所示。各点沿主动力方向的虚位移分别为 $\delta\varphi_2$，δy_A 及 δx_B，先给定 A，B 点的坐标，并以广义坐标 φ_1 与 φ_2 表示，即

$$y_A = a\cos\varphi_1$$
$$x_B = a\sin\varphi_1 + b\sin\varphi_2$$

对以上坐标变分，得

$$\delta y_A = -a\sin\varphi_1\delta\varphi_1$$
$$\delta x_B = a\cos\varphi_1\delta\varphi_1 + b\cos\varphi_2\delta\varphi_2$$

根据虚位移原理 $\sum\delta W_F = 0$，有

$$F\delta x_B - M\delta\varphi_2 + P\delta y_A = 0 \tag{1}$$

即

$$F(a\cos\varphi_1\delta\varphi_1 + b\cos\varphi_2\delta\varphi_2) - M\delta\varphi_2 + P(-a\sin\varphi_1\delta\varphi_1) = 0$$

整理上式得

$$(Fa\cos\varphi_1 - Pa\sin\varphi_1)\delta\varphi_1 + (Fb\cos\varphi_2 - M)\delta\varphi_2 = 0$$

因为 $\delta\varphi_1 \neq 0$，$\delta\varphi_2 \neq 0$，且彼此是独立的，故上式相当于两个方程，即

$$Fa\cos\varphi_1 - Pa\sin\varphi_1 = 0$$

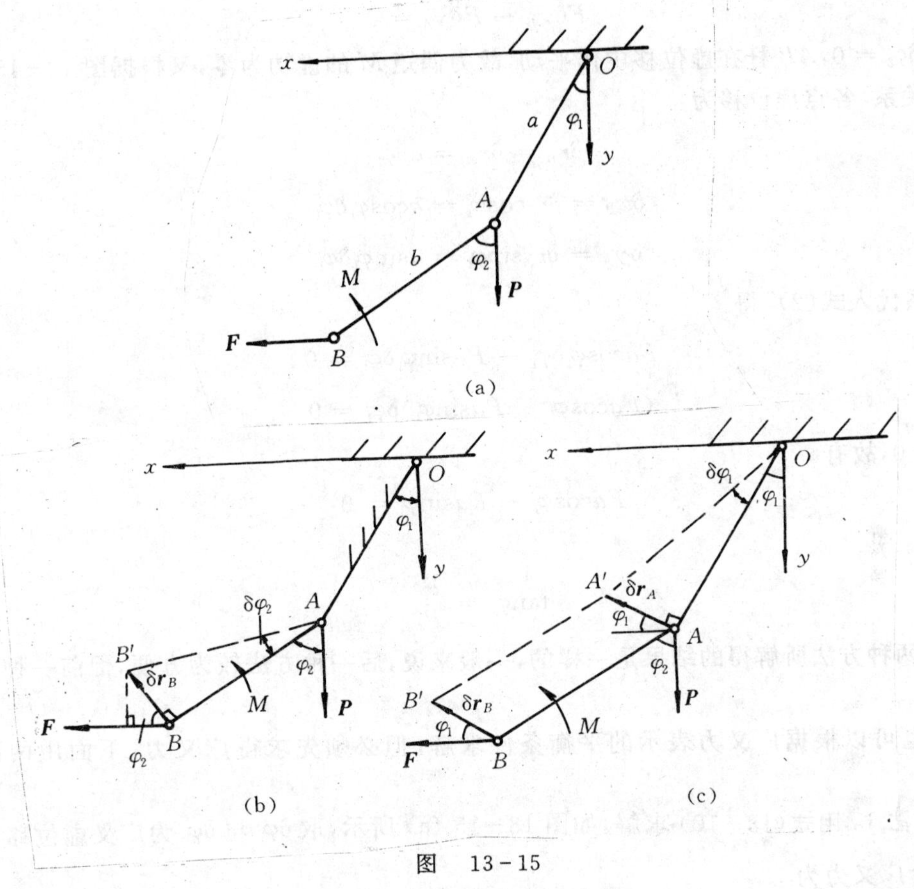

图 13-15

$$Fb\cos\varphi_2 - M = 0$$

解得

$$\tan\varphi_1 = \frac{F}{P},\quad \cos\varphi_2 = \frac{M}{Fb}$$

(2) 几何法　取 $\delta\varphi_1$ 与 $\delta\varphi_2$ 为广义虚位移，根据两个自由度的特点，先令系统的 $\delta\varphi_1 = 0$，$\delta\varphi_2 \neq 0$，其上各点的虚位移如图 13-15 (b) 所示，则系统的虚功方程为

$$-M\delta\varphi_2 + F\delta x_B = 0 \tag{2}$$

由图 13-15 (b) 所示的几何关系，可求得

$$\delta x_B = \delta r_B\cos\varphi_2 = b\delta\varphi_2\cos\varphi_2$$

将上式代入式(2)得

$$(-M + F\cos\varphi_2 b)\delta\varphi_2 = 0$$

由于 $\delta\varphi_2 \neq 0$，故有

$$-M + F\cos\varphi_2 b = 0$$

解得

$$\cos\varphi_2 = \frac{M}{Fb}$$

再令系统的 $\delta\varphi_1 \neq 0, \delta\varphi_2 = 0$，其上各点的虚位移如图 13－15（c）所示，则系统的虚功方程为

$$F\delta x_B - P\delta y_A = 0 \tag{2'}$$

由于 $\delta\varphi_2 = 0$，AB 杆在虚位移中作平动，故力偶矩 M 的虚功为零，又根据图 13－15（c）所示的几何关系，各点虚位移为

$$\delta r_B = \delta r_A = a\delta\varphi_1$$

$$\delta x_B = \delta r_B\cos\varphi_1 = a\cos\varphi_1\delta\varphi_1$$

$$\delta y_A = \delta r_A\sin\varphi_1 = a\sin\varphi_1\delta\varphi_1$$

将以上关系代入式(2)′得

$$Fa\cos\varphi_1\delta\varphi_1 - Pa\sin\varphi_1\delta\varphi_1 = 0$$

即

$$(Fa\cos\varphi_1 - Pa\sin\varphi_1)\delta\varphi_1 = 0$$

由于 $\delta\varphi_1 \neq 0$，故有

$$Fa\cos\varphi_1 - Pa\sin\varphi_1 = 0$$

解得

$$\tan\varphi_1 = \frac{F}{P}$$

可见，两种方法所解得的结果是一样的，一般来说，后一种方法较为方便，但前一种方法不易出错。

此题也可以根据广义力表示的平衡条件求解，但必须先求得广义力，下面用两种方法求解。

（1）方法 1，用式(13－10)求解。如图 13－15（a）所示，取 $\delta\varphi_1$ 与 $\delta\varphi_2$ 为广义虚位移，与其相应的两个广义力为

$$\left.\begin{aligned} Q_1 &= P\frac{\partial y_A}{\partial\varphi_1} + F\frac{\partial x_B}{\partial\varphi_1} \\ Q_2 &= F\frac{\partial x_B}{\partial\varphi_2} + (-M)\frac{\partial\varphi_2}{\partial\varphi_2} \end{aligned}\right\} \tag{3}$$

将前面解析法中已求得的 y_A, x_B 分别对 φ_1, φ_2 取偏导数后并代入式(3)得

$$Q_1 = P(-a\sin\varphi_1) + Fa\cos\varphi_1$$

$$Q_2 = Fb\cos\varphi_2 + (-M)$$

由式(13－12)得

$$\tan\varphi_1 = \frac{F}{P}, \quad \cos\varphi_2 = \frac{M}{Fb}$$

（2）方法 2，先令 $\delta\varphi_2 \neq 0, \delta\varphi_1 = 0$，如图 13－15（b）所示，对应于虚位移 $\delta\varphi_2$ 的虚功为

$$\sum\delta W_F^{(2)} = F\delta x_B - M\delta\varphi_2 = Fb\cos\varphi_2\delta\varphi_2 - M\delta\varphi_2$$

代入式(13－13)得对应的广义力，即

$$Q_2 = \frac{\sum \delta W_F^{(2)}}{\delta \varphi_2} = Fb\cos\varphi_2 - M \tag{4}$$

再令 $\delta\varphi_1 \neq 0, \delta\varphi_2 = 0$，如图 13－15 (c) 所示。对应于 $\delta\varphi_1$ 的虚功为

$$\sum \delta W_F^{(1)} = F\delta x_B - P\delta y_A = Fa\cos\varphi_1\delta\varphi_1 - Pa\sin\varphi_1\delta\varphi_1$$

对应的广义力为

$$Q_1 = \frac{\sum \delta W_F^{(1)}}{\delta \varphi_1} = Fa\cos\varphi_1 - Pa\sin\varphi_1 \tag{5}$$

式(4)、式(5) 代入平衡条件式(13－12)，得

$$\cos\varphi_2 = \frac{M}{Fb}, \quad \tan\varphi_1 = \frac{F}{P}$$

由以上计算过程可看出，采用以广义力表示的平衡条件求解时，关键在于正确地求出广义力 Q_k。

【例 13－8】 如图 13－16 所示，重物 A 和 B 分别连接在细绳两端，重物 A 放置在粗糙的水平面上，重物 B 绕过定滑轮 E 铅直悬挂。在动滑轮 H 的轴心上挂一重物 C，设重物 A 重量为 $2P$，重物 B 重量为 P。试求平衡时重物 C 的重量 P_C 以及重物 A 与水平面间的滑动摩擦因数。

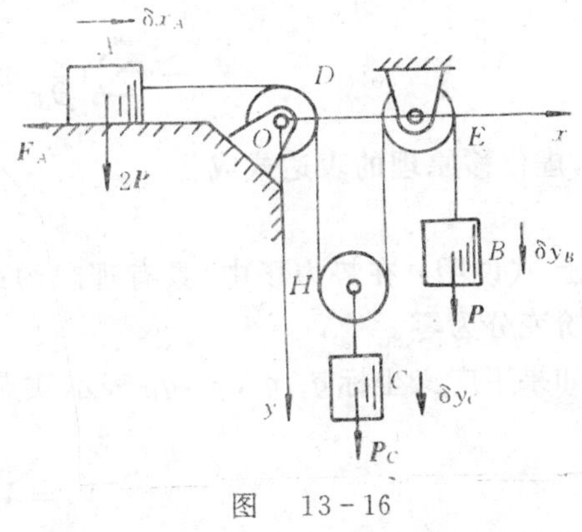

图　13－16

解　首先分析此系统的自由度数，因为 A，B，C 三个重物中，必须给定两个重物的位置，其另一个位置才能确定，因此系统具有两个自由度。

选取重物 A 向右的水平坐标 x_A 和重物 B 向下的铅直坐标 y_B 为广义坐标，则对应的虚位移为 δx_A 和 δy_B。此时除重力外，重物 A 与台面间的摩擦力 $\boldsymbol{F}_A$ 也应视为主动力。注意，受力图中只有主动力。

首先令 δx_A 向右，$\delta y_B = 0$，此时重物 C 的虚位移 $\delta y_C = \delta x_A/2$，方向向下。主动力所作虚功的和为

$$\sum \delta W_A = -F_A\delta x_A + P_C\delta y_C = (-F_A + \frac{1}{2}P_C)\delta x_A$$

对应广义坐标 x_A 的广义力为

$$Q_A = \frac{\sum \delta W_A}{\delta x_A} = \frac{1}{2}P_C - F_A \tag{1}$$

再令 δy_B 向下，$\delta x_A = 0$，同理可解得

$$Q_B = \frac{\sum \delta W_B}{\delta y_B} = -\frac{1}{2}P_C + P \tag{2}$$

因为系统平衡时应有 $Q_A = Q_B = 0$，解得

$$P_C = 2P, \quad F_A = \frac{1}{2}P_C = P$$

因此平衡时，要求台面摩擦因数

$$f_s \geqslant \frac{F_A}{2P} = 0.5$$

3. 势力场中的平衡条件

下面研究质点系在势力场中的情况。如果作用在质点系上的主动力都是有势力，则势能应为各质点坐标的函数，记为

$$V = V(x_1, y_1, z_1, \cdots, x_n, y_n, z_n)$$

此时虚功方程(13-6)中各力的投影都可以根据第十二章式(12-37)写成用势能 V 表达的形式，即

$$X_i = -\frac{\partial V}{\partial x_i}, \quad Y_i = -\frac{\partial V}{\partial y_i}, \quad Z_i = -\frac{\partial V}{\partial z_i}$$

于是虚功为

$$\sum_{i=1}^{n} \delta W_F = \sum_{i=1}^{n} (X_i \delta x_i + Y_i \delta y_i + Z_i \delta z_i) =$$

$$-\sum_{i=1}^{n} (\frac{\partial V}{\partial x_i}\delta x_i + \frac{\partial V}{\partial y_i}\delta y_i + \frac{\partial V}{\partial z_i}\delta z_i) = -\delta V$$

这样，虚位移原理的表达式成为

$$\delta V = 0 \tag{13-14}$$

上 式说明：在势力场中，具有理想约束的质点系的平衡条件为质点系的势能在平衡位置处一阶变分为零。

如果用广义坐标 $q_1, q_2, \cdots, q_N$ 表示质点系的位置，则质点系的势能可以写成广义坐标的函数，即

$$V = V(q_1, q_2, \cdots, q_N)$$

根据广义力的表达式(13-10)，在势力场中，可将广义力 Q_k 写成用势能表达的形式

$$Q_k = \sum_{i=1}^{n} (X_i \frac{\partial x_i}{\partial q_k} + Y_i \frac{\partial y_i}{\partial q_k} + Z_i \frac{\partial z_i}{\partial q_k}) =$$

$$-\sum_{i=1}^{n} (\frac{\partial V}{\partial x_i}\frac{\partial x_i}{\partial q_k} + \frac{\partial V}{\partial y_i}\frac{\partial y_i}{\partial q_k} + \frac{\partial V}{\partial x_i}\frac{\partial x_i}{\partial q_k}) =$$

$$-\frac{\partial V}{\partial q_k} \quad (k = 1, 2, \cdots, N) \tag{13-15}$$

这样，由广义坐标表示的平衡条件可写成如下形式

$$Q_k = -\frac{\partial V}{\partial q_k} \quad (k = 1, 2, \cdots, N) \tag{13-16}$$

在势力场中，具有理想约束的质点系的平衡条件是势能对于每个广义坐标的偏导数分别等于零。

习　题

13-1　题图 13-1 所示机构中两连杆 OA，AB 各长 l，重量均不计，用虚位移原理求解在铅直力 $\boldsymbol{P}$ 和水平力 $\boldsymbol{F}$ 作用下保持平衡时（不计摩擦），θ 的值是多少？

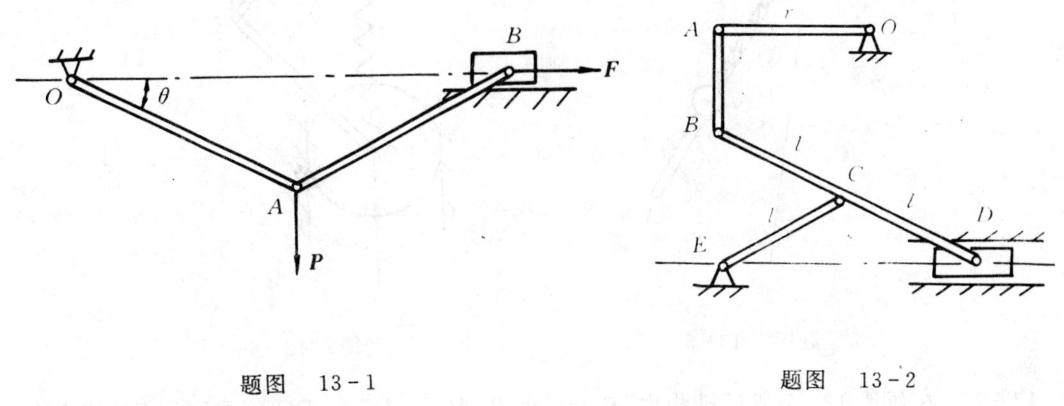

题图　13-1　　　　题图　13-2

13-2　在题图 13-2 所示机构中，若 $OA=r$，$BD=2l$，$CE=l$，$\angle OAB=90°$，$\angle CED=30°$，求点 A，D 虚位移间的关系。

13-3　质点 A，B 分别由两根长为 a，b 的刚性杆铰接，并支承如题图 13-3 所示。若系统只能在 xy 平面内运动，该系统的自由度是多少？约束方程有哪些？

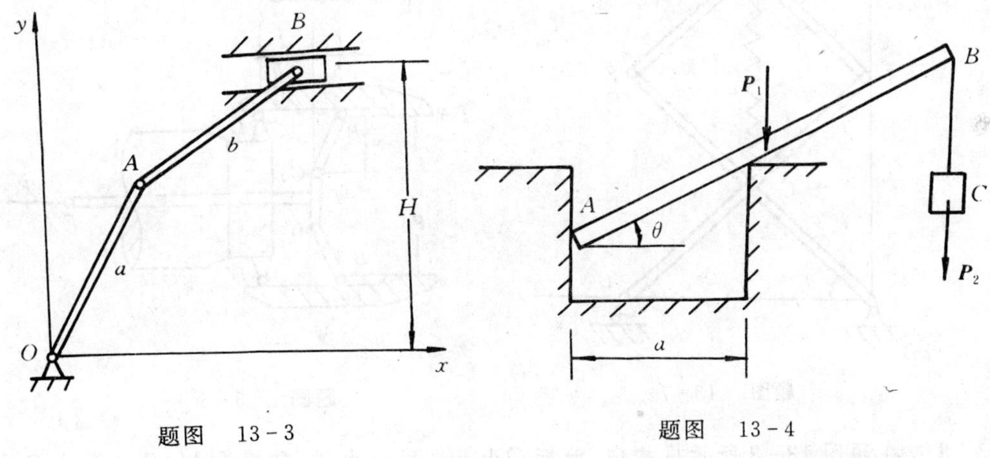

题图　13-3　　　　题图　13-4

13-4　题图 13-4 所示均质细杆 AB 在 B 端悬挂重物 C，放在光滑矩形槽内。已知：$AB=l$，杆重为 P_1，C 物重为 P_2。试求对应于广义坐标 θ 的广义力。

13-5　题图 13-5 所示细杆 OA 位于铅垂平面内，上端铰支在点 O，另一质量为 m，尺寸不计且系以弹簧的小球 B 可沿细杆滑动。已知：弹簧的刚性系数为 k，原长为 l_0。不计摩擦和细杆的质量。试求系统的广义力。

13-6　在题图 13-6 所示机构中，已知：杆长 $AB=Bl=l$，杆重不计，弹簧 AC 原长为 l_0。

其刚性系数为 k,在 B 点作用一铅直力 P。试用虚位移原理求(1) 机构平衡时的 θ 值;(2) 此时弹簧 AC 的拉力 $\boldsymbol{F}$。

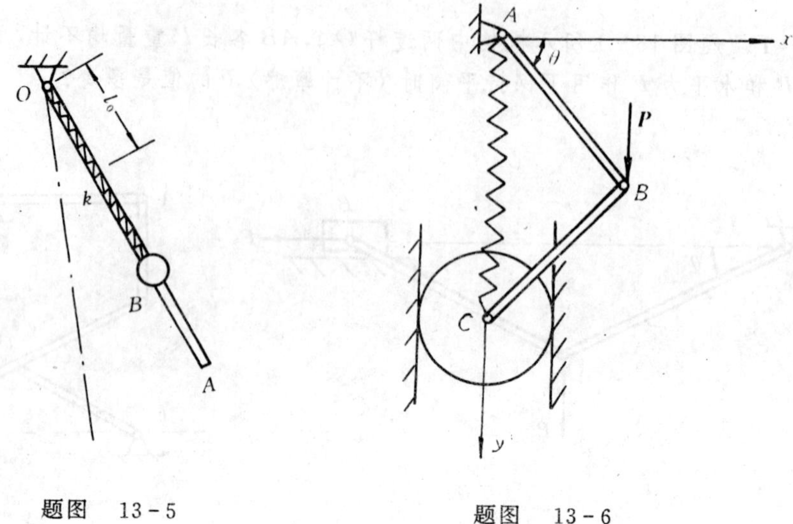

题图 13-5　　题图 13-6

13-7　在题图 13-7 所示机构中,已知:力 $\boldsymbol{P}$,$AC=BC=DC=DE=EF=FC=l$,弹簧的原长为 l,刚性系数为 k。试用虚位移原理求机构平衡时,力 $\boldsymbol{P}$ 与 θ 角的关系。

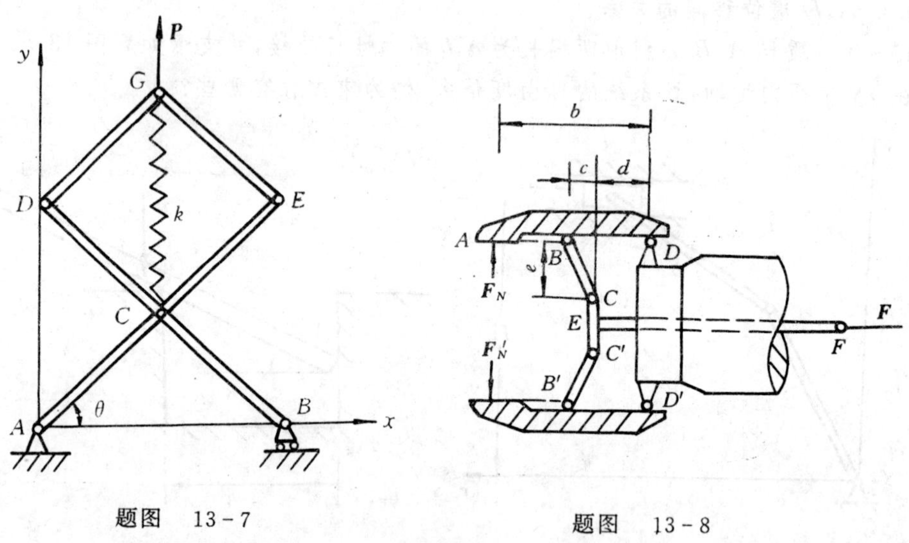

题图 13-7　　题图 13-8

13-8　在题图 13-8 所示机构中,曲柄 OA 上作用一力偶,其矩为 M,另在滑块 D 上作用水平力 $\boldsymbol{F}$。机构尺寸如图所示。求当机构平衡时,力 $\boldsymbol{F}$ 与力偶矩 M 的关系。

13-9　滑轮机构将两物体 A 和 B 悬挂,如题图 13-9 所示。如绳和滑轮重量不计,当两物体平衡时,求重量 P_A 与 P_B 的关系。

13-10　题图 13-10 所示均质杆 AB 长 $2l$,一端靠在光滑的铅直墙壁上,另一端放在固定光滑曲面 DE 上。欲使细杆能静止在铅直平面的任意位置,问曲面的曲线 DE 的形式应是怎样的?

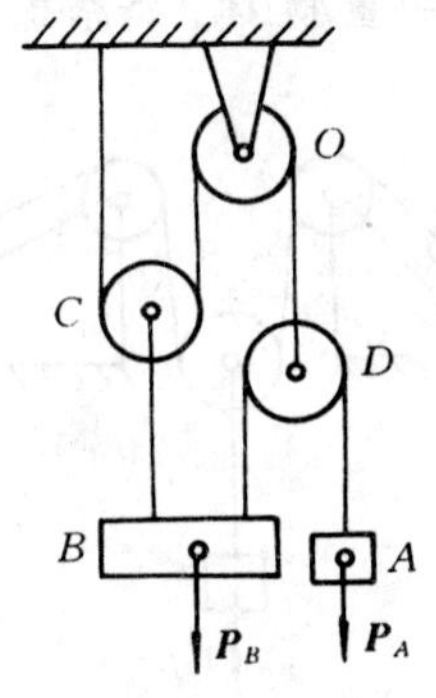

题图　13－9

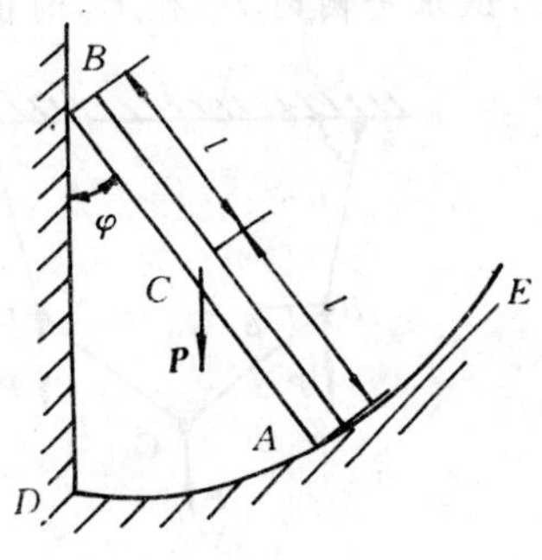

题图　13－10

13－11　题图13－11所示桁架中，已知$AD=DB=6\ \mathrm{m}$，$CD=3\ \mathrm{m}$，节点D处荷载为$\boldsymbol{P}$。试用虚位移原理求杆3的内力。

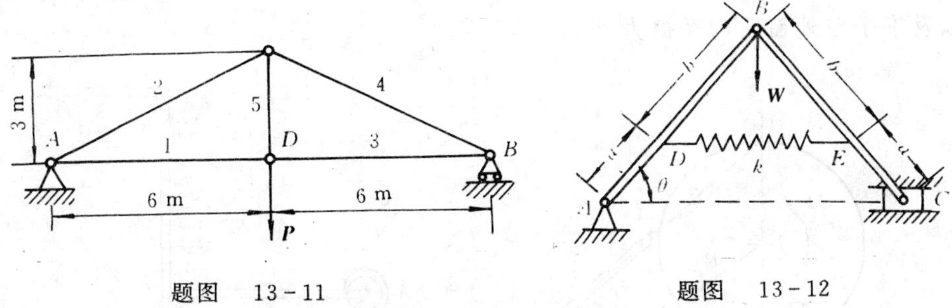

题图　13－11　　　　题图　13－12

13－12　机构由AB，BC两杆组成，尺寸如题图13－12所示，在D，E两点连以刚性系数为k的弹簧，弹簧的原长为l。今在B铰处作用一向下的力$\boldsymbol{W}$，设不计构件及弹簧的自重。试求此系统在图示位置平衡时W与k的关系。

13－13　静定梁受荷载如题图13－13所示，试用虚位移原理求解固定端支座A的反力偶矩。

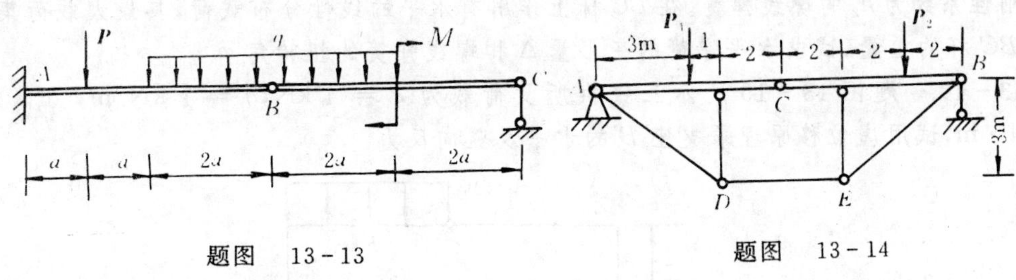

题图　13－13　　　　题图　13－14

13－14　组合结构如题图13－14所示，$P_1=4\ \mathrm{kN}$，$P_2=5\ \mathrm{kN}$。试用虚位移原理计算DE杆的内力。

13－15　由四根等长的杆所构成的系统如题图13－15所示。$AB=BC=CD=DE=l$，$AE=2l$。若在B，C，D三点处均作用一相等的铅直力$\boldsymbol{P}$，试求杆系处于平衡时角θ和β所满足的关系。杆的质量和各连接点的摩擦可略去不计。

13－16　题图13－16所示两重物$\boldsymbol{P}_1$，$\boldsymbol{P}_2$系在细绳的两端，分别放在斜角为θ，β的斜面上，

绳子绕过两定滑轮与一动滑轮相连，动滑轮的轴上挂一重物 $\boldsymbol{P}_3$。如摩擦以及滑车与绳索的质量忽略不计，试求平衡时 $\boldsymbol{P}_1$ 和 $\boldsymbol{P}_2$ 的值。

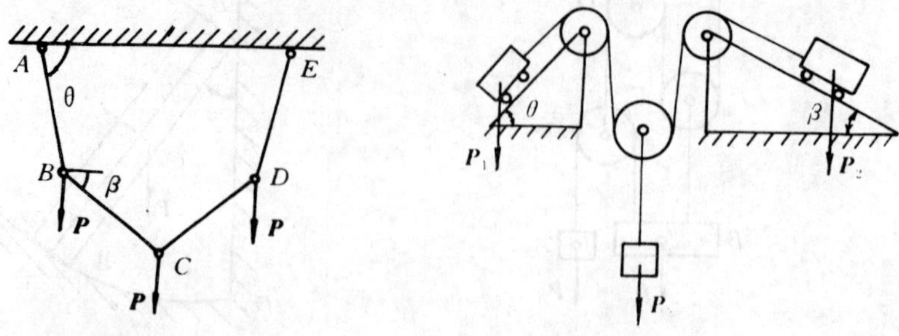

题图 13-15　　　　题图 13-16

13-17　半径为 R 的滚子放在粗糙水平面上，连杆 AB 的两端分别与轮缘上的点 A 和滑块 B 铰接。现在滚子上施加矩为 M 的力偶，在滑块上施加力 $\boldsymbol{F}$，使系统于题图 13-17 所示位置处平衡。设力 $\boldsymbol{F}$ 为已知，忽略滚动摩阻和各构件的重量，不计滑块和各铰链处的摩擦，试求力偶矩 M 以及滚子与地面间的摩擦力 F_s。

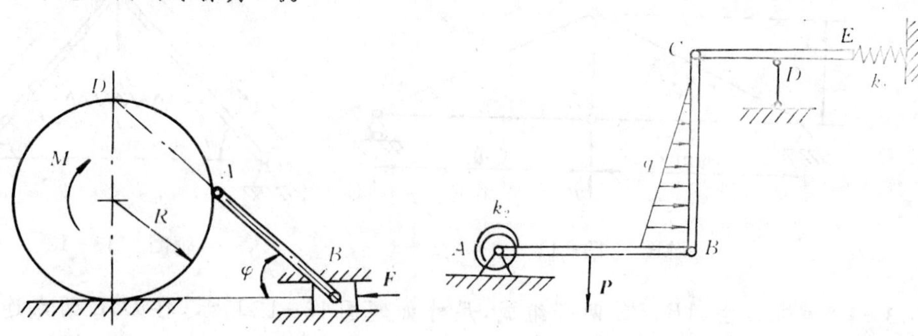

题图 13-17　　　　题图 13-18

13-18　如题图 13-18 所示，杆系在铅垂面内平衡，$AB = BC = l$，$CD = DE$，且 AB，CE 为水平，CB 为铅垂。均质杆 CE 和刚度系数为 k_1 的拉压弹簧相连，重量为 $\boldsymbol{P}$ 的均质杆 AB 左端有一刚性系数为 k_2 的螺线弹簧。在 BC 杆上作用有水平的线性分布载荷，其最大载荷集度为 q。不计 BC 杆的重量，试求水平弹簧的变形量 Δ 和螺线弹簧的扭转角 φ。

13-19　题图 13-19 所示三铰拱所受荷载为 $P = 4\ \mathrm{kN}$，$q = 1\ \mathrm{kN/m}$，力偶矩 $M = 12\ \mathrm{kN \cdot m}$，试用虚位移原理求支座 B 的水平及竖向反力。

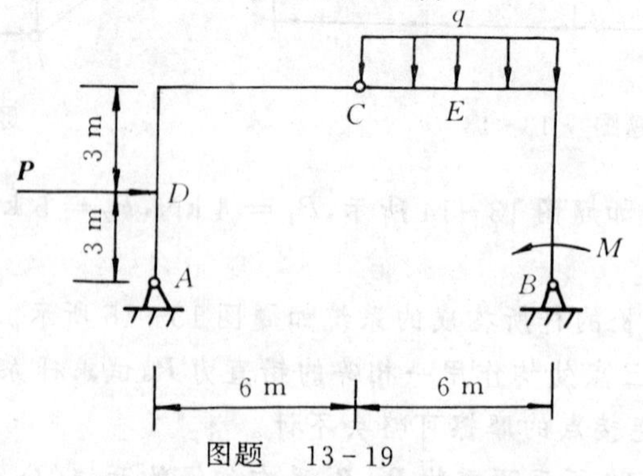

图题　13-19

第十四章　动力学普遍方程和拉格朗日方程

在第十章中引入惯性力的概念，介绍了达朗伯原理，采用静力学中求解平衡问题的方法处理动力学问题；在第十三章中建立了虚位移和虚功的概念，应用虚位移原理解决静力学中的平衡问题。本章则把这两个原理结合起来。推导出质点系动力学普遍方程和拉格朗日方程，用来解决非自由质点系的动力学问题。

§14-1　动力学普遍方程

设 n 个质点组成的质点系处于运动状态，第 i 个质点的质量为 m_i，加速度为 $\boldsymbol{a}_i$，所受主动力的合力为 $\boldsymbol{F}_i$，约束反力的合力为 $\boldsymbol{F}_{Ni}$，根据达朗伯原理，对第 i 个质点在任一瞬时有

$$\boldsymbol{F}_i + \boldsymbol{F}_{Ni} + \boldsymbol{F}_{gi} = 0 \tag{14-1}$$

式中 $\boldsymbol{F}_{gi} = -m_i\boldsymbol{a}_i$ 为第 i 个质点的惯性力。

如果质点系具有理想约束，在任意虚位移 $\delta\boldsymbol{r}_i$ 中

$$\sum_{i=1}^{n}\boldsymbol{F}_{Ni}\cdot\delta\boldsymbol{r}_i = 0 \tag{14-2}$$

将

$$\boldsymbol{F}_{Ni} = -(\boldsymbol{F}_i + \boldsymbol{F}_{gi}) = m_i\boldsymbol{a}_i - \boldsymbol{F}_i$$

代入式(14-2)得

$$\sum_{i=1}^{n}(\boldsymbol{F}_i - m_i\boldsymbol{a}_i)\cdot\delta\boldsymbol{r}_i = 0 \tag{14-3}$$

写成解析表达式

$$\sum_{i=1}^{n}[(X_i - m_i\ddot{x}_i)\delta x_i + (Y_i - m_i\ddot{y}_i) + (Z_i - m_i\ddot{z}_i)\delta z_i] = 0 \tag{14-4}$$

式(14-3)、式(14-4)叫做动力学普遍方程(达朗伯-拉格朗日方程)，事实上可以看作是动力学的虚功原理。在理想约束的条件下，质点系的各个质点在任一瞬时所受的主动力和惯性力在虚位移上所作的虚功之和等于零。因此，式(14-3)、式(14-4)也就是动力学的虚功方程。

动力学普遍方程将达朗伯原理与虚位移原理结合起来，可以求解质点系的动力学问题，特别适合于求解非自由质点系的动力学问题。应用此方程解题时，需要把所有非理想的约束反力都作为主动力看待。

【例 14-1】 在图 14-1 所示滑轮系统中，动滑轮上悬挂着质量为 m_1 的重物，绳子绕过定滑轮后悬挂着质量为 m_2 的重物。设滑轮和绳子的重量以及轮轴摩擦都忽略不计，求 m_2 下降的加速度。

解　取整个滑轮系统为研究对象，系统具有理想约束。系统所受的主动力为重力 $m_1\boldsymbol{g}$ 和 $m_2\boldsymbol{g}$，假想加入系统的惯性力 $\boldsymbol{F}_{g1}$，$\boldsymbol{F}_{g2}$，而

$$F_{g1} = m_1a_1,\quad F_{g2} = m_2a_2$$

给系统以虚位移 δs_1 和 δs_2，由动力学普遍方程，得

$$(m_2 g - m_2 a_2)\delta s_2 - (m_1 g + m_1 a_1)\delta s_1 = 0$$

这是一个自由度系统，所以 δs_1 和 δs_2 中只有一个是独立的。由定滑轮和动滑轮的传动关系，有

$$\delta s_1 = \frac{\delta s_2}{2},\quad a_1 = \frac{a_2}{2}$$

代入前式，有

$$(m_1 g - m_2 a_2)\delta s_2 - \left(m_1 g + m_1 \frac{a_2}{2}\right)\frac{\delta s_2}{2} = 0$$

消去 δs_2，得

$$a_2 = \frac{4m_2 - 2m_1}{4m_2 + m_1} g$$

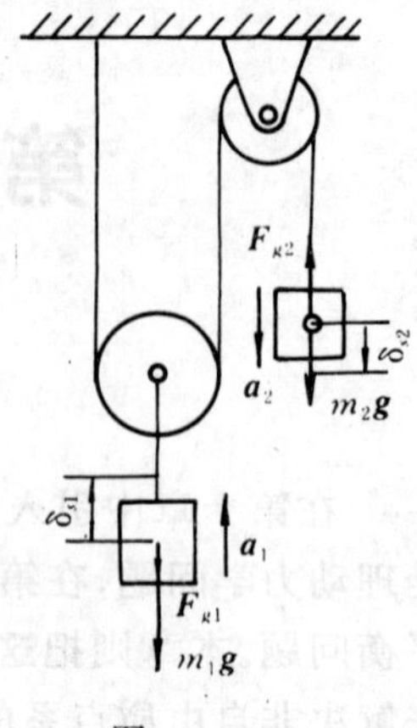

图 14-1

【例 14-2】 两个半径皆为 r 的均质轮，中心用连杆相连，在倾角为 θ 的斜面上作纯滚动，如图 14-2 所示。设轮子质量皆为 m_1，对轮心的转动惯量皆为 J，连杆质量为 m_2，求连杆运动的加速度。

解 研究整个刚体系，作用在系统上的主动力有每个轮子的重力 $m_1\boldsymbol{g}$ 和杆的重力 $m_2\boldsymbol{g}$。虚加在每个轮子上的惯性力系可以简化为一个通过轮心的惯性力 $F_{g1} = m_1 a$ 及一个惯性力偶，其矩 $M_g = J\alpha = J\dfrac{a}{r}$；因连杆作平动，加在连杆上的惯性力系简化为一个力 $F_{g2} = m_2 a$，这些力的方向如图 14-2 所示。

给连杆以平行斜面向下移动的虚位移 δs，则轮子相应有逆时针转动虚位移 $\delta\varphi = \dfrac{\delta s}{r}$，根据动力学普遍方程，得

$$-(2F_{g1} + F_{g2})\delta s - 2M_g\delta\varphi + (2m_1 + m_2)g\sin\theta\delta s = 0$$

或

$$-(2m_1 + m_2)a\delta s - 2J\frac{a}{r}\frac{\delta s}{r} + (2m_1 + m_2)g\sin\theta\delta s = 0$$

解得

$$a = \frac{(2m_1 + m_2)r^2\sin\theta}{(2m_1 + m_2)r^2 + J} g$$

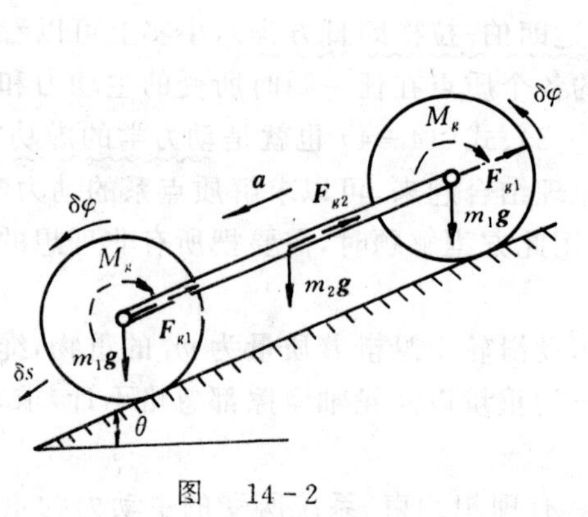

图 14-2

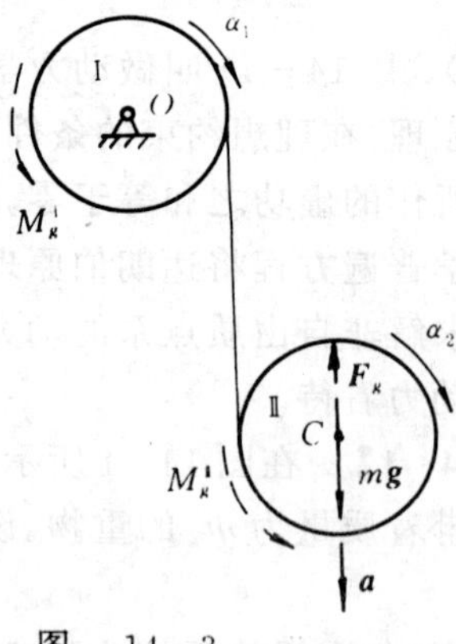

图 14-3

【例 14-3】 图 14-3 中，两相同均质圆轮半径皆为 R，质量皆为 m。轮 I 可绕 O 轴转动，

轮 Ⅱ 绕有细绳并跨于轮 Ⅰ 上。当细绳直线部分为铅垂时，求轮 Ⅱ 中心 C 的加速度。

解 研究整个系统。设轮 Ⅰ，Ⅱ 的角加速度分别为 α_1,α_2，轮 Ⅱ 质心 C 的加速度为 a。则惯性力 $F_g = ma$，惯性力偶 $M_g^1 = \frac{1}{2}mR^2\alpha_1, M_g^1 = \frac{1}{2}mR^2\alpha_2$，方向如图 14-3 所示。此系统具有两个自由度，取轮 Ⅰ，轮 Ⅱ 的转角 φ_1,φ_2 为广义角坐标。

令 $\delta\varphi_1 = 0, \delta\varphi_2 \neq 0$，则点 C 下移 $\delta h = R\delta\varphi_2$。根据动力学普遍方程

$$mg\delta h - F_g\delta h - M_g^1\delta\varphi_2 = 0$$

或

$$g - a - \frac{1}{2}\alpha_2 R = 0 \tag{1}$$

再令 $\delta\varphi_1 \neq 0, \delta\varphi_2 = 0$，则 $\delta h = R\delta\varphi_1$。根据动力学普遍方程，则有

$$mg\delta h - F_g\delta h - M_g^1\delta\varphi_1 = 0$$

或

$$g - a - \frac{1}{2}\alpha_1 R = 0 \tag{2}$$

考虑到运动学关系，即

$$a = \alpha_1 R + \alpha_2 R \tag{3}$$

联立式(1)、(2)、(3) 解出

$$a = \frac{4}{5}g$$

由以上例题，可归纳出用动力学普遍方程解题的一般步骤。

(1) 选取研究对象。由于系统具有理想约束，约束反力的虚功为零，故取整体为研究对象。

(2) 判断系统的自由度个数，选取广义坐标。

(3) 在质点或刚体上虚加惯性力(偶)，如有非理想约束，将其约束反力当作主动力看待。

(4) 将各主动力及惯性力(偶) 代入动力学普遍方程求解，注意各项虚功的正负号取法。

由以上例题还可看出，由于理想约束的缘故，用动力学普遍方程解题比用动力学基本定理或达朗伯原理解题简便得多。

【例 14-4】 椭圆摆由物块 M_1 和摆锤 M_2 用直杆铰接而成(图 14-4)，M_1 可沿光滑水平面滑动，摆杆则可在铅直面内摆动。设 M_1, M_2 的质量分别为 m_1, m_2；杆长为 l，质量不计。试建立系统的运动微分方程。

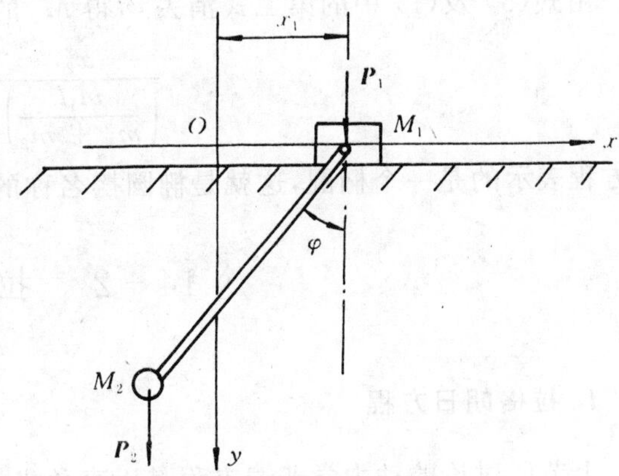

图 14-4

解 物块作平动，摆锤尺寸不计。两者都可看作质点。整个系统的位置决定于 x_1 及 φ 两个广义坐标，故有两个自由度。

选图示直角坐标轴，物块 M_1 的坐标为 x_1，y_1，摆锤 M_2 的坐标为 x_2, y_2，则

$$x_2 = x_1 - l\sin\varphi,\ y_2 = l\cos\varphi \tag{1}$$

对时间 t 求两次导数，得

$$\ddot{x}_2 = \ddot{x}_1 - l\ddot{\varphi}\cos\varphi + l\dot{\varphi}^2\sin\varphi$$

$$\ddot{y}_2 = -l\ddot{\varphi}\sin\varphi - l\dot{\varphi}^2\cos\varphi = l(-\ddot{\varphi}\sin\varphi - \dot{\varphi}^2\cos\varphi)$$

对坐标的变分为

$$\delta y_1=0,\quad \delta x_2=\delta x_1-l\cos\varphi\,\delta\varphi,\quad \delta y_2=-l\sin\varphi\,\delta\varphi \tag{1'}$$

主动力为

$$X_1=X_2=0,\quad Y_2=P_2=m_2g$$

将以上各式代入式(14-4),得

$$-m_1\ddot{x}_1\delta x_1-m_2(\ddot{x}_1-l\ddot{\varphi}\cos\varphi+l\dot{\varphi}^2\sin\varphi)(\delta x_1-l\cos\varphi\,\delta\varphi)+$$
$$[m_2g-m_2l(-\ddot{\varphi}\sin\varphi-\dot{\varphi}^2\cos\varphi)](-l\sin\varphi\,\delta\varphi)=0$$

整理后得

$$[-(m_1+m_2)\ddot{x}_1+m_2l\ddot{\varphi}\cos\varphi-m_2l\dot{\varphi}^2\sin\varphi]\delta x_1+$$
$$(m_2l\ddot{x}_1\cos\varphi-m_2l^2\ddot{\varphi}-m_2gl\sin\varphi)\delta\varphi=0$$

因为 δx_1 与 $\delta\varphi$ 是彼此独立的,欲使上式成立,必须

$$(m_1+m_2)\ddot{x}_1-m_2l\ddot{\varphi}\cos\varphi+m_2l\dot{\varphi}^2\sin\varphi=0 \tag{2}$$

$$m_2\ddot{x}_1\cos\varphi-m_2l\ddot{\varphi}-m_2g\sin\varphi=0 \tag{3}$$

这就是系统的运动微分方程。可见,有几个自由度,就可得几个微分方程。

将式(2) 改写成

$$\frac{\mathrm{d}}{\mathrm{d}t}[(m_1+m_2)\dot{x}_1-m_2l\dot{\varphi}\cos\varphi]=0$$

积分两次,并设$(\dot{x}_1)_0=\dot{\varphi}_0=0$,得

$$(m_1+m_2)x_1-m_2l\sin\varphi=m_1x_1+m_2(x_1-l\sin\varphi)=m_1x_1+m_2x_2=c \tag{4}$$

上 式表示质心运动守恒。该结果是必然的,因为系统在水平方向不受外力,设$(x_C)_0=0$,则式中的积分常数为$c=0$,因而由式(1)及式(4)有

$$x_2=-\frac{m_1l}{m_1+m_2}\sin\varphi \tag{5}$$

由式(5) 及(1) 中的第二式消去 φ,得 M_2 的轨迹方程

$$\frac{x_2^2}{\left(\dfrac{m_1l}{m_1+m_2}\right)}+\frac{y_2^2}{l^2}=1$$

此方程表示的是一个椭圆,这就是椭圆摆名称的由来。

§14-2　拉格朗日方程

1. 拉格朗日方程

上节所讨论的动力学普遍方程是以直角坐标表示的方程,由于系统存在约束,所以在这个方程中的各质点的虚位移可能不全是独立的,这样解题时还要找出虚位移之间的关系,有时还很不方便。下面我们将动力学普遍方程用独立的广义坐标来表示,推导出第二类拉格朗日方程,以便求解非自由质点系的动力学问题。

设一质点系由n个质点组成,系统具有s个完整约束,并且都是理想约束,因此它是具有$N=(3n-s)$个自由度的系统。今以$q_1,q_2,\cdots,q_N$表示系统的广义坐标,设系统中第i个质点的质量为m_i,表示其位置的矢径为$\boldsymbol{r}_i$,矢径$\boldsymbol{r}_i$可表示为广义坐标和时间的函数,即$\boldsymbol{r}_i=\boldsymbol{r}_i(q_1,q_2,$

$\cdots, q_N; t)$，由上一节理论知道，质点系动力学普遍方程可以写成为

$$\sum_{i=1}^{n} \boldsymbol{F}_i \cdot \delta \boldsymbol{r}_i - \sum_{i=1}^{n} m_i \boldsymbol{a}_i \cdot \delta \boldsymbol{r}_i = 0 \tag{14-5}$$

上式中的第一项根据式(13－11)可以写成用广义力和广义虚位移表示的形式，即

$$\sum_{i=1}^{n} \boldsymbol{F}_i \cdot \delta \boldsymbol{r}_i = \sum_{k=1}^{N} Q_k \delta q_k$$

注意，这里主动力系 $\boldsymbol{F}_i$ 不是平衡力系中的主动力，所以广义力 Q_k 不一定等于零。

因为

$$\delta \boldsymbol{r}_i = \frac{\partial \boldsymbol{r}_i}{\partial q_1}\delta q_1 + \frac{\partial \boldsymbol{r}_i}{\partial q_2}\delta q_2 + \cdots + \frac{\partial \boldsymbol{r}_i}{\partial q_N}\delta q_N = \sum_{k=1}^{N} \frac{\partial \boldsymbol{r}_i}{\partial q_k}\delta q_k$$

所以式(14－5)可写为

$$\sum_{i=1}^{n} \boldsymbol{F}_i \delta \boldsymbol{r}_i - \sum_{i=1}^{n} m_i \boldsymbol{a}_i \cdot \delta \boldsymbol{r}_i = \sum_{k=1}^{N} Q_k \delta q_k - \sum_{i=1}^{n} m_i \boldsymbol{a}_i \cdot \left(\sum_{k=1}^{N} \frac{\partial \boldsymbol{r}_i}{\partial q_k}\delta q_k \right) =$$

$$\sum_{k=1}^{N} (Q_k - \sum_{i=1}^{n} m_i \ddot{\boldsymbol{r}}_i \cdot \frac{\partial \boldsymbol{r}_i}{\partial q_k}) \delta q_k = 0$$

对于完整约束的系统。因为广义坐标是相互独立的，所以广义坐标的变分 δq_k 是任意的，为使上式恒成立，必须有

$$Q_k - \sum_{i=1}^{n} m_i \ddot{\boldsymbol{r}}_i \cdot \frac{\partial \boldsymbol{r}_i}{\partial q_k} = 0 \quad (k = 1, 2, \cdots, N) \tag{14-6}$$

这是一个具有 N 个方程的方程组，其中第二项和广义力 Q_k 对应，可称为广义惯性力(含有质量与加速度的乘积或转动惯量与角加速度的乘积)；表明广义力与广义惯性力互相平衡，可以理解为以广义坐标表示的达朗伯原理。

为了计算方便，我们对广义惯性力作如下变换

$$\sum_{i=1}^{n} m_i \ddot{\boldsymbol{r}}_i \cdot \frac{\partial \boldsymbol{r}_i}{\partial q_k} = \sum_{i=1}^{n} m_i \frac{\mathrm{d}}{\mathrm{d}t}\left(\boldsymbol{v}_i \cdot \frac{\partial \boldsymbol{r}_i}{\partial q_k} \right) - \sum_{i=1}^{n} m_i \boldsymbol{v}_i \cdot \frac{\mathrm{d}}{\mathrm{d}t}\left(\frac{\partial \boldsymbol{r}_i}{\partial q_k} \right) \tag{14-7}$$

为了进一步简化，先证明两个恒等式，即

$$\frac{\partial \boldsymbol{r}_i}{\partial q_k} = \frac{\partial \dot{\boldsymbol{r}}_i}{\partial \dot{q}_k} \tag{14-8}$$

$$\frac{\mathrm{d}}{\mathrm{d}t}\left(\frac{\partial \boldsymbol{r}_i}{\partial q_k} \right) = \frac{\partial \dot{\boldsymbol{r}}}{\partial q_k} \tag{14-9}$$

(1) 关于式(14－8)的证明

将 $\boldsymbol{r}_i = \boldsymbol{r}_i(q_1, q_2, \cdots, q_N; t)$ 对时间求导数

$$\frac{\mathrm{d}\boldsymbol{r}_i}{\mathrm{d}t} = \dot{\boldsymbol{r}}_i = \sum_{k=1}^{N} \frac{\partial \boldsymbol{r}_i}{\partial q_k}\frac{\mathrm{d}q_k}{\mathrm{d}t} + \frac{\partial \boldsymbol{r}_i}{\partial t} = \sum_{k=1}^{N} \frac{\partial \boldsymbol{r}_i}{\partial q_k}\dot{q}_k + \frac{\partial \boldsymbol{r}_i}{\partial t} \tag{14-10}$$

式中 $\frac{\partial \boldsymbol{r}_i}{\partial q_k}$ 和 $\frac{\partial \boldsymbol{r}_i}{\partial t}$ 是广义坐标和时间的函数，而不是广义速度 $\dot{q}_k$ 的函数，所以将上式对 $\dot{q}_k$ 求偏导数，得

$$\frac{\partial \dot{\boldsymbol{r}}_i}{\partial \dot{q}_k} = \frac{\partial \boldsymbol{r}_i}{\partial q_k}$$

式(14－8)得证。

(2) 关于式(14－9)的证明

将式(14－10)对某一广义坐标 q_j 求偏导数，得

$$\frac{\partial \dot{\boldsymbol{r}}_i}{\partial q_j} = \sum_{k=1}^{N} \frac{\partial}{\partial q_j}\left(\frac{\partial \boldsymbol{r}_i}{\partial q_k}\dot{q}_k\right) + \frac{\partial^2 \boldsymbol{r}_i}{\partial q_j \partial t} = \sum_{k=1}^{N} \frac{\partial^2 \boldsymbol{r}_i}{\partial q_j \partial q_k}\dot{q}_k + \frac{\partial^2 \boldsymbol{r}_i}{\partial q_j \partial t} \tag{1}$$

再将$\frac{\partial \boldsymbol{r}_i}{\partial q_j}$对时间求导数得（即$\frac{\partial \boldsymbol{r}_i}{\partial q_j}$对时间的全导数）

$$\frac{\mathrm{d}}{\mathrm{d}t}\left(\frac{\partial \boldsymbol{r}_i}{\partial q_j}\right) = \sum_{k=1}^{N} \frac{\partial}{\partial q_k}\left(\frac{\partial \boldsymbol{r}_i}{\partial q_j}\right)\frac{\mathrm{d}q_k}{\mathrm{d}t} + \frac{\partial}{\partial t}\left(\frac{\partial \boldsymbol{r}_i}{\partial q_j}\right) = \sum_{k=1}^{N} \frac{\partial^2 \boldsymbol{r}_i}{\partial q_k \partial q_j}\dot{q}_k + \frac{\partial^2 \boldsymbol{r}_i}{\partial q_j \partial t} \tag{2}$$

由于式(1)、(2) 右端相等，故

$$\frac{\mathrm{d}}{\mathrm{d}t}\left(\frac{\partial \boldsymbol{r}_i}{\partial q_j}\right) = \frac{\partial \dot{\boldsymbol{r}}_i}{\partial q_j}$$

或

$$\frac{\mathrm{d}}{\mathrm{d}t}\left(\frac{\partial \boldsymbol{r}_i}{\partial q_k}\right) = \frac{\partial \dot{\boldsymbol{r}}_i}{\partial q_k}$$

式(14－9) 得证。

将式(14－8)、式(14－9) 代入式(14－7)，并注意到 $\ddot{\boldsymbol{r}}_i = \dot{\boldsymbol{v}}_i, \dot{\boldsymbol{r}}_i = \boldsymbol{v}_i$，得

$$\begin{aligned}
\sum_{i=1}^{n} m_i \dot{\boldsymbol{v}}_i \cdot \frac{\partial \boldsymbol{r}_i}{\partial q_k} &= \sum_{i=1}^{n} m_i \frac{\mathrm{d}}{\mathrm{d}t}\left(\boldsymbol{v}_i \cdot \frac{\partial \dot{\boldsymbol{r}}_i}{\partial \dot{q}_k}\right) - \sum_{i=1}^{n} m_i \boldsymbol{v}_i \cdot \frac{\partial \dot{\boldsymbol{r}}_i}{\partial q_k} = \\
&\sum_{i=1}^{n} m_i \frac{\mathrm{d}}{\mathrm{d}t}\left(\boldsymbol{v}_i \cdot \frac{\partial \boldsymbol{v}_i}{\partial \dot{q}_k}\right) - \sum_{i=1}^{n} m_i \boldsymbol{v}_i \cdot \frac{\partial \boldsymbol{v}_i}{\partial q_k} = \\
&\frac{\mathrm{d}}{\mathrm{d}t}\sum_{i=1}^{n}\left(m_i \boldsymbol{v}_i \cdot \frac{\partial \boldsymbol{v}_i}{\partial \dot{q}_k}\right) - \frac{\partial}{\partial q_k}\sum_{i=1}^{n}\left(\frac{1}{2} m_i \boldsymbol{v}_i \cdot \boldsymbol{v}_i\right) = \\
&\frac{\mathrm{d}}{\mathrm{d}t}\frac{\partial}{\partial \dot{q}_k}\sum_{i=1}^{n}\left(\frac{1}{2} m_i \boldsymbol{v}_i \cdot \boldsymbol{v}_i\right) - \frac{\partial}{\partial q_k}\sum_{i=1}^{n}\left(\frac{1}{2} m_i \boldsymbol{v}_i \cdot \boldsymbol{v}_i\right) = \\
&\frac{\mathrm{d}}{\mathrm{d}t}\frac{\partial}{\partial \dot{q}_k}\sum_{i=1}^{n}\left(\frac{1}{2} m_i v_i^2\right) - \frac{\partial}{\partial q_k}\sum_{i=1}^{n}\left(\frac{1}{2} m_i v_i^2\right) = \\
&\frac{\mathrm{d}}{\mathrm{d}t}\left(\frac{\partial T}{\partial \dot{q}_k}\right) - \frac{\partial T}{\partial q_k} \quad (k = 1,2,3,\cdots,N)
\end{aligned} \tag{14-11}$$

式中 $T = \sum_{i=1}^{n} \frac{1}{2} m_i v_i^2$，为质点系的动能，将式(14－11) 代入式(14－6)，得

$$\frac{\mathrm{d}}{\mathrm{d}t}\left(\frac{\partial T}{\partial \dot{q}_k}\right) - \frac{\partial T}{\partial q_k} = Q_k \quad (k = 1,2,\cdots,N) \tag{14-12}$$

称为拉格朗日方程，简称拉氏方程。该方程组中方程式的数目等于质点系的自由度数，每个方程都是二阶常微分方程。

如果作用在质点系上的主动力都是有势力（保守力），则广义力 Q_k 可写成用质点系势能表达的形式，即式(13－16)

$$Q_k = -\frac{\partial V}{\partial q_k}$$

于是拉氏方程(14－12) 写为

$$\frac{\mathrm{d}}{\mathrm{d}t}\left(\frac{\partial T}{\partial \dot{q}_k}\right) - \frac{\partial T}{\partial q_k} = -\frac{\partial V}{\partial q_k} \quad (k = 1,2,\cdots,N) \tag{14-13}$$

这就是在保守系统中的拉氏方程。

若设函数 L 表示系统的动能 T 与势能 V 的差，即

$$L = T - V \tag{14-14}$$

L 称为拉格朗日（拉氏）函数或动势。

因为势能不是广义速度 $\dot{q}_k$ 的函数，所以有 $\dfrac{\partial V}{\partial \dot{q}_k}=0$，这样在保守系统中的拉氏方程(14-13)可以写成用动势 L 表示的形式

$$\frac{\mathrm{d}}{\mathrm{d}t}\left(\frac{\partial L}{\partial \dot{q}_k}\right)-\frac{\partial L}{\partial q_k}=0 \quad (k=1,2,\cdots,N) \tag{14-15}$$

如果质点系所受的力既有有势力，又有非有势力，令 V 为质点系对应有势力的势能，Q_k' 为与非有势力相应的广义力，则式(14-15)可写为

$$\frac{\mathrm{d}}{\mathrm{d}t}\left(\frac{\partial L}{\partial \dot{q}_k}\right)-\frac{\partial L}{\partial q_k}=Q_k' \quad (k=1,2,\cdots,N) \tag{14-16}$$

该式是拉氏方程应用于非保守系统的另一种表达式。

2. 用拉氏方程求解动力学问题的步骤

拉氏方程是一组对应于广义坐标 $q_1,q_2,\cdots,q_N$ 的 N 个独立的二阶微分方程，式中消去了全部理想约束的未知约束反力。这个方程组的最大优点在于可以遵循完全系统化的方案写出，其步骤大致可以归纳如下：

(1) 以系统为研究对象，确定质点系的自由度数目，选择适宜的广义坐标。必须注意，不能遗漏独立的坐标，也不能选择多余的(不独立的)坐标。

(2) 用广义坐标、广义速度的函数表示系统的动能，并计算下列诸导数

$$\frac{\partial T}{\partial q_k},\quad \frac{\partial T}{\partial \dot{q}_k},\quad \frac{\mathrm{d}}{\mathrm{d}t}\left(\frac{\partial T}{\partial \dot{q}_k}\right)$$

或者，当系统的主动力都是有势力时，先求出系统的势能 $V(q)$，以及动势 $L=T-V$，然后求出诸导数

$$\frac{\partial L}{\partial q_k},\quad \frac{\partial L}{\partial \dot{q}_k},\quad \frac{\mathrm{d}}{\mathrm{d}t}\left(\frac{\partial L}{\partial \dot{q}_k}\right)$$

(3) 求广义力，如在有势力外还有一些非有势力，则要求出由这些非有势力决定的广义力 Q_k'，这一步也可以在步骤(2)之前进行。

(4) 将以上结果代入拉氏方程(写出拉氏方程)，经过整理，可得到用广义坐标表示的质点系运动微分方程，然后由这些方程求出系统的加速度；或者通过积分把各广义坐标表示成时间的已知函数，即求出运动规律。

下面举例说明拉氏方程的应用。

【例 14-5】 在水平面内运动的行星齿轮机构如图 14-5 所示。均质系杆 OA 的质量为 m_1，它可绕端点 O 转动，另一端装有一质量为 m_2、半径为 r 的均质小齿轮，小齿轮沿半径为 R 的固定大齿轮纯滚动。当系杆受力偶 M 的作用时，求该系杆的运动方程。

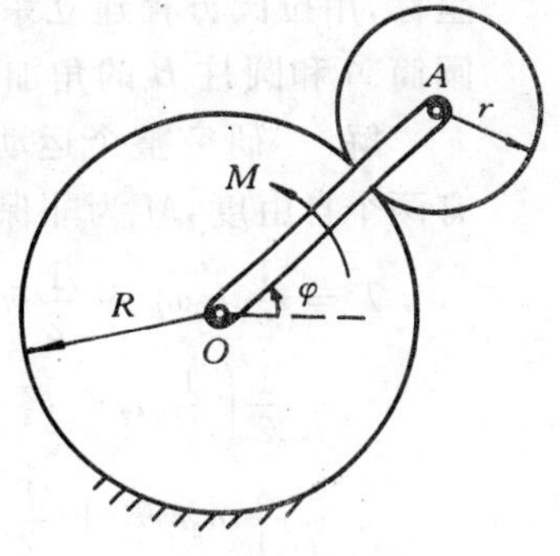

图 14-5

解 机构具有一个自由度，选系杆的转角 φ 作广义坐标。设系杆对 O 轴的转动惯量为 J_0，小齿轮对其质心 A 的转动惯量为 J_A，小齿轮的绝对角速度为 $\dot{\varphi}_A$，则点 A 的速度为

$$v_A=(R+r)\dot{\varphi}$$

小齿轮的绝对角速度为

$$\dot{\varphi}_A = \frac{v_A}{r} = \frac{R+r}{r}\dot{\varphi}$$

系统的动能等于系杆的动能与小齿轮的动能的和，即

$$T = \frac{1}{2}J_O\dot{\varphi}^2 + \left(\frac{1}{2}m_2 v_A^2 + \frac{1}{2}J_A\dot{\varphi}_A^2\right) = \frac{1}{2}\times\frac{1}{3}m_1(R+r)^2\dot{\varphi}^2 + \left[\frac{1}{2}m_2(R+r)^2\dot{\varphi}^2 + \frac{1}{2}\times\frac{1}{2}m_2 r^2\left(\frac{R+r}{r}\right)^2\dot{\varphi}^2\right] = \frac{1}{12}(2m_1+9m_2)(R+r)^2\dot{\varphi}^2$$

$$Q_\varphi = \frac{\Sigma\delta W_F}{\delta\varphi} = \frac{M\delta\varphi}{\delta\varphi} = M$$

将以上两式代入拉格朗日方程，则有

$$\frac{\mathrm{d}}{\mathrm{d}t}\frac{\partial T}{\partial\dot{\varphi}} - \frac{\partial T}{\partial\varphi} = Q_\varphi$$

得

$$\frac{1}{6}(2m_1+9m_2)(R+r)^2\ddot{\varphi} = M$$

或

$$\ddot{\varphi} = \frac{6M}{(2m_1+9m_2)(R+r)^2}$$

解得

$$\varphi = \frac{3M}{(2m_1+9m_2)(R+r)^2}t^2 + \dot{\varphi}_0 t + \varphi_0$$

式中 φ_0 为初始转角，$\dot{\varphi}_0$ 为初始角速度。

【例 14-6】 在图 14-6所示系统中，已知：均质薄壁圆筒 A 的质量为 m_1、半径为 r，均质圆柱 B 的质量为 m_2、半径也为 r，圆柱 B 沿水平面作纯滚动，M 为常力偶矩，滑车的质量忽略不计。试求(1) 以 θ_1 和 θ_2 为广义坐标，用拉氏方程建立系统的运动微分方程；(2) 薄壁圆筒 A 和圆柱 B 的角加速度 α_1 和 α_2。

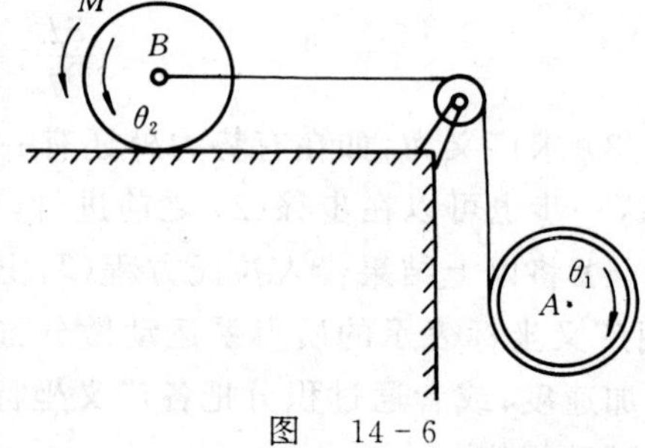

图 14-6

解 研究整个运动系统。由已知条件，此系统具有两个自由度，M 为非保守力。选 θ_1,θ_2 为广义坐标，则系统的动能为

$$T = \frac{1}{2}J_B\omega_B^2 + \frac{1}{2}m_2 v_B^2 + \frac{1}{2}m_1 v_A^2 + \frac{1}{2}J_A\omega_A^2 = \frac{1}{2}\left(\frac{1}{2}m_2 r^2\right)\dot{\theta}_2^2 + \frac{1}{2}m_2(r\dot{\theta}_2)^2 + \frac{1}{2}m_1(r\dot{\theta}_1 - r\dot{\theta}_2)^2 + \frac{1}{2}m_1 r^2\dot{\theta}_1^2 = \frac{3}{4}m_2 r^2\dot{\theta}_2^2 + \frac{1}{2}m_1(\dot{\theta}_1-\dot{\theta}_2)^2 r^2 + \frac{1}{2}m_1 r^2\dot{\theta}_1^2$$

系统的零势能点选在运动起始的位置，则

$$V = -m_1 g(\theta_1 r - \theta_2 r) = -m_1 g r(\theta_1 - \theta_2)$$

故动势 L 为

$$L = T - V = \frac{3}{4}m_2 r^2\dot{\theta}_2^2 + \frac{1}{2}m_1(\dot{\theta}_1-\dot{\theta}_2)^2 r^2 + \frac{1}{2}m_1 r^2\dot{\theta}_1^2 + m_1 g r(\theta_1-\theta_2)$$

计算各偏导数，即

$$\frac{\partial L}{\partial \dot{\theta}_1}=m_1(\dot{\theta}_1-\dot{\theta}_2)r^2+m_1r^2\dot{\theta}_1,\quad \frac{\mathrm{d}}{\mathrm{d}t}\left(\frac{\partial L}{\partial \dot{\theta}_1}\right)=m_1(\ddot{\theta}_1-\ddot{\theta}_2)r^2+m_1r^2\ddot{\theta}_1$$

$$\frac{\partial L}{\partial \theta_1}=m_1gr$$

$$\frac{\partial L}{\partial \dot{\theta}_2}=-m_1(\dot{\theta}_1-\dot{\theta}_2)r^2+\frac{3}{2}m_2r^2\dot{\theta}_2,\quad \frac{\mathrm{d}}{\mathrm{d}t}\left(\frac{\partial L}{\partial \dot{\theta}_2}\right)=-m_1(\ddot{\theta}_1-\ddot{\theta}_2)r^2+\frac{3}{2}m_2r^2\ddot{\theta}_2$$

$$\frac{\partial L}{\partial \theta_2}=-m_1gr$$

计算非保守力的广义力，即

$$Q_{\theta_1}'=0,\quad Q_{\theta_2}'=\frac{M\delta\theta_2}{\delta\theta_2}=M$$

将以上各式代入拉氏方程得

$$m_1(\ddot{\theta}_1-\ddot{\theta}_2)r^2+m_1r^2\ddot{\theta}_1-m_1gr=0$$

$$-m_1(\ddot{\theta}_1-\ddot{\theta}_2)r^2+\frac{3}{2}m_2r^2\ddot{\theta}_2+m_1gr=M$$

整理以上各式得

$$2\ddot{\theta}_1-\ddot{\theta}_2=\frac{g}{r}$$

$$\ddot{\theta}_1-\frac{2m_1+3m_2}{2m_1}\ddot{\theta}_2=\frac{g}{r}-\frac{M}{m_1r^2}$$

为系统的运动微分方程。联立求解此两式得

$$\alpha_1=\ddot{\theta}_1=\frac{1}{(m_1+3m_2)r}\left(\frac{3}{2}m_2g+\frac{M}{r}\right)$$

$$\alpha_2=\ddot{\theta}_2=\frac{1}{(m_1+3m_2)r}\left(\frac{2M}{r}-m_1g\right)$$

【例 14-7】 在图 14-7 所示系统中，已知：物块 A 质量为 M，置于光滑水平面上，均质细杆 AB 长为 $2b$，质量为 m，F 为常力。试用拉氏方程建立系统的运动微分方程，以 x 和 θ 为广义坐标。

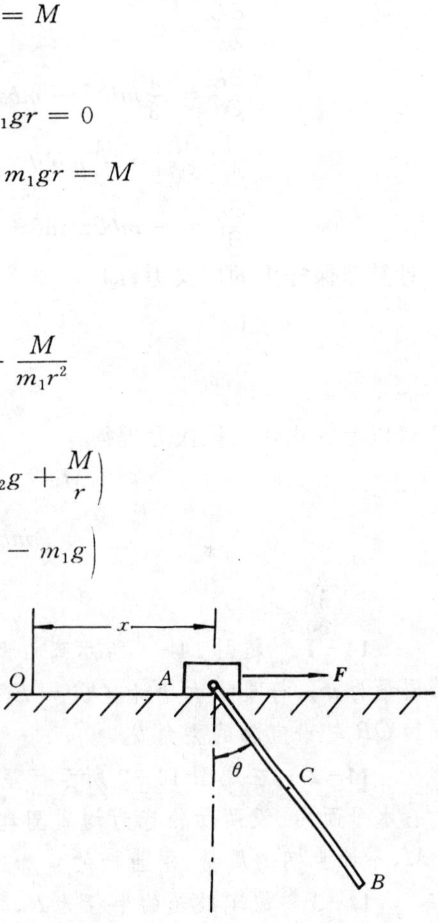

图 14-7

解 研究整个系统的运动。由已知条件，此系统具有两个自由度，F 为非保守力。选 x 和 θ 为广义坐标，则系统的动能为

$$\begin{aligned}T=&\frac{1}{2}M\dot{x}^2+\frac{1}{2}J_C\dot{\theta}^2+\frac{1}{2}mv_C^2=\\&\frac{1}{2}M\dot{x}^2+\frac{1}{2}\times\frac{1}{12}m(2b)^2\dot{\theta}^2+\\&\frac{1}{2}m[(b\dot{\theta})^2+\dot{x}^2-2(b\dot{\theta})\dot{x}\cos(\pi-\theta)]=\\&\frac{1}{2}M\dot{x}^2+\frac{1}{6}mb^2\dot{\theta}^2+\frac{1}{2}m[(b\dot{\theta})^2+\dot{x}^2+2(b\dot{\theta})\dot{x}\cos\theta]=\\&\frac{1}{2}(M+m)\dot{x}^2+\frac{2}{3}mb^2\dot{\theta}^2+m(b\dot{\theta})\dot{x}\cos\theta\end{aligned}$$

以物块所在水平面为零势能面，则系统的势能为

$$V = -mgb\cos\theta$$

则动势为

$$L = T - V = \frac{1}{2}(M+m)\dot{x}^2 + \frac{2}{3}mb^2\dot{\theta}^2 + mb\dot{\theta}\dot{x}\cos\theta + mgb\cos\theta$$

计算各偏导数

$$\frac{\partial L}{\partial \dot{x}} = (M+m)\dot{x} + mb\dot{\theta}\cos\theta$$

$$\frac{\mathrm{d}}{\mathrm{d}t}\left(\frac{\partial L}{\partial \dot{x}}\right) = (M+m)\ddot{x} + mb\ddot{\theta}\cos\theta - mb\dot{\theta}^2\sin\theta$$

$$\frac{\partial L}{\partial x} = 0$$

$$\frac{\partial L}{\partial \dot{\theta}} = \frac{4}{3}mb^2\dot{\theta} + mb\dot{x}\cos\theta$$

$$\frac{\mathrm{d}}{\mathrm{d}t}\left(\frac{\partial L}{\partial \dot{\theta}}\right) = \frac{4}{3}mb^2\ddot{\theta} + mb\ddot{x}\cos\theta - mb\dot{x}\dot{\theta}\sin\theta$$

$$\frac{\partial L}{\partial \theta} = -mb\dot{\theta}\dot{x}\sin\theta - mgb\sin\theta$$

计算非保守力的广义力，即

$$Q_x' = \frac{F\delta x}{\delta x} = F$$

$$Q_\theta' = 0$$

将以上各式代入拉氏方程得

$$(M+m)\ddot{x} + mb\ddot{\theta}\cos\theta - mb\dot{\theta}^2\sin\theta = F$$

$$\frac{4}{3}mb^2\ddot{\theta} + mb\ddot{x}\cos\theta = -mgb\sin\theta$$

习　题

14－1　题图 14－1 所示离心调速器以角速度 ω 绕铅直轴转动。每个球质量为 m_1，套管 O 质量为 m_2，杆重略去不计。$OC = EC = AC = OD = ED = BD = a$。求稳定旋转时，两臂 OA 和 OB 与铅直轴的夹角 θ。

14－2　在题图 14－2 所示行星齿轮机构中，以 O_1 为轴的轮不动，其半径为 r。全机构在同一水平面内。设两动轮皆为均质圆盘，半径为 r，质量为 m。如作用在曲柄 O_1O_2 上的力偶之矩为 M，不计曲柄的质量。求曲柄的角加速度。

14－3　绞车鼓轮的半径为 R，转动惯量为 J，其上作用一转动力矩 M，如题图 14－3 所示。在滑轮组上悬挂两重物 A 与 B，其质量分别为 m_1，m_2，设不计绳和滑轮的质量，试求绞车鼓轮的角加速度。

14－4　在重为 W_1 的均质圆柱 C 上绕着一根细绳，绳重不计，细绳另一端跨过不计重量的滑轮 O 与重为 W_2 的物块 A 相连。物块 A 放在粗糙的水平面上，动滑动摩擦系数为 f'。如圆柱由静止开始下落作平面运动，求物块 A 和圆柱质心 C 的加速度。

14－5　质量为 m_1 的物体用绳连接绕过质量为 m_2 半径为 r 的滑轮与刚性系数为 k 的弹簧连接，如题图 14－5 所示。设不计绳的质量，并将滑轮视为薄圆环。试用拉格朗日方程列出此系统的运动微分方程式，并求出此系统的自由振动的周期。

系统的运动微分方程式，并求出此系统的自由振动的周期。

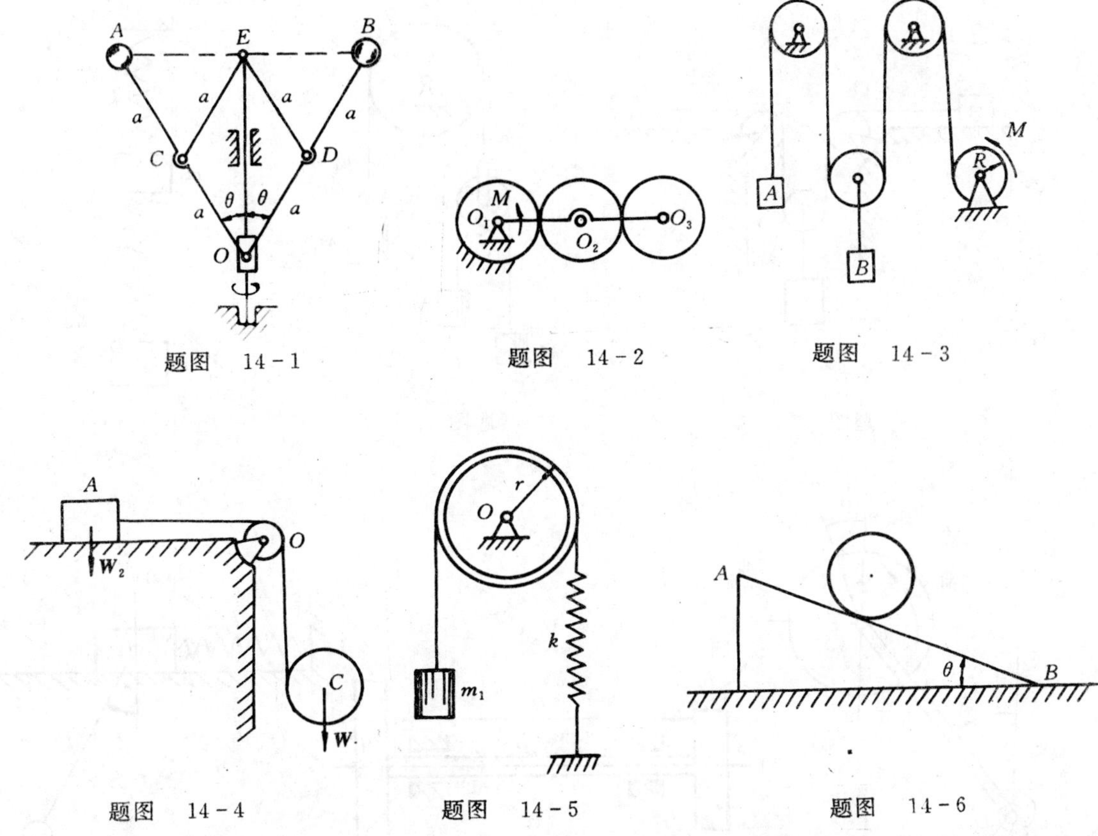

题图 14-1　　题图 14-2　　题图 14-3

题图 14-4　　题图 14-5　　题图 14-6

14-6　如题图 14-6 所示，一重为 P 的三棱柱，放在光滑的水平面上。另有一重为 Q 的均质圆柱放在三棱柱斜面 AB 上，设此系统由静止开始运动，并设圆柱在斜面上作纯滚动。试用拉格朗日方程求此三棱柱的加速度。

14-7　题图 14-7 所示滑轮组中，三个物块 A,B,C 质量分别为 $m_A = 10\ \text{kg}, m_B = 20\ \text{kg}, m_C = 20\ \text{kg}$。物块与地面间的动摩擦因数均为 $f = 0.2$，滑轮质量不计。求各重物的加速度。

14-8　题图 14-8 所示物系由定滑轮 B 以及三个用不可伸长的绳挂起的重物 M_1, M_2 和 M_3 所组成。各重物的质量分别为 m_1, m_2 和 m_3；且 $m_1 < m_2 + m_3$，滑轮的质量不计，各重物的初速均为零。求质量 m_1, m_2 和 m_3 应具有何种关系，重物 M_1 方能下降；并求悬挂重物 M_1 的绳子的张力。

14-9　质量为 m_1 和 m_2 的两物体悬挂如题图 14-9 所示。弹簧刚性系数分别为 k_1 和 k_2。试列出两物体的运动微分方程。

14-10　质量为 m_1 的均质杆 OA 长为 l，可绕水平轴 O 在铅垂面内转动，其下端有一与基座相连的螺线弹簧，刚性系数的 k，当 $\theta = 0$ 时，弹簧无变形。OA 杆的 A 端装有可自由转动的均质圆盘，盘的质量为 m_2，半径为 r，在盘面上作用有矩为 M 的常力偶，设广义坐标为 φ 和 θ，如题图 14-10 所示。求该系统的运动微分方程。

14-11　题图 14-11 所示扭振系统由一沿水平方向的圆截面钢轴和固结于轴的左右两端的两个圆盘所组成。设轴长为 L，质量忽略不计，轴的抗扭刚度为 GI_P，圆盘的转动惯量分别为

J_1 和 J_2。试建立扭振系统的运动微分方程。

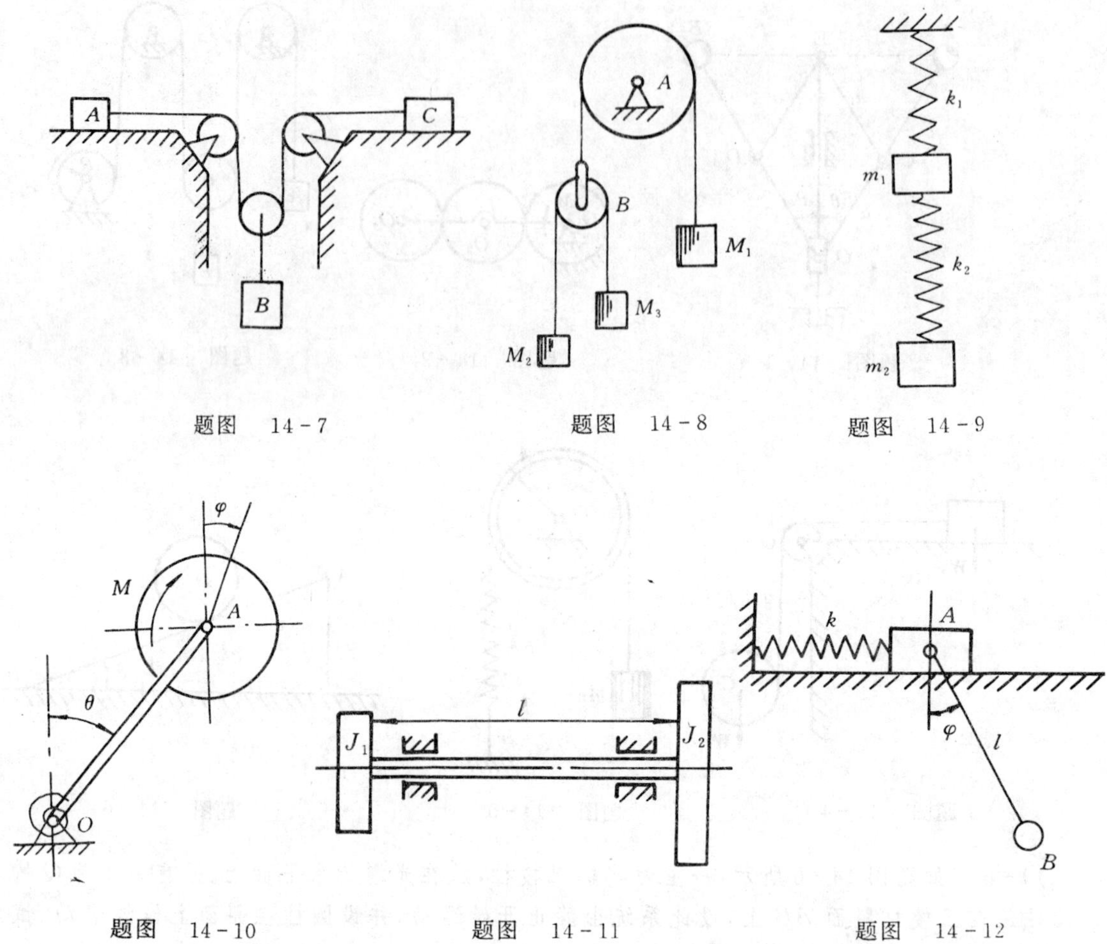

题图 14-7　　题图 14-8　　题图 14-9

题图 14-10　　题图 14-11　　题图 14-12

14-12　设有一与弹簧相连的滑块 A，其质量为 m_1，它可沿光滑水平面无摩擦地来回滑动，弹簧的刚性系数为 k。在滑块 A 上又连一单摆，如题图 14-12 所示。摆长为 l，B 的质量为 m_2。试列出该系统的运动微分方程。

14-13　在题图 14-13 所示系统中，已知：物块 A 质量为 M，置于光滑水平面上，均质细杆 AB 长为 $2b$，质量为 m，$\boldsymbol{F}$ 为常力。试用拉氏方程求当 $\theta = 45°$ 时物块 A 的加速度，以 x 和 θ 为广义坐标。

14-14　题图 14-14 所示机构在水平面内绕铅垂轴 O 转动，各齿轮半径为 $r_1 = r_3 = 3r_2 = 0.3\ \mathrm{m}$，各轮质量为 $m_1 = m_3 = 9m_2 = 90\ \mathrm{kg}$，皆可视为均质圆盘。系杆 OA 上的驱动力偶矩 $M_0 = 180\ \mathrm{N \cdot m}$，轮 1 上的驱动力偶矩为 $M_1 = 150\ \mathrm{N \cdot m}$，轮 3 上的阻力偶矩 $M_3 = 120\ \mathrm{N \cdot m}$。不计系杆与轮 B 的质量和各处摩擦，求轮 1 和系杆的角加速度。

14-15　椭圆摆由一半径为 r、质量为 m_1 的均质圆盘 A 与一小球 B 构成，圆盘可沿水平面纯滚动，如题图 14-15 所示。小球的质量为 m_2，用长为 l 的杆 AB 与圆盘相连，杆 AB 能绕与图面垂直且与圆盘相连的 A 轴转动，不计杆的重量。试求椭圆摆的运动微分方程（小球大小不计）。

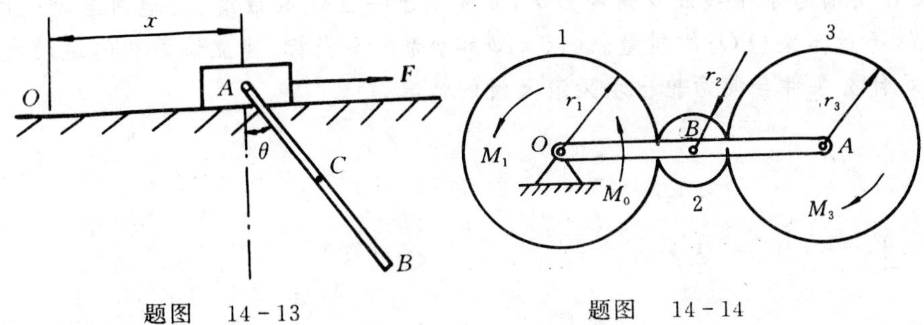

题图 14-13　　　　题图 14-14

14-16　杆 OA 的长 $l=1.5\ \mathrm{m}$，质量不计，可绕水平轴 O 摆动；在 A 端装一质量 $M=2\ \mathrm{kg}$，半径 $r=0.5\ \mathrm{m}$ 的均质圆盘；在圆盘上固结一质量 $m=1\ \mathrm{kg}$ 的质点，如题图 14-16 所示。试求系统在平衡位移附近作微小振动的运动微分方程。

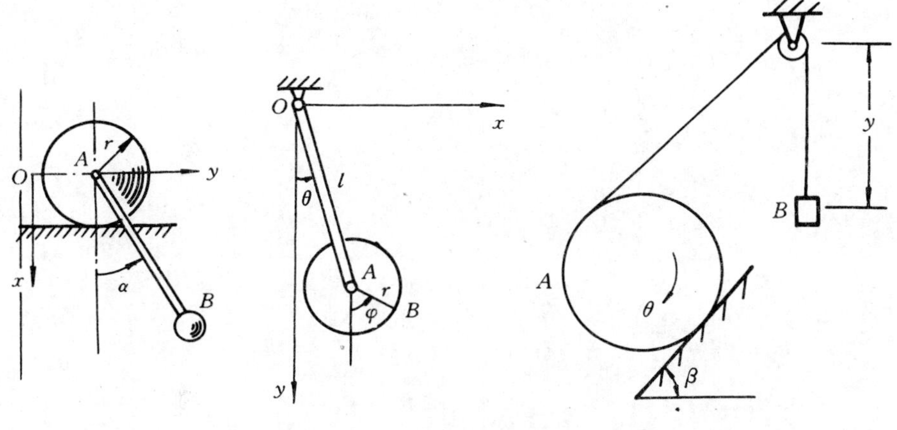

题图 14-15　　　　题图 14-16　　　　题图 14-17

14-17　在题图 14-17 所示系统中，已知：均质圆柱 A 的质量为 M、半径为 r，物块 B 质量为 m，光滑斜面的倾角为 β，滑车质量忽略不计，并假设斜绳段平行斜面。试求(1) 以 θ 和 y 为广义坐标，用拉氏方程建立系统的运动微分方程；(2) 圆柱 A 的角加速度 α 和物块 B 的加速度 a。

14-18　在题图 14-18 所示系统中，已知：均质圆柱 A 质量为 M、半径为 r，小球 B 质量为 m，绳 AB 长为 b，圆柱 A 沿水平面作纯滚动，滑车质量忽略不计。试用拉氏方程建立系统的运动微分方程．以 x 和 φ 为广义坐标。

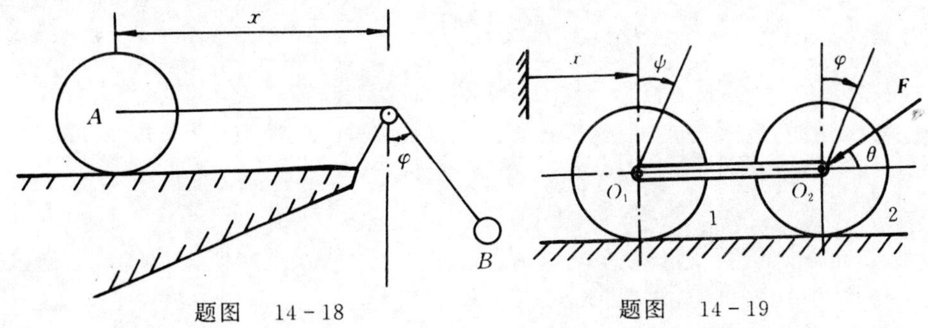

题图 14-18　　　　题图 14-19

14-19　题图 14-19 所示车架的轮子都是半径为 R 的均质圆盘，质量分别为 m_1 和 m_2。轮

2 的中心作用有与水平线成 θ 角的力 $\boldsymbol{F}$，使轮沿水平面连滚带滑。设地面与轮子间的滑动摩擦因数为 f，不计车架 O_1O_2 的质量。试以 x，ψ 和 φ 为广义坐标，建立该系统的运动微分方程，并判断 $\boldsymbol{F}$ 满足什么条件会使两轮出现又滚又滑的情况。

第十五章　机械振动基础

振动是日常生活和工程实际中普遍存在的一种物理现象，例如单摆的往复摆动，汽车行驶在不平路面上的上下颠簸，发动机运转时的振动以及地震时地面的强烈震动等。很多振动表现有周期性，例如钟摆的摆动，也有一些振动比较复杂，不具有那么严格的周期性，例如汽车的颠簸和地震等。

如图15-1所示，悬挂在弹簧上的物体在外界干扰下所作的往复运动，就是最简单、最直观的振动。广泛地说，各种机器设备及其零部件和基础，都可以看成是不同程度的弹性系统，在一定的条件下，都会发生振动。例如桥梁在车辆通过时引起的振动等等。因此不难看出，机械振动就是在一定的条件下，物体在其平衡位置附近所作的各种往复性的机械运动。

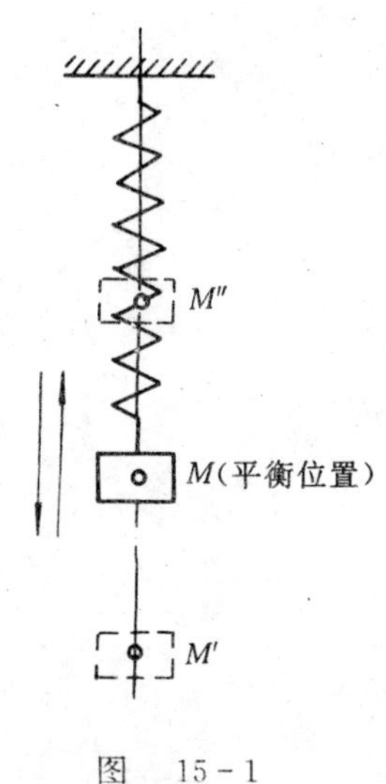

图　15-1

广义的振动还包括机械运动范畴以外的振动现象，例如电磁振荡、光的波动、分子和原子的振动等。

机械系统的振动往往是很复杂的，应根据具体情况及要求，简化为单自由度系统、多自由度系统以至连续体等物理模型，再运用力学原理及数学工具分析。本章只研究机械振动最基本的规律——单自由度系统的振动问题。主要内容有：系统在只有恢复力作用下的自由振动；系统在干扰力作用下的受迫振动，共振现象；阻尼对振动的影响以及减振和隔振的一般知识和基本原理。

由于单自由度系统具有一般振动系统的重要特征，另外工程实际中有很多振动问题可以足够准确地简化为单自由度系统的问题，所以单自由度系统问题是研究更复杂的振动问题的基础，同时还具有一定的实际意义。

在许多情况下，振动是有害的，各种机械都可能因振动而使机件损坏，机床振动会影响加工精度和工件的表面粗糙度，汽车振动会使乘客感到不舒适。振动的噪音使人厌倦甚至影响健康。但是振动也有其有利的一面。例如，音乐的产生就是依赖于各种乐器的适宜的振动；钟表的原理就是应用摆的振动的等时性；此外工程中利用振动原理设计制造的大量振动机械，如振动打桩机，振动造型机，振动清砂机、振动运输机、振动筛等，大大提高了劳动生产率。研究机械振动的目的，就是要认识和掌握振动的基本规律，充分利用其有利方面，消除或抑制其不利方面来为生产和建设服务。

实际中的振动系统是很复杂的。为了便于分析研究和使用数学工具进行计算，需要在满足工程要求的条件下，把实际的振动系统抽象简化为力学模型。例如由电动机和支承它的梁所组成的系统（如图15-2(a)所示）振动时，由于和电动机相比梁的质量很小而弹性较大，所以在一定的要求下梁的质量可以略去不计，于是梁在系统中的作用就和一根弹簧相当，而电动机可以看成一集中质量——振体，则该系统就简化为如图15-2(b)所示的质量——弹簧系统，这是振动系统的最简单的力学模型。简化后振体的位置只需用一个独立坐标就可以确定。因此这个振动系统称为单自由度系统。图中忽略了质量的弹簧和弹性梁称为弹性元件，用刚性系数 k 表示它的特性。振动的物块（质点）—— 振体称为惯性元件，用质量 m 表示它的特性。在机械振动的物理模型中，一般都包含这两种元件。

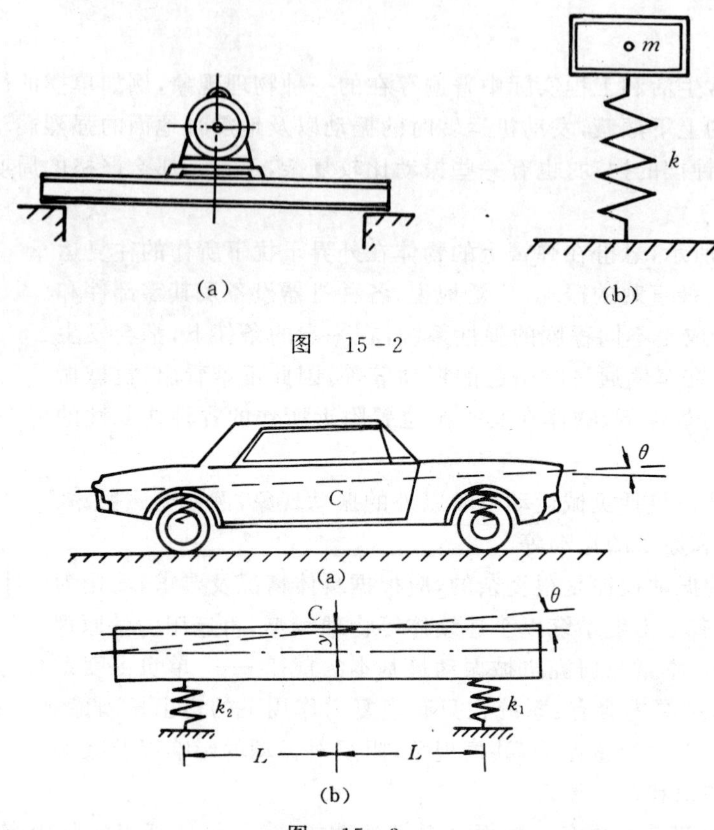

图 15-2

图 15-3

并不是任何振动系统都可简化为单自由度系统的，随着实际系统的复杂程度和要求的精度不同，简化的力学模型也就不同。例如图 15-3(a) 所示的汽车振动时，如其横向摆动很小可以略去不计，则可认为汽车只在铅垂平面内振动，于是系统可简化为图 15-3(b) 所示的模型。在振动过程中，振体的位置需要两个坐标 y，θ 才能确定。这里 y 表示振体的质心在铅垂轴上的坐标；θ 则表示振体的纵向摆动相对于质心的转角。经过这样简化以后，系统具有两个自由度。如果要考虑汽车的横向摆动和前后桥的振动，则系统就具有更多的自由度了。一个自由度系统的振动反映了振动的一些最基本的规律。两个自由度系统是多自由度系统的最简单的情况，它的一些振动特点可推广到多自由度系统。

另一方面，振动系统中各参数的动态特性，严格地说都与系统的运动状态成非线性的复杂关系，这就给振动的研究带来极大的困难。幸而工程实际中的振动大多是微小的振动，因此就有可能将上述非线性关系加以线性化。当振体的位移和速度较小时，可以认为弹性力是位移的一次函数，阻尼力是速度的一次函数。在这些条件下，系统的振动可用常系数线性微分方程来描述，称为线性振动。但是在工程中也还有很多振动系统是不能线性化的，如果勉强线性化，就会使系统的性质改变，所得的结果也将无法解决实际的振动问题。对于这类系统就只能按系统本来的非线性性质加以研究，这就是非线性振动问题。

本章只研究单自由度系统的线性振动。

§15－1　单自由度系统的无阻尼自由振动

1. 自由振动

先讨论最简单的力学模型，即图 15－1 所示的质量 —— 弹簧系统。在没有外界干扰时，振体在位置 O 保持平衡，点 O 称为平衡位置。如果给振体以初干扰(初位移或初速度)，则它就在平衡位置附近发生振动，因为在振体偏离平衡位置后，弹簧因变形而产生的弹性恢复力要将它拉回到平衡位置，而当振体回到平衡位置时，又因为自身的惯性(因振体具有质量)使它继续运动，从而又偏离了平衡位置。如此不断循环往复就形成了振动。

这里，我们没有考虑介质阻力、摩擦力等其它阻力(在振动问题中称为阻尼)，这种振体在受到初干扰(初位移或初速度)后，仅在系统的恢复力作用下，在其平衡位置附近所作的振动称为无阻尼自由振动，简称自由振动。

由此可见，振动系统必须具有振体和弹簧。振体就是具有质量(转动惯量)的振动物体。弹簧实际上是一种广义的名称，它主要起提供恢复力(矩)的作用，并不一定具有实际弹簧的形式。如图 15－4(a) 所示单摆的振动，其恢复力就是由重力而不是由弹性力提供的。当单摆离开铅垂的平衡位置时，铅垂力 $\boldsymbol{P}$ 的切向分量总是指向平衡位置，又如图 15－4(b) 所示扭摆的振动，具有转动惯量 J 的圆盘为振体，而受扭转的细轴则提供了恢复力矩。

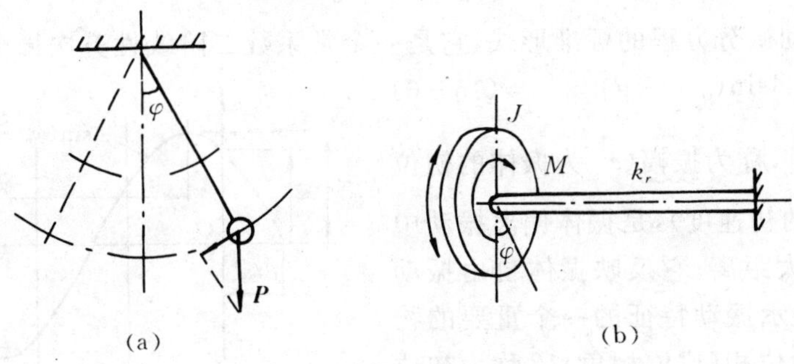

图　15－4

2. 组成系统的最基本的参量

由以上分析可知，组成振动系统的最基本的参量是振体的质量(转动惯量)和恢复力(矩)。恢复力(矩)是指永远使振体回到平衡位置的力(矩)。工程中振动系统的恢复力，多数是由弹性力提供的，最简单的弹性恢复力的规律为线性规律，即弹性恢复力(矩)的大小与弹簧的伸长(转角)成正比，可表示为

$$\left.\begin{aligned} F &= k\delta \\ M &= k_r\varphi \end{aligned}\right\} \tag{15-1}$$

式中，k 称为弹簧常数（亦称刚性系数）、刚度系数，即使弹簧产生单位变形所需的力，其单位为牛[顿]/米 (N/m)，有时也用牛[顿]/厘米 (N/cm)，k_r 称为扭转弹簧常数（亦称为扭转刚性系统），扭转刚度系数，即使扭簧（或受扭转的轴）产生单位转角所需的扭矩，单位为牛[顿]米/弧度 (N·m/rad)。k 与 k_r 是表征弹簧软硬程度的物理量。

3. 自由振动的微分方程及其解

在图 15-5 所示的质量-弹簧系统中，设振体的质量为 m，弹簧的原长为 l。弹簧常数为 k，弹簧的静伸长（即弹簧在振体重量 mg 的静力作用下的伸长）为 δ_{st}。由弹簧常数的定义可知

$$\delta_{st} = \frac{mg}{k} \tag{15-2}$$

取振体的平衡位置 O 为坐标轴 Ox 的原点，坐标轴向下为正（图 15-5）。在任一瞬时 t，振动处于 x 位置，则弹性恢复力的大小为

$$F = -k(x + \delta_{st})$$

若不计弹簧质量和空气阻力，则由动力学基本定律可列出振体的运动微分方程，即

$$m\ddot{x} = mg - k(x + \delta_{st})$$

即

$$\ddot{x} + \frac{k}{m}x = 0 \tag{15-3}$$

令

$$\omega_n^2 = \frac{k}{m} \tag{15-4}$$

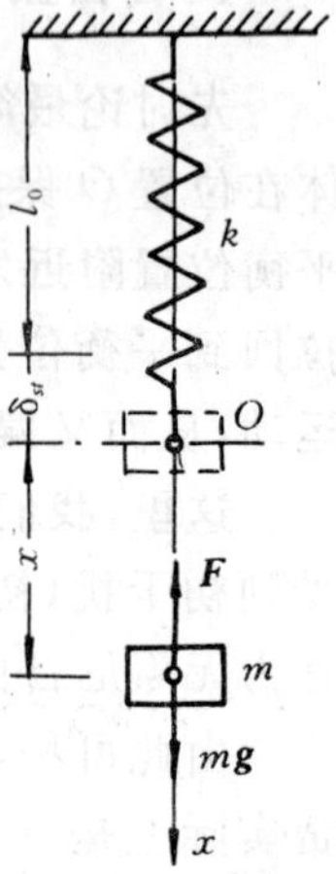

图 15-5

则式(15-3)成为

$$\ddot{x} + \omega_n^2 x = 0 \tag{15-5}$$

这就是自由振动微分方程的标准形式，它是一个常系数二阶线性齐次微分方程。其解为

$$x = A\sin(\omega_n t + \theta) \tag{15-6}$$

式中 $A = \sqrt{x_0^2 + \frac{v_0^2}{\omega_n^2}}$，称为振幅（$x_0$ 为振体的初位移，$\dot{x}_0 = v_0$ 为振体的初速度），是振体偏离振动中心或平衡位置的最大距离。它反映振体自由振动的范围和强弱，是表示振动特征的一个重要的物理量；$(\omega_n t + \theta)$ 称为位相（或位相角），θ 称为初位相，$\tan\theta = \frac{\omega_n x_0}{v_0}$，是振动开始 ($t = 0$) 时的位相，$A$ 和 θ 都是由运动的初始条件决定的积分常数，其运动图线如图 15-6 所示。因此振体在线性恢复力作用下的振动是简谐振动，振动中心在平衡位置。

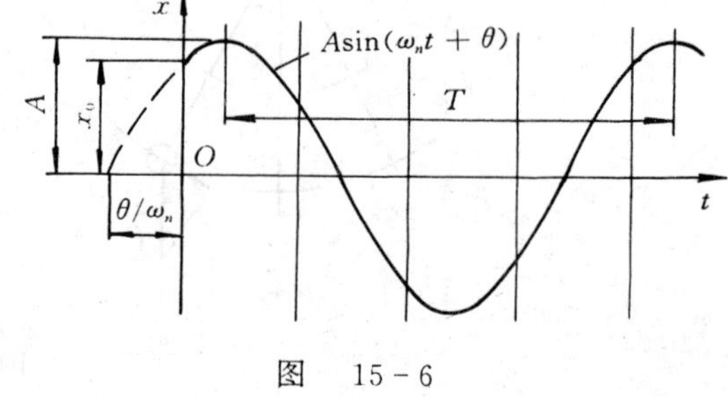

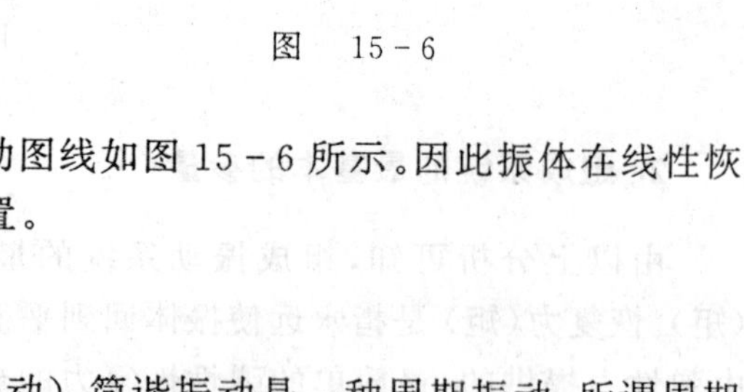

图 15-6

4. 自由振动的特点

由以上分析可知，自由振动是简谐振动（或谐振动），简谐振动是一种周期振动。所谓周期振动，是指对任何瞬时 t，其运动规律 $x(t)$ 总可以写为 $x(t) = x(t + T)$，其中 T 为常数，称为周期，单位为秒(s)，周期振动表示这种振动经过 T 秒后又重复原来的运动。

在简谐运动情况下，每经过一个周期，位相就增加 2π，故有

$$[\omega_n(t+T)+\theta]-(\omega_n t+\theta)=2\pi$$

于是自由振动的周期为

$$T=\frac{2\pi}{\omega_n}=2\pi\sqrt{\frac{m}{k}} \tag{15-7}$$

振体在每秒内振动的次数称为振动频率，用 f 表示，它与周期 T 互为倒数，即

$$f=\frac{1}{T}=\frac{1}{2\pi}\sqrt{\frac{k}{m}}$$

单位为赫[兹]（Hz）。

$$\omega_n=2\pi f$$

表示 2π 秒内的振动次数，称为圆频率，单位为弧度/秒(rad/s)。

由以上各式可见，圆频率 ω_n、周期 T 只决定于系统的基本参量：振体的质量 m 和弹簧常数 k 而与运动的初始条件无关，这就是说，ω_n 只与系统的结构有关，它是振动系统的固有的特性，所以称 ω_n 为固有频率。对于确定的系统，不论运动的初始条件如何，振体总是以它的固有频率 ω_n 进行振动。固有频率 ω_n 是表示振动系统特征的一个极为重要的物理量，对工程中的振动问题有很重要的意义，因为它和后面将要讨论的共振现象有非常密切的关系。

【例 15-1】 如图 15-7 所示，两弹簧的弹簧常数分别为 k_1 和 k_2，试求下列两种情况下系统的固有频率：(1) 两弹簧串联；(2) 两弹簧并联。设弹簧悬挂的物体质量为 m。

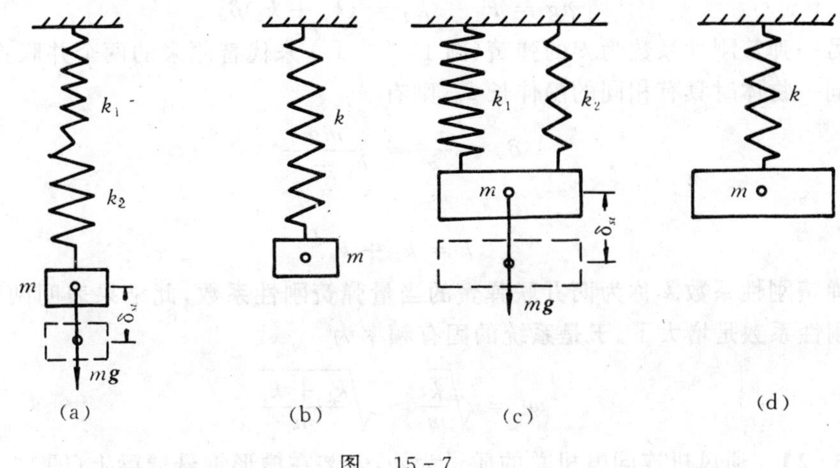

图 15-7

解 (1) 两个弹簧串联(图 15-7(a))。两个弹簧所受拉力大小都等于所挂物体的重量 mg，所以两个弹簧的静伸长分别为

$$(\delta_{st})_1=\frac{mg}{k_1},\quad (\delta_{st})_2=\frac{mg}{k_2}$$

则两串联弹簧的总伸长 δ_{st} 应等于两个弹簧的静伸长之和，即

$$\delta_{st}=(\delta_{st})_1+(\delta_{st})_2=mg\left(\frac{1}{k_1}+\frac{1}{k_2}\right)$$

若用另一个弹簧刚性系数为 k 的弹簧来代替原来的两个串联弹簧，使两个系统在相等的重力 mg 作用下有相同的静伸长 δ_{st}，则有

$$\delta_{st} = \frac{mg}{k} = mg\left(\frac{1}{k_1} + \frac{1}{k_2}\right)$$

于是得

$$\frac{1}{k} = \frac{1}{k_1} + \frac{1}{k_2}$$

即

$$k = \frac{k_1 k_2}{k_1 + k_2} \tag{15-8}$$

所得弹簧刚性系数 k 称为两串联弹簧的当量弹簧刚性系数(图 15-7(b))。因为两串联弹簧的弹簧刚性系数和 $k = \frac{k_1 k_2}{k_1 + k_2}$ 的单个弹簧相当,这个结果表明两个弹簧串联后总的弹簧刚性系数是降低了。于是系统的固有频率为

$$\omega = \sqrt{\frac{k}{m}} = \sqrt{\frac{k_1 k_2}{m(k_1 + k_2)}}$$

(2) 两个弹簧并联(图 15-7(c))。在两弹簧所悬挂的物体的重力 mg 作用下,两并联弹簧所受的拉力一般并不相等,设分别为 F_1 和 F_2,但两弹簧的静伸长可认为相同,设为 δ_{st},于是有

$$\delta_{st} = \frac{F_1}{k_1} = \frac{F_2}{k_2}$$

或

$$F_1 = k_1\delta_{st}, \quad F_2 = k_2\delta_{st}$$

且

$$mg = F_1 + F_2 = (k_1 + k_2)\delta_{st}$$

若用另一弹簧刚性系数为 k 的弹簧(图 15-7(d))来代替原来的两个并联弹簧,使两个系统在悬挂同一物体时具有相同的静伸长 δ_{st},则有

$$\delta_{st} = \frac{mg}{k} = \frac{mg}{k_1 + k_2}$$

于是得

$$k = k_1 + k_2 \tag{15-9}$$

所得弹簧刚性系数 k 称为两并联弹簧的当量弹簧刚性系数,此结果表明两个弹簧并联后总的弹簧刚性系数是增大了。于是系统的固有频率为

$$\omega_n = \sqrt{\frac{k}{m}} = \sqrt{\frac{k_1 + k_2}{m}}$$

【例 15-2】 通风机连同电机总的质量为 m,安装在槽形钢悬臂梁上(图 15-8),钢的弹性模量为 E,梁的截面惯性矩为 J_y,梁长为 l,略去梁的质量,试求此系统的固有频率。

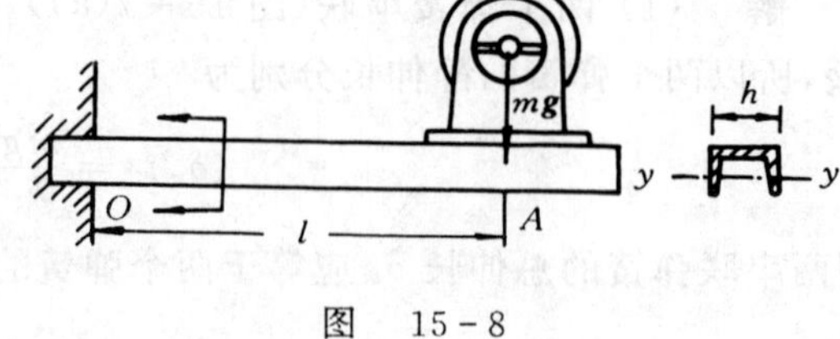

图 15-8

解 因为不计梁的质量,所以系统可简化为质量-弹簧系统。由

$$k = \frac{mg}{\delta_{st}}$$

可得系统的固有频率为

$$\omega_n = \sqrt{\frac{k}{m}} = \sqrt{\frac{g}{\delta_{st}}} \tag{15-10}$$

根据材料力学中悬臂梁的挠度公式，在 mg 的静力作用下，悬臂梁在点 A 的静挠度为

$$\delta_{st} = \frac{mgl^3}{3EJ_y}$$

将上式代入式(15－10)得

$$\omega_n = \sqrt{\frac{g}{\delta_{st}}} = \sqrt{\frac{3EJ_y}{ml^3}}$$

由以上两例题得到的式(15－8)、(15－9)、(15－10)可作为振动问题的一般结论而被应用。

【例 15－3】 如图 15－9(a)所示，升降机罐笼的质量 $m = 5\ 100$ kg，以速度 $v = 3$ m/s 匀速下降，设钢索的弹簧常数 $k = 4\ 000$ kN/m，钢索的重量不计。试求钢索上端突然被卡住时，罐笼的运动方程和钢索的最大张力。

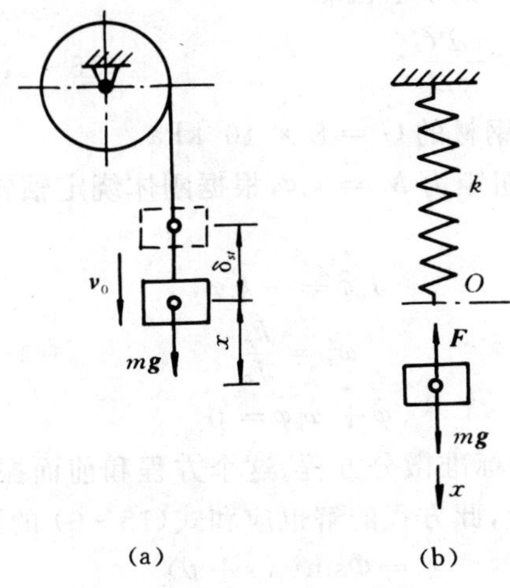

图　15－9

解　在罐笼匀速下降的过程中，当钢索上端被卡住时，由于罐笼的惯性和钢索的弹性使系统作自由振动，简化后的力学模型如图 15－9(b)所示，系统的固有频率为

$$\omega_n = \sqrt{\frac{k}{m}} = \sqrt{\frac{4\ 000 \times 10^3}{5\ 100}} = 28 \text{ rad/s}$$

由运动的初始条件

$$t = 0,\quad x_0 = 0,\quad v_0 = 3 \text{ m/s}$$

可求得振幅为

$$A = \sqrt{x_0^2 + \frac{v_0^2}{\omega_n^2}} = \frac{300}{28} = 10.7 \text{ cm}$$

初相位为

$$\theta = \operatorname{arctg}\frac{\omega_n x_0}{v_0} = 0$$

于是罐笼自由振动的运动方程为

$$x = A\sin(\omega_n t + \theta) = 10.7\sin 28t$$

钢笼的最大张力为

$$F_{\max} = k(\delta_{st} + A) = k\left(\frac{mg}{k} + A\right) = mg + kA = 478 \text{ kN}$$

钢索未被卡住时罐笼匀速下降，这时钢索的张力就等于罐笼的重量 mg，即为 50 kN 的静荷载，而当钢索被卡住(或急刹车)时，罐笼即作自由振动，这时钢索的张力就增加了近 10 倍，因此在设计钢索时必须考虑这种突加荷载的影响。

5. 扭转振动简介

前面讨论的是振体沿直线位移所作的振动。在工程中还经常遇到扭转振动。例如一根钢轴的下端固结一个水平圆盘，如图 15-10 所示。若将圆盘扭转一个角度后突然释放，圆盘就在水平面内作自由扭转振动。

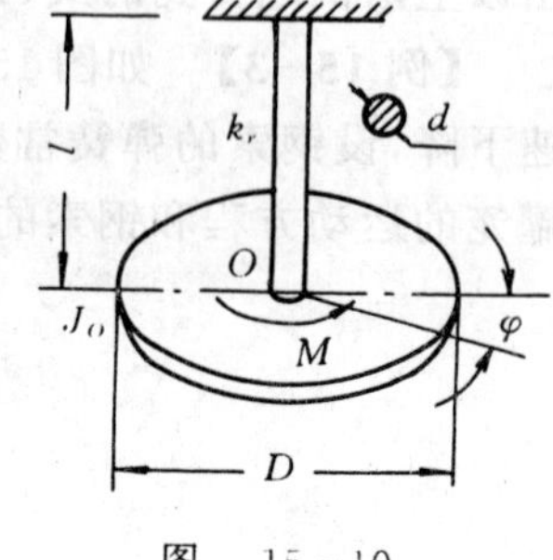

图 15-10

设 φ 为圆盘的扭角，即圆盘上某一根半径线从它静止位置量起的转角，J_0 为圆盘对转轴的转动惯量，k_r 为钢轴的扭转弹簧刚性系数(扭转刚度)，对于直径为 d、长为 l 的实心圆轴

$$k_r = \frac{\pi d^4 G}{32l} \tag{15-11}$$

式中 G 为材料的剪切弹性模量，钢材的 $G = 8 \times 10^7$ kPa。

在振动中，扭角为 φ 时轴的扭矩为 $M = k_r\varphi$，根据刚体绕定轴转动的微分方程，可得

$$J_0\ddot{\varphi} = - k_r\varphi$$

令

$$\omega_n^2 = \frac{k_r}{J_0}$$

得

$$\ddot{\varphi} + \omega_n^2\varphi = 0 \tag{15-12}$$

这就是圆盘自由扭转振动的标准微分方程。这个方程和前面振体沿直线振动的微分方程式(15-5)的形式完全一样，因此，此方程的解也应和式(15-6)的形式一样，即

$$\varphi = \Phi\sin(\omega_n t + \theta)$$

式中 Φ 为角振幅(最大扭转角)，θ 为初位相，都是由运动的初始条件确定的积分常数。

系统的固有频率为

$$\omega_n = \sqrt{\frac{k_r}{J_0}}$$

6. 计算固有频率的能量法

在振动问题中，确定系统的固有频率很重要。由前面的讨论知道，如果能建立起振动的微分方程，则系统的固有频率就不难计算。然而对于比较复杂的系统，建立振动微分方程往往比较麻烦，如果只限于确定系统的固有频率，利用能量法则比较方便。仍以质量、弹簧系统为例，因为不考虑阻尼(由后面的讨论可知，在大多数情况下阻尼对固有频率影响不大)，系统的机械能是守恒的，即系统在任何一个位置上所具有的动能 T 和势能 V 的总和不变，可表示为

$$T + V = \text{常数}$$

在这里我们略去弹簧的质量，只考虑振体的质量，因此在振动当中当振体离开平衡位置 x 并且有速度 $\dot{x}$ 时，系统的动能为

$$T = \frac{1}{2}m\dot{x}^2$$

而系统的势能 V 则包括两部分：振体的重力势能 V_g 和弹簧的弹性势能 V_E。取系统的平衡位置

为势能的零点，则

$$V_g = -mgx$$

$$V_E = \int_x^0 -(mg + kx)\mathrm{d}x = mgx + \frac{1}{2}kx^2$$

故系统的势能为

$$V = V_g + V_E = \frac{1}{2}kx^2$$

由上式可见，对于有重力影响的弹性系统，如果以平衡位置为零势能位置，则重力势能与弹性势能之和相当于由平衡位置(不由自然位置)处计算变形的单独弹性力的势能。

在振动过程中，当振体到达平衡位置时，系统的势能为零，但振体的速度最大，其动能也最大，所以这时系统的全部机械能就等于最大动能，即

$$T_{\max} = \frac{1}{2}m\dot{x}_{\max}^2$$

当振体运动到极端位置 $x_{\max}$ 时，由于速度等于零，所以动能为零，这时系统的势能达到最大值且等于全部机械能，即

$$V_{\max} = \frac{1}{2}kx_{\max}^2 \tag{15-14}$$

由于机械能守恒，所以

$$T_{\max} = V_{\max}$$

即

$$\frac{1}{2}m\dot{x}_{\max}^2 = \frac{1}{2}kx_{\max}^2 \tag{15-15}$$

由于振体做简谐运动(通常振幅不大的振动，多数都属简谐运动)，振动的规律为

$$x = A\sin(\omega_n t + \theta)$$

$$\dot{x} = A\omega_n\cos(\omega_n t + \theta)$$

于是

$$x_{\max} = A,\quad \dot{x}_{\max} = A\omega_n$$

代入式(15-15)得

$$\omega_n = \sqrt{\frac{k}{m}}$$

这就是计算系统固有频率的能量法，对于较复杂的系统，用能量法计算固有频率很方便。

【例15-4】 均质细杆 $OA = l$，质量为 m_1，均质圆盘 D 焊于杆 OA 的中点 B，圆盘质量为 m_2，半径为 R，如图15-11所示。杆 OA 的一端铰支，一端挂在弹簧 AE 上，弹簧刚性系统为 k，质量不计，静平衡时 OA 处于水平位置。求系统微幅振动的周期。

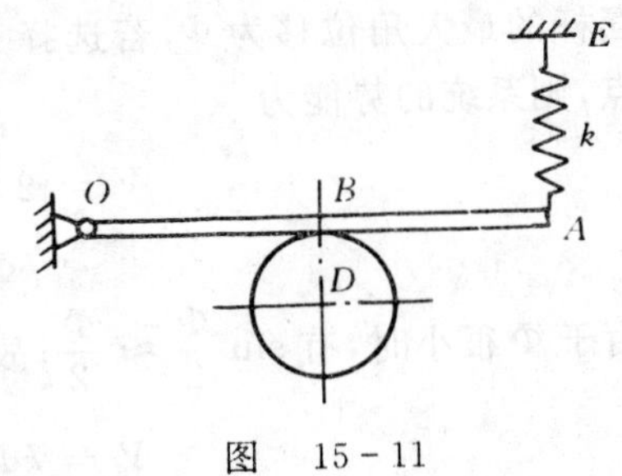

图 15-11

解 此系统为保守系统，设细杆 OA 作自由振动时，其摆角 φ 的变化规律为

$$\varphi = \Phi\sin(\omega_n t + \theta)$$

则系统振动时摆杆的最大角速度 $\dot{\varphi}_{\max} = \omega_n \Phi$，因此系统的最大动能为

$$T_{\max} = \frac{1}{2}(J_{杆} + J_{盘})\omega_n^2\Phi^2$$

式中

$$J_{杆} = \frac{1}{3}m_1 l^2$$

$$J_{盘} = \frac{1}{2}m_2R^2 + m_2(R^2 + \frac{l^2}{4}) = \frac{3}{2}m_2R^2 + \frac{1}{4}m_2l^2$$

代入上式得

$$T_{\max} = \frac{1}{2}(\frac{1}{3}m_1l^2 + \frac{3}{2}m_2R^2 + \frac{1}{4}m_2l^2)\omega_n^2\Phi^2$$

摆杆的最大角位移为 Φ。若选择平衡位置为零势能点，计算系统势能时可以不管重力，而由平衡位置计算弹簧变形，此时最大势能为

$$V_{\max} = \frac{1}{2}k(l\Phi)^2 = \frac{1}{2}kl^2\Phi^2$$

由机械能守恒定律有

$$T_{\max} = V_{\max}$$

即

$$\frac{1}{2}(\frac{1}{3}m_1l^2 + \frac{3}{2}m_2R^2 + \frac{1}{4}m_2l^2)\omega_n^2\Phi^2 = \frac{1}{2}kl^2\Phi^2$$

解得固有频率

$$\omega_n = \sqrt{\frac{12k}{4m_1 + 18m_2(\frac{R}{l})^2 + 3m_2}}$$

系统微振动的周期

$$T = \frac{2\pi}{\omega_n} = 2\pi\sqrt{\frac{1}{12k}\left[4m_1 + 3m_2 + 18m_2\left(\frac{R}{l}\right)^2\right]}$$

【例 15-5】 图 15-12 所示一倒立式水平测振仪，已知在铅垂位置时两弹簧无变形。试计算测振仪微幅振动的固有频率，并讨论保证微幅振动的条件。

解 此系统为保守系统，设摆杆 OA 作自由振动时，其摆角 φ 的变化规律为

$$\varphi = \Phi\sin(\omega_n t + \theta)$$

则系统振动时摆杆的最大角速度 $\dot{\varphi}_{\max} = \omega_n\Phi$，因此系统的最大动能为

$$T_{\max} = \frac{1}{2}m(l\omega_n\Phi)^2 = \frac{1}{2}ml^2\omega_n^2\Phi^2$$

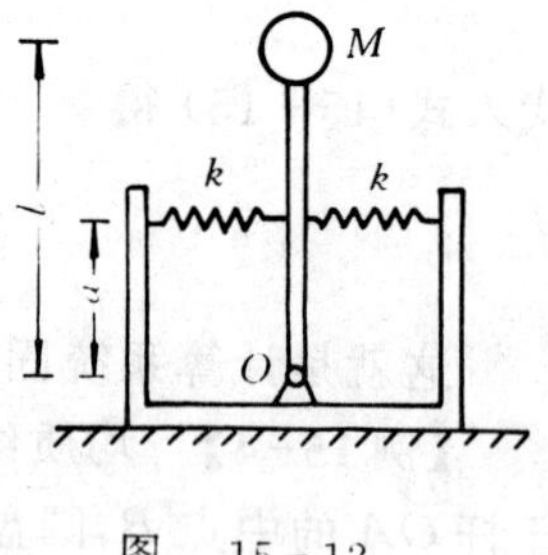

图 15-12

摆杆的最大角位移为 Φ，若选择 OA 杆的铅垂位置为系统的零势能点，则系统的势能为

$$V = 2 \times \frac{1}{2}k(\Phi a)^2 - mg(l - l\cos\Phi) = k\Phi^2a^2 - mgl(1 - \cos\Phi)$$

由于 Φ 很小时，有 $\sin\frac{\Phi}{2} \approx \frac{\Phi}{2}$，故上式可写为

$$V = k\Phi^2a^2 - mgl \times 2\sin^2\frac{\Phi}{2} = k\Phi^2a^2 - \frac{1}{2}mgl\Phi^2 =$$

$$\frac{1}{2}(2ka^2 - mgl)\Phi^2$$

由机械能守恒定律，则有

$$T_{\max} = V_{\max}$$

即

$$\frac{1}{2}ml^2\omega_n^2\Phi^2 = \frac{1}{2}(2ka^2 - mgl)\Phi^2$$

解得

$$\omega_n = \sqrt{\frac{2ka^2 - mgl}{ml^2}}$$

由上面的结果可见，只有当 $2ka^2 > mgl$ 时，ω_n 才是实数，这就是系统微幅振动的条件。

§15-2 单自由度系统的有阻尼自由振动

1. 阻尼

由前面的讨论可知，自由振动的规律是简谐运动，即振动一经发生，便永远保持等振幅的周期运动。但是实际的观察表明，自由振动的振幅是逐渐衰减的，经过一定的时间以后振动将完全停止。理论与实际的不一致，说明在振动过程中，系统除受恢复力的作用外，还存在着某种影响振动的阻力，由于这种阻力的存在而不断消耗着振动的能量，使振幅不断减小，以至停止振动。

振动过程中的阻力习惯上称为阻尼。产生阻尼的原因很多，形式也各有不同，常见的有流体（如空气、水、油等）介质阻尼、干摩擦阻尼、湿摩擦阻尼、非完全弹性材料的内阻等。这里我们只讨论最简单也是最常见的一种，即粘滞阻尼。

实验表明，当振体以不变的速度在流体介质中运动时，介质给振体的阻力的大小近似地与振体速度的一次方成正比，即

$$\boldsymbol{F}_c = -c\boldsymbol{v}$$

式中比例系数 c 称为粘滞阻尼系数，它决定于振体的形状大小和介质的性质，单位为牛[顿]·秒/厘米（N·s/cm），$\boldsymbol{F}_c$ 称为粘滞阻尼力，式中的负号表示阻力与速度的方向相反。粘滞阻尼是线性阻尼。

认为阻力与速度的一次方成正比的粘滞阻尼假设是振动理论中应用最广泛的一种假设。这种假设在很多问题中是适用的，并且在数学处理上带来很大的方便。

2. 运动微分方程及其解

图15-13为具有阻尼的单自由度系统的振动模型，振体的质量为 m，弹簧常数为 k。以平衡位置为坐标原点，建立此系统的振动微分方程时不再计入重力的作用。这样，在振动过程中作用在物块上的力有：

(1) 恢复力 $\boldsymbol{F}_k$，方向指向平衡位置 O，大小与偏离平衡位置的距离成正比，即

$$\boldsymbol{F}_k = -kx$$

(2) 粘性阻尼力 F_c，方向与速度方向相反，大小与速度成正比，即

$$F_c = -cv_x = -c\dot{x}$$

振体的运动微分方程为

$$m\ddot{x} = -kx - c\dot{x}$$

令

$$\omega_n^2 = \frac{k}{m}, \quad n = \frac{c}{2m} \tag{15-16}$$

代入前式并整理得

$$\ddot{x} + 2n\dot{x} + \omega_n^2 x = 0 \tag{15-17}$$

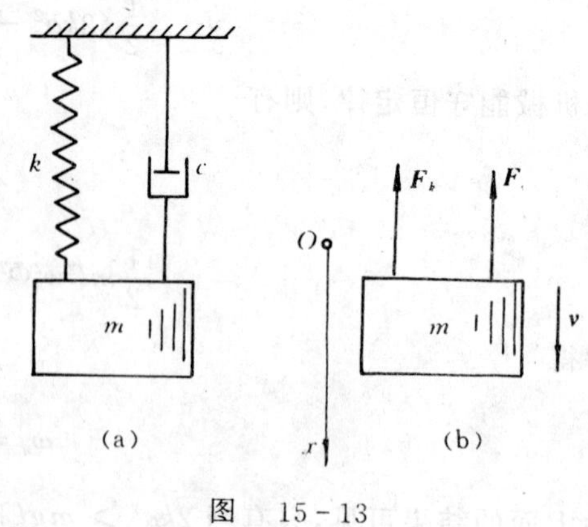

图 15-13

上式是有阻尼自由振动微分方程的标准形式，它仍是一个二阶常系数线性齐次微分方程，其解可设为如下形式，即

$$x = e^{rt}$$

将上式代入微分方程(15-17)中，并消去公因子 e^{rt}，得特征方程，即

$$r^2 + 2nr + \omega_n^2 = 0$$

该方程的两个根为

$$r_1 = -n + \sqrt{n^2 - \omega_n^2}, \quad r_2 = -n - \sqrt{n^2 - \omega_n^2}$$

因此方程(15-17)的通解为

$$x = c_1 e^{r_1 t} + c_2 e^{r_2 t} \tag{15-18}$$

上述解中，特征根为实数或复数时，运动规律有很大的不同，因此按阻尼 $n < \omega_n$，$n > \omega_n$ 和 $n = \omega_n$ 三种不同情形分别进行讨论。

(1) 小阻尼情形　这种情况较多。当 $n < \omega_n$ 时，即 $c < 2\sqrt{mk}$，这时阻尼较小，称为小阻尼情形，这时特征方程的两个根为共轭复数，即

$$r_1 = -n + i\sqrt{\omega_n^2 - n^2}, \quad r_2 = -n - i\sqrt{\omega_n^2 - n^2}$$

式中 $i = \sqrt{-1}$，这时微分方程(15-17)的解可以写成

$$x = Ae^{-nt}\sin(\sqrt{\omega_n^2 - n^2}t + \theta) \tag{15-19}$$

或

$$x = Ae^{-nt}\sin(\omega_d t + \theta) \tag{15-20}$$

式中 A 和 θ 为两个积分常数，由运动的初始条件确定；$\omega_d = \sqrt{\omega_n^2 - n^2}$ 表示有阻尼自由振动的圆频率。

设在初瞬时 $t = 0$，振体的坐标为 $x = x_0$，速度 $v = v_0$，仿照求无阻尼自由振动的振幅和初相位的求法，可求得有阻尼自由振动中的振幅和相位，即

$$A = \sqrt{x_0^2 + \frac{(v_0 + nx_0)^2}{\omega_n^2 - n^2}} \tag{15-21}$$

$$\tan\theta = \frac{x_0\sqrt{\omega_n^2 - n^2}}{v_0 + nx_0} \tag{15-22}$$

式(15-19)是小阻尼情形下的自由振动表达式，这种振动的振幅是随时间不断衰减的，所以又

称为衰减振动，其运动图线如图 15－14 所示。

由衰减振动的表达式(15－19)知，这种振动不符合周期振动的定义，所以不是周期振动。但这种振动仍然是围绕平衡位置的往复运动，仍具有振动的特点。由于振体往复一次所需的时间还是一定的，我们仍把这段时间称为周期，它只表示衰减振动的等时性，但运动过程并不周期性地重复。于是衰减振动的周期为

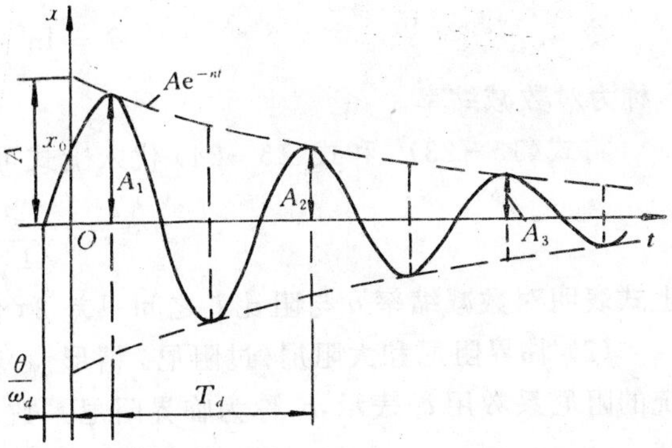

$$T_d = \frac{2\pi}{\omega_d} = \frac{2\pi}{\sqrt{\omega_n^2 - n^2}} \tag{15-23}$$

图 15－14

或

$$T_d = \frac{2\pi}{\omega_n \sqrt{1-\left(\frac{n}{\omega_n}\right)^2}} = \frac{2\pi}{\omega_n \sqrt{1-\zeta^2}} \tag{15-23$'$}$$

式中

$$\zeta = \frac{n}{\omega_n} = \frac{c}{2\sqrt{mk}} \tag{15-24}$$

ζ 称为阻尼比。阻尼比是振动系统中反映阻尼特性的重要参数，在小阻尼情形下，$\zeta < 1$。由式(15－23)$'$，可以得到有阻尼自由振动的周期 T_d、频率 f_d 和圆频率 ω_d 与相应的无阻尼自由振动的 T，f 和 ω_n 的关系，即

$$T_d = \frac{T}{\sqrt{1-\zeta^2}}, \quad f_d = f\sqrt{1-\zeta^2}, \quad \omega_d = \omega_n \sqrt{1-\zeta^2}$$

由上述三式可以看到，由于阻尼的存在，使系统自由振动的周期增大，频率减小。但在小阻尼情况下，阻尼对系统自由振动的频率影响是很小的，一般可近似地认为

$$\omega_d = \omega_n, \quad T_d = T$$

由衰减振动的运动规律可知，衰减振动的振幅，即在每次往复运动中振体距离振动中心的最大偏离值可近似认为

$$A_d = A\mathrm{e}^{-nt}$$

设在某瞬时 t_i，振动达到的最大偏离值为 A_i，有

$$A_i = A\mathrm{e}^{-nt_i}$$

经过一个周期 T_d 后，系统到达另一个比前者略小的最大偏离值 A_{i+1}(见图 15－14)，有

$$A_{i+1} = A\mathrm{e}^{-n(t_i+T_d)}$$

这两个相邻振幅之比为

$$d = \frac{A_i}{A_{i+1}} = \frac{A\mathrm{e}^{-nt_i}}{A\mathrm{e}^{-n(t_i+T_d)}} = \mathrm{e}^{-nT_d} \tag{15-25}$$

这个比值称为振幅减缩率或减幅系数。因此任意两个相邻振幅之比为一常数，衰减振动的振幅呈几何级数减小，很快趋近于零。

以上分析表明，在小阻尼情况下，阻尼对自由振动的频率影响较小；但阻尼对自由振动的振幅影响较大，使振幅呈几何级数下降。例如当阻尼比 $\zeta = 0.05$ 时，可以计算出其振动频率只比无阻尼自由振动时下降 0.125%，而振幅减缩率为 0.730 1，经过10个周期后，振幅只有原振

幅的 4.3%。

令

$$\delta = \ln \frac{A_i}{A_{i+1}} = nT_d \tag{15-26}$$

δ 称为对数减缩率。

将式(15-23)′ 和式(15-24) 代入上式可以建立对数减缩率与阻尼比的关系为

$$\delta = \frac{2\pi\zeta}{\sqrt{1-\zeta^2}} \approx 2\pi\zeta \tag{15-27}$$

上式表明对数减缩率 δ 与阻比 ζ 之间只差 2π 倍,因此 δ 也是反映阻尼特性的一个参数。

(2) 临界阻尼和大阻尼(过阻尼)情形　当 $n = \omega_n(\zeta = 1)$ 时,称为临界阻尼情形。这时系统的阻尼系数用 c_c 表示,c_c 称为临界阻尼系数。从式(15-24) 得

$$c_c = 2\sqrt{mk} \tag{15-28}$$

在临界阻尼情况下,特征方程的根为两个相等的实根,即

$$r_1 = -n, \quad r_2 = n$$

得微分方程(15-17) 的解为

$$x = e^{-nt}(c_1 + c_2 t) \tag{15-29}$$

式中 c_1 和 c_2 为两个积分常数,由运动的起始条件决定。

上式表明:这时物体的运动是随时间的增长而无限地趋向平衡位置,因此运动已不具有振动的特点。

当 $n > \omega_n(\zeta > 1)$ 时,称为大阻尼情形。此时阻尼系数 $c > c_c$。

在这种情形下,特征方程的根为两个不等的实根,即

$$r_1 = -n + \sqrt{n^2 - \omega_n^2}, \quad r_2 = -n - \sqrt{n^2 - \omega_n^2}$$

所以微分方程(15-17) 的解为

$$x = -e^{-nt}(c_1 e^{\sqrt{n^2-\omega_n^2}t} + c_2 e^{-\sqrt{n^2-\omega_n^2}t}) \tag{15-30}$$

式中 c_1, c_2 为两个积分常数,由运动起始条件来确定,运动图线如图 15-15 所示,也不再具有振动性质。

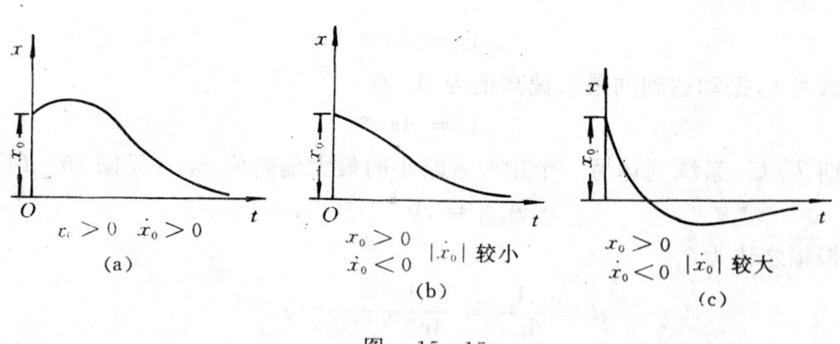

图　15-15

【例 15-6】　设汽车的质量为 $m = 2\ 450$ kg,压在 4 个车轮的弹簧上可使每个弹簧的压缩量为 $\delta_{st} = 15$ cm,为了减小振动,每个弹簧都装有一个减速器,结果使汽车的上下振动迅速减小,于两次振动后振幅减小到 0.1 倍,即 $A_1/A_3 = 10$,试求:(1) 振动的减幅系数 d 和对数缩减系数 δ;(2) 阻尼系数 n 和衰减振动的周期 T_d;(3) 如果要求汽车不振动,即要求减振器具有临

界阻尼，求临界阻尼系数 c_c。

解 因为只考虑汽车上下振动，所以 4 个弹簧可以看成一个当量弹簧，总的弹簧刚性系数为

$$k = \frac{mg}{\delta_{st}} = 160\ 000\ \text{N/m}$$

系统的固有频率为

$$\omega_n = \sqrt{\frac{k}{m}} = \sqrt{\frac{160\ 000}{2\ 450}} \approx 8.08\ \text{rad/s}$$

(1) 求 d 和 δ

因为
$$\frac{A_1}{A_3} = 10 = \frac{A_1}{A_2}\frac{A_2}{A_3} = \mathrm{e}^{nT_d} \cdot \mathrm{e}^{nT_d} = (\mathrm{e}^{nT_d})^2$$

所以
$$d = \mathrm{e}^{nT_d} = \sqrt{10} = 3.162$$

$$\delta = nT_d = \ln d = \ln 3.162 = 1.151 \tag{1}$$

(2) 求 n 和 T_d

$$T_d = \frac{2\pi}{\sqrt{\omega_n^2 - n^2}} \tag{2}$$

式(1)、式(2)联立得

$$n = 1.459\ \text{rad/s},\quad T_d = 0.79\ \text{s}$$

(3) 临界阻尼系数 c_c

$$c_c = 2\sqrt{mk} = 2m\omega_n = 39\ 600\ \text{N}\cdot\text{s/m}$$

【例 15-7】 一减振系统，如图 15-16 所示，已知 $k_1 = k_2 = 87.5\ \text{N/cm}$，$m = 22.7\ \text{kg}$，$c = 3.5\ \text{N}\cdot\text{s/cm}$，系统开始静止。在给振体 m 一个冲击以后，它就开始以初速度 $v_0 = 12.7\ \text{cm/s}$ 沿 x 轴正向运动，试求该系统衰减振动的周期 T_d 和对数减幅系数 δ 以及振体离开平衡位置的最大距离 $x_{\max}$。

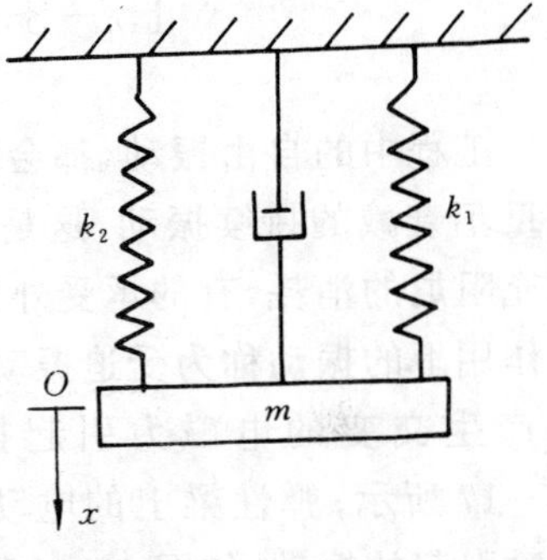

图 15-16

解 系统的固有频率

$$\omega_n = \sqrt{\frac{k}{m}} = \sqrt{\frac{2 \times 87.5 \times 100}{22.7}} = 27.8\ \text{rad/s}$$

临界阻力

$$c_c = 2m\omega_n = 2 \times 22.7 \times 27.8 = 1\ 262.12\ \text{N}\cdot\text{s/m} = 12.62\ \text{N}\cdot\text{s/cm}$$

阻尼比
$$\zeta = \frac{c}{c_c} = \frac{3.5}{12.62} \approx 0.277$$

于是可求得衰减振动的周期

$$T_d = \frac{2\pi}{\sqrt{\omega_n^2 - n^2}} = \frac{2\pi}{\omega_n} \cdot \frac{1}{\sqrt{1-\zeta^2}} = 0.235\ \text{s}$$

所以
$$\delta = nT_d = \zeta\omega_n T_d = 0.277 \times 27.8 \times 0.235 = 1.81$$

运动方程
$$x = A\mathrm{e}^{-nt}\sin(\sqrt{\omega_n^2 - n^2 t} + \theta)$$

可知，振体离开平衡位置的最大距离 $x_{\max}$ 发生在

$$\sin(\sqrt{\omega_n^2 - n^2}t + \theta) = 1$$

的第一个瞬时 t_1，这时 $x_{\max} = Ae^{-nt_1}$，于是

$$\sqrt{\omega_n^2 - n^2}t_1 + \theta = \frac{\pi}{2}$$

由题意知，系统的初始条件为

$$t = 0, \quad x_0 = 0, \quad v_0 = 12.7 \text{ cm/s}$$

故

$$\tan\theta = 0, \quad \theta = 0$$

所以

$$t_1 = \frac{\pi}{2} \Big/ \sqrt{\omega_n^2 - n^2} = 0.058\,8 \text{ s}$$

而

$$n = \frac{c}{2m} = 7.71 \text{ rad/s}$$

所以

$$nt_1 = 0.453$$

从而求得

$$A = \frac{v_0}{\sqrt{\omega_n^2 - n^2}} = \frac{12.7}{26.7} = 0.476$$

所以

$$x_{\max} = Ae^{-nt_1} = 0.476 \times e^{-0.453} = 0.303 \text{ cm}$$

§15-3 单自由度系统的无阻尼受迫振动

工程中的自由振动，都会由于阻尼的存在而逐渐衰减，最后完全停止。但实际上又存在有大量不衰减的持续振动，这是由于外界有能量输入以补充阻尼的消耗，有的承受外加的激振力。在外加激振力作用下的振动称为受迫振动。例如，交流电通过电磁铁产生交变的电磁力引起振动系统的振动，如图 15-17 所示；弹性梁上的电动机由于转子偏心，在转动时引起的振动，如图 15-18 所示，等等。

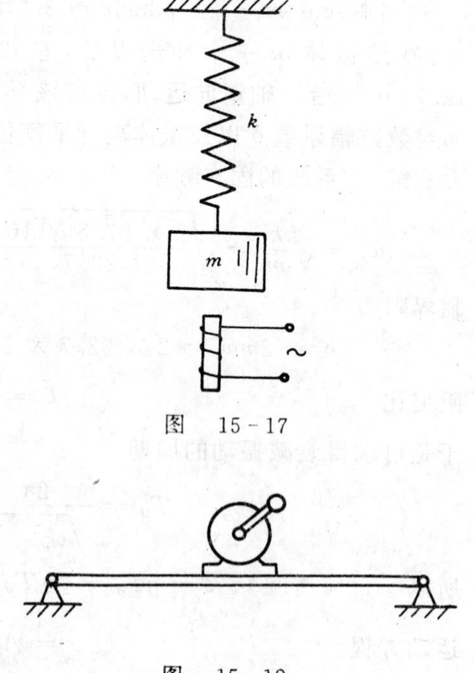

图 15-17

图 15-18

工程中常见的激振力多是周期变化的；一般回转机械、往复式机械、交流电磁铁等多会引起周期激振力。简谐激振力是一种典型的周期变化的激振力，简谐力 F 随时间变化的关系可以写成

$$F = H\sin(\omega t + \varphi) \tag{15-31}$$

式中 H 称为激振力的力幅，即激振力的最大值，ω 是激振力的圆频率，φ 是激振力的初相位，它们都是定值。

1. 振动微分方程

图 15-17 所示的振动系统，其中物块的质量为 m。物块所受的力有恢复力 $\boldsymbol{F}_k$ 和激振力 $\boldsymbol{F}$，如图 15-19 所示。取物块的平衡位置为坐标原点，坐标轴铅直向

下，则恢复力 $\boldsymbol{F}_k$ 在坐标轴上的投影为

$$F_k = -kx$$

式中 k 为弹簧刚性系数。

设 $\boldsymbol{F}$ 为简谐激振力，$\boldsymbol{F}$ 在坐标轴上的投影可以写成式(15-31)的形式。质点的运动微分方程为

$$m\ddot{x} = -kx + H\sin(\omega t + \varphi)$$

将上式两端除以 m，并设

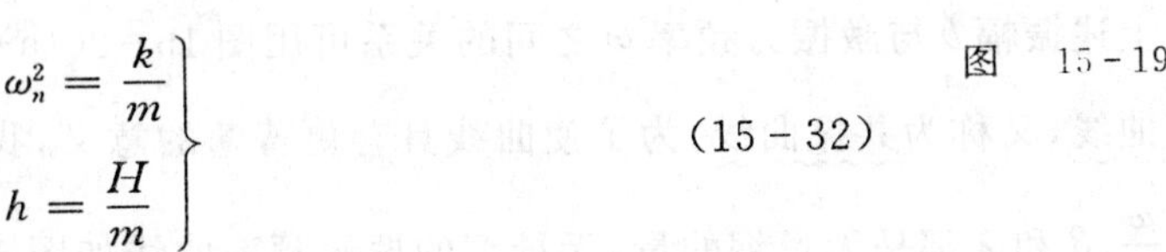

图　15-19

$$\left.\begin{aligned} \omega_n^2 &= \frac{k}{m} \\ h &= \frac{H}{m} \end{aligned}\right\} \tag{15-32}$$

则得

$$\ddot{x} + \omega_n^2 x = h\sin(\omega t + \varphi) \tag{15-33}$$

该式为无阻尼受迫振动微分方程的标准形式，是二阶常系数线性非齐次微分方程，它的解由两部分组成，即

$$x = x_1 + x_2$$

式中 x_1 对应于(15-33)的齐次通解，x_2 为其特解。由 §15-1 知，齐次方程的通解为

$$x_1 = A\sin(\omega_n t + \theta)$$

设方程(15-33)的特解有如下形式

$$x_2 = b\sin(\omega t + \varphi) \tag{15-34}$$

式中 b 为待定常数，将 x_2 代入方程(15-33)，得

$$-b\omega^2\sin(\omega t + \varphi) + b\omega_n^2\sin(\omega t + \varphi) = h\sin(\omega t + \varphi)$$

解得

$$b = \frac{h}{\omega_n^2 - \omega^2} \tag{15-35}$$

于是得方程(15-33)的全解为

$$x = A\sin(\omega_n t + \theta) + \frac{h}{\omega_n^2 - \omega^2}\sin(\omega t + \varphi) \tag{15-36}$$

上式表明，无阻尼受迫振动是由两个谐振动合成的。第一部分是频率为固有频率的自由振动；第二部分是频率为激振力频率的振动，称为受迫振动。由于实际的振动系统中总有阻尼存在，自由振动部分总会逐渐衰减下去，因而我们着重研究第二部分受迫振动，它是一种稳态的振动。

2. 受迫振动的振幅

由式(15-34)和式(15-35)知，在简谐激振的条件下，系统的受迫振动为谐振动，其振动频率等于激振力的频率，振幅的大小与运动起始条件无关，而与振动系统的固有频率 ω_n、激振力的力幅 H、激振力的频率 ω 有关。下面讨论受迫振动的振幅与激振力频率之间的关系。

(1) 若 $\omega \to 0$，此种激振力的周期趋近于无穷大，即激振力为一恒力，此时并不振动，所谓的振幅 b_0 实为静力 H 作用下的静变形。由式(15-35)得

$$b_0 = \frac{h}{\omega_n^2} = \frac{H}{k} \tag{15-37}$$

(2) 若 $0 < \omega < \omega_n$，则由式(15-35)知，ω 值越大，振幅 b 越大，即振幅 b 随着频率 ω 单调上升，当 ω 接近 ω_n 时，振幅 b 将趋于无穷大。

(3) 若 $\omega > \omega_n$，由式(15-35)知，b 为负值。但习惯上把振幅都取为正值，因而此时 b 取其绝对值，而视受迫振动 x_2 与激振力反向，即式(15-34)的位相应加(或减)180°。这时，随着激振力频率 ω 增大，振幅 b 减小。当 ω 趋于 ∞，振幅 b 趋于零。

上述振幅 b 与激振力频率 ω 之间的关系可用图 15-20(a) 中的曲线表示。该曲线称为振幅频率曲线，又称为共振曲线。为了使曲线具有更普遍的意义，我们将纵轴取为 $\beta = \frac{b}{b_0}$，横轴取为 $\lambda = \frac{\omega}{\omega_n}$，$\beta$ 和 λ 都是无量纲的量，无量纲的振幅频率曲线如图 15-20(b) 所示。

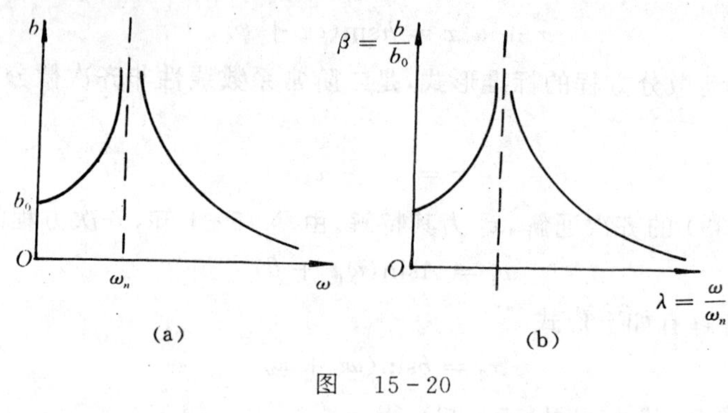

图　15-20

3. 共振现象

在上述分析中，当 $\omega = \omega_n$ 时，即激振力频率等于系统的固有频率时，振幅 b 在理论上应趋向无穷大，这种现象称为共振。此时，式(15-33)的特解应具有下面的形式，即

$$x_2 = Bt\cos(\omega_n t + \varphi) \tag{15-38}$$

将此式代入式(15-33)中，得

$$B = -\frac{h}{2\omega_n}$$

故共振时受迫振动的运动规律为

$$x_2 = -\frac{h}{2\omega_n}t\cos(\omega_n t + \varphi) \tag{15-39}$$

它的幅值为

$$b = \frac{h}{2\omega_n}t$$

由此可见，当 $\omega = \omega_n$ 时，系统共振，受迫振动的振幅随时间无限地增大，其运动图线如图 15-21 所示。

实际上，由于系统存在有阻尼，共振时振幅不可能达到无限大。但一般来说，共振时的振幅都是相当大的，往往使机器产生过大的变形，甚至造成破坏。因此如何避免发生共振是工程中一个非常重要的课题。

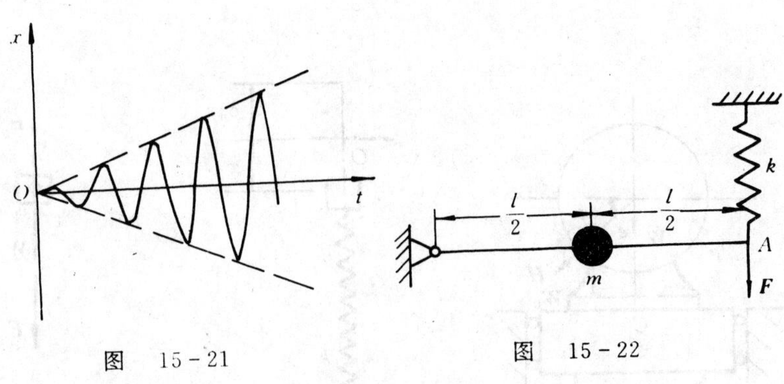

图 15-21　　　　图 15-22

【例 15-8】 图 15-22 所示为一无重刚杆 AO，杆长为 l，其一端 O 铰支，另一端 A 水平悬挂在刚性系数为 k 的弹簧上，杆的中点装有一质量为 m 的小球。若在点 A 加一激振力 $F = F_0\sin\omega t$，其中激振力的频率 $\omega = \frac{1}{2}\omega_n$，$\omega_n$ 为系统的固有频率。忽略阻尼，求系统的受迫振动规律。

解 设任一瞬时刚杆的摆角为 φ，根据刚体转动微分方程可以建立系统的运动微分方程，为

$$m\left(\frac{l}{2}\right)^2\ddot{\varphi} = -kl^2\varphi + F_0 l\sin\omega t$$

令

$$\omega_n^2 = \frac{kl^2}{m\left(\frac{l}{2}\right)^2} = \frac{4k}{m},\quad h = \frac{F_0 l}{m\left(\frac{l}{2}\right)^2} = \frac{4F_0}{ml}$$

则上述微分方程可以整理为

$$\ddot{\varphi} + \omega_n^2\varphi = h\sin\omega t$$

利用公式(15-36)可得上述方程的特解，即受迫振动为

$$\varphi = \frac{h}{\omega_n^2 - \omega^2}\sin\omega t$$

将 $\omega = \frac{1}{2}\omega_n$ 代入上式，可解得

$$\varphi = \frac{h}{\frac{3}{4}\omega_n^2}\sin\omega t = \frac{\frac{4F_0}{ml}}{\frac{3}{4}\frac{4k}{m}}\sin\omega t = \frac{4F_0}{3kl}\sin\omega t$$

【例 15-9】 电动机安装在用 4 根弹簧支承的平板上(图 15-23(a))。电动机与平板的总重为 $W = 1.8$ kN，弹簧的刚性系数 $k_0 = 1.5$ kN/cm。电动机的转子由于安装不善而有偏心，这相当于在离轴 $e = 10$ cm 处加有重为 $W_0 = 2$ N 的偏心块。电动机的转速 $n = 1\,200$ rpm。求电动机的振动方程及临界转速 n_k。

解 将电动机与平板抽象为一物块(不包括偏心块)，4 根弹簧用 1 根弹簧代替(图 15-23(b))，其刚性系数 $k = 4k_0 = 4 \times 1.5 = 6$ kN/cm。由于在转子上附有偏心块，因而当轮子转动时，就产生离心惯性力 $\boldsymbol{H}$，其大小为 $H = \frac{W_0}{g}e\omega^2$，且作用在转子上。力 $\boldsymbol{H}$ 沿 x 轴方向的分力也就是干扰力 $\boldsymbol{F}$，其大小为

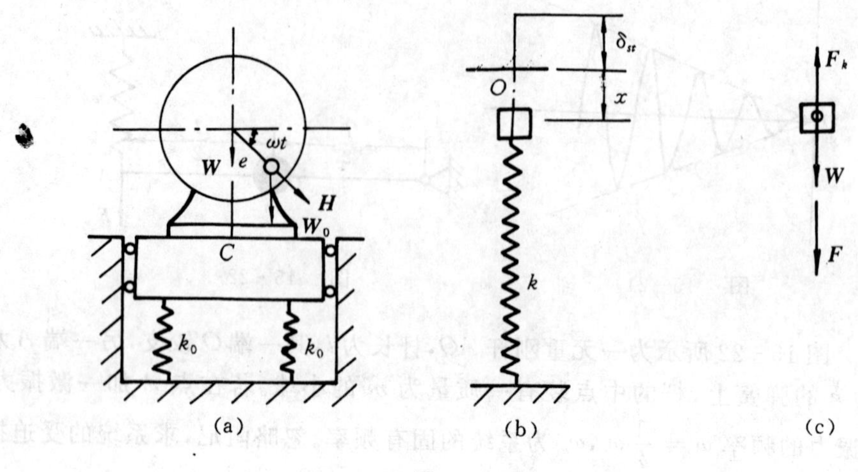

图 15-23

$$F = H\sin\omega t = \frac{W_0}{g}e\omega^2\sin\omega t$$

在任一瞬时位置，作用在电动机上沿铅垂方向的力有重力 $\boldsymbol{W}$、弹簧力 $\boldsymbol{F}_k$ 和干扰力 $\boldsymbol{F}$。取 x 轴如图 15-23(b) 所示，静平衡位置处 $x=0$，则物体的运动微分方程为

$$\frac{W}{g}\ddot{x} = -kx + \frac{W_0}{g}e\omega^2\sin\omega t$$

即

$$\ddot{x} + \frac{kg}{W}x = \frac{W_0 e\omega^2}{W}\sin\omega t$$

上式即为电动机的振动微分方程。固有频率为

$$\omega_n = \sqrt{\frac{kg}{W}} = \sqrt{\frac{6\times 980}{1.8}} = 57\ \text{rad/s}$$

$$h = \frac{W_0 e\omega^2}{W} = \frac{2\times 10\times (125)^2}{1\,800} = 173\ \text{cm/s}^2$$

式中

$$\omega = \frac{n\pi}{30} = \frac{1\,200\pi}{30} = 40\pi = 125\ \text{rad/s}$$

由式(15-36)，可求出电动机的强迫振动方程为

$$x = \frac{h}{\omega_n^2 - \omega^2}\sin\omega t = \frac{173}{(57)^2 - (125)^2}\sin 125t = -0.014\sin 125t$$

当发生共振时，$\omega = \omega_n$，因此电动机的临界转速

$$n_k = \frac{30\omega_n}{\pi} = \frac{30\times 57}{\pi} = 545\ \text{r/min}$$

§15-4 单自由度系统的有阻尼受迫振动

图 15-24 所示的有阻尼振动系统，设物块的质量为 m，作用在物块上的力有线性恢复力 $\boldsymbol{F}_k$、粘性阻尼力 $\boldsymbol{F}_c$ 和简谐激振力 $\boldsymbol{F}$。若选平衡位置 O 为坐标原点，坐标轴铅直向下，则各力在坐

标轴上的投影为

$$F_k = -kx$$
$$F_c = -cv = -c\dot{x}$$
$$F = H\sin\omega t$$

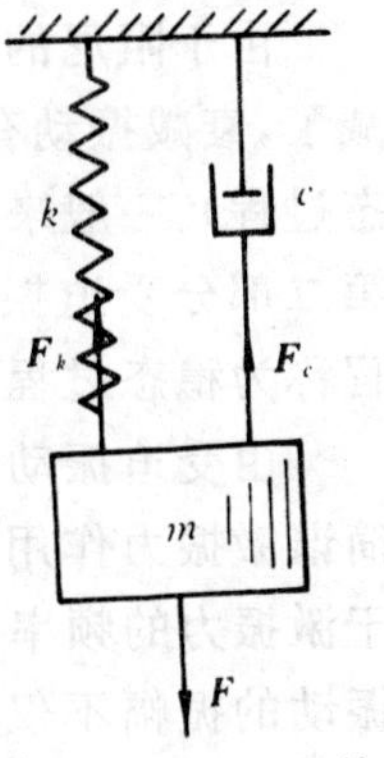

可建立质点运动微分方程

$$m\ddot{x} = -kx - c\dot{x} + H\sin\omega t$$

将上式两端除以 m，并令

$$\omega_n^2 = \frac{k}{m}, \quad 2n = \frac{c}{m}, \quad h = \frac{H}{m}$$

整理得

$$\ddot{x} + 2n\dot{x} + \omega_n^2 x = h\sin\omega t \tag{15-40}$$

图 15-24

这个二阶常系数线性非齐次微分方程是有阻尼受迫振动微分方程的标准形式，其解由两部分组成

$$x = x_1 + x_2$$

式中 x_1 对应于方程(15-40)的齐次方程的通解，在小阻尼($n < \omega_n$)的情形下，有

$$x_1 = Ae^{-nt}\sin\sqrt{\omega_n^2 - n^2 t + \theta)} \tag{15-41}$$

x_2 为方程(15-40)的特解，设它有下面的形式，即

$$x_2 = b\sin(\omega t - \varepsilon) \tag{15-42}$$

式中 ε 表示受迫振动的相位落后于激振力的相位角。将上式代入方程(15-40)，可得

$$-b\omega^2\sin(\omega t - \varepsilon) + 2nb\omega\cos(\omega t - \varepsilon) + \omega_n^2 b\sin(\omega t - \varepsilon) = h\sin\omega t$$

再将上式右端改写为如下形式

$$h\sin\omega t = h\sin[(\omega t - \varepsilon) + \varepsilon] =$$
$$h\cos\varepsilon\sin(\omega t - \varepsilon) + h\sin\varepsilon\cos(\omega t - \varepsilon)$$

这样前式可整理为

$$[b(\omega_n^2 - \omega^2) - h\cos\varepsilon]\sin(\omega t - \varepsilon) +$$
$$[2nb\omega - h\sin\varepsilon]\cos(\omega t - \varepsilon) = 0$$

对任意瞬时 t，上式都必须是恒等式，则有

$$b(\omega_n^2 - \omega^2) - h\cos\varepsilon = 0$$
$$2nb\omega - h\sin\varepsilon = 0$$

将上述两方程联立，可解出

$$b = \frac{h}{\sqrt{(\omega_n^2 - \omega^2)^2 + 4n^2\omega^2}} \tag{15-43}$$

$$\tan\varepsilon = \frac{2n\omega}{\omega_n^2 - \omega^2} \tag{15-44}$$

于是得方程(15-40)的通解为

$$x = Ae^{-nt}\sin(\sqrt{\omega_n^2 - n^2}t + \theta) + b\sin(\omega t - \varepsilon) \tag{15-45}$$

式中 A 和 θ 为积分常数，由运动的初始条件确定。

由式(15-45)知，有阻尼受迫振动由两部分合成，如图 15-25(c)所示。第一部分是衰减振动(图 15-25(a));第二部分是受迫振动(图 15-25(b))。

由于阻尼的存在,第一部分振动随时间的增加,很快地衰减了,衰减振动有显著影响的这段过程称为过渡过程(或称瞬态过程)。一般来说,过渡过程是很短暂的,以后系统基本上按第二部分受迫振动的规律进行振动,过渡过程以后的这段过程称为稳态过程。下面着重研究稳态过程的振动。

由受迫振动的运动方程(15-42)知,虽然有阻尼存在,受简谐激振力作用的受迫振动仍然是谐振动,其振动频率 ω 等于激振力的频率,其振幅表达式见式(15-43)。可以看到受迫振动的振幅不仅与激振力的力幅有关,还与激振力的频率以及振动系统的参数 m,k 和阻力系数 c 有关。

(a)

(b)

(c)

图 15-25

为了清楚地表达受迫振动的振幅与其它因素的关系,我们将不同阻尼条件下的振幅频率关系用曲线表示出来,如图 15-26 所示。采用无量纲形式,横轴表示频率比 $\lambda=\dfrac{\omega}{\omega_n}$,纵轴表示振幅比 $\beta=\dfrac{b}{b_0}$。阻尼的改变用阻尼比 $\zeta=\dfrac{c}{c_0}=\dfrac{n}{\omega_n}$ 的改变来表示。这样,式(15-43) 和式(15-44) 可写为

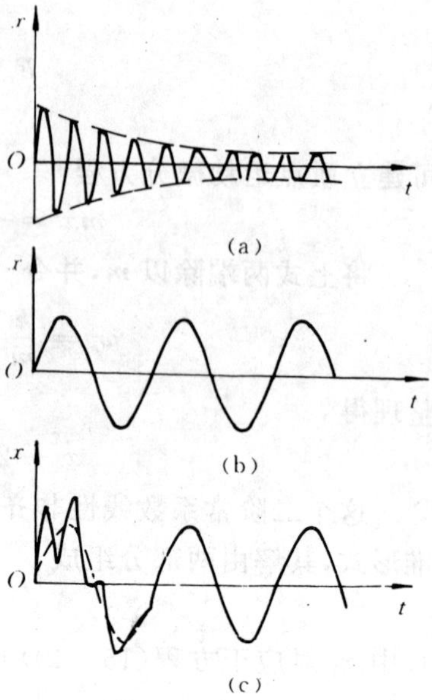

$$\beta=\frac{b}{b_0}=\frac{1}{\sqrt{(1-\lambda^2)^2+4\zeta^2\lambda^2}} \tag{15-46}$$

$$\tan\varepsilon=\frac{2\zeta\lambda}{1-\lambda^2} \tag{15-47}$$

从式(15-43) 和图 15-26 可以看出阻尼对振幅的影响程度与频率有关。

(1) 当 $\omega \ll \omega_n$ 时,阻尼对振幅的影响甚微,这时可忽略系统的阻尼而当作无阻尼受迫振动处理。

(2) 当 $\omega \to \omega_n$(即 $\lambda \to 1$ 时),振幅显著地增大。这时阻尼对振幅有明显的影响,即阻尼增大,振幅显著地下降。

在 $\omega=\sqrt{\omega_n^2-2n^2}=\omega_n\sqrt{1-2\zeta^2}$ 时,振幅 b 具有最大值 $b_{\max}$,这时的频率 ω 称为共振频率。在共振频率的振幅为

$$b_{\max}=\frac{h}{2n\sqrt{\omega_n^2-n^2}}$$

或

$$b_{\max}=\frac{b_0}{2\zeta\sqrt{1-\zeta^2}}$$

在一般情况下,阻尼比 $\zeta \ll 1$,这时可以认为共振频率 $\omega=\omega_n$,即当激振力频率等于系统固有频率时,系统发生共振。共振的振幅为

$$b_{\max}\approx\frac{b_0}{2\zeta}$$

(3) 当 $\omega \gg \omega_n$ 时,阻尼对受迫振动的振幅影响也较小,这时又可以忽略阻尼,将系统当作无阻尼系统处理。

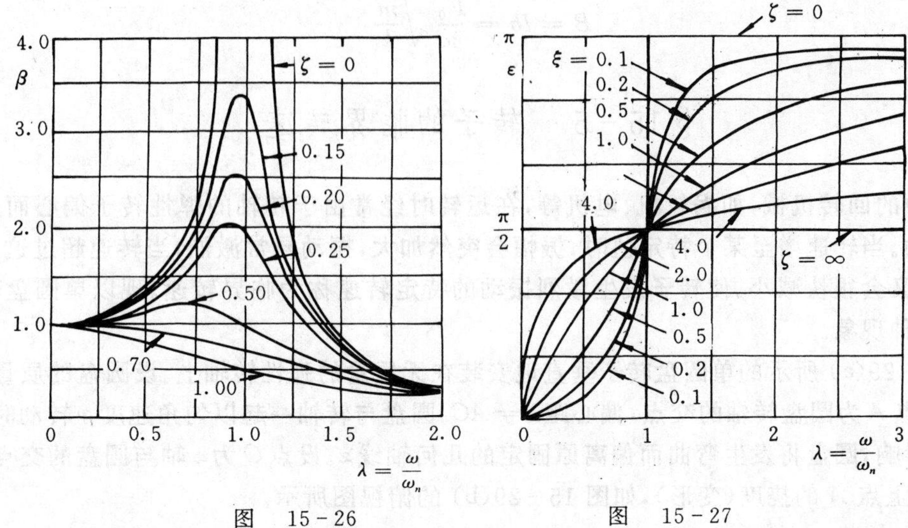

图　15－26　　　　　　　　图　15－27

由式(15－42)知，有阻尼受迫振动的位相总比激振力落后一个相位角 ε，ε 称为相位差，式(15－44)表达了相位差 ε 随谐振力频率的变化关系。根据式(15－47)可以画出相位差 ε 随激振力 频率的变化曲线(相频曲线)，如图 15－27 所示。由图中曲线可以看到：相位差总是在 0° 至 180° 区间变化，是一单调上升的曲线。共振时，$\frac{\omega}{\omega_n}=1,\varepsilon=90°$，阻尼值不同的曲线都交于这一点。当越过共振区之后，随着频率 ω 的增加，相位差趋近 180°，这时激振力与位移反相。

【例 15－10】　图 15－28 所示为一无重刚杆。其一端铰支，距铰支端 l 处有一质量为 m 的质点，距 $2l$ 处有一阻尼器，其阻尼系数为 c，距 $3l$ 处有一刚性系数为 k 的弹簧，并作用一简谐激振力 $\boldsymbol{F}=F_0\sin\omega t$。刚杆在水平位置平衡，试列出系统的振动微分方程，并求系统的固有频率 ω_n，以及当激振力频率 ω 等于 ω_n 时质点的振幅。

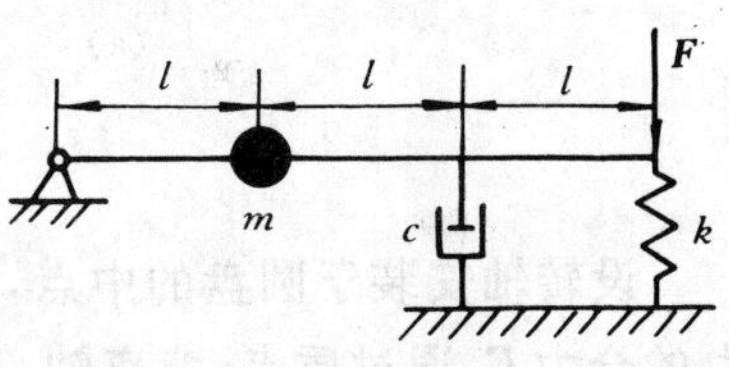

图　15－28

解　设刚杆在振动时的摆角为 θ，由刚体转动微分方程可建立系统的振动微分方程为

$$ml^2\ddot{\theta}=-4cl^2\dot{\theta}-9kl^2\theta+3F_0l\sin\omega t$$

整理后得

$$\ddot{\theta}+\frac{4c}{m}\dot{\theta}+\frac{9k}{m}\theta=\frac{3F_0}{ml}\sin\omega t$$

令

$$\omega_n=\sqrt{\frac{9k}{m}},\quad n=\frac{2c}{m},\quad h=\frac{3F_0}{ml}$$

ω_n 即系统的固有频率，当 $\omega=\omega_n$ 时，其摆角可由式(15－43)求出

$$b=\frac{h}{2n\omega_n}=\frac{3F_0}{4c\omega_n l}=\frac{F_0}{4cl}\sqrt{\frac{m}{k}}$$

这时质点的振幅为

$$B = lb = \frac{F_0}{4c}\sqrt{\frac{m}{k}}$$

§15-5 转子的临界转速

工程中的回转机械，如涡轮机、电机等，在运转时经常由于转轴的弹性转子偏心而发生横向弯曲振动。当转速增至某个特定值时，振幅会突然加大，振动异常激烈，当转速超过这个特定值时，振幅又会很快减小。使转子发生激烈振动的特定转速称为临界转速。现以单圆盘转子为例，说明这种现象。

图 15-29(a) 所示的单圆盘转子垂直地安装在无质量的弹性转轴上。设圆盘的质量为 m，质心为 C，点 A 为圆盘转轴的交点，偏心距 $e = AC$。圆盘与转轴一起以匀角速度 ω 转动时，由于惯性力的影响，圆盘将发生弯曲而偏离原固定的几何轴线 z。设点 O 为 z 轴与圆盘的交点，$r_A = OA$ 为转轴上点 A 的挠度(变形)，如图 15-29(b) 的俯视图所示。

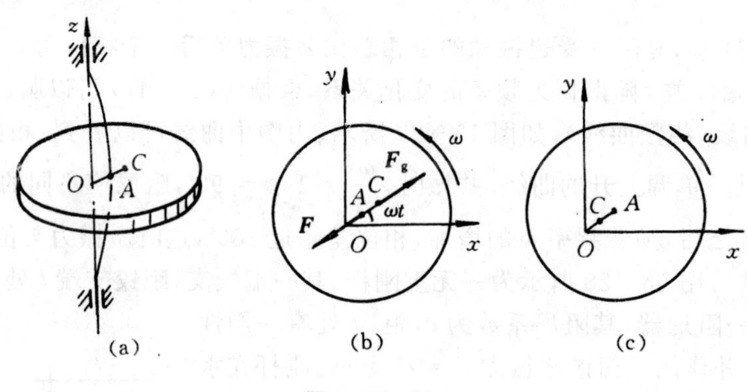

图 15-29

设转轴安装于圆盘的中点，当轴弯曲时，圆盘仍在自身平面内绕点 O 匀速转动。圆盘惯性力的合力 $\boldsymbol{F}_g$ 通过质点，背离轴心点 O，大小为 $F_g = mw^2 \cdot OC$。作用于圆盘上的弹性恢复力 $\boldsymbol{F}$ 指向轴心点 O，大小为 $F = kr_A$，k 为轴的刚性系数。由达朗伯原理，惯性力 $\boldsymbol{F}_g$ 与恢复力 $\boldsymbol{F}$ 相互平衡，因而点 O,A,C 应在同一直线上，且有

$$kr_A = nw^2 \cdot OC = mw^2(r_A + e) \tag{15-48}$$

由此解出点 A 挠度，即

$$r_A = \frac{mw^2}{k - mw^2} \tag{15-49}$$

以 m 除上式的分子与分母，并注意 $\sqrt{\dfrac{k}{m}} = w_n$ 为此系统的固有频率，则上式为

$$r_A = \frac{w^2 e}{w_n^2 - w^2} \tag{15-50}$$

上式中 w_n，e 为定值，当转动角速度 ω 从 0 逐渐增大时，挠度 r_A 也逐渐增大，当 $w = w_n$ 时，r_A 趋于无穷大。实际上由于阻尼和大量非线性刚度的影响，r_A 为一很大的有限值。使转轴挠度异常增大的转动角速度称为临界角速度，记为 w_{cr}，它等于系统的固有频率 w_n；此时的转速称

为临界转速，记为 n_{cr}。

当 $w > w_{cr}$ 时，式(15-50)为负值，习惯上挠度取正值，r_A 取其绝对值；w 再增大时，挠度值 r_A 迅速减小而趋于定值 e(偏心距)，如图 15－30 所示。此时质心位于点 A 与点 O 之间，如图 15－29(c) 所示。当 $w \gg w_{cr}$ 时，$r_A \approx e$ 时，这时质心 C 与轴心点 O 趋于重合，即圆盘绕质心 C 转动，这种现象称为自动定心现象。

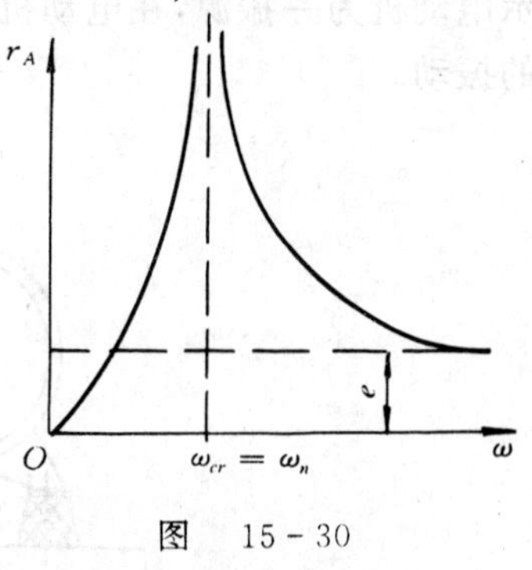

图 15－30

偏心转子转动时，由于惯性力作用，弹性转轴将发生弯曲而绕原几何轴线转动，称“弓状回转”。此时转轴对轴承压力的方向是周期性变化的。当转子的角速度接近临界角速度、也就是系统的固有频率时，转轴的变形和惯性力都急剧增大，对轴承作用很大的动压力，机器也会发生剧烈的振动。为确保机器安全运转，任何转轴或转子都不允许在临界转速附近工作。一般工作转速都应小于或者大于临界转速。工作转速低于临界转速的转轴称为刚轴，反之称为柔轴。不论刚轴或柔轴，工作转速与临界转速应保持一定的距离。一般要求刚轴的临界转速低于其工作转速 20％～25％，柔轴的工作转速高于临界转速 30％～40％。

§15－6 隔 振

工程中，振动现象是不可避免的，因为有许多回转机械中的转子不可能达到绝对“平衡”，往复机械的惯性力更无法平衡，这些都是产生振动的来源。对这些不可避免的振动只能采用各种方法进行隔振或减振。将振源与需要防振的物体之间用弹性元件和阻尼元件进行隔离，这种措施称为隔振。使振动物体的振动减弱的措施称为减振。减小振动及其影响的方法很多，一般要具体问题具体分析，目前常用的方法大致有如下几个方面：

(1) 分析引起振动的干扰原因，尽量使之减小，例如对不均衡的转动构件进行动平衡等等。

(2) 根据实际可能改变系统的固有频率，使系统的固有频率远离工作频率，使它们不在共振范围附近工作，避免发生危险的共振。

(3) 适当地采用阻尼装置或动力消振器，以吸收系统振动的能量。如汽车上使用迭板弹簧，当道路不平引起汽车颠簸时，由于迭板弹簧各簧片之间的摩擦消耗了振动的能量，从而抑制了振动的振幅。

(4) 采用各种隔振措施，减少由一处传递到另一处的振动。

(5) 提高机器设备与仪器抵抗振动的能力。

本节主要介绍隔振的基本理论和方法。隔振的基本方法是在机器与地基(或支承机器的结构物)之间放置一些弹性物体(如橡皮、软木、毛毡或螺旋弹簧等)或者把机器直接固定在一块基础上，再在基础与地基之间适当地放置一些弹性物体，亦可用弹性绳索把设备悬挂起来。

按照振动干扰来源的不同，可分为主动隔振和被动隔振两类问题，下面分别介绍。

1. 主动隔振

研究对象本身是振源，主动隔振是将振源与支持振源的基础隔离开来。例如，图 15－31 所示电动机为一振源，在电动机与基础之间用橡胶块隔离开来，以减弱通过基础传到周围物体去的振动。

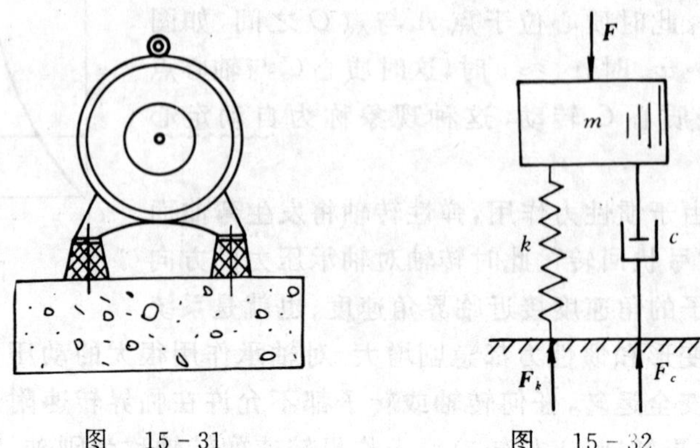

图 15-31　　图 15-32

图 15-32 所示为主动隔振的简化模型。由振源产生的激振力 $F(t)=H\sin\omega t$ 作用在质量为 m 的物块上，物块 m 与基础之间用刚性系数为 k 的弹簧和阻尼系数为 c 的阻尼元件进行隔离。

按有阻尼受迫振动的理论，物块的振幅为

$$b=\frac{h}{\sqrt{(\omega_n^2-\omega^2)^2+4n^2\omega^2}}=\frac{b_0}{\sqrt{(1-\lambda^2)^2+4\zeta^2\lambda^2}}$$

物块振动时传递到基础上的力由两部分合成，一部分是由于弹簧变形而作用于基础上的力，为

$$F_k=kx=kb\sin(\omega t-\varepsilon)$$

另一部分是通过阻尼元件作用于基础的力

$$F_c=c\dot{x}=cb\omega\cos(\omega t-\varepsilon)$$

这两部分力相位差为 90°，而频率相同，由物理中振动合成的知识知道，它们可以合成为一个同频率的合力，合力的最大值为

$$F_{N\max}=\sqrt{F_{k\max}^2+F_{c\max}^2}=\sqrt{(kb)^2+(cb\omega)^2}$$

或改写为

$$F_{N\max}=kb\sqrt{1+4\zeta^2\lambda^2}$$

$F_{N\max}$ 是振动时传递给基础的力的最大值，它与激振力的力幅 H 之比为

$$\eta=\frac{F_{N\max}}{H}\sqrt{\frac{1+4\zeta^2\lambda^2}{(1-\lambda^2)^2+4\zeta^2\lambda^2}} \qquad (15-51)$$

η 称为力的传递率，也称为隔振系数。上式表明力的传递率与阻尼和激振频率有关。图 15-33 是在不同阻尼情况下传递率 η 与频率比 λ 之间的关系曲线。

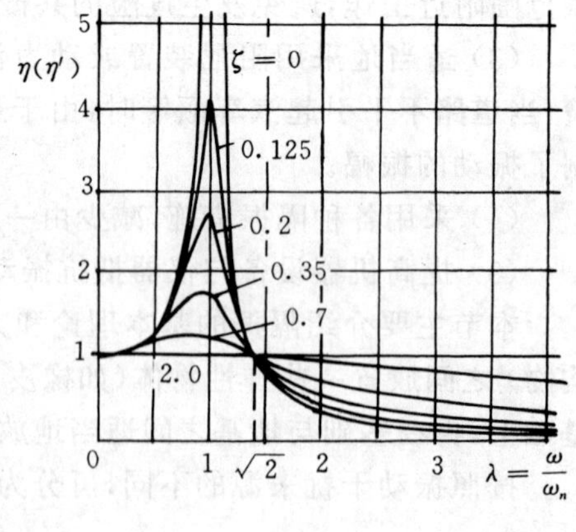

图 15-33

由传递率 η 的定义知，只有当 $\eta<1$ 时，隔振才有意义。又从图 15-33 可见，只有当频率比

$\lambda > \sqrt{2}$，即 $\omega > \sqrt{2}\omega_n$ 时，有 $\eta < 1$，才能达到隔振的目的。为了达到较好的隔振效果，要求系统的固有频率 ω_n 越小越好，为此，必须选用刚度小的弹簧作为隔振弹簧。由图 15－33 可见，当 $\lambda > \sqrt{2}$ 时，加大阻尼反而使振幅增大，降低隔振效果。但是阻尼太小，机器在越过共振区时又会产生很大的振动，因此在采取隔振措施时，要选择恰当的阻尼值。

2. 被动隔振

将需要防振的物体与振源隔开称为被动隔振，其实质就是通过弹性物体来减小由地基传到振体上的运动。例如，在精密仪器的底下垫上橡皮或泡沫塑料，将放置在汽车上的测量仪器用橡皮绳吊起来等。

图 15－34 为一被动隔振的简化模型。物块表示被隔振的物体，其质量为 m；弹簧和阻尼器表示隔振元件，弹簧的刚性系数为 k，阻尼器的阻尼系数为 c。设地基振动为简谐振动，即

$$x_1 = d\sin\omega t$$

由于地基振动将引起搁置在其上物体的振动，这种激振称为位移激振。设物块的振动位移为 x，则作用在物块上的弹簧力为 $-k(x-x_1)$，阻尼力为 $-c(\dot{x}-\dot{x}_1)$，质点运动微分方程为

$$m\ddot{x} = -k(x-x_1) - c(\dot{x}-\dot{x}_1)$$

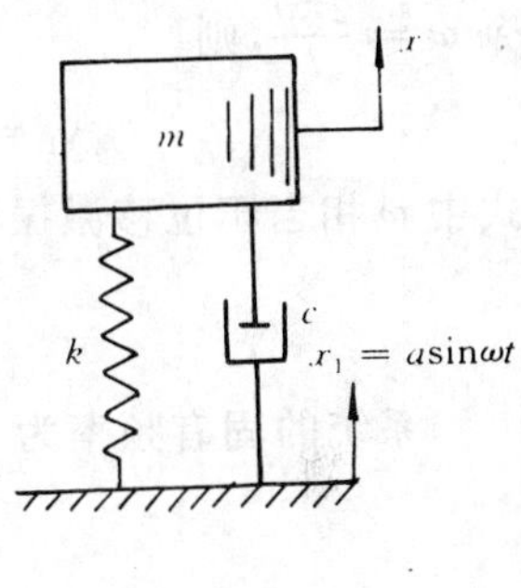

图 15－34

整理得

$$m\ddot{x} + c\dot{x} + kx = kx_1 + c\dot{x}_1$$

将 x_1 的表达式代入，得

$$m\ddot{x} + c\dot{x} + kx = kd\sin\omega t + c\omega d\cos\omega t$$

将上述方程右端的两个同频率的谐振动合成为一项，得

$$m\ddot{x} + c\dot{x} + kx = H\sin(\omega t + \theta) \tag{15-52}$$

式中
$$H = d\sqrt{k^2 + c^2\omega^2}, \quad \theta = \arctan\frac{c\omega}{k}$$

设上述方程的特解(稳态振动)为

$$x = b\sin(\omega t - \varepsilon)$$

将上式代入方程(15－52)中，得

$$b = d\sqrt{\frac{k^2 + c^2\omega^2}{(k - m\omega^2)^2 + c^2\omega^2}} \tag{15-53}$$

写成无量纲形式为

$$\eta' = \frac{b}{d} = \sqrt{\frac{1 + 4\zeta^2\lambda^2}{(1-\lambda^2)^2 + 4\zeta^2\lambda^2}} \tag{15-54}$$

式中 η' 是振动物体的位移与地基激振位移之比，称为位移的传递率。注意，上式与式(15－51)完全相同，所以位移传递率曲线与力的传递率曲线(图 15－32)相同。因此，在被动隔振问题中，对隔振元件的要求与主动隔振是一样的。

【例 15－11】 图 15－35 所示为一汽车在波形路面行走的力学模型。路面的波形可以用公式 $y_1 = d\sin\frac{2\pi}{l}x$ 表示，其中幅度 $d = 25$ mm，波长 $l = 5$ m。汽车的质量为 $m = 3\,000$ kg，弹簧

刚性系数为 $k=294\ \text{kN/m}$。忽略阻尼，求汽车以速度 $v=45\ \text{km/h}$ 匀速前进时，车体的垂直振幅为多少？汽车的临界速度为多少？

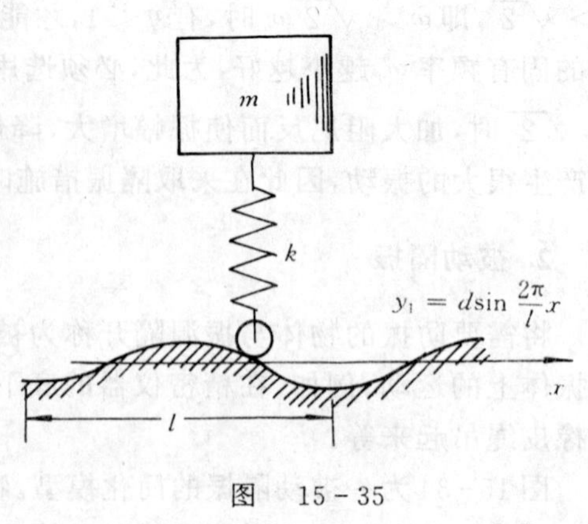

图 15-35

解 因汽车匀速行驶，则行驶位移为

$$x=vt$$

若以汽车起始位置为坐标原点，则路面波形方程可以写为

$$y_1=d\sin\frac{2\pi}{l}x=d\sin\frac{2\pi v}{l}t$$

令 $\omega=\frac{2\pi v}{l}$，则

$$y_1=d\sin\omega t$$

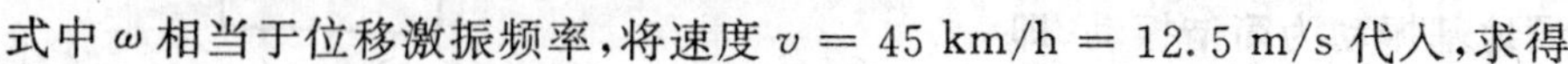

式中 ω 相当于位移激振频率，将速度 $v=45\ \text{km/h}=12.5\ \text{m/s}$ 代入，求得

$$\omega=\frac{2\pi v}{l}=\frac{2\pi\times 12.5}{5}=5\pi\ \text{rad/s}$$

系统的固有频率为

$$\omega_n=\sqrt{\frac{k}{m}}=\sqrt{\frac{294\times 1\,000}{3\,000}}=9.9\ \text{rad/s}$$

激振频率与固有频率的频率比为

$$\lambda=\frac{\omega}{\omega_n}=\frac{5\pi}{9.9}=1.59$$

由式(15-54)求得位移传递率为

$$\eta'=\frac{b}{d}=\sqrt{\frac{1}{(1-\lambda^2)^2}}=0.65$$

因此振幅为

$$b=\eta' d=0.65\times 25=16.4\ \text{mm}$$

当 $\omega=\omega_n$ 时系统发生共振，有

$$\omega=\frac{2\pi v_{\text{cr}}}{l}=\omega_n$$

解得临界速度

$$v_{cr}=\frac{l\omega_n}{2\pi}=\frac{5\times 9.9}{2\pi}=7.88\ \text{m/s}=28.4\ \text{km/h}$$

习　题

15-1 题图 15-1 所示两个弹簧的刚性系数分别为 $k_1=5\ \text{kN/m}$，$k_2=3\ \text{kN/m}$。物块质量 $m=4\ \text{kg}$。求物体自由振动的周期。

15-2 一盘悬挂在弹簧上，如题图 15-2 所示。当盘上放质量为 m_1 的物体时，作微幅振动，测得的周期为 T_1；如盘上换一质量为 m_2 的物体时，测得振动周期为 T_2。求弹簧的刚性系数 k。

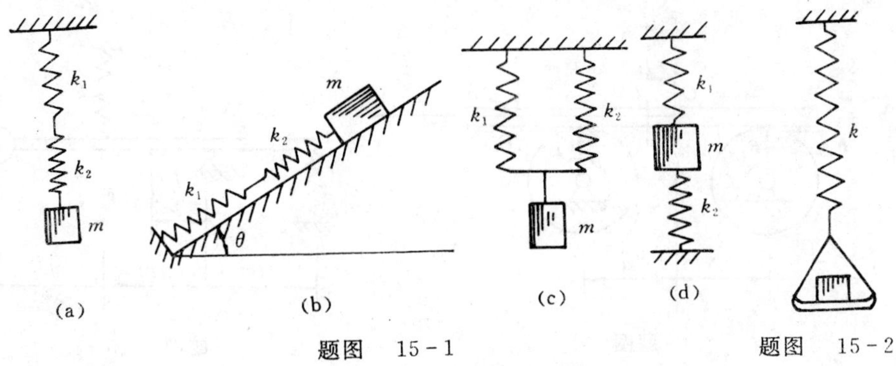

题图　15-1　　　　　　　　　　　题图　15-2

15-3　题图15-3所示质量为m的重物，初速为零，自高度$h=1\text{ m}$处落下，打在水平梁的中部后与梁不再分离。梁的两端固定，在此重物静力的作用下，该梁中点的静止挠度δ_0等于5 mm。如以重物在梁上的静止平衡位置O为原点，作出铅直向下的轴y，梁的重量不计。试写出重物的运动方程。

15-4　题图15-4所示轮船质量为$m=21\ 500\text{ t}$，浮在水面时，其水平截面积为$2\ 320\text{ m}^2$（设各层截面积大小与高度无关）。海水密度$\rho=1\ 041\text{ kg/m}^3$，由于水的粘滞性所引起的阻力略去不计。求船在静水中作铅直自由振动的周期。

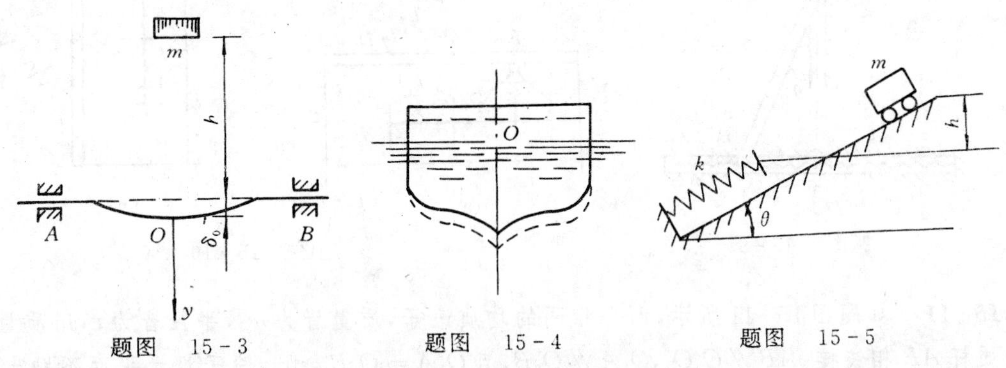

题图　15-3　　　　　题图　15-4　　　　　题图　15-5

15-5　质量为m的小车在斜面上自高度h处滑下，而与缓冲器相碰，如题图15-5所示。缓冲弹簧的刚性系数为k，斜面倾角为θ。求小车碰着缓冲器后自由振动的周期与振幅。

15-6　如题图15-6所示，一小球的质量为m，紧系在完全弹性的线AB的中部，线长$2l$。设线完全拉紧时张力的大小为$\boldsymbol{F}$，当球作水平运动时，张力不变。重力忽略不计。试证明小球在水平线上的微幅振动为谐振动，并求其周期。

15-7　质量为m的杆水平地放在两个半径相同的轮上，两轮的中心在同一水平线上，距离为$2a$。两轮以等值而反向的角速度各绕其中心轴转动，如题图15-7所示。杆AB借助与轮接触点的摩擦力的牵带而运动，此摩擦力与杆对滑轮的压力成正比，摩擦因数为f。如将杆的质心C推离其对称位置点O，然后释放。(1) 证明质心C的运动为谐振动，并求周期T；(2) 若$a=250\text{ mm}$，$T=2\text{ s}$时，求摩擦因数f。

15-8　题图15-8所示均质杆AB，质量为m_1，长为$3l$，B端刚性连接一质量为m_2的物体，其大小不计。杆AB在O处为铰支，两弹簧刚性系数均为k，约束如图示。求系统的固有频率。

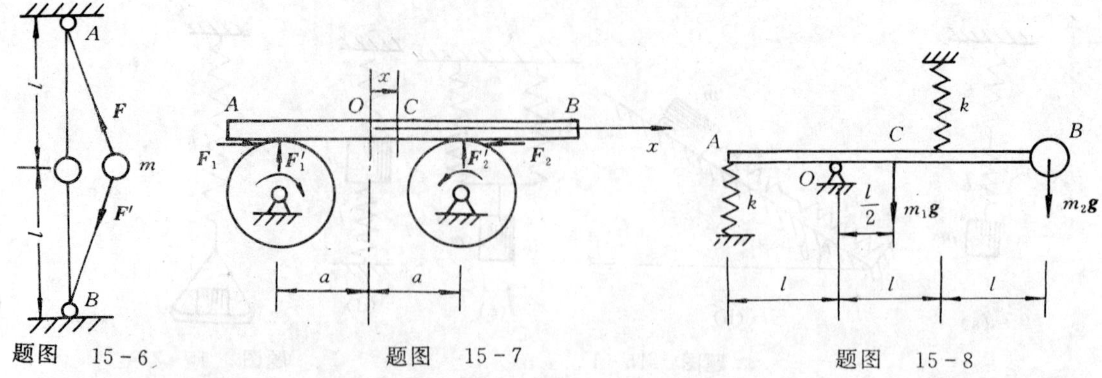

题图　15-6　　　题图　15-7　　　题图　15-8

15-9　如题图15-9所示，均质杆$AB=l$，质量m，其两端销子可分别在水平槽、铅垂槽中滑动，$\theta=0$为静平衡位置。不计销子质量和摩擦，如水平槽内两弹簧刚性系数皆为k，求系统微幅振动的固有频率。又问，弹簧刚性系数为多大，振动才可能发生。

15-10　题图15-10所示均质细杆AB长为l，质量为m，在点D挂有倾斜弹簧，弹簧的刚性系数为k。杆的尺寸如图示。求杆处于水平和铅直位置两种情况下微幅振动的固有频率。

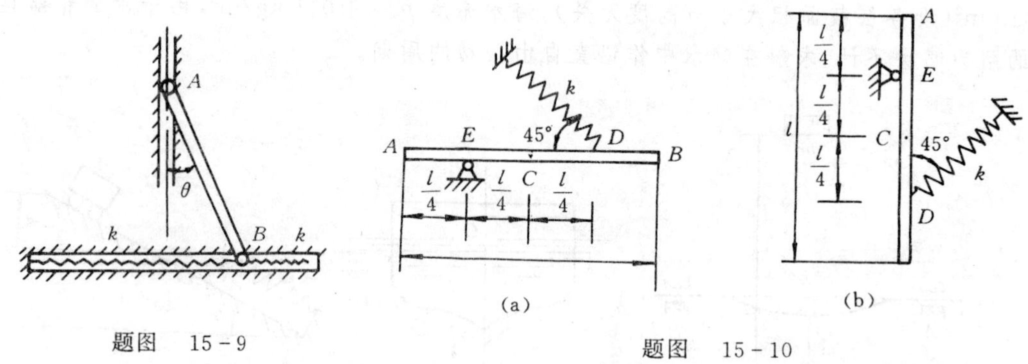

题图　15-9　　　题图　15-10

15-11　如题图15-11所示，两个相同的均质滚子，质量皆为m_1，半径皆为r，用质量为m_2的均质杆AB相铰接。$AB\parallel O_1O_2$，$O_1A\parallel O_2B$，且$O_1A=O_2B=r_0$，滚子沿水平面不发生滑动。求该系统在静平衡位置附近作微幅振动的固有频率。

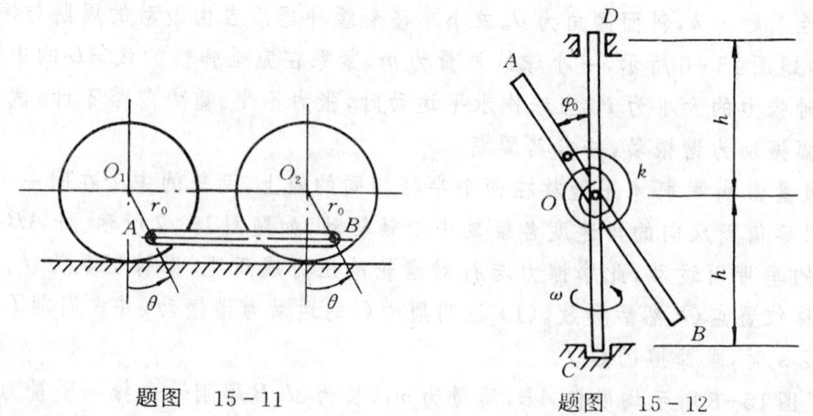

题图　15-11　　　题图　15-12

15-12　如题图15-12所示，已知均质杆AB长$2l$，质量为$2m$，在中点O与杆CD相铰接，

杆 CD 的角速度为 ω 质量不计，$CD=2h$，盘簧刚性系数为 k，当 $\varphi_0=0$ 时，盘簧无变形。求：(1) 当 $\omega=0$ 时杆 AB 微振动的固有频率；(2) 当 $\omega=$ 常数时，ω 与 φ_0 的关系；(3) 当 $\omega=$ 常数时，C,D 处的约束反力；(4) 在 $\omega=$ 常数时，杆 AB 微振动的频率。

15-13 质量为 m 的物体悬挂如题图 15-13 所示。如杆 AB 的质量不计，两弹簧的刚性系数分别为 k_1 和 k_2，又 $AC=a$，$AB=b$；求物体自由振动的频率。

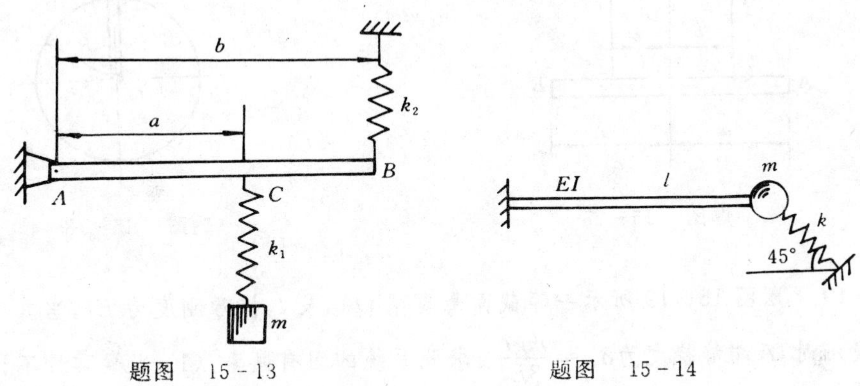

题图 15-13　　　　题图 15-14

15-14 如题图 15-14 所示，悬臂梁的长度为 l，断面弯曲刚度为 EI，梁的质量忽略不计。质点质量为 m，弹簧刚性系数为 k，且与水平成 $45°$。求系统的横向微幅振动的固有频率。

15-15 如题图 15-15 所示，手表摆轮的转动惯量 $J=2.23\times10^{-9}\ \mathrm{kg\cdot m^2}$，游丝的刚性系数 $k=3.16\times10^{-6}\ \mathrm{N\cdot m/rad}$；求摆轮-游丝系统的频率。

15-16 如题图 15-16 所示，大皮带，轮半径为 R，质量为 m，回转半径为 ρ，由刚性系数为 k 的弹性绳与半径为 r 的小轮连在一起。设小轮受外力作用作受迫摆动，摆动的规律为 $\theta=\theta_0\sin\omega t$，且无论小轮如何运动都不会使弹性绳松弛或打滑。求大轮稳态振动的振幅。

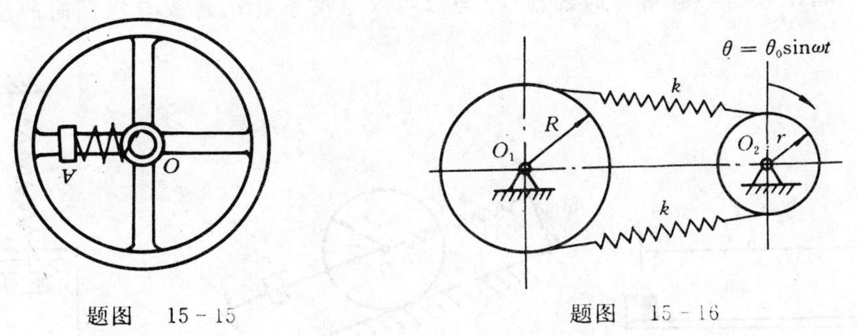

题图 15-15　　　　题图 15-16

15-17 双线悬挂的水平均质杆 AB，长为 $2a$，两根铅直的绳各长 l，相距 $2b$，如题图 15-17 所示。假定杆绕铅直中心轴 z 作微小扭转摆动时保持水平，试求杆作扭振的周期。

15-18 位于铅垂面内的行星机构中，小轮 A 是质量为 m、半径为 r 的均质圆盘，$r=\frac{1}{2}R$。小轮沿大轮只滚不滑且由螺线弹簧与系杆 OA 相连。不计 OA 的质量和各处摩擦，当小轮位于题图 15-18 所示的最高位置时，弹簧无变形。求：(1) 为保持小轮在图示位置的稳定平衡，螺线弹簧刚度 k_0 最小为多大？(2) 若令 $k=10k_0$，该系统在图示位置作微幅振动的固有频率为多大？

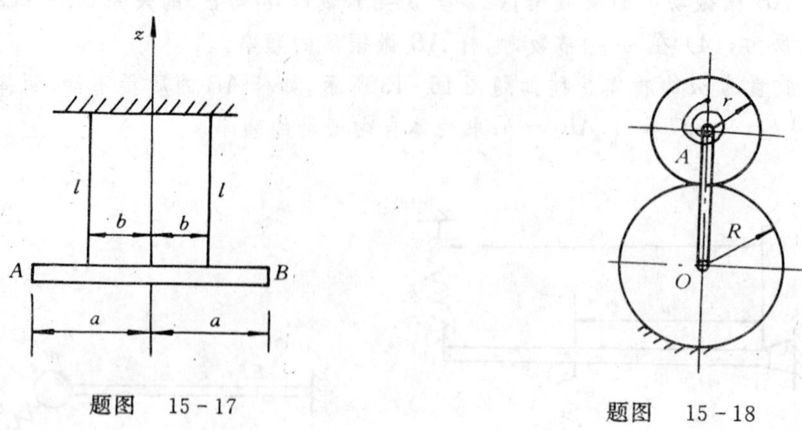

题图 15-17　　题图 15-18

15-19　题图 15-19 所示一等截面悬臂梁 OA，长 l，抗弯刚度为 EI，当其自由端 A 置有集中质量 m 时，A 端静挠度为 $\delta_{st}=\dfrac{mgl^3}{3EI}$。求此系统的固有频率：(1) 当梁质量不计时；(2) 当梁单位长度质量为 ρ 时 $\left(提示：梁的挠曲线方程为 y=\dfrac{3lx^2-x^3}{2l^3}y_{\max}\right)$。

15-20　题图 15-20 所示均质滚子质量 $m=10\ \mathrm{kg}$，半径 $r=0.25\ \mathrm{m}$，能在斜面上保持纯滚动，弹簧刚度系数 $k=20\ \mathrm{N/m}$，阻尼器阻尼系数 $c=10\ \mathrm{N\cdot s/m}$。试求：(1) 无阻尼的固有频率；(2) 阻尼比；(3) 有阻尼的固有频率；(4) 此阻尼系统自由振动的周期。

15-21　用下法测定液体的阻尼系数：在弹簧上悬一薄板 A，如题图 15-21 所示。测定它在空气中的自由振动周期 T_1，然后将薄板放在欲测阻尼系数的液体中，令其振动，测定周期 T_2。液体与薄板间的阻力等于 $2scv$，其中 $2s$ 是薄板的表面积，v 为其速度，而 c 为阻尼系数。如薄板质量为 m，试根据实验测得的数据 T_1 与 T_2，求阻尼系数 c。薄板与空气间的阻力略去不计。

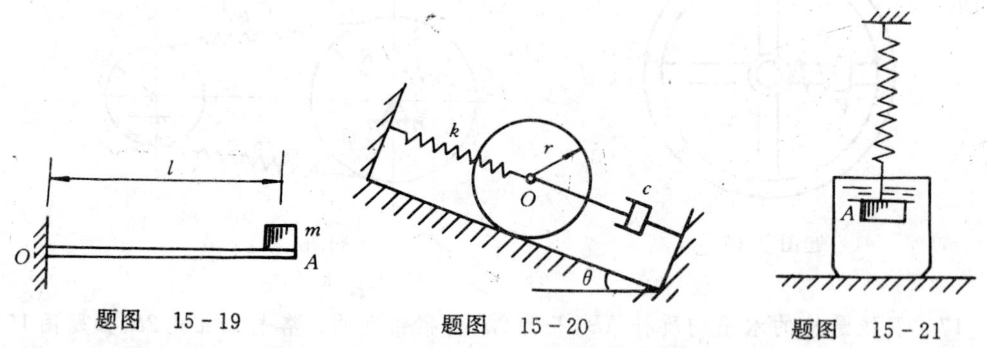

题图 15-19　　题图 15-20　　题图 15-21

15-22　车厢载有货物，其车架弹簧的静压缩为 $\delta_{st}=50\ \mathrm{mm}$，每根铁轨的长度 $l=12\ \mathrm{m}$，每当车轮行驶到轨道接头处都受到冲击，因而当车厢速度达到某一数值时，将发生激烈颠簸，这一速度称为临界速度。求此临界速度。

15-23　管路阀门控制机构由 $R=0.3\ \mathrm{m}$ 的半圆齿轮，$r=0.1\ \mathrm{m}$ 的小齿轮和与小齿轮相

连的弹性传动轴组成。题图 15－23 中，弹性传动轴用螺线弹簧表示，其刚性系数为 $k=11.76\ \text{N}\cdot\text{m/rad}$，当系统处于图示位置时，弹簧无变形。半圆齿轮质量 $m_1=8$ kg，质心 C 到轴 O 距离 $l=OC=\dfrac{4}{3\pi}R$，小齿轮质量为 $m_2=2$ kg，都是均质物体。其它附件的质量和各处摩擦都不予考虑。设传动轴以角速度 10 rad/s 带动小齿轮旋转。当系统达到图示位置时，突然将传动轴刹住，求此后半圆齿轮扭转振动的振幅。

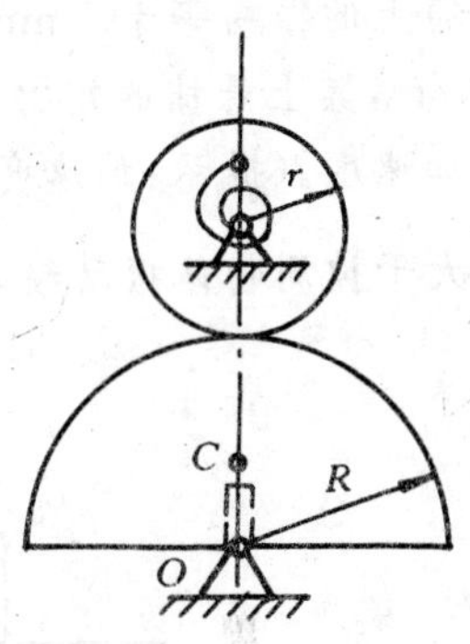

题图　15－23

15－24　电动机质量 $m_1=250$ kg，由 4 个刚性系数 $k=30$ kN/m 的弹簧支持，如题图15－24 所示。在电动机转子上装有一质量 $m_2=0.2$ kg 的物体，距转轴 $e=10$ mm。已知电动机被限制在铅直方向运动，求：(1) 发生共振时的转速；(2) 当转速为 1 000 r/min 时，稳定振动的振幅。

15－25　题图 15－25 所示为蒸汽机的示功计。活塞 B 由弹簧 D 撑住，并能在圆筒 E 中活动，活塞与杆 BC 相连，在杆上连画针 C。设蒸汽对活塞的压强依下式变化，$p=400+300\sin\dfrac{2\pi}{T}t$，其中 p 以 kN/m^2 计，而 T 则为卷筒每转 1 周所需的秒数。设卷筒每秒转 3 转，示功计的活塞的面积 $S=400\ \text{mm}^2$，示功计活动部分(活塞和杆)质量 $m=1$ kg，弹簧每压缩 10 mm 需力30 N。求画针 C 所作受迫振动的振幅。

15－26　物体 M 悬挂在弹簧 AB 上，如题图 15－26 所示。弹簧的上端 A 作铅垂直线谐振动，其振幅为 b，圆频率为 ω，即 $O_1C=b\sin\omega t$ mm。已知物体 M 的质量为 0.4 kg，弹簧在 0.4 N 力作用下伸长 10 mm，$b=20$ mm，$\omega=7$ rad/s。求受迫振动的规律。

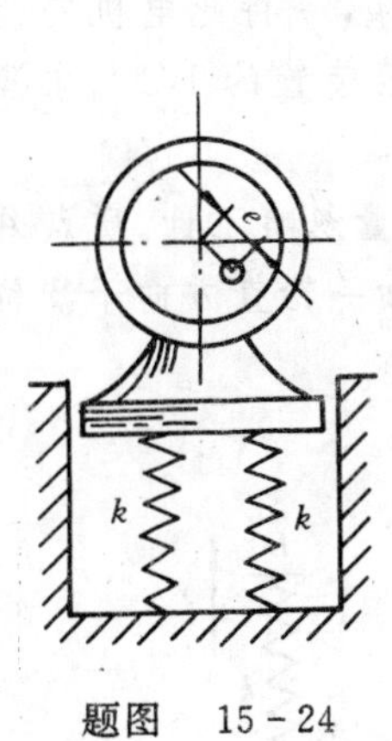

题图　15－24

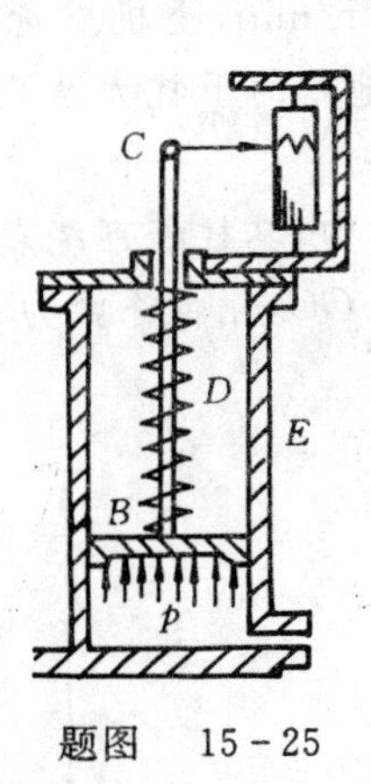

题图　15－25

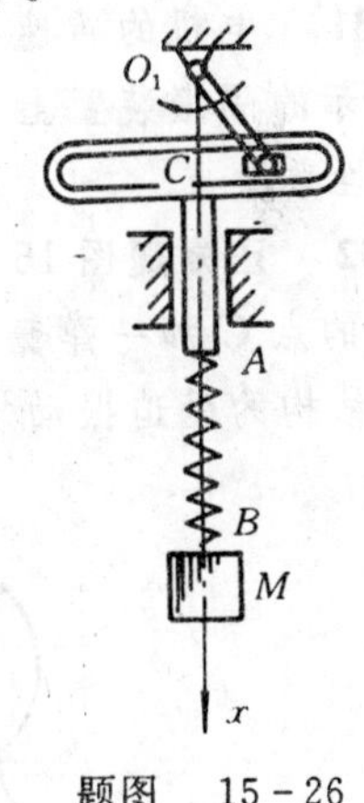

题图　15－26

15－27　题图 15－27 所示两个振动系统，其质量为 m，弹簧刚性系数为 k，阻尼系数为 c。设干扰位移 $x_1=a\sin\omega t$，推导它们的受迫振动公式。

15－28　机器上一零件在粘滞油液中振动，施加一个幅值 $H=55$ N、周期 $T=0.2$ s 的干扰力，可使零件发生共振，设此时共振振幅为 15 mm，该零件的质量为 $m=4.08$ kg，求阻尼系数 c。

15－29　精密仪器使用时，要避免地面振动的干扰，为了隔振，如题图 15－29 所示，在 A，

B 两端下边安装 8 个弹簧(每边 4 个并联而成)。A,B 两点到质心 C 的距离相等,已知地面振动规律为 $y_1 = \sin 10\pi t$ mm,仪器质量为 800 kg,容许振动的振幅为 0.1 mm。求每根弹簧应有的刚性系数。

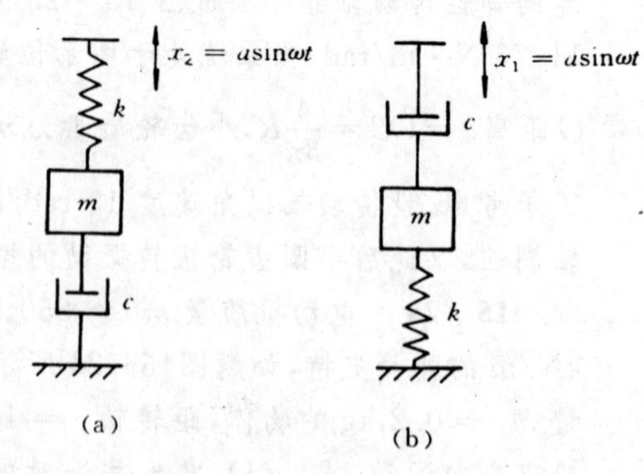

题图 15-27

15-30 题图 15-30 所示加速度计安装在蒸汽机的十字头上,十字头沿铅直方向作谐振动。记录在卷筒上的振幅等于 7 mm。设弹簧刚性系数 $k = 1.2$ kN/m,其上悬挂的重物质量 $m = 0.1$ kg。求下字头的加速度。(提示:加速度计的固有频率 ω_n 通常都远远大于被测物体振动频率 ω,即 $\frac{\omega}{\omega_n} \ll 1$)

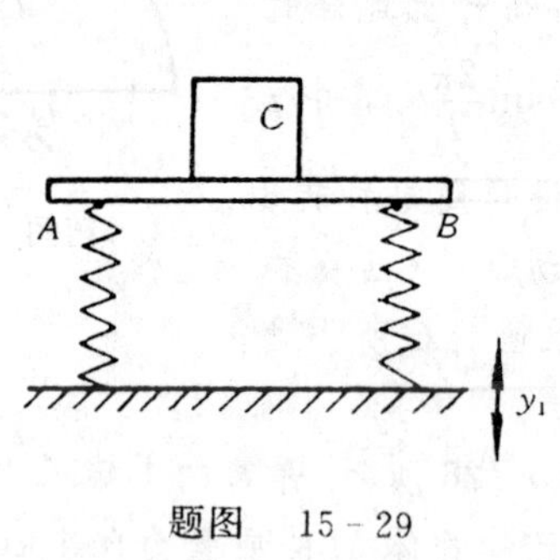

题图 15-29

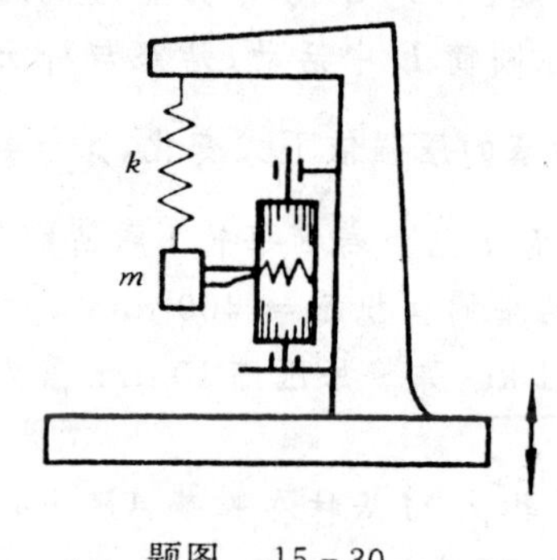

题图 15-30

15-31 电机的转速 $n = 1\,800$ r/min,全机质量 $m = 100$ kg,今将此电机安装在题图 15-31 所示的隔振装置上。欲使传到地基的干扰力达到不安装隔振装置的 1/10。求隔振装置弹簧的刚性系数 k。

15-32 已知题图 15-32 所示结构,其杠杆可绕点 O 转动,重量忽略不计。质点 A 质量为 m,在杠杆的点 C 加一弹簧 CD 垂直于 OC,刚性系数为 k。在点 D 加一铅直方向干扰位移 $y = b\sin\omega t$。求结构的受迫振动规律。

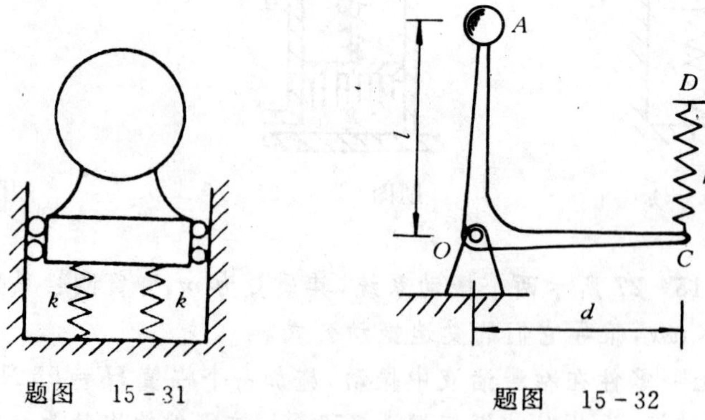

题图 15-31　　题图 15-32

15-33 圆盘质量为 m,固结在铅直轴的中心,圆盘绕此轴以角速度 ω 转动,如题图 15-33

所示。轴的刚性系数为 k，圆盘的中心对轴的偏心距为 e。求轴的挠度 δ。

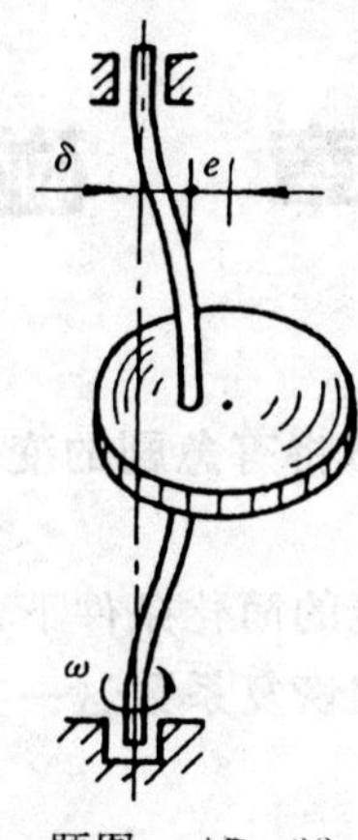

题图　15－33

第十六章　碰　　撞

两运动物体相碰撞时，其运动状态将有急剧的变化，相互间有很大的作用力。这是一个工程中有重要意义的动力学问题。

碰撞过程相当复杂，本章将在一定的简化条件下，应用动量、动量矩定理分析碰撞问题。由于很难计算碰撞力所作的功，还将借用恢复系数这一实际数据，补充方程计算碰撞过程中的动能损失，以解决实际问题。

§16－1　碰撞现象·碰撞力

1. 碰撞现象

在以前讨论的问题里，物体在力的作用下，运动速度都是连续地、逐渐地改变的。在这一章里，我们将研究另一种情况，那就是物体由于受到冲击，或者由于运动受到障碍，以致在非常短的时间里，速度突然发生有限的改变。这种现象称为碰撞。例如：物体由高处下落撞及地面后回跳；打乒乓球；小锤敲钉；重锤打桩；锤锻金属等等，都是碰撞的实例。

2. 碰撞力

碰撞的特点，是碰撞的时间间隔非常短，往往以千分之一或万分之一秒来计算，在这极短的时间内物体的速度却发生了有限的改变，因而物体的加速度非常大，于是作用于物体上的力也必然非常大。这种在碰撞过程中出现的非常大的力称为碰撞力，又由于其作用时间非常短，具有瞬时性，所以也称为瞬时力。在这极短时间内碰撞力又是急剧变化的，很难确定其变化规律。为解决一般工程问题，可绕过这一极短的复杂力学过程，只分析碰撞前后物体运动的变化。对此，可根据碰撞现象的特点，作以下两点简化：

(1) 在碰撞过程中，由于碰撞力非常大，重力、弹性力等普通力远远不能与之相比，因此这些普通力的冲量可以忽略不计。但是必须注意忽略非碰撞力的作用只限于碰撞过程的极短时间内，而在碰撞过程开始之前和结束之后的问题中，非碰撞力对物体的作用是必须考虑的，不能忽略不计。

(2) 由于碰撞过程非常短促，物体在碰撞开始和碰撞结束时的位置基本上没有改变，因此在碰撞过程中，物体的位移可以忽略不计，即可以认为物体在碰撞开始时与碰撞结束时处于同一位置。

§16－2　碰撞过程的基本定理

由于碰撞过程时间短而碰撞力的变化规律很复杂，因此不直接用力来量度碰撞的作用，也不用运动微分方程描述每一瞬时力与运动变化的关系，而只分析碰撞前后运动的变化。因此，可采用动量定理和动量矩定理的积分形式，来确定力的作用与运动变化的关系。

碰撞将使物体变形、发声、发热，甚至发光，因此碰撞过程中几乎都有机械能的损失。机械能损失的程度决定于碰撞物体的材料性质以及其他更复杂的因素，很难用力的功来计算其机械能的消耗，因而，碰撞过程中一般不便于应用动能定理。

1. 碰撞时的动量定理

设质点的质量为 m，碰撞过程开始瞬时的速度为 $\boldsymbol{v}$，结束时的速度为 $\boldsymbol{v}'$，则质点的动量定理为

$$m\boldsymbol{v}' - m\boldsymbol{v} = \int_0^t \boldsymbol{F}\mathrm{d}t = \boldsymbol{I} \tag{16-1}$$

式中 $\boldsymbol{I}$ 为碰撞冲量，普通力的冲量忽略不计。

对于碰撞的质点系，作用在第 i 个质点上的碰撞冲量可分为外碰撞冲量 $\boldsymbol{I}_i^{(e)}$ 和内碰撞冲量 $\boldsymbol{I}_i^{(i)}$，按照上式有

$$m_i\boldsymbol{v}_i' - m_i\boldsymbol{v}_i = \boldsymbol{I}_i^{(e)} + \boldsymbol{I}_i^{(i)}$$

设质点系有 n 个质点，对于每个质点都可列出如上的方程，将 n 个方程相加，得

$$\sum_{i=1}^{n} m_i\boldsymbol{v}_i' - \sum_{i=1}^{n} m_i\boldsymbol{v}_i = \sum_{i=1}^{n}\boldsymbol{I}_i^{(e)} + \sum_{i=1}^{n}\boldsymbol{I}_i^{(i)}$$

因为内碰撞冲量总是大小相等，方向相反，成对地存在，因此 $\sum_{i=1}^{n}\boldsymbol{I}_i^{(i)} = 0$，于是得

$$\sum_{i=1}^{n} m_i\boldsymbol{v}_i' - \sum_{i=1}^{n} m_i\boldsymbol{v}_i = \sum_{i=1}^{n}\boldsymbol{I}_i^{(e)} \tag{16-2}$$

式(16－2)是用于碰撞过程的质点系动量定理，或称为冲量定理：质点系在碰撞开始和结束时动量的变化，等于作用于质点系的外碰撞冲量的主矢。在形式上，它与用于非碰撞过程的动量定理一样，但式(16－2)中不计普通力的冲量。

质点系的动量可用总质量 m 与质心速度的乘积计算，于是式(16－2)可写成

$$m\boldsymbol{v}_c' - m\boldsymbol{v}_c = \sum_{i=1}^{n}\boldsymbol{I}_i^{(e)} \tag{16-3}$$

式中 $\boldsymbol{v}_c$ 和 $\boldsymbol{v}_c'$ 分别是碰撞开始和结束时质心的速度。

2. 碰撞时的动量矩定理

质点系动量矩定理一般的表达式为微分形式，即

$$\frac{\mathrm{d}}{\mathrm{d}t}\boldsymbol{L}_O = \sum_{i=1}^{n}\boldsymbol{M}_O(\boldsymbol{F}_i^{(e)}) = \sum_{i=1}^{n}\boldsymbol{r}_i \times \boldsymbol{F}_i^{(e)}$$

式中 $\boldsymbol{L}_O$ 为质点系对于定点 O 的动量矩矢，$\sum_{i=1}^{n}\boldsymbol{r}_i \times \boldsymbol{F}_i^{(e)}$ 为作用于质点系的外力对点 O 的主矩。

上式可写成

$$\mathrm{d}\boldsymbol{L}_O = \sum_{i=1}^{n}\boldsymbol{r}_i \times \boldsymbol{F}_i^{(e)}\mathrm{d}t = \sum_{i=1}^{n}\boldsymbol{r}_i \times \mathrm{d}\boldsymbol{I}_i^{(e)}$$

对上式积分，得

$$\int_{L_{O1}}^{L_{O2}} \mathrm{d}\boldsymbol{L}_O = \sum_{i=1}^{n}\int_0^t \boldsymbol{r}_i \times \mathrm{d}\boldsymbol{I}_i^{(e)}$$

或

$$\boldsymbol{L}_{O2} - \boldsymbol{L}_{O1} = \sum_{i=1}^{n}\int_0^t \boldsymbol{r}_i \times \mathrm{d}\boldsymbol{I}_i^{(e)}$$

一般情况下，上式中 $\boldsymbol{r}_i$ 是未知的变量，上式难以积分。但在碰撞过程中，按基本假设，各质点的位置都是不变的，因此碰撞力作用点的矢径 $\boldsymbol{r}_i$ 是个恒量，于是有

$$\boldsymbol{L}_{O2} - \boldsymbol{L}_{O1} = \sum_{i=1}^{n}\boldsymbol{r}_i \times \int_0^t \mathrm{d}\boldsymbol{I}_i^{(e)}$$

或

$$\boldsymbol{L}_{O2} - \boldsymbol{L}_{O1} = \sum_{i=1}^{n}\boldsymbol{r}_i \times \boldsymbol{I}_i^{(e)} = \sum_{i=1}^{n}\boldsymbol{M}_O(\boldsymbol{I}_i^{(e)}) \tag{16-4}$$

式中 $\boldsymbol{L}_{O1}$ 和 $\boldsymbol{L}_{O2}$ 分别是碰撞开始和结束时质点系对点 O 的动量矩，$\boldsymbol{I}_i^{(e)}$ 是外碰撞冲量。式(16－4)是用于碰撞过程的动量矩定理，或称为冲量矩定理：质点系在碰撞开始和结束时对点 O 的动量矩的变化，等于作用于质点系的外碰撞冲量对同一点的主矩。式中不计普通力的冲量矩。

3. 碰撞对平面运动刚体的作用

质点系相对于质心的动量矩定理与对于固定点的动量矩定理具有相同的形式。与上述推证相似，可以得到用于碰撞过程的质点系相对于质心的动量矩定理，即

$$\boldsymbol{L}_{C2} - \boldsymbol{L}_{C1} = \sum_{i=1}^{n} M_C(\boldsymbol{I}_i^{(e)}) \tag{16-5}$$

式中 $\boldsymbol{L}_{C1}$，$\boldsymbol{L}_{C2}$ 为碰撞前后质点系相对于质心 C 的动量矩，右端项为外碰撞冲量对质心之矩的几何和（对质心的主矩）。

对于平行于其对称面的平面运动刚体，相对于质心的动量矩在其平行平面内可视为代数量，且有

$$L_C = J_C\omega$$

其中 J_C 为刚体对于通过质心 C 且与其对称平面垂直的轴的转动惯量，ω 为刚体的角速度。由此，式(16－5)可写为

$$J_C\omega_2 - J_C\omega_1 = \sum_{i=1}^{n} M_C(\boldsymbol{I}_i^{(e)}) \tag{16-6}$$

式中 ω_1，ω_2 分别为平面运动刚体碰撞前后的角速度。上式中不计普通力的冲量矩。

式(16－6)与(16－3)结合起来，可用来分析平面运动刚体的碰撞问题。

§16－3　恢复因数

设一小球铅直地落到固定的平面上，如图 16－1 所示，称为正碰撞。碰撞开始时，质心速度为 $\boldsymbol{v}$，由于受到固定面的碰撞冲量的作用，质心速度逐渐减小，物体变形逐渐增大，直至速度等于零为止。此后弹性变形逐渐恢复，物体质心获得反向的速度。当小球离开固定面的瞬时，质心速度为 $\boldsymbol{v}'$，这时碰撞结束。

上述碰撞过程可分为两个阶段，在第一阶段中，物体的动能减小到零，变形增加，设在此阶

段的碰撞冲量为 $\boldsymbol{I}_1$，则应用冲量定理在 y 轴的投影式，有

$$0-(-mv)=I_1$$

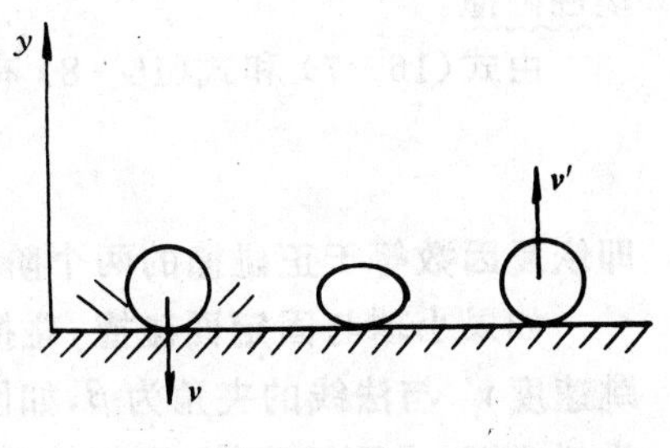

图 16-1

在第二阶段中，弹性变形逐渐恢复，动能逐渐增大，设在此阶段的碰撞冲量为 $\boldsymbol{I}_2$，则应用冲量定理在 y 轴的投影式，有

$$mv'-0=I_2$$

于是得

$$\frac{v'}{v}=\frac{I_2}{I_1} \qquad (16-7)$$

由于在碰撞过程中，总要出现发热、发光、发声等物理现象，许多材料经过碰撞后总保留或多或少的残余变形，因此，在一般情况下，物体将损失动能，或者说物体在碰撞结束时的速度 v' 小于碰撞开始时的速度 v。

牛顿在研究正碰撞的规律时发现，对于材料确定的物体，碰撞结束与碰撞开始的速度大小的比值几乎是不变的，即

$$\frac{v'}{v}=k \qquad (16-8)$$

常数 k 恒取正值，称为恢复因数。

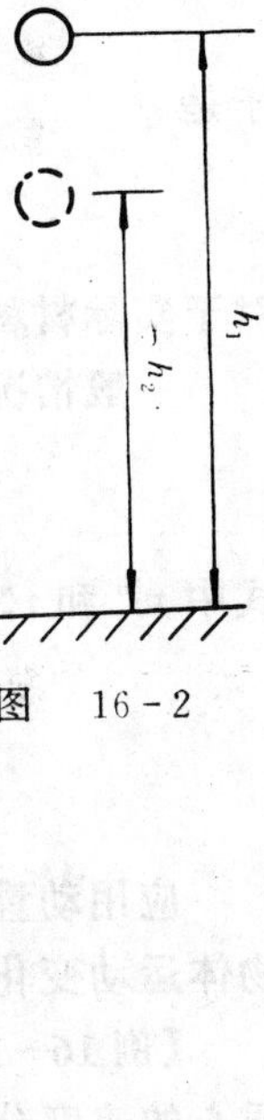

恢复因数需用实验测定。用待测恢复因数的材料做成小球和质量很大的平板。将平板固定，令小球自高 h_1 处自由落下，与固定平板碰撞后，小球返跳，记下达到最高点的高度 h_2，如图 16-2 所示。

小球与平板接触的瞬时是碰撞开始的时刻，小球的速度为

$$v=\sqrt{2gh_1}$$

小球离开平板的瞬时是碰撞结束的时刻，小球的速度为

$$v'=\sqrt{2gh_2}$$

图 16-2

于是得恢复因数

$$k=\frac{v'}{v}=\sqrt{\frac{h_2}{h_1}}$$

几种材料的恢复因数见表 16-1。

表 16-1

碰撞物体的材料	铁对铅	木对胶木	木对木	钢对钢	象牙对象牙	玻璃对玻璃
恢复因数	0.14	0.26	0.50	0.56	0.89	0.94

恢复因数表示物体在碰撞后速度恢复的程度，也表示物体变形恢复的程度，并且反映出碰撞过程中机械能损失的程度。对于各种实际的材料，均有 $0<k<1$，由这些材料做成的物体发生碰撞，称为弹性碰撞。物体在弹性碰撞结束时，变形不能完全恢复，动能有损失。

$k=1$ 为理想情况，物体在碰撞结束时，变形完全恢复，动能没有损失，这种碰撞称为完全弹性碰撞。

$k=0$ 是极限情况，在碰撞结束时，物体的变形丝毫没有恢复，这种碰撞称为非弹性碰撞或

塑性碰撞。

由式(16－7)和式(16－8)有

$$k=\frac{v'}{v}=\frac{I_2}{I_1}$$

即恢复因数等于正碰撞的两个阶段中作用于物体的碰撞冲量大小的比值。

如果小球与固定面碰撞，碰撞开始瞬时的速度 $\boldsymbol{v}$ 与接触点法线的夹角为 α，碰撞结束时返跳速度 $\boldsymbol{v}'$ 与法线的夹角为 β，如图 16－3 所示，这种碰撞称为斜碰撞。设不计摩擦，两物体只在法线方向发生碰撞，于是材料的恢复因数应为

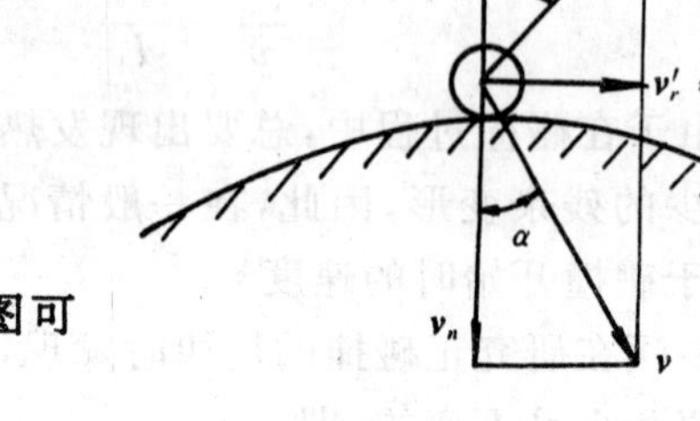

图 16－3

$$k=\left|\frac{v_n'}{v_n}\right|$$

式中 v_n' 和 v_n 分别是速度 $\boldsymbol{v}'$ 和 $\boldsymbol{v}$ 在法线方向的投影。由于不计摩擦，$\boldsymbol{v}'$ 和 $\boldsymbol{v}$ 在切线方向的投影是相等的。由图可见

$$|v_n'|\tan\beta=|v_n|\tan\alpha$$

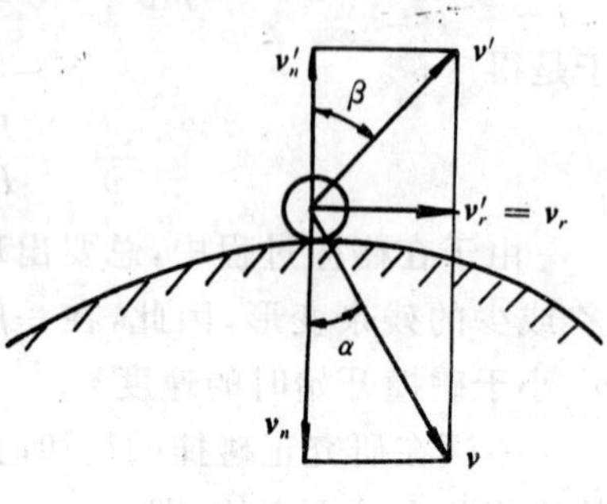

于是

$$k=\left|\frac{v_n'}{v_n}\right|=\frac{\tan\alpha}{\tan\beta}$$

对于实际材料有 $k<1$，由上式可见，当碰撞物体表面光滑时，应有 $\beta>\alpha$。

一般情况下，碰撞前后的两个物体都在运动，此时恢复因数定义为

$$k=\left|\frac{v_r'^n}{v_r^n}\right| \tag{16-9}$$

式中 $v_r'^n$ 和 v_r^n 分别为碰撞后和碰撞前两物体接触点沿接触面法线方向的相对速度。

§16－4　碰撞问题举例

应用动量定理和动量矩定理的积分形式，并用恢复因数建立补充方程，可以分析碰撞前后物体运动变化与其受力之间的关系。下面举例加以说明。

【例 16－1】　两个球的质量分别为 m_1 和 m_2，碰撞开始时两质心的速度分别为 v_1 和 v_2，且沿同一直线，如图 16－4 所示。如恢复因数为 k，试求碰撞后两者的速度和碰撞过程中损失的动能。

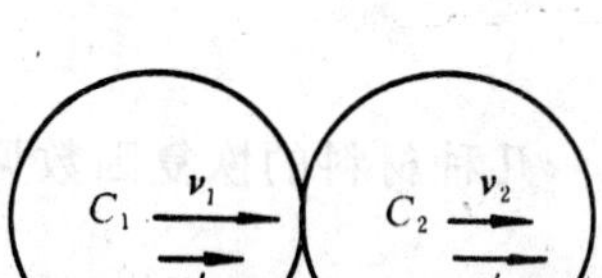

图 16－4

解　图示两球能碰撞的条件是 $v_1>v_2$。设碰撞结束时，两者的速度分别为 $\boldsymbol{v}_1'$ 和 $\boldsymbol{v}_2'$，且 $v_2'>v_1'$，方向如图。根据动量守恒，有

$$m_1v_1+m_2v_2=m_1v_1'+m_2v_2' \tag{1}$$

由恢复因数定义，由式(16－9)，有

$$k=\frac{v_2'-v_1'}{v_1-v_2} \tag{2}$$

联立式(1)和式(2)，解得

$$\left.\begin{aligned} v_1' &= v_1 - (1+k)\frac{m_2}{m_1+m_2}(v_1 - v_2) \\ v_2' &= v_2 + (1+k)\frac{m_1}{m_1+m_2}(v_1 - v_2) \end{aligned}\right\} \tag{3}$$

可见,当 $v_1 > v_2$ 时,$v_1' < v_1$,$v_2' > v_2$。

以 T_1 和 T_2 分别表示此两球组成的质点系在碰撞过程开始和结束时的动能,则有

$$T_1 = \frac{1}{2}m_1 v_1^2 + \frac{1}{2}m_2 v_2^2$$

$$T_2 = \frac{1}{2}m_1 v_1'^2 + \frac{1}{2}m_2 v_2'^2$$

在碰撞过程中质点系损失的动能为

$$\Delta T = T_1 - T_2 = \frac{1}{2}m_1(v_1^2 - v_1'^2) + \frac{1}{2}m_2(v_2^2 - v_2'^2) =$$

$$\frac{1}{2}m_1(v_1 - v_1')(v_1 + v_1') + \frac{1}{2}m_2(v_2 - v_2')(v_2 + v_2')$$

将式(3) 代入上式,得两物体在正碰撞过程损失的动能,即

$$\Delta T = T_1 - T_2 = \frac{1}{2}(1+k)\frac{m_1 m_2}{m_1+m_2}(v_1 - v_2)[(v_1 + v_1') - (v_2 + v_2')]$$

由式(2) 得

$$v_1' - v_2' = -k(v_1 - v_2)$$

于是

$$\Delta T = T_1 - T_2 = \frac{m_1 m_2}{2(m_1+m_2)}(1+k)(1-k)(v_1 - v_2)^2$$

或

$$\Delta T = T_1 - T_2 = \frac{m_1 m_2}{2(m_1+m_2)}(1-k^2)(v_1 - v_2)^2 \tag{4}$$

在理想情况下,$k = 1$,$\Delta T = T_1 - T_2 = 0$。可见,在完全弹性碰撞时,系统动能没有损失,即碰撞开始时的动能等于碰撞结束时的动能。

在塑性碰撞时,$k = 0$,动能损失为

$$\Delta T = T_1 - T_2 = \frac{m_1 m_2}{2(m_1+m_2)}(v_1 - v_2)^2$$

如果第二个物体在塑性碰撞开始时处于静止,即 $v_2 = 0$,则动能损失为

$$\Delta T = T_1 - T_2 = \frac{m_1 m_2}{2(m_1+m_2)}v_1^2$$

注意到 $T_1 = \frac{1}{2}m_1 v_1^2$,上式可改写为

$$\Delta T = T_1 - T_2 = \frac{m_2}{m_1+m_2}T_1 = \frac{1}{\frac{m_1}{m_2}+1}T_1 \tag{5}$$

可见,在此塑性碰撞过程中损失的动能与两物体的质量比有关。

当 $m_2 \gg m_1$ 时,$\Delta T \approx T_1$,即质点系在碰撞开始时的动能几乎完全损失于碰撞过程中。这种情况对于锻压金属是最理想的,因为我们希望在锻压金属时,锻件变形尽量大,而砧座尽可能不运动。因此在工程中采用比锻锤重很多倍的砧座。

当 $m_2 \ll m_1$ 时，$\Delta T \approx 0$，这种情况对于打桩是最理想的。因为我们希望在碰撞结束时，应使桩获得较大的动能去克服阻力前进。因此在工程中应取比桩柱重得多的锤打桩。

【例 16-2】 如图 16-5 所示，物块 A 自高度 $h = 4.9\ \text{m}$ 处自由落下，与安装在弹簧上的物块 B 相碰。已知 A 的质量 $m_1 = 1\ \text{kg}$，B 的质量 $m_2 = 0.5\ \text{kg}$，弹簧刚性系数 $k = 10\ \text{N/mm}$。设碰撞结束后，两物块一起运动。求碰撞结束时的速度 v' 和弹簧的最大压缩量。

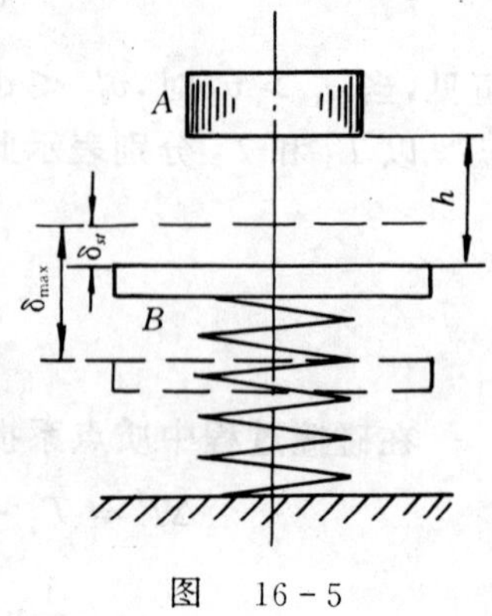

图 16-5

解 物块 A 自高处落下与 B 块接触的时刻，碰撞开始。此后，A 的速度减小，B 的速度增大。当两者速度相等时，碰撞结束。然后 A，B 一起压缩弹簧作减速运动，直到速度等于零时，弹簧的压缩量达最大值。此后物块将向上运动，并将持续地往复运动。

碰撞开始时

$$v_1 = \sqrt{2gh} = 9.8\ \text{m/s}, \quad v_2 = 0$$

碰撞过程中，忽略重力，沿 y 方向系统的动量守恒。碰撞后，两者一起运动的速度为

$$v' = \frac{m_1 v_1}{m_1 + m_2} = \frac{9.8}{1.6} = 6.533\ \text{m/s}$$

碰撞结束后，设最大压缩量为 $\delta_{\max}$，由动能定理

$$0 - \frac{1}{2}(m_1 + m_2)v'^2 = (m_1 + m_2)g(\delta_{\max} - \delta_{\text{st}}) + \frac{k}{2}(\delta_{\text{st}}^2 - \delta_{\max}^2)$$

上式可整理成对 $\delta_{\max}$ 的标准二次方程，即

$$\delta_{\max}^2 - \frac{2(m_1 + m_2)g}{k}\delta_{\max} - \left(\frac{m_1 + m_2}{k}v'^2 - 2\,\frac{m_1 + m_2}{k}g\delta_{st} + \delta_{\text{st}}^2\right) = 0$$

注意到 $k\delta_{\text{st}} = m_2 g$，解得最大压缩量

$$\delta_{\max} = 81.49\ \text{mm}$$

另一解为 $-78.55\ \text{mm}$，弹簧为拉伸状态，不合题意。

【例 16-3】 如图 16-6 所示，射击摆是一个悬挂于水平轴 O 的填满砂土的筒。当枪弹水平射入砂筒后，使筒绕 O 轴转过一偏角 φ，测量偏角的大小即可求出枪弹的速度。

已知摆的质量为 m_1，对于 O 轴的转动惯量为 J_O，摆的重心 C 到 O 轴的距离为 h。枪弹的质量为 m_2，枪弹射入砂筒时枪弹到 O 轴的距离为 d。悬挂索的重量不计，求子弹的速度。

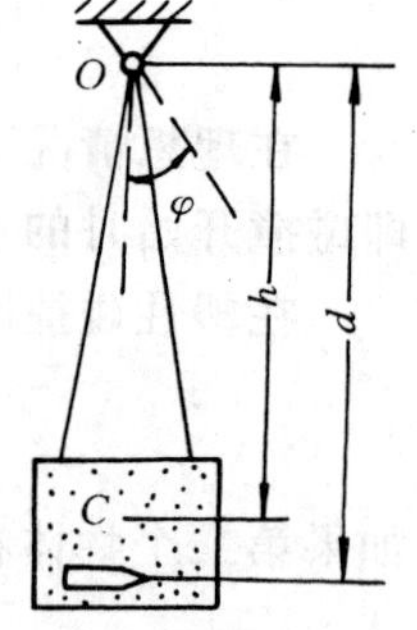

图 16-6

解 以枪弹与摆组成的质点系为研究对象，子弹射入砂筒直到与砂筒一起运动可近似为碰撞过程。外碰撞冲量对 O 轴的矩等于零，因此碰撞开始时质点系的动量矩 L_{O1} 等于碰撞结束时的动量矩 L_{O2}。

设碰撞开始时子弹速度为 v，则

$$L_{O1} = m_2 d v$$

设碰撞结束时摆的角速度为 ω，则

$$L_{O2} = J_O\omega + m_2 d^2\omega = (J_O + m_2 d^2)\omega$$

因 $L_{O1} = L_{O2}$，解得

$$v = \frac{J_O + m_2 d^2}{m_2 d}\omega$$

碰撞结束后，摆与子弹一起绕 O 轴转过角度 φ，应用动能定理，有

$$0 - \left(\frac{1}{2}J_O\omega^2 + \frac{1}{2}m_2 d^2\omega^2\right) = -m_1 g(h - h\cos\varphi) - m_2 g(d - d\cos\varphi)$$

即

$$\frac{1}{2}(J_O + m_2 d^2)\omega^2 = (m_1 h + m_2 d)(1 - \cos\varphi)g$$

因 $1 - \cos\varphi = 2\sin^2\frac{\varphi}{2}$，代入上式中，解得

$$\omega = \sqrt{\frac{m_1 h + m_2 d}{J_O + m_2 d^2}g} \cdot 2\sin\frac{\varphi}{2}$$

于是得子弹射入砂筒前的速度为

$$v = \frac{2\sin\frac{\varphi}{2}}{m_2 d}\sqrt{(J_O + m_2 d^2)(m_1 h + m_2 d)g}$$

【例 16-4】 用降落伞投下的箱子落地时，一边首先触及地面，如图 16-7(a) 所示。已知箱子质量 $m = 200$ kg，在图平面内截面是 1 m × 1 m 的正方形，对于通过质心而垂直于图平面的轴的惯性半径 $\rho = 0.4$ m；箱子触地时的运动是瞬时平动，速度 $v = 5$ m/s，铅直向下；箱子的 BD 边与地面成 15° 角。设恢复因数 $k = 0.2$，水平方向无碰撞冲量作用，求碰撞终了时箱子的质心速度 u、角速度 ω 及碰撞冲量。

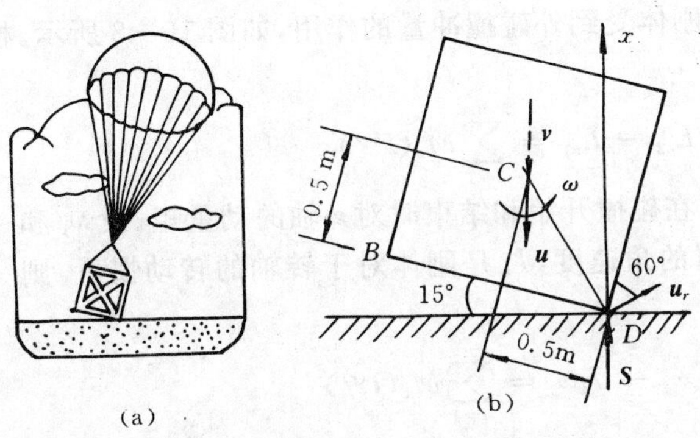

图 16-7

解 箱子只在点 D 受铅直的碰撞冲量 $\boldsymbol{I}$(图 16-7(b))，可知质心速度将保持铅直方向。取 x 轴向上。碰撞前点 D 的速度投影 $v_{Dx} = -v$。碰撞后，设质心速度为 $\boldsymbol{u}$，箱子转动速度为 $\boldsymbol{\omega}$，则点 D 绕质心转动的速度 $\boldsymbol{u}_r = \overrightarrow{CD} \times \boldsymbol{\omega}$，而 $\boldsymbol{u}_r \perp \overrightarrow{CD}$。由刚体平面运动的理论可知，点 D 的速度 $\boldsymbol{u}_D = \boldsymbol{u} + \boldsymbol{u}_r$，而 $\boldsymbol{u}_D$ 在 x 轴上的投影为

$$u_{Dx} = u_x + u_{rx} = -u + CD \times \omega \times \cos 60° = \frac{\sqrt{2}}{4}\omega - u$$

由式(16-9)得

$$\frac{-\left(\sqrt{2}\,\frac{\omega}{4} - u\right)}{-v} = k \quad 即 \quad \frac{\sqrt{2}}{4}\omega - u = kv = 1 \tag{1}$$

又由式(16-3)得

$$-mu = mv = I \quad 即 \quad 200(5-u) = I \tag{2}$$

由式(16-4)得

$$m\rho^2\omega = ICD\cos 60° \quad 即 \quad 200(0.4)^2\omega = I \times \frac{\sqrt{2}}{4}$$

亦即

$$\frac{128}{\sqrt{2}}\omega = I \tag{3}$$

联立求解式(1)、式(2)、式(3),得

$$u = 1.63\ \mathrm{m/s} \downarrow$$
$$\omega = 7.44\ \mathrm{rad/s}$$
$$I = 674\ \mathrm{N \cdot s} \uparrow$$

如果碰撞时间是$\frac{2}{1\,000}$s,则平均瞬时反力将达到 337 kN。而箱子重量是 $P = 200 \times 9.8 = 1\,960\ \mathrm{N} = 1.96\ \mathrm{kN}$。可见平均瞬时反力是重力的 172 倍,所以,为了安全,应使箱子触地时的速度 v 更小些,并选择土质较软的地方着陆,以减小碰撞的恢复因数,延长碰撞时间。

§16-5 碰撞冲量对绕定轴转动刚体的作用、撞击中心

1. 刚体角速度的变化

设绕定轴转动的刚体受到外碰撞冲量的作用,如图 16-8 所示。根据冲量矩定理在 z 轴上的投影式,有

$$L_{z2} - L_{z1} = \sum_{i=1}^{n} M_z(\boldsymbol{I}^{(e)})$$

式中 L_{z1} 和 L_{z2} 是刚体在碰撞开始和结束时对 z 轴的动量矩。设 ω_1 和 ω_2 分别是这两个瞬时的角速度,J_z 是刚体对于转轴的转动惯量,则上式成为

$$J_z\omega_2 - J_z\omega_1 = \sum_{i=1}^{n} M_z(\boldsymbol{I}_i^{(e)})$$

角速度的变化为

$$\omega_2 - \omega_1 = \frac{\sum M_z(\boldsymbol{I}_i^{(e)})}{J_z} \tag{16-10}$$

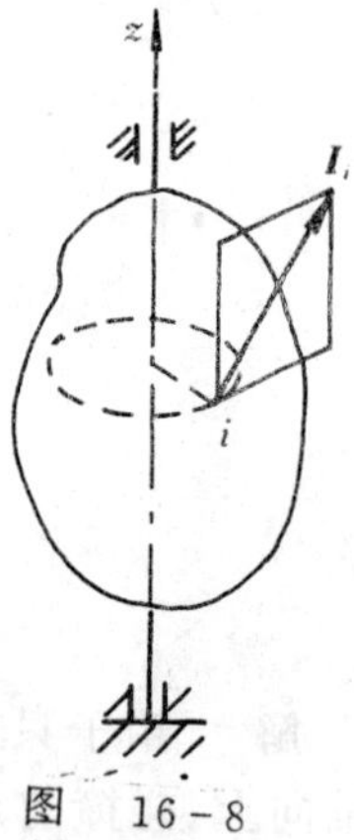

图 16-8

2. 支座的反碰撞冲量·撞击中心

绕定轴转动的刚体,如图 16-9 所示,受到外碰撞冲量 $\boldsymbol{I}$ 的作用时,轴承与轴之间将发生碰撞。

设刚体有对称平面,且绕垂直于对称面的轴转动。并设图示平面图形是刚体的对称面,则刚体的质心 C 必在图面内。

今有外碰撞冲量 $\boldsymbol{I}$ 作用在对称面内,求轴承 O 的反碰撞冲量 $\boldsymbol{I}_{Ox}$ 和 $\boldsymbol{I}_{Oy}$。

取 Oy 轴通过质心 C，x 轴与 y 轴垂直。应用冲量定理有

$$mv_{Cx}' - mv_{Cx} = I_x + I_{Ox}$$

$$mv_{Cy}' - mv_{Cy} = I_y + I_{Oy}$$

上式中，m 为刚体质量，v_{Cx}, v_{Cx}' 和 v_{Cy}, v_{Cy}' 分别为碰撞前后质心速度沿 x, y 轴的投影。

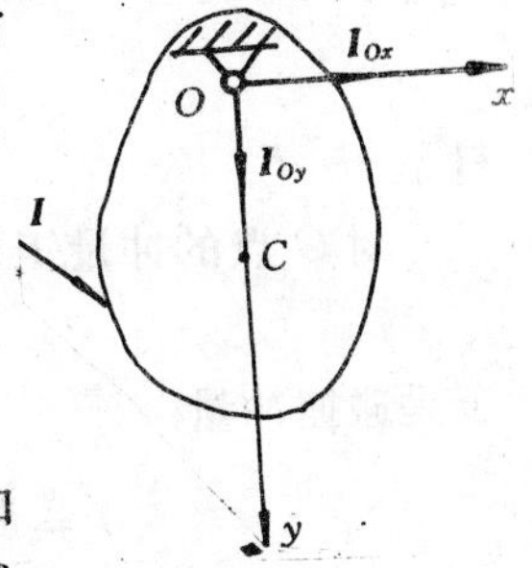

图 16-9

若图示位置是发生碰撞的位置，则有 $v_{Cy}' = v_{Cy} = 0$，于是

$$\left.\begin{aligned} I_{Ox} &= m(v_{Cx}' - v_{Cx}) - I_x \\ I_{Oy} &= -I_y \end{aligned}\right\} \qquad (16-11)$$

由此可见，一般情况下，在轴承处将引起碰撞冲量。

工程中，有些机器是利用碰撞工作的，材料撞击试验机就是一例。如果工作时，轴承处也有碰撞冲量，轴承和轴将易于损坏，因此，应尽可能减小轴承处的碰撞冲量。

分析式(16-11)可见，若(1) $I_y = 0$；(2) $I_x = m(v_{Cx}' - v_{Cx})$，则有

$$I_{Ox} = 0, \quad I_{Oy} = 0$$

这就是说，如果外碰撞冲量 $\boldsymbol{I}$ 作用在物体对称平面内，并且满足以上两个条件，则轴承反碰撞冲量等于零，即轴承处于不发生碰撞。

由(1)，$I_y = 0$，即要求外碰撞冲量与 y 轴垂直，即 $\boldsymbol{I}$ 必须垂直于支点 O 与质心 C 的连线，如图 16-10 所示。

由(2)，$I_x = ma(\omega_2 - \omega_1)$，将式(16-10)代入，得

$$ma\frac{Il}{J_z} = I$$

式中 $l = OK$，点 K 是外碰撞冲量 $\boldsymbol{I}$ 的作用线与线 OC 的交点。解得

$$l = \frac{J_z}{ma} \qquad (16-12)$$

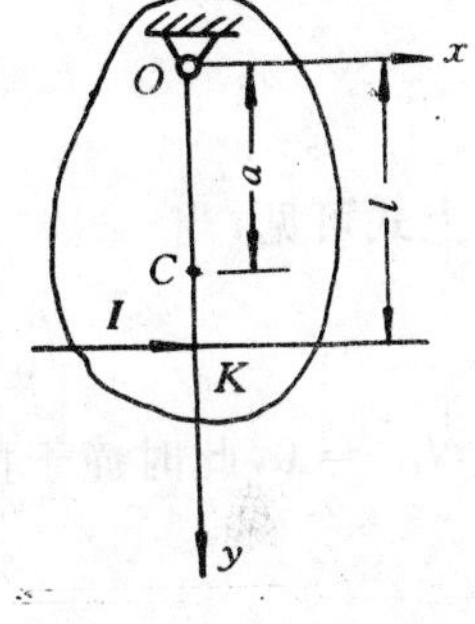

图 16-10

满足式(16-12)的点 K 称为撞击中心。

于是得结论：当外碰撞冲量作用于物体的对称平面内的撞击中心，且垂直于支点与质心的连线时，在支点处不引起碰撞冲量。

根据上述结论，设计材料撞击试验机的摆锤时，应该把撞击试件的刃口设在摆的撞击中心，这样可以使轴承避免承受撞击载荷。

【例 16-5】 均质杆质量为 m，长为 $2a$，其上端由圆柱铰链固定，如图 16-11 所示。杆由水平位置无初速地落下，撞上一固定的物块。设恢复因数为 k，求(1)轴承的碰撞冲量；(2)撞击中心的位置。

解 杆在铅直位置与物块碰撞，设碰撞开始和结束时，杆的角速度分别为 ω_1 和 ω_2。

在碰撞时，杆自水平位置自由落下，应用动能定理

$$\frac{1}{2}J_O\omega_1^2 - 0 = mga$$

求得

$$\omega_1 = \sqrt{\frac{2mga}{J_O}} = \sqrt{\frac{3g}{2a}}$$

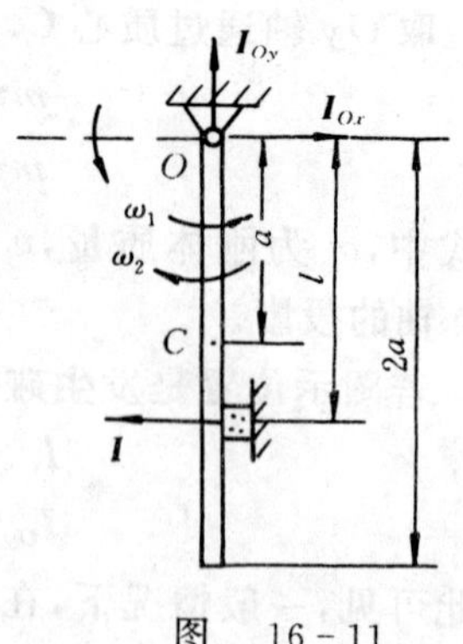

图 16-11

撞击点碰撞前后的速度为 v 和 v'，由恢复因数

$$k = \frac{v'}{v} = \frac{\omega_2 l}{\omega_1 l} = \frac{\omega_2}{\omega_1}$$

得

$$\omega_2 = k\omega_1$$

对 O 点的冲量矩定理为

$$J_O\omega_2 + J_O\omega_1 = Il$$

于是碰撞冲量

$$I = \frac{J_O}{l}(\omega_2 + \omega_1) = \frac{4ma^2}{3l}(1+k)\omega_1$$

代入 ω_1 的数值，得

$$I = \frac{2ma}{3l}(1+k)\sqrt{6ag}$$

根据冲量定理，有

$$m(-\omega_2 a - \omega_1 a) = I_{Ox} - I$$

$$I_{Oy} = 0$$

则

$$I_{Ox} = -ma(\omega_1+\omega_2) + I = I - (1+k)am\omega_1 = (1+k)m\left(\frac{2a}{3l} - \frac{1}{2}\right)\sqrt{6ag}$$

由上式可见，当

$$\frac{2a}{3l} - \frac{1}{2} = 0$$

时，$I_{Ox} = 0$，此时撞于撞击中心，由上式得

$$l = \frac{4a}{3}$$

与式(16-12)的结果相同。

习　题

16-1　质量为 2 kg 的小球，从高 19.6 m 处下落至地面后，又以速度 $u = 10$ m/s 铅直回跳。试求 (1) 恢复因数；(2) 地面对小球作用的冲量；(3) 地面作用于小球的力的平均值。设小球与地面接触时间为 0.001 s。

16-2　设小球与固定面作斜碰撞，入射角为 θ，反射角为 β(指速度方向与固定面法线之间的夹角)，如题图 16-2 所示。设固定面是光滑的，试计算其恢复因数。

16-3　球 1 速度 $v_1 = 6$ m/s，方向与静止球 2 相切，如题图 16-3 所示。两球半径相同、质量相等，不计摩擦。碰撞的恢复因数 $k = 0.6$。求碰撞后两球的速度。

16-4　马尔特间隙机构的均质拨杆 OA 长为 l，质量为 m。马氏轮盘对转轴 O_1 的转动惯量为 J_{O_1}，半径为 r。在题图 16-4 所示瞬时，OA 水平，杆端销子 A 撞入轮盘光滑槽的外端，槽与水平线成 θ 角。撞前，OA 的角速度是 ω_O，轮盘静止。求撞击后轮盘的角速度和 A 点的撞击冲量。又

当 θ 为多大时，不出现冲击力。

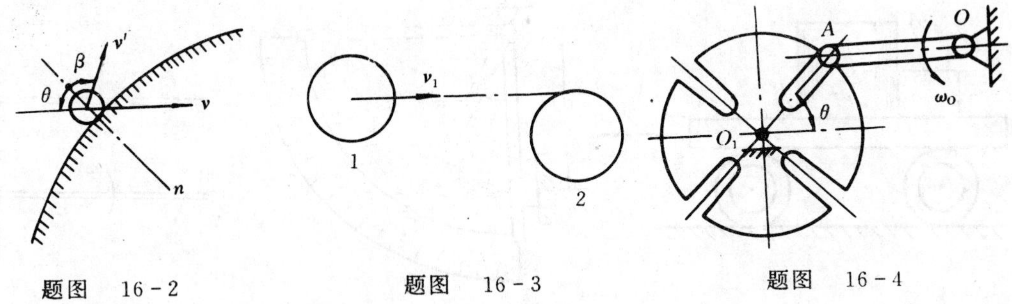

题图 16-2　　题图 16-3　　题图 16-4

16-5　如题图 16-5 所示，用打桩机打入质量为 50 kg 的桩柱，打桩机的重锤质量为 450 kg，由高度 $h=2$ m 处落下，其初速度为零。如恢复因数 $k=0$，经过一次锤击后，桩柱深入 1 cm，试求桩柱进入土地时的平均阻力。

16-6　物体 A，质量为 m_A，从高度 h 处自由落下，打在另一质量为 m_B 的物体 B 上，物体 B 在气缸的口上，如题图 16-6 所示。设碰撞为非弹性的。已知气缸断面积为 S，气缸内空气垫原有高度为 l，当气体受压缩时，气体压强 p 与气体体积 V 之间的关系式为 $pV^{\gamma}=k$。求物体 B 在撞击后下沉的距离 x 与高度 h 的关系。

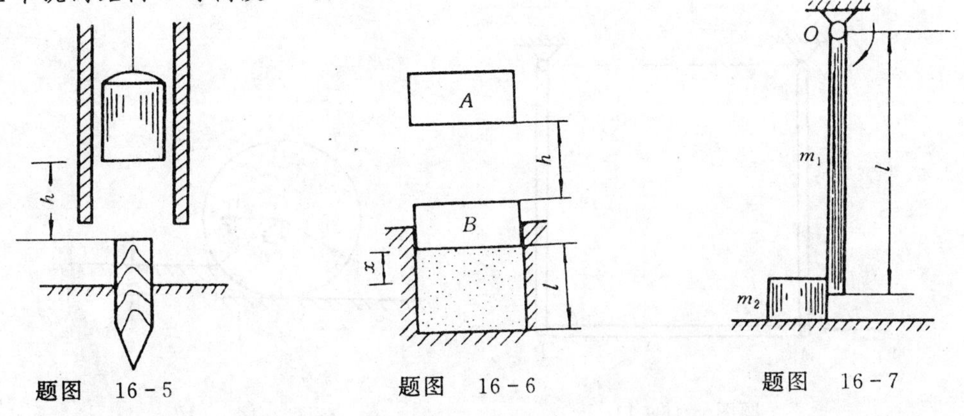

题图 16-5　　题图 16-6　　题图 16-7

16-7 一均质杆的质量为 m_1，长为 l，其上端固定在圆柱铰链 O 上，如题图 16-7 所示。杆由水平位置落下，其初速为零。杆在铅直位置处撞到一质量为 m_2 的重物，使后者沿粗糙的水平面滑动。动滑动摩擦因数为 f。如碰撞是非弹性的，求重物移动的路程。

16-8　平台车以速度 $\boldsymbol{v}$ 沿水平路轨运动，其上放置均质正方形物块 A，边长为 a，质量为 m，如题图 16-8 所示。在平台上靠近物块有一凸出的棱 B，它能阻止物块向前滑动，但不能阻止它绕棱转动。求当平台车突然停止时，物块绕 B 转动的角速度。

16-9　如题图 16-9 所示，在测定碰撞恢复因数的仪器中，有一均质杆可绕水平轴 O 转动，杆长为 l，质量为 m_1。杆上带有用试验材料所制的样块，质量为 m。杆子受重力作用由水平位置落下，其初角速度为零。在铅直位置时与障碍物相碰。如碰撞后杆子回到与铅直线成 φ 角处，求恢复因数 k。又问：在碰撞时欲使轴承不受附加压力，样块到转动轴的距离 x 应为多大？

16-10　质量为 m、长为 l 的均质杆，自题图 16-10 所示虚线位置下落一段距离 h 后，其 B 端与固定物体相碰。假设碰撞是塑性的，求碰撞后的角速度 ω 及碰撞冲量。

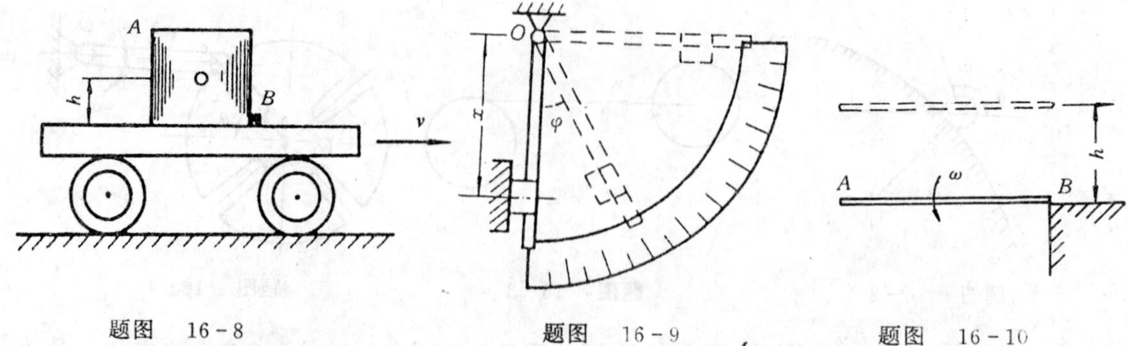

题图　16－8　　　　题图　16－9　　　　题图　16－10

16－11　两均质杆 OA 和 O_1B，上端铰支固定，下端与杆 AB 铰链连接，静止时 OA 与 O_1B 铅直，而 AB 水平，如题图16－11所示。各铰链均光滑，三杆质量皆为 m，且 $OA = O_1B = AB = l$。如在铰链 A 处作用一水平向右的碰撞力，该力的冲量为 $\boldsymbol{I}$，求碰撞后 OA 杆的最大偏角。

16－12　题图16－12所示一均质圆柱体，质量为 m，半径为 r，沿水平面作无滑动的滚动。原来质心以等速 v_C 运动，突然圆柱与一高为 $h(h < r)$ 的凸台碰撞。设碰撞是塑性的，求圆柱体碰撞后质心的速度 $\boldsymbol{v}_C'$、柱体的角速度和碰撞冲量。

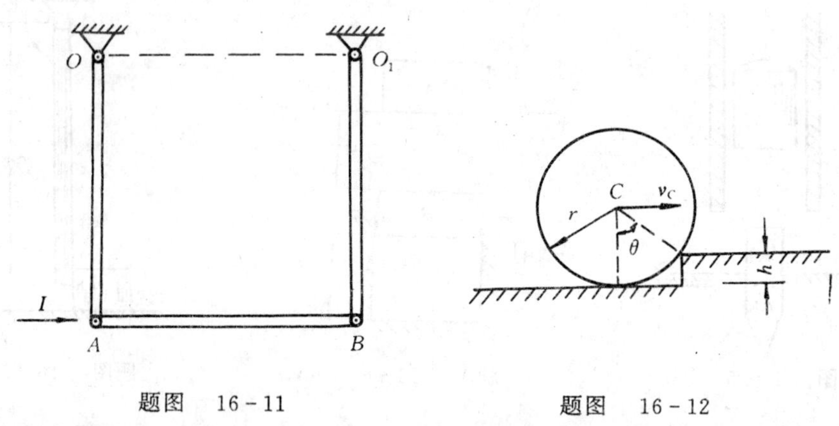

题图　16－11　　　　题图　16－12

16－13　均质细杆 AB 置于光滑的水平面上，围绕其重心 C 以角速度 ω_0 转动，如题图16－13所示。如突然将点 B 固定，问杆将以多大的角速度转绕点 B 转动？

16－14　题图16－14所示一球放在光滑水平面上，其半径为 r。在球上作用一水平碰撞力，该力冲量为 $\boldsymbol{I}$，求当接触点 A 无滑动时，该力作用线距水平面的高度 h 应为多少？

16－15　乒乓球半径为 r，以速度 $\boldsymbol{v}$ 落到地面，$\boldsymbol{v}$ 与铅直线成 θ 角，此时球有绕水平轴 O（与 $\boldsymbol{v}$ 垂直）的角速度 ω_0，如题图16－15所示。如球与地面相撞后，因瞬时摩擦作用，接触点水平速度突然变为零。并设恢复因数为 k，求回弹角 β。

16－16　如题图16－16所示，质量为 m_1 的物块 A 置于光滑水平面上，它与质量为 m_2、长为 l 的均质杆 AB 相铰接。系统初始静止，AB 铅垂，$m_1 = 2m_2$。今有一冲量为 $\boldsymbol{I}$ 的水平碰撞力作用于杆的 B 端，求碰撞结束时，物块 A 的速度。

16－17　打桩的锤的质量 $m_A = 750$ kg，桩的质量 $m_B = 50$ kg，如题图16－17所示。设碰

撞的恢复因数 $k=0$，试求打桩的效率。

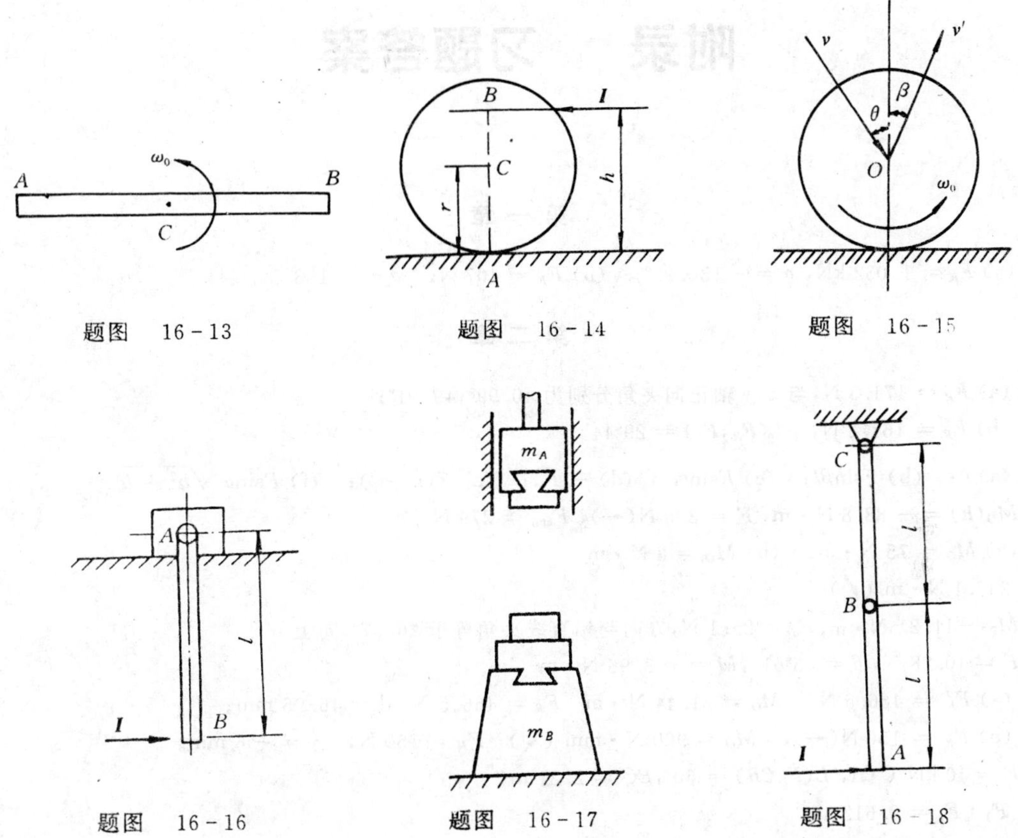

题图 16-13　题图 16-14　题图 16-15

题图 16-16　题图 16-17　题图 16-18

16-18　两根相同的均质直杆在 B 处铰接并铅垂静止地悬挂在铰链 C 处，如题图 16-18 所示。设每杆长 $l=1.2\ \mathrm{m}$，质量 $m=4\ \mathrm{kg}$。现在下端 A 处作用一个冲量 $I=14\ \mathrm{N\cdot s}$ 的水平碰撞力，求碰撞后 BC 杆的角速度。

附录　习题答案

第一章

1-2　(a) $F_R = 1.032\ \text{kN}$, $\alpha = -130.98°$；　(b) $F_R = 407\ \text{N}$，$\alpha = -153.5°$

第二章

2-1　(a) $F_R = 171.3\ \text{N}$,与 x,y 轴正向夹角分别为 40.99°,49.01°；
(b) $F_R = 161.2\ \text{N}$，$\angle(\boldsymbol{F}_R, \boldsymbol{F}_1) = 29°44'$

2-2　(a) 0；　(b) $F\sin\beta l$；　(c) $F\sin\theta l$；　(d) $-Fa$；　(e) $F(r+l)$；　(f) $F\sin\alpha\sqrt{a^2+b^2}$

2-3　$M_O(\boldsymbol{F}) = -88.8\ \text{N}\cdot\text{m}$, $F = 395\ \text{N}(\leftarrow)$, $F_{\min} = 279\ \text{N}$

2-4　(a) $M_O = 75\ \text{N}\cdot\text{m}$；　(b) $M_O = 8\ \text{N}\cdot\text{m}$

2-5　247.1 N·m (↗)

2-6　$M = -11.21\ \text{N}\cdot\text{m}$, $F_a = 25.1\ \text{N}$,方向与铅直线夹角等于 26.57°,向上

2-7　$F = 10.28\ \text{N}$, $\theta = 43°01'$, $M = -3.96\ \text{N}\cdot\text{m}$

2-8　(a) $F_R' = 466.5\ \text{N}$，$M_O = 21.44\ \text{N}\cdot\text{m}$　$F_R = 466.5\ \text{N}$, d = 46.96 mm；
(b) $F_R' = 150\ \text{N}(\leftarrow)$，$M_O = 900\ \text{N}\cdot\text{mm}$ (↘)　$F_R = 150\ \text{N}$，$y = -6\ \text{mm}$。

2-9　$F = 10\ \text{kN}$ (↓), $\angle(\boldsymbol{F}, \boldsymbol{CB}) = 60°$, $BC = 2.31\ \text{m}$

2-10　$F_1 : F_2 = 0.6124$

2-11　$F_A = 0.354P$, $F_B = 0.791P$

2-12　$F_T = \dfrac{Pa}{2l\sin^2\dfrac{\alpha}{2}\cos\alpha}$,当 $\alpha = 60°$ 时,$F_{\min} = \dfrac{4Pa}{l}$

2-13　略

2-14　$F_A = \dfrac{20}{\sqrt{3}}\ \text{kN}$ (↙), $F_B = \dfrac{20}{3}\ \text{kN}$ (↗), $F_{El} = 10\sqrt{2}\ \text{kN}$(压)

2-15　$M = 60\ \text{N}\cdot\text{m}$

2-16　$F_A = \sqrt{2}\dfrac{M}{l}$ (↓)

2-17　$F_{Ax} = 0$, $F_{Ay} = 53\ \text{kN}$, $F_B = 37\ \text{kN}$

2-18　$F_A = -\dfrac{P_1a + P_2b}{c}$, $F_{Bx} = \dfrac{P_1a + P_2b}{c}$, $F_{By} = P_1 + P_2$

2-19　$x = 9\dfrac{1}{6}\ \text{m}$

2-20　$P_{\min} = 2P\left(1 - \dfrac{r}{R}\right)$

2-21　$F_{Ax} = 0$, $F_{Ay} = -\dfrac{M}{2a}$, $F_{Dx} = 0$, $F_{Dy} = \dfrac{M}{a}$, $F_{Bx} = 0$, $F_{By} = -\dfrac{M}{2a}$

2-22　$F_{Ax} = 8.877\ \text{N}$, $F_{Ay} = 4.315\ \text{N}$, $F_{Bx} = 2.123\ \text{N}$, $F_{By} = 8.707\ \text{N}$, $F_{Ey} = 2.66\ \text{N}$

2-23　$F_{Ax} = 32.89\ \text{kN}$, $F_{Ay} = -2.32\ \text{kN}$, $M_A = 10.37\ \text{kN}\cdot\text{m}$, $F_B = 45.77\ \text{kN}$

2-25　$F_T = \dfrac{Fa\cos\alpha}{2h}$

2-26 $F_{Ax} = F_{Ex} = 250$ N, $F_{Ay} = 100$ N, $F_{Dx} = 37.5$ N, $F_{Dy} = -150$ N

2-27 $F_{Ax} = 8$ kN, $F_{Ay} = -12.5$ kN, $F_{Bx} = -8$ kN, $F_{By} = 22.5$ kN

2-28 $\tan\varphi = \dfrac{P_1}{2(P_1 + P_2)}\cot\alpha$

2-29 $F_{Ax} = 200\sqrt{2}$ N, $F_{Ay} = 2\,083$ N, $M_A = -1\,178$ N·m, $F_{Dx} = 0$, $F_{Dy} = -1\,400$ N

2-30 $F_{Ax} = -qa$, $F_{Ay} = P + qa$, $M_A = (P + qa)a$, $F_{BCx} = \dfrac{1}{2}qa$

$F_{BCy} = qa$, $F_{ABx} = -\dfrac{1}{2}qa$, $F_{ABy} = -(P + qa)$

2-31 $F_E = \sqrt{2}F$, $F_{Ax} = F - 6aq$, $F_{Ay} = 2F$, $M_A = 5aF + 18a^2q$

2-32 $M = 10P_1r$, $F_{Ax} = -3.64P_1$, $F_{Ay} = -9P_1$, $F_{Bx} = 3.64P_1$, $F_{By} = 32P_1$

2-33 $F_{Ax} = -120$ kN, $F_{Ay} = -160$ kN, $F_B = 160\sqrt{2}$ kN, $F_C = -80$ kN

第三章

3-1 $F_{Rx} = -345.4$ N, $F_{Ry} = 249.6$ N, $F_{Rz} = 10.56$ N

$M_x = -51.78$ N·m, $M_y = -36.65$ N·m, $M_z = 103.6$ N·m

3-2 不可能是力螺旋

3-3 $M_x = -346.4$ N·m, $M_y = 43.3$ N·m, $M_z = -200.0$ N·m

3-4 $M = F\sin\alpha\sin\theta$

3-5 $M_x = \dfrac{F}{4}(h - 3r)$, $M_y = \dfrac{\sqrt{3}}{4}F(r + h)$, $M_z = -\dfrac{Fr}{2}$

3-6 $F_A = F_B = -26.39$ kN(压), $F_C = 33.46$ kN(拉)

3-7 $F_{CA} = -\sqrt{2}P$(压), $F_{BD} = P(\cos\alpha - \sin\alpha)$, $F_{BE} = P(\cos\alpha + \sin\alpha)$, $F_{AB} = -\sqrt{2}P\cos\alpha$

3-8 $F_A = 8\dfrac{1}{2}$ kN, $F_B = 78\dfrac{1}{3}$ kN, $F_C = 43\dfrac{1}{3}$ kN

3-9 $M_x = -M$, $M_y = M_0L_1$, $M_z = 0$

3-10 $M_1 = \dfrac{b}{a}M_2 + \dfrac{c}{a}M_3$, $F_{Ay} = \dfrac{M_3}{a}$, $F_{Az} = \dfrac{M_2}{a}$, $F_{Dx} = 0$

$F_{Dy} = -\dfrac{M_3}{a}$, $F_{Dz} = -\dfrac{M_2}{a}$

3-11 $F = 71$ N, $F_{Ax} = -47.7$ N, $F_{Az} = -68.4$ N, $F_{Bx} = -19$ N, $F_{Bz} = -207.3$ N

3-12 $F_3 = 4\,000$ N, $F_4 = 2\,000$ N, $F_{Ax} = -6\,375$ N, $F_{Az} = 1\,299$ N, $F_{Bx} = -4\,125$ N, $F_{Bz} = 3\,897$ N

3-13 $F_{Cx} = -666.7$ N, $F_{Cy} = -14.7$ N, $F_{Cz} = 12\,640$ N, $F_{Ax} = 2\,667$ N, $F_{Ay} = -325.3$ N

3-14 $F_{Ox} = 150$ N, $F_{Oy} = 75$ N, $F_{Oz} = 500$ N

$M_x = 100$ N·m, $M_y = -37.5$ N·m, $M_z = -24.38$ N·m

3-15 $F = 200$ N, $F_{Bz} = F_{Bx} = 0$, $F_{Ax} = 86.6$ N, $F_{Ay} = 150$ N, $F_{Az} = 100$ N

3-16 $F_1 = F_5 = -F$(压), $F_3 = F$(拉), $F_2 = F_4 = F_6 = 0$

3-17 重心离底面的高度为 0.659 m,离 B 端距离为 1.68 m

3-18 $y_C = 0$, $x_C = -\dfrac{ar^2}{R^2 - r^2}$

3-19 $h = \sqrt{3}r$

3-20 (a) $x_C = 5.1$ mm, $y_C = 10.1$ mm; (b) $y_C = 40.05$ mm;

(c) $x_C = y_C = 555.4$ cm; (d) $y_C = 4$ cm

第四章

4-1 (a) $F_{AC} = F_{BC} = 2.31$ kN, $F_{DE} = -2.31$ kN

(b) $F_{AD}=F_{BE}=-4.62\ \text{kN}$，$F_{CD}=F_{CE}=0$；

$F_{CD}=-3\ 606.5\ \text{N}$，$F_{CE}=2\ 000\ \text{N}$，$F_{CF}=1\ 201.8\ \text{N}$，$F_{BF}=0$，

$F_{AF}=4\ 807.4\ \text{N}$，$F_{AB}=-2\ 666.7\ \text{N}$，$F_{BC}=-2\ 666.7\ \text{N}$，$F_{ED}=F_{EF}=2\ 000\ \text{N}$

4-2　(a) $F_1=-5.333F$(压)，$F_2=2F$(拉)，$F_3=-1.667F$(压)；

(b) $F_1=0$，$F_2=\sqrt{2}\ \text{kN}$，$F_3=-2\ \text{kN}$。

4-3　$F_{CD}=-0.866F$(压)

4-4　$F_6=-4.333\ \text{kN}$(压)，$F_7=-6.771\ \text{kN}$(压)，$F_9=10\ \text{kN}$(拉)，$F_{10}=14.39\ \text{kN}$(拉)

4-5　$F_1=-0.293P$(压)，$F_2=-P$(压)，$F_3=-1.207P$(拉)

4-6　$P(\sin\alpha-f\cos\alpha)\leqslant F_1\leqslant P(\sin\alpha+f\cos\alpha)$

4-7　$F=9.808\ \text{N}$

4-8　$\beta=\theta+\varphi_m$，$P_{\min}=Q\sin(\theta+\varphi_m)$

4-9　$s=0.456l$

4-10　$P=500\ \text{N}$

4-11　$\alpha<\dfrac{b}{2f_s}$

4-12　$F_1 l\dfrac{\sin\varphi}{1+2f\sin\varphi}\leqslant M\leqslant F_1 l\dfrac{\sin\varphi}{1-2f\sin\varphi}$

4-13　$F_1\geqslant\dfrac{rP(b-f_s c)}{f_s Ra}$

4-14　$F_1=F_2\geqslant 800\ \text{N}$

4-15　$\dfrac{M\sin(\theta-\varphi)}{l\cos\theta\cos(\alpha-\varphi)}\leqslant F\leqslant\dfrac{M\sin(\theta+\varphi)}{l\cos\theta\cos(\alpha+\varphi)}$

4-16　$P=358\ \text{N}$

4-17　$P_1=39.222\ \text{N}$，$P_2=48.008\ \text{N}$　　立方体先滑动

4-18　$h_m=\dfrac{c}{2f}$

4-19　$Q_{\min}=222\ \text{kN}$

4-20　$\varphi_A=16°6'$，$\varphi_B=\varphi_C=30°$

4-21　(1) $F=26.6\ \text{N}$；(2) $F=47.81\ \text{kN}$

4-22　$\tan\alpha\leqslant\delta/R$

4-23　当 $f>\delta/R$ 时，$(\sin-\dfrac{\delta}{R}\cos\alpha)P\leqslant Q\leqslant(\sin\alpha\dfrac{\delta}{R}+\cos\alpha)P$

当 $f<\dfrac{\delta}{R}$ 时，$(\sin\alpha-f\cos\alpha)P\leqslant Q\leqslant(\sin\alpha+f\cos\alpha)P$

4-24　$F_1=G\sqrt{\tan^2\varphi\cos^2\alpha-\sin^2\alpha}$

4-25　$\dfrac{\sqrt{3}}{6}G\leqslant F_1\leqslant\dfrac{\sqrt{3}}{3}G$

第五章

5-1　(1) $x=a\tan\omega t$，$v=\dfrac{a\omega}{\cos^2\omega t}$；(2) $x'=\dfrac{a}{\cos\omega t}$，$v_r=\dfrac{a\omega\sin\omega t}{\cos^2\omega t}$

5-2　(1) $s=13\ \text{m}$；(2) $a=2.83\ \text{m/s}^2$，$\alpha=45°$

5-3　$x_D=20\cos\dfrac{\pi}{5}t$，$y_D=10\sin\dfrac{\pi}{5}t$　轨迹$\dfrac{x_D^2}{400}+\dfrac{y_D^2}{100}=1$（椭圆）

5-4　轨迹$\dfrac{(x-a)^2}{(b+l)^2}+\dfrac{y^2}{l^2}=1$（椭圆）

5-5　$v=3\pi=9.42\ \text{cm/s}$，$a=3.68\ \text{cm/s}^2$

5-6 $x = 20\cos 4t$, $v = 40$ cm/s, $a = 276.8$ cm/s^2

5-7 $a_\tau = 0$, $a_n = 10$ m/s^2, $\rho = 250$ m

5-8 $v = 12.88$ m/s, $a^\tau = 5.12$, m/s^2, $a^n = 3.7$ m/s^2, $\rho = 44.8$ m

5-9 $x = 3t$, $y = \frac{1}{2}(1 - \cos 4\pi t)$, 轨迹 $y = \frac{1}{2}(1 - \cos\frac{4\pi}{3}x)$

5-10 $v_0 = 70.7$ cm/s, $a_0 = 333$ cm/s^2

5-11 $v_M = 9.42$ m/s, $a_M = 444.15$ m/s^2

5-12 $v_M = \frac{l_1}{l_2}v_c$(向上)

5-13 $\theta_A = \arctan\frac{\sin\omega_0 t}{\frac{h}{r} - \cos\omega_0 t}$

5-14 $\omega = \frac{u}{2l}$, $\varepsilon = -\frac{u^2}{2l^2}$

5-15 $\omega = 20t$ rad/s, $\alpha = 20$ rad/s^2, $a = \sqrt{1 + 400t^4}$ m/s\ + 2

5-16 $\varphi = \frac{\sqrt{3}}{3}\ln\left(\frac{1}{1 - \sqrt{3}\,\omega_O t}\right)$, $\omega = \omega_0 e^{\sqrt{3}\varphi}$

第六章

6-1 $v_A = \frac{lav}{x^2 + a^2}$

6-2 $\omega_2 = 2$ rad/s

6-3 $v_C = \frac{av}{2l}$

6-4 $v_B = \sqrt{3}r\omega/3$

6-5 $v_a = 1.41\omega_O l$ cm/s ↓

6-6 $\omega_{CD} = 0.5$ rad/s

6-7 $\omega_2 = 1.5\omega_1$

6-8 $v_{AB} = -(47.32i' + 10j')$ m/s, $a_{AB} = -(4i' + 12.93j')$ m/s^2

6-9 $v = 0.1$ m/s, $a = 0.346$ m/s^2

6-10 $v = 0.173$ m/s, $a = 0.05$ m/s^2

6-11 $\omega_1 = \frac{\omega}{2}$, $\alpha_1 = \frac{\sqrt{3}}{12}\omega^2$

6-12 $a_A = 0.746$ m/s^2

6-13 $a_1 = r\omega^2 - \frac{v^2}{r} - 2\omega v$, $a_2 = \sqrt{(r\omega^2 + \frac{v^2}{r} + 2\omega v)^2 + 4r^2\omega^4}$

6-14 $v_M = 0.173$ m/s, $a_M = 0.35$ m/s^2

6-15 $\omega_{OA} = \frac{u}{L}$, $\varepsilon_{OA} = -\frac{u^2}{L^2}$

6-16 $v_{ax} = 73.14$ cm/s, $v_{ay} = -10.47$ cm/s, $a_{ax} = 42.5$ cm/s^2, $a_{ay} = -9.5$ cm/s^2

6-17 $v_{ax} = 10.47$ cm/s, $v_{ay} = 22.86$ cm/s, $a_{ax} = 14.74$ cm/s^2, $a_{ay} = 32.4$ cm/s^2

6-18 $a_a = -1.92$ cm/s^2

6-19 $v_r = \sqrt{3}$ cm/s ↓, $a_r = 0.577$ cm/s^2 ↓

6-20 $a_a = 1\,627$ cm/s^2

6-21 $a_r^n = \frac{5\pi^4}{6}$ cm/s^2 ↓, $a_r^\tau = -\frac{5\pi}{9}$ cm/s^2 →, $a_e = 640$ cm/s^2 →, $a_k = \frac{80\sqrt{3}\pi^2}{3}$ cm/s^2(垂直纸面向里)

6 - 22 $v_M = 17.32\ \text{cm/s}$, $a_e = 25\ \text{cm/s}^2$, $a_k = 40\ \text{cm/s}^2$

第七章

7 - 1 $v_{BC} = 2.512\ \text{m/s}$

7 - 2 $a_A = \dfrac{Rv_C^2}{r(R-r)}$， $a_B^{\tau} = 2a_C^2$, $a_B^n = \dfrac{R-2r}{r(R-r)}v_C^2$

7 - 3 $\omega = \dfrac{v_1 - v_2}{2r}$, $v_O = \dfrac{v_1 + v_2}{2}$

7 - 4 $v_F = 0.462\ \text{m/s}$, $\omega_{EF} = 1.333\ \text{rad/s}$

7 - 5 $\omega_{AB} = \dfrac{\sqrt{3}}{6}\omega$, $\omega_{O_1C} = \omega$, $\omega_{CD} = \dfrac{\omega}{3}$ ↓ , $v_D = \dfrac{3}{8}r\omega$

7 - 6 $\omega_{O1} = 0.866\ \text{rad/s}$ ↓

7 - 7 $v_A = 6\ \text{m/s}$ →

7 - 8 $v_C = r\omega$ →， $\omega_{DE} = \dfrac{\sqrt{2}}{2}\omega$ ↓

7 - 9 $v_O = \dfrac{R}{R-r}v$, $a_O = \dfrac{R}{R-r}a$

7 - 10 $v_B = 2\ \text{m/s}$, $v_C = 2.828\ \text{m/s}$, $a_B = 8\ \text{m/s}^2$, $a_C = 11.31\ \text{m/s}^2$

7 - 11 $a_n = 2r\omega_O^2$, $a_{\tau} = r(\sqrt{3}\,\omega_O^2 - 2\alpha_O)$

7 - 12 $v_C = \dfrac{3}{2}r\omega_O$, $a_C = \dfrac{\sqrt{3}}{12}r\omega_O^2$

7 - 13 $a_C = 18.33\ \text{cm/s}^2$ ←

7 - 14 $v_B = \dfrac{2\sqrt{3}-1}{2}v_O$ ↑ , $a_B = \dfrac{(8+\sqrt{3})}{2R}v_O^2$ ↓

7 - 15 $\omega_B = \dfrac{r\omega}{R_1}$, $\varepsilon_B = \dfrac{r\left(1 + \dfrac{r}{R_2 - R_1}\right)\tan\varphi}{R_1}\omega^2$ ↓

7 - 16 $v_D = 13.3\ \text{cm/s}$ ↓， $a_D = 32.5\ \text{cm/s}^2$ ↓

7 - 17 $\omega_{O_1C} = 6.186\ \text{rad/s}$, $\alpha_{O_1C} = 78.17\ \text{rad/s}^2$

7 - 18 $\omega_{O_1A} = 0.2\ \text{rad/s}$, $\alpha_{O_1A} = 0.462\ \text{rad/s}^2$

7 - 19 $\omega = 11.67\ \text{rad/s}$ ↓

7 - 20 $\omega_O = l/90\ \text{rad/s}$ ↓， $\varepsilon_O = 0.016\ \text{rad/s}^2$ ↓

7 - 21 (1) $\omega_B = \omega_O$ ↓， $\alpha_B = \dfrac{2}{9}\sqrt{3}\,\omega_O^2$； (2) $\omega_1 = \omega_O/4$， $\alpha_1 = \sqrt{3}\,\omega_O^2/8$

7 - 22 $\omega_E = 0.0833\ \text{rad/s}$， $\alpha_E = 0.032\ \text{rad/s}^2$ ↓

7 - 23 $v_E = \dfrac{v}{2}$, $a_E = \dfrac{7}{8\sqrt{3}}\dfrac{v^2}{b}$, $\omega = \dfrac{3}{4}\dfrac{v}{b}$, $\alpha = \dfrac{3\sqrt{3}}{8}\dfrac{v^2}{b^2}$

第八章

8 - 1 $F_{N\max} = 3.14\ \text{kN}$, $F_{N\min} = 2.74\ \text{kN}$

8 - 2 安全

8 - 3 (1) $\varphi = 0°$ 时, $F = 2\,369\ \text{N}$,向左； (2) $\varphi = 90°$ 时, $F = 0$

8 - 4 (1) $F_{N\max} = m(g + e\omega^2)$； (2) $\omega_{\max} = \sqrt{\dfrac{g}{e}}$

8 - 5 $\varphi = 48.2°$

8 - 6 $\delta_{\max} = 93.3\ \text{mm}$

8-7 $T_0 = \dfrac{P}{2\cos\theta}$, $T = P\cos\theta$

8-8 $a = \dfrac{\sin\theta + f_s\cos\theta}{\cos\theta - f_s\sin\theta}g$, $F_N = \dfrac{mg}{\cos\theta - f_s\sin\theta}$

8-9 $x = v_0 t\cos\theta$, $y = \dfrac{eA}{mk}(t - \dfrac{1}{k}\sin kt) - v_0 t\sin\theta$

8-10 椭圆 $\dfrac{x^2}{x_0^2} + \dfrac{k}{m}\dfrac{y^2}{v_0^2} = 1$

8-11 $v = \dfrac{P}{kA}(1 - e^{-\frac{kA}{m}t})$, $s = \dfrac{P}{kA}[T - \dfrac{m}{kA}(1 - e^{-\frac{kA}{m}T})]$

8-12 $x = \dfrac{v_0}{k}(1 - e^{-kt})$, $y = h - \dfrac{g}{k}t + \dfrac{g}{k^2}(1 - e^{-kt})$

轨迹为 $y = h - \dfrac{g}{k^2}\ln\dfrac{v_0}{v_0 - kx} + \dfrac{gx}{kv_0}$

8-13 $t = 0.639$ s, $d = 3.19$ m

8-14 $a = \dfrac{m_1\sin 2\theta}{2(m_2 + m_1\sin^2\theta)}g$

第九章

9-1 $2mR\omega$

9-2 $p = 3.01$ N·s

9-3 $p_{OA} = \dfrac{1}{2}ml\omega$, $p_{AB} = 2\sqrt{2}ml\omega$, $p_{CD} = \dfrac{\sqrt{2}}{2}ml\omega$

9-4 $p = \dfrac{\sqrt{5}}{2}ml\omega$

9-5 $J_z = \dfrac{15}{4}ml^2$

9-6 $[2MR^2 + \dfrac{mR^2}{12} + mR^2(1 + \dfrac{\sqrt{3}}{2})^2]\omega$

9-7 $p = \dfrac{1}{2}m\omega\sqrt{b^2 + 4R^2}$

9-8 $p = \dfrac{\omega l}{2}(5m_1 + 4m_2)$，方向与曲柄垂直且向上

9-9 $L_O = \dfrac{10}{3}Pl^3\omega$

9-10 $p = \dfrac{7}{2}m\omega_O r$

9-11 $L_A = (\dfrac{1}{3}M + m - \dfrac{m\rho^2}{lR})l^2\omega$

9-12 $p = m(R + e)\omega$, $L_C = m\rho^2\omega$

第十章

10-1 $F_{gn} = \sqrt{2}mR\omega^2$, $F_{g\tau} = \sqrt{2}mR\alpha$, $M_{gO} = 7mR^2\dfrac{\alpha}{3}$

10-2 $F_{gC} = 2\omega v_r$, $F_{ge}^{(n)} = 2mR\omega^2\cos\dfrac{\theta}{2}$, $F_{ge}^{(\tau)} = 2mR\alpha\cos\dfrac{\theta}{2}$

10-3 $F_{CD} = 3\,430$ N

10-4 $a = 15\ \text{m/s}^2$, $\theta = 33.16°$

10-5 (1) 无滑动 $a_C = \dfrac{\dfrac{P}{m}[\cos(\theta - \beta) + \dfrac{r}{R}] - g\sin\theta}{1 + \dfrac{\rho^2}{R^2}}$；

(2) 有滑动 $a_C=\dfrac{P}{m}[\cos(\theta-\beta)-f\sin(\theta-\beta)]-(\sin\theta+f\cos\theta)g$

10-6　$a_G=\dfrac{-m_1+4m_3}{m_1+2m_2+4m_3}g$，$a_C=\dfrac{2m_1+3m_2+4m_3}{2(m_1+2m_2+4m_3)}g$

$X_O=0$，$Y_O=\dfrac{4m_2^2+3m_1m_2+12m_2m_3+8m_1m_3}{2(m_1+2m_2+4m_3)}g$

10-7　$a=\dfrac{M+2QR-f'QR}{5QR}g$，$S_{AB}=\dfrac{3(M+2QR-f'QR)}{10R}$

10-8　$M=(J+mr^2\sin^2\varphi)\ddot{\varphi}+mr^2\dot{\varphi}^2\cos\varphi\sin\varphi$

10-9　$F_r=\rho r^2\omega^2\sin\theta$，圆环法向；$F_\tau=\rho r^2\omega^2(1+\cos\theta)$，圆环切向；$M_B=\rho r^3\omega^2(1+\cos\theta)$

10-10　$m_3=50\ \text{kg}$，$a=2.45\ \text{m/s}^2$

10-11　$a_B=1.57\ \text{m/s}^2$，$F_{Ax}=-6.72\ \text{kN}$，$F_{Ay}=25.04\ \text{kN}$，$M_A=13.44\ \text{kN}\cdot\text{m}$

10-12　$\alpha=47\ \text{rad/s}^2$，$F_{Ax}=-95.34\ \text{N}$，$F_{Ay}=137.72\ \text{N}$

10-13　$a=\dfrac{8}{11}\dfrac{F}{m}$

10-14　$a_C=2.8\ \text{m/s}^2$

10-15　$F_{NB}=\dfrac{2}{9}m\omega_O^2r+2mg+\dfrac{\sqrt{3}}{3}\dfrac{F}{r}$，$M_O=\dfrac{2\sqrt{3}}{3}m\omega_O^2r^2+Fr$

10-16　$F_{Ox}=\dfrac{11}{4}mr\omega_O^2+\dfrac{3}{2}\sqrt{3}mg$，$F_{Oy}=\dfrac{3\sqrt{3}}{4}mr\omega_O^2+\dfrac{5}{2}mg$，$M=\dfrac{3\sqrt{3}}{4}mr^2\omega_O^2+2mgr$

10-17　此两点到轴的距离分别为

$e_B=120\ \text{mm}$；$e_C=60\ \text{mm}$，并与 G 共面；e_B 与 G 在轴的两方；e_C 与 G 在轴的同方。

10-18　$a_A=0$，$\alpha_{AB}=\dfrac{3}{2}\dfrac{g}{L}$，$\alpha=0$

10-19　$F_{NB}=\dfrac{1}{2}mr(\dfrac{1}{3}\alpha+\omega^2)$，$F_{Ax}=-\dfrac{1}{2}rm(\omega^2+\alpha)$，$F_{Ay}=\dfrac{2}{3}rm\alpha$

10-20　$a=\dfrac{2}{5}(2\sin\theta-f'\cos\theta)g$，$F_{AO}=\dfrac{1}{5}(3f'\cos\theta-\sin\theta)mg$

10-21　$a=\dfrac{F-f(m_1+m_2)g}{m_1+\dfrac{m_2}{3}}$

10-22　$a=\dfrac{P(R-r)^2g}{Q(\rho^2+r^2)+P(R-r)^2}$，$T=\dfrac{PQ(r^2+\rho^2)}{P(R-r)^2+Q(r^2+\rho^2)}$

10-23　$\alpha_{AB}=\dfrac{6F}{7ml}$(顺时针)，$\alpha_{BD}=\dfrac{30F}{7ml}$(逆时针)

10-24　$J_{xy}=\dfrac{\rho a^2b^2}{24}(1+\dfrac{2b}{a\tan\theta})$

第十一章

11-1　861 N

11-2　向左移动 0.266 m

11-3　$\Delta v=0.246\ \text{m/s}$

11-4　椭圆 $4x^2+y^2=l^2$

11-5　$F_{Ox}=m_3\dfrac{R}{r}a\cos\theta+m_3g\cos\theta\sin\theta$，$F_{Oy}=(m_1+m_2+m_3)g-m_3g\cos^2\theta+m_3\dfrac{R}{r}a\sin\theta-m_2a$

11-6　$s=\dfrac{m_1l_1-m_2l_2}{m_1+m_2+m}$，若 $m_1l_1>m_2l_2$，s 沿 x 正向；$m_1l_1<m_2l_2$，s 沿 x 负向

11-7　$a_A=\dfrac{\sin\theta\cos\theta}{3+\sin^2\theta}g$，$F_N=\dfrac{12m_Bg}{3+\sin^2\theta}$

11-8　$x_C=\dfrac{m_3l}{2(m_1+m_2+m_3)}+\dfrac{m_1+2m_2+2m_3}{2(m_1+m_2+m_3)}l\cos\omega t$

$$y_C=\frac{m_1+2m_2}{2(m_1+m_2+m_3)}l\sin\omega t,\quad F_{\max}=\frac{1}{2}(m_1+2m_2+2m_3)l\omega^2$$

11 - 9　$F_{Ox}=-\frac{P}{g}l(\omega^2\cos\varphi+\alpha\sin\varphi)$，$F_{Oy}=P+\frac{P}{g}l(\omega^2\sin\varphi-\alpha\cos\varphi)$

11 - 10　$F_x=-7\ 852.03\ \text{N}$，$F_y=3\ 252.13\ \text{N}$

11 - 11　$F_x=30\ \text{N}$

11 - 12　$t=\frac{l}{k}\ln 2$

11 - 13　$\omega=\frac{2(3QR^2+2Pl^2)\omega_O}{6QR^2+Pl^2+3P(R+l)^2}$

11 - 14　$\alpha=\ddot{\varphi}=-\frac{2ke^2}{(m+2m)r^2}\varphi$，逆时针方向

11 - 15　$F_n=0$，$F_x=\frac{1}{2}mg$，$\alpha=\frac{g}{2r}$（顺时针）

11 - 16　$\alpha=\frac{(m_1r_1-m_2r_2)g}{m_1r_1^2+m_2r_2^2+m_3\rho^2}$

11 - 17　$J=1\ 060\ \text{kg}\cdot\text{m}^2$，$M_f=6.024\ \text{N}\cdot\text{m}$

11 - 18　$r=\sqrt{r_0^2+\frac{M_O}{2m\omega^2}\sin\omega t}$

11 - 19　$t=\frac{1}{k}J\ln 2$；$n=\frac{J\omega_O}{4\pi k}$

11 - 20　$\varphi=\frac{\delta_O}{l}\sin\left(\sqrt{\frac{k}{3(m_1+3m_2)}}t+\frac{\pi}{2}\right)$，$T=2\pi\sqrt{\frac{3(m_1+3m_2)}{k}}$

11 - 21　$M_z=365.4\ \text{N}\cdot\text{m}$

11 - 22　$\alpha_1=\frac{2(R_2M-R_1M')}{(m_1+m_2)R_1^2R}$

11 - 23　$n=\frac{\omega^2Wab}{8g\pi lfP}$

11 - 24　$\rho=90\ \text{mm}$

11 - 25　$a_A=\frac{m_1g(r+R)^2}{m_1(R+r)^2+m_2(\rho^2+R^2)}$

11 - 27　$a_A=\frac{3bh}{4b^2+h^2}g$，方向向左

11 - 28　(1) $s_{\max}=\frac{2P}{k}\sin\beta$；　(2) $a_{O1}=-\frac{g}{2}\sin\beta$；　(3) $T=\frac{7}{4}P\sin\beta$

11 - 29　$h=\frac{r}{P}(P-r)=3.06\times10^{-3}\ \text{m}$

11 - 30　$a_A=19.62\ \text{m/s}^2$，$a_C=4.905\ \text{m/s}^2$

11 - 31　$\omega=\frac{1}{2}\omega_O$

11 - 32　$N_A=\frac{2}{5}mg$

第十二章

12 - 1　(1) $W_1=0$，$W_2=Ph=2PR\sin^2\theta$

$$W_3=\frac{1}{2}k(\delta_1^2-\delta_2^2)=2kR^2(\cos^2\theta-\sqrt{2}\cos\theta+\sqrt{2}-1);$$

(2) $W=-\Delta(mg+\frac{1}{2}k\Delta)$

12 - 2　$W_{m_k}=-\frac{m_ks}{R}$，$W_T=Ts(\cos\theta-\frac{r}{R})$，$W_F=0$，$W_{F_N}=0$

12 - 3　$V=\frac{1}{2}kh^2\sin^2\varphi+\frac{1}{2}P_2l_2(1-\cos\varphi)$

12 - 4　26.7 HP

12 - 5　$N = 5.9$ kw

12 - 6　32.2 kN

12 - 7　$T = \frac{Pl^2}{6g}\omega^2\sin^2\alpha$

12 - 8　$T = \frac{1}{2}(3m_1 + 2m)v^2$

12 - 10　$\omega = 3.67\ \text{rad/s}^2$

12 - 11　$F = 98$ N, $v_{max} = 0.8$ m/s

12 - 12　$v_A = \sqrt{\frac{3}{m}[M\theta - mgl(1 - \cos\theta)]}$

12 - 13　$v_B = v_A = 3.99$ m/s

12 - 14　$\omega_a = \frac{2.47}{\sqrt{a}}$ rad/s,　$\omega_b = \frac{3.12}{\sqrt{2}}$ rad/s

12 - 15　$v_0 = \sqrt{\frac{2kg}{15P}h}$

12 - 16　$v_B = 2.1\sqrt{\frac{m_1gl}{7m_1 + 9m_2}}$

12 - 17　$s = 25.1$ m

12 - 18　$v = \sqrt{3gh}$

12 - 19　$v = \sqrt{\frac{g}{l}(l^2 - b^2)}$,　$t = \sqrt{\frac{l}{g}}\ln\frac{l + \sqrt{l^2 - b^2}}{b}$

12 - 20　$a_O = \frac{R(TR + mge\sin\theta + mRe\sin\theta \cdot \omega^2)}{m(\rho^2 + R^2 + e^2 + 2Re\cos\theta)}$, $\omega^2 = \frac{2[TR\theta + mge(1 - \cos\theta)]}{m(\rho^2 + R^2 + e^2 + 2Re\cos\theta)}$

12 - 21　$\omega = \frac{2}{r}\sqrt{\frac{M - m_2gr(\sin\theta + f\cos\theta)}{m_1 + 2m_2}\varphi}$,　$\alpha = \frac{2[M - m_2gr(\sin\theta + f\sin\theta)]}{r^2(2m_2 + m_1)}$

12 - 22　$v = \sqrt{\frac{4P_3gx}{3P_1 + P_2 + 2P_3}}$, $a = \frac{2P_3g}{3P_1 + P_2 + 2P_3}$

12 - 23　$a_B = 0.114\ \text{m/s}^2$，方向向下

12 - 24　$\omega = \sqrt{\frac{2M\varphi}{(3m_1 + 4m_2)l^2}}$, $\alpha = \frac{M}{(3m_1 + 4m_2)l^2}$

12 - 25　$a_A = \frac{3m_1g}{4m_1 + 9m_2}$

综　合　题

12 - 26　$a = \frac{P(R + r)^2g}{Q(\rho^2 + R^2) + P(R + r)^2}$

12 - 27　$F_A = \frac{Q(g - a_O\sin\beta)}{2g\cos\beta}$,　$F_B = (Q + P)\cos\beta - \frac{Q(g - a_O\sin\beta)}{2g\cos\beta}$

12 - 28　$a = \frac{m_2r^2 - Rrf(m_1 + m_2)}{m_2r(r - fR) + m_1\rho^2}g$,　$F_{NC} = \frac{m_2(r^2 + \rho^2) + m_1\rho^2}{m_2r(r - fR) + m_1\rho^2}m_1g$

$F = \frac{m_2(r^2 + \rho^2) + m_1\rho^2}{m_2r(r - fR) + m_1\rho^2}fm_1g$,　$F_{NB} = \frac{m_2(r^2 + \rho^2) + m_1\rho^2}{m_2r(r - fR) + m_1\rho^2}fm_1g$

12 - 29　$v_A = \frac{\sqrt{4(P + Q - 2f'P)hg}}{10P + 7Q}$, $a_A = \frac{2(P + Q - 2f'P)}{10P + 7Q}g$, $T_{EF} = \frac{Q + P}{2} - \frac{2P + Q}{4g}a_A$

12 - 30　$v_A = \frac{\sqrt{km_2}(l - l_0)}{\sqrt{m_1(m_1 + m_2)}}$,　$v_B = \frac{\sqrt{km_1}(l - l_0)}{\sqrt{m_2(m_1 + m_2)}}$

12-31 $a = \dfrac{m(m\sin\theta - m_C)}{(M+2m+m_C)(2m+m_C) - m^2\cos^2\theta}g$

12-32 $F = 9.8\ \text{N}$

12-33 $a_A = \dfrac{1}{6}g$, $F = \dfrac{4}{3}mg$, $F_{Kx} = O$, $F_{Ky} = 4.5\ \text{mg}$, $M_K = 13.5\ \text{mgR}$

12-34 (1) $\alpha = \dfrac{M - mgR\sin\theta}{2mR^2}$; (2) $F_x = \dfrac{1}{8R}(6M\cos\theta + mgR\sin2\theta)$

12-35 $\omega = 2\sqrt{\dfrac{3g}{l}}$, $F_A = \dfrac{1}{4}mg$

第十三章

13-1 $\delta r_B = 2\delta r_A\sin\theta$, $g = \arctan(0.5\dfrac{P}{F})$

13-2 $\sqrt{3}:1$

13-3 1个自由度，$y_B = H$，$x_A^2 + y_A^2 = a^2$

$$(x_A - x_B)^2 + (y_A - y_B)^2 = b^2$$

13-4 1个自由度，θ为广义坐标，Ox水平线为重力势能零点

$$V = P_1(\frac{1}{2}l\sin\theta - a\tan\theta) + P_2(l\sin\theta - a\tan\theta)$$

$$Q_\theta = -\frac{\partial V}{\partial\theta} = (P_1 + P_2)\frac{a}{\cos^2\theta} - (\frac{1}{2}P_1 + P_2)l\cos\theta$$

13-5 自由度为2，取φ，x为广义坐标。以过点O水平线为重力的势能零点，以弹簧原长为弹性力的势能零点，系统的势能为

$$V = -mgx\cos\varphi + \frac{1}{2}k(x - l_0)^2,\quad Q_\varphi = -\frac{\partial V}{\partial\varphi} = -mgx\sin\varphi$$

$$Q_x = -\frac{\partial V}{\partial x} = mg\cos\varphi - k(x - l_0)$$

13-6 $\theta = \arcsin\left(\dfrac{\dfrac{P}{2l} + l_0}{2l}\right)$

13-7 $P = \dfrac{2}{3}kl(2\sin\theta - 1)$

13-8 $F = \dfrac{M}{a}\cot2\theta$

13-9 $P_B = 5P_A$

13-10 曲线方程为 $\dfrac{x^2}{4l^2} + \dfrac{y^2}{l^2} = 1$

13-11 $F_3 = P$

13-12 $W = \dfrac{2kb(2b\cos\theta - l)\tan\theta}{a + b}$

13-13 $m_A = Pa + 12qa^2 - M$

13-14 $S_{DE} = 3.67\ \text{kN}$(拉)

13-15 $\tan\theta = 3\tan\beta$ ，$\cos\theta + \cos\beta = 1$

13-16 $P_1 = \dfrac{P_3}{2\sin\theta}$, $P_2 = \dfrac{P_3}{2\sin\beta}$

13-17 $M = 2RF$, $F_s = F$

13-18 $\Delta = -\dfrac{ql}{6k_1}$, $\varphi = \dfrac{Pl}{2k_2}$

13 - 19 $F_{Bx}=-3.5\ \text{kN}$，$F_{By}=4.5\ \text{kN}$

第十四章

14 - 1 $\cos\theta=\dfrac{m_2}{4m_1 a\omega^2}g$

14 - 2 $\alpha=\dfrac{M}{22mr^2}$

14 - 3 $\alpha=\dfrac{M(4m_1+m_2)-3gRm_1m_2}{J(4m_1+m_2)+m_1m_2R^2}$

14 - 4 $a_A=\dfrac{W_1-3f'W_2}{W_1+3W_2}g$，$a_C=\dfrac{W_1+(2-f')W_2}{W_1+3W_2}g$

14 - 5 $T=2\pi\sqrt{\dfrac{m_1+m_2}{k}}$

14 - 6 $a=\dfrac{Q\sin2\theta}{3(P+Q)-2Q\cos^2\theta}g$，向左

14 - 7 $a_A=4.76\ \text{m/s}^2$，$a_B=3.08\ \text{m/s}^2$，$a_C=1.4\ \text{m/s}^2$

14 - 8 必须 $m_1>\dfrac{4m_2m_3}{m_2+m_3}$，重物方能下降，此时

$$F_T=\frac{8m_1m_2m_3}{m_1(m_2+m_3)+4m_2m_3}$$

14 - 9 $m_1\ddot{x}_1+(k_1+k_2)x_1-k_2x_2=0$，$m_2\ddot{x}_2+k_2x_2-k_2x_1=0$

14 - 10 $\dfrac{1}{2}m_2r^2\ddot{\varphi}=M$，$(\dfrac{1}{3}m_1+m_2)l^2\ddot{\theta}+k\theta-(\dfrac{m_1}{2}+m_2)gl\sin\theta=0$

14 - 11 $J_1\ddot{\varphi}_1-\dfrac{GJ_P}{l}(\varphi_2-\varphi_1)=0$，$J_2\ddot{\varphi}_2+\dfrac{GJ_P}{l}(\varphi_2-\varphi_1)=0$

14 - 12 $(m_1+m_2)\ddot{x}+m_2l\ddot{\varphi}+kx=0$，$\ddot{x}+l\ddot{\varphi}+g\varphi=0$

14 - 13 $(M+m)\ddot{x}+mb\ddot{\theta}\cos\theta-mb\dot{\theta}^2\sin\theta=F$，$\dfrac{4}{3}mb^2\ddot{\theta}+mb\ddot{x}\cos\theta=-mgb\sin\theta$

14 - 14 $\alpha_1=3.72\ \text{rad/s}^2$，$\alpha_0=3.04\ \text{rad/s}^2$

14 - 15 $l\ddot{\varphi}+\ddot{y}_1\cos\varphi+g\sin\varphi=0$，$(\dfrac{3}{2}m_1+m_2)\ddot{y}_1+m_2l\ddot{\varphi}\cos\varphi-m_2l\dot{\varphi}^2\sin\varphi=0$

14 - 16 $9\ddot{\theta}+\ddot{\varphi}+6g\theta=0$，$3\ddot{\theta}+2\ddot{\varphi}+2g\varphi=0$

14 - 17 $T=\dfrac{1}{2}m\dot{y}^2+\dfrac{1}{2}M(\dot{y}-\dot{\theta}r)^2+\dfrac{1}{2}(\dfrac{1}{2}Mr^2)\dot{\theta}^2$，$V=-mgy+Mg(y-r\theta)\sin\beta$

$a=\ddot{y}=\dfrac{3m-M\sin\beta}{3m+M}g$　　$\alpha=\ddot{\theta}=\dfrac{2m(1+\sin\beta)}{(3m+M)r}g$

14 - 18 $(\dfrac{3}{2}M+m)\ddot{x}+m(b-x)\dot{\varphi}^2+mg\cos\varphi=0$

$(b-x)\ddot{\varphi}-2\dot{x}\dot{\varphi}+g\sin\varphi=0$

14 - 19 $(m_1+m_2)\ddot{x}=F(\cos\theta+f\sin\theta)-f(m_1+m_2)g$

$R\ddot{\psi}=2fg$

$m_2R\ddot{\varphi}=2f(m_2g-F\sin\theta)$

由又滚又滑条件：$\begin{cases}\ddot{x}>R\ddot{\psi}\\ \ddot{x}>R\ddot{\varphi}\end{cases}$且右轮不可离开地面，得：$\dfrac{m_2g}{\sin\theta}>F>\dfrac{3f(m_1+m_2)g}{\cos\theta+f\sin\theta}$

第十五章

15 - 1 (a)、(b) 串联 $T=2\pi\sqrt{\dfrac{m(k_1+k_2)}{k_1k_2}}=0.290\ \text{s}$，(c)、(d) 并联 $T=2\pi\sqrt{\dfrac{m}{k_1+k_2}}=0.140\ \text{s}$

15 - 2 $k=\dfrac{4\pi^2(m_1-m_2)}{T_1^2-T_2^2}$

15－3　$y = (-5\cos 44.3t + 100\sin 44.3t)$ mm

15－4　$T = 5.99$ s

15－5　$T = 2\pi\sqrt{\frac{m}{k}}$，　$A = \sqrt{\frac{mg}{k}\left(\frac{mg\sin^2\theta}{k} + 2h\right)}$

15－6　$T = 2\pi\sqrt{\frac{ml}{2F}}$

15－7　(1) $T = 2\pi\sqrt{\frac{a}{fg}}$；　(2) $f = 0.25$

15－8　$\omega_n = \sqrt{\frac{2k}{m_1 + 4m_2}}$

15－9　$\omega_n = \sqrt{\frac{6k}{m} - \frac{3g}{2l}}$，　$k > \frac{mg}{4l}$

15－10　$\omega_1^2 = \frac{6k}{7m}$，　$\omega_2^2 = \frac{6}{7}\left(\frac{k}{m} + \frac{2g}{l}\right)$

15－11　$f_n = \frac{1}{2\pi}\sqrt{\frac{m_2 g r_0}{3m_1 r^2 + m_2 (r - r_0)^2}}$

15－12　(1) $\omega_n = \sqrt{\frac{3k}{2ml^2}}$；　(2) $\omega = \sqrt{\frac{3k\varphi_0}{ml^2\sin 2\varphi_0}}$；

(3) $F_{Cx} = -F_{Dx} = \frac{k\varphi_0}{2h}$，$F_{Cy} = 2mg$；(4) $\omega_n' = \sqrt{\frac{3k(1 - 2\cot 2\varphi_0)\varphi_0}{2ml^2}}$

15－13　$f = \frac{b}{2\pi}\sqrt{\frac{k_1 k_2}{m(a^2 k_1 + b^2 k_2)}}$

15－14　$\omega_n = \sqrt{\frac{1}{m}\left(\frac{3EI}{l^3} + \frac{k}{2}\right)}$

15－15　$f = 6$ Hz

15－16　$\varphi_m = \theta_0 \frac{r/R}{1 - \left(\frac{\omega}{\omega_n}\right)^2}$，式中 $\omega_n = \frac{R}{\rho}\sqrt{\frac{2k}{m}}$

15－17　$T = 2\pi\frac{a}{b}\sqrt{\frac{l}{3g}}$

15－18　(1) $k_0 = \frac{3}{4}mgr$；　(2) $\omega_n = \sqrt{\frac{2g}{r}}$

15－19　(1) $\omega_n = \sqrt{\frac{3EI}{ml^3}}$；　(2) $\omega_n = \sqrt{\frac{3EI}{\left(m + \frac{33}{140}\rho l\right)l^3}}$

15－20　$f_n = 0.184$ Hz，　$\zeta = 0.289$，　$f_d = 0.176$ Hz，　$T_d = 5.677$ s

15－21　$c = \frac{2\pi m}{sT_1 T_2}\sqrt{T_2^2 - T_1^2}$

15－22　$v = 96$ km/h

15－23　$\theta_m = 0.2285$ rad $= 13.09°$

15－24　(1) $\omega = 21.9$ rad/s；　(2) $b = 8.4 \times 10^{-3}$ mm

15－25　$b = 45.4$ mm

15－26　$x = 39.2\sin 7t$ mm

15－27　$x = \frac{a}{\sqrt{(1-\lambda^2)^2 + (2\zeta\lambda)^2}}\sin(\omega t - \varphi)$，　$\varphi = \arctan\frac{2\zeta\lambda}{1-\lambda^2}$

$$x' = \frac{\frac{cwa}{k}}{\sqrt{(1-\lambda^2)^2+(2\zeta\lambda)^2}}\cos(\omega t-\varphi)$$

15 - 28　$c = 107.6\ \text{N}\cdot\text{s/m}$

15 - 29　$k \leqslant 8.97\ \text{kN/m}$

15 - 30　$(\ddot{x})_{\max} = 84\ \text{m/s}^2$

15 - 31　$k = 323\ \text{kN/m}$

15 - 32　$\omega_n = \sqrt{\dfrac{ka^2 - mgl}{ml^2}}$，$\varphi = \dfrac{kbd}{ml^2(\omega_n^2 - \omega^2)}\sin\omega t$

15 - 33　$\delta = \dfrac{e\left(\dfrac{\omega}{\omega_n}\right)^2}{1-\left(\dfrac{\omega}{\omega_n}\right)^2}$，　其中 $\omega_n = \sqrt{\dfrac{k}{m}}$

第 十 六 章

16 - 1　(1) 0.51；(2) 59.2 N·s，(3) 59.2 kN

16 - 2　$k = \dfrac{\tan\theta}{\tan\beta}$

16 - 3　$v_1 = 3.175\ \text{m/s}$，$\theta = \arctan\dfrac{v_{1n}}{v_{1\tau}} = 19.1°$

$v_2 = 4.157\ \text{m/s}$,沿撞击点法线方向

16 - 4　$\omega = \dfrac{Mlr\omega_0\cos\theta}{Mr^2 + 3J_{O1}\cos^2\theta}$，$I = \dfrac{J_{O1}Ml\omega_0\cos\theta}{Mr^2 + 3J_{O1}\cos^2\theta}$；　当 $\theta = 90°$ 时，$I = 0$

16 - 5　$F_{av} = 799.5\ \text{kN}$

16 - 6　$(m_A + m_B)gx + \dfrac{k}{(r-1)s^{r-1}}\left[\dfrac{1}{l^{r-1}} - \dfrac{1}{(l-x)^{r-1}}\right] + \dfrac{m_A^2}{m_A + m_B}gh = 0$

16 - 7　$s = \dfrac{3l}{2f}\dfrac{m_1^2}{(m_1 + 3m_2)^2}$

16 - 8　$\omega = \dfrac{3v}{4a}$

16 - 9　$k = \sqrt{2}\sin\dfrac{\varphi}{2}, x = \dfrac{2}{3}l$

16 - 10　$\omega = \dfrac{3}{2l}\sqrt{2gh}, I = \dfrac{m}{4}\sqrt{2gh}$

16 - 11　$\sin\dfrac{\varphi}{2} = \dfrac{\sqrt{3}I}{2m\sqrt{10gl}}$

16 - 12　$v_C' = \dfrac{1+2\cos\theta}{3}v_C$，$\omega = \dfrac{1+2\cos\theta}{3r}v_C$

$I_n = mv_C\sin\theta, I_\tau = mv_C\dfrac{1-\cos\theta}{3}$,其中 $\cos\theta = \dfrac{r-h}{r}$

16 - 13　$\omega = \dfrac{1}{4}\omega_0$

16 - 14　$h = \dfrac{7}{5}r$

16 - 15　$\tan\beta = \dfrac{1}{5k}\left(3\tan\theta - \dfrac{2r\omega_0}{v\cos\theta}\right)$

16 - 16　$v_A = \dfrac{2}{9}\dfrac{I}{m_2}$,方向向左

16 - 17　0.938

16 - 18　$\omega_{BC} = 2.50\ \text{rad/s}$,顺时针方向